华夏英才基金学术文库

现代光学基础与前沿

林　强　叶兴浩　编著

U0305870

科学出版社

北　京

内 容 简 介

本书涵盖了几何光学、波动光学和量子光学的核心内容, 包括光线光学、光的波动性与矢量性、光的相干性、光的衍射、部分相干光学、固体光学、量子化光场等; 同时包含了现代光学的一些前沿领域, 如现代量子光学、原子光学、超快光学、特种材料光学、引力光学等. 本书十分注重现代光学理论体系的完整性及其内在联系, 包含了光线光学与波动光学之间、波动光学与量子光学之间的相互过渡等内容, 同时尽可能多地把现代光学的新理论、新方法和新应用包括进去, 使得读者通过本书, 能够较系统、全面地掌握现代光学的基础理论, 把握现代光学的发展方向, 较快地进入到现代光学的前沿.

本书的读者对象为物理、光学、光电子类及相关专业的本科生、研究生、教师和科研工作者.

图书在版编目(CIP)数据

现代光学基础与前沿/林强, 叶兴浩编著; —北京: 科学出版社, 2010
ISBN 978-7-03-027862-3

Ⅰ. 现… Ⅱ. ①林… ②叶… Ⅲ. 光学 Ⅳ. O43

中国版本图书馆 CIP 数据核字(2010) 第 104360 号

责任编辑: 刘凤娟 / 责任校对: 李奕萱
责任印制: 徐晓晨 / 封面设计: 陈 敬

科 学 出 版 社 出版
北京东黄城根北街 16 号
邮政编码: 100717
http://www.sciencep.com

北京凌奇印刷有限责任公司 印刷
科学出版社发行 各地新华书店经销
*

2010 年 6 月第 一 版 开本: B5(720 × 1000)
2015 年 2 月第二次印刷 印张: 31 1/4
字数: 602 000
POD定价: 158.00元
(如有印装质量问题, 我社负责调换)

序 一

光学是一门既古老又年轻的学科, 人类对光的认识是不断深化的, 但对光本质的认识是人类永恒的追求. 在历史上, 光先后被看成 "光线"、"光波" 和 "光子". 它们各自满足一定的规律或方程, 比如光线的传输满足费马原理, 光波的传输满足麦克斯韦方程组, 光子则满足量子力学的有关原理. 这三种理论既是相互独立的, 又是相互关联的; 既是逐步深化的, 又是相互补充的.

林强和叶兴浩所编著的《现代光学基础与前沿》用简洁的语言系统地阐述了 "光线"、"光波" 和 "光子" 所满足的物理学基本规律、它们之间的相互关联及其应用, 并在此基础上结合自己的研究成果, 介绍了现代光学的若干前沿领域. 该专著阐述的理论是现代光学技术、激光技术、光通信技术、光电子技术等高新技术的基础. 该专著紧扣现代光学的前沿领域, 内容新颖、重点突出、结构合理, 具有重要的学术价值.

我认识作者林强教授已有十几年时间. 他长期从事现代光学的教学和研究, 科研成绩突出, 教学经验丰富, 培养了相当数量的优秀博士生、硕士生和本科生. 他是国家杰出青年基金获得者和全国 "百篇" 优秀博士学位论文导师.

我认为《现代光学基础与前沿》能够让读者系统地把握现代光学的基本理论和发展趋势, 无论是初学者还是有经验的研究者, 都能够从中受益. 该书的出版, 将为我国光学及其相关专业的教学和科研起到积极的推动作用. 特此为序.

王育竹

中国科学院院士

中国科学院上海光学精密机械研究所研究员

2009 年 12 月 5 日

序　二

光学是人类对光的认识.

光学研究光的本性, 光的产生、传播、探测, 以及光和物质的相互作用. 光学的明显特点是它在科学上的基础性及在应用上的广泛性.

光学是一门古老的科学, 它的历史差不多和力学一样悠久. 近代光学又是一门年轻的、朝气蓬勃的科学, 它首先由于 20 世纪初能量量子的发现而经历了一场彻底的革命, 接着又由于 1960 年激光的出现而展现出迷人的新姿.

说光学的历史悠久, 实际光存在的历史更要遥远漫长得多. 按现代宇宙学, 现今的宇宙起源于原初的大爆炸, 因此光辐射的存在要早于原子、分子、凝聚体等物质. 在人类出现在地球上后, 原始人一定会对光有最强烈的感受. 日光、月光、星光、闪电光一定会激发远祖们产生人类所特有的最初的思考和感情. 追随对光的认识在人类文明史上的发展历程, 我们会看到一个特别的现象, 那就是宗教和科学都同样钟情于光. 我们在圣经的《创世纪》中看到这样的文字: "太初, 神创造天地 …… 神说: '要有光!' 就有了光 ……" 另一方面, 我们也看到历史上伽利略、牛顿、麦克斯韦、爱因斯坦四位科学巨人都致力过光的研究. 可以说, 没有哪一个物理学的分支, 得到过这样多位大师的青睐. 关于光学的发展史, 有兴趣的读者可以在 M. 玻恩的经典著作《光学原理》的前言中看到极为精彩的陈述.

相对于光学的悠久历史, 光学的现代发展却是面貌日新. 一般将 1960 年激光器发明后的新阶段的光学划为现代光学. 激光的出现极大地改变了人类的科学活动和社会活动. 现今, 你很容易在人类的这些活动中找到激光的应用. 激光出现后光学迅速地发展出了许多新的分支, 如激光物理、激光光谱学、非线性光学、超快 (超强) 光学、量子光学、原子光学、纳米光学 …… 这些现代光学的发展除了大大丰富了人们对光的认识外, 还给整个科学技术带来了福音. 例如, 20 世纪 80 年代, 锁模激光技术的发展使人类的时间分辨本领进入到飞秒 (10^{-15}s) 量级; 激光冷却原子技术的发展使人类在实验室中产生了纳开 (10^{-9}K) 量级的极低温; 量子光学和非线性光学的结合使人类有能力利用光的压缩态做出低于量子噪声极限的精密测量 …… 现代光学如何造福于人类, 还可从 2009 年度诺贝尔物理学奖获得者高琨开拓的光纤传输清楚地显示, 光纤光通信对当今社会的信息化所起的巨大作用实在是太明白不过了.

概而言之, 人类对光的认识源远流长, 光学是人类文明的知识宝库中极为灿烂的一部分; 现代光学是现代科学发展中最为活跃的分支之一, 也是影响人类社会最为深刻的分支之一. 处于现代信息化社会, 从事科学技术的各类人员, 实在应有一些现代光学的基本知识.

　　《现代光学基础与前沿》一书, 是林强和叶兴浩两位老师集多年科研与教学的成就与经验编写而成的一本有特色的现代光学专著. 作者立足基础, 放眼前沿, 对现代光学的基础知识陈述系统, 对现代光学的若干研究前沿介绍精辟. 笔者相信, 想学习、了解现代光学的青年学子、科技人士学习该书都大有裨益.

2010 年春　于清华园

前　　言

　　光学是随着人类对光的本性的探究而不断得到发展的. 中国古代文献中有许多光学知识, 如春秋战国时期的《墨经》中有关于小孔成像的详细记载, 其中包含光的直线传播现象. 牛顿 (1642~1727) 曾提出微粒说, 认为光是以微小粒子的形式从发光物体传播出来的, 这个学说可以解释光的直线传播现象, 但无法解释干涉、衍射等现象. 惠更斯 (1629~1695) 等提出波动说, 但无法解释光是在什么介质中传播的, 光为什么可以在真空中传播等问题. 当时人们假设光是在一种特殊的介质 ——"以太" 中传播的, 但以太的存在无法得到实验的证实. 麦克斯韦 (1831~1879) 的电磁波理论建立以后, 光被认为是一种具有特定波长范围的电磁波, 可用麦克斯韦方程组描写, 加上物质方程, 原则上可以解出光的全部宏观传播问题. 但是麦克斯韦方程组的严格求解在数学上是很困难的, 只有对某些简单系统可以得到严格解, 如单色光照射到半无限大的理想导体平面上的衍射问题. 光的电磁波属性在 1888 年被赫兹的实验所证实, 但电磁理论不能解释光的发射和吸收过程. 为了解释黑体辐射问题, 普朗克 (1858~1947) 提出了光量子假设, 经过爱因斯坦等的发展, 可以成功地解释光的发射和吸收过程以及光辐射压力等问题, 这被称为经典量子论. 在光的现代量子理论中, 光子的概念无需假设, 而是对麦克斯韦方程量子化的自然结果.

　　虽然人类对光的认识始于古代, 但迄今对光的本性的探究仍未完成. "光子到底是什么?" 这个看似简单的问题, 目前没有人能够真正说得清楚. 比如, 对光场进行量子化之后, 真空态的零点能是半个光子的能量, 这是否预示着光子是可分的? 光子是否具有静止质量? 等等.

　　尽管人们对光的本性还在不断探索之中, 这并不妨碍我们根据现有的知识派生出很多实际应用. 迄今为止, 光学大致可分为三代: 光线光学、波动光学和量子光学. 光线光学的理论基础是费马原理, 传统光学仪器都是根据光线光学的理论设计的; 波动光学把光看成电磁波, 故又称为光的电磁理论, 现代光通信技术就是基于光的电磁理论发展起来的; 量子光学则把光看成光子, 它是未来量子信息技术的基础之一. 光线光学和波动光学可以在不同的层次上解决光的传输问题, 量子光学则被用来解决光的发射与吸收、光与物质的相互作用等问题. 虽然它们对光的认识深度不同, 但从应用的角度来看, 它们并不可相互替代. 比如, 我们今天仍然需要用光线光学的原理和方法设计光学仪器.

　　三代光学的基本出发点虽然不同, 但它们是有内在联系的, 在一定条件下可以互相转化, 如让电磁波的波长趋于零, 波动光学就转化为光线光学, 把电磁波进行量子化, 波动光学就转化为量子光学. 从历史发展的过程来看, 三代光学出现的时间不同, 但它们是交错发展的, 它们各自的应用领域也不相同. 近年来, 现代光学的发展更是日新月异, 出现了许多新的研究方向和领域. 光学既是一门基础学科, 又是一门应用性和交叉性很强的学科. 由它衍生出了许多应用性的学科, 如工程光学、信息光学、生物医学光学等. 现代光学已成为光电子技术、激光技术、光通信技术等高新技术的重要基础学科.

本书试图在浩瀚的文献资料中, 通过理析现代光学的理论体系, 结合我们多年从事光学教学的心得和研究的成果, 向读者介绍现代光学的基础理论和若干前沿领域, 以期读者能够在较短的时间里, 花费较少的精力, 就能够较为系统地掌握现代光学的基础理论, 把握现代光学的发展方向, 并对当前现代光学的一些活跃领域有所了解, 以便为从事与光学有关的工作打下坚实的基础.

基于这样的考虑, 本书第一篇涵盖了光线光学、波动光学和量子光学的核心内容, 同时融入了现代光学的一些最新研究成果, 如部分相干光的传输特性、产生方法及其应用; 第二篇则包含了现代光学的若干前沿领域, 包括超短脉冲光束的传输、纳米光学、光子晶体、半导体光学和负折射率材料及其性质; 超快光速与超慢光速、量子频标、光子角动量、单光子干涉、双光子纠缠以及量子真空效应; 激光冷却原子、玻色–爱因斯坦凝聚、原子干涉和原子激光; 引力透镜效应、霍金辐射、引力波探测, 以及与宇宙演化有关的微波背景辐射、宇宙的加速膨胀等.

由于现代光学的内容很多, 加上我们的水平和掌握的资料有限, 本书内容肯定不能反映现代光学的全貌. 我们只是根据自己的理解和掌握的资料, 择其要者录入, 同时也融入了一部分我们自己的研究成果. 在撰写过程中, 我们力图做到以下两点: 一是注重反映三代光学的内在联系, 如光线光学和波动光学之间的相互过渡、波动光学与量子光学之间的相互过渡等; 二是注重内容的新颖性, 尽可能多地把现代光学的新理论、新方法和新应用包括进去. 希望本书能够成为读者通向现代光学前沿之桥梁.

本书作者林强从 1988 年开始在原杭州大学和浙江大学从事教学和科研工作, 为了教学方便, 曾编写了现代光学讲义. 本书正是在该讲义的基础上, 经过不断修改、充实而成的. 另一位作者叶兴浩教学经验丰富, 他在书稿的编写、整理中花了大量的时间和精力, 没有他的合作, 本书要如期付梓是难以想象的.

本书承蒙王育竹先生和李师群先生分别作序. 在作者的学术生涯和本书的写作过程中, 得到了许多前辈和老师的热情支持和鼓励, 也得到了许多同事、朋友和历届学生的大力支持和帮助, 如 (排名不分先后) 王育竹院士、贺贤土院士、唐孝威院士、叶朝辉院士、张杰院士、郭光灿院士、彭堃墀院士、李家明院士、徐世浙院士、范滇元院士、罗俊院士、王绍民教授、刘正东教授、李师群教授、朱诗尧教授、林海青教授、马龙生教授、李天初教授、吴令安教授、吕百达教授、潘庆教授、张守著教授、王平教授、熊盛青教授、王力军教授、潘建伟教授、李儒新教授、赵卫教授、许京军教授、曾和平教授、钱列加教授、张卫平教授、徐信业教授、印建平教授、刘伍明教授、陈徐宗教授、韩申生教授、刘亮教授、詹明生教授、高克林教授、张靖教授、张首刚教授、龚旗煌教授、龙桂鲁教授、徐雷教授、王雪华教授、陈险峰教授、童利民教授、田钢教授、张福根博士、江晓清教授、王中阳教授、赵道木教授、蔡阳健教授、徐云飞副教授、王兆英副教授、王立刚副教授、陈君博士、张璋博士、李曙光博士、韩顺利博士、王肖隆博士、郑健博士、程冰博士、杨爱林博士、张敬芳博士、曹晓超博士及本课题组各位已毕业和在读研究生, 奥地利维也纳技术大学的 E.Wintner 教授、德国 Max-Born 研究所的 W. Becker 教授、德国柏林工业大学的 H. Weber 教授、美国罗切斯特大学的 E. Wolf 教授、美国 Rensselaer Polytechnic Institute 的张希成教授、美国 (JILA) 的叶军教授、美国 Indiana University-Purdue University Indianapolis 的区泽宇教授、美国阿肯色大学的肖敏教授、法国里昂一大的俞进教授等, 在此不胜枚举, 谨致以衷心的感谢!

同时衷心感谢华夏英才基金会对本书出版的资助, 感谢国家自然科学基金会杰出青年基金 (60925022)、科学技术部 (2006CB921403)、国土资源部、浙江省科技厅和浙江大学等部门和单位对作者科研上的支持!

限于作者水平, 本书难免存在不足之处, 敬请广大读者指正.

作　者

2010 年 1 月于杭州

目　　录

第二篇　现代光学前沿

第一篇

现代光学基础

第 1 章 光 线 光 学

当光学系统所包含的所有元件的有效尺度远大于光波长时, 光的波动性难以显现. 在这种情况下, 光可以看成 "光线". 用光线的概念来描写光的传输问题, 这一分支称为**光线光学**. 光线传输的定律可以用几何学的语言表述, 故光线光学又可称为**几何光学**.

1.1 费 马 原 理

光线的传输满足费马 (1601~1665) 原理, 其原型是费马于 1657 年提出的最小时间原理: 自然界的行为永远以路程最短为准则.

当光线从空间某一点 P 经过路径 C 到达 Q 点, 所经过空间的折射率分布为 $n(x,y,z)$ 时, 光线所经过的光程定义为

$$\Lambda = \int_{\substack{P \\ (C)}}^{Q} n(x,y,z)\mathrm{d}s \tag{1.1.1}$$

费马原理可以表述为: 光线将沿着两点之间的光程为极值的路线传播, 即

$$\delta \int_{P}^{Q} n(x,y,z)\mathrm{d}s = 0 \tag{1.1.2}$$

这些相互比较的曲线应该位于属于这光线的某正则邻域内, 即位于所考虑的这条路线附近并且和它相似. 极值可以是极小值 (大部分情况)、极大值和恒定值.

费马原理是几何光学的理论基础, 从它可以推导出几何光学的全部定律. 根据这一原理, 马上可以推出在均匀介质中光的直线传播定律. 因为在均匀介质中, 连接两个固定点之间的最短距离是直线. 反射定律和折射定律同样可以推出.

1.1.1 反射定律

如图 1-1 所示, M 是平面反射镜, A 是光线的起始点, B 是从 A 点发出的光线经平面镜 M 反射后到达的终点. 作 $AC \perp M$, 延长 AC 至 D, 使 $AC = CD$. 连接 B、D 两点交镜面 M 于 P 点, 所以 P 点位于平面 $ACDB$ 内. 根据费马定理, 实际光线 APB 是极小值, P 点一定是实际光线在平面反射镜上的反射点. 因为如果反射点在另外任一点 Q, AQB 将大于 APB, 从而违背了费马原理. 由图中的几何关系, 容易证明 $i = i'$, 即入射角等于反射角.

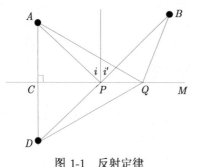

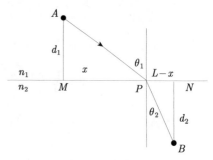

图 1-1　反射定律　　　　　　　　　　图 1-2　折射定律

1.1.2　折射定律 (斯涅耳定律)

如图 1-2 所示, 两种均匀介质的折射率分别为 n_1 和 n_2, 光线通过第一介质中的指定点 A 后经过界面到达第二介质中的指定点 B. 实际光线在界面上的折射点可由费马原理来确定. A、B 两点间的光程为

$$\Lambda = \overline{APB} = n_1\sqrt{d_1^2 + x^2} + n_2\sqrt{d_2^2 + (L-x)^2} \tag{1.1.3}$$

根据费马原理, 这个光程应为某个极值, 即式 (1.1.3) 对 x 的一阶导数应该等于零:

$$\frac{\mathrm{d}\Lambda}{\mathrm{d}x} = n_1 \frac{x}{\sqrt{d_1^2 + x^2}} - n_2 \frac{L-x}{\sqrt{d_2^2 + (L-x)^2}} = n_1 \sin\theta_1 - n_2 \sin\theta_2 = 0 \tag{1.1.4}$$

所以有

$$n_1 \sin\theta_1 = n_2 \sin\theta_2 \tag{1.1.5}$$

此即折射定律, 它是 1621 年 W.Snell 从实验中发现的. 由于此处

$$\frac{\mathrm{d}^2\Lambda}{\mathrm{d}x^2} > 0 \tag{1.1.6}$$

故这种情况下光程为极小值.

当反射或折射面不是平面而是曲面 $f(x, y, z) = 0$ 时, 反射定律和折射定律同样成立.

1.1.3　物像之间的等光程性

光在均匀介质中沿直线传播、在介质分界面上的反射和折射都是光程取极小的例子, 有时光程也可取恒定值. 在图 1-3(a) 中, 当一个点光源通过一个无像差的薄透镜成像于 B 点时, A、B 两点之间的随便哪一条光线都是等光程的. 在图 1-3(b) 中, 通过一个焦点 A 的入射光线被旋转椭球镜面上任一点 (如 P、Q 点) 反射后总是通过另一个焦点 B, 且有 $\overline{AP} + \overline{PB} = \overline{AQ} + \overline{QB} =$ 常数, 即这种情况下, A、B 两点之间的实际光线的光程为恒定值.

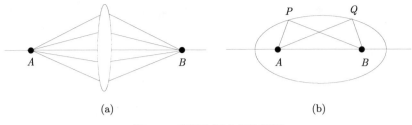

图 1-3 光程取恒定值的情况

1.1.4 凹球面镜反射

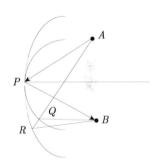

图 1-4 中, 设 A、B 为椭球面的两个焦点, 球面反射镜面在椭球面内部, 并相切于 P 点, 光线为 APB(满足反射定律), 易证 $\overline{APB} = \overline{ARB} > \overline{AQB}$, 故此处实际光线比相邻的路程要大, 即光程取极大值.

反之, 当球面反射镜面在椭球面外部, 且相切于 P 点时, 光程取极小值. 进一步, 如果反射镜面为平面或凸球面, 实际的光程显然也为极小值.

图 1-4 光程取极大值的情况

1.2 哈密顿光学

英国科学家哈密顿于 1834 年建立的 "哈密顿原理", 在现代物理学中得到广泛应用, 使得各种动力学定律都可以从一个变分式推出. 费马原理与哈密顿原理形式上相似, 都是变分原理, 这使得人们认识到力学和光线光学之间的相似性.

近年来, 由于光通信和集成光学的飞速发展, 需要研究光在折射率连续分布的非均匀介质中的传播规律, 如光通信中使用的梯度折射率光纤、集成光学中的变折射率透镜等, 从而出现了梯度折射率光学. 显然, 直接使用折射定律和反射定律来研究光在这些介质中的传播是不方便的.

本节将根据费马原理推导出描述光线传播路径的方程, 并且把分析力学中的一套研究质点运动轨迹的方法运用到光学中来, 这种方法称为**哈密顿光学**. 哈密顿光学特别适合于研究光在折射率连续分布 (非均匀) 的介质中的传播.

1.2.1 光线微分方程

经典力学中的哈密顿原理为

$$\delta \int_{t_1}^{t_2} L \mathrm{d}t = 0 \tag{1.2.1}$$

式中, L 为拉格朗日函数, $L = T - V$ 为力学体系的动能与势能之差. 从哈密顿原理可推出拉格朗日方程:

$$\frac{\mathrm{d}}{\mathrm{d}t}\left(\frac{\partial L}{\partial \dot{q}_\alpha}\right) - \frac{\partial L}{\partial q_\alpha} = 0, \quad \alpha = 1, 2, 3, \cdots, n \tag{1.2.2}$$

式中, q_α 为广义坐标, $\dot{q}_\alpha$ 为广义速度, n 为力学系统的自由度个数.

光学中的费马原理由式 (1.1.2) 表示, 式中

$$\mathrm{d}s = \sqrt{(\mathrm{d}x)^2 + (\mathrm{d}y)^2 + (\mathrm{d}z)^2} = \sqrt{1 + \dot{x}^2 + \dot{y}^2}\,\mathrm{d}z \tag{1.2.3}$$

$$\dot{x} = \frac{\mathrm{d}x}{\mathrm{d}z}, \quad \dot{y} = \frac{\mathrm{d}y}{\mathrm{d}z} \tag{1.2.4}$$

把上述两式代入式 (1.1.2), 得到

$$\delta \int_P^Q n(x, y, z)[1 + \dot{x}^2 + \dot{y}^2]^{1/2}\mathrm{d}z = 0 \tag{1.2.5}$$

定义光学拉格朗日函数为

$$L(x, y; \dot{x}, \dot{y}; z) = n(x, y, z)\sqrt{1 + \dot{x}^2 + \dot{y}^2} \tag{1.2.6}$$

于是式 (1.2.5) 可写为

$$\delta \int_P^Q L(x, y, \dot{x}, \dot{y}, z)\mathrm{d}z = 0 \tag{1.2.7}$$

式 (1.2.7) 称为光学哈密顿原理. 与经典力学里的处理方法类似, 我们可以得到光学拉格朗日方程为

$$\frac{\mathrm{d}}{\mathrm{d}z}\left(\frac{\partial L}{\partial \dot{x}}\right) - \frac{\partial L}{\partial x} = 0, \quad \frac{\mathrm{d}}{\mathrm{d}z}\left(\frac{\partial L}{\partial \dot{y}}\right) - \frac{\partial L}{\partial y} = 0 \tag{1.2.8}$$

把式 (1.2.6) 代入式 (1.2.8), 得到

$$\frac{\mathrm{d}}{\mathrm{d}z}\left[\frac{n\dot{x}}{\sqrt{1 + \dot{x}^2 + \dot{y}^2}}\right] - \sqrt{1 + \dot{x}^2 + \dot{y}^2}\frac{\partial n}{\partial x} = 0 \tag{1.2.9}$$

从式 (1.2.3) 可以得到

$$\frac{\mathrm{d}}{\mathrm{d}z} = \sqrt{1 + \dot{x}^2 + \dot{y}^2}\frac{\mathrm{d}}{\mathrm{d}s}$$

代入式 (1.2.9), 可得

$$\frac{\mathrm{d}}{\mathrm{d}s}\left(n\frac{\mathrm{d}x}{\mathrm{d}s}\right) = \frac{\partial n}{\partial x}$$

由于坐标 x、y、z 具有同样的地位, 可以得到

$$\frac{\mathrm{d}}{\mathrm{d}s}\left(n\frac{\mathrm{d}y}{\mathrm{d}s}\right) = \frac{\partial n}{\partial y}, \quad \frac{\mathrm{d}}{\mathrm{d}s}\left(n\frac{\mathrm{d}z}{\mathrm{d}s}\right) = \frac{\partial n}{\partial z}$$

上述三个方程可以写成一个矢量方程, 即

$$\frac{\mathrm{d}}{\mathrm{d}s}\left(n\frac{\mathrm{d}\boldsymbol{r}}{\mathrm{d}s}\right) = \nabla n \tag{1.2.10}$$

式 (1.2.10) 称为**光线方程**, 其中 $\boldsymbol{r}$ 为光线上任一点的位置矢量. 在近轴情况下, $\mathrm{d}s \approx \mathrm{d}z$, 式 (1.2.10) 可以写为

$$\frac{\mathrm{d}}{\mathrm{d}z}\left(n\frac{\mathrm{d}\boldsymbol{r}}{\mathrm{d}z}\right) = \nabla n \tag{1.2.11}$$

式 (1.2.11) 即为近轴情况下的光线方程.

利用光线方程可以求出各种介质中光线的传输性质.

1. 均匀介质

此时 n 为常数, $\nabla n = 0$, 代入式 (1.2.10), 得到

$$\boldsymbol{r} = \boldsymbol{a}s + \boldsymbol{b} \tag{1.2.12}$$

式 (1.2.12) 是直线方程, 因此在均匀介质中, 光线的形状是直线.

2. 自聚焦介质

设折射率分布为 $n^2(x,y,z) = n_0^2[1 - \alpha^2(x^2 + y^2)]$, 与 z 无关. 利用近轴光线方程, 有

$$\frac{\mathrm{d}}{\mathrm{d}z}\left(n\frac{\mathrm{d}x}{\mathrm{d}z}\right) = \frac{\partial n}{\partial x} \tag{1.2.13}$$

把折射率分布式代入式 (1.2.13), 有 $\dfrac{\mathrm{d}^2 x}{\mathrm{d}z^2} = \dfrac{1}{n}\dfrac{\partial n}{\partial x} \approx -\alpha^2 x$, 解之, 得

$$x(z) = A_x \cos(\alpha z) + B_x \sin(\alpha z) \tag{1.2.14}$$

类似地, 有

$$y(z) = A_y \cos(\alpha z) + B_y \sin(\alpha z) \tag{1.2.15}$$

系数 A_x、B_x、A_y、B_y 由初始条件 (入射点和入射方向) 决定. 如入射点在 $(x_0,0,0)$, 方向角为 $(\alpha_0, 90°, \gamma_0)$ 时, 光线是周期为 $2\pi/\alpha$ 的子午光线, 光线被限定在 xz 平面内. 入射点和方向角取适当值时, 光线以螺旋线形式传播, 光线上任意点到光轴的距离是恒定的.

3. 球面对称介质

球面对称介质是指介质中各点的折射率仅依赖于各点距某固定点的距离 r, 即 $n = n(r)$. 设 s 为光线切线方向的单位矢量, 由于

$$\frac{\mathrm{d}\boldsymbol{r}}{\mathrm{d}s} = \boldsymbol{s} \quad \text{(光线方向单位矢量)}$$

光线方程可写为

$$\frac{\mathrm{d}}{\mathrm{d}s}(n\boldsymbol{s}) = \nabla n \tag{1.2.16}$$

对具有径向对称的介质, $\nabla n = \dfrac{\boldsymbol{r}}{r}\dfrac{\mathrm{d}n}{\mathrm{d}r}$ 沿着 $\boldsymbol{r}$ 方向. 于是

$$\frac{\mathrm{d}}{\mathrm{d}s}(\boldsymbol{r} \times n\boldsymbol{s}) = \frac{\mathrm{d}\boldsymbol{r}}{\mathrm{d}s} \times n\boldsymbol{s} + \boldsymbol{r} \times \frac{\mathrm{d}(n\boldsymbol{s})}{\mathrm{d}s} = \boldsymbol{s} \times n\boldsymbol{s} + \boldsymbol{r} \times \nabla n = 0$$

所以

$$\boldsymbol{r} \times n\boldsymbol{s} = 常矢量 \tag{1.2.17}$$

这意味着所有光线都是平面曲线, 所在平面皆通过原点 O, 并且沿每条光线

$$nr\sin\phi = 常数 \tag{1.2.18}$$

式中, ϕ 为径矢 $\boldsymbol{r}$ 与光线切线方向 $\boldsymbol{s}$ 的夹角 (图 1-5). 式 (1.2.18) 也可表示为 $nd =$ 常数, 称为布格 (Bouguer) 公式. 它与质点在中心力场中运动时角动量守恒定律类似: $\boldsymbol{r} \times m\boldsymbol{v} =$ 常数. 由图 1-5 中的几何关系有

$$\sin\phi = \frac{r(\theta)}{\sqrt{r^2(\theta) + \left(\dfrac{\mathrm{d}r}{\mathrm{d}\theta}\right)^2}} \tag{1.2.19}$$

代入式 (1.2.18), 得到

$$\theta = c\int_0^r \frac{\mathrm{d}r}{r\sqrt{n^2r^2 - c^2}} \tag{1.2.20}$$

式中, c 即式 (1.2.18) 中的常数. 式 (1.2.20) 是球面对称介质中的光线方程的显式.

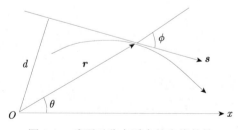

图 1-5　球面对称介质中的光线传输

4. 麦克斯韦鱼眼

若介质的折射率分布函数为

$$n(r) = \frac{n_0}{1 + r^2/a^2} \tag{1.2.21}$$

式中, r 为径向坐标, n_0、a 为常数, 折射率仅为 r 的函数. 在这种特殊的介质中, 从某一物点发出的所有光线将交汇于同一像点上. 证明如下:

把 $n(r)$ 代入式 (1.2.20) 中, 并令

$$\rho = \frac{r}{a}, \quad k = \frac{c}{an_0} \tag{1.2.22}$$

式中, c 为式 (1.2.20) 中的常数, 可得

$$\theta = \int^{\rho} \frac{k(1 + \rho^2)\mathrm{d}\rho}{\rho\sqrt{\rho^2 - k^2(1 + \rho^2)^2}} \tag{1.2.23}$$

积分, 得

$$\sin(\theta - \alpha) = \frac{c}{\sqrt{a^2 n_0^2 - 4c^2}} \frac{r^2 - a^2}{ar} \tag{1.2.24}$$

式中, α 为积分常数, 即

$$\frac{r^2 - a^2}{r \sin(\theta - \alpha)} = 常数 \tag{1.2.25}$$

式 (1.2.25) 为麦克斯韦鱼眼中的光线方程. 通过 $P_0(r_0, \theta_0)$ 的曲线簇为

$$\frac{r^2 - a^2}{r \sin(\theta - \alpha)} = \frac{r_0^2 - a^2}{r_0 \sin(\theta_0 - \alpha)} \tag{1.2.26}$$

从式 (1.2.26) 可以看出, 这些曲线都通过 $P_1(r_1, \theta_1)$ 点, 其中 $r_1 = \dfrac{a^2}{r_0}$, $\theta_1 = \pi + \theta_0$, 所以, 来自一个任意点 P_0 的所有光线, 均相交于 P_0 点到 O 连线上的一点 P_1; P_0 和 P_1 分别在 O 的两边, 并且 $OP_0 \cdot OP_1 = a^2$ (图 1-6). 因此, 鱼眼是一种理想成像, 也称绝对仪器. 又 $r = a, \theta = \alpha$ 和 $r = a, \theta = \pi + \alpha$ 两点是满足光线方程 (1.2.24) 的, 因此, 每一条光线与固定圆 $r = a$ 相交于一直径的两端 A、B(对不同的光线 A、B 点不同).

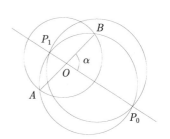

图 1-6 麦克斯韦鱼眼

把极坐标变换到笛卡儿坐标中

$$\begin{cases} x = r \cos\theta \\ y = r \sin\theta \end{cases}$$

式 (1.2.24) 可化为

$$(x + b \sin \alpha)^2 + (y - b \cos \alpha)^2 = a^2 + b^2 \tag{1.2.27}$$

式中

$$b = \frac{a}{2c} \sqrt{a^2 n_0^2 - 4c^2}$$

从式 (1.2.27) 可以看出鱼眼中每一条光线都是一个圆. 从鱼眼中的光线可以看出, 光线总是向折射率高的一边弯曲, 这在一般情况下也是成立的.

1.2.2 哈密顿正则方程

在分析力学中, 除了用拉格朗日方程来描述力学系统的运动规律外, 还有哈密顿正则方程. 其形式简单而对称, 更加抽象、概括, 而且易于向量子力学过渡. 类似地, 光线光学中除了光学拉格朗日方程外, 也可推得光学哈密顿正则方程, 形式简单而对称, 更加抽象概括, 易于向波动光学过渡.

费马原理 $\qquad \delta \displaystyle\int_P^Q n(x, y, z) \mathrm{d}s = 0$

$\qquad\qquad \downarrow$

拉格朗日方程 $\qquad \dfrac{\mathrm{d}}{\mathrm{d}z}\left(\dfrac{\partial L}{\partial \dot{x}}\right) - \dfrac{\partial L}{\partial x} = 0, \quad \dfrac{\mathrm{d}}{\mathrm{d}z}\left(\dfrac{\partial L}{\partial \dot{y}}\right) - \dfrac{\partial L}{\partial y} = 0$

$\qquad\qquad \downarrow$

光线方程 $\qquad \dfrac{\mathrm{d}}{\mathrm{d}s}\left(n\dfrac{\mathrm{d}\boldsymbol{r}}{\mathrm{d}s}\right) = \nabla n$

其中拉格朗日函数由式 (1.2.6) 给出. 定义光学广义动量

$$P_x = \frac{\partial L}{\partial \dot{x}} = \frac{n\dot{x}}{(1 + \dot{x}^2 + \dot{y}^2)^{1/2}} = n\frac{\mathrm{d}x}{\mathrm{d}s} \tag{1.2.28a}$$

$$P_y = \frac{\partial L}{\partial \dot{y}} = \frac{n\dot{y}}{(1 + \dot{x}^2 + \dot{y}^2)^{1/2}} = n\frac{\mathrm{d}y}{\mathrm{d}s} \tag{1.2.28b}$$

式 (1.2.28a) 和式 (1.2.28b) 中的 $\mathrm{d}x/\mathrm{d}s, \mathrm{d}y/\mathrm{d}s$ 是光线在 (x, y, z) 点沿 x、y 方向的方向余弦, P_x, P_y 称为**光方向余弦**.

定义光学哈密顿函数为

$$H = -L + P_x \dot{x} + P_y \dot{y} \tag{1.2.28}$$

作变量代换 $(x, y; \dot{x}, \dot{y}; z) \rightarrow (x, y; P_x, P_y; z)$, 光学拉格朗日函数 $L(x, y; \dot{x}, \dot{y}; z)$ 的微分为

$$\mathrm{d}L(x, y; \dot{x}, \dot{y}; z) = \frac{\partial L}{\partial x}\mathrm{d}x + \frac{\partial L}{\partial y}\mathrm{d}y + \frac{\partial L}{\partial \dot{x}}\mathrm{d}\dot{x} + \frac{\partial L}{\partial \dot{y}}\mathrm{d}\dot{y} + \frac{\partial L}{\partial z}\mathrm{d}z \tag{1.2.29}$$

根据拉格朗日方程及广义动量的定义, 有

$$
\begin{cases}
\dfrac{\partial L}{\partial x} = \dfrac{\mathrm{d}}{\mathrm{d}z}\left(\dfrac{\partial L}{\partial \dot{x}}\right) = \dfrac{\mathrm{d}P_x}{\mathrm{d}z} = \dot{P}_x \\[2mm]
\dfrac{\partial L}{\partial y} = \dfrac{\mathrm{d}}{\mathrm{d}z}\left(\dfrac{\partial L}{\partial \dot{y}}\right) = \dfrac{\mathrm{d}P_y}{\mathrm{d}z} = \dot{P}_y
\end{cases}
\tag{1.2.30}
$$

所以

$$
\mathrm{d}L(x, y; \dot{x}, \dot{y}; z) = \dot{P}_x \mathrm{d}x + \dot{P}_y \mathrm{d}y + P_x \mathrm{d}\dot{x} + P_y \mathrm{d}\dot{y} + \frac{\partial L}{\partial z}\mathrm{d}z
\tag{1.2.31}
$$

$$
\begin{aligned}
\mathrm{d}H = & -\mathrm{d}L + P_x \mathrm{d}\dot{x} + P_y \mathrm{d}\dot{y} + \dot{x}\mathrm{d}P_x + \dot{y}\mathrm{d}P_y \\
= & -\dot{P}_x \mathrm{d}x - \dot{P}_y \mathrm{d}y + \dot{x}\mathrm{d}P_x + \dot{y}\mathrm{d}P_y - \frac{\partial L}{\partial z}\mathrm{d}z
\end{aligned}
\tag{1.2.32}
$$

式中, H 为 $(x, y; P_x, P_y; z)$ 的函数:

$$
\mathrm{d}H = \frac{\partial H}{\partial x}\mathrm{d}x + \frac{\partial H}{\partial y}\mathrm{d}y + \frac{\partial H}{\partial P_x}\mathrm{d}P_x + \frac{\partial H}{\partial P_y}\mathrm{d}P_y + \frac{\partial H}{\partial z}\mathrm{d}z
\tag{1.2.33}
$$

对比式 (1.2.32) 和式 (1.2.33), 可得

$$
\begin{aligned}
\frac{\partial H}{\partial x} = -\dot{P}_x, \quad & \frac{\partial H}{\partial P_x} = \dot{x}, \quad \frac{\partial H}{\partial z} = -\frac{\partial L}{\partial z} \\
\frac{\partial H}{\partial y} = -\dot{P}_y, \quad & \frac{\partial H}{\partial P_y} = \dot{y}
\end{aligned}
\tag{1.2.34}
$$

式 (1.2.34) 称为**哈密顿正则方程**. 给定哈密顿函数 H, 便可由以上方程计算光路. 为了便于写出 H, 一般用折射率及光学方向余弦 (广义动量) 来表示, 即

$$
\begin{aligned}
H = & -L + P_x \dot{x} + P_y \dot{y} \\
= & -n(1 + \dot{x}^2 + \dot{y}^2)^{1/2} + \frac{n\dot{x}^2}{(1 + \dot{x}^2 + \dot{y}^2)^{1/2}} + \frac{n\dot{y}^2}{(1 + \dot{x}^2 + \dot{y}^2)^{1/2}} \\
= & \frac{-n}{(1 + \dot{x}^2 + \dot{y}^2)^{1/2}} = -\left[n^2 - \frac{n^2 \dot{x}^2}{1 + \dot{x}^2 + \dot{y}^2} - \frac{n^2 \dot{y}^2}{1 + \dot{x}^2 + \dot{y}^2}\right]^{1/2} \\
= & -[n^2 - P_x^2 - P_y^2]^{1/2}
\end{aligned}
\tag{1.2.35}
$$

此即光学哈密顿函数的表达式. 作为对比, 在力学中, 对稳定约束系统 H 等于力学体系的总能量.

1.2.3 哈密顿正则方程在近轴光学中的应用

对于旋转对称系统, 设

$$
u = x^2 + y^2, \quad v = p_x^2 + p_y^2
$$

则
$$H = -[n^2(u,z) - v]^{1/2}$$

把 H 作泰勒展开, 得

$$H(u,v,z) = H_0(z) + [H_1(z)u + H_2(z)v] + \cdots \tag{1.2.36}$$

式中

$$H_1(z) = \left.\frac{\partial H}{\partial u}\right|_{u=v=0}, \quad H_2(z) = \left.\frac{\partial H}{\partial v}\right|_{u=v=0}$$

在近轴近似下, H 取到 u、v 的一次方项 (高阶项对应于像差), 由哈密顿正则方程, 有

$$
\begin{cases}
\dot{x} = \dfrac{\partial H}{\partial P_x} = \dfrac{\partial H}{\partial v}\dfrac{\partial v}{\partial P_x} \approx 2H_2 P_x & (1.2.37\text{a})\\[3mm]
\dot{P}_x = \dfrac{-\partial H}{\partial x} = -\dfrac{\partial H}{\partial u}\dfrac{\partial u}{\partial x} \approx -2H_1 x & (1.2.37\text{b})
\end{cases}
$$

式中

$$H_1 = \left.\frac{\partial H}{\partial u}\right|_{u=v=0} = -\left.\frac{\partial n}{\partial u}\right|_{u=v=0}, \quad H_2 = \left.\frac{\partial H}{\partial v}\right|_{u=v=0} = \frac{1}{2n(0,z)}$$

式中, $n(0,z)$ 为沿轴的折射率分布. 故旋转轴对称光学系统在近轴近似下的哈密顿正则方程可写为

$$
\begin{cases}
\dot{x} = \dfrac{P_x}{n(0,z)} & (1.2.38\text{a})\\[3mm]
\dot{P}_x = 2x\left.\dfrac{\partial n}{\partial u}\right|_{u=v=0} & (1.2.38\text{b})
\end{cases}
$$

它是一阶常微分方程, 只要给出分布函数 $n(u,z)$ 及初始条件, 就可求出光线轨迹.

例 1　单折射球面

在图 1-7 所示的球面折射中, 球面方程为

$$z_{球面} = f(u) \approx \frac{u}{2R} + \frac{u^2}{8R^3} + \cdots$$

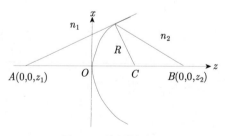

图 1-7　单折射球面

折射率分布为

$$n(x,y,z) = n_1 \Theta[f(u) - z] + n_2 \Theta[z - f(u)] \tag{1.2.39}$$

式中, $\Theta(x)$ 为单位阶跃函数

$$\Theta(x) = \begin{cases} 1, & x > 0 \\ 0, & x < 0 \end{cases}$$

把式 (1.2.39) 代入式 (1.2.38), 可得

$$\frac{n_2}{z_2} - \frac{n_1}{z_1} = \frac{n_2 - n_1}{R} \tag{1.2.40}$$

式中, $\phi = \dfrac{n_2 - n_1}{R}$ 为光焦度. 式 (1.2.40) 可改写为

$$n_1 \left(\frac{1}{R} - \frac{1}{z_1} \right) = n_2 \left(\frac{1}{R} - \frac{1}{z_2} \right) \tag{1.2.41}$$

式 (1.2.41) 即为阿贝 (折射) 不变量.

例 2 对于薄透镜, 可得

$$\frac{1}{z_2} - \frac{1}{z_1} = (n-1) \left(\frac{1}{R_1} - \frac{1}{R_2} \right) = \frac{1}{f} \tag{1.2.42}$$

1.2.4 程函方程

程函 (eikonal) 是一个十分重要的物理量. 标量波动方程为

$$\nabla^2 \psi + k_0^2 n^2 \psi = 0 \tag{1.2.43}$$

式中, ψ 表示电场的某一分量, $k_0 = \omega/c = 2\pi/\lambda_0$. 设式 (1.2.43) 的解为

$$\psi = \psi_0 \exp\{\mathrm{i}k_0 L(x,y,z)\} \tag{1.2.44}$$

式中, ψ_0、L 为 x、y、z 的缓变实函数, 把式 (1.2.44) 代入式 (1.2.43), 得

$$k_0^2[n^2 - (\nabla L)^2]\psi_0 + \mathrm{i}k_0(2\nabla s \cdot \nabla \psi_0 + \psi_0 \nabla^2 s) + \nabla^2 \psi_0 = 0$$

从实部得

$$(\nabla L)^2 = n^2 + \frac{1}{k_0^2 \psi_0} \nabla^2 \psi_0 \tag{1.2.45}$$

在 $\lambda_0 \to 0$ 的条件下 (或 ψ_0 是 x、y、z 的缓变函数, $\nabla^2 \psi_0 << k_0^2 \psi_0$), 有

$$(\nabla L)^2 = n^2 \tag{1.2.46}$$

式 (1.2.46) 称为**程函方程**, 它是几何光学的基本方程, 式中 L 为程函, $L(x, y, z) =$ 常数表示波前 (波阵面), 即等相位曲面.

例   从程函方程导出光线方程.

把光线定义为波阵面 $L(x, y, z)$ 等于常数的正交轨线 (图 1-8). 由程函方程 (1.2.46) 可得

$$|\nabla L| = n$$

式中, ΔL 的方向与 $\dfrac{\mathrm{d}\boldsymbol{r}}{\mathrm{d}s}$ (即光线方向单位矢量) 一致, 于是有

$$\nabla L = n \frac{\mathrm{d}\boldsymbol{r}}{\mathrm{d}s}$$

将上式对 s 取微商, 得到

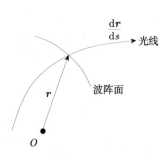

图 1-8 波阵面与光线的关系

$$\begin{aligned}
\frac{\mathrm{d}}{\mathrm{d}s}\left(n\frac{\mathrm{d}\boldsymbol{r}}{\mathrm{d}s}\right) &= \frac{\mathrm{d}}{\mathrm{d}s}(\nabla L) = \frac{\mathrm{d}\boldsymbol{r}}{\mathrm{d}s} \cdot \nabla(\nabla L) \\
&= \frac{1}{n}\nabla L \cdot \nabla(\nabla L) = \frac{1}{2n}\nabla[(\nabla L)^2] \\
&= \frac{1}{2n}\nabla n^2 = \nabla n
\end{aligned}$$

即得光线方程. 在上面的推导中用到了程函方程和以下微分关系:

$$\mathrm{d} = \mathrm{d}\boldsymbol{r} \cdot \nabla = \mathrm{d}x\frac{\partial}{\partial x} + \mathrm{d}y\frac{\partial}{\partial y} + \mathrm{d}z\frac{\partial}{\partial z}.$$

1.3 近 轴 光 学

1.3.1 光线变换矩阵的定义

光线是垂直于波面的射线, 它可由广义坐标 $\boldsymbol{r}$ 和广义动量 $\boldsymbol{P}$ 完全确定, 以 z 为参考光轴, 则

$$\boldsymbol{r} = \begin{pmatrix} x \\ y \end{pmatrix}, \quad \boldsymbol{P} = \begin{pmatrix} P_x \\ P_y \end{pmatrix} \tag{1.3.1}$$

$$P_x = \frac{n(x, y, z)\dot{x}}{(1 + \dot{x}^2 + \dot{y}^2)^{1/2}} = n\frac{\mathrm{d}x}{\mathrm{d}s}, \quad \dot{x} = \frac{\mathrm{d}x}{\mathrm{d}z} \tag{1.3.2}$$

$$P_y = \frac{n(x, y, z)\dot{y}}{(1 + \dot{x}^2 + \dot{y}^2)^{1/2}} = n\frac{\mathrm{d}y}{\mathrm{d}s}, \quad \dot{y} = \frac{\mathrm{d}y}{\mathrm{d}z} \tag{1.3.3}$$

对于近轴光线, 有

$$\begin{cases} P_x = n\dfrac{\mathrm{d}x}{\mathrm{d}z} = n\dot{x} \\ P_y = n\dfrac{\mathrm{d}y}{\mathrm{d}z} = n\dot{y} \end{cases} \tag{1.3.4}$$

选定光线参量为 $\boldsymbol{r}, \boldsymbol{r}'$, 得

$$\boldsymbol{r}' = \begin{pmatrix} \dfrac{P_x}{n} \\ \dfrac{P_y}{n} \end{pmatrix} = \begin{pmatrix} \dot{x} \\ \dot{y} \end{pmatrix}$$

对一个线性光学系统 (近轴光学系统), 有

$$\begin{pmatrix} \boldsymbol{r}_2 \\ \boldsymbol{r}_2' \end{pmatrix} = \overset{\leftrightarrow}{\boldsymbol{M}}_4 \begin{pmatrix} \boldsymbol{r}_1 \\ \boldsymbol{r}_1' \end{pmatrix} \tag{1.3.5}$$

式中, $\overset{\leftrightarrow}{\boldsymbol{M}}_4$ 为一个 4×4 阶矩阵. 对旋转对称系统 (图 1-9), 取 $r = x(\text{或}y)$, $r' = P_x/n(\text{或}P_y/n) = \dot{x}(\text{或}\dot{y})$, 有

$$\begin{pmatrix} r_2 \\ r_2' \end{pmatrix} = \overset{\leftrightarrow}{\boldsymbol{M}}_2 \begin{pmatrix} r_1 \\ r_1' \end{pmatrix}, \quad \overset{\leftrightarrow}{\boldsymbol{M}}_2 = \begin{pmatrix} a & b \\ c & d \end{pmatrix} \tag{1.3.6}$$

$\overset{\leftrightarrow}{\boldsymbol{M}}_2$ 称为光线变换矩阵, 或 $ABCD$ 矩阵, 它满足 $\det(\overset{\leftrightarrow}{\boldsymbol{M}}) = ad - bc = n_1/n_2$. 从式 (1.3.6) 有

$$\begin{cases} r_2 = ar_1 + br_1' \\ r_2' = cr_1 + dr_1' \end{cases}$$

式中, a、b、c、d 各量的数值及含义分别为

$$a = \left.\frac{r_2}{r_1}\right|_{r_1'=0} \quad (\text{线放大率}), \quad b = \left.\frac{r_2}{r_1'}\right|_{r_1=0} \quad (\text{有效厚度})$$

$$c = \left.\frac{r_2'}{r_1}\right|_{r_1'=0} \quad (\text{光焦度}), \quad d = \left.\frac{r_2'}{r_1'}\right|_{r_1=0} \quad (\text{角放大率}) \tag{1.3.7}$$

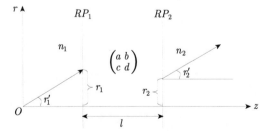

图 1-9 近轴旋转对称系统的光线变换

如图 1-10 所示, 对光线的线段长度 r 和角度 r' 规定以下**符号规则**:

(1) r 在光轴上方为正;

(2) r' 从光轴转向光线逆时针方向为正 (向右传输);

(3) r' 从光轴转向光线顺时针方向为正 (向左传输).

图 1-10   符号规则

对多个元件的光学系统, 其光线变换为

$$\frac{r_1}{r_1'} \left| \begin{pmatrix} a_1 & b_1 \\ c_1 & d_1 \end{pmatrix} \right| \cdots \left| \begin{pmatrix} a_i & b_i \\ c_i & d_i \end{pmatrix} \right| \cdots \left| \begin{pmatrix} a_n & b_n \\ c_n & d_n \end{pmatrix} \right| \frac{r_{n+1}}{r_{n+1}'}$$

$$\begin{pmatrix} r_{n+1} \\ r_{n+1}' \end{pmatrix} = \begin{pmatrix} a_n & b_n \\ c_n & d_n \end{pmatrix} \cdots \begin{pmatrix} a_i & b_i \\ c_i & d_i \end{pmatrix} \cdots \begin{pmatrix} a_1 & b_1 \\ c_1 & d_1 \end{pmatrix} \begin{pmatrix} r_1 \\ r_1' \end{pmatrix} \tag{1.3.8}$$

$$M = M_n \cdots M_i \cdots M_1$$

1.3.2   常见光学元件的变换矩阵

1. 均匀介质空间

将图 1-11 中的有关参数代入式 (1.3.7), 得

$$a = \left. \frac{r_2}{r_1} \right|_{r_1'=0} = 1, \quad b = \left. \frac{r_2}{r_1'} \right|_{r_1=0} = l$$

$$c = \left. \frac{r_2'}{r_1} \right|_{r_1'=0} = 0, \quad d = \left. \frac{r_2'}{r_1'} \right|_{r_1=0} = 1$$

因此均匀介质空间的光线变换矩阵为

$$\begin{pmatrix} a & b \\ c & d \end{pmatrix} = \begin{pmatrix} 1 & l \\ 0 & 1 \end{pmatrix} \tag{1.3.9}$$

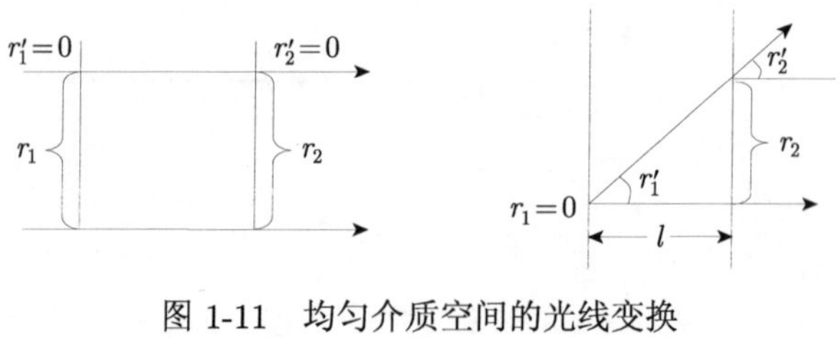

图 1-11   均匀介质空间的光线变换

2. 折射球面

由图 1-12 可知, 当 $r'_1 = 0$ 时,

$$r_2 = r_1, \quad r'_2 = \frac{n_1 - n_2}{n_2 R} r_1$$

当 $r_1 = 0$ 时,

$$r_2 = 0, \quad r'_2 = \frac{n_1}{n_2} r'_1$$

代入式 (1.3.7) 得

$$a = \left. \frac{r_2}{r_1} \right|_{r'_1 = 0} = 1, \quad b = 0$$

$$c = \frac{n_1 - n_2}{n_2 R}, \quad b = \frac{n_1}{n_2}$$

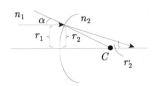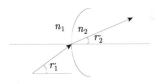

图 1-12 球面折射的光线变换

即折射球面的变换矩阵为

$$\begin{pmatrix} a & b \\ c & d \end{pmatrix} = \begin{pmatrix} 1 & 0 \\ \dfrac{n_1 - n_2}{n_2 R} & \dfrac{n_1}{n_2} \end{pmatrix} \tag{1.3.10}$$

对平面折射面, 令 $R \to \infty$, 得到其变换矩阵为

$$\begin{pmatrix} 1 & 0 \\ 0 & \dfrac{n_1}{n_2} \end{pmatrix}$$

厚透镜 (图 1-13) 的变换矩阵可用组合法得到

$$\overleftrightarrow{M} = \overleftrightarrow{M}_3 \overleftrightarrow{M}_2 \overleftrightarrow{M}_1$$

图 1-13 厚透镜的光学参数

薄透镜的变换矩阵可以从厚透镜的矩阵中令透镜的厚度 $l \to 0$ 得到

$$\begin{pmatrix} 1 & 0 \\ -\dfrac{1}{f} & 1 \end{pmatrix}$$

3. 类透镜介质

这类介质的光线变换矩阵可以用解光线方程的方法得到. 折射率分布函数为

$$n^2 = n_0^2 (1 - \alpha^2 r^2) \quad \text{或} \, n = n_0 (1 - \beta_0 r^2), \quad \beta_0 = \frac{\alpha^2}{2}$$

$$\frac{\mathrm{d}}{\mathrm{d}z}\left(n\frac{\mathrm{d}r}{\mathrm{d}z}\right) = \frac{\partial n}{\partial r} \tag{1.3.11}$$

当 $\beta_0 > 0$ 时, 为正透镜, 解方程 (1.3.11) 得到

$$r_2 = \cos(\alpha z)r_1 + \frac{1}{\alpha}\sin(\alpha z)r_1'$$

$$r_2' = -\alpha\sin(\alpha z)r_1 + \cos(\alpha z)r_1'$$

因此, 光线变换矩阵为

$$\begin{pmatrix} a & b \\ c & d \end{pmatrix} = \begin{pmatrix} \cos(\alpha z) & \dfrac{1}{\alpha}\sin(\alpha z) \\ -\alpha\sin(\alpha z) & \cos(\alpha z) \end{pmatrix} \tag{1.3.12}$$

$$ad - bc = 1$$

当 $\beta_0 < 0$ 时, 通过类似的方法得到光线变换矩阵为

$$\begin{pmatrix} a & b \\ c & d \end{pmatrix} = \begin{pmatrix} \mathrm{ch}(\alpha z) & \frac{1}{\alpha}\mathrm{sh}(\alpha z) \\ -\alpha\mathrm{sh}(\alpha z) & \mathrm{ch}(\alpha z) \end{pmatrix} \tag{1.3.13}$$

1.3.3   反向传输的变换矩阵

参考图 1-14(a), 若正向传输的光线变换矩阵为

$$\begin{pmatrix} r_2 \\ r_2' \end{pmatrix} = \begin{pmatrix} a & b \\ c & d \end{pmatrix}\begin{pmatrix} r_1 \\ r_1' \end{pmatrix} \tag{1.3.14}$$

则反向传输为

$$\begin{aligned}
\begin{pmatrix} r_2 \\ r_2' \end{pmatrix} &= \begin{pmatrix} 1 & 0 \\ 0 & -1 \end{pmatrix}\cdot\begin{pmatrix} a & b \\ c & d \end{pmatrix}^{-1}\begin{pmatrix} 1 & 0 \\ 0 & -1 \end{pmatrix}\cdot\begin{pmatrix} r_1 \\ r_1' \end{pmatrix} \\
&= \frac{1}{\det(\boldsymbol{M})}\begin{pmatrix} d & b \\ c & a \end{pmatrix}\begin{pmatrix} r_1 \\ r_1' \end{pmatrix} = \begin{pmatrix} a' & b' \\ c' & d' \end{pmatrix}\begin{pmatrix} r_1 \\ r_1' \end{pmatrix}
\end{aligned} \tag{1.3.15}$$

对于图 1-14(b) 所示的情况, 有

$$\text{正向传输矩阵}\begin{pmatrix} 1 & 0 \\ 0 & \dfrac{n_1}{n_2} \end{pmatrix}$$

$$\text{反向传输矩阵}\begin{pmatrix} 1 & 0 \\ 0 & \dfrac{n_2}{n_1} \end{pmatrix}$$

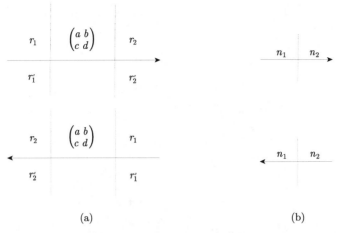

(a)   (b)

图 1-14　正向传输和反向传输

1.3.4　成像矩阵

我们知道, 光学成像可用两个公式来计算:

(1) 高斯公式　$\dfrac{f'}{s'} + \dfrac{f}{s} = 1$, 必须先计算主面, s、s' 从主面量起;

(2) 牛顿公式　$xx' = ff'$, 必须先计算焦面, x、x' 从焦面量起.

当用矩阵来处理成像时 (图 1-15), 从物面到像面的总变换矩阵为

$$\begin{pmatrix} A & B \\ C & D \end{pmatrix} = \begin{pmatrix} 1 & -v \\ 0 & 1 \end{pmatrix} \begin{pmatrix} a & b \\ c & d \end{pmatrix} \begin{pmatrix} 1 & u \\ 0 & 1 \end{pmatrix} = \begin{pmatrix} a - cv & au + b - v(cu + d) \\ c & cu + d \end{pmatrix} \tag{1.3.16}$$

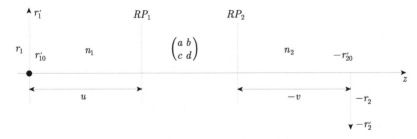

图 1-15　成像光学系统中的光线变换

成像条件必须满足

$$B = 0 \tag{1.3.17}$$

从式 (1.3.17) 可以得到成像的共轭距方程

$$v = \frac{au + b}{cu + d} \tag{1.3.18}$$

式 (1.3.18) 称为光学成像的 $ABCD$ 定律. 把薄透镜的光线变换矩阵代入式 (1.3.18), 可得

$$\frac{1}{u} - \frac{1}{v} = \frac{1}{f} \tag{1.3.19}$$

式 (1.3.19) 与薄透镜成像的高斯公式完全一致, 其中负号由符号规则决定. 从式 (1.3.16) 还可以得到成像的横向线放大率为

$$M_2 = A = a - cv \tag{1.3.20}$$

角放大率为

$$M_1 = D = cu + d \tag{1.3.21}$$

成像矩阵的行列式 $AD - BC = n_1/n_2$, 故

$$n_1 r_1 r'_{10} = n_2 r_2 r'_{20} \tag{1.3.22}$$

式 (1.3.22) 称为拉格朗日不变量或史密斯–亥姆霍兹不变量. 纵向放大率为

$$M_3 = \frac{\mathrm{d}v}{\mathrm{d}u} \tag{1.3.23}$$

$$(cu + d)(a - cv) = \frac{n_1}{n_2} \tag{1.3.24}$$

$$M_3 = \frac{\mathrm{d}v}{\mathrm{d}u} = \frac{a - cv}{cu + d} = \frac{n_1/n_2}{(cu + d)^2} = (a - cv)^2 \frac{n_2}{n_1} = \frac{M_2}{M_1} \tag{1.3.25}$$

$$M_2 = M_1 M_3 \tag{1.3.26}$$

故光学系统的成像矩阵可以写为

$$\begin{pmatrix} A & B \\ C & D \end{pmatrix} = \begin{pmatrix} M_2 & 0 \\ c & M_1 \end{pmatrix} \tag{1.3.27}$$

式中, c 为光焦度.

1.3.5   矩阵方法与常规方法之间的联系

应用式 (1.3.16), 可以求出焦面、主面、节面的位置. 设物距为 z_1, 像距为 $-z_2$, 则成像矩阵为

$$\begin{pmatrix} A & B \\ C & D \end{pmatrix} = \begin{pmatrix} 1 & -z_2 \\ 0 & 1 \end{pmatrix} \begin{pmatrix} a & b \\ c & d \end{pmatrix} \begin{pmatrix} 1 & z_1 \\ 0 & 1 \end{pmatrix} = \begin{pmatrix} a - cz_2 & az_1 + b - z_2(cz_1 + d) \\ c & cz_1 + d \end{pmatrix} \tag{1.3.28}$$

前焦面 从前焦面上某一点发出的所有光线, 不管入射角 r_1' 如何, 经过光学系统后将平行出射, 其条件是 $D = 0$, 因而前焦面的位置由下式确定:

$$S_1 = z_1 = -\frac{d}{c} \tag{1.3.29}$$

后焦面 以某一角度入射的平行光, 不管入射位置 r_1 如何, 经过光学系统后将汇聚在同一点, 其条件是 $A = 0$, 因而后焦面的位置由下式确定:

$$S_2 = -z_2 = -\frac{a}{c} \tag{1.3.30}$$

主平面 前后主平面是一对横向放大率 M_2 等于 1 的共轭面, 其条件是 $B = 0$, $A = 1$, $D = n_1/n_2$, 因而前后两个主面的位置分别由以下二式确定:

$$D = \frac{n_1}{n_2} \rightarrow h_1 = z_1 = -\frac{d - n_1/n_2}{c} \tag{1.3.31}$$

$$A = 1 \rightarrow h_2 = -z_2 = -\frac{a - 1}{c} \tag{1.3.32}$$

从主面量起的前后**焦距**分别为

$$\begin{cases} f_1 = S_1 - h_1 = -\dfrac{n_1}{n_2 c} & (1.3.33) \\[2mm] f_2 = S_2 - h_2 = -\dfrac{1}{c} & (1.3.34) \end{cases}$$

节面 前后节面是一对角放大率 M_1 等于 1 的共轭面, 其条件是 $B = 0, D = 1$, $A = n_1/n_2$, 因而前后两个节面的位置分别由以下二式确定:

$$\begin{cases} D = 1 \rightarrow h_1' = z_1 = -\dfrac{d - 1}{c} & (1.3.35) \\[2mm] A = \dfrac{n_1}{n_2} \rightarrow h_2' = -z_2 = -\dfrac{a - n_1/n_2}{c} & (1.3.36) \end{cases}$$

从上面可以看出, 当 $n_1 = n_2$ 时, 主面与节面重合

$$\begin{cases} h_1' = h_1 \\ h_2' = h_2 \end{cases} \tag{1.3.37}$$

1.4 光 线 追 迹

在设计光学仪器时, 通常可先用近轴光学方法给出各面的近似半径和各面间的距离, 按照已知的像差公式计算各面的近似形状和其间的距离, 但这些方法都是近似的. 为了更加精确地设计光学仪器, 可选出若干条通过全系统的具有代表性的光线, 通过逐次应用折射、反射定律和在空间的传输规律, 来准确地求出光线的路径. 这种方法称为**光线追踪法**.

1.4.1　斜子午光线

考虑一条来自轴外物点的斜子午光线的追迹. 如图 1-16 所示, A 是系统第一个面的极点, 且此面是以 C 点为球心而半径为 r 的球形折射面, 其左右两边介质的折射率分别为 n 和 n'; 入射光线为子午面上的 OP, OP 与轴的夹角为 u, 极点 A 到 OP 与轴交点 B 的距离为 $L = AB$; I 是入射光线与法线 PC 的夹角. 折射光线对应的量都用带撇的记号来表示.

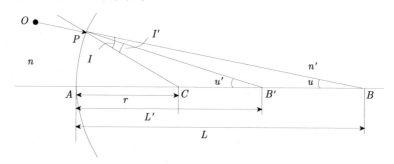

图 1-16　斜子午光线的追迹

符号规则如下:

(1) 光从左方入射, 当 C、B、B' 在 A 的右方时, 则 r、L、L' 为正;

(2) 光轴以 B(或 B') 为中心, 顺时针方向转动小于 90°, 就能与光线 PB'(或 PB') 重合, 则角度 u(或 u') 为正;

(3) 入射或折射光线以入射点 P 为中心, 顺时针方向转动小于 90° 能与法线 PC 重合, 则角度 I(或 I') 为正.

确定角度的符号时转动的次序为: 光轴 → 光线 → 法线.

例　已知入射光线的量 L 和 u, 求 L'、u'.

解　假定 L、r 都是有限值. 由 $\triangle PCB$ 中的几何关系, 得

$$\sin I = \frac{L - r}{r} \sin u \tag{1.4.1}$$

由折射定律可得

$$\sin I' = \frac{n}{n'} \sin I \tag{1.4.2}$$

由图 1-16 中的几何关系, 可得

$$u' = u + I - I' \tag{1.4.3}$$

再由 $\triangle PCB'$ 中的几何关系, 得

$$L' = \frac{\sin I'}{\sin u'} r + r \tag{1.4.4}$$

逐次应用式 (1.4.1)∼ 式 (1.4.4), 就可得到折射光线 PB' 的参量 L' 和 u', 对第二个面 (与第一个面的极点相距 $d > 0$), 有

$$L_2 = L_1' - d \tag{1.4.5}$$

$$u_2 = u_1' \tag{1.4.6}$$

式 (1.4.5)、式 (1.4.6) 是传递方程. 然后把式 (1.4.5)、式 (1.4.6) 代入式 (1.4.1)∼ 式 (1.4.4), 就得出通过第二个面的光线追迹了.

如果其中有一个面 (如第 k 面) 是反射镜面, 则在上述公式中令 $n_k' = -n_k$ 即可, 这时 d_k 必须取负值, 而且以后所有的折射率和 d 值也必须取负值, 除非发生第二次反射, 这时折射率和 d 又恢复正号.

如果入射光线平行于轴 $[L = \infty$, 图 1-17(a)], 则用 $\sin I = y/r$ 代替式 (1.4.1) 即可, 其中 y 为入射高度. 如果折射面是平面 $[r = \infty$, 图 1-17(b)], 则光线追迹公式为

$$\begin{cases} I = -u \\ \sin u' = \dfrac{n}{n'} \sin u \\ I' = -u' \\ L' = \dfrac{\tan u}{\tan u'} L, \quad 或 \ L' = \dfrac{n' \cos u'}{n \cos u} L \end{cases} \tag{1.4.7}$$

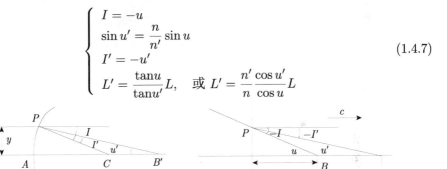

(a)   (b)

图 1-17 光线追踪的两个特例

(a) 入射光线平行于光轴; (b) 折射面是平面

1.4.2 傍轴光线的追迹

如果光线对光轴的倾角足够小, 即光线是傍轴的, 那么折射方程中各角的正弦可以用各角本身来近似地代替. 从而光线追迹方程可写为

$$\begin{cases} i = \dfrac{l - r}{r} u \\ i' = \dfrac{n}{n'} i \\ u' = u + i - i' \\ l' = \dfrac{i'}{u'} r + r \end{cases} \tag{1.4.8}$$

传递方程为

$$\begin{cases} l_2 = l'_1 - d \\ u_2 = u'_1 \end{cases} \tag{1.4.9}$$

对轴上物点发出的一条傍轴光线进行追迹, 可得横向放大率 $M = \dfrac{n_l}{n_l} \dfrac{u_1}{u_1}$, 下标 1 和 l 分别指第一种和最后一种介质. 对物从无穷远发出并位于适当高度 y_1 的一条傍轴光线进行追迹, 可得焦距 $f' = -y_1/u'_l$.

对设计孔径很大的光学系统时, 可能还需要对不交轴光线 (空间光线) 进行追迹.

1.5   初级像差理论

像差可以通过以下三种方法加以分析：① 光线追迹法, 它在光学设计中常用, 方法是选若干条具有代表性的光线, 求出它们的准确路径; ② 代数分析法, 其物理意义明确, 适合于初级像差的分析; ③ 衍射理论, 它是一种更精细的像差理论, 可以了解波阵面的具体形状.

1.5.1   波像差和光线像差

考虑一个旋转对称的光学系统. 设 P'_0、P'_1 和 P_1 分别是物点 P_0 发出的一条光线与入射光瞳平面、出射光瞳平面和高斯像平面的交点. 如果 P_1^* 是 P_0 的高斯像, 则矢量 $\delta_1 = \overrightarrow{P_1^* P_1}$ 称为光线的像差, 或简称**光线像差**(图 1-18).

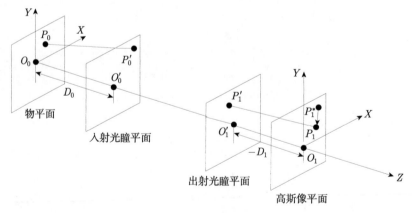

图 1-18   光线像差分析

设 W 是一个通过出射光瞳中心 O'_1 的波阵面, 它与从 P_0 到达像空间的成像光锥相关联. 在没有像差时, W 与一个中心在高斯像点 P_1^* 并通过 O'_1 的球面 S 重合. S 称为高斯参考球 (图 1-19). 设 Q 和 $\bar{Q}$ 分别是光线 $P'_1 P_1$ 与高斯参考球和波

阵面 W 的交点. 光程长度 $\Phi = [\overline{Q}Q]$ 可称为 Q 处波元的像差, 或简称**波像差**. 如果 $\overline{Q}$ 和 P_1 分别位于 Q 的两边, 这光程长度就作为正的. 在普通的仪器中, 波像差可大到 40 或 50 个波长, 但对于精密仪器 (如天文望远镜或显微镜), 波像差必须减小到一个波长的几分之一.

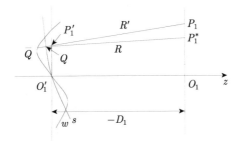

出射光瞳平面

图 1-19　波像差分析

波像差的表达式为

$$\Phi = [\overline{Q}Q] = \Phi(X_0, Y_0; X, Y) \tag{1.5.1}$$

式中, $(X_0, Y_0, 0)$ 为物点 P_0 的坐标, (X, Y, Z) 为 Q 的坐标. 取 O_1 为原点, 高斯参考球的半径为

$$R = (X_1^{*2} + Y_1^{*2} + D_1^2)^{1/2}$$

$$R' = [(X_1 - X)^2 + (Y_1 - Y)^2 + Z^2]^{1/2} = \overline{QP_1}$$

光线像差与波像差之间的关系为

$$\begin{cases} X_1 - X_1^* = \dfrac{R'}{n_1} \dfrac{\partial \Phi}{\partial x} \\[2mm] Y_1 - Y_1^* = \dfrac{R'}{n_1} \dfrac{\partial \Phi}{\partial y} \end{cases} \tag{1.5.2}$$

式 (1.5.2) 是精确的, 在大多数场合 $R' \approx R$. 对旋转对称的系统, Φ 只是通过 r_0^2、r^2 和 $\boldsymbol{r}_0 \cdot \boldsymbol{r}$ 这三种组合而依赖于这四个变量的.

$$r_0^2 = X_0^2 + Y_0^2, \quad r^2 = X^2 + Y^2, \quad \boldsymbol{r}_0 \cdot \boldsymbol{r} = X_0 X + Y_0 Y$$

则 Φ 的展开式可以表示为

$$\Phi = c(X_0^2 + Y_0^2) + \Phi^{(4)} + \Phi^{(6)} + \cdots \tag{1.5.3}$$

式中, c 为常数, $\Phi^{(2k)}$ 为 $2k$ 级的波像差, 最低一级像差 $\Phi^{(4)}$ 为 4 级波像差, 或初级像差、赛德尔像差 (Seidel aberration).

1.5.2　赛德尔变量

在物平面和像平面上分别引入了新的长度单位 l_0 和 l_1, 使得 $l_1/l_0 = M$(横向高斯放大率). 物面上的点用坐标 (x_0, y_0) 来表示, 像平面的点用坐标 (x_1, y_1) 来表示, 使得

$$x_0 = c\frac{X_0}{l_0}, \quad x_1 = c\frac{X_1}{l_1}$$

$$y_0 = c\frac{Y_0}{l_0}, \quad y_1 = c\frac{Y_1}{l_1} \tag{1.5.4}$$

式中, $P_0(X_0, Y_0)$ 为实际物点, $P_1(X_1, Y_1)$ 为与 P_0 对应之实际像点 P_1, c 为一个常数, 在高斯光学的精度范围内, $X_1 = X_1^* = MX_0, Y_1 = MY_0$, 故

$$x_1 = c\frac{X_1}{l_1} = c\frac{Mx_0}{Ml_0} = x_0, \quad y_1 = y_0$$

在入射光瞳平面和出射光瞳平面上分别引入新的长度单位 λ_0 和 λ_1, 使得 $\lambda_1/\lambda_0 = M'$(入瞳和出瞳之间的横向放大率). 对于图 1-18, 有

$$\begin{cases} \dfrac{X_0' - X_0}{D_0} = \dfrac{p_0}{n_0} \\ \dfrac{Y_0' - Y_0}{D_0} = \dfrac{q_0}{n_0} \end{cases} \tag{1.5.5}$$

式中, p_0、q_0 为光方向余弦. 在出射光瞳上情况类似, 只需把下标 "0" 换成 "1" 即可. 引入变量

$$\begin{cases} \xi_0 = \dfrac{X_0'}{\lambda_0} = \dfrac{X_0}{\lambda_0} + \dfrac{D_0 P_0}{\lambda_0 n_0}, \quad \xi_1 = \dfrac{X_1'}{\lambda_1} = \dfrac{X_1}{\lambda_1} + \dfrac{D_1 P_1}{\lambda_1 n_1} & \text{(1.5.6a)} \\ \eta_0 = \dfrac{Y_0'}{\lambda_0} = \dfrac{Y_0}{\lambda_0} + \dfrac{D_0 q_0}{\lambda_0 n_0}, \quad \eta_1 = \dfrac{Y_1'}{\lambda_1} = \dfrac{Y_1}{\lambda_1} + \dfrac{D_1 q_1}{\lambda_1 n_1} & \text{(1.5.6b)} \end{cases}$$

式中, (ξ_0, η_0) 为入射光瞳上的 $P_0'(X_0', Y_0')$ 点的赛德尔坐标, (ξ_1, η_1) 为出射光瞳上的 $P_1'(X_1', Y_1')$ 点的赛德尔坐标. 在高斯光学范围内 (无像差), $\xi_1 = \xi_0, \eta_1 = \eta_0$. 为了简化以后的计算, 选择 c 为

$$c = \frac{n_0 l_0 \lambda_0}{D_0} = \frac{n_1 l_1 \lambda_1}{D_1} \tag{1.5.7}$$

式 (1.5.4) 和式 (1.5.6) 所定义的这些量就是**赛德尔变量**. 像差函数可以利用赛德尔变量表示为

$$\Phi(X_0, Y_0; X_1', Y_1') = \varphi(x_0, y_0; \xi_1, \eta_1)$$

用赛德尔变量表示的光线像差与波像差之间的关系为

$$
\begin{cases}
x_1 - x_0 = -\dfrac{\partial \varphi}{\partial \xi_1} + o(D_1 \mu^5) & \text{(1.5.8a)} \\[3mm]
y_1 - y_0 = -\dfrac{\partial \varphi}{\partial \eta_1} + o(D_1 \mu^5) & \text{(1.5.8b)}
\end{cases}
$$

式中, (x_0, y_0) 为物面上的 $P_0(X_0, Y_0)$ 点的赛德尔坐标, 其中 (x_1, y_1) 是像面上的 $P_1(X_1, Y_1)$ 点的赛德尔坐标.

1.5.3 初级 (赛德尔) 像差

对轴对称系统, 四级波像差的一般表达式为

$$
\varphi^{(4)} = -\frac{1}{4} B\rho^4 - Ck^4 - \frac{1}{2} Dr^2\rho^2 + Er^2k^2 + F\rho^2k^2 \tag{1.5.9}
$$

式中, B、C、D、E、F 为常数. 根据三级光线像差与波像差之间的关系, 得

$$
\begin{cases}
\Delta^{(3)}x = x_1 - x_0 = \dfrac{n_1\lambda_1}{D_1}(X_1 - X_1^*) = -\dfrac{\partial\varphi}{\partial\xi_1} \\[2mm]
\qquad = x_0(2ck^2 - Er^2 - F\rho^2) + \xi_1(B\rho^2 + Dr^2 - 2Fk^2) \\[2mm]
\Delta^{(3)}y = y_1 - y_0 = \dfrac{n_1\lambda_1}{D_1}(Y_1 - Y_1^*) = -\dfrac{\partial\varphi}{\partial\eta_1} \\[2mm]
\qquad = y_0(2ck^2 - Er^2 - F\rho^2) + \eta_1(B\rho^2 + Dr^2 - 2Fk^2)
\end{cases}
\tag{1.5.10}
$$

因此, 总共有五种类型的最低级像差, 它们分别用 5 个系数 B、C、D、E 和 F 来表征, 通称为初级像差或赛德尔像差.

为便于讨论赛德尔像差的影响, 设 $x_0 = 0$, 即物点位于 yz 平面内, 引入极坐标

$$
\xi_1 = \rho\sin\theta, \quad \eta_1 = \rho\cos\theta \tag{1.5.11}
$$

则式 (1.5.9) 变为

$$
\varphi^{(4)} = -\frac{1}{4} B\rho^4 - Cy_0^2\rho^2\cos^2\theta - \frac{1}{2} Dy_0^2\rho^2 + Ey_0^3\rho\cos\theta + Fy_0\rho^3\cos\theta \tag{1.5.12}
$$

初级光线像差为

$$
\begin{cases}
\Delta^{(3)}x = B\rho^3\sin\theta - 2Fy_0\rho^2\sin\theta\cos\theta + Dy_0^2\rho\sin\theta \\[2mm]
\Delta^{(3)}y = B\rho^3\cos\theta - Fy_0\rho^2(1 + 2\cos^2\theta) + (2C+D)y_0^2\rho\cos\theta - Ey_0^3
\end{cases}
\tag{1.5.13}
$$

在特殊情况下, 当式 (1.5.12) 中所有系数均为零时 (实际上不可能), 出瞳上的波阵面与高斯参考面重合. 式 (1.5.12) 中的每一项代表波阵面对理想球面的一种特定类型的偏离.

1. 球面像差 ($B \neq 0$)

当除 B 外其他系数均为零时, 式 (1.5.13) 简化为

$$\Delta^{(3)}x = B\rho^3 \sin\theta$$
$$\Delta^{(3)}y = B\rho^3 \cos\theta \tag{1.5.14}$$

这时的像差曲线是同心圆, 其中心在高斯像点处, 半径随环带半径 ρ 的三次方增大, 但与物在视场中的位置 y_0 无关, 因此轴上及轴外点均有像差. 我们把这种像的缺陷称为**球面像差**或**球差**(图 1-20).

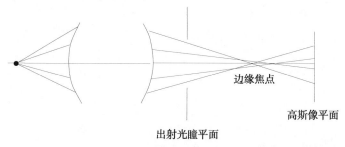

图 1-20   球面像差

如果在像区中垂直于轴放置一屏, 前后调节屏的位置, 则在某一位置处屏上的图像斑最小. 这个最小的像斑称为**最小模糊圈**, 其位置不一定在高斯像面处. 值得注意的是, 不一定要球面折射面才有球差.

2. 彗差 ($F \neq 0$)

式 (1.5.10) 中, 系数 F 表征的像差称为**彗差**. 根据式 (1.5.13), 这种情况下的光线像差分量为

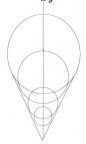

$$\begin{cases} \Delta^{(3)}x = -2Fy_0\rho^2 \sin\theta\cos\theta = -Fy_0\rho^2\sin 2\theta \\ \Delta^{(3)}y = -Fy_0\rho^2(1 + 2\cos^2\theta) = -Fy_0\rho^2(2 + \cos 2\theta) \end{cases} \tag{1.5.15}$$

彗差的像差曲线为一系列半径为 $|Fy_0\rho^2|$ 的不同心圆 (图 1-21), 中心偏离高斯像点, 位于 $(0, -2Fy_0\rho^2)$, 且与两条通过高斯像点并对 y 轴成 30° 倾角的直线相切. 当 ρ 取所有可能值时, 整个光斑为一个以两段直线及一段最大圆弧为界的区域, 图样的大小随 y_0 线性增大.

图 1-21   彗差

3. 像散 ($C \neq 0$) 和像场弯曲 ($D \neq 0$)

当除系数 C 和 D 外的其他所有系数均为零时, 由式 (1.5.13) 得到

$$\begin{cases} \Delta^{(3)}x = Dy_0^2\rho\sin\theta \\ \Delta^{(3)}y = (2C + D)y_0^2\rho\cos\theta \end{cases} \tag{1.5.16}$$

假定成像光锥很窄, 考虑来自物平面一有限区域内所有各点的光. 这时, 像空间中的焦线形成两个曲面, 即切向焦面和径向焦面 (图 1-22), 它们的曲率半径分别设为 R_t 和 R_s. 这两个曲率半径可用系数 C 和 D 来表示.

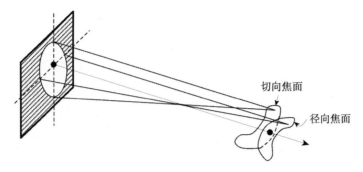

图 1-22 切向焦面和径向焦面

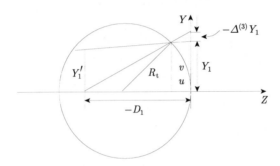

图 1-23 像散和像场弯曲

在像场弯曲的情况下, 用普通坐标更为方便. 结合图 1-23, 并作适当近似, 可以得到

$$
\begin{cases}
\Delta^{(3)} X_1 = \dfrac{Y_1^2}{2R_s} \dfrac{X_1'}{D_1} \\[3mm]
\Delta^{(3)} Y_1 = \dfrac{Y_1^2}{2R_t} \dfrac{Y_1'}{D_1}
\end{cases}
\tag{1.5.17}
$$

用赛德尔变量来表示这些关系式, 可得

$$
\begin{cases}
\Delta^{(3)} x = \dfrac{y_1^2 \xi_1}{2n_1 R_s} \\[3mm]
\Delta^{(3)} y = \dfrac{y_1^2 \eta_1}{2n_1 R_t}
\end{cases}
\tag{1.5.18}
$$

式中, y_1 可用 y_0 代替. 根据式 (1.5.16) 及式 (1.5.11), 有

$$
\frac{1}{R_t} = 2n_1(2C + D) \qquad\qquad \text{—— 切向场曲} \tag{1.5.19}
$$

$$\frac{1}{R_s} = 2n_1 D \qquad\qquad —— \text{径向场曲} \qquad (1.5.20)$$

$$\frac{1}{R} = \frac{1}{2}\left(\frac{1}{R_t} + \frac{1}{R_s}\right) = 2n_1(C+D) \qquad —— \text{场曲} \qquad (1.5.21)$$

$$\frac{1}{2}\left(\frac{1}{R_t} - \frac{1}{R_s}\right) = 2n_1 C \qquad —— \text{像散} \qquad (1.5.22)$$

在无像散时 ($C=0$), $R_t = R_s = R$, R 可由系统中各面的曲率半径及所有介质的折射率算出.

4. 畸变 ($E \neq 0$)

当仅有系数 E 不为零时, 根据式 (1.5.13) 得到

$$\begin{cases} \Delta^{(3)}x = 0 \\ \Delta^{(3)}y = -Ey_0^3 \end{cases} \qquad (1.5.23)$$

式 (1.5.23) 与 ρ, θ 无关, 可见为无像散成像. 但这时像离轴的距离不再与物离轴的距离成正比, 这种像差称为**畸变**. 畸变发生时, 物平面上不通过原点的直线, 在像平面上将发生弯曲. 根据 E 值正负的不同, 可分为桶形畸变 ($E>0$) 和枕形畸变 ($E<0$) 两种情况, 如图 1-24 所示.

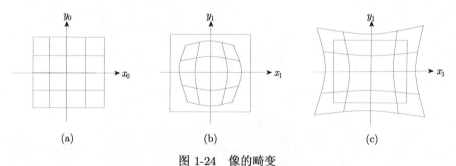

图 1-24　像的畸变

(a) 物; (b) 桶形畸变; (c) 枕形畸变

以上各种像差的影响是不同的, 其中球差、彗差、像散使像不清晰; 而场曲和畸变则改变像的位置与形状. 实际的光学系统不可能同时消除所有初级和高级像差, 在设计时要考虑像差平衡问题.

1.5.4　一般共轴透镜系统的初级像差系数

轴对称系统的四级波像差为

$$\varphi^{(4)} = -\frac{1}{4}B\rho^4 - Ck^4 - \frac{1}{2}Dr^2\rho^2 + Er^2k^2 + F\rho^2k^2 \qquad (1.5.24)$$

式中, 等号右边的五项分别反映球差、像散、场曲、畸变和彗差五种像差, 其中

$$\rho^2 = \xi_1^2 + \eta_1^2, \quad r^2 = x_0^2 + y_0^2, \quad k^2 = x_0\xi_1 + y_0\eta_1 \tag{1.5.25}$$

式中, (x_0, y_0) 为物面上一点 P_0 的坐标, (ξ, η_1) 为出瞳处一点 P_1' 的坐标.

当采用赛德尔变量的结果时, 可得**初级像差的相加定理**: 一个共轴系统的每一种初级像差系数, 是这个系统中各个面相应的像差系数之和 (若采用普通变量就不会如此). 因此, 一般共轴系统初级像差系数的问题简化为计算系统中各个面相应系数的问题.

共轴透镜系统的初级像差系数的一般公式见《光学原理》. 由像散和场曲系数, 可导出一个有意义的关系:

$$C - D = \frac{1}{2} \sum_i \frac{1}{r_i} \left(\frac{1}{n_i} - \frac{1}{n_{i-1}} \right) \tag{1.5.26}$$

式中, r_i 为第 i 个面的曲率半径, n_i 为第 i 个面后方介质的折射率, n_{i-1} 为第 i 个面前方介质的折射率. 设 n_α 表示最后的介质的折射率, 由 1.4 节可知, C、D 决定径向和切向场曲, 则像散为

$$\frac{1}{2} \left(\frac{1}{R_t} - \frac{1}{R_s} \right) = 2n_\alpha C, \quad C = \frac{1}{4n_\alpha} \left(\frac{1}{R_t} - \frac{1}{R_s} \right) \tag{1.5.27}$$

径向场曲为

$$\frac{1}{R_s} = 2n_\alpha D, \quad D = \frac{1}{2n_\alpha} \frac{1}{R_s} \tag{1.5.28}$$

因此

$$\frac{1}{R_t} - \frac{3}{R_s} = 2n_\alpha \sum_i \frac{1}{r_i} \left(\frac{1}{n_i} - \frac{1}{n_{i-1}} \right) \tag{1.5.29}$$

式 (1.5.29) 为两个焦面的曲率之间的关系式, 它只包含系统诸折射面的半径以及相应的折射率. 如果一个系统没有球面像差、彗差和像散, 则在一个半径 $R_s = R_t = R$ 的曲面上形成一个锐像, 根据式 (1.5.29), 这一曲面半径由

$$\frac{1}{R} = -n_\alpha \sum_i \frac{1}{r_i} \left(\frac{1}{n_i} - \frac{1}{n_{i-1}} \right) \tag{1.5.30}$$

给出. 此结果称为佩茨瓦尔定理. 而

$$\sum_i \frac{1}{r_i} \left(\frac{1}{n_i} - \frac{1}{n_{i-1}} \right) = 0 \tag{1.5.31}$$

称为佩茨瓦尔条件. 在赛德尔理论范围内, 它是像场为平面的必要条件.

不论是否有像差, 一个球面若与两个焦面相切于公共轴点, 且球面半径 R 由式 (1.5.30) 给出, 则此球面称为佩茨瓦尔面.

根据式 (1.5.29) 和式 (1.5.30), 径向焦面、切向焦面和佩茨瓦尔面三者的曲率半径的关系为

$$\frac{3}{R_t} - \frac{1}{R_s} = \frac{2}{R} \tag{1.5.32}$$

例　薄透镜的初级像差 (图 1-25)

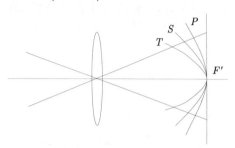

图 1-25　薄透镜的初级像差

1. 正弦条件

$$n_1 y_1 \sin \gamma_1 = n_0 y_0 \sin \gamma_0 \tag{1.5.33}$$

式中, 各量如图 1-26 所示, 它是物面上轴点近邻的小区域通过任一角发散度的光锥锐成像的条件 (消除了球差和彗差). 如果 γ_0、γ_1 很小, 正弦条件即为拉格朗日关系.

图 1-26　正弦条件和赫谢尔条件图示

2. 赫谢尔条件

$$n_1 y_1 \sin\left(\frac{\gamma_1}{2}\right) = n_0 y_0 \sin\left(\frac{\gamma_0}{2}\right) \tag{1.5.34}$$

或

$$n_1 z_1 \sin^2\left(\frac{\gamma_1}{2}\right) = n_0 z_0 \sin^2\left(\frac{\gamma_0}{2}\right) \tag{1.5.35}$$

这时 O_0 附近的纵向轴元将通过任一发散度的光锥锐成像, 除非 $\gamma_1 = \gamma_0$, 否则二者不能同时满足. 当 $\gamma_1 = \gamma_0$ 时, 有

$$\frac{y_1}{y_0} = \frac{z_1}{z_0} = \frac{n_0}{n_1} \tag{1.5.36}$$

即这时的横向放大率和轴向放大率均必定等于物空间和像空间的折射率之比.

1.5.5 色差

折射率 n 是波长 λ 的函数, 由此而产生**色差**. 即当一束复色光入射到折射面上时, 将分解为一组波长各不相同的光线, 彼此沿着稍微不同的方向传播.

在傍轴光学近似下, 每个波长的成像都遵守高斯光学的定律. 这时的色差称为**一级色差**或**初级色差**. 如图 1-27 所示, 设 Q_α 和 Q_β 是同一点 P 由两种不同波长所成的像, $Q_\alpha Q_\beta$ 在平行和垂直于轴方向上的投影, 分别成为纵向色差和横向色差.

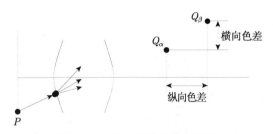

图 1-27　纵向色差和横向色差

对于如图 1-28(a) 所示的单个薄透镜, 有

$$\frac{1}{f} = (n-1)\left(\frac{1}{r_1} - \frac{1}{r_2}\right)$$

$$\delta[(n-1)f] = 0$$

$$\frac{\delta f}{f} + \frac{\delta n}{n-1} = 0 \tag{1.5.37}$$

式中, δf 为折射率改变 δn 引起的焦距改变量.

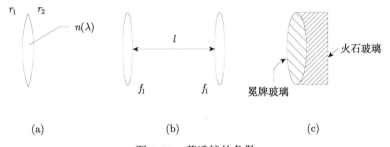

(a)　　　　　　　　(b)　　　　　　　　(c)

图 1-28　薄透镜的色散

(a) 单个薄透镜; (b) 两个薄透镜组合; (c) 双胶合透镜

设 n_F、n_D 和 n_C 分别是对夫琅禾费 F(蓝)、D(黄) 和 C(红) 三条谱线 (λ=486.1nm, 589.3nm, 659.3nm) 的折射率, 定义**色散本领**为

$$\Delta = \frac{n_F - n_C}{n_D - 1} \tag{1.5.38}$$

由式 (1.5.37) 看出, Δ 近似地等于物在无穷远时, 红像与蓝像间的距离与透镜焦距之比, 相应的 $\Delta \approx 1/60 \sim 1/30$, Δ 是对材料色散特性的描述.

要得到高质量的像, 单色像差和色差都必须很小. 但一般不可能同时消去单色像差和色差, 通常只要消去两个特定波长的色差就足够了, 这些波长的选择取决于设计此光学系统的目的. 对两个波长消色差, 不保证完全消色差, 剩余的色差通常称为第二级光谱 (次级光谱).

我们来研究图 1-28(b) 所示的透镜组对焦距消色差的条件. 相距为 l 的两个薄透镜组合的焦距倒数为

$$\frac{1}{f} = \frac{1}{f_1} + \frac{1}{f_2} - \frac{l}{f_1 f_2} \tag{1.5.39}$$

两边取微分得

$$\frac{\delta f}{f^2} = \frac{\delta f_1}{f_1^2} + \frac{\delta f_2}{f_2^2} - \frac{l}{f_1 f_2} \left(\frac{\delta f_1}{f_1} + \frac{\delta f_2}{f_2} \right) \tag{1.5.40}$$

当

$$\frac{\delta f_1}{f_1^2} + \frac{\delta f_2}{f_2^2} - \frac{l}{f_1 f_2} \left(\frac{\delta f_1}{f_1} + \frac{\delta f_2}{f_2} \right) = 0$$

时

$$\delta f = 0 \tag{1.5.41}$$

如果对 C 和 F 谱线消色差, 利用式 (1.5.37) 和式 (1.5.38) 有

$$l = \frac{\Delta_1 f_2 + \Delta_2 f_1}{\Delta_1 + \Delta_2} \tag{1.5.42}$$

式中, Δ_1、Δ_2 为两个透镜的色散本领.

对上述结果, 我们来讨论两种情况.

1. 双胶合透镜

图 1-28(c) 所示的两个密合在一起的薄透镜可以起到减小色差的作用. 这种情况下, $l = 0$, 由式 (1.5.42), 有

$$\frac{\Delta_1}{f_1} + \frac{\Delta_2}{f_2} = 0 \tag{1.5.43}$$

$$\frac{1}{f_1} = \frac{1}{f} \frac{\Delta_2}{\Delta_2 - \Delta_1} \tag{1.5.44}$$

$$\frac{1}{f_2} = -\frac{1}{f} \frac{\Delta_1}{\Delta_2 - \Delta_1} \tag{1.5.45}$$

对给定的玻璃和 f, f_1、f_2 由式 (1.5.44)、式 (1.5.45) 唯一确定, 但是 f_1 和 f_2 随三个曲率半径而定. 因此, 有一个半径可任意选取, 这个自由度有时用来使球面像差尽可能减小.

2. 同材料双透镜

当两个透镜使用相同的玻璃时, $\Delta_1 = \Delta_2$, 令其间距等于它们的焦距之和的一半, 即 $l = (f_1 + f_2)/2$, 由式 (1.5.24) 可知这样的透镜组合可以获得消色差的效果.

最后我们指出, 由几个元件组成的仪器, 一般不能对位置和放大率二者都消色差, 除非每个元件本身做到对此二者都消色差. 下面将对相距 l 的两个共轴薄透镜的情况证明这一点.

由图 1-29 可知

$$\frac{Y_1'}{Y_1} = -\frac{\xi_1'}{\xi_1}, \quad \frac{Y_2'}{Y_2} = -\frac{\xi_2'}{\xi_2} \tag{1.5.46}$$

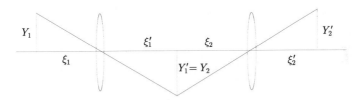

图 1-29 用两个薄透镜实现消色差

因为 $Y_2 = Y_1'$, 所以放大率为

$$\frac{Y_2'}{Y_1} = \frac{\xi_1'}{\xi_1} \cdot \frac{\xi_2'}{\xi_2} \tag{1.5.47}$$

当波长改变时, ξ_1 不变. 假定像的位置是消色差的, ξ_2' 也将不变. 因此, 放大率消色差的条件为

$$\delta\left(\frac{\xi_1'}{\xi_2}\right) = \frac{1}{\xi_2^2}(\xi_2\delta\xi_1' - \xi_1'\delta\xi_2) = 0 \tag{1.5.48}$$

由于

$$\xi_1' + \xi_2 = l \tag{1.5.49}$$

故

$$\delta\xi_1' = -\delta\xi_2 \tag{1.5.50}$$

可见只有在 $\delta\xi_1' = \delta\xi_2 = 0$, 即每个透镜都是消色差时, 才能达到倍率消色差.

1.6 几何光学与波动光学的过渡

1.6.1 波动光学过渡到几何光学

波动光学的基本方程为

$$\nabla^2\varphi - \frac{n^2}{c^2}\frac{\partial^2\varphi}{\partial t^2} = 0 \tag{1.6.1}$$

式中, n 为介质的折射率, c 为真空中的光速, φ 为光波的电场分量.

设上述波动方程解的形式为

$$\varphi(x, y, z, t) = e^{A(x,y,z)} e^{ik_0[s(x,y,z)-ct]} \tag{1.6.2}$$

式中, $e^{A(x,y,z)}$ 为振幅, $s(x,y,z)$ 为程函, $k_0 = 2\pi/\lambda_0$. 将

$$\nabla\varphi = \varphi\nabla(A + ik_0 s) \tag{1.6.3}$$

$$\begin{aligned}
\nabla^2\varphi &= \varphi\{\nabla^2(A + ik_0 s) + [\nabla(A + ik_0 s)]^2\} \\
&= \varphi[\nabla^2 A + ik_0\nabla^2 s + (\nabla A)^2 - k_0^2(\nabla s)^2 + 2ik_0\nabla A \cdot \nabla s]
\end{aligned} \tag{1.6.4}$$

$$\frac{\partial^2\varphi}{\partial t^2} = (ik_0 c)^2\varphi = -k_0^2 c^2\varphi \tag{1.6.5}$$

代入波动方程, 得

$$[\nabla^2 A + (\nabla A)^2 - k_0^2(\nabla s)^2 + k_0^2 n^2]\varphi + ik_0(2\nabla A \cdot \nabla s + \nabla^2 s)\varphi = 0 \tag{1.6.6}$$

所以

$$\begin{cases}
\nabla^2 A + (\nabla A)^2 - k_0^2[(\nabla s)^2 - n^2] = 0 & \tag{1.6.7} \\
\nabla^2 s + 2\nabla A \cdot \nabla s = 0 & \tag{1.6.8}
\end{cases}$$

如果波长 λ 很小, 则在波长的数量级内, 折射率平缓变化, 因而振幅因子 $e^{A(x,y,z)}$ 中的 $A(x, y, z)$ 也平缓变化, 所以, 当 $\lambda \to 0$ 时, 式 (1.6.7) 化为程函方程

$$(\nabla s)^2 = n^2 \tag{1.6.9}$$

$s =$ 常数的曲面叫做波面, 其正交曲线就是几何光学中的 "光线", 光线的方向余弦应为 $\dfrac{\partial s}{\partial x}, \dfrac{\partial s}{\partial y}, \dfrac{\partial s}{\partial z}$, 即 ∇s.

在均匀介质内, n 为常数, $\nabla s =$ 常数, 意指波面的形状不变, 光线沿直线传播, 如图 1-30(a) 示.

在非均匀介质里, $n(x, y, z)$ 与位置有关, 波面形状要发生变化, 而光线沿波面法向传播, 光线必然弯曲 [图 1-30(b)、(c)].

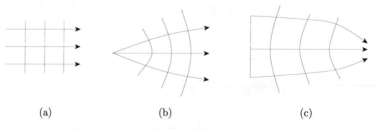

(a)   (b)   (c)

图 1-30   介质中的波面形状和光线方向的关系

(a) 均匀介质; (b)、(c) 非均匀介质

由程函方程可推得光线方程:

$$\frac{\mathrm{d}}{\mathrm{d}s}\left(n\frac{\mathrm{d}\boldsymbol{r}}{\mathrm{d}s}\right) = \nabla n \tag{1.6.10}$$

由波动光学的波动方程出发, 在 $\lambda \to 0$ 的近似条件下可得到几何光学的程函方程. 进而可推得光线方程, 可见几何光学是波动光学在 $\lambda \to 0$ 的极限情形.

1.6.2 几何光学到波动光学

波动光学在 $\lambda \to 0$ 时可由几何光学得到. 类似地, 波动力学 (量子力学) 在德布罗意波长 $\lambda \to 0$ 时可以由经典力学得到.

经典力学中的力学量可用量子力学中算符表示. 例如,

动量算符:

$$\hat{P} = -\mathrm{i}\hbar\nabla \tag{1.6.11}$$

哈密顿算符:

$$\hat{H} = -\frac{\hbar^2}{2m}\nabla^2 \tag{1.6.12}$$

薛定谔方程:

$$\mathrm{i}\hbar\frac{\partial\psi}{\partial t} = -\frac{\hbar^2}{2m}\nabla^2\psi \tag{1.6.13}$$

即

$$\mathrm{i}\hbar\frac{\partial\psi}{\partial t} = \hat{H}\psi \tag{1.6.14}$$

式中, $\hbar = \dfrac{h}{2\pi}$, h 为普朗克常量, ψ 为波函数, 德布罗意波波长为

$$\lambda = \frac{h}{P} = \frac{2\pi\hbar}{P}$$

几何光学中, 与经典力学中动量对应的是广义动量, 或称光方向余弦. 类比于量子力学的动量算符表示, 把光方向余弦用算符表示为

$$\hat{P}_x = -\mathrm{i}g\frac{\partial}{\partial x}, \quad \hat{P}_y = -\mathrm{i}g\frac{\partial}{\partial y} \tag{1.6.15}$$

式中, g 为一未知常数, 对应于量子力学中的 $\hbar$. 取光线传输方向 z 为 "时间" 参量, 相应地有

$$\hat{H} = \mathrm{i}g\frac{\partial}{\partial z}$$

光学哈密顿函数:

$$H = -(n^2 - P_x^2 - P_y^2)^{1/2} \tag{1.6.16}$$

算符化:

$$\hat{H} = -\left(n^2 + g^2\frac{\partial^2}{\partial x^2} + g^2\frac{\partial^2}{\partial y^2}\right)^{1/2} \tag{1.6.17}$$

由对应关系, 可以直接写出类似的光学薛定谔方程:

$$\mathrm{i}g\frac{\partial\psi}{\partial z} = \hat{H}\psi \tag{1.6.18}$$

由式 (1.6.18) 出发可推出波动光学的基本方程 —— 波动方程. 用光学哈密顿算符作用于式 (1.6.18), 得

$$\mathrm{i}g\frac{\partial}{\partial z}\hat{H}\psi = \hat{H}\hat{H}\psi$$

即

$$-g^2\frac{\partial^2\psi}{\partial z^2} = (n^2 - \hat{P}_x^2 - P_y^2)\psi \tag{1.6.19}$$

把 $\hat{P}_x$、$\hat{P}_y$ 代入式 (1.6.19), 得

$$\left(\frac{\partial^2}{\partial x^2} + \frac{\partial^2}{\partial y^2} + \frac{\partial^2}{\partial z^2}\right)\psi + \frac{n^2}{g^2}\psi = 0 \tag{1.6.20}$$

不含时间的波动方程为

$$\nabla^2\psi + n^2 k_0^2\psi = 0 \tag{1.6.21}$$

对比式 (1.6.20) 和式 (1.6.21), 有

$$g = \frac{1}{k_0} = \frac{\lambda_0}{2\pi}$$

可见 g 的作用的确类似于量子力学中的 $\hbar$. 当波动光学的 $\lambda \to 0$, 也即 $g \to 0$ 时, 就过渡到几何光学.

1.6.3　光线量子力学理论

对光纤通信、集成光学中的问题应用光场量子化理论, 可以建立起一套光线量子力学的理论, 它适用于限制在有限厚介质薄膜中定向运动的光场量子化. 光线量子力学理论可以解释光纤通信、光集成的理论和技术, 光在致密介质中传输时发生的新现象, 以及有关的新工艺技术、新元器件等. 这一理论可以看成光的一种理论模型, 即光的**流线波粒二象性**模型. 对此, 我们从以下几个方面加以讨论.

1. 光场流线结构模型

在介质薄层内传输的光场是由一束沿传输方向的无穷多几何流线构成. 这束光流线具有波线双重属性.

(1) 在光传输方向上的横截面上, 流线的密度由光场强度确定;

(2) 光流线的线迹遵守几何光学的费马原理;

(3) 光流线的结构模型既不否定光的波动性, 也不否定光的粒子性, 而且具有双重性的本质.

用光流线模型研究光在致密介质中的传输特性可以不必过分地追究细微的光子量子, 也不必过分地追究分解元波, 只用两个独立的空间位移坐标 (x, y) 和三个角度 θ_1、θ_2、θ_3 参量 (流线与传输方向夹角) 来描述流线运动.

2. 光线力学的原理

从几何光学的基本原理出发, 对光场作出力学理论的描述称为**光线力学**, 实际上为哈密顿光学.

由费马原理

$$\delta \int n(x, y, z)\mathrm{d}s = 0 \tag{1.6.22}$$

拉氏函数

$$L(x, y, z; \dot{x}, \dot{y}) = n(x, y, z)\sqrt{1 + \dot{x}^2 + \dot{y}^2} \tag{1.6.23}$$

广义动量

$$P_x = \frac{\partial L}{\partial \dot{x}}, \quad P_y = \frac{\partial L}{\partial \dot{y}} \tag{1.6.24}$$

得到光线哈密顿函数为

$$H(x, y; P_x, P_y) = -L + P_x\dot{x} + P_y\dot{y} = -(n^2 - P_x^2 - P_y^2)^{1/2} \tag{1.6.25}$$

取傍轴近似 $(P_x^2, P_y^2 << n^2)$, 在近轴情况光学哈密顿将向非相对论的情况过渡. 对式 (1.6.25) 作级数展开, 取一级近似, 可得

$$H = \frac{P_x^2 + P_y^2}{2n_0} - n \tag{1.6.26}$$

式中, n_0 为常数, 它与 n 的关系为

$$n = n_0 - \Delta n, \quad \Delta n << n_0 \tag{1.6.27}$$

对比经典力学

$$H = \frac{P^2}{2m} + V \tag{1.6.28}$$

我们可以发现下述对应关系:

$$傍轴光线近似 \longleftrightarrow 非相对论力学$$
$$非傍轴光线力学 \longleftrightarrow 相对论经典力学$$
$$折射率\ n\ 相当于势阱 \longleftrightarrow ``光线折射率势阱"$$

3. 光线量子力学的基本原理

在光线力学的基础上, 按量子力学的一般原则, 对力学量进行量子化, 可以得到光线量子力学的基本方程.

引进光线量子常数

$$g = \frac{\lambda_0}{2\pi}$$

式中, λ_0 为真空中的波长.

取光线传输方向 z 为 "时间" 参量, 对力学量算符简化, 有

(1) 坐标

$$x, \quad y$$

(2) 动量

$$\hat{P}_x = -ig\frac{\partial}{\partial x}, \quad \hat{P}_y = -ig\frac{\partial}{\partial y}$$

(3) 哈密顿量

$$\hat{H} = ig\frac{\partial}{\partial z}, \quad \hat{H}^2 = n^2 - \hat{P}_x^2 - \hat{P}_y^2$$

(4) 非相对论哈密顿算符

$$\hat{H} = \frac{\hat{P}_x^2 + \hat{P}_y^2}{2n_0} - n$$

由算符的等价性, 得

$$-g^2\frac{\partial^2\psi}{\partial z^2} = (n^2 - \hat{P}_x^2 - \hat{P}_y^2)\psi$$

即

$$\nabla^2\psi + \frac{n^2}{g^2}\psi = 0 \tag{1.6.29}$$

式 (1.6.29) 称为光线相对论性量子力学方程, 也称 K-G 方程.

标量波动方程为

$$\nabla^2\psi + n^2 k_0^2\psi = 0 \tag{1.6.30}$$

$$g^2 = \frac{1}{k_0^2} = \left(\frac{\lambda_0}{2\pi}\right)^2 \tag{1.6.31}$$

光线量子力学中的**光线流**为具有波粒二象性的流线. $|\psi|^2$ 表示在 ds 面元上光线流的概率密度.

傍轴光线量子力学方程 (非相对论量子力学方程) 为

$$ig\frac{\partial\psi}{\partial z} = -\frac{g^2}{2n_0}\left(\frac{\partial^2\psi}{\partial x^2} + \frac{\partial^2\psi}{\partial y^2}\right) - n\psi \tag{1.6.32}$$

相对论性量子力学方程和非相对论量子力学方程描述了介质薄膜中沿光场运动方向的光流线分布. 在横截面 ds(对给定 z 点) 面上的光流线密度由光流线分布函数 ψ 的模量平方确定, ψ 满足归一化条件.

取平面波为试探光流线分布函数

$$\psi = \psi_0(x,y)\mathrm{e}^{-\mathrm{i}\beta z} \tag{1.6.33}$$

式中, β 为沿 z 方向的传播常数. 将式 (1.6.34) 代入非相对论的方程中得

$$-\frac{g^2}{2n_0}\left(\frac{\partial^2\psi_0}{\partial x^2}+\frac{\partial^2\psi_0}{\partial y^2}\right)-n\psi_0 = g\beta\psi_0 \tag{1.6.34}$$

给定折射率势函数 n, 可以求解入射波的振幅, 但 n 不能太复杂. 一般来说, 现在光波导所遇到的问题都是可以解决的.

4. 光线量子力学的有关公式

1) 本征参量的对易关系

$$[x,\hat{P}_x]=\mathrm{i}g, \quad [y,\hat{P}_y]=\mathrm{i}g$$

$$[x,y]=[x,\hat{P}_y]=[y,\hat{P}_x]=[\hat{P}_x,\hat{P}_y]=0 \tag{1.6.35}$$

2) 平均值公式

对以满足归一化条件的波函数 $\psi(\boldsymbol{r},t)$ 描述的状态, 坐标 $\boldsymbol{r}$ 的平均值为

$$\langle\boldsymbol{r}\rangle=\int_{-\infty}^{\infty}|\psi(\boldsymbol{r},t)|^2\boldsymbol{r}\mathrm{d}\boldsymbol{r}=\int_{-\infty}^{\infty}\psi^*(\boldsymbol{r},t)\boldsymbol{r}\psi(\boldsymbol{r},t)\mathrm{d}\boldsymbol{r} \tag{1.6.36}$$

坐标 $\boldsymbol{r}$ 的函数 $f(\boldsymbol{r})$ 的平均值为

$$\langle f(\boldsymbol{r})\rangle=\int_{-\infty}^{\infty}\psi^*(\boldsymbol{r},t)f(\boldsymbol{r})\psi(\boldsymbol{r},t)\mathrm{d}\boldsymbol{r} \tag{1.6.37}$$

对任何光线流算符 $\hat{F}$, 有

$$\langle\hat{F}\rangle=\int\psi^*\hat{F}\psi\mathrm{d}s \tag{1.6.38}$$

3) 不确定性关系 —— 光束质量

设 $\hat{A}$ 和 $\hat{B}$ 为两个不对易的线性厄米算符. 根据不确定性原理, 有

$$\left[\left\langle(\Delta\hat{A})^2\right\rangle\left\langle(\Delta\hat{B})^2\right\rangle\right]^{1/2}\geqslant\frac{1}{2}\left|\left\langle\hat{A},\hat{B}\right\rangle\right| \tag{1.6.39}$$

不确定性原理是微观粒子运动的基本规律, 它是波粒二象性和波函数统计解释导致的必然结果. 对光线量子力学, 有如下的形式:

$$\Delta x\cdot\Delta P_x\geqslant\frac{1}{2}g=\frac{\lambda_0}{4\pi} \tag{1.6.40}$$

式中, ΔP 为光流线斜率的测量精度.

第2章 光的波动性与矢量性

根据麦克斯韦的电磁波理论, 光是具有一定频率范围的电磁波. 整个电磁波谱包括无线电波、微波、太赫兹波、红外光、可见光 (颜色从红到紫)、紫外光、X 射线和 γ 射线 (图 2-1). 本章将利用麦克斯韦的电磁波理论处理光传播的基本问题.

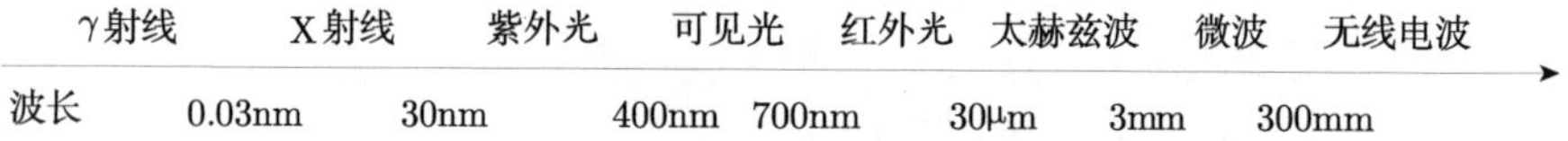

γ射线	X 射线	紫外光	可见光	红外光	太赫兹波	微波	无线电波
波长	0.03nm	30nm	400nm 700nm		30μm	3mm	300mm

图 2-1 电磁波谱

2.1 波 动 方 程

在真空中的一点上, 电磁态可由两个矢量来表示, 即电场 $\boldsymbol{E}$ 和磁场 $\boldsymbol{H}$. 在静态情况下, 也就是当两个场不随时间变化时, $\boldsymbol{E}$ 和 $\boldsymbol{H}$ 是相互独立的, 且分别由在整个空间中的电荷和电流分布所确定. 然而在动态的情况下, 两个场是相互联系的. 两者的空间和时间导数是由旋度方程相联系:

$$\nabla \times \boldsymbol{E} = -\mu_0 \frac{\partial \boldsymbol{H}}{\partial t} \tag{2.1.1}$$

$$\nabla \times \boldsymbol{H} = \varepsilon_0 \frac{\partial \boldsymbol{E}}{\partial t} \tag{2.1.2}$$

式 (2.1.1) 和式 (2.1.2) 表示变化的磁场产生电场, 变化的电场产生磁场. 如果在该点不存在自由电荷, $\boldsymbol{E}$、$\boldsymbol{H}$ 的散度满足

$$\nabla \cdot \boldsymbol{E} = 0 \tag{2.1.3}$$

$$\nabla \cdot \boldsymbol{H} = 0 \tag{2.1.4}$$

式 (2.1.4) 意味着不存在自由磁单极. 以上四个方程称为真空中的麦克斯韦方程组, 这些方程是真空中的电磁场的基本微分方程.

常数 μ_0 称为**真空磁导率**, 其精确值为 $4\pi \times 10^{-7}$H/m. 常数 ε_0 称为**真空电容率**, 其数值必须由测量确定, ε_0 的值精确到四位有效数字为 8.854×10^{-12}F/m.

对方程 (2.1.1) 和方程 (2.1.2) 两边取旋度或时间导数, 并利用对时间或空间的微分次序可以颠倒的关系, 可得

$$\nabla \times (\nabla \times \boldsymbol{E}) = -\mu_0 \varepsilon_0 \frac{\partial^2 \boldsymbol{E}}{\partial t^2} \tag{2.1.5}$$

$$\nabla \times (\nabla \times \boldsymbol{H}) = -\mu_0 \varepsilon_0 \frac{\partial^2 \boldsymbol{H}}{\partial t^2} \tag{2.1.6}$$

利用矢量运算的恒等式

$$\nabla \times (\nabla \times \ ) \equiv \nabla(\nabla \cdot \ ) - \nabla^2(\ ) \tag{2.1.7}$$

以及散度条件 (2.1.3) 和式 (2.1.4), 可得

$$\nabla^2 \boldsymbol{E} = \frac{1}{c^2} \frac{\partial^2 \boldsymbol{E}}{\partial t^2} \tag{2.1.8a}$$

$$\nabla^2 \boldsymbol{H} = \frac{1}{c^2} \frac{\partial^2 \boldsymbol{H}}{\partial t^2} \tag{2.1.8b}$$

式中

$$c = (\mu_0 \varepsilon_0)^{-1/2} \tag{2.1.9}$$

由此可见, 场 $\boldsymbol{E}$ 和 $\boldsymbol{H}$ 满足同样形式的微分方程. 这类方程称为**波动方程**, 它表示场 $\boldsymbol{E}$ 和 $\boldsymbol{H}$ 的变化是以常数 c 值的速度通过真空传播的.

如果采用直角坐标并把矢量的波动方程分解成分量, 则 $\boldsymbol{E}$ 和 $\boldsymbol{H}$ 的每一个分量满足普遍的标量波动方程

$$\frac{\partial^2 U}{\partial x^2} + \frac{\partial^2 U}{\partial y^2} + \frac{\partial^2 U}{\partial z^2} = \frac{1}{u^2} \frac{\partial^2 U}{\partial t^2} \tag{2.1.10}$$

即

$$\Delta U = \frac{1}{u^2} \frac{\partial^2 U}{\partial t^2} \tag{2.1.11}$$

式中, Δ 是拉普拉斯算子 (Laplacian), U 代表任何一个场分量 E_x、E_y、E_z、H_x、H_y、H_z, U 代表波速.

2.2 光波的表示

2.2.1 一维平面波

对于 U 的空间变化仅发生在某一个特殊的坐标方向, 如 z 方向的特殊情况, 方程 (2.1.10) 变成一维波动方程

$$\frac{\partial^2 U}{\partial z^2} = \frac{1}{u^2} \frac{\partial^2 U}{\partial t^2} \tag{2.2.1}$$

容易证明函数

$$U(z,t) = U_0 \cos(kz - \omega t) \tag{2.2.2}$$

是波动方程 (2.2.1) 的解, 只要常数 ω 和 k 的比值等于常数 u 便可, 即

$$u = \frac{\omega}{k} \tag{2.2.3}$$

方程 (2.2.2) 表示一种沿 $+z$ 方向传播的平面谐波. 常数 ω、k 和 u 分别称为角频率、角波数和相速度. 沿 $-z$ 方向传播的波可表示为

$$U(z,t) = U_0 \cos(kz + \omega t) \tag{2.2.4}$$

2.2.2   三维平面波

容易证明, 函数

$$U = U_0 \exp\{i(\boldsymbol{k} \cdot \boldsymbol{r} - \omega t)\} \tag{2.2.5}$$

满足三维波动方程 (2.1.10), 式中方位矢量 $\boldsymbol{r}$ 和波矢量 (或传播矢量)$\boldsymbol{k}$ 分别可用其分量表示为

$$\boldsymbol{r} = \boldsymbol{i}x + \boldsymbol{j}y + \boldsymbol{k}z \tag{2.2.6}$$

$$\boldsymbol{k} = \boldsymbol{i}k_x + \boldsymbol{j}k_y + \boldsymbol{k}k_z \tag{2.2.7}$$

波矢量的大小等于波数, 即

$$|\boldsymbol{k}| = k = (k_x^2 + k_y^2 + k_z^2)^{1/2} \tag{2.2.8}$$

由 $\boldsymbol{k} \cdot \boldsymbol{r} - \omega t=$ 常数所确定的一组平面称为等相面. 这些波面以相速度 u 沿 $\boldsymbol{k}$ 方向运动, 显然

$$u = \frac{\omega}{k} = \frac{\omega}{\sqrt{k_x^2 + k_y^2 + k_z^2}} \tag{2.2.9}$$

方程 (2.2.5) 表示沿 $\boldsymbol{k}$ 方向传播的平面波. 当然, 该式也可用其实部表示, 但采用复指数表示式更为方便, 因为它在代数运算上比三角函数表示式更为简明.

2.2.3   球面波

在球面坐标 (r, θ, φ) 中有

$$\begin{cases} x = r \sin\theta \cos\varphi \\ y = r \sin\theta \sin\varphi \\ z = r \cos\theta \end{cases} \tag{2.2.10}$$

拉普拉斯算符 Δ 为

$$\Delta = \frac{1}{r^2}\frac{\partial}{\partial r}\left(r^2\frac{\partial}{\partial r}\right) + \frac{1}{r^2\sin\theta}\frac{\partial}{\partial\theta}\left(\sin\theta\frac{\partial}{\partial\theta}\right) + \frac{1}{r^2\sin^2\theta}\frac{\partial^2}{\partial\varphi^2} \tag{2.2.11}$$

在球对称情况下, Δ 的后两项为零

$$\Delta = \frac{1}{r^2}\frac{\partial}{\partial r}\left(r^2\frac{\partial}{\partial r}\right) = \frac{\partial^2}{\partial r^2} + \frac{2}{r}\frac{\partial}{\partial r} \tag{2.2.12}$$

此时标量波动方程变为

$$\frac{1}{r}\frac{\partial^2(rU)}{\partial r^2} - \frac{1}{u^2}\frac{\partial^2 U}{\partial t^2} = 0 \tag{2.2.13}$$

式 (2.2.13) 的解为

$$U = \frac{U_0}{r}f(r - ut) \quad \text{或} U = \frac{U_0}{r}g(r + ut) \tag{2.2.14}$$

式中, f、g 为任意的函数, U_0 为常数. 简谐振荡的球面波则可表达为

$$U = \frac{U_0}{r}\exp\{\mathrm{i}(kr \mp \omega t)\} \tag{2.2.15}$$

式中, "—" 号代表从原点向外发散的球面波, "+" 号代表向原点会聚的球面波.

2.2.4 柱面波

在柱面坐标 $(\rho,\,\theta,\,z)$ 中有

$$\begin{cases} x = \rho\cos\theta \\ y = \rho\sin\theta \\ z = z \end{cases} \tag{2.2.16}$$

拉普拉斯算符为

$$\Delta = \frac{1}{\rho}\frac{\partial}{\partial\rho}\left(\rho\frac{\partial}{\partial\rho}\right) + \frac{1}{\rho^2}\frac{\partial^2}{\partial\theta^2} + \frac{\partial^2}{\partial z^2} \tag{2.2.17}$$

波动方程变为

$$\frac{1}{\rho}\frac{\partial}{\partial\rho}\left(\rho\frac{\partial U}{\partial\rho}\right) + \frac{1}{\rho^2}\frac{\partial^2 U}{\partial\theta^2} + \frac{\partial^2 U}{\partial z^2} - \frac{1}{u^2}\frac{\partial^2 U}{\partial t^2} = 0 \tag{2.2.18}$$

可以证明, 下式满足波动方程 (2.2.18), 它表示发散柱面波.

$$U = \frac{U_0}{\sqrt{\rho}}\exp\{\mathrm{i}(k\rho - \omega t)\} \tag{2.2.19}$$

2.2.5   几种重要的光束

1. 贝塞尔光束

容易证明, 函数

$$U(\rho, z, t) = U_0 \mathrm{J}_0(\alpha\rho) \exp\{\mathrm{i}(\beta z - \omega t)\} \tag{2.2.20}$$

是在柱面坐标 (ρ, θ, z) 下的波动方程 (2.2.18) 的严格解, 式中

$$\alpha^2 + \beta^2 = k^2 = \left(\frac{\omega}{c}\right)^2 \tag{2.2.21}$$

$\mathrm{J}_0(\alpha\rho)$ 为零阶第一类贝塞尔函数. 式 (2.2.20) 表示的波函数称为零阶贝塞尔光束, 可以看到贝塞尔光束的相速度 $v_\varphi = \dfrac{\omega}{\beta} > c$. 它在横向平面上的光强

$$I(\rho, \theta, z) = |U_0 \mathrm{J}_0(\alpha\rho)|^2 \tag{2.2.22}$$

与传输距离 z 无关, 因而具有 "无衍射" 的特性. 但 $I(\rho, \theta, z)$ 对整个横平面的积分为无穷大, 因此理想无衍射贝塞尔光束须具有无限大的能量, 不可能构造出来, 而截断贝塞尔光束在实验上是有可能实现的.

2. 余弦光束

可以证明, 函数

$$U(x, y, z, t) = U_0 \cos(k_x x) \cos(k_y y) \exp[\mathrm{i}(k_z z - wt)] \tag{2.2.23}$$

是直角坐标下三维波动方程 (2.1.10) 的严格解, 式中

$$k_x^2 + k_y^2 + k_z^2 = k^2 = \left(\frac{\omega}{c}\right)^2 \tag{2.2.24}$$

与贝塞尔光束一样, 余弦 (cos) 光束也不是平方可积的, 即式 (2.2.23) 表示的余弦光束具有无限能量, 在实际上不能实现, 而截断余弦光束具有有限的能量, 在实验上可以实现.

以上列举的平面波、球面波、柱面波、贝塞尔光束、余弦光束等均为波动方程的严格解, 它们在实际上均不能严格实现, 但作为实际光波的理想情况, 可以近似实现, 而且它们的传输特性比较容易了解, 经常作为理论模型使用.

3. 高斯光束

设波动方程的解具有如下形式:

$$U(x, y, z, t) = u(x, y, z) \exp[\mathrm{i}(kz - \omega t)] \tag{2.2.25}$$

代入式 (2.1.10), 得到

$$\frac{\partial^2 u}{\partial x^2} + \frac{\partial^2 u}{\partial y^2} + \frac{\partial^2 u}{\partial z^2} - 2ik\frac{\partial u}{\partial z} = 0 \qquad (2.2.26)$$

在近轴条件下, $|\partial u/\partial z| \ll k\,|u|$, 式 (2.2.26) 变为

$$\frac{\partial^2 u}{\partial x^2} + \frac{\partial^2 u}{\partial y^2} - 2ik\frac{\partial u}{\partial z} = 0 \qquad (2.2.27)$$

式 (2.2.27) 为在近轴近似下的波动方程, 亦即薛定谔方程. 容易验证, 下式是式 (2.2.27) 的解:

$$u(x, y, z) = \frac{\sqrt{2}}{\sqrt{\pi}w} \exp(i\phi) \exp\left(-\frac{x^2 + y^2}{w^2}\right) \exp\left[-\frac{ik}{2R}\left(x^2 + y^2\right)\right] \qquad (2.2.28)$$

式中, $w^2 = w_0^2\left(1 + z^2/z_0^2\right)$ 为高斯光束束宽的平方, $R(z) = z\left(1 + z_0^2/z^2\right)$ 为高斯光束等相面曲率半径, $\tan\phi = z/z_0$, $z_0 = \pi w_0^2/\lambda$, w_0 为光束束腰光斑尺寸. 图 2-2 给出了高斯光束的光斑尺寸和波前曲率随传输距离的变化关系.

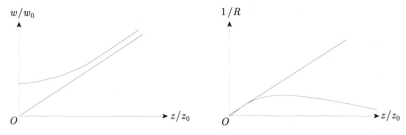

图 2-2　高斯光束的光斑尺寸和波前曲率随传输距离的变化

值得注意的是, 高斯光束不是波动方程 (2.1.10) 的严格解, 而只是缓变包络条件下的近似解, 但它可以很好地描写实际的激光束.

高斯光束的等效传播常数 k_{eff} 满足

$$\int_0^z k_{\text{eff}}dz = kz - \phi \qquad (2.2.29)$$

式中, ϕ 为纵向相位移动, $\phi = \arctan(z/z_0)$, $z_0 = \pi w_0^2/\lambda$. 因此

$$k_{\text{eff}} = k - \frac{d\phi}{dz} = k - \frac{z_0}{z^2 + z_0^2} \qquad (2.2.30)$$

高斯光束的相速度为

$$u = \frac{\omega}{k_{\text{eff}}} = \frac{\omega}{k - z_0/(z^2 + z_0^2)} > \frac{\omega}{k} = c \qquad (2.2.31)$$

特别在束腰处

$$u = \frac{\omega}{k_{\text{eff}}} = \frac{\omega}{k - z_0^{-1}} \tag{2.2.32}$$

因此, 高斯光束的相速度大于真空中的光速 c. 产生这一现象的原因是: 高斯光束是由许多平面波叠加组成的, 从而是有限束宽的非均匀波.

4. 椭圆高斯光束

上面式 (2.2.28) 表达的是圆对称的高斯光束. 实际上并非所有的激光束都是圆对称的, 如半导体激光, 这一类激光束可以用椭圆高斯光束来描写. 一般的椭圆高斯光束可以表示成张量的形式

$$E(\boldsymbol{r}_1) = \exp \left\{ -\frac{\mathrm{i}k}{2} \boldsymbol{r}_1^{\mathrm{T}} \overset{\leftrightarrow}{\boldsymbol{Q}}_1^{-1} \boldsymbol{r}_1 \right\} \tag{2.2.33}$$

式中, $k = 2\pi/\lambda$ 为波矢的大小, λ 为波长, $\boldsymbol{r}_1$ 为位置矢量, $\boldsymbol{r}_1^{\mathrm{T}} = (x_1 \ \ y_1)$, $\overset{\leftrightarrow}{\boldsymbol{Q}}_1^{-1}$ 被称为复曲率张量, 由下式给出:

$$\overset{\leftrightarrow}{\boldsymbol{Q}}_1^{-1} = \begin{pmatrix} q_{1xx}^{-1} & q_{1xy}^{-1} \\ q_{1xy}^{-1} & q_{1yy}^{-1} \end{pmatrix} \tag{2.2.34}$$

椭圆高斯光束经过光学系统的传输和变换可用张量 $ABCD$ 定律来处理 [1].

2.3   光的传播速度

关于光的传播速度, 我们分以下几点加以简单的讨论.

1. 真空中的光速

由式 (2.1.9), 在 MKS 单位制中, 光在真空中的传播速度为

$$c = (\mu_0 \varepsilon_0)^{-1/2} = (4\pi \times 10^{-7} \varepsilon_0)^{-1/2} \approx 3 \times 10^8 \mathrm{m/s} \tag{2.3.1}$$

光速的测量方法有间接法和直接法. 间接法是通过测定真空电容率 ε_0 来求得 c. 直接法包括旋转齿轮法、旋转镜法、克尔盒快门等. 在激光出现以前, 光速的最精确值是由 Bergstrand 于 1951 年测定的, 其值为 $(299\ 793)\pm0.3\mathrm{km/s}$. 激光出现以后, c 的最精确测定已由 Evanson 及合作者于 1972 年完成, 其结果为

$$c = (299\ 792\ 456.2 \pm 1.1)\mathrm{m/s} \tag{2.3.2}$$

2. 介质中的光速

电磁波在介质中的传播速度 u 为

$$u = (\mu_{\mathrm{r}} \mu_0 \varepsilon_{\mathrm{r}} \varepsilon_0)^{-1/2} = c(\mu_{\mathrm{r}} \varepsilon_{\mathrm{r}})^{-1/2} \tag{2.3.3}$$

式中, μ_r 为介质的相对磁导率, ε_r 为介质的相对电容率或介电常数.

折射率 n 定义为真空中光速与介质中光速之比, 因此

$$\frac{c}{u} = n = (\mu_\mathrm{r}\varepsilon_\mathrm{r})^{1/2} \tag{2.3.4}$$

实际上, 折射率是随辐射的频率而变化的, 所有的透明光学介质都是如此, 即存在色散. 由于玻璃的色散, 棱镜可把组成光的各种颜色分解开来. 为了解释色散, 必须考虑光所通过的光学介质中电子的实际运动. 色散的理论将在第 6 章中详细讨论.

3. 群速度

假定两列波具有稍微不同的角频率, 并分别用 $\omega + \Delta\omega$ 和 $\omega - \Delta\omega$ 来表示. 一般来说, 其相应的波数也是不同的, 并分别用 $k + \Delta k$ 和 $k - \Delta k$ 表示. 假定两列波具有相同的振幅 U_0, 并沿相同方向传播, 如沿 z 方向传播. 那么两列波的叠加为

$$\begin{aligned} U &= U_0 \exp\{\mathrm{i}[(k + \Delta k)z - (\omega + \Delta\omega)t]\} + U_0 \exp\{\mathrm{i}[(k - \Delta k)z - (\omega - \Delta\omega)t]\} \\ &= U_0 \exp\{\mathrm{i}(kz - \omega t)\}\{\exp\{\mathrm{i}(z\Delta k - t\Delta\omega)\} + \exp\{-\mathrm{i}(z\Delta k - t\Delta\omega)\} \\ &= 2U_0 \exp\{\mathrm{i}(kz - \omega t)\}\cos(z\Delta k - t\Delta\omega) \end{aligned} \tag{2.3.5}$$

它表示调制包络为 $\cos(z\Delta k - t\Delta\omega)$ 的单列波 $2U_0 \exp\{\mathrm{i}(kz - \omega t)\}$. 这个调制包络不按单个波的相速度 ω/k 传播, 而是按照比值 $\Delta\omega/\Delta k$ 传播, $\Delta\omega/\Delta k$ 称为群速度, 以 u_g 表示 (图 2-3, 图中的横轴代表变量 t 或 z 中的一个而另一个保持不变), 在极限情况下为

$$u_\mathrm{g} = \frac{\mathrm{d}\omega}{\mathrm{d}k} \tag{2.3.6}$$

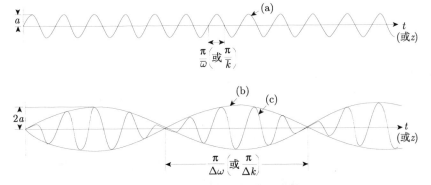

图 2-3　由两列波组成的简单波群

(a) 波 $a\cos(\bar\omega t - \bar k z)$; (b) 波群包络 $2a\cos(t\Delta\omega - z\Delta k)$; (c) 波群 $2a\cos(t\Delta\omega - z\Delta k)\cos(\bar\omega t - \bar k z)$

在所有的光学介质中, 相速度 u 是角频率 ω 的函数, 这就是上文提及的色散现象. 在折射率 $n = c/u$ 随频率或波长按已知方式变化的介质中, 我们可以写出

$$\omega = ku = \frac{kc}{n} \tag{2.3.7}$$

因此

$$u_{\mathrm{g}} = \frac{\mathrm{d}\omega}{\mathrm{d}k} = \frac{c}{n} + kc\frac{\mathrm{d}}{\mathrm{d}k}\left(\frac{1}{n}\right) = u\left(1 - \frac{k}{n}\frac{\mathrm{d}n}{\mathrm{d}k}\right) \tag{2.3.8}$$

为了实际计算群速度, 往往采用如下公式:

$$u_{\mathrm{g}} = u - \lambda\frac{\mathrm{d}u}{\mathrm{d}\lambda} \tag{2.3.9}$$

$$\frac{1}{u_{\mathrm{g}}} = \frac{1}{u} - \frac{\lambda_0}{c}\frac{\mathrm{d}n}{\mathrm{d}\lambda_0} = \frac{1}{u} + \frac{1}{\lambda_0}\frac{\mathrm{d}n}{\mathrm{d}v} \tag{2.3.10}$$

式中, λ_0 为真空中的波长.

容易证明, 在折射率 n 为常数的介质中, 相速度等于群速度, 特别是在真空中, $u_{\mathrm{g}} = u = c$. 从式 (2.3.10) 可以看出, 当 $\mathrm{d}n/\mathrm{d}v > 0$ 时 (正常色散), $u_{\mathrm{g}} < u$. 当 $\mathrm{d}n/\mathrm{d}v < 0$ 时 (反常色散), $u_{\mathrm{g}} > u$, 情况正好相反.

显然, 群速度 u_{g} 本身常为频率的函数. 然而, 倘若一定的调制波长占一个狭小的频率范围的话, 那么群速度便是极易确定的并且是唯一的, 近乎单色光的脉冲便属于这种情况.

4. 超慢群速度与超快群速度

近年来, 人们利用电磁感应透明技术 (EIT) 可以把光速减慢到接近于零, 同时利用增益补偿的反常色散介质使得群速度超过真空中的光速, 或产生负的群速度, 引起了学术界的广泛关注, 并有可能产生一些新的应用, 但对其物理解释尚存在争议. 详见本书第 8 章.

5. Gouy 相移

Gouy 相移是指当一束会聚波从 $-\infty$ 到 $+\infty$ 经过其焦点时, 将有 $n\pi/2$ 的附加轴向相位移动. 对于线聚焦 (柱面波) 时, n 等于 1. 对于点聚焦 (球面波) 时, n 等于 2. 这一现象最先由 Gouy 于 1898 年在实验上发现, 并对任何波 (包括声波) 均存在. Gouy 相移在光学中是一个重要的现象, 它可以解释从初级波面上产生的 Huygens 次级子波中的相位超前. 对于基模高斯光束, Gouy 相移为 $\phi = \arctan(z/z_0)$, 它还决定了激光谐振腔中的谐振频率. 在非线性光学中, Gouy 相移影响到由聚焦光束产生的奇数次谐波产生的效率. 最近, 我们发现在时域中也有类似的现象, 详见本书第 10 章.

2.4 能流 坡印亭矢量

光的矢量性研究光场中电场和磁场的矢量关系, 以及能量的传播方向. 在 2.1 节中我们已经指出, 电磁波的电场和磁场的不同笛卡儿分量各自满足同样的基本波动方程:

$$\nabla^2 U = \frac{1}{u^2} \frac{\partial^2 U}{\partial t^2} \tag{2.4.1}$$

电磁波的电场和磁场之间存在一个确定的关系, 通过麦克斯韦旋度方程相联系. 对于复指数形式的平面波

$$U = U_0 \exp\{i(\boldsymbol{k} \cdot \boldsymbol{r} - \omega t)] \tag{2.4.2}$$

并且存在下列关系:

$$\nabla \exp\{i(\boldsymbol{k} \cdot \boldsymbol{r} - \omega t)\} = i\boldsymbol{k} \exp\{i(\boldsymbol{k} \cdot \boldsymbol{r} - \omega t)\} \tag{2.4.3}$$

$$\frac{\partial}{\partial t} \exp\{i(\boldsymbol{k} \cdot \boldsymbol{r} - \omega t)\} = -i\omega \exp\{i(\boldsymbol{k} \cdot \boldsymbol{r} - \omega t)\} \tag{2.4.4}$$

于是有如下算符对应关系:

$$\nabla \to i k \tag{2.4.5}$$

$$\frac{\partial}{\partial t} \to -i\omega \tag{2.4.6}$$

它们对于平面波是适用的. 考虑各向同性非导电介质中的麦克斯韦方程组

$$\nabla \times \boldsymbol{E} = -\mu_{\rm r}\mu_0 \frac{\partial \boldsymbol{H}}{\partial t} \tag{2.4.7}$$

$$\nabla \times \boldsymbol{H} = \varepsilon_{\rm r}\varepsilon_0 \frac{\partial \boldsymbol{E}}{\partial t} \tag{2.4.8}$$

$$\nabla \cdot \boldsymbol{E} = 0 \tag{2.4.9}$$

$$\nabla \cdot \boldsymbol{H} = 0 \tag{2.4.10}$$

从方程 (2.4.5) 和方程 (2.4.6) 的算符关系, 平面谐波的麦克斯韦方程组取如下形式:

$$\boldsymbol{k} \times \boldsymbol{E} = \mu_{\rm r}\mu_0\omega \boldsymbol{H} \tag{2.4.11}$$

$$\boldsymbol{k} \times \boldsymbol{H} = -\varepsilon_{\rm r}\varepsilon_0\omega \boldsymbol{E} \tag{2.4.12}$$

$$\boldsymbol{k} \cdot \boldsymbol{E} = 0 \tag{2.4.13}$$

$$\boldsymbol{k} \cdot \boldsymbol{H} = 0 \tag{2.4.14}$$

以上方程表明, 电场和磁场相互垂直, 并且两者均垂直于传播方向, $\boldsymbol{k}$、$\boldsymbol{E}$ 和 $\boldsymbol{H}$ 构成一个正交三矢族, 如图 2-4 所示.

同时, 电场和磁场的大小关系满足方程

$$H = \frac{\varepsilon_{\mathrm{r}}\varepsilon_0\omega}{k}E = \varepsilon_{\mathrm{r}}\varepsilon_0 uE \tag{2.4.15}$$

式中, $u = \dfrac{\omega}{k}$ 为相速度. 由式 (2.3.3), $u = (\mu_{\mathrm{r}}\mu_0\varepsilon_{\mathrm{r}}\varepsilon_0)^{-1/2}$, 代入式 (2.4.15), 得

$$H = \varepsilon_{\mathrm{r}}\varepsilon_0(\mu_{\mathrm{r}}\mu_0\varepsilon_{\mathrm{r}}\varepsilon_0)^{-1/2}E = (\varepsilon_{\mathrm{r}}\varepsilon_0)^{1/2}(\mu_{\mathrm{r}}\mu_0)^{-1/2}E \tag{2.4.16}$$

对于非磁性介质, $\mu_{\mathrm{r}} = 1, n = \sqrt{\varepsilon_{\mathrm{r}}}$, 故

$$H = \frac{n}{z_0}E \tag{2.4.17}$$

式中

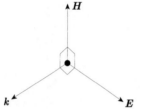

图 2-4   平面波中 $\boldsymbol{E}$、$\boldsymbol{H}$、$\boldsymbol{k}$ 的正交关系

$$z_0 = \left(\frac{\mu_0}{\varepsilon_0}\right)^{1/2} = \mu_0 c = 376.730\Omega \tag{2.4.18}$$

这里 z_0 称为自由空间阻抗. 方程 (2.4.17) 表明, 电磁波通过介质传播时, 其磁场同电场之比值正比于介质的折射率. 因此, 当一束光从空气进入到 $n=1.5$ 的玻璃中时, 磁场与电场之比立即增大到 1.5 倍.

根据电磁波理论, 单位面积上电磁能流的时间变化率由坡印亭矢量 $\boldsymbol{S}$ 表示, 其定义为

$$\boldsymbol{S} = \boldsymbol{E} \times \boldsymbol{H} \tag{2.4.19}$$

矢量 $\boldsymbol{S}$ 同时确定了能流的方向和大小, S 的单位是 W/m².

现在, 考虑其场由实数表达式表示的平面谐波

$$\boldsymbol{E} = \boldsymbol{E}_0 \cos(\boldsymbol{k} \cdot \boldsymbol{r} - \omega t) \tag{2.4.20}$$

$$\boldsymbol{H} = \boldsymbol{H}_0 \cos(\boldsymbol{k} \cdot \boldsymbol{r} - \omega t) \tag{2.4.21}$$

坡印亭矢量的瞬时值为

$$\boldsymbol{S} = \boldsymbol{E}_0 \times \boldsymbol{H}_0 \cos^2(\boldsymbol{k} \cdot \boldsymbol{r} - \omega t) \tag{2.4.22}$$

$\boldsymbol{S}$ 的平均值为

$$\langle \boldsymbol{S} \rangle = \frac{1}{2}\boldsymbol{E}_0 \times \boldsymbol{H}_0 \tag{2.4.23}$$

如果 $\boldsymbol{E}$ 和 $\boldsymbol{H}$ 用复指数形式表示, 则平均坡印亭能流可表示为

$$\langle \boldsymbol{S} \rangle = \frac{1}{2} \boldsymbol{E} \times \boldsymbol{H}^* = \frac{1}{2} \boldsymbol{E}_0 \times \boldsymbol{H}_0 \tag{2.4.24}$$

由于波矢 $\boldsymbol{k}$ 同时垂直于 $\boldsymbol{E}$ 和 $\boldsymbol{H}$, 因而它与坡印亭矢量的 $\boldsymbol{S}$ 方向相同. 结果, 平均坡印亭能流的另一种表示式为

$$\langle \boldsymbol{S} \rangle = I\frac{\boldsymbol{k}}{k} = I\boldsymbol{n} \tag{2.4.25}$$

式中, $\boldsymbol{n}$ 为在传播方向上的单位矢量, I 为平均坡印亭波流的数值, 称为辐射度 (习惯上称为强度), 它由下式确定:

$$I = \frac{1}{2} E_0 H_0 = \frac{n}{2z_0} |E_0|^2 \tag{2.4.26}$$

式 (2.4.26) 用到了电场与磁场的大小之间的关系式. 因此, 能流的速率正比于电场强度的平方. 值得注意的是, 在各向异性介质中. 例如, 晶体中, $\boldsymbol{S}$ 和 $\boldsymbol{k}$ 并不总是同方向的, 这一点在本书第 6 章中有更详细的讨论.

2.5 光 的 偏 振

2.5.1 偏振光的分类

在光学中, 习惯上把电场的方向定为偏振方向. 如果光波的电场矢量在空间无规律地迅速变化, 不显示出任何方向性, 这种光称为**非偏振光**, 或**自然光**. 如果电场矢量的端点在空间有规律的变化, 这种光称为**偏振光**.

1. 线偏振

考察场 $\boldsymbol{E}$ 和 $\boldsymbol{H}$ 由下式表示的平面电磁谐波:

$$\boldsymbol{E} = \boldsymbol{E}_0 \exp\{\mathrm{i}(\boldsymbol{k} \cdot \boldsymbol{r} - \omega t)\} \tag{2.5.1}$$

$$\boldsymbol{H} = \boldsymbol{H}_0 \exp\{\mathrm{i}(\boldsymbol{k} \cdot \boldsymbol{r} - \omega t)\} \tag{2.5.2}$$

如果振幅 $\boldsymbol{E}_0$ 和 $\boldsymbol{H}_0$ 是常实数矢量, 那么称波是**线偏振**的或**平面偏振**的.

对于沿 z 方向传播的平面波, 沿 x 方向偏振的线偏振光可表示为

$$\boldsymbol{E} = \boldsymbol{i} E_x \cos(kz - \omega t) \tag{2.5.3}$$

沿 y 方向的线偏振光为

$$\boldsymbol{E} = \boldsymbol{j} E_y \cos(kz - \omega t) \tag{2.5.4}$$

沿任意方向的线偏振光:

$$\boldsymbol{E} = (\boldsymbol{i}E_x + \boldsymbol{j}E_y)\cos(kz - \omega t) \tag{2.5.5}$$

线偏振光可通过线偏振镜获取. 实际中有几类线偏振镜, 其中最有效的是那些基于双折射原理制成的偏振镜. 另一种类型的偏振镜是利用材料对光吸收的各向异性现象或称为二向色性制成的, 这种材料对一个偏振分量比另一个偏振分量具有更强烈的吸收. 常用的人造偏振片是由高度二向色性的平行针状晶体的薄层组成的, 薄层嵌置在塑料薄板中, 可以切开和弯曲.

2. 圆偏振

对于这样的单列波, 其电矢量在一个给定点上大小不变, 但却以角频率 ω 旋转, 这种类型的波称为**圆偏振波**. 当逆着传播方向观察时, 在空间给定点上电矢量是顺时针方向旋转的, 这种波称为**右旋圆偏振波**, 如图 2-5 所示, 其实数表达式为

$$\boldsymbol{E} = E_0[\boldsymbol{i}\cos(kz - \omega t) + \boldsymbol{j}\sin(kz - \omega t)] \tag{2.5.6}$$

当逆着传播方向观察时, 在空间中一个给定点上电矢量的旋转是逆时针方向的, 这种波称为**左旋圆偏振波**. 其实数表达式为

$$\boldsymbol{E} = E_0[\boldsymbol{i}\cos(kz - \omega t) - \boldsymbol{j}\sin(kz - \omega t)] \tag{2.5.7}$$

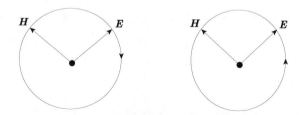

图 2-5　右旋圆偏振光和左旋圆偏振光

圆偏振波的电场可用复数形式写成

$$\boldsymbol{E} = \boldsymbol{i}E_0\exp\{\mathrm{i}(kz - \omega t)\} + \boldsymbol{j}E_0\exp\left\{\mathrm{i}\left(kz - \omega t \pm \frac{\pi}{2}\right)\right\} = E_0(\boldsymbol{i} \pm \mathrm{i}\,\boldsymbol{j})\exp\{\mathrm{i}(kz - \omega t)\} \tag{2.5.8}$$

式中, "+" 号对应于左旋圆偏振, "−" 号对应于右旋圆偏振. 值得注意的是, 如果波函数用 $\exp\{\mathrm{i}(\omega t - kz)\}$ 而不是用 $\exp\{\mathrm{i}(kz - \omega t)]$ 的话, 则左、右旋正好相反.

3. 椭圆偏振

在垂直于传播方向的横平面上, 电矢量的端点的轨迹是椭圆, 这种光称为**椭圆偏振光**. 右旋和左旋的定义与圆偏振光相同.

任何类型的偏振光都可用下式表示:

$$\boldsymbol{E} = \boldsymbol{E}_0 \exp[\mathrm{i}(kz - \omega t)] \tag{2.5.9}$$

式中, $\boldsymbol{E}_0$ 是个复矢量振幅:

$$\boldsymbol{E}_0 = \boldsymbol{i} E_0 + \mathrm{i} \boldsymbol{j} E_0' \tag{2.5.10}$$

若 $\boldsymbol{E}_0$ 为实数, 则为线偏振; 反之, 如果 $\boldsymbol{E}_0$ 为复数, 则为椭圆偏振. 圆偏振是椭圆偏振中 $\boldsymbol{E}_0$ 的实部和虚部相等的特殊情况.

圆偏振光可以在线偏振光的两个正交分量之间引入 $\pi/2$ 的相移而产生, 这可用**四分之一波片**来实现. 这种波片是用双折射的透明晶体如方解石或云母等制成的. 双折射晶体具有对不同偏振方向的光折射率不同的性质. 用作四分之一波片时, 使最大折射率 n_1 的轴 (慢轴) 和最小折射率 n_2 的轴 (快轴) 在板的平面内互成直角, 选择板厚度 d 满足

$$d = (2K + 1) \frac{\lambda_0}{4 (n_1 - n_2)} \tag{2.5.11}$$

式中, λ_0 为真空中的波长, $(2K + 1)$ 为奇数 $1, 3, 5, \cdots$. 图 2-6 是产生圆偏振光的物理装置.

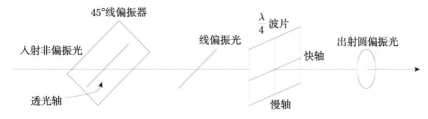

图 2-6　产生圆偏振光的装置

4. 部分偏振光

部分偏振光可看成是偏振光和非偏振光的混合. 在此情况下, 偏振度 P 定义为偏振光的光强在总强度中所占的比例, 即

$$P = \frac{I_\mathrm{p}}{I_\mathrm{p} + I_\mathrm{n}} \tag{2.5.12}$$

式中, I_p 为偏振部分光强, I_n 为非偏振部分光强. 对于部分线偏振光, 偏振度可表达为

$$P = \frac{I_\mathrm{max} - I_\mathrm{min}}{I_\mathrm{max} + I_\mathrm{min}} \tag{2.5.13}$$

式中, I_max 和 I_min 为一个线偏振镜从 $0°$ 转动至 $360°$ 时透光强度的最大和最小值.

2.5.2　偏振光的描述方法

1. 庞加莱球 (Poincaré sphere)

斯托克斯 (Stokes) 于 1852 年引入了斯托克斯参量, 可以方便地用来表征偏振态.

一个平面单色波的斯托克斯参量是下列 4 个量:

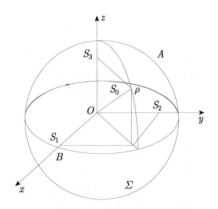

$$s_0 = a_1^2 + a_2^2 \tag{2.5.14}$$

$$s_1 = a_1^2 - a_2^2 \tag{2.5.15}$$

$$s_2 = 2a_1 a_2 \cos \delta \tag{2.5.16}$$

$$s_3 = 2a_1 a_2 \sin \delta \tag{2.5.17}$$

式中, a_1、a_2 分别表示电场矢量在 x 方向和 y 方向的振幅, δ 为相位差, 它们只有三个是独立的, 因为它们之间存在下列恒等式关系:

$$s_0^2 = s_1^2 + s_2^2 + s_3^2 \tag{2.5.18}$$

图 2-7　庞加莱球

北极、南极为圆偏振光; xOy 平面为线偏振光; B 点为 x 方向的线偏振光; 上半球为右旋偏振; 下半球为左旋偏振

任意一种偏振态都可用一个球面上的一点表示. 偏振态的变化用 A 点在球面上的移动来表示. 这种偏振态的几何表示方法叫**庞加莱球**, 如图 2-7 所示.

2. 斯托克斯矢量和密勒 (Mueller) 矩阵

利用斯托克斯参量, 可以将偏振光表示为斯托克斯矢量

$$\boldsymbol{S} = \begin{pmatrix} s_0 \\ s_1 \\ s_2 \\ s_3 \end{pmatrix} \tag{2.5.19}$$

它包含了偏振光的强度 I、偏振态 δ、偏振方向 θ、偏振度 P 等信息. 有

$$\begin{cases} I = s_0 \\ \delta = \arctan \dfrac{s_3}{s_2} \\ \theta = \dfrac{1}{2}\arccos \dfrac{s_1}{s_0} \\ P = \sqrt{\langle s_1 \rangle^2 + \langle s_2 \rangle^2 + \langle s_3 \rangle^2 \big/ \langle s_0 \rangle^2} \end{cases} \tag{2.5.20}$$

对完全线偏振光, 相位差 δ 恒定, $\langle s_0 \rangle^2 = \langle s_1 \rangle^2 + \langle s_2 \rangle^2 + \langle s_3 \rangle^2$, 有 $P=1$; 对非偏振光, 因相位随机变化, 有 $\langle s_1 \rangle = \langle s_2 \rangle = \langle s_3 \rangle = 0$, 从而 $P=0$; 对部分偏振光, 偏振度 P 介于 0 和 1 之间.

光波通过某一光学元件后, 偏振态的改变可以用密勒矩阵表示. 密勒矩阵 $\overset{\leftrightarrow}{M}$ 左乘入射光的斯托克斯矢量 S 可以得到出射光的斯托克斯矢量 S', 即

$$S' = \overset{\leftrightarrow}{M} S \tag{2.5.21}$$

例如, 快轴与 x 轴夹角为 45° 的 1/4 波片, 其密勒矩阵为

$$\overset{\leftrightarrow}{M} = \begin{pmatrix} 1 & 0 & 0 & 0 \\ 0 & 0 & 0 & -1 \\ 0 & 0 & 1 & 0 \\ 0 & 1 & 0 & 0 \end{pmatrix} \tag{2.5.22}$$

一沿 x 方向振动的线偏振光, 经该波片后, 斯托克斯矢量变为

$$S' = \begin{pmatrix} 1 & 0 & 0 & 0 \\ 0 & 0 & 0 & -1 \\ 0 & 0 & 1 & 0 \\ 0 & 1 & 0 & 0 \end{pmatrix} \begin{pmatrix} 1 \\ 1 \\ 0 \\ 0 \end{pmatrix} = \begin{pmatrix} 1 \\ 0 \\ 0 \\ 1 \end{pmatrix} \tag{2.5.23}$$

即出射光为右旋圆偏振光.

利用斯托克斯矢量和密勒矩阵可以处理部分偏振光, 但不能处理相干光束的叠加问题.

3. 琼斯 (Jones) 矢量与琼斯矩阵

这种方法可以处理完全相干光的叠加问题, 但不能处理部分偏振光问题.

4. 相干矩阵

这种方法可以处理部分相干、部分偏振光的问题, 其基础是琼斯矢量的方法.

需要指出的是, 偏振这一概念指的是场中某一特定处点的行为, 因而在场中不同地点偏振态一般将不相同, 如多模激光束中的行为. 这样, 一个波可以在某些点是线偏振的或圆偏振的, 而在其他点是椭圆偏振的. 这种光束在实际光学系统中是存在的 [2]. 只有在特别情况下, 如像均匀平面波, 场中各点的偏振态才会完全一样.

2.6 完全偏振光

2.6.1 琼斯矢量

一个向 z 方向传播的平面谐波的复振幅的普遍形式为

$$E_0 = iE_{0x} + jE_{0y} \tag{2.6.1}$$

式中, E_{0x} 和 E_{0y} 两者都可以为复数. 于是表达式可以写成指数形式

$$E_{0x} = |E_{0x}| \exp\{i\phi_x\} \tag{2.6.2}$$

$$E_{0y} = |E_{0y}| \exp\{i\phi_y\} \tag{2.6.3}$$

以上这对复振幅可以用琼斯矢量表述如下:

$$\begin{pmatrix} E_{0x} \\ E_{0y} \end{pmatrix} = \begin{pmatrix} |E_{0x}| \exp\{i\phi_x\} \\ |E_{0y}| \exp\{i\phi_y\} \end{pmatrix} \tag{2.6.4}$$

为了简化表达式, 琼斯矢量中的公共因子可以提出. 根据定义式 (2.6.4), 一些常见偏振态可以简洁地表示出来. 例如,

$$\begin{pmatrix} 1 \\ 0 \end{pmatrix}$$ x方向上线偏振的波　　　　$$\begin{pmatrix} 1 \\ i \end{pmatrix}$$ 左旋圆偏振波

$$\begin{pmatrix} 0 \\ 1 \end{pmatrix}$$ y方向上线偏振的波　　　　$$\begin{pmatrix} 1 \\ -i \end{pmatrix}$$ 右旋圆偏振波

$$\begin{pmatrix} 1 \\ 1 \end{pmatrix}$$ 与x轴成45°角的线偏振波　　$$\begin{pmatrix} 1 \\ -2i \end{pmatrix}$$ 右旋椭圆偏振波, 长轴在y轴上

琼斯矢量的应用之一, 是用来计算两个或多个给定的偏振波相加的结果. 将琼斯矢量简单相加便得到这种结果. 例如, 两个振幅相等的、一个是右旋圆偏振而另一个是左旋圆偏振的波相干叠加的过程, 可以用琼斯矢量计算如下:

$$\begin{pmatrix} 1 \\ -i \end{pmatrix} + \begin{pmatrix} 1 \\ i \end{pmatrix} = 2 \begin{pmatrix} 1 \\ 0 \end{pmatrix} \tag{2.6.5}$$

结果, 合成波是沿 x 方向线偏振的, 它的振幅是圆偏振波振幅的两倍.

2.6.2　琼斯矩阵

琼斯矢量的另一种用处, 是计算偏振光通过偏振元件时偏振态的改变. 线性偏振元件都可用称为**琼斯矩阵**的 2×2 阶矩阵来表示. 可以这样来表示的光学元件包括线偏振器、圆偏振器、相位延迟器、各向同性吸收器等. 表 2-1 列出了几种线性光学元件的琼斯矩阵.

注意, 表中包括了归一化因子. 这些因子仅在考虑能量时才是必须的, 在主要考虑偏振类型的计算中可以略去, 波函数用 $\exp\{i(kz-\omega t)\}$ 表示, 若用 $\exp\{i(\omega t - kz)\}$, 则含有因子 i 的全部矩阵元素的正负号都应改变.

表 2-1 几种线性光学元件的琼斯矩阵

光学元件		Jones 矩阵
线偏振器	透射轴在 x 方向上	$\begin{pmatrix} 1 & 0 \\ 0 & 0 \end{pmatrix}$
	透射轴在 y 方向上	$\begin{pmatrix} 0 & 0 \\ 0 & 1 \end{pmatrix}$
	透射轴与 x 轴成 $\pm 45°$	$\dfrac{1}{2} \begin{pmatrix} 1 & \pm 1 \\ \pm 1 & 1 \end{pmatrix}$
四分之一波片	快轴在 y 方向上	$\begin{pmatrix} 1 & 0 \\ 0 & -i \end{pmatrix}$
	快轴在 x 方向上	$\begin{pmatrix} 1 & 0 \\ 0 & i \end{pmatrix}$
	快轴与 x 轴成 $\pm 45°$	$\dfrac{1}{\sqrt{2}} \begin{pmatrix} 1 & \pm i \\ \pm i & 1 \end{pmatrix}$
半波片	快轴在 x 或 y 方向上	$\begin{pmatrix} 1 & 0 \\ 0 & -1 \end{pmatrix}$
圆偏振器	右旋	$\dfrac{1}{2} \begin{pmatrix} 1 & i \\ -i & 1 \end{pmatrix}$
	左旋	$\dfrac{1}{2} \begin{pmatrix} 1 & -i \\ i & 1 \end{pmatrix}$
各向同性相位延迟器		$\begin{pmatrix} e^{i\phi} & 0 \\ 0 & e^{i\phi} \end{pmatrix}$
相对相位变化器		$\begin{pmatrix} e^{i\phi_x} & 0 \\ 0 & e^{i\phi_y} \end{pmatrix}$

令入射光矢量为 $\begin{pmatrix} A \\ B \end{pmatrix}$, 出射光矢量为 $\begin{pmatrix} A' \\ B' \end{pmatrix}$, 于是有

$$\begin{pmatrix} A' \\ B' \end{pmatrix} = \begin{pmatrix} a & b \\ c & d \end{pmatrix} \begin{pmatrix} A \\ B \end{pmatrix} \tag{2.6.6}$$

式中, $\begin{pmatrix} a & b \\ c & d \end{pmatrix}$ 为光学元件的琼斯矩阵, 如果光是通过一系列光学元件的话, 那么, 其结果便由下式给出:

$$\begin{pmatrix} A' \\ B' \end{pmatrix} = \begin{pmatrix} a_n & b_n \\ c_n & d_n \end{pmatrix} \cdots \begin{pmatrix} a_2 & b_2 \\ c_2 & d_2 \end{pmatrix} \begin{pmatrix} a_1 & b_1 \\ c_1 & d_1 \end{pmatrix} \begin{pmatrix} A \\ B \end{pmatrix} \tag{2.6.7}$$

例如, 假定把一块四分之一波片插入到一束线偏振光中, 如图 2-8 所示. 其中入射线偏振光相对于水平方向 (x 轴) 成 $45°$ 偏振, 其琼斯矢量为 $\begin{pmatrix} 1 \\ 1 \end{pmatrix}$. 于是出

射光束的矢量由下式得出：

$$\begin{pmatrix} 1 & 0 \\ 0 & i \end{pmatrix} \begin{pmatrix} 1 \\ 1 \end{pmatrix} = \begin{pmatrix} 1 \\ i \end{pmatrix} \tag{2.6.8}$$

所以, 出射光是左旋圆偏振光.

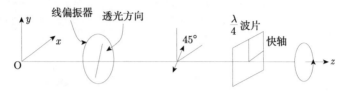

图 2-8　光通过多个光学元件时偏振态的变换

应当指出, 琼斯矢量和琼斯矩阵只适用于完全偏振光的表征和计算.

2.6.3　正交偏振

设有两列偏振态由复矢量振幅 $\boldsymbol{E}_1$ 和 $\boldsymbol{E}_2$ 表示的波, 如果

$$\boldsymbol{E}_1 \cdot \boldsymbol{E}_2^* = 0 \tag{2.6.9}$$

则称这两列波是正交偏振的, 式中星号表示复数共轭.

对任何一种类型的偏振, 都存在着相应的正交偏振. 例如, 相互垂直的线偏振光是一对正交偏振光, 右旋圆偏振与左旋圆偏振互为正交态. 在琼斯矢量表示中, 如果

$$A_1 A_2^* + B_1 B_2^* = 0 \tag{2.6.10}$$

则 $\begin{pmatrix} A_1 \\ B_1 \end{pmatrix}$ 与 $\begin{pmatrix} A_2 \\ B_2 \end{pmatrix}$ 是正交的. 因此, $\begin{pmatrix} 2 \\ i \end{pmatrix}$ 与 $\begin{pmatrix} 1 \\ -2i \end{pmatrix}$ 表示一对特定正交态的椭圆偏振, 这种情况如图 2-9 所示.

任意偏振的光总可以分解成两个正交的偏振分量, 如分解成线偏振分量

$$\begin{pmatrix} A \\ B \end{pmatrix} = A \begin{pmatrix} 1 \\ 0 \end{pmatrix} + B \begin{pmatrix} 0 \\ 1 \end{pmatrix} \tag{2.6.11}$$

分解成圆偏振分量

$$\begin{pmatrix} A \\ B \end{pmatrix} = \frac{1}{2} (A + iB) \begin{pmatrix} 1 \\ -i \end{pmatrix} + \frac{1}{2} (A - iB) \begin{pmatrix} 1 \\ i \end{pmatrix} \tag{2.6.12}$$

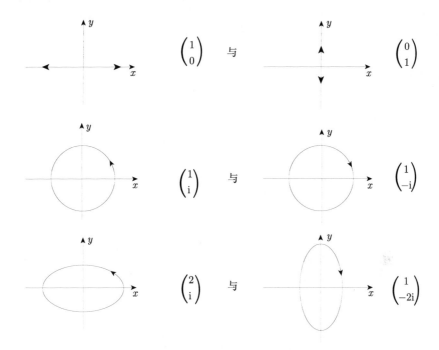

图 2-9 几对正交偏振态及其琼斯矢量

2.6.4 琼斯矩阵的本征矢

任一矩阵的本征矢是定义为一个特殊的矢量, 当它与矩阵相乘时, 得到的结果是原矢量乘以常数. 在琼斯计算法中, 可以写成

$$\begin{pmatrix} a & b \\ c & d \end{pmatrix} \begin{pmatrix} A \\ B \end{pmatrix} = \lambda \begin{pmatrix} A \\ B \end{pmatrix} \qquad (2.6.13)$$

常数 λ 既可为实数也可为复数, 并且称为**本征值**.

在物理学上, 一个给定的琼斯矩阵的本征矢代表了一个特殊的偏振状态, 当一列具有这种偏振态的波通过由该琼斯矩阵表征的光学元件后, 出射波与原来入射波具有相同的偏振态. 不过, 随着 λ 的变化, 振幅和相位均可改变. 如果把 λ 写成 $\lambda = |\lambda|\,\mathrm{e}^{\mathrm{i}\,\psi}$, 则 $|\lambda|$ 便是振幅的变化, 而 ψ 便是相位的变化.

找出 2×2 阶矩阵的本征值及相应的本征矢的问题是十分简单的. 矩阵方程 (2.6.13) 可以写为

$$\begin{pmatrix} a - \lambda & b \\ c & d - \lambda \end{pmatrix} \begin{pmatrix} A \\ B \end{pmatrix} = 0 \qquad (2.6.14)$$

为了使方程存在非零解, 即 A 和 B 不同时为零的解, 矩阵的行列式必须为零:

$$\begin{vmatrix} a - \lambda & b \\ c & d - \lambda \end{vmatrix} = 0 \tag{2.6.15}$$

这是 λ 的二次方程, 称为**久期方程**. 将行列式展开后, 我们得到

$$(a - \lambda)(d - \lambda) - bc = 0 \tag{2.6.16}$$

方程的根 λ_1 和 λ_2 便是本征值. 对每个根都存在着一个相应的本征矢. 从式 (2.6.14) 可得

$$\begin{cases} (a - \lambda) A + bB = 0 \\ cA + (d - \lambda) B = 0 \end{cases} \tag{2.6.17}$$

对于给定的本征值 λ_1 或 λ_2, 其相应的 A 与 B 之比可以从式 (2.6.17) 求得.

例　快轴在 x 方向的四分之一波片的琼斯矩阵为 $\begin{pmatrix} 1 & 0 \\ 0 & i \end{pmatrix}$, 久期方程为

$$(1 - \lambda)(i - \lambda) = 0$$

解之, 得两个本征值 $\lambda_1 = 1$ 和 $\lambda_2 = i$, 那么本征矢所满足的方程为

$$\begin{cases} (1 - \lambda) A = 0 \\ (i - \lambda) B = 0 \end{cases}$$

因此, 对 $\lambda_1 = 1$, 必须使 $A \neq 0$ 和 $B = 0$, 同样, 对 $\lambda_2 = i$, 必须使 $A = 0$ 和 $B \neq 0$. 于是, 对 $\lambda_1 = 1$, 其归一化本征矢为 $\begin{pmatrix} 1 \\ 0 \end{pmatrix}$. 而对 $\lambda_2 = i$, 其归一化本征矢则为 $\begin{pmatrix} 0 \\ 1 \end{pmatrix}$. 在物理学上, 这意味着, 无论是在快轴方向还是在慢轴方向上线偏振的光, 在透过四分之一波片时, 其偏振状态都不改变. 因为 $|\lambda_1| = |\lambda_2| = 1$, 因而振幅不变, 但因为 $\lambda_2 / \lambda_1 = i = e^{i\pi/2}$, 所以, 相对相位改变了 $\pi/2$.

2.6.5　琼斯反射和透射矩阵

我们来考察一列平面谐波入射到分隔两种光学介质的平面边界上时的情形, 这时将产生一列反射波和一列透射波. 令 $\boldsymbol{E}$ 代表入射波波矢量的振幅, $\boldsymbol{E}'$ 和 $\boldsymbol{E}''$ 分别代表反射波和透射波电矢量的振幅.

现在来考察两种不同情况. 第一种情况是入射波的电矢量平行于边界面, 也即垂直于入射面, 此入射波称为**横向电场波**(transverse electric wave) 或 TE 波; 第二种情况是入射波的磁矢量平行于边界面, 同样垂直于入射面, 此入射波称为**横向磁场波**(transverse magnetic wave) 或 TM 波. 在一般情况下则用适当的线性组合来处

理. 两种情况下, 电矢量的方向示于图 2-10 中. 如图所示, 边界取作 xz 平面, 因而 y 轴垂直于边界, xy 平面便是入射面.

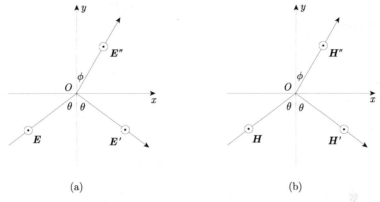

图 2-10　TE 波 (a) 与 TM 波 (b)

反射系数r_s 和 r_p 以及**透射系数**t_s 和 t_p 定义为如下的振幅比, 即

$$r_s = \left[\frac{E'}{E}\right]_s, \quad r_p = \left[\frac{E'}{E}\right]_p, \quad t_s = \left[\frac{E''}{E}\right]_s, \quad t_p = \left[\frac{E''}{E}\right]_p \tag{2.6.18}$$

这里 s 和 p 分别取自德文 senkrecht(垂直) 和 parallel(平行). 应用电磁场的边界条件, 即当电场和磁场与边界相交时, 电场和磁场的切向分量连续, 可以推导出**菲涅耳方程组**

$$\begin{cases} r_s = -\dfrac{\sin(\theta - \phi)}{\sin(\theta + \phi)} \\[3mm] t_s = \dfrac{2\cos\theta\sin\phi}{\sin(\theta + \phi)} \end{cases} \tag{2.6.19}$$

$$\begin{cases} r_p = \dfrac{\tan(\theta - \phi)}{\tan(\theta + \phi)} \\[3mm] t_p = \dfrac{2\cos\theta\sin\phi}{\sin(\theta + \phi)\cos(\theta - \phi)} \end{cases} \tag{2.6.20}$$

利用斯涅耳定律可以把方程 (2.6.19) 和方程 (2.6.20) 中的变量 ϕ 消去, 结果为

$$r_s = \frac{\cos\theta - \sqrt{n^2 - \sin^2\theta}}{\cos\theta + \sqrt{n^2 - \sin^2\theta}} \tag{2.6.21}$$

$$r_p = \frac{n^2\cos\theta - \sqrt{n^2 - \sin^2\theta}}{n^2\cos\theta + \sqrt{n^2 - \sin^2\theta}} \tag{2.6.22}$$

式中, $n = n_2/n_1$, n_1 和 n_2 分别为入射介质和折射介质的折射率.

在正入射情况下, θ 和 ϕ 均为零, 此时 $r_s = (1-n)/(1+n)$. 当 $n > 1$ 时, E'/E 的值为负, 这表示反射波的相位相对于入射波的相位改变了 180°. 因此, 当光从光疏介质进入光密介质而经受部分反射时, 例如, 光从空气射向玻璃时, 反射光便发生 180° 的相变.

定义**反射矩阵** $\overleftrightarrow{M}_r$ 和**透射矩阵** $\overleftrightarrow{M}_t$ 分别为

$$\overleftrightarrow{M}_r = \begin{pmatrix} r_p & 0 \\ 0 & r_s \end{pmatrix} \tag{2.6.23}$$

$$\overleftrightarrow{M}_t = \begin{pmatrix} t_p & 0 \\ 0 & t_s \end{pmatrix} \tag{2.6.24}$$

式中, r_p、r_s、t_p、t_s 分别由式 (2.6.19) 和式 (2.6.20) 给出. 因此, 当琼斯矢量为 $\begin{pmatrix} A \\ B \end{pmatrix}$ 的平面波入射到两种介质的平面界面上时, 反射波和折射波的琼斯矢量将变为

$$\begin{pmatrix} A' \\ B' \end{pmatrix} = \begin{pmatrix} r_p & 0 \\ 0 & r_s \end{pmatrix} \begin{pmatrix} A \\ B \end{pmatrix} \tag{2.6.25}$$

$$\begin{pmatrix} A'' \\ B'' \end{pmatrix} = \begin{pmatrix} t_p & 0 \\ 0 & t_s \end{pmatrix} \begin{pmatrix} A \\ B \end{pmatrix} \tag{2.6.26}$$

例 1　当光束垂直入射 ($\theta = 0°$) 时, 由式 (2.6.21)~ 式 (2.6.24), 此时反射矩阵为

$$\overleftrightarrow{M}_r = \begin{pmatrix} \dfrac{n-1}{n+1} & 0 \\ 0 & \dfrac{1-n}{1+n} \end{pmatrix} = \frac{1-n}{1+n} \begin{pmatrix} -1 & 0 \\ 0 & 1 \end{pmatrix}$$

若入射光为右旋圆偏振光, 反射光为

$$\begin{pmatrix} A' \\ B' \end{pmatrix} = \frac{1-n}{1+n} \begin{pmatrix} -1 & 0 \\ 0 & 1 \end{pmatrix} \begin{pmatrix} 1 \\ -i \end{pmatrix} = \frac{n-1}{n+1} \begin{pmatrix} 1 \\ i \end{pmatrix}$$

可知出射光变为左旋圆偏振光, 振幅减少到原来的 $\dfrac{n-1}{n+1}$ 倍.

例 2　当光束掠入射 ($\theta = 90°$) 时, 内反射即光从光密介质入射到光疏介质上时, 反射矩阵为

$$\overleftrightarrow{M}_r = -\begin{pmatrix} 1 & 0 \\ 0 & 1 \end{pmatrix}$$

外反射即光从光疏介质入射到光密介质上时, 反射矩阵为

$$\overleftrightarrow{\boldsymbol{M}}_{\mathrm{r}} = \begin{pmatrix} 1 & 0 \\ 0 & 1 \end{pmatrix}$$

例 3 光束以布儒斯特角入射

$$\begin{cases} \tan\theta = \dfrac{n_2}{n_1} \\ \theta + \phi = 90° \end{cases}$$

其反射矩阵可以表示为

$$\overleftrightarrow{\boldsymbol{M}}_{\mathrm{r}} = \begin{pmatrix} 0 & 0 \\ 0 & \cos 2\theta \end{pmatrix} = \begin{pmatrix} 0 & 0 \\ 0 & \dfrac{n_1^2 - n_2^2}{n_1^2 + n_2^2} \end{pmatrix}$$

代入式 (2.6.25) 得到反射光 $\begin{pmatrix} A' \\ B' \end{pmatrix} = \overleftrightarrow{\boldsymbol{M}}_{\mathrm{r}} \begin{pmatrix} A \\ B \end{pmatrix} = \begin{pmatrix} 0 \\ B\cos 2\theta \end{pmatrix}$ 为线偏振光.

例 4 光束为全内反射时, 有

$$r_{\mathrm{p}} = \exp\{-\mathrm{i}\delta_{\mathrm{p}}\}, \quad r_{\mathrm{s}} = \exp\{-\mathrm{i}\delta_{\mathrm{s}}\}$$

$$\tan\frac{\delta_{\mathrm{p}}}{2} = \frac{\sqrt{\sin^2\theta - n^2}}{n^2\cos\theta}, \quad \tan\frac{\delta_{\mathrm{s}}}{2} = \frac{\sqrt{\sin^2\theta - n^2}}{\cos\theta}$$

相对相位差 $\Delta = \delta_{\mathrm{p}} - \delta_{\mathrm{s}}$

$$\tan\frac{\Delta}{2} = \frac{\cos\theta\sqrt{\sin^2\theta - n^2}}{\sin^2\theta}$$

得到全内反射光矢为

$$\begin{pmatrix} A' \\ B' \end{pmatrix} = \begin{pmatrix} \exp\{-\mathrm{i}\delta_{\mathrm{p}}\} & 0 \\ 0 & \exp\{-\mathrm{i}\delta_{\mathrm{s}}\} \end{pmatrix} \begin{pmatrix} A \\ B \end{pmatrix} = \exp\{-\mathrm{i}\delta_{\mathrm{p}}\} \begin{pmatrix} A \\ B\exp\{\mathrm{i}\Delta\} \end{pmatrix}$$

一般情况下, 反射光是椭圆偏振光.

2.7 部分偏振光

2.7.1 相干矩阵

仍考虑沿 z 方向传输的平面波, 只考虑电场的 x、y 分量. 根据定义, 单色光波是完全偏振的, 电矢量的端点沿椭圆的圆周旋转.

非偏振光为偏振态随时间以无规则方式变化. 而部分偏振光则是电矢量的端点运动不是完全规则, 也不是完全不规则.

下面只考虑准单色光, 即谱宽 $\Delta\nu$ 远小于中心频率 ν_0 的情况. 场的列矢量为

$$\varepsilon(\boldsymbol{r},t) = \begin{pmatrix} E_x(\boldsymbol{r},t) \\ E_y(\boldsymbol{r},t) \end{pmatrix} \tag{2.7.1}$$

$$\varepsilon^+(\boldsymbol{r},t) = (E_x^*(\boldsymbol{r},t), E_y^*(\boldsymbol{r},t)) \tag{2.7.2}$$

相干矩阵的定义为

$$\overset{\leftrightarrow}{\boldsymbol{J}} = \langle \varepsilon(\boldsymbol{r},t)\varepsilon^+(\boldsymbol{r},t)\rangle = \begin{pmatrix} J_{xx} & J_{xy} \\ J_{yx} & J_{yy} \end{pmatrix} \tag{2.7.3}$$

$$J_{xx} = \langle E_x(\boldsymbol{r},t)E_x^*(\boldsymbol{r},t)\rangle, \quad J_{xy} = \langle E_x(\boldsymbol{r},t)E_y^*(\boldsymbol{r},t)\rangle$$

$$J_{yx} = \langle E_y(\boldsymbol{r},t)E_x^*(\boldsymbol{r},t)\rangle, \quad J_{yy} = \langle E_y(\boldsymbol{r},t)E_y^*(\boldsymbol{r},t)\rangle$$

式中 J_{xy}、J_{yx} 量度某一点处电矢量 x、y 分量之间存在的相关性. 由于 $J_{xy} = J_{yx}^*$, 所以

$$\overset{\leftrightarrow}{\boldsymbol{J}} = \overset{\leftrightarrow}{\boldsymbol{J}}{}^+ \tag{2.7.4}$$

即 $\boldsymbol{J}$ 是厄米的.

引入某一点处场的两个分量之间的相干度 μ_{xy}, 其定义为

$$\mu_{xy} = \frac{J_{xy}}{(J_{xx}J_{yy})^{1/2}} \quad (\text{与复相干度类似}) \tag{2.7.5}$$

满足 $0 \leqslant |\mu_{xy}| \leqslant 1$. 设某一点处的总电场为

$$\boldsymbol{E} = E_x\boldsymbol{i} + E_y\boldsymbol{j} \tag{2.7.6}$$

平均强度为

$$I = \frac{1}{2}\langle \boldsymbol{E}\cdot\boldsymbol{E}^*\rangle = \frac{1}{2}\langle E_xE_x^*\rangle + \frac{1}{2}\langle E_yE_y^*\rangle = \frac{1}{2}\text{tr}(\overset{\leftrightarrow}{\boldsymbol{J}}) \tag{2.7.7}$$

式中, $\frac{1}{2}\langle E_xE_x^*\rangle$、$\frac{1}{2}\langle E_yE_y^*\rangle$ 分别表示相应电场沿 x、y 方向的强度.

考虑这样一个实验: 在场的 y 分量相对于 x 分量引入一个相移 δ. 让这束光通过一个与 x 轴成 θ 角的起偏器. 沿与 x 轴成 θ 角方向上的电场是

$$E = E_x\cos\theta + E_y\mathrm{e}^{\mathrm{i}\delta}\sin\theta$$

强度为

$$I(\theta, \delta) = \frac{1}{2} \langle \boldsymbol{E} \cdot \boldsymbol{E}^* \rangle$$

$$= \frac{1}{2} J_{xx} \cos^2 \theta + \frac{1}{2} J_{yy} \sin^2 \theta + \frac{1}{2} (J_{xy} \mathrm{e}^{-\mathrm{i}\delta} + J_{yx} \mathrm{e}^{\mathrm{i}\delta}) \sin \theta \cdot \cos \theta$$

$$= \frac{1}{2} J_{xx} \cos^2 \theta + \frac{1}{2} J_{yy} \sin^2 \theta + (J_{xx} J_{yy})^{1/2} \times |\mu_{xy}| \cos \theta \sin \theta \cos(\varphi_{xy} - \delta)$$

$$\tag{2.7.8}$$

式中, $\mu_{xy} = |\mu_{xy}| \, \mathrm{e}^{\mathrm{i}\varphi_{xy}}$.

通过选择特殊的 θ、δ, 经过六次测量, 则可得相干矩阵各元素, 如

$$\begin{cases} J_{xx} = 2I(0,0) \\[2mm] J_{yy} = 2I\left(\frac{\pi}{2}, \theta\right) \\[2mm] J_{xy} = \left(I\left(\frac{\pi}{4}, 0\right) - I\left(\frac{3\pi}{4}, 0\right)\right) + \mathrm{i}\left(I\left(\frac{\pi}{4}, \frac{\pi}{2}\right) - I\left(\frac{3\pi}{4}, \frac{\pi}{2}\right)\right) \\[2mm] J_{yx} = \left(I\left(\frac{\pi}{4}, 0\right) - I\left(\frac{3\pi}{4}, 0\right)\right) - \mathrm{i}\left(I\left(\frac{\pi}{4}, \frac{\pi}{2}\right) - I\left(\frac{3\pi}{4}, \frac{\pi}{2}\right)\right) \end{cases} \tag{2.7.9}$$

因此, 应用一个补偿器和一个起偏器, 实验上便可确定相干矩阵的各矩阵元.

1. 非偏振光的相干矩阵

对非偏振光, $I(\theta, \delta)$ 与 θ、δ 无关, 则式 (2.7.9) 中

$$\mu_{xy} = 0 \quad \text{或} \quad J_{xy} = 0, \quad J_{xx} = J_{yy}$$

则

$$2I = J_{xx} + J_{yy} = 2J_{xx} = 2J_{yy}$$

因此, 非偏振光的相干矩阵可以写成

$$\overleftrightarrow{\boldsymbol{J}} = I \begin{pmatrix} 1 & 0 \\ 0 & 1 \end{pmatrix} \quad (\text{单位矩阵}), \quad \det(\boldsymbol{J}) = I^2 \tag{2.7.10}$$

2. 单色光场 (完全偏振) 的相干矩阵

设单色光场:

$$E_x = E_{x0} \exp\{\mathrm{i}2\pi\nu_0 t + \mathrm{i}\psi_x\}$$

$$E_y = E_{y0} \exp\{\mathrm{i}2\pi\nu_0 t + \mathrm{i}\psi_y\}$$

式中, E_{x0}、E_{y0}、ψ_x、ψ_y 与时间无关. 其相干矩阵为

$$\overleftrightarrow{\boldsymbol{J}} = \begin{pmatrix} E_{x0}^2 & E_{x0}E_{y0} \exp\{\mathrm{i}(\psi_x - \psi_y)\} \\ E_{x0}E_{y0} \exp\{-\mathrm{i}(\psi_x - \psi_y)\} & E_{y0}^2 \end{pmatrix} \tag{2.7.11}$$

满足 $\det(\overleftrightarrow{\boldsymbol{J}}) = 0$.

3. 准单色光场

$$\begin{cases} E_x = e_x(t) \exp\{\mathrm{i}2\pi\nu_0 t + \mathrm{i}\psi_x(t)\} \\ E_y = e_y(t) \exp\{\mathrm{i}2\pi\nu_0 t + \mathrm{i}\psi_y(t)\} \end{cases}$$

式中, $e_x(t)$、$e_y(t)$、$\psi_x(t)$、$\psi_y(t)$ 为时间的缓变函数.

如果 $\dfrac{e_x(t)}{e_y(t)}$、$\psi_x(t) - \psi_y(t)$ 是常数, 光波将是完全偏振的. 仍满足

$$\det(\overleftrightarrow{\boldsymbol{J}}) = J_{xx}J_{yy} - |J_{xy}|^2 = 0 \tag{2.7.12}$$

例 1   线偏振单色光波的相干矩阵, 偏振方向与 x 轴成 θ 角.

$$\begin{cases} E_x = a\cos\theta \exp\{\mathrm{i}2\pi\nu_0 t + \mathrm{i}\varphi\} \\ E_y = a\sin\theta \exp\{\mathrm{i}2\pi\nu_0 t + \mathrm{i}\varphi\} \end{cases}$$

式中, a、ϕ 为常数, 则

$$\overleftrightarrow{\boldsymbol{J}} = \begin{pmatrix} a^2\cos^2\theta & a^2\sin\theta\cos\theta \\ a^2\sin\theta\cos\theta & a^2\sin^2\theta \end{pmatrix} = 2I \begin{pmatrix} \cos^2\theta & \sin\theta\cos\theta \\ \sin\theta\cos\theta & \sin^2\theta \end{pmatrix}$$

沿 x 方向偏振, $\overleftrightarrow{\boldsymbol{J}} = 2I \begin{pmatrix} 1 & 0 \\ 0 & 0 \end{pmatrix}$.

例 2   左旋圆偏振光, $E_x = a\exp\{\mathrm{i}2\pi\nu_0 t + \mathrm{i}\varphi\}$, $E_y = \mathrm{i}a\exp\{\mathrm{i}2\pi\nu_0 t + \mathrm{i}\varphi\}$,

$$\overleftrightarrow{\boldsymbol{J}} = \begin{pmatrix} a^2 & -\mathrm{i}a^2 \\ \mathrm{i}a^2 & a^2 \end{pmatrix} = I \begin{pmatrix} 1 & -\mathrm{i} \\ \mathrm{i} & 1 \end{pmatrix}$$

类似地右旋圆偏振光为

$$\overleftrightarrow{\boldsymbol{J}} = I \begin{pmatrix} 1 & \mathrm{i} \\ -\mathrm{i} & 1 \end{pmatrix}$$

2.7.2   偏振度

任何一个光束的相干矩阵 $\overleftrightarrow{\boldsymbol{J}}$ 可以表示成如下两项:

$$\overleftrightarrow{\boldsymbol{J}} = \overleftrightarrow{\boldsymbol{J}}_1 + \overleftrightarrow{\boldsymbol{J}}_2 = \begin{pmatrix} A+D & C \\ C^* & B+D \end{pmatrix} \tag{2.7.13}$$

式中, $A \geqslant 0$, $B \geqslant 0$, $D \geqslant 0$, $AB - |C|^2 = 0$, $\overleftrightarrow{\boldsymbol{J}}_1$ 代表完全非偏振光, $\overleftrightarrow{\boldsymbol{J}}_2$ 为完全偏振光:

$$\overleftrightarrow{\boldsymbol{J}}_1 = \begin{pmatrix} D & 0 \\ 0 & D \end{pmatrix} \tag{2.7.14}$$

$$\overset{\leftrightarrow}{\boldsymbol{J}}_2 = \begin{pmatrix} A & C \\ C^* & B \end{pmatrix} \tag{2.7.15}$$

而且

$$\begin{cases} A + D = J_{xx}, \quad AB = |J_{xy}|^2 \\ C = J_{xy} \\ C^* = J_{yx} \\ B + D = J_{yy} \end{cases} \tag{2.7.16}$$

则偏振部分的强度为

$$I_{\mathrm{p}} = \frac{1}{2}(A + B) \tag{2.7.17}$$

非偏振部分的强度为

$$I_{\mathrm{u}} = D \tag{2.7.18}$$

光束的总强度为

$$I_{\mathrm{t}} = \frac{1}{2}(A + B + 2D) \tag{2.7.19}$$

偏振度可以表示为

$$P = \frac{I_{\mathrm{p}}}{I_{\mathrm{t}}} = \frac{A + B}{A + B + 2D} = \left\{ 1 - \frac{4\det(J)}{[\operatorname{tr}(J)]^2} \right\}^{1/2} \tag{2.7.20}$$

式中, $\det(\overset{\leftrightarrow}{\boldsymbol{J}}) = J_{xx}J_{yy} - |J_{xy}|^2$, $\operatorname{tr}(\overset{\leftrightarrow}{\boldsymbol{J}}) = J_{xx} + J_{yy}$. 因为 $4\det(\overset{\leftrightarrow}{\boldsymbol{J}}) \leqslant [\operatorname{tr}(\overset{\leftrightarrow}{\boldsymbol{J}})]^2$, 故

$$0 \leqslant P \leqslant 1 \tag{2.7.21}$$

容易得到, 对于偏振光:

$$\det(\overset{\leftrightarrow}{\boldsymbol{J}}) = 0, P = 1.$$

对非偏振光:

$$J_{xy} = J_{yx}^* = 0, \quad J_{xx} = J_{yy}, \quad P = 0,$$

部分偏振光:

$$0 < P < 1.$$

由于坐标旋转时 $\det(\overset{\leftrightarrow}{\boldsymbol{J}})$ 与 $\operatorname{tr}(\overset{\leftrightarrow}{\boldsymbol{J}})$ 的值不变, 所以 P 与坐标系的选择无关. 可以证明, 当某一光波是由多个独立波组成时, 其相干矩阵等于各个独立波的相干矩阵之和.

2.7.3　相干矩阵通过偏振光学元件的变换

现在来讨论部分偏振光通过不同元件, 如起偏器、补偿器、旋转器、吸收器时, 相干矩阵的变化. 在准单色近似下, 我们假设所有的频率成分做类似的变化, 而不考虑光通过这些元件时由于频率不同引起的变化.

设 ε 代表入射场的列矢量, ε' 代表出射场的列矢量, 如果 E_x 与 E_y 表示入射光波的分量, E'_x 与 E'_y 表示出射光波的分量, 则有

$$\begin{aligned} E'_x &= AE_x + BE_y \\ E'_y &= CE_x + DE_y \end{aligned} \tag{2.7.22}$$

式中, 已假定这些元件对各波分量起线性作用. 方程 (2.7.22) 可改写为

$$\boldsymbol{\varepsilon}' = \overleftrightarrow{\boldsymbol{M}}\,\boldsymbol{\varepsilon} \tag{2.7.23}$$

式中

$$\overleftrightarrow{\boldsymbol{M}} = \begin{pmatrix} A & B \\ C & D \end{pmatrix} \tag{2.7.24}$$

表示相应元件的矩阵. 因此, 出射光波的相干矩阵为

$$\overleftrightarrow{\boldsymbol{J}}' = \langle \boldsymbol{\varepsilon}'\boldsymbol{\varepsilon}'^{+} \rangle = \langle \overleftrightarrow{\boldsymbol{M}}\,\boldsymbol{\varepsilon}\boldsymbol{\varepsilon}^{+} M^{+} \rangle = \overleftrightarrow{\boldsymbol{M}}\,\overleftrightarrow{\boldsymbol{J}}\,\overleftrightarrow{\boldsymbol{M}}^{+} \tag{2.7.25}$$

式中

$$\overleftrightarrow{\boldsymbol{J}} = \langle \boldsymbol{\varepsilon}\boldsymbol{\varepsilon}^{+} \rangle \tag{2.7.26}$$

表示入射光波的相干矩阵. 这样, 如果确定了相应于某个元件的矩阵 M, 则相应于通过该元件的辐射的相干矩阵可以由式 (2.7.25) 给出.

以下给出几种元件的相应的矩阵 $\overleftrightarrow{\boldsymbol{M}}$. 元件组的作用可以通过逐次应用各分立矩阵得到.

1. 起偏器

起偏器是一个只使场的分量沿某一特殊方向通过的元件. 设这个方向与 x 轴的夹角为 θ, 如图 2-11 所示. 入射场由电场分别沿 x 与 y 方向的分量 E_x 与 E_y 来确定. 因为起偏器只使与 x 轴成 θ 角方向的场分量通过, 所以起偏器出射场的大小为

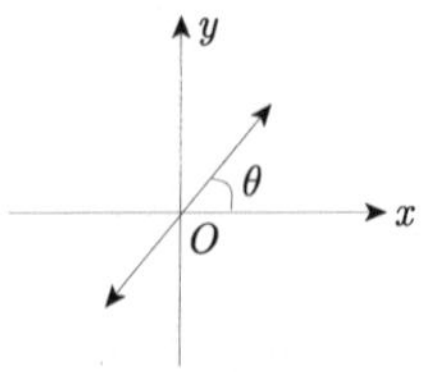

图 2.11　起偏器的透振方向与 x 轴成 θ 角

$$E = E_x \cos\theta + E_y \sin\theta$$

并且与 x 轴成 θ 角方向出射. 这个场的 x 和 y 分量构成了出射场的 x 和 y 分量, 因此

$$E'_x = E\cos\theta = E_x\cos^2\theta + E_y\sin\theta\cos\theta$$

$$E'_y = E \sin\theta = E_x \cos\theta \sin\theta + E_y \sin^2\theta$$

所以, 起偏器可以由下面矩阵表示:

$$\overset{\leftrightarrow}{\boldsymbol{M}}_{\mathrm{P}} = \begin{pmatrix} \cos^2\theta & \sin\theta\cos\theta \\ \sin\theta\cos\theta & \sin^2\theta \end{pmatrix} \tag{2.7.27}$$

2. 补偿器

补偿器是一个在两个电场分量之间引入一个相对相位差的元件, 如果 δ 表示这个相对相位差, 于是

$$E'_x = E_x \mathrm{e}^{\mathrm{i}\delta/2}, \quad E'_y = E_y \mathrm{e}^{-\mathrm{i}\delta/2}$$

因此, 补偿器可以矩阵表示为

$$\overset{\leftrightarrow}{\boldsymbol{M}}_{\mathrm{c}} = \begin{pmatrix} \mathrm{e}^{\mathrm{i}\delta/2} & 0 \\ 0 & \mathrm{e}^{-\mathrm{i}\delta/2} \end{pmatrix} \tag{2.7.28}$$

3. 旋转器

旋转器是一个使偏振平面产生某一旋转的元件, 如果旋转的角度为 θ, 那么出射光束的各电场分量为

$$E'_x = E_x \cos\theta + E_y \sin\theta, \quad E'_y = -E_x \sin\theta + E_y \cos\theta \tag{2.7.29}$$

所以旋转器的矩阵可写成

$$\overset{\leftrightarrow}{\boldsymbol{M}}_{\mathrm{R}} = \begin{pmatrix} \cos\theta & \sin\theta \\ -\sin\theta & \cos\theta \end{pmatrix} \tag{2.7.30}$$

4. 吸收器

吸收器是起着减小场强度的作用, 如果 ξ_x 和 ξ_y 分别表示对于 x 分量与 y 分量的吸收系数, 则

$$E'_x = E_x \mathrm{e}^{-\xi_x/2}, \quad E'_y = E_y \mathrm{e}^{-\xi_y/2} \tag{2.7.31}$$

因此, 吸收器相干矩阵为

$$\overset{\leftrightarrow}{\boldsymbol{M}}_{\mathrm{A}} = \begin{pmatrix} \mathrm{e}^{-\xi_x/2} & 0 \\ 0 & \mathrm{e}^{-\xi_y/2} \end{pmatrix} \tag{2.7.32}$$

2.7.4   部分相干、部分偏振光

上面所述的相干矩阵方法假设光束是空间完全相干的, 没有考虑空间部分相干的情况. 考虑稳态的准单色光束, 设光束沿 z 方向传输, 在与 z 轴垂直的平面上取两个任意点 r_1 和 r_2, 复电场矢量的 x 和 y 分量分别为 E_x 和 E_y, 电场的 z 分量可以忽略不计. 光束的相干–偏振 (BCP) 矩阵定义如下:

$$\hat{J}\,(r_1, r_2, z) = \left(\begin{array}{cc} J_{xx}(r_1, r_2, z) & J_{xy}(r_1, r_2, z) \\ J_{yx}(r_1, r_2, z) & J_{yy}(r_1, r_2, z) \end{array} \right) \tag{2.7.33}$$

式中

$$J_{\alpha\beta}(r_1, r_2, z) = \langle E_{\alpha}^{*}(r_1, z; t) E_{\beta}(r_2, z; t) \rangle \tag{2.7.34}$$

α、β 代表 x 或 y. 有

$$J_{yx}(r_1, r_2, z) = J_{xy}^{*}(r_2, r_1, z) \tag{2.7.35}$$

BCP 矩阵与相干矩阵 (3.5.3) 的区别是考虑了光束的空间相干性. BCP 的各个矩阵元均可通过实验测量.

光束的强度可以写成

$$I(r, z) = J_{xx}(r, r, z) + J_{yy}(r, r, z) \tag{2.7.36}$$

等效的互强度为

$$J_{\mathrm{eq}}(r_1, r_2, z) = J_{xx}(r_1, r_2, t) + J_{yy}(r_1, r_2, z) \tag{2.7.37}$$

偏振度可表示成

$$P(r, z) = \left\{ 1 - 4 \frac{\det(\hat{J}(r_1, r_2, z))}{[\mathrm{tr}(\hat{J}(r_1, r_2, z))]^2} \right\}^{1/2} \tag{2.7.38}$$

矩阵元 $J_{\alpha\beta}$ 经过近轴光学系统的传输公式与互强度的传输公式相同 (见第 5 章).

第3章 光的相干性

当两列或两列以上的光波满足频率相等、振动方向一致、相位差恒定的条件时, 在光波的叠加区域中会出现明暗交替分布的花样. 最明处为光强的极大值, 它超过两列光波的强度之和; 最暗处为光强的极小, 其强度最弱可以为零. 这种现象称为光的**干涉**. 干涉花样的清晰程度与光源的相干性有关. 光源的非单色性影响到光的时间相干性, 光源的大小则影响到光的空间相干性.

3.1 干涉的基本原理

3.1.1 线性叠加原理

光波的干涉可以归结为空间任一点处电磁振动的叠加. 几个不同波源在真空中一点上产生的总电场为

$$\boldsymbol{E} = \boldsymbol{E}_{(1)} + \boldsymbol{E}_{(2)} + \boldsymbol{E}_{(3)} + \cdots \tag{3.1.1}$$

这是麦克斯韦方程组在真空中为线性微分方程的必然结果. 在介质中, 由于非线性光学效应, 线性叠加原理将不再适用.

考虑两列频率均为 ω 的线偏振平面波:

$$\begin{cases} \boldsymbol{E}_{(1)} = \boldsymbol{E}_1 \exp\{\mathrm{i}(\boldsymbol{k} \cdot \boldsymbol{r}_1 - \omega t + \phi_1)\} \\ \boldsymbol{E}_{(2)} = \boldsymbol{E}_2 \exp\{\mathrm{i}(\boldsymbol{k} \cdot \boldsymbol{r}_2 - \omega t + \phi_2)\} \end{cases} \tag{3.1.2}$$

若 $\phi_1 - \phi_2$ 为常数, 则两列波是相干的. 光强为

$$\begin{aligned} I &= |\boldsymbol{E}|^2 = \boldsymbol{E} \cdot \boldsymbol{E}^* \\ &= |\boldsymbol{E}_1|^2 + |\boldsymbol{E}_2|^2 + 2\boldsymbol{E}_1 \cdot \boldsymbol{E}_2 \cos\theta \\ &= I_1 + I_2 + 2\boldsymbol{E}_1 \cdot \boldsymbol{E}_2 \cos\theta \end{aligned} \tag{3.1.3}$$

式中, $\theta = \boldsymbol{k} \cdot \boldsymbol{r}_1 - \boldsymbol{k} \cdot \boldsymbol{r}_2 + \phi_1 - \phi_2$, 干涉项依赖于 $\cos\theta$, 所以, 光强在空间上发生周期性变化. 若 $\phi_1 - \phi_2$ 以无规方式随时间变化, $\cos\theta$ 的平均值为零, 无干涉条纹; 若偏振互成正交, $\boldsymbol{E}_1 \cdot \boldsymbol{E}_2 = 0$, 无干涉条纹.

3.1.2 波阵面分割

杨氏最早以明确的形式确立了光波的叠加原理, 用光的波动理论解释了干涉现象. 图 3-1 为杨氏双孔 (缝) 干涉装置. 图中单色光通过开有小孔 S 的不透明遮光板后, 传播到另一开有两个小孔的光阑 A, 形成两个同相的次级单色点光源 S_1 和 S_2, 从它们出来的光在远离 A 的区域叠加在一起, 形成干涉图样.

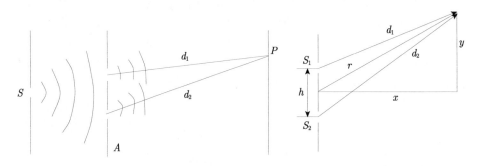

图 3-1 杨氏双孔 (缝) 干涉

由于可见光的波长很短, 因此只有当两小孔之间的间隔 h 比小孔到观察面的距离 x 小得多时, 干涉图样才便于观察. 对于观察面上某一点 P, 两列波的相位差为 $k(d_2 - d_1)$. 产生亮纹的条件是

$$k(d_2 - d_1) = \pm 2m\pi$$

即

$$|d_2 - d_1| = m\lambda$$

$$\left[x^2 + \left(y + \frac{h}{2} \right)^2 \right]^{1/2} - \left[x^2 + \left(y - \frac{h}{2} \right)^2 \right]^{1/2} = m\lambda \tag{3.1.4}$$

展开, 得近似表达式

$$\frac{yh}{x} = m\lambda, \quad y, h \ll x \tag{3.1.5}$$

出现亮纹的位置为

$$y = 0, \pm \frac{\lambda x}{h}, \pm \frac{2\lambda x}{h}, \cdots \tag{3.1.6}$$

图 3-2 为类似的几种分波前干涉装置, 它们都可等效为像杨氏双缝实验那样的双光束干涉.

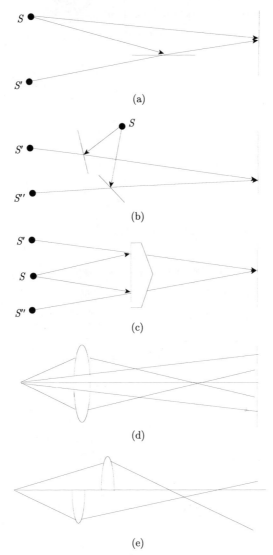

图 3-2 几种分波前干涉装置
(a) 劳埃德镜; (b) 菲涅耳双面镜; (c) 菲涅耳双棱镜; (d) 比耶对切透镜;

(e) 梅斯林实验

3.1.3 振幅分割

1883 年, 美国物理学家迈克耳孙和莫雷合作, 设计制造了如图 3-3(a) 所示的干涉仪, 用以研究 "以太" 漂移的速度. 在迈克耳孙干涉仪中, 光源到观察屏之间存在两条光路: 一束光被分束器反射后入射到上方的平面镜后反射回分束器, 之后透射过分束器到达观察屏; 另一束光透射过分束器后入射到右侧的平面镜, 反射回分束器后再被反射到观察屏上. 在分束器与右侧平面镜之间加上一块和分束器同样材料和厚度的补偿板, 可以消除两束光因经过分束器次数不同而出现的光程差.

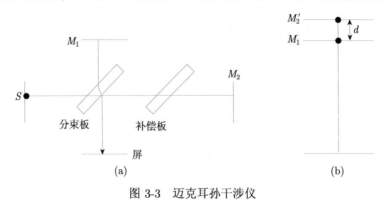

图 3-3   迈克耳孙干涉仪

迈克耳孙干涉仪中, 两路光的光程差取决于图 3-3(b) 中 M_1 和 M_2' 的间距大小, 其中 M_2' 为 M_2 对于分束器反射面所成的镜像. 当 M_1 和 M_2' 完全平行时, 干涉条纹是同心圆, 好似来自无穷远; 当 M_1 和 M_2' 不完全平行时, 条纹为定域平行直线, 好似来自于 M_1、M_2' 区域.

由于复色光在介质中存在色散现象, 因此观察白光所形成的干涉时, 干涉仪中的补偿板是必不可少的. 补偿板的另一个作用是, 可以改变干涉图样的形状, 否则没有圆条纹 (图 3-4).

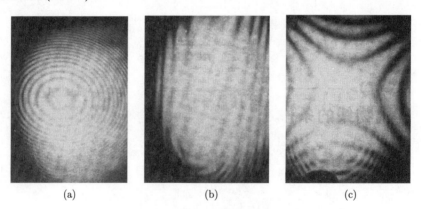

图 3-4   不加补偿板时迈克耳孙干涉仪中的干涉图样

(a) 椭圆; (b) 抛物线; (c) 双曲线

迈克耳孙干涉仪的实质是利用分振幅法产生双光束, 从而实现干涉. 光波通过分振幅产生干涉的最简单的例子是薄膜干涉 [实际上图 3-3(b) 中 M_1 和 M_2' 就相当于构成一个厚度为 d 的空气薄膜]. 下面对薄膜干涉作一简单的分析.

如图 3-5 所示, 一单色光由空气入射到一厚度为 d 的薄膜上, 光路 1 和光路 2 上各分得了入射光振幅的一部分. 这两路光的干涉情况取决于两者的光程差:

$$\Delta S = n(AB + BC) - AD$$

式中, n 为薄膜介质的折射率, 周围空气的折射率设为 1, D 为 C 到第 1 路反射光线的垂足. 光线在上表面的入射角为 θ, 折射角为 θ', 则

$$AB = BC = \frac{d}{\cos\theta'}$$

$$AD = AC\sin\theta = 2d\tan\theta'\sin\theta$$

$$n\sin\theta' = 1 \cdot \sin\theta$$

从而可以得到光程差为

$$\Delta S = 2nd\cos\theta'$$

相应的相位差为

$$\Delta\phi = \frac{2\pi}{\lambda_0}\Delta S = \frac{4\pi}{\lambda_0}nd\cos\theta'$$

式中, λ_0 为光在真空中的波长.

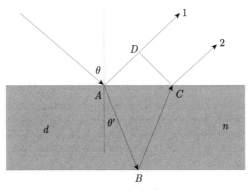

图 3-5 薄膜干涉

考虑到上下表面反射时额外的相位变化 π, 两路光的总相位差为

$$\Delta\phi = \frac{4\pi}{\lambda_0}nd\cos\theta' \pm \pi = \frac{4\pi}{\lambda_0}d\sqrt{n^2 - \sin^2\theta} \pm \pi \tag{3.1.7}$$

干涉图样中的强度分布规律为
亮纹

$$2nd\cos\theta' \pm \frac{\lambda_0}{2} = m\lambda_0 \tag{3.1.8}$$

暗纹

$$2nd\cos\theta' \pm \frac{\lambda_0}{2} = \left(m + \frac{1}{2}\right)\lambda_0 \tag{3.1.9}$$

式中, $m = 0, 1, 2, \cdots$ 为条纹的级数.

3.2 部分相干性

实际光源发出的光, 其振幅和相位往往随时间作无规则变化, 光强应取时间平均值, 即

$$I = \langle \boldsymbol{E} \cdot \boldsymbol{E}^* \rangle = \langle (\boldsymbol{E}_1 + \boldsymbol{E}_2) \cdot (\boldsymbol{E}_1^* + \boldsymbol{E}_2^*) \rangle = \langle |\boldsymbol{E}_1|^2 + |\boldsymbol{E}_2|^2 + 2\mathrm{Re}(\boldsymbol{E}_1 \cdot \boldsymbol{E}_2^*) \rangle \tag{3.2.1}$$

式中, $\langle f \rangle = \lim\limits_{T \to \infty} \dfrac{1}{T} \displaystyle\int_0^T f(t)\mathrm{d}t$ 代表时间平均值. 下面的讨论中我们将作两点假设:

(1) 所有的量是稳定的, 即时间平均值与时间原点的选择无关;

(2) 两光场的偏振状态相同, 可以用标量表示.

$$I = I_1 + I_2 + 2\mathrm{Re}\langle E_1 E_2^* \rangle \tag{3.2.2}$$

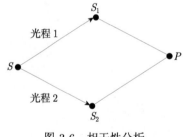

图 3-6 相干性分析

式中, $I_1 = \langle |E_1|^2 \rangle$, $I_2 = \langle |E_2|^2 \rangle$.

干涉实验中两个场 E_1 和 E_2 一般来源于同一光源, 如图 3-6 所示. 光信号通过光程 1 所需时间为 t, 光信号通过光程 2 所需时间为 $t + \tau$, 则干涉项为 $2\mathrm{Re}\Gamma_{12}(\tau)$, 其中

$$\Gamma_{12}(\tau) = \langle E_1(t) E_2^*(t + \tau) \rangle \tag{3.2.3}$$

称为两光场 E_1 和 E_2 的**互相干函数**或相关函数.

自相干函数定义为

$$\Gamma_{ii}(\tau) = \langle E_i(t) E_i^*(t + \tau) \rangle \tag{3.2.4}$$

因而 $\Gamma_{11}(0) = \langle E_1(t) E_1^*(t) \rangle = I_1$, $\Gamma_{22}(0) = I_2$.

部分相干度 —— 归一化相关函数:

$$\gamma_{12}(\tau) = \frac{\Gamma_{12}(\tau)}{\sqrt{I_1 I_2}} \tag{3.2.5}$$

因此, 相干光强可表为

$$I = I_1 + I_2 + 2\sqrt{I_1 I_2}\mathrm{Re}\gamma_{12}(\tau) \tag{3.2.6}$$

式中 $\gamma_{12}(\tau)$ 通常是 τ 的复数周期函数. 若 $|\gamma_{12}(\tau)|$ 不为零, 则将产生干涉条纹. 就 $|\gamma_{12}(\tau)|$ 来说, 有以下几种情况:

$$\begin{cases} |\gamma_{12}| = 1, & \text{完全相干} \\ 0 < |\gamma_{12}| < 1, & \text{部分相干} \\ |\gamma_{12}| = 0, & \text{完全不相干} \end{cases} \tag{3.2.7}$$

若

$$\gamma_{12}(\tau) = |\gamma_{12}(\tau)| \, e^{i\phi} \tag{3.2.8}$$

则

$$\mathrm{Re}\gamma_{12}(\tau) = |\gamma_{12}| \cos\phi \tag{3.2.9}$$

所以, 条纹的强度极值为

$$\begin{cases} I_{\max} = I_1 + I_2 + 2\sqrt{I_1 I_2}\gamma_{12}(\tau) \\ I_{\min} = I_1 + I_2 - 2\sqrt{I_1 I_2}\gamma_{12}(\tau) \end{cases} \tag{3.2.10}$$

条纹的能见度定义为

$$V = \frac{I_{\max} - I_{\min}}{I_{\max} + I_{\min}} = \frac{2\sqrt{I_1 I_2}\,|\gamma_{12}|}{I_1 + I_2} \tag{3.2.11}$$

在 $I_1 = I_2$ 时, 条纹的能见度等于部分相干度的模:

$$V = |\gamma_{12}| = \begin{cases} 1, & \text{完全相干} \\ 0, & \text{完全不相干} \end{cases} \tag{3.2.12}$$

3.3   时间相干性

我们知道, 相干单色光场可表示为 $E(t) = E_0 e^{-i\omega t}$, 而准单色光场可表示为

$$E(t) = E_0 e^{-i\omega t} e^{i\phi(t)} \tag{3.3.1}$$

假设式 (3.3.1) 中的相位 $\phi(t)$ 为如图 3-7 所示的无规阶跃函数, 则在一定时间 τ_0 内, $\phi(t)$ 是常数. 原子发射的光场作正弦变化, 相位的突变可以认为是原子间碰撞引起的结果. 这里的 τ_0 称为**相干时间**.

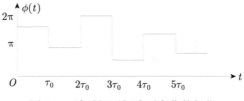

图 3-7   随时间无规阶跃变化的相位

把上述准单色光源分束叠加干涉. 设 $|E_1| = |E_2| = |E|$, 自相干性为

$$\gamma(\tau) = \frac{\langle E(t)E^*(t+\tau)\rangle}{\langle |E|^2\rangle} \tag{3.3.2}$$

把式 (3.3.1) 代入, 得

$$\begin{aligned}
\gamma(\tau) &= \langle e^{i\omega\tau}e^{i(\phi(t)-\phi(t+\tau))}\rangle \\
&= e^{i\omega\tau}\lim_{T\to\infty}\frac{1}{T}\int_0^T e^{i(\phi(t)-\phi(t+\tau))}dt
\end{aligned} \tag{3.3.3}$$

当 $\tau < \tau_0$ 时 (图 3-8), 有

$$\phi(t) - \phi(t+\tau) = \begin{cases} 0, & 0 < t < \tau_0 - \tau \\ \Delta\text{ (无规值)}, & \tau_0 - \tau < t < \tau_0 \end{cases} \tag{3.3.4}$$

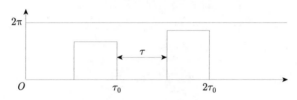

图 3-8　$\tau < \tau_0$ 时的相位差

当 $\tau > \tau_0$ 时, 有

$$\phi(t) - \phi(t+\tau) = \Delta \quad \text{(无规值)} \tag{3.3.5}$$

对第一个相干时间间隔 $(\tau_0 > \tau)$

$$\begin{aligned}
\frac{1}{\tau_0}\int_0^{\tau_0} e^{i(\phi(t)-\phi(t+\tau))}dt &= \frac{1}{\tau_0}\int_0^{\tau_0-\tau}dt + \frac{1}{\tau_0}\int_{\tau_0-\tau}^{\tau_0}e^{i\Delta}dt \\
&= \frac{\tau_0-\tau}{\tau_0} + \frac{\tau}{\tau_0}e^{i\Delta}
\end{aligned} \tag{3.3.6}$$

整个积分的平均值

$$\lim_{T\to\infty}\frac{1}{T}\int_0^T e^{i(\phi(t)-\phi(t+\tau))}dt = \frac{\tau_0-\tau}{\tau_0} \tag{3.3.7}$$

所以

$$\gamma(\tau) = \begin{cases} \left(1-\dfrac{\tau}{\tau_0}\right)e^{i\omega\tau}, & \tau < \tau_0 \\ 0, & \tau \geqslant \tau_0 \end{cases} \tag{3.3.8}$$

其模为

$$|\gamma(\tau)| = \begin{cases} 1-\dfrac{\tau}{\tau_0}, & \tau < \tau_0 \\ 0, & \tau \geqslant \tau_0 \end{cases} \tag{3.3.9}$$

图 3-9 给出了归一化自相干函数的模 $|\gamma(\tau)|$ 随两束光的延迟时间的变化关系. 在双光束等幅干涉中, 条纹可见度 $V = |\gamma|$.

若两束光的时间差大于相干时间, 即 $\tau > \tau_0$, 则条纹能见度降为零. 因此, 光程差不能大于 $l_c = c\tau_0$ (相干长度), 该长度实质上就是一列未被扰乱的波的长度. 对实际的发光原子, 波列的长度是无规律的. 因此, 相干时间和相干长度应该定义为各个波列的平均值. 理论上需借助各波列长度的精细统计分布来求.

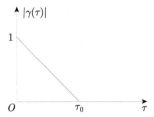

图 3-9 归一化自相干函数的模 $|\gamma(\tau)|$ 随延迟时间的变化

在任何情况下, 当光程差小于平均相干长度时, 条纹的可见度 V 就大于零. 实际的光源都有一定的线宽, 稳频激光的相对频宽 $\dfrac{\Delta\nu}{\nu}$ 可以达到 10^{-8} 量级.

我们可以用傅里叶变换方法来描述频谱宽度. 设 $f(t)$ 为 t 时刻单列波在某点产生的光扰动, 设波列宽度为 τ_0, 有

$$f(t) = \begin{cases} \mathrm{e}^{-\mathrm{i}\omega_0 t}, & -\dfrac{\tau_0}{2} < t < \dfrac{\tau_0}{2} \\ 0, & \text{其他情况} \end{cases} \tag{3.3.10}$$

其傅里叶变换为

$$g(\omega) = \frac{1}{\sqrt{2\pi}} \int_{-\infty}^{\infty} f(t)\mathrm{e}^{\mathrm{i}\omega t}\mathrm{d}t = \sqrt{\frac{2}{\pi}} \frac{\sin[(\omega - \omega_0)\tau_0/2]}{\omega - \omega_0} \tag{3.3.11}$$

能量谱密度为

$$G(\omega) = |g(\omega)|^2 = \frac{2}{\pi} \frac{\sin^2[(\omega - \omega_0)\tau_0/2]}{(\omega - \omega_0)^2} \tag{3.3.12}$$

频率分布的宽度为

$$\Delta\omega = \frac{2\pi}{\tau_0}, \quad \Delta\nu = \frac{1}{\tau_0} \tag{3.3.13}$$

当讨论的是几列波的干涉时, 相干时间和相干长度分别为

$$\langle\tau_0\rangle = \frac{1}{\Delta\nu} \tag{3.3.14}$$

$$l_c = c\langle\tau_0\rangle = \frac{c}{\Delta\nu} = \frac{\lambda^2}{\Delta\lambda} \tag{3.3.15}$$

3.4 空间相干性

3.4.1 两个独立点光源之间的空间相干性

如图 3-10 所示, 考虑两个独立的准单色光源 S_a 和 S_b, 这两个光源可认为是彼此一样的, 但互不相干. 两个接收点 P_1、P_2 处的光场为

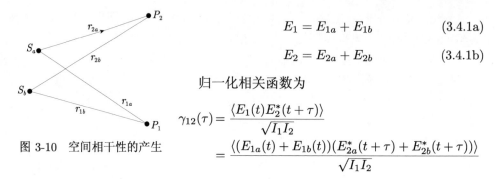

图 3-10   空间相干性的产生

$$E_1 = E_{1a} + E_{1b} \tag{3.4.1a}$$

$$E_2 = E_{2a} + E_{2b} \tag{3.4.1b}$$

归一化相关函数为

$$\gamma_{12}(\tau) = \frac{\langle E_1(t) E_2^*(t+\tau) \rangle}{\sqrt{I_1 I_2}}$$

$$= \frac{\langle (E_{1a}(t) + E_{1b}(t))(E_{2a}^*(t+\tau) + E_{2b}^*(t+\tau)) \rangle}{\sqrt{I_1 I_2}}$$

由于两个光源是互不相干的, 所以

$$\gamma_{12}(\tau) = \frac{\langle E_{1a}(t) E_{2a}^*(t+\tau) \rangle}{\sqrt{I_1 I_2}} + \frac{\langle E_{1b}(t) E_{2b}^*(t+\tau) \rangle}{\sqrt{I_1 I_2}}$$

$$= \frac{1}{2}\gamma(\tau_a) + \frac{1}{2}\gamma(\tau_b) \tag{3.4.2}$$

式中, $\gamma(\tau_i) = \mathrm{e}^{\mathrm{i}\omega\tau_i}(1 - \tau_i/\tau_0)$, $\tau_i = \tau_a, \tau_b$ 为每个光源的自相关函数, $\tau_i = \tau_a, \tau_b$, 有

$$\tau_a = \frac{r_{2a} - r_{1a}}{c} + \tau \tag{3.4.3a}$$

$$\tau_b = \frac{r_{2b} - r_{1b}}{c} + \tau \tag{3.4.3b}$$

$$|\gamma_{12}(\tau)|^2 \approx \left\{ \frac{1 + \cos[\omega(\tau_b - \tau_a)]}{2} \right\} \left(1 - \frac{\tau_a}{\tau_0}\right)\left(1 - \frac{\tau_b}{\tau_0}\right) \tag{3.4.4}$$

式 (3.4.4) 中已假定 $\tau_a - \tau_b < \tau_a, \tau_b$.

因此, 在两个接收点 P_1、P_2 上的两个场之间的互相干性取决于

(1) 两个光源的自相干时间 τ_0;

(2) 具有周期性空间依赖关系 $\cos[\omega(\tau_b - \tau_a)]$.

设 P_1 在 S_a、S_b 的对称位置上, P_1 和 P_2 的间距为 l (图 3-11), 则 $r_{1a} = r_{1b}$. 当满足条件 $r \gg s, l$ 时, 有

$$\tau_b - \tau_a = \frac{r_{2b} - r_{2a}}{c} \approx \frac{sl}{cr} \tag{3.4.5}$$

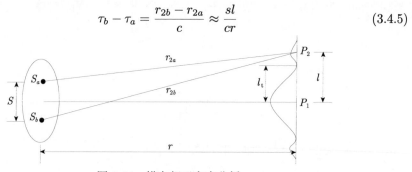

图 3-11   横向相干宽度分析

在接收面上, $|\gamma_{12}|$ 变化的几何图形类似于杨氏干涉, 在中心点, P_1、P_2 重合, $|\gamma_{12}|$ 极大, 互相干性最大; 在 $\cos[\omega(\tau_b - \tau_a)] = -1$ 处, 互相干性降为零, 此时有

$$\omega(\tau_b - \tau_a) = \frac{\omega sl}{cr} = \pi$$

$$l_{\mathrm{t}} = \frac{r\lambda}{2s} = \frac{\lambda}{2\theta_{\mathrm{s}}} \tag{3.4.6}$$

式中, $\theta_{\mathrm{s}} = s/r$ 为两个点源对 P_1 的张角, l_{t} 为**横向相干宽度**, 即 P_1、P_2 两点间高度互相干性区域的宽度.

3.4.2 扩展光源的空间相干性

1. 范西泰特–策尼克 (van Cittert-Zernike) 定理

由一个扩展的初级光源照明的平面上的固定点 P_1 和可变点 P_2 之间的复相干度, 等于通过与扩展光源同大小和同形状的孔并会聚在 P_1 点的一个球面波在 P_2 点上所产生的复振幅 (图 3-12). 这相当于计算在球面波入射时不同孔径在 P_2 点的衍射问题. 对圆形光源, 横向相干宽度为

$$l_{\mathrm{t}} = \frac{1.22\lambda}{\theta_{\mathrm{s}}}, \quad \theta_{\mathrm{s}} = \frac{光源直径}{r} \tag{3.4.7}$$

图 3-12 扩展光源的范西泰特–策尼克定理图示

例如, 杨氏实验中, 针孔光源直径为 1mm, λ=600nm, 离光源 1m 处的横向相干宽度为

$$l_{\mathrm{t}} = \frac{1.22 \times (600 \times 10^{-6})\mathrm{mm}}{10^{-3}} = 0.7\mathrm{mm}$$

即为了得到清晰的干涉条纹, 缝间距离不能大于 0.7mm.

范西泰特–策尼克定理的有关内容在第 5 章还将作进一步的讨论.

2. 星体角直径的测量

由于星体离我们很远, 所以星体的角直径很小, 约为数百弧秒量级. 利用图 3-13 所示的狭缝间距可变的双缝干涉装置可测量星体的角直径, 该装置称为**迈克耳孙测星干涉仪** (Michelson stellar interferometer), 其中的反射镜起到增大狭缝间距的作

用. 具体方法是先测出横向相干宽度, 即相干条纹消失时的狭缝间距 l_t, 然后利用下式计算星体角直径 θ_s:

$$\theta_s = \frac{1.22\lambda}{l_t} \tag{3.4.8}$$

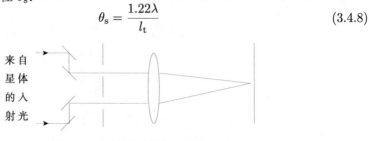

图 3-13   迈克耳孙测星干涉仪

3. 汉伯里–布朗–特威斯 (Hanbury-Brown-Twiss, HBT) 装置

这种干涉仪装置如图 3-14 所示. 它是以两点间强度相关性为基础的干涉方法, 称为强度干涉量度法. 它能够测定比用迈克耳孙法所能测出的还要小得多的星体角直径. 光聚焦在两个光电管上, 光电管的输出正比于两个镜子上的瞬时强度. 由光电管输出的信号送进延迟器及一个电子倍增器和积分器, 最终输出量称为两个场的**二阶相干函数**, 或**强度相关函数**, 由下式给出:

$$k(r_1, r_2, \tau) = \langle I_1(t + \tau) I_2(t) \rangle \tag{3.4.9}$$

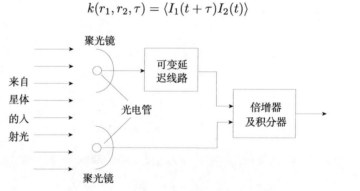

图 3-14   汉伯里–布朗–特威斯强度干涉仪

二阶相干函数显现出来的干涉效应, 类似于普通 (一阶) 函数的干涉效应. 尤其是对远处的扩展光源而言, 对两个接收点 P_1 和 P_2 间的二阶相干性所作的测量, 得出横向相干宽度, 因而也得出光源的角直径. 强度干涉量度法的主要优点, 在于不需要高质量的光学元件以及严格的安装技术.

第4章 光的衍射

光的衍射可以定义为光在传输过程中偏离光线光学传输规律的现象. 通常所用的术语, 如 "望远镜的衍射图样"、"象差的衍射理论" 等, 均指这种意义下的衍射. 此时衍射具有下列特征: ① 衍射定律对所有标量波均相同; ② 对光波而言, 衍射效应与偏振无关, 且入射光的偏振态保持不变; ③ 衍射只与障碍物的形状和大小有关, 而与障碍物的材料无关.

衍射也可以定义为存在给定尺寸、形状和组成的障碍物时的波动现象. 这种定义下的衍射理论更为严格, 但需要求解给定边界条件下的麦克斯韦方程组. 只有在极个别简单的障碍物形状时才可得到解析解.

4.1 基尔霍夫衍射理论

4.1.1 格林定理

在介绍基尔霍夫衍射理论之前, 需要先介绍一下数学中的格林定理. 设 U、V 是任何两个标量函数, 它们满足连续性和可积性的普遍条件, 则

$$\iint\limits_{S} (V\nabla_n U - U\nabla_n V)\mathrm{d}s = \iiint\limits_{\Omega} (V\nabla^2 U - U\nabla^2 V)\mathrm{d}\Omega \tag{4.1.1}$$

式中, S 代表任何闭合面, Ω 为闭合面 S 内的体积, ∇_n 为积分面上梯度的法线分量. 如果 U、V 为波函数, 则满足正规的波动方程

$$\nabla^2 U = \frac{1}{u^2}\frac{\partial^2 U}{\partial t^2}, \quad \nabla^2 V = \frac{1}{u^2}\frac{\partial^2 V}{\partial t^2} \tag{4.1.2}$$

并且两者都有形式为 $\mathrm{e}^{\pm\mathrm{i}\omega t}$ 的谐振时间关系, 则下列体积分为零:

$$\iiint\limits_{\Omega} (V\nabla^2 U - U\nabla^2 V)\mathrm{d}\Omega = 0 \tag{4.1.3}$$

格林定理简化为

$$\iint (V\nabla_n U - U\nabla_n V)\mathrm{d}s = 0 \tag{4.1.4}$$

假定 $V = V_0\mathrm{e}^{\mathrm{i}(kr+\omega t)}/r$, 它表示向着 P 点 ($r = 0$) 收敛的球面波, 令被积分表面 S 内部包含 P 点, P 点是一个奇异点 ($V(P) \to \infty$). 因为已假设 V 是连续的和

可微的, 所以 P 点必须从积分区中去掉 (图 4-1). 围绕 P 点作一半径为 ε 的小球, 在小球上 $\nabla_n = -\dfrac{\partial}{\partial r}$, 所以

$$
\iint\limits_{S} \left(\frac{\mathrm{e}^{\mathrm{i}kr}}{r} \nabla_n U - U \nabla_n \frac{\mathrm{e}^{\mathrm{i}kr}}{r} \right) \mathrm{d}s - \iint\limits_{S'} \left[\frac{\mathrm{e}^{\mathrm{i}kr}}{r} \frac{\partial U}{\partial r} - U \frac{\mathrm{e}^{\mathrm{i}kr}}{r} \left(\mathrm{i}k - \frac{1}{r} \right) \right]_{r=\varepsilon} \varepsilon^2 \mathrm{d}\Theta = 0
$$

(4.1.5)

式中, S' 为小球面, $\mathrm{d}\Theta$ 表示单位立体角. 令 $\varepsilon \to 0$, 则第二项积分 $= \iint U(P)\mathrm{d}\Theta = 4\pi U(P)$, 所以

$$
U(P) = -\frac{1}{4\pi} \iint\limits_{S} \left(U \nabla_n \frac{\mathrm{e}^{\mathrm{i}kr}}{r} - \frac{\mathrm{e}^{\mathrm{i}kr}}{r} \nabla_n U \right) \mathrm{d}s
$$

(4.1.6)

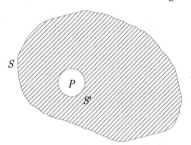

图 4-1　积分曲面 S 及奇点 P 之间的关系

此方程称为**基尔霍夫积分定理**. 它将在任意闭合曲面内的任何一点的标量波函数和在曲面上的波函数两者联系起来.

对光的衍射问题, U 被看成是 "光扰动", 并且是标量, 它不能精确地表示一个电磁场. 在 "标量近似" 下, U 的绝对值的平方表示给定点的强度. 矢量衍射理论在数学上非常复杂, 只对几种比较简单的情况作过完整的计算.

4.1.2　菲涅耳–基尔霍夫积分公式

与惠更斯–菲涅耳原理相比, 基尔霍夫积分定理要复杂一些. 但是, 在许多情况下, 这一定理可化为一种近似但却大为简化的形式. 这种简化的形式不仅和菲涅耳的数学表述基本相同, 而且还给出了后者尚未确定的那个倾斜因子.

如图 4-2 所示, 一个从点光源 S 发出的单色波, 通过一个不透明平面屏上开的小孔向右方传输. 开孔的线度比波长大, 但比 S 和 P 到屏的距离要小得多 (P 为光扰动待定的一点). 为确定基尔霍夫定理中 U 及 ∇U 的值, 假设:

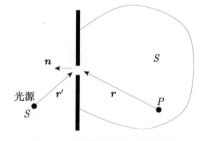

图 4-2　衍射积分公式示意图

(1) 波函数 U 及其梯度除了在光阑的开孔区对积分有贡献外, 其他部分的贡献可以忽略;

(2) 在光阑上的 U 值及其梯度 ∇U 同没有挡板时的相应值是一样的.

　　这两个假设为基尔霍夫边界条件, 其适用性是值得怀疑的, 但在远离光阑处的计算结果通常和实验很好地符合. 在光阑近旁的特性必须用边值问题来处理.

　　由此可以得到光阑上的波函数为

$$U = U_0 \frac{\mathrm{e}^{\mathrm{i}(kr'-\omega t)}}{r'} \tag{4.1.7}$$

因此

$$U(P) = \frac{U_0 \mathrm{e}^{-\mathrm{i}\omega t}}{4\pi} \iint\limits_{S} \left(\frac{\mathrm{e}^{\mathrm{i}kr}}{r} \nabla_n \frac{\mathrm{e}^{\mathrm{i}kr'}}{r'} - \frac{\mathrm{e}^{\mathrm{i}kr'}}{r'} \nabla_n \frac{\mathrm{e}^{\mathrm{i}kr}}{r} \right) \mathrm{d}s \tag{4.1.8}$$

　　由基尔霍夫边界条件, 只需要对透光部分积分

$$\nabla_n \frac{\mathrm{e}^{\mathrm{i}kr}}{r} = \cos{(\boldsymbol{n}, \boldsymbol{r})} \frac{\partial}{\partial r} \frac{\mathrm{e}^{\mathrm{i}kr}}{r} \overset{r \gg \lambda}{\approx} \cos{(\boldsymbol{n}, \boldsymbol{r})} \frac{\mathrm{i}k\mathrm{e}^{\mathrm{i}kr}}{r} \tag{4.1.9}$$

最后可以得到

$$U(P) = -\frac{\mathrm{i}kU_0 \mathrm{e}^{-\mathrm{i}\omega t}}{4\pi} \iint\limits_{S} \frac{\mathrm{e}^{\mathrm{i}k(r+r')}}{rr'} [\cos(\boldsymbol{n}, \boldsymbol{r}) - \cos(\boldsymbol{n}, \boldsymbol{r}')] \mathrm{d}s \tag{4.1.10}$$

　　式 (4.1.10) 即为菲涅耳–基尔霍夫积分公式, 它可看成是惠更斯原理的数学表述.

4.1.3　衍射积分公式与惠更斯原理的联系与差别

考虑一点光源垂直入射到一圆光阑上 (图 4-3), 有

$$\cos(\boldsymbol{n}, \boldsymbol{r}') = -1. \tag{4.1.11}$$

$$U(P) = -\frac{\mathrm{i}k}{4\pi} \iint\limits_{S} \frac{U\mathrm{e}^{\mathrm{i}(kr-\omega t)}}{r} [\cos(\boldsymbol{n}, \boldsymbol{r}) + 1] \mathrm{d}s \tag{4.1.12}$$

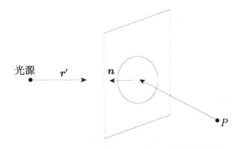

图 4-3　点光源垂直入射到圆光阑上的情形

式 (4.1.12) 中, $U = U_0 e^{ikr'}/r'$, 表示入射到光阑上的基波的复振幅, 称被积函数. 在光阑的每一个面元 ds 上, 基波给出一个次级球面波 (假想的):

$$-\frac{iU e^{i(kr-\omega t)}}{\lambda r} ds \tag{4.1.13}$$

P 点的光扰动是每个面元发出的次波的叠加.

上述衍射积分公式中, 以下两点是惠更斯原理不具有的:

(1) 倾斜因子

$$\cos(\boldsymbol{n}, \boldsymbol{r}) - \cos(\boldsymbol{n}, \boldsymbol{r}') = \cos(\boldsymbol{n}, \boldsymbol{r}) + 1 \tag{4.1.14}$$

向前

$$\cos(\boldsymbol{n}, \boldsymbol{r}) + 1 = 2$$

向后

$$\cos(\boldsymbol{n}, \boldsymbol{r}) + 1 = 0$$

垂直方向

$$\cos(\boldsymbol{n}, \boldsymbol{r}) + 1 = \cos 90° + 1 = 1$$

因此初始波前不产生向后传播的波.

(2) 相移

$$-i = e^{-i90°} \tag{4.1.15}$$

即使衍射波相位相对于入射基波移动 90° 相位.

4.1.4　互补光阑　巴比涅原理

图 4-4 中, 若 A_1 的开孔部分正好对应于 A_2 的不透明部分, 则 A_1、A_2 称为互补光阑. 设 $U(P)$ 是没有光阑时 P 点的光扰动, U_{1P} 是单独放光阑 A_1 在 P 点产生的光扰动, U_{2P} 是单独放光阑 A_2 时在 P 点产生的光扰动. 由衍射公式可知, U_{1P} 和 U_{2P} 可表示为对衍射屏 A_1 和 A_2 开孔部分的积分运算. 两个屏的开孔部分相加应恰好等于整个平面完全开孔, 即不存在光阑时的情况, 所以有

$$U(P) = U_{1P} + U_{2P} \tag{4.1.16}$$

式 (4.1.16) 称为**巴比涅原理** (Babinet's principle), 表示两个互补屏在观测点产生的衍射光场, 其复振幅之和等于光波自由传输时在该点的复振幅.

由巴比涅原理可得:

(1) 若 $U_{1P} = 0$, 则 $U_{2P} = U(P)$. 因此, 放上一个光阑时强度为零的那些点, 在换上另一个光阑时, 强度跟没有光阑时一样.

(2) 若 $U(P) = 0$, 则 $U_{1P} = -U_{2P}$. 这意味着在 $U=0$ 的那些点, U_1 和 U_2 的相位差 π, 强度 $I_1 = |U_1|^2$ 和 $I_2 = |U_2|^2$ 相等. 例如, 当一个点源 S 通过一薄透镜

理想成像时, 像平面上的光分布除像点 S' 近旁以外, 其他各处强度皆为零. 这时, 如果把互补屏分次放在物与像之间的某个位置 (图 4-4), 则除 S' 点附近以外, 有 $I_1 = I_2$.

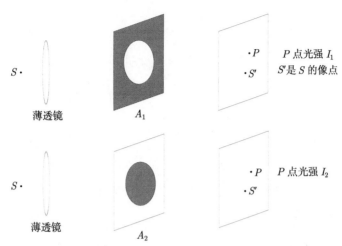

图 4-4　巴比涅原理示意图 (A_1 和 A_2 为互补光阑)

4.1.5　菲涅耳衍射和夫琅禾费衍射

1. 菲涅耳衍射

在菲涅耳–基尔霍夫积分公式中:

(1) 若 S 和 P 两点离屏的距离比孔的尺度大得多, 则倾斜因子 $[\cos(\boldsymbol{n}, \boldsymbol{r}) - \cos(\boldsymbol{n}, \boldsymbol{r}')]$ 在整个光阑上变化不大, 可看作常数移到积分号外;

(2) $\mathrm{e}^{\mathrm{i}kr}/r$ 因子在整个光阑上的变化主要是指数部分, 而 $1/r$ 可以它的平均值代替, 可移至积分号外;

(3) $\mathrm{e}^{\mathrm{i}kr'}/r'$ 接近于常数, 也可移到积分号外.

此时衍射积分公式为

$$U(P) = c \iint \mathrm{e}^{\mathrm{i}kr} \mathrm{d}s \tag{4.1.17}$$

式中, c 包含了全部的常数因子.

设 $Q(x_0, y_0, 0)$ 为孔上一点, $P(x, y, z)$ 为观察面上的一点, 则式 (4.1.17) 中的 r 可以表示为

$$r = \sqrt{z^2 + (x - x_0)^2 + (y - y_0)^2}$$

当 z 大于某一尺度时, 计算 r 的根式的二次项展开式中二次方以上的项可以略去, 即有菲涅耳近似

$$r = \sqrt{z^2 + (x - x_0)^2 + (y - y_0)^2} \approx z \left[1 + \frac{1}{2}\left(\frac{x - x_0}{z}\right)^2 + \frac{1}{2}\left(\frac{y - y_0}{z}\right)^2\right]$$

代入式 (4.1.17), 即得到菲涅耳衍射积分公式:

$$U(P) = c \exp\{ikz\} \iint \exp\left\{\frac{ik}{2z}[(x - x_0)^2 + (y - y_0)^2]\right\} ds$$

它表示位于菲涅耳区的观察平面上的复振幅分布. 所谓**菲涅耳区**, 是指 z 满足

$$z^3 \gg \frac{\pi}{4\lambda}[(x - x_0)^2 + (y - y_0)^2]_{\max}^2$$

的区域.

2. 夫琅禾费衍射

若观察平面离开孔径的距离 z 进一步增大, 使其不仅满足菲涅尔近似, 还满足 $k(x_0^2 + y_0^2)_{\max} \ll 2z$, 这时观察平面所在的区域称为**夫琅禾费区**. 夫琅禾费衍射计算上更加简单, 因为这时有

$$r = z + \frac{x^2 + y^2}{2z} - \frac{xx_0 + yy_0}{z}$$

代入式 (4.1.17), 即得夫琅禾费衍射计算公式

$$U(P) = c \exp(ikz) \exp\left[\frac{ik}{2z}(x^2 + y^2)\right] \iint \exp\left\{-ik\left(\frac{xx_0}{z} + \frac{yy_0}{z}\right)\right\} ds \quad (4.1.18)$$

当衍射面与观察面之间不是自由空间, 而是存在多个元件的复杂光学系统时, 菲涅耳衍射积分公式不能直接应用. 对于近轴光学系统, 衍射积分可以用 Collins 公式代替, 参见有关的矩阵光学和张量光学文献 [1], [3].

4.2　夫琅禾费衍射图样

4.2.1　单狭缝衍射

首先考虑一个单缝衍射情况, 令缝长 L, 缝宽 b, 衍射角 θ (图 4-5), 则在夫琅禾费衍射条件下, 衍射积分公式 (4.1.17) 中:

$$ds = Ldy, r = r_0 + y\sin\theta \ (r_0 \ \text{为} \ y = 0 \ \text{时} \ r \ \text{的取值}) \quad (4.2.1)$$

于是有

$$U = c e^{ikr_0} \int_{-\frac{b}{2}}^{\frac{b}{2}} e^{iky\sin\theta} Ldy = c' \frac{\sin\beta}{\beta} \quad (4.2.2)$$

$$I = |U|^2 = I_0 \left(\frac{\sin\beta}{\beta}\right)^2 \quad (4.2.3)$$

式中, $c' = cbLe^{ikr_0}, \beta = \dfrac{1}{2}kb\sin\theta, I_0$ 是 $\theta = 0$ 时的衍射光强度. 第一极小值位于

$$\sin\theta = \frac{\lambda}{b} \tag{4.2.4}$$

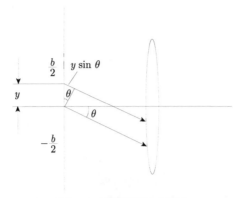

图 4-5 单缝衍射示意图

当 $\beta = \pm\pi, \pm 2\pi, \pm 3\pi, \cdots$ 时, 各有一极小值. 每二级之间有一次极大值, 其位置由方程 $\tan\beta = \beta$ 的各根给出. 单狭缝的夫琅禾费衍射图样如图 4-6 所示.

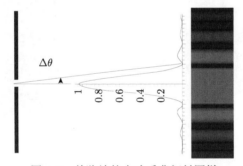

图 4-6 单狭缝的夫琅禾费衍射图样

4.2.2 矩孔衍射

考虑一个边长为 a 和 b 的矩孔. 令原点 O 在矩孔中心, Ox 轴和 Oy 轴平行于孔边 (图 4-7), 由夫琅禾费衍射公式可得

$$U(P) = U(0)\int_{-\frac{a}{2}}^{\frac{a}{2}}\int_{-\frac{b}{2}}^{\frac{b}{2}}\exp\{-\mathrm{i}kx\sin\phi - \mathrm{i}ky\sin\theta\}\mathrm{d}x\mathrm{d}y$$

积分后得到

$$I(P) = |U(P)|^2 = I_0\left(\frac{\sin\alpha}{\alpha}\right)^2\left(\frac{\sin\beta}{\beta}\right)^2 \tag{4.2.5}$$

式中, $\alpha = \dfrac{1}{2}ka\sin\phi$, $\beta = \dfrac{1}{2}kb\sin\theta$.

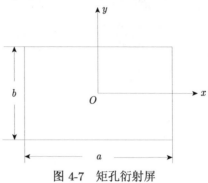

图 4-7　矩孔衍射屏

由上述结果可知, 满足 $\alpha = \pm m\pi$, $\beta = \pm n\pi$ $(m, n = 1, 2, 3, 4, \cdots)$ 的地方强度 $I(P) = 0$, 它们是两组和矩孔平行的直线. 而在 $\alpha = \beta = 0$ 处, 为强度的主极大值; 在 $\alpha = 0$, $\tan\beta - \beta = 0$ 或 $\beta = 0$, $\tan\alpha - \alpha = 0$ 处, 存在一系列的极大值, 且随着 α 和 β 值的增加, 这些极大值依次减小 (图 4-8).

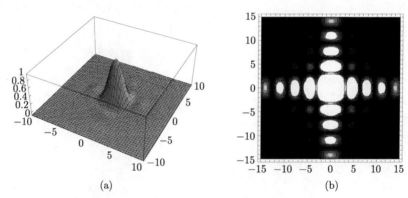

图 4-8　理论计算的矩孔光阑的夫琅禾费衍射

(a) 光强分布; (b) 衍射图样

4.2.3　圆孔衍射

下面我们来讨论圆孔的夫琅禾费衍射 (图 4-9). 设圆孔的半径为 R, 积分面元可表示为

$$\mathrm{d}s = 2\sqrt{R^2 - y^2}\,\mathrm{d}y \tag{4.2.6}$$

代入夫琅禾费衍射公式得到

$$U(P) = c\mathrm{e}^{\mathrm{i}kr_0} \int_{-R}^{R} \mathrm{e}^{\mathrm{i}ky\sin\theta} \cdot 2\sqrt{R^2 - y^2}\,\mathrm{d}y \tag{4.2.7}$$

作如下变量代换:

$$\xi = \frac{y}{R}, \quad \rho = kR\sin\theta \tag{4.2.8}$$

就可以将直角坐标转换成极坐标, 积分公式变为

$$U(P) = 2ce^{ikr_0}R^2 \int_{-1}^{1} e^{i\rho\xi}\sqrt{1-\xi^2}\,d\xi = c'\pi\frac{2J_1(\rho)}{\rho} \tag{4.2.9}$$

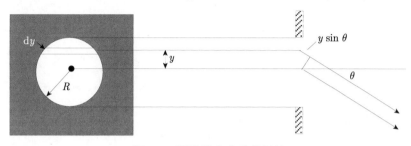

图 4-9 圆孔的夫琅禾费衍射

光强分布为 (图 4-10)

$$I(P) = I_0\left[\frac{2J_1(\rho)}{\rho}\right]^2, \quad I_0 = (c\pi R^2)^2 \tag{4.2.10}$$

当 $\rho \to 0$ 时, 有

$$\frac{J_1(\rho)}{\rho} \to \frac{1}{2} \tag{4.2.11}$$

该处为光强的主极大值. 圆孔衍射第一暗环内的亮斑称为艾里斑, 其角半径为

$$\sin\theta = \frac{3.832}{kR} = \frac{1.22\lambda}{D} \tag{4.2.12}$$

式中, $D = 2R$ 为圆孔的直径. 而单缝的第一极小值位于

$$\sin\theta = \frac{\lambda}{b} \tag{4.2.13}$$

可见圆孔比单缝的中心亮带略大.

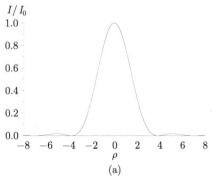
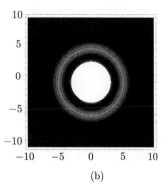

图 4-10 圆孔光阑的夫琅禾费衍射

(a) 光强分布; (b) 衍射图样

图 4-11 说明的是光学分辨率的**瑞利判据**, 即一个像点的中心极大值落在另一个光源的像的极小值位置上, 刚好能分辨. 这个界限也就是衍射极限.

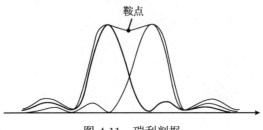

图 4-11　瑞利判据

由前所述, 艾里斑的半角宽度为

$$\theta = \frac{1.22\lambda}{D} = \frac{0.61\lambda}{a} \tag{4.2.14}$$

衍射光约 83.8%的能量集中在这个亮斑上.

对于高斯光束来说, 其远场发散角为

$$\theta = \frac{\lambda}{\pi w_0} = 0.32\frac{\lambda}{w_0} \tag{4.2.15}$$

这个区域占了总能量的 86.5%.

4.2.4　双狭缝衍射

如图 4-12 所示, 两个宽度为 b, 相距为 h 的狭缝产生夫琅禾费衍射. 根据式 (4.2.2), 得到

$$\int e^{iky\sin\theta}dy = \int_0^b e^{iky\sin\theta}dy + \int_h^{h+b} e^{iky\sin\theta}dy = 2be^{i\beta}e^{i\gamma}\frac{\sin\beta}{\beta}\cos\gamma \tag{4.2.16}$$

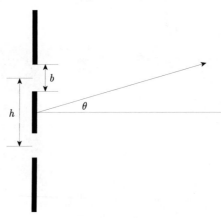

图 4-12　双缝夫琅禾费衍射

式中, $\beta = \frac{1}{2} kb \sin\theta$, $\gamma = \frac{1}{2} kh \sin\theta$.

光强分布为 (图 4-13)

$$I = I_0 \left(\frac{\sin\beta}{\beta} \right)^2 \cos^2\gamma \tag{4.2.17}$$

条纹间隔与杨氏干涉一样, 为

$$\Delta\gamma = \pi \tag{4.2.18}$$

$$\Delta\theta \approx \frac{2\pi}{kh} = \frac{\lambda}{h} \tag{4.2.19}$$

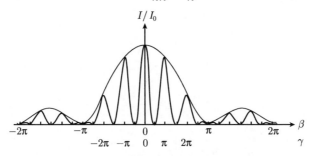

图 4-13 双缝夫琅禾费衍射的光强分布

4.2.5 衍射光栅

具有空间周期性的衍射屏称作衍射光栅. 图 4-14 为一种透射光栅, 它由一块透明的屏板上刻有大量相互平行等宽、间距为 h 的不透光刻痕构成. 每一条透光缝的宽度为 b. 衍射光栅上一般每毫米内有几十乃至上千条缝. 光波经光栅透射后, 将发生衍射, 形成相应的的衍射图样.

图 4-14 透射光栅及其结构参数

同样由式 (4.2.2) 可得, 光栅衍射后的光场为

$$
\begin{aligned}
U(P) &= \int \mathrm{e}^{iky\sin\theta}\mathrm{d}y = \int_0^b \mathrm{e}^{iky\sin\theta}\mathrm{d}y \\
&\quad + \int_h^{h+b} \mathrm{e}^{iky\sin\theta}\mathrm{d}y + \cdots + \int_{(N-1)h}^{(N-1)h+b} \mathrm{e}^{iky\sin\theta}\mathrm{d}y \\
&= b\mathrm{e}^{i\beta}\mathrm{e}^{i(N-1)\gamma}\mathrm{sinc}\beta\left(\frac{\sin N\gamma}{\sin\gamma} \right)
\end{aligned}
\tag{4.2.20}
$$

式中

$$\beta = \frac{1}{2} kb \sin\theta, \quad \gamma = \frac{1}{2} kh \sin\theta \tag{4.2.21}$$

光强分布为 (图 4-15)

$$I = I_0 \mathrm{sinc}^2\beta \left(\frac{\sin(N\gamma)}{N\sin\gamma} \right)^2 \tag{4.2.22}$$

式中, $\mathrm{sinc}^2\beta$ 为包络因子. 主极大位置满足

$$\gamma = n\pi, \quad n = 0, 1, 2, \cdots \tag{4.2.23}$$

$$h\sin\theta = n\lambda \tag{4.2.24}$$

式 (4.2.24) 称为**光栅方程**, 它表示波长与衍射角之间的关系, n 称为衍射级.

当 $\sin\gamma \neq 0, \sin N\gamma = 0$ 时, 光强有极小值, 此时有

$$\gamma = \frac{\pi}{N}, \frac{2\pi}{N}, \frac{3\pi}{N}, \cdots \tag{4.2.25}$$

主极大与极小值或者极小值之间还有一系列次极大, 其位置在

$$\gamma = \frac{3\pi}{2N}, \frac{5\pi}{2N}, \cdots \tag{4.2.26}$$

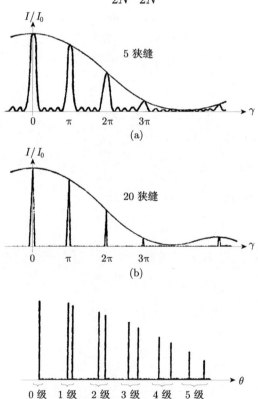

图 4-15   多缝夫琅禾费衍射光强分布

(a) 和 (b) 单色光入射; (c) 两种波长的光入射

根据光栅方程, 当波长一定时, 各级谱线之间的距离取决于光栅常数 h. 而各级谱线的强度分布, 将随 b 和 h 的比值而改变. 当 $h = mb$ 时, 级数为 $\pm m, \pm 2m, \pm 3m, \cdots$ 的谱线将消失. 这种现象叫做谱线的**缺级**. 如果狭缝非常窄, 则

$$\mathrm{sinc}\beta \approx 1 \tag{4.2.27}$$

如图 4-16 所示, 非正入射时的光栅光程为

$$h(\sin\theta - \sin\theta_0) = n\lambda \tag{4.2.28}$$

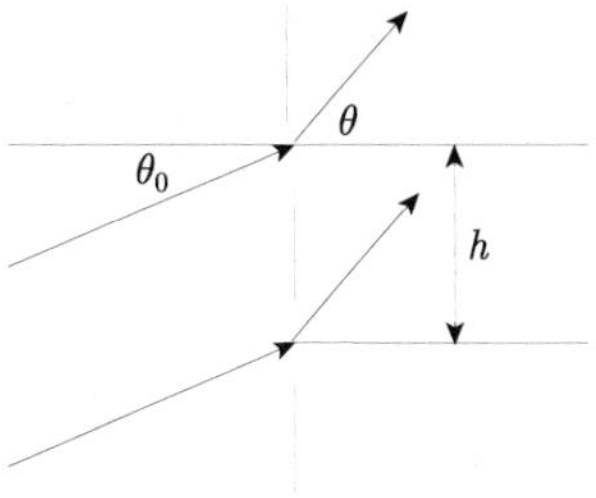

下面来讨论光栅的分辨本领. 从主极大的中心到其一侧的附加第一最小值之间的角距离叫做谱线的半角宽度 $\Delta\theta$. 有

$$N\Delta\gamma = \pi, \quad \gamma = \frac{1}{2}kh\sin\theta \tag{4.2.29}$$

图 4-16 斜入射时的光栅衍射分析

$$N\frac{1}{2}kh\cos\theta\Delta\theta = \pi \tag{4.2.30}$$

$$\Delta\theta = \frac{\lambda}{Nh\cos\theta} \quad \text{(条纹宽度)} \tag{4.2.31}$$

因此, Nh 越大, $\Delta\theta$ 越小, 条纹越锐. 如果光源的单色性很好, 那么光栅给出的光谱是一组很明显的谱线.

对一确定的衍射级

$$n\lambda = h\sin\theta \tag{4.2.32}$$

于是两条波长差为 $\Delta\lambda$ 的光谱线之间的角距离为

$$\Delta\theta = \frac{n\Delta\lambda}{h\cos\theta} \tag{4.2.33}$$

当式 (4.2.31) 和式 (4.2.33) 给出的 $\Delta\theta$ 相等时, 不同波长的谱线之间将发生重叠. 由此可得光栅光谱仪的分辨本领为

$$\mathrm{RP} = \frac{\lambda}{\Delta\lambda} = Nn \tag{4.2.34}$$

式中, N 为光栅上的总刻痕数, n 为衍射级次.

与光栅对比, F-P 标准具的分辨本领为

$$\mathrm{RP} = M\pi\left(\frac{\sqrt{R}}{1-R}\right) \tag{4.2.35}$$

式中, M 为干涉级, R 为反射率.

处于最小偏向角时棱镜的分辨本领为

$$RP = t \left| \frac{\mathrm{d}n}{\mathrm{d}\lambda} \right| \tag{4.2.36}$$

式中, t 为棱镜底边的宽度, n 为给定波长 λ 下材料的折射率.

例如, 对在整个 10cm 宽度内, 按每毫米 1000 条刻痕的光栅, 分辨本领为 $RP = 100\ 000n \approx 10^5$. 对 $R = 99\%$, $d = 1\mathrm{mm}$ 的 F-P 标准具, 分辨本领为 $RP = M\pi \left(\frac{\sqrt{R}}{1-R} \right) = \frac{2nd}{\lambda_0}\pi \frac{\sqrt{R}}{1-R} = 1 \times 10^7$ (取 λ_0=632.8nm). 对重火石玻璃棱镜, 若 t=10cm, λ=550nm, $\mathrm{d}n/\mathrm{d}\lambda \sim 1000\mathrm{cm}^{-1}$, 则 $RP = 10^4$.

4.2.6　光栅的类型

1. 按维数分类

一维光栅: 上面已作讨论.

二维光栅: 又称交叉光栅. 例如, 细织物可看成二维光栅.

三维光栅: 或称为空间光栅. 原子在晶体中的规则排列就构成三维光栅. 晶体中相邻原子的距离 (晶格距离) 一般在 0.1nm 左右, 正好与 X 射线波长的数量级. 因此, X 射线通过晶体, 可产生衍射图样. 反过来, 通过分析衍射图样可以了解晶体的结构.

2. 按构成方式分类

金属丝绕制光栅: 夫琅禾费最早用很细的金属丝绕在两个平行螺丝之间做成衍射光栅. 这种光栅制作比较容易, 特别适宜于长波 (红外) 范围.

合金或玻璃刻制光栅: 夫琅禾费就曾在玻璃板面的金锭积膜上刻制光栅, 以及用金刚石作为刻尖, 直接在玻璃上进行刻线.

铝蒸发层刻制光栅: 铝是一种软金属, 它对金刚石刻尖的损害较小, 且在紫外区反射比较好.

需要指出的是, 对于各类刻线光栅来说, 刻线间距的周期性误差会造成光谱中的伪线或鬼线; 刻线间距的无规则误差会使光谱变得模糊.

闪耀光栅: 制作这种光栅需要在玻璃坯上镀一层金属薄膜, 然后用特殊形状的金刚石刀在薄膜上刻划出很密的平行刻槽. 刻痕剖面为具有一定倾角的锯齿形, 如图 4-17 所示. 闪耀光栅的优点在于能将单缝的中央最大值的位置从没有色散的零级光谱转移到其他有色散的光谱级上, 把能量集中在它上面.

图 4-17　闪耀光栅

反射光栅：在一块光洁度很高的金属平面上，刻出一系列等间距、剖面具有一定形状的平行刻痕.

迈克耳孙阶梯光栅：由一组完全一样的平行平面玻璃板排成阶梯而构成 (图 4-18). 每个阶使通过它的光束产生的滞后，相对于其邻阶来说，大小都是一样的. 因为各阶的宽度比波长大得多，衍射效应被限制在很小的角度范围.

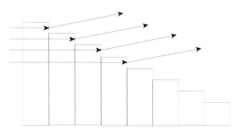

图 4-18 迈克耳孙阶梯光栅

反射阶梯光栅：它的每个阶都镀有高反射率的金属膜. 这种光栅比起同尺度的透射阶梯光栅来说，分辨本领要大 3~4 倍，且可以用在玻璃有吸收的紫外光谱区.

超声波光栅：超声波是由压电振荡器产生频率大大超过听觉上限的弹性波. 这种波能使液体产生稀疏和密集，它们对入射光的作用类似于一个衍射光栅.

4.2.7 凹面光栅的衍射和罗兰圆

为避免用透镜聚焦时对衍射光线所造成的光损失，罗兰引入了凹面光栅. 这种光栅刻在一个凹的高反射率金属面上，各刻线在镜面某弦上的投影是等距的.

设 O 是光栅面的中点，C 是它的曲率中心，以 OC 为直径作一个圆 (称为**罗兰圆**，图 4-19). 如果圆的直径足够大，则从圆上任一点 S 来的光将近似的被反射到另一点 P，同时被衍射到圆上另一些点 $P', P'', \cdots$，这些点分别是各级衍射光线的焦点.

凹面光栅的变换矩阵为

子午面

$$\begin{pmatrix} \dfrac{\cos\theta_2}{\cos\theta_1} & 0 \\[3mm] \dfrac{\cos\theta_1 + \cos\theta_2}{-R\cos\theta_1\cos\theta_2} & \dfrac{\cos\theta_1}{\cos\theta_2} \end{pmatrix}$$

弧矢面

$$\begin{pmatrix} 1 & 0 \\[3mm] \dfrac{\cos\theta_1 + \cos\theta_2}{-R} & 1 \end{pmatrix}$$

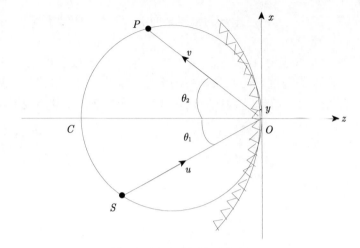

图 4-19   凹面光栅及罗兰圆

写成 4×4 阶形式:

$$
\begin{pmatrix} \boldsymbol{A}_0 & \boldsymbol{B}_0 \\ \boldsymbol{C}_0 & \boldsymbol{D}_0 \end{pmatrix} = \begin{pmatrix} \dfrac{\cos\theta_2}{\cos\theta_1} & 0 & 0 & 0 \\[2mm] 0 & 1 & 0 & 0 \\[2mm] -\dfrac{\cos\theta_1 + \cos\theta_2}{R\cos\theta_1\cos\theta_2} & 0 & \dfrac{\cos\theta_1}{\cos\theta_2} & 0 \\[2mm] 0 & -\dfrac{\cos\theta_1 + \cos\theta_2}{R} & 0 & 1 \end{pmatrix} \tag{4.2.37}
$$

从 S 到 P 的总矩阵为

$$
\begin{pmatrix} \boldsymbol{A} & \boldsymbol{B} \\ \boldsymbol{C} & \boldsymbol{D} \end{pmatrix} = \begin{pmatrix} \boldsymbol{\varepsilon} & -V \\ 0 & \boldsymbol{\varepsilon} \end{pmatrix} \begin{pmatrix} \boldsymbol{A}_0 & \boldsymbol{B}_0 \\ \boldsymbol{C}_0 & \boldsymbol{D}_0 \end{pmatrix} \begin{pmatrix} \boldsymbol{\varepsilon} & U \\ 0 & \boldsymbol{\varepsilon} \end{pmatrix} \tag{4.2.38}
$$

式中, $\boldsymbol{\varepsilon}$ 为 2×2 阶单位矩阵.

$$
\boldsymbol{B} = \begin{pmatrix} U\dfrac{\cos\theta_2}{\cos\theta_1} + UV\dfrac{\cos\theta_1 + \cos\theta_2}{R\cos\theta_1\cos\theta_2} - V\dfrac{\cos\theta_1}{\cos\theta_2} & 0 \\[3mm] 0 & U + UV\dfrac{\cos\theta_1 + \cos\theta_2}{R} - V \end{pmatrix}
$$

$$
= \begin{pmatrix} B_{11} & 0 \\ 0 & B_{22} \end{pmatrix} \tag{4.2.39}
$$

在子午面内成像, $B_{11} = 0$, 即

$$-V = U\frac{\cos\theta_2}{\cos\theta_1} \bigg/ \left(U\frac{\cos\theta_1 + \cos\theta_2}{R\cos\theta_1\cos\theta_2} - \frac{\cos\theta_1}{\cos\theta_2} \right) \tag{4.2.40}$$

取

$$U = R\cos\theta_1 \tag{4.2.41}$$

则

$$-V = R\cos\theta_2 \tag{4.2.42}$$

这时光源 S、光栅顶点、光谱探测点 P 分布在同一圆周上, 其直径等于凹面光栅的半径, 相切光栅于顶点. 在弧矢面内成像:

$$-V' = U \bigg/ \left(U\frac{\cos\theta_1 + \cos\theta_2}{R} - 1 \right) \tag{4.2.43}$$

4.2.8 其他形状的孔

设 S_1 和 S_2 是这样的两个孔: S_2 沿某一方向 (ξ) 的尺寸是 S_1 的 μ 倍. 对于 S_1 上的夫琅禾费衍射

$$U_1(p,q) = c\iint\limits_{S_1} \mathrm{e}^{\mathrm{i}k(p\xi' + q\eta')}\mathrm{d}\xi'\mathrm{d}\eta' \tag{4.2.44}$$

式中, (p,q) 代表衍射方向, $\sqrt{p^2+q^2}$ 为 (p,q) 方向与中心方向 ($p = q = 0$) 夹角的正弦.

对于 S_2 上的夫琅禾费衍射有

$$U_2(p,q) = c\iint\limits_{S_2} \mathrm{e}^{\mathrm{i}k(p\xi + q\eta)}\mathrm{d}\xi\mathrm{d}\eta \tag{4.2.45}$$

设

$$\xi' = \frac{1}{\mu}\xi, \quad \eta' = \eta \tag{4.2.46}$$

则

$$U_2(p,q) = \mu c\iint\limits_{S_1} \mathrm{e}^{\mathrm{i}k(\mu p\xi' + q\eta')}\mathrm{d}\xi'\mathrm{d}\eta'$$
$$= \mu U_1(\mu p, q) \tag{4.2.47}$$

上述结果表明, 当孔沿某一方向按比例 $\mu : 1$ 均匀拉伸时, 夫琅禾费图样在同一方向按比例 $1 : \mu$ 收缩 (图 4-20), 同时新图样上各点的强度是原图上对应点强度的 μ^2 倍. 利用这个结果, 可以立刻从圆孔和矩孔的夫琅禾费图样, 分别得到椭圆和平行四边形的夫琅禾费衍射图样.

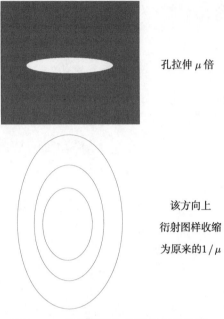

孔拉伸 μ 倍

该方向上
衍射图样收缩
为原来的$1/\mu$

图 4-20 　 孔的拉伸与衍射图样的收缩

4.3 　 菲涅耳衍射图样

根据菲涅耳–基尔霍夫衍射积分公式

$$U(P) = -\frac{\mathrm{i}kU_0\mathrm{e}^{-\mathrm{i}\omega t}}{4\pi} \iint\limits_{S} \frac{\mathrm{e}^{\mathrm{i}k(r+r')}}{rr'}[\cos(\boldsymbol{n},\boldsymbol{r})-\cos(\boldsymbol{n},\boldsymbol{r}')]\mathrm{d}s \qquad (4.3.1)$$

点光源垂直入射时, 有

$$U(P) = -\frac{\mathrm{i}k}{4\pi} \iint\limits_{S} \frac{U\mathrm{e}^{\mathrm{i}(kr-\omega t)}}{r}[\cos(\boldsymbol{n},\boldsymbol{r})+1]\mathrm{d}s \qquad (4.3.2)$$

4.3.1 　 菲涅耳带

在图 4-21 中

$$\begin{aligned}
PQS = r+r' &= \sqrt{h^2+R^2} + \sqrt{h'^2+R^2} \\
&= h+h' + \frac{1}{2}R^2\left(\frac{1}{h}+\frac{1}{h'}\right) + \cdots
\end{aligned} \qquad (4.3.3)$$

现将光阑分成许多同心圆环区, 从某一个圆环的边界到下一个相邻圆环的边界, 其 PQS 距离 $r+r'$ 相差半个波长, 相互之间的相位差为 π, 这些圆环区称为**菲涅耳**

带(菲涅耳半波带). 在 $r+r'$ 取二项近似 (菲涅耳近似) 下, 这一系列菲涅耳带的半径为

$$R_1 = \sqrt{\lambda L}, \quad R_2 = \sqrt{2\lambda L}, \quad \cdots, \quad R_n = \sqrt{n\lambda L}$$

式中

$$L = \left(\frac{1}{h} + \frac{1}{h'}\right)^{-1} \tag{4.3.4}$$

第 n 个带的面积是

$$\pi R_{n+1}^2 - \pi R_n^2 = \pi R_1^2 \tag{4.3.5}$$

与 n 无关, 即所有菲涅耳带的面积相等. 低级数的菲涅耳带的半径很小. 例如, $h = h' = 50\text{cm}$, $\lambda = 600\text{nm}$, $R_1 = \sqrt{\lambda L} = 0.4\text{mm}$, 第 100 个带的半径 $R_{100}=4\text{mm}$.

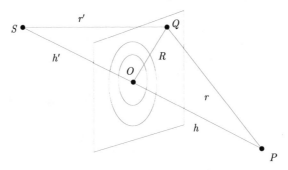

图 4-21 菲涅耳带分析

可以证明第 j 个菲涅耳带对 P 点的光扰动为

$$U_j(P) = 2\mathrm{i}\lambda(-1)^j A \frac{\exp\{\mathrm{i}k(h+h')\}}{h+h'} K_j$$

式中, A 为离点源单位距离处的振幅, K_j 为第 j 个菲涅耳带的倾斜因子. P 点总扰动为

$$U(P) = 2\mathrm{i}\lambda A \frac{\exp\{\mathrm{i}k(h+h')\}}{h+h'}[K_1 - K_2 + K_3 - K_4 + \cdots + (-1)^{n+1}K_n]$$

$$= U_1(P)[K_1 - K_2 + K_3 - K_4 + \cdots + (-1)^{n+1}K_n]$$

P 点的光扰动可表示成

$$|U_P| = |U_1| - |U_2| + |U_3| + \cdots$$

因为每个带的面积相等, 所以全部 $|U|$ 值都相同, 考虑到倾斜因子后, $|u_n|$ 随 n 的增大而缓慢减小. 在没有光阑时

$$|U_P| = \frac{1}{2}|U_1| + \left(\frac{1}{2}|U_1| - |U_2| + \frac{1}{2}|U_3|\right) + \left(\frac{1}{2}|U_3| - |U_4| + \frac{1}{2}|U_5|\right) + \cdots \approx \frac{1}{2}|U_1|$$

即 P 点的光扰动近似等于第一个菲涅耳带所贡献值的一半.

圆形光孔:

$$n = 偶数, |U_P| = 0$$
$$n = 奇数, |U_P| = |U_1|$$

圆形挡板: 阴影区的中心将出现一个亮斑, 且与没有挡板时的辐照度几乎一样.

4.3.2 波带片

根据菲涅耳带的分析, 可以设计并制作这样一种屏, 使它对于所考察的点只让奇数半波带或偶数半波带透光. 这时, 由于各个半波带上相应各点到达考察点的光程差为波长的整数倍, 各次波到达该点时所引起的光扰动的相位差为 2π 的整数倍, 因而在考察点处干涉相长, 合振幅为

$$|U_P| = |U_1| + |U_3| + |U_5| + \cdots$$

或

$$|U_P| = |U_2| + |U_4| + |U_6| + \cdots \tag{4.3.6}$$

即合成振动的振幅为相应的各半波带在考察点所产生的振动振幅之和. 这种光学元件叫做**波带片**.

波带片能使点光源成实像, 有类似于透镜成像的作用. 由式 (4.3.4), 可以得到

$$\frac{1}{h} + \frac{1}{h'} = \frac{1}{R_n^2/(n\lambda)}$$

和会聚透镜一样, 波带片也有它的焦距. 令上式中的 $h' \to \infty$, 可得 $f' = h = R_n^2/(n\lambda)$, 其等效主焦距为

$$L = \frac{R_1^2}{\lambda} \tag{4.3.7}$$

可见波带片的焦距取决于波带片通光孔的半径, 半波带的数目和光波的波长.

波带片在声波、微波、红外和紫外线、X 射线的成像技术等方面开辟了新的方向, 在近代全息照相技术方面也有其重要的应用.

4.4 傅里叶变换光学

4.4.1 透镜的傅里叶变换

如图 4-22 所示, 一个焦距为 f 的凸透镜把平面波聚焦到后焦面上. 从透镜的前焦面到后焦面的变换矩阵为

$$\begin{pmatrix} a & b \\ c & d \end{pmatrix} = \begin{pmatrix} 1 & f \\ 0 & 1 \end{pmatrix} \begin{pmatrix} 1 & 0 \\ -\dfrac{1}{f} & 1 \end{pmatrix} \begin{pmatrix} 1 & f \\ 0 & 1 \end{pmatrix} = \begin{pmatrix} 0 & f \\ -\dfrac{1}{f} & 0 \end{pmatrix} \tag{4.4.1}$$

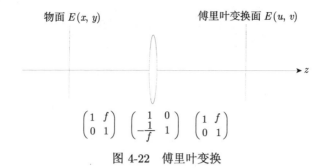

图 4-22　傅里叶变换

如果在前焦面上的光场分布为 $E(x,y)$, 根据 Collins 公式, 在透镜后焦面上的光场为

$$E(u,v) = \left(\frac{-\mathrm{i}}{\lambda f}\right) \exp\left\{\mathrm{i}k2f\right\} \int\int_{-\infty}^{\infty} E(x,y) \exp\left\{-2\pi\mathrm{i}\left(\frac{u}{\lambda f}x + \frac{v}{\lambda f}y\right)\right\}\mathrm{d}x\mathrm{d}y$$

(4.4.2)

设

$$\begin{cases} \nu_x = \dfrac{u}{\lambda f} \\ \nu_y = \dfrac{v}{\lambda f} \end{cases}$$

(4.4.3)

式中, ν_x、ν_y 称为空间频率坐标. 因此, 透镜后焦面上的光场为

$$\hat{E}(\nu_x, \nu_y) \propto F\left[E(x,y)\right]$$

(4.4.4)

即透镜后焦面上的场分布正好是前焦面上的场分布的傅里叶变换, 称为 "频谱". 如果入射光为非平面波, 则傅里叶变换面不一定在透镜的后焦面上, 而要发生移动. 透镜的傅里叶变换性质是光学信息处理的基础.

4.4.2　傅里叶变换频谱学

假定一束光被分成 (如用迈克耳孙干涉仪) 两束光, 并且两束光传播不同的光程后再合并 (图 4-23). 如果入射光并非单色光而是由函数 $G(\omega)$ 确定的频谱成分, 那么在 P 点的强度变化取决于特定的频谱. 记录下作为光程差函数的强度值, 就可以推算出能谱 $G(\omega)$. 获得能谱的方法称为**傅里叶变换频谱学**.

在应用中, 有时用波数 k 来表示频谱分布比用角频率 ω 方便. 因为 k 与 ω 互成正比 (在真空中 $\omega = ck$), 因此, 应用 $G(k)$ 和用 $G(\omega)$ 是完全一样的. 对非单色光而言, 在 P 点的强度将是对整个频谱求和得出, 即

$$\begin{aligned} I(x) &= \int_0^{\infty} (1 + \cos kx)\, G(k)\mathrm{d}k \\ &= \int_0^{\infty} G(k)\mathrm{d}k + \int_0^{\infty} G(k)\frac{\mathrm{e}^{\mathrm{i}kx} + \mathrm{e}^{-\mathrm{i}kx}}{2}\mathrm{d}k \end{aligned}$$

$$= \frac{1}{2}I(0) + \frac{1}{2}\int_{-\infty}^{\infty} G(k)\mathrm{e}^{\mathrm{i}kx}\mathrm{d}k$$

或者

$$W(x) = 2I(x) - I(0) = \int_{-\infty}^{\infty} \mathrm{e}^{\mathrm{i}kx}G(k)\mathrm{d}k \tag{4.4.5}$$

式中, $I(0)$ 为光程差为零时的强度. 因此 $W(x)$ 和 $G(k)$ 构成傅里叶变换对. 于是, 可以写出

$$G(k) = \frac{1}{2\pi}\int_{-\infty}^{\infty} W(x)\mathrm{e}^{-\mathrm{i}kx}\mathrm{d}x \tag{4.4.6}$$

也就是说, 能谱 $G(k)$ 是强度函数 $W(x) = 2I(x) - I(0)$ 的傅里叶变换.

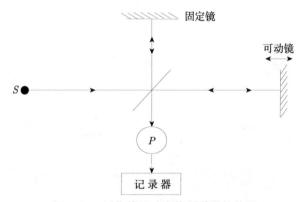

图 4-23   用作傅里叶变换频谱学的装置

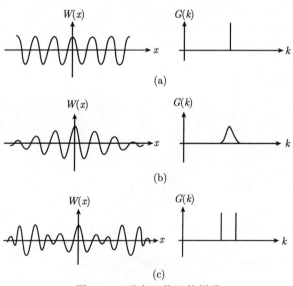

图 4-24   强度函数及其频谱

(a) 单根单色谱线; (b) 单根加宽谱线; (c) 两根窄谱线

以上频谱分析的技术对于分析气体的极为复杂的红外吸收光谱特别有用. 并且这种技术能有效地应用现有的光源. 傅里叶变换法对研究极弱的光源是有很大价值的. 实际计算强度函数的傅里叶变换常常是借助高速电子计算机执行的. 几种强度函数的图样及对应的频谱示于图 4-24 中, 图中仅画出正 k 值的谱线.

有关傅里叶变换光学的更多内容可参阅相应的文献著作.

第 5 章   部分相干光学

为了理论上的简单, 人们经常把光看成单色的, 即具有一个确定的波长或频率. 而从一个实际光源发出的光永远不会是严格单色的, 任何谱线均有一定的宽度. 此外, 一个实际光源不可能是一个点光源, 而是有一定的大小、由大量的基本辐射体 (如原子) 所组成, 由这些源发出的光场的总和, 它既不像理想单色光那样能够严格预测, 又不是完全无序的, 按傅里叶定理, 可以表示成一系列严格单色光的叠加. 在日常生活中, 我们通常碰到的都是这些光, 通常称为**部分相干光**[4~6], 这种光场的波动在时间和空间上有一定程度的关联.

在单色光场中, 任意点 P 的光场的振幅是常数, 而相位随时间线性变化. 而实际光源产生的光场都不是这样的, 振幅与相位都经历了不规则的涨落波动. 涨落的快慢本质上与光谱的有效宽度 $\Delta\nu$ 有关. 当时间间隔 Δt 比 $1/\Delta\nu$ 要小时, 复振幅仍基本保持不变, 在这样的时间间隔内, 任意两个傅里叶成分的相位改变远小于 2π. 因此, 这种光场所表示的波动在这样的时间间隔内, 其行为就像具有平均频率的单色光; 然而, 对于相对长时间间隔内 (如 Δt 远大于 $1/\Delta\nu$) 时, 情况就不再如此. 因此, 特征时间 $\Delta t = 1/\Delta\nu$ 就是下面 5.1.1 节将介绍的相干时间.

我们再来考虑一扩展的准单色光源产生的光场中的两点 P_1 和 P_2 的光场涨落. 为简单起见, 假设光场处在真空中, 且 P_1 和 P_2 离光源的距离远大于波长. 当 P_1 和 P_2 彼此靠得足够近时, 两点的振幅的涨落和相位的涨落就彼此不再独立, 设 $\Delta S = SP_1 - SP_2$ 是各源点到 P_1 和 P_2 的路程之差. 当 ΔS 比平均波长 $\bar\lambda$ 要小时, 则 P_1 和 P_2 各自的涨落是基本相同的. 只要 ΔS 不超过相干长度 $c\Delta t \sim c/\Delta\nu = \bar\lambda^2/\Delta\lambda$, 即使 P_1 和 P_2 之间的距离较大时, 两点间涨落也存在某种关联. 为此我们将在 5.1.2 节引入并讨论光场中某点处的相干区域 (面积) 的概念.

事实上, 对部分相干性的研究有较长的历史 [4]. 1865 年, Verdet 对从扩展光源发出的光的相干区域尺寸进行了研究; 1890 年、1891 年和 1920 年, 迈克耳孙建立了干涉条纹的可见度与扩展光源表面的强度分布之间的联系和可见度与谱线能量分布之间的关系. 迈克耳孙的结果当时并没用这种关联性来解释. 第一次定量地描述光场波动的关联由 Laue 于 1907 年引入. 此后, van Cittert 于 1934 年引入了光场中任意不同两点 (或者时空点) 的扰动的合成概率分布, 1938 年 Zernike 引入了相干度. 1954 年和 1955 年 Wolf 引入了更一般的关联函数 (同时 Blac-Lapierre 和

Dumontet 也独立地引入一般的关联函数), 这些关联函数服从两个波动方程. 详见 5.2.3 节和 5.2.4 节.

随着部分相干理论的逐步完善, 特别是在空间频率域中的部分相干场理论的发展, 1987 年 Wolf 发现了部分相干光的谱移现象 [7~10]. 我们提出了一种能够产生部分相干激光的光学谐振腔, 并对这种谐振腔的特性进行了详细研究 [11~13], 这些我们将在 5.3 节和 5.5 节详细介绍. 另外, 我们还将详细讨论部分相干光束的传输特性 [14~23], 尤其是近些年来被广泛研究的 Gaussian Schell model 光束 [24~35] (5.4 节). 最后, 作为部分相干光学在原子光学中的一个推广应用, 我们在 5.6 节详细讨论了部分相干物质波及其传输规律 [36~39].

5.1 基本概念和定义

5.1.1 时间相干性和相干时间

考虑从一个小光源 σ 发出的一束光. 假设这束光是准单色的, 也就是其谱宽 $\Delta\nu$ 比平均频率 $\bar\nu$ 要小得多且光场在宏观上是稳定的 (即光场在宏观时间尺度上不展现涨落波动). 光束在迈克耳孙干涉仪中 P_1 点分成两束, 这两束光经一个路程差 $\Delta l = c\Delta t$ (c 为真空中光速) 重新汇合 (图 5-1). 如果路程差 Δl 足够小, 干涉条纹就能在观察平面 B 上形成. 条纹的形成就是这两束光之间的**时间相干性**的展示, 因为它们形成条纹的能力可以解释为在时间延迟 Δt 条件下由两束间的关联性引起的. 实验表明: 只有当时间延迟 Δt 满足

$$\Delta t \Delta\nu \leqslant 1 \tag{5.1.1}$$

干涉条纹才会形成. 其中 $\Delta\nu$ 是光频谱宽度. 而时间延迟

$$\Delta t \sim \frac{1}{\Delta\nu} \tag{5.1.2}$$

称为光的**相干时间**, 相应的路程差

$$\Delta l \approx c\Delta t \sim \frac{c}{\Delta\nu} \tag{5.1.3}$$

称为**相干长度**, 或更严格地讲, 称为光的**纵向相干长度**. 因为 $\nu = c/\lambda$, λ 为光的波长, $\Delta\nu \sim c\Delta\lambda/\bar\lambda^2$, 所以, 相干长度也可以表示成

$$\Delta l \sim \left(\frac{\bar\lambda}{\Delta\lambda}\right)\bar\lambda \tag{5.1.4}$$

式中, $\bar\lambda$ 为平均波长.

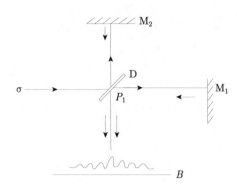

图 5-1   用迈克耳孙干涉仪的干涉实验阐述时间相干性

σ 为光源, D 为分束器, M_1 和 M_2 为反射镜, B 为观察平面

下面我们来分析这个现象. 在观察面 B 上的条纹可以被认为是由光谱中的每个频率成分形成的各自空间周期性分布的总和. 因为不同频率成分的光形成的分布将有不同的空间周期性, 因此, 随着两束光之间的时间延迟增加, 各个频率成分形成的分布的总合将导致越来越差的条纹图案, 因为各单色成分的分布的最大值 (极值) 将变得越来越无序. 对于一个足够长的时间延迟, 各个周期性的强度分布将变得完全无序, 以至于叠加后的图案将不再展现明显的强度极大和极小, 即无条纹图案形成. 简单的计算表明, 随着时间延迟的增加, 当 Δt 到达一定值时 [量级由式 (5.1.2) 表示], 条纹将消失.

另外, 我们也可以基于下面利用关联概念来对这些现象进行理解. 对于一个准单色光的波动的样品函数, 可以认为是一个静态随机过程, 对此可以想象成一个连续的缓慢调制的波列, 其平均频率与光的平均频率一致, 其持续时间量级是光谱宽度的倒数, 即相干时间的量级 [式 (5.1.2)]. 迈克耳孙干涉仪的光束分束器 D 把每个波列分成两个相同形式 (振幅减半) 的波列. 在观察面 B 上, 两部分光束的波列经一个时间延迟形成叠加, 即两束光的波列彼此间有一个相对移动. 显然, 如果时间延迟比 $1/\Delta\nu$ 要小 (即比相干时间要短) 时, 在 B 上两光束的波动间存在很强的关联性. 反之, 当时间延迟远大于 $1/\Delta\nu$ 时, 两光束间根本不存在关联. 因此, 在观察面 B 上的干涉条纹能否形成直接与到达 B 面上的两部分光场的波动是否存在关联有关.

下面举两个简单的例子来阐述这小节讨论的相干时间和相干长度. 对于具有较高单色性 (即窄谱线) 的热源 (如气体放电) 产生的光, 其典型的谱宽 $\Delta\nu$ 约 10^8s^{-1} 的量级或更大些, 相应的相干时间 Δt 约 10^{-8}s 的量级, 相干长度 Δl 约 3m. 对于稳定的激光光源, $\Delta\nu$ 一般为 $10^4/$s 的量级, 相应的相干时间 Δt 约 10^{-4}s 的量级, 相干长度 Δl 约 30km. 所以, 一般地, 单色性越好的光源, 相干时间越长, 其相干长度也越长.

5.1.2 空间相干性与相干区域

接下去让我们简要考虑另一类干涉实验. 如图 5-2 所示, 用一个扩展光源发出的准单色光来演示杨氏干涉实验. 假设 σ 是一热源, 如白炽灯、气体放电. 为简单起见, 考虑一对称放置系统, 光源是边长为 Δs 的正方形. 若针孔 P_1 和 P_2 足够靠近对称轴, 将在观察面 B 的轴上点的邻域观察到干涉条纹. 条纹的出现说明从 P_1 和 P_2 到 P 的两束光之间存在空间相干性, 因为这两束光形成条纹的能力可以解释为在空间分离 (距离 P_1P_2) 条件下它们存在关联性引起的. 在做这类干涉实验时, 很容易发现, 如果光源与平面 A 之间的距离足够大, 只要满足

$$\Delta\theta\Delta s \leqslant \bar{\lambda} \tag{5.1.5}$$

在 P 附近就会形成干涉条纹. 其中 $\Delta\theta$ 是针孔间距 P_1P_2 面向光源所成的张角, $\bar{\lambda} = c/\bar{\nu}$ 为光的平均波长. 用 R 表示光源与平面 A 之间的距离, 为了在观察面上 P 点附近看到条纹, 两针孔 P_1、P_2 必须落于平面 A 上的轴上点 Q 附近的一区域 ΔA, 其量级约为

$$\Delta A \sim (R\Delta\theta)^2 \sim \frac{R^2\bar{\lambda}^2}{S} \tag{5.1.6}$$

式中, $S = (\Delta s)^2$ 为光源的面积. 这个区域 ΔA 被称为在平面 A 上的 Q 点附近的**相干区域 (相干面积)**. 相干面积的平方根有时称为**横向相干长度**. 根据式 (5.1.6), 值得注意的是, 相干面积将随着 R 的增加而变得越来越大. 而与相干面积有关的, 存在一个不变量, 即立体角 $\Delta A/R^2$ 与 R 无关. 由式 (5.1.6) 可得, 立体角为

$$\Delta\Omega \sim \frac{\bar{\lambda}^2}{S} \tag{5.1.7}$$

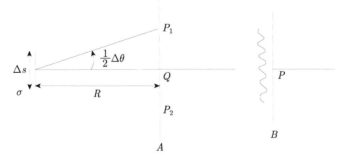

图 5-2　用从热源发出的光做杨氏干涉实验来阐述空间相干性

有时又把相干面积表示成另一种形式, 假设 $\Delta\Omega'$ 为光源面向 Q 所张开的立体角, 因为 $S = R^2\Delta\Omega'$, 从式 (5.1.6), 可以马上得到下式:

$$\Delta A \sim \frac{\bar{\lambda}^2}{\Delta\Omega'} \tag{5.1.8}$$

来表示相干面积.

式 (5.1.5) 的粗略的推导可以按下面的考虑得到. 每个源点在观察面上形成一个干涉图案, 由于从热源不同点发出的光的涨落可以认为是相对独立的, 因此, 彼此间无固定的相位关系, 在 B 平面上不同源点产生各自的干涉图案, 其强度分布叠加在一起. 现在这些图案的极值彼此失调. 若光源和平面 A 及 B 的位置保持不变, 但针孔间距逐渐从靠得很近远离, 也就是如图 5-2 所示, 若 $\Delta\theta$ 逐渐变大, 各个图案将变得越来越失调, 简单的计算表明, 当 $\Delta\theta \sim \dfrac{\bar{\lambda}}{\Delta s}$ 时, 最终在观察面上的轴点附近形成均匀强度分布, 与式 (5.1.5) 一致.

与时间相干性一样, 我们可以根据关联性的概念来分析这个实验, 这将在 5.2.1 节作进一步介绍. 然而, 就像我们下面将描述的, 有可能对光场的关联性的产生有一个定性的理解.

考虑两点光源 S_1 和 S_2, 代替扩展光源 σ (图 5-3). 假设这两个源都是准单色光, 具有相同的平均频率 $\bar{\nu}$ 和相同的有效谱宽度 $\Delta\nu$, 且两源是统计独立的. 因此, 这两个光源产生的光场彼此是无关联的. 现在我们来考虑在靠近源的空间中两点 P_1 和 P_2. 为简单起见, 我们忽略光场的偏振特性, 复解析标量信号 $V_1(t)$ 和 $V_2(t)$ 分别表示从点光源 S_1 和 S_2 到达 P_1 点的光场扰动, 类似地用 $V_1'(t)$ 和 $V_2'(t)$ 分别表示从这两个点源到达 P_2 点的光场扰动.

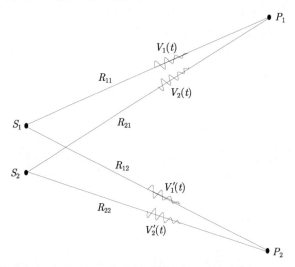

图 5-3   由两无关联点光源 S_1 和 S_2 产生的光场在空间点 P_1 和 P_2 处引起的空间相干性

如果在距离 $R_{11} = \overline{S_1P_1}$ 和 $R_{12} = \overline{S_1P_2}$ 之间的差别与光的相干长度 $(c/\Delta\nu)$ 相比要小时, 我们显然有 (除了一个确定的相位因子)

$$V_1'(t) = V_1(t) \tag{5.1.9a}$$

类似地, 若距离 $R_{21} = \overline{S_2P_1}$ 和 $R_{22} = \overline{S_2P_2}$ 之间的差别也比光的相干长度要小, 同样有

$$V_2'(t) = V_2(t) \tag{5.1.9b}$$

两点光源产生的场在 P_1 点叠加的总场为

$$V(P_1, t) = V_1(t) + V_2(t) \tag{5.1.10a}$$

类似地, 在 P_2 点的总场为

$$V(P_2, t) = V_1'(t) + V_2'(t) \tag{5.1.10b}$$

现在, 因为由光源 S_1 和 S_2 各自产生的场 $V_1(t)$ 和 $V_2(t)$ 是统计独立的, 因此这两个扰动是不关联的; 同样 $V_1'(t)$ 和 $V_2'(t)$ 也是无关联的. 然而, 因为式 (5.1.9a)、式 (5.1.9b) 成立, 所以在 P_1 点和 P_2 点各自的总场 $V_1(t) + V_2(t)$ 和 $V_1'(t) + V_2'(t)$ 所表示的这两个扰动之间显然是有关联的. 这个结果如图 5-3 所示, 当本质上相同的波 V_1 和 V_1' 从 S_1 到达 P_1 和 P_2 (用实线表示), 另一对相同的波 V_2 和 V_2' 从 S_2 到达 P_1 和 P_2(用虚线表示) 时, 很明显, 尽管实线的波列和虚线的波列是完全不同的形式, 然而到达 P_1 的两列波合成的总场与到达 P_2 的两列波合成总场却很类似. 这样在 P_1 和 P_2 的光场 [由式 (5.1.10) 表示] 确实有很强的关联. 因此, 我们发现, 即使两个光源 S_1 和 S_2 是完全统计独立的, 在传输和叠加过程, 光场也将引起关联特性.

前面刚讨论的模型, 我们将用于一种特殊情况 (即 R_{11} 约等于 R_{12}, R_{21} 约等于 R_{22}). 显然, 当条件变得更一般时, 这个情况将变得更复杂. 这些将在 5.2.4 小节作进一步讨论.

下面我们将通过一个例子来对空间相干性作基本的分析. 如图 5-2 所示, 假设热源 σ 的线度 $\Delta s = 1$ mm, 光源发出的准单色光具有平均波长 $\bar{\lambda} = 500$nm, 平面 A 与光源的距离 $R = 2$ m, 则按式 (5.1.6), 在针孔平面上的相干区域 (面积) 为

$$\Delta A \sim \left(\frac{2 \times 10^2}{10^{-1}}\right)^2 \times \left(5 \times 10^{-5}\right)^2 \text{cm}^2 = 1\text{mm}^2 \tag{5.1.11}$$

即相干面积的线度的量级为 1mm.

我们引入由热源产生的光在自由空间中直接照射到一定距离的平面上的光的空间相干性, 而这一概念显然可以直接应用于更一般的情况, 与光源性质和周围介质无关. 光场空间相干性的存在可以由一个双针孔实验的干涉效应揭示. 干涉条纹的出现再次表明两针孔处的光扰动存在关联. 自然地, 相干面积一般并不具有如式 (5.1.6) 和式 (5.1.8) 的简单形式. 我们将在 5.2 节讨论对于任意类型的光源产生的光场, 其关联度是如何被确定的.

5.2   部分相干光的数学表述

为了充分地描述由有限大小的复色光源产生的光场, 有必要引入某些可以衡量存在于光场中不同两点 P_1 和 P_2 的涨落的这种关联特性的量. 这些量必须与由两点的涨落叠加形成的干涉条纹的可见性有关, 当条纹明显时, 这种关联性就高 (如从一个频谱很窄的光源产生的光场中的两点 P_1 和 P_2); 当无关联时, 就根本无条纹 (如 P_1 和 P_2 分别接受的是不同光源来的光). 上面我们描述的是两种情况, 即完全相干和非相干. 一般情况下都不可能是这两种理想情况, 通常都是部分相干的情况. 5.1 节我们介绍了一些基本概念, 本节我们将讨论部分相干的数学表述, 通过分析一个简单的干涉实验引入一些衡量光场的关联特性的量.

5.2.1   互相干函数和复相干度

为简单起见, 我们暂且忽略光场的偏振现象, 也即考虑标量场.

令 $V^{(r)}(\boldsymbol{r}, t)$ 表示在位置矢量 $\boldsymbol{r}$、时刻 t 的实场, 这个函数可以表示电场或矢势的一个直角坐标分量. 我们并不特别指明 $V^{(r)}$ 的性质, 因为这个分析与场变量的特定选择无关.

对于任意实际光束, $V^{(r)}$ 是关于时间的波动函数, 可以认为是光场所有组态的系综的一个典型成员. 有几个原因可以使 $V^{(r)}$ 波动 (涨落): 对于由热源产生的光, 场的涨落波动主要是因为 $V^{(r)}$ 由大量的彼此独立的辐射体的辐射场组成, 因此, 它们叠加产生的光场是涨落的, 可以用统计方法描述; 即使从一个稳定源发出的光, 如激光, 也将出现某些随机涨落, 因为自发辐射从来没有消失; 此外, 还有其他不规则波动的因素, 如谐振腔端面的扰动等.

现在我们不根据实场变量 $V^{(r)}(\boldsymbol{r}, t)$, 而根据辅助的解析信号 $V(\boldsymbol{r}, t)$ 来分析. 考虑一个用解析信号 $V(\boldsymbol{r}, t)$ 来表示的统计静态系综的准单色光. 由于是准单色光, 如我们前面所说, 光的有效带宽 (即在每点 $\boldsymbol{r}$ 处的功率谱有效宽度 $\Delta\nu$) 与其平均频率 $\bar{\nu}$ 相比要小得多, 因此得

$$\frac{\Delta\nu}{\bar{\nu}} \ll 1 \tag{5.2.1}$$

可以认为这种光场可以表示成一以 $\bar{\nu}$ 为中心频率的准单色光信号的系综.

由于光学扰动的高频率性, V 不可能用普通的光学探测器测量得到关于时间的函数. 光学周期一般约 10^{-15}s 的量级, 而典型的光电探测器的分辨时间约 10^{-9}s 量级. 尽管人们很难研究光场随时间的快速变化, 但可以测量光场在两点或更多时空点间的关联性. 下面让我们先来考虑这种测量.

假设一束光的光振动被一开有针孔 $P_1(\boldsymbol{r}_1)$ 和 $P_2(\boldsymbol{r}_2)$ 的不透明屏 A 隔离, 如图 5-4 所示, 在距离 A 为 d 的观察平面 B 上形成从两针孔出来的光的叠加光场的

强度分布. 假设 d 远大于光场波长, 在观察面 B 上 P 点处 t 时刻的瞬时光场可很好地近似为

$$V(\boldsymbol{r},t) = K_1 V(\boldsymbol{r}_1, t-t_1) + K_2 V(\boldsymbol{r}_2, t-t_2) \tag{5.2.2}$$

式中 $t_1 = R_1/c$, $t_2 = R_2/c$ 分别为光从 P_1 到 P 和从 P_2 到 P 传播所需的时间, c 为真空中光速, K_1 和 K_2 为与针孔尺寸和装置几何关系有关的常数因子, 根据基本衍射理论, K_1 和 K_2 皆为纯虚数.

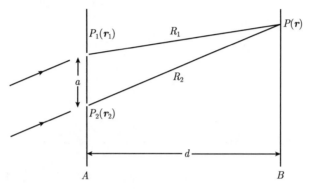

图 5-4 杨氏干涉实验示意图

在 $P(\boldsymbol{r})$ 处, t 时刻的瞬时强度利用公式

$$I(\boldsymbol{r},t) = V^*(\boldsymbol{r},t) V(\boldsymbol{r},t) \tag{5.2.3}$$

从式 (5.2.2) 和式 (5.2.3) 得

$$\begin{aligned} I(\boldsymbol{r},t) = {}& |K_1|^2 I_1(\boldsymbol{r}_1, t-t_1) + |K_2|^2 I_2(\boldsymbol{r}_2, t-t_2) \\ & + 2\mathrm{Re}\{K_1^* K_2 V^*(\boldsymbol{r}_1, t-t_1) V(\boldsymbol{r}_2, t-t_2)\} \end{aligned} \tag{5.2.4}$$

式中, Re 表示取实部, 如果我们对 $I(\boldsymbol{r},t)$ 在光场的不同组态的系综求平均, 用 '$\langle \cdots \rangle_\mathrm{e}$' 表示, 可得下式:

$$\begin{aligned} \langle I(\boldsymbol{r},t) \rangle_\mathrm{e} = {}& |K_1|^2 \langle I(\boldsymbol{r}_1, t-t_1) \rangle_\mathrm{e} + |K_2|^2 \langle I(\boldsymbol{r}_2, t-t_2) \rangle_\mathrm{e} \\ & + 2\mathrm{Re}\{K_1^* K_2 \Gamma(\boldsymbol{r}_1, \boldsymbol{r}_2, t-t_1, t-t_2)\} \end{aligned} \tag{5.2.5}$$

式中

$$\Gamma(\boldsymbol{r}_1, \boldsymbol{r}_2, t_1, t_2) = \langle V^*(\boldsymbol{r}_1, t_1) V(\boldsymbol{r}_2, t_2) \rangle_\mathrm{e} \tag{5.2.6}$$

和

$$\langle I(\boldsymbol{r}_j, t_j) \rangle_\mathrm{e} = \langle V^*(\boldsymbol{r}_j, t_j) V(\boldsymbol{r}_j, t_j) \rangle_\mathrm{e} = \Gamma(\boldsymbol{r}_j, \boldsymbol{r}_j, t_j, t_j), \quad j = 1, 2 \tag{5.2.7}$$

由式 (5.2.6) 定义的函数 $\Gamma(\boldsymbol{r}_1, \boldsymbol{r}_2, t_1, t_2)$ 是随机过程 $V(\boldsymbol{r}_1, t)$ 和 $V(\boldsymbol{r}_2, t)$ 的**交叉关联函数**. 在目前, 它表示在针孔 P_1 和 P_2 处, 时刻 t_1 和 t_2 处的光场扰动间的关联. 量 $\langle I(\boldsymbol{r}_j, t_j) \rangle_{\mathrm{e}}$ 表示在针孔 P_j 处, 时刻 t_j 处的光场的系综平均强度. 我们将在后面看到, 在通常情况下, 式 (5.2.5) 右边的第三项引起平均强度 $\langle I(\boldsymbol{r}, t) \rangle_{\mathrm{e}}$ 随位置 $\boldsymbol{r}$ 作正弦调制.

通常人们关心的场是静态的, 这种情况下所有系综平均都独立于时间坐标, 此外, 场通常也是各态遍历的. 在这些情况下, 根据随机理论, 系综平均就变成了时间独立的, 因此可以用相应的时间平均替代.

让我们用 $\langle f(t) \rangle_{\mathrm{t}}$ 表示一个静态随机过程, $f(t)$ 的时间平均, 即

$$\langle f(t) \rangle_{\mathrm{t}} = \lim_{T \longrightarrow \infty} \frac{1}{2T} \int_{-T}^{T} f(t) \mathrm{d}t \tag{5.2.8}$$

则系综的交叉关联函数 $\Gamma(\boldsymbol{r}_1, \boldsymbol{r}_2, t_1, t_2)$ 可以用相应的时间交叉关联函数代替, 且这个函数仅依赖于两个时刻的差 $\tau = t_2 - t_1$, 因此, 如果我们令

$$\Gamma(\boldsymbol{r}_1, \boldsymbol{r}_2, \tau) = \langle V^*(\boldsymbol{r}_1, t) V(\boldsymbol{r}_2, t + \tau) \rangle_{\mathrm{t}} = \lim_{T \longrightarrow \infty} \frac{1}{2T} \int_{-T}^{T} V^*(\boldsymbol{r}_1, t) V(\boldsymbol{r}_2, t + \tau) \mathrm{d}t \tag{5.2.9}$$

在假设光场是静态的和各态遍历的情况下, 表达式 (5.2.5) 在 P 点的平均强度变为

$$\langle I(\boldsymbol{r}, t) \rangle = |K_1|^2 \langle I(\boldsymbol{r}_1, t) \rangle + |K_2|^2 \langle I(\boldsymbol{r}_2, t) \rangle + 2\mathrm{Re}\{K_1^* K_2 \Gamma(\boldsymbol{r}_1, \boldsymbol{r}_2, t_1 - t_2)\} \tag{5.2.10}$$

我们忽略下标 t 和 e, 因为现在对这两种平均本质上没有必要加以区别.

我们注意到, 如果式 (5.2.10) 右边的最后一项确实不为零, 平均强度 $\langle I(\boldsymbol{r}, t) \rangle$ 就不等于从针孔两点到观察平面上 P 点的两束光的 (平均) 强度之和. 又因为 $K_1 \neq 0$, $K_2 \neq 0$, 若 $\Gamma \neq 0$, 则两束光必将引起干涉.

本书交叉关联函数 $\Gamma(\boldsymbol{r}_1, \boldsymbol{r}_2, \tau)$ 称为**互相干函数**, 是光学相干性基本理论的中心量. 从式 (5.2.3) 的瞬时强度的定义和式 (5.2.9) 互相干函数 $\Gamma(\boldsymbol{r}_1, \boldsymbol{r}_2, \tau)$ 的定义, 显然马上可以用 $\Gamma(\boldsymbol{r}, \boldsymbol{r}, 0)$ 表示点 $\boldsymbol{r}$ 处的平均强度

$$\langle I(\boldsymbol{r}, t) \rangle = \langle V^*(\boldsymbol{r}, t) V(\boldsymbol{r}, t) \rangle = \Gamma(\boldsymbol{r}, \boldsymbol{r}, 0) \tag{5.2.11}$$

很自然地, **归一化互相干函数**定义为

$$\gamma(\boldsymbol{r}_1, \boldsymbol{r}_2, \tau) = \frac{\Gamma(\boldsymbol{r}_1, \boldsymbol{r}_2, \tau)}{(\Gamma(\boldsymbol{r}_1, \boldsymbol{r}_1, 0))^{1/2}(\Gamma(\boldsymbol{r}_2, \boldsymbol{r}_2, 0))^{1/2}} \tag{5.2.12a}$$

$$= \frac{\Gamma(\boldsymbol{r}_1, \boldsymbol{r}_2, \tau)}{(\langle I(\boldsymbol{r}_1, t) \rangle)^{1/2}(\langle I(\boldsymbol{r}_2, t) \rangle)^{1/2}} \tag{5.2.12b}$$

为简略起见, $\gamma(\boldsymbol{r}_1, \boldsymbol{r}_2, \tau)$ 称为**复相干度**, 对于所有 $\boldsymbol{r}_1$、$\boldsymbol{r}_2$、τ 值, 其满足

$$0 \leqslant |\gamma(\boldsymbol{r}_1, \boldsymbol{r}_2, \tau)| \leqslant 1 \tag{5.2.13}$$

式 (5.2.10) 右边前两项有简单的含义. 当 P_2 关闭, 则只有 P_1 的光到达 B 平面上, 这时, $K_2 \equiv 0$, 显然从式 (5.2.10) 得

$$|K_1|^2 \langle I(\boldsymbol{r}_1, t) \rangle = \langle I^{(1)}(\boldsymbol{r}, t) \rangle \tag{5.2.14a}$$

表示只有 P_1 点时到达 $P(\boldsymbol{r})$ 处的光的平均强度. 类似地

$$|K_2|^2 \langle I(\boldsymbol{r}_2, t) \rangle = \langle I^{(2)}(\boldsymbol{r}, t) \rangle \tag{5.2.14b}$$

表示只有 P_2 点时到达 $P(\boldsymbol{r})$ 处的光的平均强度. 式 (5.2.10) 右边最后一项很容易表示成 $\langle I^{(1)} \rangle$、$\langle I^{(2)} \rangle$ 和 γ. 从式 (5.2.12b)、式 (5.2.14a) 和式 (5.2.14b), 并考虑到 K_1 和 K_2 都是纯虚数, 则

$$K_1^* K_2 \Gamma(\boldsymbol{r}_1, \boldsymbol{r}_2, t_1 - t_2) = \left(\langle I^{(1)}(\boldsymbol{r}, t) \rangle \right)^{1/2} \left(\langle I^{(2)}(\boldsymbol{r}, t) \rangle \right)^{1/2} \gamma[\boldsymbol{r}_1, \boldsymbol{r}_2, (R_1 - R_2)/c]$$

利用上式及式 (5.2.14), 则式 (5.2.10) 最终可表示成

$$\begin{aligned}
\langle I(\boldsymbol{r}, t) \rangle = {} & \langle I^{(1)}(\boldsymbol{r}, t) \rangle + \langle I^{(2)}(\boldsymbol{r}, t) \rangle \\
& + 2 \left(\langle I^{(1)}(\boldsymbol{r}, t) \rangle \right)^{1/2} \left(\langle I^{(2)}(\boldsymbol{r}, t) \rangle \right)^{1/2} \operatorname{Re} \gamma(\boldsymbol{r}_1, \boldsymbol{r}_2, (R_1 - R_2)/c)
\end{aligned} \tag{5.2.15}$$

从式 (5.2.15) 可以看出, 测量平均强度 $\langle I \rangle$、$\langle I^{(1)} \rangle$ 和 $\langle I^{(2)} \rangle$ 使得有可能确定复相干度 $\gamma(\boldsymbol{r}_1, \boldsymbol{r}_2)$ 的实部. 进一步, 从式 (5.2.15b), 通过测量光在针孔处两点的平均强度, 互相干函数 $\Gamma(\boldsymbol{r}_1, \boldsymbol{r}_2)$ 的实部也可确定.

尽管我们刚才看到, 直接测量平均强度只能给出关联函数 Γ 和 γ 的实部, 但它们的虚部, 原则上可以通过它们实部来确定. 因为 $V(\boldsymbol{r}_1, t)$ 和 $V(\boldsymbol{r}_2, t)$ 是解析信号, 互相干函数 $\Gamma(\boldsymbol{r}_1, \boldsymbol{r}_2, \tau)$ 也是解析信号, 因此, 实部 $\operatorname{Re}\Gamma$ 和虚部 $\operatorname{Im}\Gamma$ 满足 Hilbert 变换关系

$$\operatorname{Im}\Gamma(\boldsymbol{r}_1, \boldsymbol{r}_2, \tau) = \frac{1}{\pi} P \int_{-\infty}^{\infty} \frac{\operatorname{Re}\Gamma(\boldsymbol{r}_1, \boldsymbol{r}_2, \tau')}{\tau' - \tau} \mathrm{d}\tau' \tag{5.2.16a}$$

$$\operatorname{Re}\Gamma(\boldsymbol{r}_1, \boldsymbol{r}_2, \tau) = \frac{1}{\pi} P \int_{-\infty}^{\infty} \frac{\operatorname{Im}\Gamma(\boldsymbol{r}_1, \boldsymbol{r}_2, \tau')}{\tau' - \tau} \mathrm{d}\tau' \tag{5.2.16b}$$

式中, P 表示在 $\tau' = \tau$ 的柯西积分主值. 此外, 因为复相干度 γ 与互相干函数 Γ 只差一个与 τ 无关的倍率因子, 因此 γ 也满足 Hilbert 变换关系.

然而, 复相干度 γ 的绝对值 (而不是指其实部) 是真正衡量两束光引起的干涉效应的清晰程度. 为了看清这一点, 我们进一步来检查式 (5.2.15) 所表示的在观察面 B 上的平均强度 $\langle I(\boldsymbol{r}, t) \rangle$. 我们令

$$\gamma(\boldsymbol{r}_1, \boldsymbol{r}_2, \tau) = |\gamma(\boldsymbol{r}_1, \boldsymbol{r}_2, \tau)| \, e^{i(\alpha(\boldsymbol{r}_1, \boldsymbol{r}_2, \tau) - 2\pi\bar{\nu}\tau)} \tag{5.2.17}$$

式中

$$\alpha(\boldsymbol{r}_1, \boldsymbol{r}_2, \tau) = \arg \gamma(\boldsymbol{r}_1, \boldsymbol{r}_2, \tau) + 2\pi\bar{\nu}\tau \tag{5.2.18}$$

把式 (5.2.17) 代入式 (5.2.15), 可得到下列表达式:

$$
\begin{aligned}
\langle I(\boldsymbol{r}, t) \rangle = {} & \left\langle I^{(1)}(\boldsymbol{r}, t) \right\rangle + \left\langle I^{(2)}(\boldsymbol{r}, t) \right\rangle + 2 \left(\left\langle I^{(1)}(\boldsymbol{r}, t) \right\rangle \right)^{1/2} \left(\left\langle I^{(2)}(\boldsymbol{r}, t) \right\rangle \right)^{1/2} \\
& \times |\gamma(\boldsymbol{r}_1, \boldsymbol{r}_2, (R_1 - R_2)/c)| \cos\left[\alpha(\boldsymbol{r}_1, \boldsymbol{r}_2, (R_1 - R_2)/c) - \delta\right]
\end{aligned}
\tag{5.2.19}
$$

式中

$$\delta = \frac{2\pi\bar{\nu}}{c}(R_1 - R_2) = \bar{k}(R_1 - R_2) \tag{5.2.20}$$

和

$$\bar{k} = \frac{2\pi\bar{\nu}}{c} = \frac{2\pi}{\bar{\lambda}} \tag{5.2.21}$$

式中 $\bar{\lambda}$ 表示光的平均波长. 既然我们已经假设了观察平面 B 距离平面 A 远大于波长, 则在观察面 B 上点 $P(\boldsymbol{r})$ 处的平均强度 $\langle I^{(1)} \rangle$ 和 $\langle I^{(2)} \rangle$ 随位置变化很小. 另外, 既然已经假设光是准单色的, 因此, $|\gamma|$ 和 α 在观察面 B 上对任意一区域 $(R_1 - R_2)$ 小于光的相干长度时, 它们的变化也很小. 因此, $|\gamma|$ 和 α 由于式 (5.2.19) 右边的 $(R_1 - R_2)/c$ 的值变化引起的改变可以忽略. 其条件是

$$\left\| R_1 - R_2 |_{P'} - |R_1 - R_2|_P \right| \ll \frac{c}{\Delta\nu} \tag{5.2.22}$$

式中, $|R_1 - R_2|_P$ 表示 P 点到两针孔距离之差, $|R_1 - R_2|_{P'}$ 表示平面 B 上附近点 P' 到两针孔间距离之差, $\Delta\nu$ 为光的有效谱宽. 然而, 由于 δ 项的存在, 式 (5.2.19) 右边的 cos 项将随着平面 B 上点 P 的位置改变变化很快. 根据式 (5.2.20), δ 项与光的平均波长成反比. 因此, 如果 $|\gamma| \neq 0$, 在观察面 B 上很小的区域范围内, 平均强度 $\langle I(\boldsymbol{r}, t) \rangle$ 随位置几乎作正弦变化.

通常衡量干涉条纹的明显与否可用可见度来衡量. 在一个干涉条纹的某点 $P(\boldsymbol{r})$ 处的可见度 $\nu(\boldsymbol{r})$ 定义为

$$\nu(\boldsymbol{r}) = \frac{\langle I \rangle_{\max} - \langle I \rangle_{\min}}{\langle I \rangle_{\max} + \langle I \rangle_{\min}} \tag{5.2.23}$$

式中, $\langle I \rangle_{\max}$ 和 $\langle I \rangle_{\min}$ 分别表示在 P 点附近区域的光场平均强度的极大值和极小值. 从式 (5.2.19) 可得

$$
\begin{aligned}
\langle I \rangle_{\max} = {} & \left\langle I^{(1)}(\boldsymbol{r}, t) \right\rangle + \left\langle I^{(2)}(\boldsymbol{r}, t) \right\rangle \\
& + 2 \left[\left\langle I^{(1)}(\boldsymbol{r}, t) \right\rangle \right]^{1/2} \left[\left\langle I^{(2)}(\boldsymbol{r}, t) \right\rangle \right]^{1/2} |\gamma[\boldsymbol{r}_1, \boldsymbol{r}_2, (R_1 - R_2)/c]|
\end{aligned}
\tag{5.2.24}
$$

$$\langle I \rangle_{\min} = \left\langle I^{(1)}(\boldsymbol{r}, t) \right\rangle + \left\langle I^{(2)}(\boldsymbol{r}, t) \right\rangle$$
$$- 2 \left[\left\langle I^{(1)}(\boldsymbol{r}, t) \right\rangle \right]^{1/2} \left[\left\langle I^{(2)}(\boldsymbol{r}, t) \right\rangle \right]^{1/2} |\gamma[\boldsymbol{r}_1, \boldsymbol{r}_2, (R_1 - R_2)/c]| \quad (5.2.25)$$

于是式 (5.2.23) 变成

$$\nu(\boldsymbol{r}) = 2 \left[\eta(\boldsymbol{r}) + \frac{1}{\eta(\boldsymbol{r})} \right]^{-1} |\gamma[\boldsymbol{r}_1, \boldsymbol{r}_2, (R_1 - R_2)/c]| \quad (5.2.26)$$

式中

$$\eta(\boldsymbol{r}) = \left[\frac{\langle I^{(1)}(\boldsymbol{r}, t) \rangle}{\langle I^{(2)}(\boldsymbol{r}, t) \rangle} \right]^{1/2} \quad (5.2.27)$$

尤其当两束光在 P 点的平均强度相等时, 即 $\eta = 1$, 则式 (5.2.26) 退化为

$$\nu(\boldsymbol{r}) = \left| \gamma \left[\frac{\boldsymbol{r}_1, \boldsymbol{r}_2, (R_1 - R_2)}{c} \right] \right| \quad (5.2.28)$$

即 $|\gamma|$ 就是条纹的可见度.

若 $\langle I^{(1)} \rangle = \langle I^{(2)} \rangle$, 则在观察面上的平均强度变化如图 5-5 所示. 按式 (5.2.13), $0 \leqslant |\gamma(\boldsymbol{r}_1, \boldsymbol{r}_2, \tau)| \leqslant 1$. 从图 5-5 中可以看出: 曲线 a 在极限情况 $|\gamma| = 1$ 下, P 附近区域条纹平均强度在 $4\langle I^{(1)} \rangle$ 到 0 之间经历最大可能的周期变化; 曲线 b 在另一个极限 $|\gamma| = 0$ 时, 无条纹形成, P 附近区域的平均强度是均匀的. 这两种情况就是传统上所说的完全相干和完全非相干. 当介于这两者之间 $(0 < |\gamma| < 1)$ 时, 称为**部分相干光**, 如图曲线 c 所示.

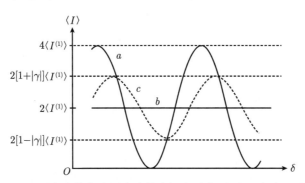

图 5-5　由两个准单色光源产生的光场在观察平面 B 上点 P 处的
叠加形成的平均强度的行为

我们已经看到, 一方面 γ 可衡量 P_1 和 P_2 两点间光场的关联性 [式 (5.2.12)], 另一方面 γ 也可以表示条纹的可见度 [式 (5.2.28)]. 显然, 光场中两点 P_1 和 P_2 的 "复相干度" 传达了重要意义的关联信息. 然而, 因为 γ 不仅依赖于 P_1 和 P_2 两点

位置, 而且还与延迟时间 $\tau = (R_1 - R_2)/c$ 有关, 因此, 这项的含义还是模糊. 更合适地引入 $\gamma(r_1, r_2, \tau_0)$, 我们仍称其为复相干度. 不过这时 τ_0 为 (当 r_1、r_2 固定不变时) 值 $|\gamma(r_1, r_2, \tau)|$ 取最大时的 τ 值. 但对于准单色光源而言, 观察面 B 上条纹的可见度为最大, 这时区别不是很明显, 这个也可以从式 (5.2.21) 下面所讨论的看出, $|\gamma(r_1, r_2, \tau)|$ 和 $\alpha(r_1, r_2, \tau)$ 的值随 τ 变化很慢, 当 τ 的变化范围小于相干时间 $1/\Delta\nu$ 时, 它们几乎为常数. 因此

$$\gamma(r_1, r_2, \tau_1) \approx \gamma(r_1, r_2, \tau_2) e^{-2\pi i \bar{\nu}(\tau_1 - \tau_2)} \tag{5.2.29}$$

只要

$$|\tau_1 - \tau_2| \ll \frac{1}{\Delta\nu} \tag{5.2.30}$$

这样, 在 τ 范围满足式 (5.2.30) 时, γ(同样 Γ) 是以 $T = \dfrac{1}{\nu}$ 为周期的函数.

现实中, 人们常对几何对称的干涉效应感兴趣, 因此, 当 τ 值趋近于 0 时, 关联函数 $\Gamma(r_1, r_2, \tau)$ 和 $\gamma(r_1, r_2, \tau)$ 的值有重要意义. 根据式 (5.2.29) 类似地对 Γ 也有同样的关系, 可近似地得到

$$\Gamma(r_1, r_2, \tau) \approx J(r_1, r_2) e^{-2\pi i \bar{\nu}\tau} \tag{5.2.31}$$

$$\gamma(r_1, r_2, \tau) \approx j(r_1, r_2) e^{-2\pi i \bar{\nu}\tau} \tag{5.2.32}$$

条件是

$$|\tau| \ll \frac{1}{\Delta\nu} \tag{5.2.33}$$

这两个量 $J(r_1, r_2)$ 和 $j(r_1, r_2)$ 都是 "等时关联函数", 定义为

$$J(r_1, r_2) \equiv \Gamma(r_1, r_2, 0) = \langle V^*(r_1, t) V(r_2, t) \rangle \tag{5.2.34}$$

$$j(r_1, r_2) \equiv \gamma(r_1, r_2, 0) = \frac{J(r_1, r_2)}{[J(r_1, r_1)]^{1/2} [J(r_2, r_2)]^{1/2}} \tag{5.2.35}$$

式中, $J(r_1, r_2)$ 称为两点间光场的互强度, 而 $j(r_1, r_2)$ 通常仍称为复相干度. 这两个量对于许多仪器光学的相干性问题的分析已经足够了.

显然, 在 5.1.1 节和 5.1.2 节所讨论的时间和空间相干性可以粗略地分别用 $\Gamma(r, r, \tau)$ (称为自相干函数) 和 $\Gamma(r_1, r_2, 0)$[或更一般地用 $\Gamma(r_1, r_2, \tau_0)$, τ_0 为常数] 来表示. 前者关键的参数为 τ, 而两点重合且固定不变; 后者以两点的位置为参数, 而时间延迟保持不变, 或者严格地说 τ 限制在很小的范围内 ($< 1/\Delta\nu$). 一般地, 时间相干现象和空间相干现象两者是不独立的, 互相干函数 $\Gamma(r_1, r_2, \tau)$ 对空间变量 r_1 和 r_2 及时间变量 τ 的依赖是耦合的.

5.2.2 交叉光谱密度和谱相干度

现在我们将讨论光学相干性理论中的交叉光谱密度. 令解析信号 $V(\boldsymbol{r}, t)$ 再次表示在时空点 $(\boldsymbol{r}, t)$ 的波动光场, 并假设光场是静态的和各态遍历的. 我们把 $V(\boldsymbol{r}, t)$ 表示成关于时间变量的傅里叶积分

$$V(\boldsymbol{r}, t) = \int_0^\infty \tilde{V}(\boldsymbol{r}, \nu) \mathrm{e}^{-2\pi \mathrm{i}\nu t} \mathrm{d}\nu \tag{5.2.36}$$

则**交叉光谱密度函数** $W(\boldsymbol{r}_1, \boldsymbol{r}_2, \nu)$ 定义为

$$\langle \tilde{V}^*(\boldsymbol{r}_1, \nu) \tilde{V}(\boldsymbol{r}_2, \nu') \rangle = W(\boldsymbol{r}_1, \boldsymbol{r}_2, \nu) \delta(\nu - \nu') \tag{5.2.37}$$

式中, 左边的 (系综) 平均是求光场的各种组态平均, 右边的 δ 为狄拉克函数. 从式中可以看出, 交叉光谱密度函数是在 $\boldsymbol{r}_1$ 和 $\boldsymbol{r}_2$ 处光场中任意频率成分的光谱振幅间关联的衡量.

按照广义 Wiener-Khintchine 定理, 互相干函数与交叉光谱密度函数满足傅里叶变换对:

$$\Gamma(\boldsymbol{r}_1, \boldsymbol{r}_2, \tau) = \int_0^\infty W(\boldsymbol{r}_1, \boldsymbol{r}_2, \nu) \mathrm{e}^{-2\pi \mathrm{i}\nu\tau} \mathrm{d}\nu \tag{5.2.38}$$

$$W(\boldsymbol{r}_1, \boldsymbol{r}_2, \nu) = \int_{-\infty}^\infty \Gamma(\boldsymbol{r}_1, \boldsymbol{r}_2, \tau) \mathrm{e}^{2\pi \mathrm{i}\nu\tau} \mathrm{d}\tau \tag{5.2.39}$$

在特殊的情况下, 当 $\boldsymbol{r}_1$ 和 $\boldsymbol{r}_2$ 重合时, 令

$$S(\boldsymbol{r}, \nu) = W(\boldsymbol{r}, \boldsymbol{r}, \nu) \tag{5.2.40}$$

表示某点处的**光谱密度**. 利用式 (5.2.38) 和式 (5.2.40), 得

$$\Gamma(\boldsymbol{r}, \boldsymbol{r}, \tau) = \int_0^\infty S(\boldsymbol{r}, \nu) \mathrm{e}^{-2\pi \mathrm{i}\nu\tau} \mathrm{d}\nu \tag{5.2.41}$$

$$S(\boldsymbol{r}, \nu) = \int_{-\infty}^\infty \Gamma(\boldsymbol{r}, \boldsymbol{r}, \tau) \mathrm{e}^{2\pi \mathrm{i}\nu\tau} \mathrm{d}\tau \tag{5.2.42}$$

现在来看交叉光谱密度的一些特征. 从式 (5.2.36) 和式 (5.2.42), 显然它满足厄米性. 即

$$W(\boldsymbol{r}_1, \boldsymbol{r}_2, \nu) = W^*(\boldsymbol{r}_1, \boldsymbol{r}_2, \nu) \tag{5.2.43}$$

此外, 交叉光谱密度满足非负定的, 对于任意频率 ν, 任意 n 个点 $\boldsymbol{r}_1, \boldsymbol{r}_2 \cdots, \boldsymbol{r}_n$ 和任意 n 个实数或复数 $a_1, a_2, \cdots, a_n$, 都有

$$\sum_{j=1}^n \sum_{k=1}^n a_j^* a_k W(\boldsymbol{r}_j, \boldsymbol{r}_k, \nu) \geqslant 0 \tag{5.2.44}$$

尤其当 $n=1$, 式 (5.2.44) 和式 (5.2.40) 暗示光谱密度是非负的.

$$S(\boldsymbol{r}, \nu) \geqslant 0 \tag{5.2.45}$$

这当然也可以从它作为衡量在频率为 ν 处的光场的平均能量密度的意义看出. 当 $n=2$ 时, 式 (5.2.44) 暗示着

$$|W(\boldsymbol{r}_1, \boldsymbol{r}_2, \nu)| \leqslant [W(\boldsymbol{r}_1, \boldsymbol{r}_1, \nu)]^{1/2}[W(\boldsymbol{r}_2, \boldsymbol{r}_2, \nu)]^{1/2} \tag{5.2.46}$$

令

$$\mu(\boldsymbol{r}_1, \boldsymbol{r}_2, \nu) = \frac{W(\boldsymbol{r}_1, \boldsymbol{r}_2, \nu)}{[W(\boldsymbol{r}_1, \boldsymbol{r}_1, \nu)]^{1/2}[W(\boldsymbol{r}_2, \boldsymbol{r}_2, \nu)]^{1/2}} \tag{5.2.47a}$$

$$= \frac{W(\boldsymbol{r}_1, \boldsymbol{r}_2, \nu)}{[S(\boldsymbol{r}_1, \nu)]^{1/2}[S(\boldsymbol{r}_2, \nu)]^{1/2}} \tag{5.2.47b}$$

表示**归一化交叉光谱密度函数**. 由不等式 (5.2.46), 则有

$$0 \leqslant |\mu(\boldsymbol{r}_1, \boldsymbol{r}_2, \nu)| \leqslant 1 \tag{5.2.48}$$

我们称 $\mu(\boldsymbol{r}_1, \boldsymbol{r}_2, \nu)$ 为在点 $P_1(\boldsymbol{r})$ 和 $P_2(\boldsymbol{r})$ 处在频率为 ν 处的**光谱相干度**, 有时又称在频率 ν 处的**空间复相干度**.

值得注意的是, 尽管复相干度 γ [式 (5.2.12)] 和 $\mu(\boldsymbol{r}_1, \boldsymbol{r}_2, \nu)$ [式 (5.2.47)] 的定义形式是类似的, 及 $\varGamma(\boldsymbol{r}_1, \boldsymbol{r}_2, \tau)$ 和 $W(\boldsymbol{r}_1, \boldsymbol{r}_2, \nu)$ 满足傅里叶变换对, 然而 γ 和 μ 一般彼此间不满足傅里叶变换关系. 它们之间的关系已经由 Friberg 和 Wolf 在 1995 年的文献中加以讨论.

现在我们再来考虑在 5.2.1 节讨论过的两束光的干涉实验. 我们将检验从两针孔出来的光谱密度与观察平面上的光谱密度之间的关系. 为这个目的, 我们首先推广式 (5.2.9), 即表示成自相干函数

$$\varGamma(\boldsymbol{r}, \boldsymbol{r}, \tau) = \langle V^*(\boldsymbol{r}, t)V(\boldsymbol{r}, t+\tau) \rangle \tag{5.2.49}$$

而不再用观察面上 P 点的平均强度.

把式 (5.2.2) 代入式 (5.2.49), 得

$$\begin{aligned}
\varGamma(\boldsymbol{r}, \boldsymbol{r}, \tau) = &|K_1|^2 \langle V^*(\boldsymbol{r}_1, t-t_1)V(\boldsymbol{r}_1, t+\tau-t_1) \rangle \\
&+ |K_2|^2 \langle V^*(\boldsymbol{r}_2, t-t_2)V(\boldsymbol{r}_2, t+\tau-t_2) \rangle \\
&+ K_1^* K_2 \langle V^*(\boldsymbol{r}_1, t-t_1)V(\boldsymbol{r}_2, t+\tau-t_2) \rangle \\
&+ K_2^* K_1 \langle V^*(\boldsymbol{r}_2, t-t_2)V(\boldsymbol{r}_1, t+\tau-t_1) \rangle
\end{aligned} \tag{5.2.50}$$

如果利用光场在广义上是静态的, 则有

$$\langle V^*(\mathbf{r}_1, t - t_1)V(\mathbf{r}_1, t + \tau - t_1)\rangle = \langle V^*(\mathbf{r}_1, t)V(\mathbf{r}_1, t + \tau)\rangle$$

于是式 (5.2.50) 可以表示成

$$\Gamma(\mathbf{r}, \mathbf{r}, \tau) = |K_1|^2 \Gamma(\mathbf{r}_1, \mathbf{r}_1, \tau) + |K_2|^2 \Gamma(\mathbf{r}_2, \mathbf{r}_2, \tau)$$
$$+ K_1^* K_2 \Gamma(\mathbf{r}_1, \mathbf{r}_2, \tau + t_1 - t_2) + K_2^* K_1 \Gamma(\mathbf{r}_2, \mathbf{r}_1, \tau + t_2 - t_1) \quad (5.2.51)$$

接下去在式 (5.2.51) 两边同乘以 $\mathrm{e}^{2\pi\mathrm{i}\nu t}$, 再对 τ 从 $-\infty$ 到 ∞ 积分, 忽略因子 K_1 和 K_2 对频率的依赖 (因为光波假定是准单色的), 则利用式 (5.2.39), 式 (5.2.51) 变为

$$W(\mathbf{r}, \mathbf{r}, \nu) = |K_1|^2 W(\mathbf{r}_1, \mathbf{r}_1, \nu) + |K_2|^2 W(\mathbf{r}_2, \mathbf{r}_2, \nu) + K_1^* K_2 W(\mathbf{r}_1, \mathbf{r}_2, \nu)\mathrm{e}^{-2\pi\mathrm{i}\nu(t_1 - t_2)}$$
$$+ K_2^* K_1 W(\mathbf{r}_2, \mathbf{r}_1, \nu)\mathrm{e}^{-2\pi\mathrm{i}\nu(t_2 - t_1)} \quad (5.2.52)$$

类似于式 (5.2.14a) 的讨论, 对于上式的第一项有

$$|K_1|^2 W(\mathbf{r}_1, \mathbf{r}_1, \nu) \equiv W^{(1)}(\mathbf{r}, \mathbf{r}, \nu) \quad (5.2.53\mathrm{a})$$

表示只从 P_1 针孔发出的光到达观察平面 $P(\mathbf{r})$ 点的光在频率 ν 处的谱密度. 类似地对于式 (5.2.52) 右边第二项, 也有

$$|K_2|^2 W(\mathbf{r}_2, \mathbf{r}_2, \nu) \equiv W^{(2)}(\mathbf{r}, \mathbf{r}, \nu) \quad (5.2.53\mathrm{b})$$

表示只从 P_2 针孔发出的光到达观察平面 $P(\mathbf{r})$ 点在频率 ν 处的光谱密度.

式 (5.2.52) 右边最后一项很容易表示成 $W^{(1)}$、$W^{(2)}$ 和 μ. 利用式 (5.2.47) 和式 (5.2.53a) 和式 (5.2.53b), 又因为系数 K_1 和 K_2 都为纯虚数, 则

$$K_1^* K_2 W(\mathbf{r}_1, \mathbf{r}_2, \nu) = \left[W^{(1)}(\mathbf{r}, \mathbf{r}, \nu)\right]^{1/2} \left[W^{(2)}(\mathbf{r}, \mathbf{r}, \nu)\right]^{1/2} \mu[\mathbf{r}_1, \mathbf{r}_2, \nu]$$

再利用式 (5.2.52) 和式 (5.2.43), 又因为当两个空间变量相等时, 交叉光谱密度退化为谱密度 [如式 (5.2.40)], 同时 $t_1 = R_1/c$ 和 $t_2 = R_2/c$ (图 5-4), 则式 (5.2.52) 又可写作

$$S(\mathbf{r}, \nu) = S^{(1)}(\mathbf{r}, \nu) + S^{(2)}(\mathbf{r}, \nu) + 2\left[S^{(1)}(\mathbf{r}, \nu)\right]^{1/2} \left[S^{(2)}(\mathbf{r}, \nu)\right]^{1/2}$$
$$\times \mathrm{Re}\left[\mu[\mathbf{r}_1, \mathbf{r}_2, \nu]\mathrm{e}^{-2\pi\mathrm{i}\nu(R_1 - R_2)/c}\right] \quad (5.2.54)$$

式 (5.2.24) 有时称为光谱干涉定律, 同时表明在 P 点的光谱密度 $S(\mathbf{r}, \nu)$ 并不是从针孔到 P 点的两束光的光谱 $S^{(1)}$ 和 $S^{(2)}$ 的和, 还有最后一项. 即使当两束光有相同的谱分布 $S^{(1)} = S^{(2)}$, 叠加后形成的谱分布一般情况下也与源谱是不同的. 这点我们将在后面 5.5 节作详细讨论.

5.2.3   相关函数的传输

在 5.1.2 节, 我们简单的讨论已经暗示了光场在传播过程中相干性状态会发生明显的改变. 我们已经显示, 在更特殊的情况下, 即使原来是无关联的源发出的光, 经过长距离的传输, 光场也可能会具有很高的关联性. 从更一般的部分相干理论的立场, 这种相干性状态的改变可以从互相干函数要服从两个严格的传输定律的事实来理解. 在自由空间, 这恰好是两个波动方程, 同样对于交叉光谱密度也有类似的关系.

(1) 首先来看一下互相干函数和交叉光谱密度在自由空间中传播满足的微分方程.

令 $V^{(r)}(\boldsymbol{r},t)$ 表示在点 $\boldsymbol{r}$, 时刻 t 的光场涨落, 与以前一样是一个实函数的随机过程的样品函数. 若我们认同 $V^{(r)}(\boldsymbol{r},t)$ 为电场或矢势的一个直角坐标分量, 则在自由空间, 它服从波动方程

$$\nabla^2 V^{(r)}(\boldsymbol{r},t) = \frac{1}{c^2}\frac{\partial^2 V^{(r)}(\boldsymbol{r},t)}{\partial t^2} \tag{5.2.55}$$

很容易表明, 与 $V^{(r)}(\boldsymbol{r},t)$ 有关的解析信号也服从波动方程. 为了证明这点, 我们把 $V^{(r)}(\boldsymbol{r},t)$ 表示成一个广义的傅里叶积分

$$V^{(r)}(\boldsymbol{r},t) = \int_{-\infty}^{\infty} \tilde{V}\{\boldsymbol{r},\nu\}\exp\{-2\pi\mathrm{i}\nu t\}\mathrm{d}\nu \tag{5.2.56}$$

对式 (5.2.55) 两边都傅里叶变换, 得到 $\tilde{V}(\boldsymbol{r},\nu)$ 服从亥姆霍兹方程

$$\nabla^2 \tilde{V}(\boldsymbol{r},\nu) + k^2\tilde{V}(\boldsymbol{r},\nu) = 0 \tag{5.2.57}$$

式中

$$k = \frac{2\pi\nu}{c} \tag{5.2.58}$$

与我们的实场 $V^{(r)}(\boldsymbol{r},t)$ 有关的解析信号 $V(\boldsymbol{r},t)$ 可以通过压缩式 (5.2.56) 的负频成分得到

$$V(\boldsymbol{r},t) = \int_0^{\infty} \tilde{V}\{\boldsymbol{r},\nu\}\exp\{-2\pi\mathrm{i}\nu t\}\mathrm{d}\nu \tag{5.2.59}$$

若在式 (5.2.59) 两边都作用 $\nabla^2 - \dfrac{1}{c^2}\dfrac{\partial^2}{\partial t^2}$, 并交换积分与求导次序, 则得

$$\nabla^2 V(\boldsymbol{r},t) - \frac{1}{c^2}\frac{\partial^2 V(\boldsymbol{r},t)}{\partial t^2} = \int_0^{\infty}\left[\nabla^2\tilde{V}(\boldsymbol{r},\nu) + k^2\tilde{V}(r,\nu)\right]\exp\{-2\pi\mathrm{i}\nu t\}\mathrm{d}\nu \tag{5.2.60}$$

再利用式 (5.2.57), 式 (5.2.60) 右边的积分为 0. 因此, 在自由空间, 光场的复数表示 $V(\boldsymbol{r},t)$ 确实满足波动方程

$$\nabla^2 V(\boldsymbol{r},t) = \frac{1}{c^2}\frac{\partial^2 V(\boldsymbol{r},t)}{\partial t^2} \tag{5.2.61}$$

对式 (5.2.61) 求复共轭, 把 r 换成 r_1, t 换成 t_1, 则

$$\nabla_1^2 V^* (r_1, t_1) = \frac{1}{c^2} \frac{\partial^2 V^* (r_1, t_1)}{\partial t_1^2} \tag{5.2.62}$$

式中, ∇_1^2 为关于 r_1 的拉普拉斯算符, 再在式 (5.2.62) 两边乘以 $V (r_2, t_2)$, 则

$$\nabla_1^2 [V^* (r_1, t_1) V (r_2, t_2)] = \frac{1}{c^2} \frac{\partial^2}{\partial t_1^2} [V^* (r_1, t_1) V (r_2, t_2)] \tag{5.2.63}$$

对式 (5.2.63) 求系综平均, 交换系综平均和微分算符之间的次序, 利用式 (5.2.6) 可得

$$\nabla_1^2 \Gamma (r_1, r_2, t_1, t_2) = \frac{1}{c^2} \frac{\partial^2}{\partial t_1^2} \Gamma (r_1, r_2, t_1, t_2) \tag{5.2.64a}$$

用类似的方法, 也可以得到

$$\nabla_2^2 \Gamma (r_1, r_2, t_1, t_2) = \frac{1}{c^2} \frac{\partial^2}{\partial t_2^2} \Gamma (r_1, r_2, t_1, t_2) \tag{5.2.64b}$$

这里拉普拉斯算符 ∇_2^2 作用在 r_2 上. 这样我们已经建立了在自由空间里光场的二阶关联函数 $\Gamma (r_1, r_2, t_1, t_2)$ 服从两个波动方程式 (5.2.64a)、式 (5.2.64b).

现在假设用系综表示的光场统计特性, 至少在广义上是静态的和各态遍历的. 则依赖于两个时间变量的关联函数 $\Gamma (r_1, r_2, t_1, t_2)$ 仅与两时刻之差 $\tau = t_2 - t_1$ 有关. 因此, 是否关联函数定义成系综平均还是时间平均是不重要的. 显然根据 τ 的定义, 式 (5.2.64) 右边的算符 $\frac{\partial^2}{\partial t_1^2}$ 和 $\frac{\partial^2}{\partial t_2^2}$ 可以用 $\frac{\partial^2}{\partial \tau^2}$ 代替. 因此, 式 (5.2.64) 即退化成在自由空间里的互相干函数必须服从下列两式:

$$\nabla_1^2 \Gamma (r_1, r_2, \tau) = \frac{1}{c^2} \frac{\partial^2}{\partial \tau^2} \Gamma (r_1, r_2, \tau) \tag{5.2.65a}$$

$$\nabla_2^2 \Gamma (r_1, r_2, \tau) = \frac{1}{c^2} \frac{\partial^2}{\partial \tau^2} \Gamma (r_1, r_2, \tau) \tag{5.2.65b}$$

上述两个方程描述当两点中一个点 (r_1 或 r_2) 不变而另一个变化且参数 τ 也变化时互相干函数的变化规律.

我们以前注意到, 空间相干性跟互相干函数中的 r_1 和 r_2 有关, 而时间相干性与 τ 有关. 从式 (5.2.65) 中 Γ 与所有变量 r_1、r_2、τ 有关可知, 一般情况下, 光的空间相干性和时间相干性彼此是不独立的.

既然交叉光谱密度函数 $W (r_1, r_2, \nu)$ 是互相干函数 $\Gamma (r_1, r_2, \nu)$ 的傅里叶变换式 (5.2.39), 对式 (5.2.65) 两边作傅里叶变换, 可得下列两个亥姆霍兹方程:

$$\nabla_1^2 W (r_1, r_2, \nu) + k^2 W (r_1, r_2, \nu) = 0 \tag{5.2.66a}$$

$$\nabla_2^2 W\left(\boldsymbol{r}_1, \boldsymbol{r}_2, \nu\right) + k^2 W\left(\boldsymbol{r}_1, \boldsymbol{r}_2, \nu\right) = 0 \tag{5.2.66b}$$

(2) 现在来考虑关联函数从一平面出发的传输

考虑波动方程光场 $V\left(\boldsymbol{r}, t\right)$ 传输到 $z > 0$ 半空间, 我们将推导根据在 $z = 0$ 平面处的互相干函数, 来得到 $z > 0$ 半空间里光场中任意两点 P_1 和 P_2 的互相干函数的公式, 如图 5-6 所示.

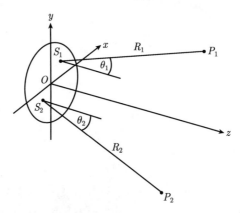

图 5-6   关于交叉光谱密度和互相干函数从 $z = 0$ 平面进入 $z > 0$ 空间的传输示意图

我们首先来考虑交叉光谱密度的传输, 因为它服从亥姆霍兹方程组 (5.2.66) 比互相干函数的波动方程更为简单. 既然光场是进入 $z > 0$ 半空间, 从式 (5.2.37) 可以看出, $W\left(\boldsymbol{r}_1, \boldsymbol{r}_2, \nu\right)$ 的渐近行为可以看成是: 关于 $\boldsymbol{r}_2$ 是出射波, 而关于 $\boldsymbol{r}_1$ 是入射波.

首先我们根据 $W\left(\boldsymbol{r}_1, \boldsymbol{r}_2', \nu\right)$ ($\boldsymbol{r}_2'$ 在 $z = 0$ 的平面内, $\boldsymbol{r}_1$ 暂时固定) 来导出式 (53.2.66b) 的解 $W\left(\boldsymbol{r}_1, \boldsymbol{r}_2, \nu\right)$. 按照瑞利第一类衍射公式

$$W\left(\boldsymbol{r}_1, \boldsymbol{r}_2, \nu\right) = -\frac{1}{2\pi} \int_{z=0} W\left(\boldsymbol{r}_1, \boldsymbol{r}_2', \nu\right) \frac{\partial}{\partial z_2} \left(\frac{\mathrm{e}^{\mathrm{i}kR_2}}{R_2}\right) \mathrm{d}^2 r_2' \tag{5.2.67}$$

式中, $R_2 = |\boldsymbol{r}_2 - \boldsymbol{r}_2'|$, $\dfrac{\partial}{\partial z_2}$ 表示沿着 z 轴正方向的微分, 类似地, 可得

$$W\left(\boldsymbol{r}_1, \boldsymbol{r}_2', \nu\right) = -\frac{1}{2\pi} \int_{z=0} W\left(\boldsymbol{r}_1', \boldsymbol{r}_2', \nu\right) \frac{\partial}{\partial z_1} \left(\frac{\mathrm{e}^{-\mathrm{i}kR_1}}{R_1}\right) \mathrm{d}^2 r_1' \tag{5.2.68}$$

式中, $R_1 = |\boldsymbol{r}_1 - \boldsymbol{r}_1'|$, 把式 (5.2.68) 代入式 (5.2.67) 得公式

$$W\left(\boldsymbol{r}_1, \boldsymbol{r}_2, \nu\right) = \frac{1}{(2\pi)^2} \int_{z=0} W\left(\boldsymbol{r}_1', \boldsymbol{r}_2', \nu\right) \frac{\partial}{\partial z_1} \left(\frac{\mathrm{e}^{-\mathrm{i}kR_1}}{R_1}\right) \frac{\partial}{\partial z_2} \left(\frac{\mathrm{e}^{\mathrm{i}kR_2}}{R_2}\right) \mathrm{d}^2 r_1' \mathrm{d}^2 r_2'$$
$$\tag{5.2.69}$$

这个公式就表示了根据 $z = 0$ 平面上的边界值得到的在 $z > 0$ 半空间内的交叉光谱密度. 式 (5.2.69) 可以写成更明了的形式

$$
\begin{aligned}
W\left(\boldsymbol{r}_1, \boldsymbol{r}_2, \nu\right) = & \left(\frac{k}{2\pi}\right)^2 \int_{z=0} W\left(\boldsymbol{r}_1', \boldsymbol{r}_2', \nu\right) \\
& \times \left[1 + \frac{\mathrm{i}}{k}\left(\frac{1}{R_2} - \frac{1}{R_1}\right) + \frac{1}{k^2}\frac{1}{R_1 R_2}\right] \frac{\mathrm{e}^{\mathrm{i}k(R_2 - R_1)}}{R_1 R_2} \\
& \times \cos\theta_1 \cos\theta_2 \mathrm{d}^2 r_1' \mathrm{d}^2 r_2'
\end{aligned}
\tag{5.2.70}
$$

式中, θ_1、θ_2 分别为连线 $S_1 P_1$ 和 $S_2 P_2$ 与 z 方向所成的角. 式 (5.2.70) 就是所要求的交叉光谱密度传输的关系式.

当 $P_1(\boldsymbol{r}_1)$ 和 $P_2(\boldsymbol{r}_2)$ 距离 $z = 0$ 平面远大于波长时, $R_1 \gg \lambda, R_2 \gg \lambda$, 则 $1/R_1 \ll k, 1/R_2 \ll k$. 在这样的情况下, 式 (5.2.70) 可以近似为

$$
W\left(\boldsymbol{r}_1, \boldsymbol{r}_2, \nu\right) \approx \left(\frac{k}{2\pi}\right)^2 \int_{z=0} W\left(\boldsymbol{r}_1', \boldsymbol{r}_2', \nu\right) \frac{\mathrm{e}^{\mathrm{i}k(R_2 - R_1)}}{R_1 R_2} \cos\theta_1 \cos\theta_2 \mathrm{d}^2 r_1' \mathrm{d}^2 r_2' \tag{5.2.71}
$$

从式 (5.2.70) 的关系, 我们很容易得到所要求的互相干函数的传播规律. 利用式 (5.2.38) 的关系, 则在 $z > 0$ 的半空间里任意两点间的互相干函数为

$$
\Gamma\left(\boldsymbol{r}_1, \boldsymbol{r}_2, \tau\right) = \frac{1}{(2\pi)^2} \iint_{z=0} \frac{\cos\theta_1 \cos\theta_2}{R_1^2 R_2^2} \zeta \Gamma\left(\boldsymbol{r}_1', \boldsymbol{r}_2', \tau - \frac{R_2 - R_1}{c}\right) \mathrm{d}^2 r_1' \mathrm{d}^2 r_2' \tag{5.2.72}
$$

式中, ζ 为一个微分算符

$$
\zeta = 1 + \frac{R_2 - R_1}{c}\frac{\partial}{\partial \tau} - \frac{R_1 R_2}{c^2}\frac{\partial^2}{\partial \tau^2}
$$

式 (5.2.72) 表明, 进入 $z > 0$ 的半空间里的任意两点 $P_1(\boldsymbol{r}_1)$ 和 $P_2(\boldsymbol{r}_2)$ 之间的互相干函数都可以通过 $z = 0$ 平面内的互相干函数和它对 τ 的一阶导数及二阶导数的信息而确定. 同样, 当 $P_1(\boldsymbol{r}_1)$ 和 $P_2(\boldsymbol{r}_2)$ 距离 $z = 0$ 平面远大于波长时, $R_1 \gg \lambda$, $R_2 \gg \lambda$, 式 (5.2.72) 可以作进步一简化. 当然也可以直接从式 (5.2.71) 作傅里叶变换, 得

$$
\Gamma(\boldsymbol{r}_1, \boldsymbol{r}_2, \tau) \approx -\frac{1}{(2\pi c)^2} \iint_{z=0} \frac{\cos\theta_1 \cos\theta_2}{R_1 R_2} \Gamma''\left(\boldsymbol{r}_1', \boldsymbol{r}_2', \tau - \frac{R_2 - R_1}{c}\right) \mathrm{d}^2 r_1' \mathrm{d}^2 r_2'
\tag{5.2.73}
$$

式中, Γ'' 表示对 τ 的二阶微分.

最后, 我们将给出从有限大小发光表面出射的光场的关联性的传输规律. 对于交叉光谱密度有

$$
W(\boldsymbol{r}_1, \boldsymbol{r}_2, \nu) = \int_A \int_A W(\boldsymbol{r}_1', \boldsymbol{r}_2', \nu) \frac{\mathrm{e}^{\mathrm{i}k(R_2 - R_1)}}{R_1 R_2} \Lambda_1^*(k) \Lambda_2(k) \mathrm{d}^2 r_1' \mathrm{d}^2 r_2' \tag{5.2.74}
$$

式中, $\Lambda_1(k)$ 和 $\Lambda_2(k)$ 为倾斜因子, $W(\boldsymbol{r}'_1, \boldsymbol{r}'_2, \nu)$ 为 A 表面上的交叉光谱密度. 相对应地对于互相干函数也有

$$\Gamma(\boldsymbol{r}_1, \boldsymbol{r}_2, \tau) = \int_A \int_A \frac{\Gamma''\left(\boldsymbol{r}'_1, \boldsymbol{r}'_2, \tau - \dfrac{R_2 - R_1}{c}\right)}{R_1 R_2} \bar{\Lambda}_1^*(k) \bar{\Lambda}_2(k) \mathrm{d}^2 r'_1 \mathrm{d}^2 r'_2 \qquad (5.2.75)$$

实际情况中, 路程差 $|R_2 - R_1|$ 通常远小于光的相干长度, 即

$$\frac{|R_2 - R_1|}{c} \ll \frac{1}{\Delta\nu} \qquad (5.2.76)$$

在这种情况下, 从实信号的包络表示的性质

$$\Gamma\left(\boldsymbol{r}'_1, \boldsymbol{r}'_2, \tau - \frac{R_2 - R_1}{c}\right) \approx \Gamma(\boldsymbol{r}'_1, \boldsymbol{r}'_2, \tau) \mathrm{e}^{\mathrm{i}\bar{k}(R_2 - R_1)} \qquad (5.2.77)$$

式中, $\bar{k} = 2\pi\bar{\nu}/c$, 则式 (5.2.75) 写为

$$\Gamma(\boldsymbol{r}_1, \boldsymbol{r}_2, \tau) \approx \int_A \int_A \Gamma(\boldsymbol{r}'_1, \boldsymbol{r}'_2, \tau) \frac{\mathrm{e}^{\mathrm{i}\bar{k}(R_2 - R_1)}}{R_1 R_2} \bar{\Lambda}_1^*(k) \bar{\Lambda}_2(k) \mathrm{d}^2 r'_1 \mathrm{d}^2 r'_2 \qquad (5.2.78)$$

上画线 "—" 为取平均频率处的值.

以上我们考虑的都是在自由空间中的情况. 若不是在自由空间中时, 可以用下式来替代式 (5.2.74):

$$W(\boldsymbol{r}_1, \boldsymbol{r}_2, \nu) = \int_A \int_A W(\boldsymbol{r}'_1, \boldsymbol{r}'_2, \nu) K^*(\boldsymbol{r}_1, \boldsymbol{r}'_1, \nu) K(\boldsymbol{r}_2, \boldsymbol{r}'_2, \nu) \mathrm{d}^2 r'_1 \mathrm{d}^2 r'_2 \qquad (5.2.79)$$

在这个公式中, 函数 $K(\boldsymbol{r}, \boldsymbol{r}', \nu)$ 是一个传播函数 (或脉冲相应函数). 类似地, 对于互相干函数也有

$$\Gamma(\boldsymbol{r}_1, \boldsymbol{r}_2, \tau) = \int_A \int_A \Gamma(\boldsymbol{r}'_1, \boldsymbol{r}'_2, \tau) K^*(\boldsymbol{r}_1, \boldsymbol{r}'_1, \bar{\nu}) K(\boldsymbol{r}_2, \boldsymbol{r}'_2, \bar{\nu}) \mathrm{d}^2 r'_1 \mathrm{d}^2 r'_2 \qquad (5.2.80)$$

5.2.4　范西泰特–策尼克定理及举例

范西泰特–策尼克定理表示了由空间非相干的准单色平面光源产生的光场的传输规律. 我们从式 (5.2.78) 开始推导该定理. 令式 (5.2.78) 中的 $\tau = 0$, 再由式 (5.2.34), 并作小角度近似即倾斜因子 Λ_1 和 Λ_2 约为 $\dfrac{\mathrm{i}k}{2\pi}$, 我们可以得到

$$J(\boldsymbol{r}_1, \boldsymbol{r}_2) = \left(\frac{\bar{k}}{2\pi}\right)^2 \int_A \int_A J(\boldsymbol{r}'_1, \boldsymbol{r}'_2) \frac{\mathrm{e}^{\mathrm{i}\bar{k}(R_2 - R_1)}}{R_1 R_2} \mathrm{d}^2 r'_1 \mathrm{d}^2 r'_2 \qquad (5.2.81)$$

式 (5.2.81) 即为互强度函数的策尼克传播规律.

假设表面 A 上光源是空间非相干的平面准单色的次级光源, 则对于在 σ 上任意两点 $S_1(\boldsymbol{r}_1')$ 和 $S_2(\boldsymbol{r}_2')$ 有

$$J(\boldsymbol{r}_1', \boldsymbol{r}_2') = I(\boldsymbol{r}_1')\delta^{(2)}(\boldsymbol{r}_2' - \boldsymbol{r}_1') \tag{5.2.82}$$

代入式 (5.2.81) 得

$$J(\boldsymbol{r}_1, \boldsymbol{r}_2) = \left(\frac{\bar{k}}{2\pi}\right)^2 \int_\sigma I(r') \frac{\mathrm{e}^{\mathrm{i}\bar{k}(R_{2S}-R_{1S})}}{R_{1S}R_{2S}} \mathrm{d}^2 r' \tag{5.2.83}$$

式中, R_{1S} 和 R_{2S} 分别为从光源上一点 $S(\boldsymbol{r})$ 到点 $P_1(\boldsymbol{r}_1)$ 和 $P_2(\boldsymbol{r}_2)$ 的距离 (图 5-7). 按照式 (5.2.35), 得到由空间非相干源 σ 产生的光场的 (等时) 复相干度的表示

$$j(\boldsymbol{r}_1, \boldsymbol{r}_2) = \frac{1}{(I(\boldsymbol{r}_1))^{1/2}\,(I(\boldsymbol{r}_2))^{1/2}} \left(\frac{\bar{k}}{2\pi}\right)^2 \int_\sigma I(r') \frac{\mathrm{e}^{\mathrm{i}\bar{k}(R_{2S}-R_{1S})}}{R_{1S}R_{2S}} \mathrm{d}^2 r' \tag{5.2.84}$$

式中

$$I(\boldsymbol{r}_j) = J(\boldsymbol{r}_j, \boldsymbol{r}_j) = \left(\frac{\bar{k}}{2\pi}\right)^2 \int_\sigma \frac{I(r')}{R_{js}^2} \mathrm{d}^2 r', \quad j = 1, 2$$

是光场在 $P_j(\boldsymbol{r}_j)$ 处的强度.

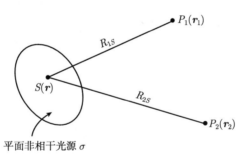

图 5-7 范西泰特–策尼克定理示意图

式 (5.2.84) 就是范西泰特–策尼克的数学公式, 它表示了由空间非相干的平面准单色光源产生的光场在任意两点处的等时相干度.

在许多情况下, 我们感兴趣的是远场情况. 如图 5-8 所示, 点 O 为光源 σ 的位置原点, $\boldsymbol{s}_1$ 和 $\boldsymbol{s}_2$ 为从原点 O 指向场点 $P_1(\boldsymbol{r}_1)$ 和 $P_2(\boldsymbol{r}_2)$ 的单位方向矢量, 则

$$\boldsymbol{r}_1 = r_1\boldsymbol{s}_1, \quad \boldsymbol{r}_2 = r_2\boldsymbol{s}_2 \tag{5.2.85}$$

因为考虑远场, 当 r_1 和 r_2 足够大时, 有

$$R_{1S} \sim r_1 - \boldsymbol{s}_1 \cdot \boldsymbol{r}_1', \quad R_{2S} \sim r_2 - \boldsymbol{s}_2 \cdot \boldsymbol{r}_2' \tag{5.2.86}$$

则式 (5.2.83) 近似为

$$J(\boldsymbol{r}_1, \boldsymbol{r}_2) = \left(\frac{\bar{k}}{2\pi}\right)^2 \frac{\mathrm{e}^{\mathrm{i}k(r_2-r_1)}}{r_1 r_2} \int_\sigma I(\boldsymbol{r}') \mathrm{e}^{-\mathrm{i}\bar{k}(\boldsymbol{s}_2-\boldsymbol{s}_1)\cdot \boldsymbol{r}'} \mathrm{d}^2 r' \tag{5.2.87}$$

及

$$j(\boldsymbol{r}_1, \boldsymbol{r}_2) = \mathrm{e}^{\mathrm{i}k(r_2-r_1)} \frac{\displaystyle\int_\sigma I(\boldsymbol{r}') \mathrm{e}^{-\mathrm{i}\bar{k}(\boldsymbol{s}_2-\boldsymbol{s}_1)\cdot \boldsymbol{r}'} \mathrm{d}^2 r'}{\displaystyle\int_\sigma I(\boldsymbol{r}') \mathrm{d}^2 r'} \tag{5.2.88}$$

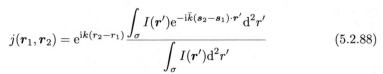
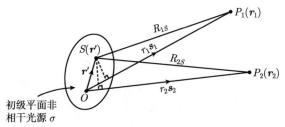

图 5-8　远场范西泰特–策尼克定理示意图

式 (5.2.87) 和式 (5.2.88) 中, 互强度 J 和等时相干度 j 都表示成光源上强度 $I(\boldsymbol{r}')$ 的傅里叶变换, 其中式 (5.2.88) 称为范西泰特–策尼克定理的远场形式.

下面我们来举一个例子. 考虑一非相干的准单色圆形光源 σ(半径为 a), 以 O 点为中心, 其上均匀强度 $I(\boldsymbol{r}')$ 为常数. 为简单起见, 两点 $P_1(\boldsymbol{r}_1)$ 和 $P_2(\boldsymbol{r}_2)$ 在远场且距离原点均为 r(即 $r_1 = r_2 = r$), 并且均靠近光源法线方向. 则式 (5.2.88) 退化为

$$j(\boldsymbol{r}_1, \boldsymbol{r}_2) = \frac{\displaystyle\int_{r' \leqslant a} \mathrm{e}^{-\mathrm{i}\bar{k}(\boldsymbol{s}_2-\boldsymbol{s}_1)\cdot \boldsymbol{r}'} \mathrm{d}^2 r'}{\displaystyle\int_{r' \leqslant a} \mathrm{d}^2 r'} \tag{5.2.89}$$

再令

$$\boldsymbol{r}' = (\rho\cos\theta, \rho\sin\theta), \quad \boldsymbol{s}_{2\perp} - \boldsymbol{s}_{1\perp} = (w\cos\psi, w\sin\psi) \tag{5.2.90}$$

式中, $\boldsymbol{s}_{1\perp}$ 和 $\boldsymbol{s}_{2\perp}$ 分别为 $\boldsymbol{s}_1$ 和 $\boldsymbol{s}_2$ 在光源平面上的投影. 因此

$$j(\boldsymbol{r}_1, \boldsymbol{r}_2) = \frac{1}{\pi a^2} \int_0^a \int_0^{2\pi} \mathrm{e}^{-\mathrm{i}\bar{k}\rho w \cos(\theta-\psi)} \rho \mathrm{d}\rho \mathrm{d}\theta \tag{5.2.91}$$

$$= \frac{2\mathrm{J}_1(\nu)}{\nu} \tag{5.2.92}$$

这里 $\nu = \bar{k}a|\boldsymbol{s}_{2\perp} - \boldsymbol{s}_{1\perp}|$, $\mathrm{J}_1(x)$ 为第一类一阶贝塞尔函数. 因为

$$\boldsymbol{s}_{1\perp} = \left(\frac{x_1}{r}, \frac{y_1}{r}, 0\right), \quad \boldsymbol{s}_{2\perp} = \left(\frac{x_2}{r}, \frac{y_2}{r}, 0\right)$$

所以变量 ν 可以写成

$$\nu = \bar{k}\left(\frac{a}{r}\right)d_{12} = \bar{k}\left(\frac{a}{r}\right)[(x_1 - x_2)^2 + (y_1 - y_2)^2]^{1/2} \qquad (5.2.93)$$

式 (5.2.92) 的行为如图 5-9 所示, 我们可以看出, 等时相干度从在 $\nu = 0$ 时值 1, 逐渐变为在 $\nu = 3.83$ 处为零. 因此, 随着两点间距离的增大, 相干度逐渐减小. 当

$$d_{12} = \frac{3.83}{\bar{k}}\left(\frac{r}{a}\right) = \frac{0.61r\bar{\lambda}}{a} \qquad (5.2.94)$$

时, $j(\boldsymbol{r}_1, \boldsymbol{r}_2)$ 第一次等于零. 进一步增加距离时, 相干度稍微有点出现但小于 0.14, 在 $\nu = 7.02$ 处再次为零; 这样一直波动地逐渐趋近于 0.

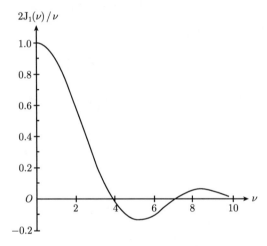

图 5-9　函数 $2\mathrm{J}_1(\nu)/\nu$ 变化曲线

5.3　空间–频率域中的部分相干光场

这一节我们将在空间–频率域中来描述部分相干光. 在前面我们已经引入了一个量: 交叉光谱密度. 但应该说, 这是不严格的, 原因是, 由于样品函数随时间不趋于零, 在一般的函数理论框架内, 静态随机函数不存在傅里叶积分表示. 但利用这种不严格的方法得到的主要结果可以用更严密的数学技巧加以证明, 如广义谐振子分析和广义函数论. 1982 年前后, Wolf 首先得到了静态随机光源和静态随机光场在空间–频率域中的严格数学表述, 然而这个表述并没有用到时间谐振子的傅里叶核 $\mathrm{e}^{-2\pi \mathrm{i}\nu t}$ 作为基, 而是利用了交叉光谱密度为积分核的本征函数作为基. 下面我们将详细介绍这个理论.

5.3.1　部分相干场的相干模式表述

让我们考虑自由空间里在某个确定封闭区域 D 中的一个静态光场 $V(\boldsymbol{r},t)$, 令 $\Gamma(\boldsymbol{r}_1,\boldsymbol{r}_2,\tau)$ 为场的互相干函数, 假设 $\Gamma(\boldsymbol{r}_1,\boldsymbol{r}_2,\tau)$ 随 $|\tau|\to\infty$ 时衰减足够快, 使得对于所有 $\boldsymbol{r}_1\in D$ 和 $\boldsymbol{r}_2\in D$ 场点的互相干函数的绝对值关于 τ 可积, 即

$$\int_{-\infty}^{\infty}|\Gamma(\boldsymbol{r}_1,\boldsymbol{r}_2,\tau)|\mathrm{d}\tau<\infty \tag{5.3.1}$$

则 $\Gamma(\boldsymbol{r}_1,\boldsymbol{r}_2,\tau)$ 有一个傅里叶变换

$$W(\boldsymbol{r}_1,\boldsymbol{r}_2,\nu)=\int_{-\infty}^{\infty}\Gamma(\boldsymbol{r}_1,\boldsymbol{r}_2,\tau)\mathrm{e}^{2\pi\mathrm{i}\nu\tau}\mathrm{d}\tau \tag{5.3.2}$$

即交叉光谱密度函数 $W(\boldsymbol{r}_1,\boldsymbol{r}_2,\nu)$ 是频率的连续函数. 很容易从式 (5.2.12a) 和不等式 (5.2.13) 得到, 互相干函数 Γ 应满足

$$\int_{-\infty}^{\infty}|\Gamma(\boldsymbol{r}_1,\boldsymbol{r}_2,\tau)|^2\mathrm{d}\tau<\infty \tag{5.3.3}$$

利用 Parseval 的关系, 交叉光谱密度关于 ν 也应是平方可积

$$\int_{0}^{\infty}|W(\boldsymbol{r}_1,\boldsymbol{r}_2,\nu)|^2\mathrm{d}\nu<\infty \tag{5.3.4}$$

同时式 (5.3.2) 可以作逆变换

$$\Gamma(\boldsymbol{r}_1,\boldsymbol{r}_2,\tau)=\int_{0}^{\infty}W(\boldsymbol{r}_1,\boldsymbol{r}_2,\nu)\mathrm{e}^{-2\pi\mathrm{i}\nu\tau}\mathrm{d}\nu \tag{5.3.5}$$

式 (5.3.5) 中右边积分下限是 0 而不是 $-\infty$, 原因是互相干函数是解析的信号.

下面我们再假设交叉光谱密度在整个区域 D 内关于 $\boldsymbol{r}_1$ 和 $\boldsymbol{r}_2$ 是连续的, 则 $|W(\boldsymbol{r}_1,\boldsymbol{r}_2,\nu)|^2$ 必在 D 区域内有限, 所以

$$\int_D\int_D|W(\boldsymbol{r}_1,\boldsymbol{r}_2,\nu)|^2\,\mathrm{d}^3r_1\mathrm{d}^3r_2<\infty \tag{5.3.6}$$

又因式 (5.2.43), 交叉光谱密度满足

$$W(\boldsymbol{r}_1,\boldsymbol{r}_2,\nu)=W^*(\boldsymbol{r}_1,\boldsymbol{r}_2,\nu) \tag{5.3.7}$$

W 也是非负定的函数, 则有

$$\int_D\int_D W(\boldsymbol{r}_1,\boldsymbol{r}_2,\nu)f^*(\boldsymbol{r}_1)f(\boldsymbol{r}_2)\mathrm{d}^3r_1\mathrm{d}^3r_2\geqslant 0 \tag{5.3.8}$$

式中, $f(\boldsymbol{r})$ 为任意平方可积的函数, 式 (5.3.8) 类似于式 (5.2.44).

条件式 (5.3.6)~ 式 (5.3.8) 暗示了交叉光谱密度函数是 Hilbert-Schmidt 核且是厄米非负定的. 根据 Mercer 定理, 交叉光谱密度可表示成

$$W(\boldsymbol{r}_1, \boldsymbol{r}_2, \nu) = \sum_n \alpha_n(\nu) \psi_n^*(\boldsymbol{r}_1, \nu) \psi_n(\boldsymbol{r}_2, \nu) \tag{5.3.9}$$

右边的级数是绝对收敛的, 函数 $\psi_n(\boldsymbol{r}, \nu)$ 和系数 $\alpha_n(\nu)$ 分别是下列积分方程的本征函数和本征值, 即

$$\int_D W(\boldsymbol{r}_1, \boldsymbol{r}_2, \nu) \psi_n(\boldsymbol{r}_1, \nu) \mathrm{d}^3 r_1 = \alpha_n(\nu) \psi_n(\boldsymbol{r}_2, \nu) \tag{5.3.10}$$

式 (5.3.10) 是第二类齐次 Fredholm 积分方程. W 的厄米性确保了式 (5.3.10) 至少有一个非零本征值. 另外 W 的厄米性和非负定性保证了所有本征值是非负实数, 即

$$\alpha_n(\nu) \geqslant 0 \tag{5.3.11}$$

此外, 不失一般性, 再次假定 ψ_n 本征函数构成正交集, 即

$$\int_D \psi_n^*(\boldsymbol{r}, \nu) \psi_m(\boldsymbol{r}, \nu) \mathrm{d}^3 r = \delta_{nm} \tag{5.3.12}$$

式中, δ_{nm} 为 Kronecker 符号.

先来看一下 Mercer 展开式 (5.3.9) 的意义. 将该式改写为

$$W(\boldsymbol{r}_1, \boldsymbol{r}_2, \nu) = \sum_n \alpha_n(\nu) W^{(n)}(\boldsymbol{r}_1, \boldsymbol{r}_2, \nu) \tag{5.3.13}$$

式中

$$W^{(n)}(\boldsymbol{r}_1, \boldsymbol{r}_2, \nu) = \psi_n^*(\boldsymbol{r}_1, \nu) \psi_n(\boldsymbol{r}_2, \nu) \tag{5.3.14}$$

式 (5.3.14) 表示一个在空间–频率域中完全相干的光场的交叉光谱密度, 或者更直接地考虑相应的谱相干度:

$$\mu^{(n)}(\boldsymbol{r}_1, \boldsymbol{r}_2, \nu) = \frac{W^{(n)}(\boldsymbol{r}_1, \boldsymbol{r}_2, \nu)}{(W^{(n)}(\boldsymbol{r}_1, \boldsymbol{r}_1, \nu))^{1/2} (W^{(n)}(\boldsymbol{r}_2, \boldsymbol{r}_2, \nu))^{1/2}} \tag{5.3.15}$$

对于所有 $\boldsymbol{r}_1 \in D$ 和 $\boldsymbol{r}_2 \in D$, 它都是幺模的, 即 $|\mu^{(n)}| = 1$.

我们在 5.2.3 节中已经知道, 在自由空间中, 交叉光谱密度服从两个亥姆霍兹方程

$$\nabla_1^2 W(\boldsymbol{r}_1, \boldsymbol{r}_2, \nu) + k^2 W(\boldsymbol{r}_1, \boldsymbol{r}_2, \nu) = 0 \tag{5.3.16a}$$

$$\nabla_2^2 W(\boldsymbol{r}_1, \boldsymbol{r}_2, \nu) + k^2 W(\boldsymbol{r}_1, \boldsymbol{r}_2, \nu) = 0 \tag{5.3.16b}$$

把式 (5.3.9) 代入式 (5.3.16b), 再在方程两边同乘以 $\psi_n(\boldsymbol{r}_1, \nu)$, 并对 $\boldsymbol{r}_1$ 在整个区域 D 内积分, 由式 (5.3.12) 关系, 很容易得到在区域 D 内满足

$$\nabla^2 \psi_n(\boldsymbol{r}, \nu)) + k^2 \psi_n(\boldsymbol{r}, \nu) = 0 \tag{5.3.17}$$

所以 $W^{(n)}$ 也类似地满足两个亥姆霍兹方程

$$\nabla_1^2 W^{(n)}(\boldsymbol{r}_1, \boldsymbol{r}_2, \nu) + k^2 W^{(n)}(\boldsymbol{r}_1, \boldsymbol{r}_2, \nu) = 0 \tag{5.3.18a}$$

$$\nabla_2^2 W^{(n)}(\boldsymbol{r}_1, \boldsymbol{r}_2, \nu) + k^2 W^{(n)}(\boldsymbol{r}_1, \boldsymbol{r}_2, \nu) = 0 \tag{5.3.18b}$$

对于每个 n、$W^{(n)}$ 满足上述方程, 因此被认为是光场的一个模. 这样, 式 (5.3.13) 所表示的光场的交叉光谱密度是由许多在空间频率域中完全相干的模式组成. 基于这些考虑, 式 (5.3.9) 称为交叉光谱密度的相干模式表述.

5.3.2   交叉光谱密度作为关联函数的严格表述

利用 5.3.1 节的结果, 现在来讨论一个严格单色波动函数的系综 $\{U(\boldsymbol{r}, \nu)$ $\mathrm{e}^{-2\pi\mathrm{i}\nu t}\}$, 所有相同频率 ν 的交叉光谱密度 $W(\boldsymbol{r}_1, \boldsymbol{r}_2)$ 等于它们的交叉关联函数.

考虑一个函数 $\{U(\boldsymbol{r}, \nu)\}$ 集, 它的每个成员是积分方程 (5.3.10) 一系列本征函数 $\psi_n(\boldsymbol{r}, \nu)$ 的叠加

$$U(\boldsymbol{r}, \nu) = \sum_n a_n(\nu) \psi_n(\boldsymbol{r}, \nu) \tag{5.3.19}$$

在这个展开式中, a_n 是随机系数, 它的性质稍后再作说明. 在光场中, 两点 $\boldsymbol{r}_1$ 和 $\boldsymbol{r}_2$ 处的 $U(\boldsymbol{r}_1, \nu)$ 和 $U(\boldsymbol{r}_2, \nu)$ 的交叉关联函数为

$$\langle U^*(\boldsymbol{r}_1, \nu) U(\boldsymbol{r}_2, \nu) \rangle_\nu = \sum_n \sum_m \langle a_n^*(\nu) a_m(\nu) \rangle_\nu \psi_n^*(\boldsymbol{r}_1, \nu) \psi_m(\boldsymbol{r}_2, \nu) \tag{5.3.20}$$

式中 "$\langle \cdots \rangle_\nu$" 表示对频率有关的函数 $U(\boldsymbol{r}_1, \nu)$ 的系综平均, 或者等效于对随机系数的系综平均. 现在假设选择 $a_n(\nu)$, 使

$$\langle a_n^*(\nu) a_m(\nu) \rangle_\nu = \alpha_n(\nu) \delta_{nm} \tag{5.3.21}$$

式中, α_n 为式 (5.3.10) 的本征值, δ_{nm} 为 Kronecker 符号. 同时要求

$$\sum_n |a_n(\nu)|^2 < \infty \tag{5.3.22}$$

总是可选取这样一个系综 $\{a_n(\nu)\}$. 例如, 取

$$a_n(\nu) = (\alpha_n(\nu))^{1/2} \mathrm{e}^{\mathrm{i}\theta_n} \tag{5.3.23}$$

对于每个 n, θ_n 为一个均匀分布在区间 $0 \leqslant \theta_n < \pi$ 的随机实变量. 当 $n \neq m$ 时, θ_n 和 θ_m 是统计独立的, 这样的选取明显满足式 (5.3.21) 及式 (5.3.22). 因为

$$\sum_n \left\langle |a_n(\nu)|^2 \right\rangle_\nu = \sum_n \alpha_n(\nu) \tag{5.3.24}$$

显然式 (5.3.24) 右边的总和是有限的.

每个样品函数 $U(\boldsymbol{r}, \nu)$ 可表示成式 (5.3.19) 的形式, 并有式 (5.3.22) 的限制, 则很容易看出 $U(\boldsymbol{r}, \nu)$ 在整个区域 D 上平方可积:

$$\int_D |U(\boldsymbol{r}, \nu)|^2 \, \mathrm{d}^3 r = \sum_n \sum_m a_n^*(\nu) a_m(\nu) \int_D \psi_n^*(\boldsymbol{r}, \nu) \psi_m(\boldsymbol{r}, \nu) \mathrm{d}^3 r \tag{5.3.25}$$

利用式 (5.3.12), 式 (5.3.25) 可简化为

$$\int_D |U(\boldsymbol{r}, \nu)|^2 \, \mathrm{d}^3 r = \sum_n |a_n(\nu)|^2 < \infty \tag{5.3.26}$$

现在把式 (5.3.21) 代入式 (5.3.20), 得到公式

$$\langle U^*(\boldsymbol{r}_1, \nu) U(\boldsymbol{r}_2, \nu) \rangle_\nu = \sum_n \alpha_n(\nu) \psi_n^*(\boldsymbol{r}_1, \nu) \psi_n(\boldsymbol{r}_2, \nu) \tag{5.3.27}$$

比较式 (5.3.27) 和式 (5.3.9), 有

$$W(\boldsymbol{r}_1, \boldsymbol{r}_2, \nu) = \langle U^*(\boldsymbol{r}_1, \nu) U(\boldsymbol{r}_2, \nu) \rangle_\nu \tag{5.3.28}$$

这样, 我们构造了随机场的系综 $\{U(\boldsymbol{r}, \nu)\}$, 把该场的交叉光谱密度表示成这个系综的交叉关联函数.

按照式 (5.3.18), 对于 $U(\boldsymbol{r}, \nu)$ 展开式 (5.3.19) 的每一项满足亥姆霍兹方程. 因此, 系综 $\{U(\boldsymbol{r}, \nu)\}$ 的每个成员也满足亥姆霍兹方程, 即

$$\nabla^2 U(\boldsymbol{r}, \nu) + k^2 U(\boldsymbol{r}, \nu) = 0 \tag{5.3.29}$$

另外, 对式 (5.3.28) 所表示的交叉光谱密度, 其 "对角元"

$$S(\boldsymbol{r}, \nu) = \langle U^*(\boldsymbol{r}, \nu) U(\boldsymbol{r}, \nu) \rangle_\nu \tag{5.3.30}$$

为在点 $\boldsymbol{r}$ 处的光谱密度.

5.3.3 激光谐振腔模式相干理论

1961 年, 由 Fox-Li 和 Boyd-Gordon 发展了激光腔的共振模式理论, 后来有许多学者对此作了推广和完善. 这个理论在激光物理和激光工程中起重要作用, 但它

基于单色光模型, 因此不能阐述模式间的相干特性. 早期, Wolf 于 1963 年、Streifer 于 1966 年就曾尝试阐明这个问题. 但直到 1984 年, Wolf 和 Agarwal 基于空间−频率域中的相干理论才对这个问题作了完整的分析 [4,40].

如图 5-10 所示, 考虑由镜面 A 和 B 组成的空腔. 假设在镜面 A 上的初始光进入谐振腔, 且光的波动特性是广义上静态的, 用 $W_0(\boldsymbol{\rho}_1, \boldsymbol{\rho}_2, \nu)$ 表示在镜面 A 上初始光场的交叉光谱密度分布. 光经镜面 B 反射和衍射, 部分光回到镜 A, 用 $W_1(\boldsymbol{\rho}_1, \boldsymbol{\rho}_2, \nu)$ 表示回到镜面 A 上光的交叉光谱密度. 这样, 光在两镜面 A、B 之间来回地反射和衍射, 用 $W_j(\boldsymbol{\rho}_1, \boldsymbol{\rho}_2, \nu)$ 表示完成第 j 次往复在镜面 A 上的交叉光谱密度.

图 5-10   激光腔谐振腔内光场交叉光谱密度的稳态条件示意图

按照式 (5.3.28), 交叉光谱密度 W_j 可以表示成

$$W_j(\boldsymbol{\rho}_1, \boldsymbol{\rho}_2, \nu) = \langle U_j^*(\boldsymbol{\rho}_1, \nu) U_j(\boldsymbol{\rho}_2, \nu) \rangle \tag{5.3.31}$$

这里 '$\langle \cdots \rangle$' 表示系综平均. 因为这个系综的每个成员 $U_j(\boldsymbol{\rho}, \nu)$ 是场的边界值, 在两镜之间的空间满足亥姆霍兹方程

$$(\nabla^2 + k^2) U_j(\boldsymbol{r}, \nu) = 0 \tag{5.3.32}$$

则 U_{j+1} 和 U_j 之间满足线性变换, 即

$$U_{j+1}(\boldsymbol{r}, \nu) = \int_A L(\boldsymbol{r}, \boldsymbol{\rho}, \nu) U_j(\boldsymbol{\rho}, \nu) \mathrm{d}^2\rho, \quad j = 0, 1, 2, \cdots \tag{5.3.33}$$

式中, $L(\boldsymbol{r}, \boldsymbol{\rho}, \nu)$ 为一次往返的传播子, 其具体形式可利用惠更斯–菲涅耳原理得到. 把式 (5.3.32) 代入式 (5.3.31), 可得到下列关系式:

$$W_{j+1}(\boldsymbol{r}_1, \boldsymbol{r}_2, \nu) = \int_A \int_A L^*(\boldsymbol{r}_1, \boldsymbol{\rho}_1, \nu) L(\boldsymbol{r}_2, \boldsymbol{\rho}_2, \nu) W_j(\boldsymbol{\rho}_1, \boldsymbol{\rho}_2, \nu) \mathrm{d}^2\rho_1 \mathrm{d}^2\rho_2 \tag{5.3.34}$$

假设经过足够多次的来回往复, W_{j+1} 和 W_j 之间只差一个比例因子 $\sigma(\nu)$, 我们说这样的状态为稳态. 即对于足够大的 j, 有

$$W_{j+1}(\boldsymbol{\rho}_1, \boldsymbol{\rho}_2, \nu) = \sigma(\nu)W_j(\boldsymbol{\rho}_1, \boldsymbol{\rho}_2, \nu) \tag{5.3.35}$$

显然

$$\sigma(\nu) > 0 \tag{5.3.36}$$

把式 (5.3.35) 代入式 (5.3.34), 再忽略下标 j, 可得下列方程式:

$$\int_A \int_A W(\boldsymbol{\rho}_1', \boldsymbol{\rho}_2', \nu)L^*(\boldsymbol{\rho}_1, \boldsymbol{\rho}_1', \nu)L(\boldsymbol{\rho}_2, \boldsymbol{\rho}_2', \nu)\mathrm{d}^2\rho_1'\mathrm{d}^2\rho_2' = \sigma(\nu)W(\boldsymbol{\rho}_1, \boldsymbol{\rho}_2, \nu) \tag{5.3.37}$$

式 (5.3.37) 就是在镜面 A 上能存在的模式 $W(\boldsymbol{\rho}_1, \boldsymbol{\rho}_2, \nu)$ 的边界值积分方程. 同样对于镜面 B, 也存在类似的积分方程. 它们是光腔相干模式理论的最基本的方程. 这与通常的激光谐振腔的模式理论是不一样的, 它们包含了场的二阶关联特性.

下面我们简要讨论一下式 (5.3.37) 解的形式.

如果是非简并的, 其解的形式如下:

$$W_l(\boldsymbol{r}_1, \boldsymbol{r}_2, \nu) = \lambda_l(\nu)\phi_l^*(\boldsymbol{r}_1, \nu)\phi_l(\boldsymbol{r}_2, \nu) \tag{5.3.38}$$

式中, l 为本征模阶次, 这时本征函数 $\phi_l(\boldsymbol{r}_1, \nu)$ 与 Fox-Li 模等价. 因此, 式 (5.3.38) 的解表示在任意频率 ν 处在镜面 A 上分布的场为完全相干的.

如果是简并的情况, 其解的形式变为

$$W(\boldsymbol{r}_1, \boldsymbol{r}_2, \nu) = \sum_m \sum_n \chi_{mn}(\nu)\phi_m^*(\boldsymbol{r}_1, \nu)\phi_n(\boldsymbol{r}_2, \nu) \tag{5.3.39}$$

式中, χ_{mn} 为系数. 由于交叉光谱密度是厄米的, 所以其必需满足 $\chi_{mn} = \chi_{mn}^*$. 如果写成对角化矩阵 $[\chi_{mn}(\nu)]$, $\chi = U^+\Lambda u$, 则式 (5.3.39) 可写作 Mercer 展开形式

$$W(\boldsymbol{r}_1, \boldsymbol{r}_2, \nu) = \sum_m \Lambda_m(\nu)f_m(\boldsymbol{r}_1, \nu)f_m(\boldsymbol{r}_2, \nu) \tag{5.3.40}$$

式中

$$f_m(\boldsymbol{r}, \nu) = \sum_n u_{mn}(\nu)\phi_l(r, \nu) \tag{5.3.41}$$

在这种情况下, 在镜面 A 上场不再是完全相干的.

5.3.4 部分相干激光谐振腔

这一部分我们应用部分相干模式理论来研究光腔模式, 我们将主要讨论平行平面腔结构的空腔模式.

在傍轴近似条件下, 空腔结构的交叉光谱密度式 (5.3.34) 又可以写作

$$b_{m+1}W_{m+1}(\boldsymbol{r}_1, \boldsymbol{r}_2, \nu)$$
$$= \frac{1}{\lambda_0^2 z^2}\iint W_m(\boldsymbol{\rho}_1, \boldsymbol{\rho}_2, \nu)\exp\left\{\frac{\mathrm{i}k}{2z}[(\boldsymbol{r}_1 - \boldsymbol{\rho}_1)^2 - (\boldsymbol{r}_2 - \boldsymbol{\rho}_2)^2]\right\}\mathrm{d}^2\boldsymbol{\rho}_1\mathrm{d}^2\boldsymbol{\rho}_2 \tag{5.3.42}$$

式中, z 为腔长, λ_0 为光的波长, $\boldsymbol{r}_1$、$\boldsymbol{r}_2$ 为入射平面坐标, $\boldsymbol{\rho}_1$, $\boldsymbol{\rho}_2$ 为接收平面坐标, W 为交叉光谱密度, ν 为频率.

图 5-11 为二维平行平面腔示意图, 它的两个反射镜在 y 方向上为无限长, 在 x 方向的宽度为 $2a$, 腔长为 L. 交叉光谱密度 $W(x, x', \nu)$ 的本征方程为

$$
\begin{aligned}
& b_{m+1} W_{m+1}(x_2, x_2', \nu) \\
&= \frac{1}{\lambda_0^2 L^2} \int_{-a}^{a} \int_{-a}^{a} W_m(x_1, x_1', \nu) \exp\left\{ \frac{\mathrm{i}k}{2L}[(x_2 - x_1)^2 - (x_2' - x_1')^2] \right. \\
&\quad \left. + \mathrm{i}[\varphi(x_1) - \varphi(x_1')] \right\} \mathrm{d}x_1 \mathrm{d}x_1'
\end{aligned} \tag{5.3.43}
$$

式中, x_1、x_1'、x_2、x_2' 为相应镜面上的坐标, $\varphi(x)$ 为腔镜上的相位函数, m 为振荡次数. 经过一周往返后的损耗为

$$
\delta = 1 - b_{m+1} \tag{5.3.44}
$$

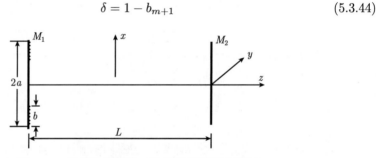

图 5-11　带相位调制的二维平行平面腔示意图

当 $W(x, x', \nu)$ 在振荡过程中趋于稳定时, 利用式 (5.3.44) 可得模式损耗. 在 x 处的强度为

$$
I(x) = G(x) = W(x_i, x_j, \nu)\,|_{i=j} \tag{5.3.45}
$$

利用相干模式理论我们可以方便地得到光束的空间复相干度

$$
\mu(\boldsymbol{r}_1, \boldsymbol{r}_2) = \frac{W(\boldsymbol{r}_1, \boldsymbol{r}_2)}{\sqrt{G(\boldsymbol{r}_1)G(\boldsymbol{r}_2)}} \tag{5.3.46}
$$

式中, $\boldsymbol{r}_1$、$\boldsymbol{r}_2$ 为空间位置矢量, $G(\boldsymbol{r}) = W(\boldsymbol{r}, \boldsymbol{r})$.

对于 $\varphi(x)$ 为固定相位时, 交叉光谱密度经多次振荡后将趋于稳定. 而当 $\varphi(x, t)$ 随时间变化时, 也即每次振荡 $\varphi(x, t)$ 都改变时, 一周往返的交叉光谱密度一般不能稳定, 但在一定时间间隔内的平均值将趋于稳定, 从而求出其平均损耗、平均强度及相干度. 下面我们将对带有相位调制反射镜的二维平行平面腔的模式进行数值模拟, 在计算中参数取为: 腔长 $L = 1000.0\mathrm{mm}$, 波长 $\lambda_0 = 10.6\mu\mathrm{m}$.

1. 无相位分布时相干模式理论与 Fox-Li 方法的比较

为了检验由式 (5.3.43) 表达的交叉光谱密度的本征方程的适用性, 我们首先对腔镜上无相位分布的空腔模式分别用式 (5.3.43) 和 Fox-Li 方法作了计算. 图 5-12(a)、(b) 分别是菲涅耳数 $N=2$ 和 $N=5$ 时腔镜上的光强分布曲线. 从图中可以看出, 两种方法的结果是完全一致的, 损耗也相同.

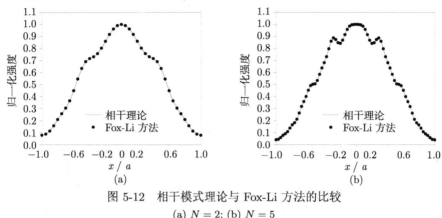

图 5-12　相干模式理论与 Fox-Li 方法的比较

(a) $N = 2$; (b) $N = 5$

2. 带固定相位反射镜光腔的模式

如图 5-11 所示, 在镜 1 的外圈部分加正弦型相位

$$\varphi(x) = \begin{cases} \pi \sin\left(\dfrac{q\pi x}{a}\right), & |x| > a - b \\ 0, & |x| \leqslant a - b \end{cases} \tag{5.3.47}$$

式中, $2a$ 为镜面宽度, b 为相位区宽度, q 为相位函数在整个镜面上的周期个数. 利用交叉光谱密度的本征方程式 (5.3.43) 和式 (5.3.45) 我们计算了腔镜上的光强分布, 结果如图 5-13 所示. 图 5-13(a) 是在菲涅耳数 $N = 2$, $q = 10$ 时, 对不同的相位

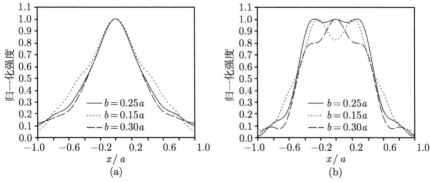

图 5-13　带固定相位反射镜光腔两镜面上的光强分布

(a) 镜面 1; (b) 镜面 2

区域宽度 b 时镜 1 上的光强分布; 图 5-13(b) 是镜 2 上的光强分布. 从图中可以看出, 通过选择合适的相位区域宽度 b, 可使镜 2 上的光强分布为平顶光束.

带固定相位反射镜光腔的损耗随 b 值的增大而增大, $b=0.15a$ 时, 损耗为 8.2%; $b=0.25a$ 时, 损耗为 14.1%; $b=0.30a$ 时, 损耗为 16.9%. 在菲涅耳数 N 不同时, 为在镜 2 上得到平顶光束输出, 最佳的相位区尺寸 b 值随 N 的增大而增大. 值得指出的是, 对于固定相位反射镜光腔, 它的空间相干度仍为 1. 这表明带固定相位反射镜的光腔模式仍然是完全相干的.

3. 带随时间变化相位反射镜光腔的模式

在固定型相位片上, 加一个干扰项 $\delta(t)$, 使相位随时间变化

$$\varphi(x,t) = \begin{cases} \pi\sin\left(\dfrac{q\pi x}{a} + \pi\delta(t)\right), & |x| > a-b \\ 0, & |x| \leqslant a-b \end{cases} \tag{5.3.48}$$

式中, $\delta(t)$ 每周往返改变一次, 取值范围为 0~1 的随机数, 我们称这种相位片为时空调制型相位片. 在实验中, 随机相位干扰 $\delta(t)$ 可通过晶体 (如 $LiNbO_3$) 的电光效应来实现, 即在晶体上加随时间变化的电场, 使其折射率发生改变, 从而达到改变相位的目的.

与前面讨论一样, 时空调制型相位片加在镜 1 上, 镜 2 上不加相位片. 这时交叉光谱密度 $W(x_1, x_2)$ 往返一周不再是稳定的, 而是振荡的. 但计算结果表明在一段时间内的平均值 $\overline{W}(x_1, x_2)$ 却是趋于稳定的, 因而可求出平均光强 $\overline{I}(x)$ 及平均相干度 $|\overline{\mu}(x_1, x_2)|$. 计算结果如图 5-14 所示, 计算中取的参数为 $N=2$, $q=10$.

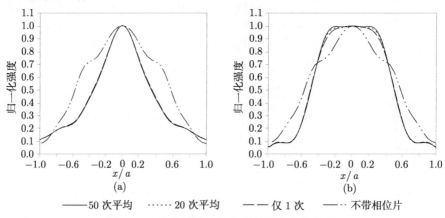

图 5-14   带随机微扰相位反射镜光腔的模式

(a) 镜面 1; (b) 镜面 2

从图 5-14 中, 我们可以看出在镜 2 上的光强分布与平均的次数有关, 次数越多光束的平顶化程度越好, 而镜 1 上却几乎没有变化. 两镜面上的光强分布规律与

固定相位时基本一致, 但光束的相干性却发生了很大变化. 当菲涅耳数 N 较小时, 镜 1 上得到的光束几乎完全相干, 但随 N 的增大, 其相干性降低, 且两点之间距离越大, 相干度越低, 腔镜边缘附近点与其他区域点之间的相干性较腔镜中心附近点之间差. 对于镜 2 上光束的相干性也有类似规律, 但镜 2 上的相干度明显比镜 1 上的低. 图 5-15 为菲涅耳数 $N=5$ 时两镜面上的相干度分布. 因此, 这类相位反射镜光腔的输出光束是部分相干的平顶光束.

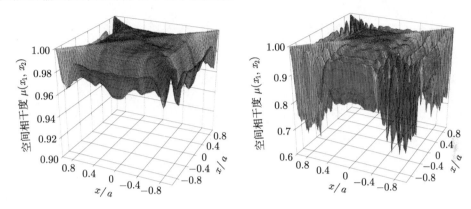

图 5-15 带随机微扰相位反射镜光腔两镜面上的空间相干度分布

5.4 部分相干光束

下面我们将讨论一些高方向性光束 (场) 的特性. 首先我们来讨论单色平面光源产生的光束, 再把它推广到部分相干光束, 最后来讨论一种特殊的部分相干光束.

5.4.1 单色光束

让我们考虑一个频率为 ν 的单色光波场

$$V(x,y,z,t) = U(x,y,z;\nu)\mathrm{e}^{-2\pi\mathrm{i}\nu t} \tag{5.4.1}$$

传播进入 $z>0$ 半空间, 并假定是在自由空间. 通常情况下, $U(x,y,z;\nu)$ 在整个半空间 $z \geqslant 0$ 的区域内, 可以看成是所有具有相同波数的平面波的叠加, 即

$$U(x,y,z;\nu) = \int_{-\infty}^{\infty}\int_{-\infty}^{\infty} a(p,q;\nu)\mathrm{e}^{\mathrm{i}k(px+qy+mz)}\mathrm{d}p\mathrm{d}q \tag{5.4.2}$$

式中

$$m = +(1-p^2-q^2)^{1/2}, \quad p^2+q^2 \leqslant 1 \tag{5.4.3}$$

$$m = +\mathrm{i}(p^2+q^2-1)^{1/2}, \quad p^2+q^2 > 1 \tag{5.4.4}$$

其中, p、q 为 x、y 方向的空间频率. $p^2 + q^2 \leqslant 1$ 时, 对应于一般沿单位矢量 (p,q,m) 方向的均匀平面波. 当 $p^2 + q^2 > 1$ 时, 表示沿 z 方向衰减的瞬时平面波. 另外

$$a(p,q;\nu) = k^2 \tilde{U}^{(0)}(kp, kq; \nu) \tag{5.4.5}$$

和

$$\tilde{U}^{(0)}(u,v;\nu) = \frac{1}{(2\pi)^2} \int_{-\infty}^{\infty} \int_{-\infty}^{\infty} U(x,y,0;\nu) \mathrm{e}^{-\mathrm{i}(ux+vy)} \mathrm{d}x \mathrm{d}y \tag{5.4.6}$$

是 $U(x,y,0;\nu)$ 的二维空间傅里叶变换.

因为我们看到, 对于光束, 其传输靠近 z 方向, 所以

$$|a(p,q;\nu)| \approx 0 \quad (\text{除 } p^2 + q^2 \ll 1 \text{ 外}) \tag{5.4.7}$$

由式 (5.4.3), 作二项式展开, 取前两项近似得

$$m \approx 1 - \frac{1}{2}(p^2 + q^2) \tag{5.4.8}$$

把式 (5.4.8) 代入式 (5.4.2) 得

$$U(x,y,z;\nu) = \mathrm{e}^{\mathrm{i}kz} \int_{-\infty}^{\infty} \int_{-\infty}^{\infty} a(p,q;\nu) \mathrm{e}^{\mathrm{i}k(px+qy)} \mathrm{e}^{-\mathrm{i}k(p^2+q^2)z/2} \mathrm{d}p \mathrm{d}q \tag{5.4.9}$$

式 (5.4.9) 表示一单色光束传播进入 $z > 0$ 半空间的传播规律.

令 $u = kp$, $v = kq$, 再利用式 (5.4.5), 则式 (5.4.9) 可写成

$$U(x,y,z;\nu) = \mathrm{e}^{\mathrm{i}kz} \int_{-\infty}^{\infty} \int_{-\infty}^{\infty} \tilde{U}^{(0)}(u,v;\nu) \mathrm{e}^{\mathrm{i}(ux+vy)} \mathrm{e}^{-\mathrm{i}z(u^2+v^2)/2k} \mathrm{d}u \mathrm{d}v \tag{5.4.10}$$

将式 (5.4.6), 其中

$$\left| \tilde{U}^{(0)}(u,v;\nu) \right| \approx 0 \quad (\text{除 } u^2 + v^2 \ll k^2 \text{ 外}) \tag{5.4.11}$$

代入式 (5.4.10) 直接可得

$$U(x,y,z) = \mathrm{e}^{\mathrm{i}kz} \int_{-\infty}^{\infty} \int_{-\infty}^{\infty} U(x',y',0) G(x-x', y-y', z) \mathrm{d}x' \mathrm{d}y' \tag{5.4.12}$$

式中

$$G(x-x', y-y', z) = \frac{1}{(2\pi)^2} \int_{-\infty}^{\infty} \int_{-\infty}^{\infty} \mathrm{e}^{-\mathrm{i}z(u^2+v^2)/2k} \mathrm{e}^{\mathrm{i}[u(x-x')+v(y-y')]} \mathrm{d}u \mathrm{d}v \tag{5.4.13}$$

我们用 $U(x,y,z)$ 代替了 $U(x,y,z;\nu)$. 式 (5.4.13) 右边双积分是两个简单积分的乘积, 每个积分都是虚数方差的高斯分布的一维傅里叶变换.

另外也可以用波动方程在傍轴包络近似下得到类似的结果, 这里不作讨论.

5.4.2 部分相干光束

在 5.3 节讨论单色光时, 我们发现用单色光场的角谱表述十分有用. 下面我们讨论一静态系综场, 来考查两个最基本的量: 互相干函数 $\Gamma(\boldsymbol{r}_1, \boldsymbol{r}_2, \tau)$ 和它的傅里叶变换的交叉光谱密度 $W(\boldsymbol{r}_1, \boldsymbol{r}_2, \nu)$. 按照式 (5.3.28), 交叉光谱密度表示成关联函数

$$W(\boldsymbol{r}_1, \boldsymbol{r}_2, \nu) = \langle U^*(\boldsymbol{r}_1, \nu) U(\boldsymbol{r}_2, \nu) \rangle \tag{5.4.14}$$

式中, $\langle \cdots \rangle$ 表示对所有具有相同频率的单色光场的系综平均.

从式 (5.4.14) 我们很容易推广任意相干性的光场传播进入 $z \geqslant 0$ 半空间的角谱表述. 把式 (5.4.2) 代入 (5.4.14) 得到

$$W(\boldsymbol{r}_1, \boldsymbol{r}_2, \nu) = \iiiint\limits_{-\infty}^{\infty} \mathcal{A}(p_1, q_1; p_2, q_2; \nu) \mathrm{e}^{\mathrm{i}k(p_2 x_2 + q_2 y_2 + m_2 z_2 - p_1 x_1 - q_1 y_1 - m_1^* z_1)} \mathrm{d}p_1 \mathrm{d}q_1 \mathrm{d}p_2 \mathrm{d}q_2 \tag{5.4.15}$$

式中

$$\mathcal{A}(p_1, q_1; p_2, q_2; \nu) = \langle a^*(p_1, q_1; \nu) a(p_2, q_2; \nu) \rangle \tag{5.4.16}$$

式 (5.4.15) 表示了在整个 $z \geqslant 0$ 空间的光场的交叉光谱密度, 它可以看成是许多 (包括均匀的和衰减的) 平面波的关联对的叠加. 其中 $\mathcal{A}(p_1, q_1; p_2, q_2; \nu)$ 称为场的角关联函数. 在 $z_1 = z_2 = 0$ 时, 由式 (5.4.15) 得

$$\mathcal{A}(p_1, q_1; p_2, q_2; \nu) = k^4 \tilde{W}^{(0)}(-kp_1, -kq_1; kp_2, kq_2; \nu) \tag{5.4.17}$$

式中

$$\tilde{W}^{(0)}(u_1, v_1; u_2, v_2; \nu)$$
$$= \frac{1}{(2\pi)^4} \iiiint\limits_{-\infty}^{\infty} W(x_1, y_1, 0; x_2, y_2, 0; \nu) \mathrm{e}^{-\mathrm{i}k(u_1 x_1 + v_1 y_1 + u_2 x_2 + v_2 y_2)} \mathrm{d}x_1 \mathrm{d}y_1 \mathrm{d}x_2 \mathrm{d}y_2 \tag{5.4.18}$$

式中, $u_1 = -kp_1$, $v_1 = -kq_1$, $u_2 = kp_2$, $v_2 = kq_2$.

下面考虑光传播时局限在 z 轴方向附近的情况, 类似地同 5.4.1 节, 我们可得到

$$W(\boldsymbol{r}_1, \boldsymbol{r}_2, \nu) = \mathrm{e}^{\mathrm{i}k(z_2 - z_1)} \iiiint\limits_{-\infty}^{\infty} W(x_1', y_1'; x_2', y_2'; \nu) G_1^*(x_1 - x_1', y_1 - y_1'; z_1)$$
$$\times G_2(x_2 - x_2', y_2 - y_2'; z_2) \mathrm{d}x_1' \mathrm{d}y_1' \mathrm{d}x_2' \mathrm{d}y_2' \tag{5.4.19}$$

式中, G 为式 (5.4.13) 的格林函数.

5.4.3　Gaussian Schell model 光束

我们不再作详细的推导, 只是简要地给出一些重要的结果, 讨论 Gaussian Schell model 光束的特性.

如果交叉光谱密度具有如下形式:

$$W^{(0)}(\boldsymbol{\rho}_1, \boldsymbol{\rho}_2, \nu) = (S^{(0)}(\boldsymbol{\rho}_1, \nu))^{1/2}(S^{(0)}(\boldsymbol{\rho}_2, \nu))^{1/2}g^{(0)}(\boldsymbol{\rho}_2 - \boldsymbol{\rho}_1, \nu) \tag{5.4.20}$$

这种光源就称为 Schell-model 类型. 同时当

$$S^{(0)}(\boldsymbol{\rho}, \nu) = A^2(\nu)\mathrm{e}^{-\rho^2/2\sigma_{\mathrm{s}}^2(\nu)} \tag{5.4.21}$$

$$g^{(0)}(\boldsymbol{\rho}', \nu) = \mathrm{e}^{-\rho^2/2\sigma_{\mathrm{g}}^2(\nu)}, \quad \boldsymbol{\rho}' = \boldsymbol{\rho}_2 - \boldsymbol{\rho}_1 \tag{5.4.22}$$

则我们称式 (5.4.20) 为 Gaussian Schell model 光源, 它产生的光束称为 Gaussian Schell model 光束. 其中 $\boldsymbol{\rho}_1$、$\boldsymbol{\rho}_2$ 是在 $z = 0$ 的平面内的二维坐标. 把式 (5.4.20)～式 (5.4.22) 代入式 (5.4.19), 我们忽略推导过程, 直接给出下列结果

$$W(\boldsymbol{\rho}_1, z_1; \boldsymbol{\rho}_2, z_2; \nu) = \frac{A^2}{16(a^2 - b^2)(\gamma_1\gamma_2 - \beta^2)}\mathrm{e}^{\mathrm{i}k(z_2 - z_1)}$$
$$\times \exp\left\{-\frac{1}{4(\gamma_1\gamma_2 - \beta^2)}\left(\gamma_2\rho_1^2 + \gamma_1\rho_2^2 - \beta\boldsymbol{\rho}_1 \cdot \boldsymbol{\rho}_2\right)\right\} \tag{5.4.23}$$

式中

$$a = \frac{1}{4\sigma_{\mathrm{s}}^2} + \frac{1}{2\sigma_{\mathrm{g}}^2}, \quad b = \frac{1}{2\sigma_{\mathrm{g}}^2} \tag{5.4.24}$$

$$\alpha = \frac{a}{4(a^2 - b^2)}, \quad \beta = \frac{b}{4(a^2 - b^2)} \tag{5.4.25}$$

$$\gamma_1 = \alpha - \frac{\mathrm{i}z_1}{2k}, \quad \gamma_2 = \alpha + \frac{\mathrm{i}z_2}{2k} \tag{5.4.26}$$

式 (5.4.26) 是 GSM 光束的一般表达式. 下面讨论 GSM 光束在某一横截面上两点的关联特性.

令 $z_1 = z_2 = z$, 则

$$W(\boldsymbol{\rho}_1, \boldsymbol{\rho}_2, z; \nu) = \frac{A^2}{16(a^2 - b^2)(\gamma\gamma^* - \beta^2)}\exp\left\{-\frac{1}{4(\gamma\gamma^* - \beta^2)}\left(\gamma\rho_1^2 + \gamma^*\rho_2^2 - 2\beta\boldsymbol{\rho}_1 \cdot \boldsymbol{\rho}_2\right)\right\} \tag{5.4.27}$$

式中, $\gamma = \alpha + \dfrac{\mathrm{i}z}{2k}$. 进一步化简后

$$W(\boldsymbol{\rho}_1, \boldsymbol{\rho}_2, z; \nu) = \frac{A^2}{(\Delta(z))^2}\exp\left\{-\frac{(\boldsymbol{\rho}_1 + \boldsymbol{\rho}_2)}{8\sigma_{\mathrm{s}}^2(\Delta(z))^2}\right\}$$

$$\times \exp\left\{-\frac{(\boldsymbol{\rho}_2 - \boldsymbol{\rho}_1)}{2\delta^2(\Delta(z))^2}\right\} \exp\left\{\frac{ik(\rho_2^2 - \rho_1^2)}{2R(z)}\right\} \qquad (5.4.28)$$

式中

$$\frac{1}{\delta^2} = \frac{1}{(2\sigma_s)^2} + \frac{1}{\sigma_g^2} \qquad (5.4.29)$$

$$\Delta(z) = \left[1 + \left(\frac{z}{k\sigma\delta}\right)^2\right]^{1/2} \qquad (5.4.30)$$

$$R(z) = z\left[1 + \left(\frac{k\sigma_s\delta}{z}\right)^2\right] \qquad (5.4.31)$$

下面来看一下一些重要参量变化规律. 定义参数 $q = \dfrac{\sigma_g}{\sigma_s}$ 为全局相干度, 如图 5-16 显示了 $\Delta(z)$、$R(z)$ 的变化规律.

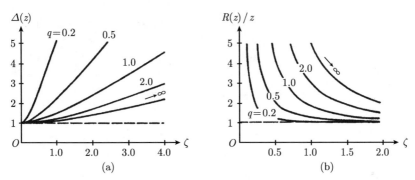

图 5-16 对于 Gaussian Schell model 光束的两个参数 $\Delta(z)$ 和 $R(z)$ 在不同 q 值下随归一化距离 $\zeta = z/(k\sigma_s^2)$ 的变化规律. 对于值 $q \gg 1, q \ll 1$ 分别表示两种情况: 空间相干光束和空间非相干光束

再定义一个重要的量, GSM 光束在任意 $z =$ 常数 > 0 的平面内的半径 $\bar{\rho}_s(z)$ 为

$$\bar{\rho}_s(z) = \sigma_s\Delta(z)\sqrt{2} \qquad (5.4.32)$$

因为 $\Delta(0) = 1$, 则

$$\bar{\rho}_s(0) = \sigma_s\sqrt{2} \qquad (5.4.33)$$

所以

$$\bar{\rho}_s(z) = (\bar{\rho}_s^2(0) + \bar{\theta}_s^2 z^2)^{1/2} \qquad (5.4.34)$$

式中

$$\bar{\theta}_s^2 = \frac{2}{k^2\delta^2} = \frac{2}{k^2}\left[\frac{1}{(2\delta_s)^2} + \frac{1}{\sigma_g^2}\right] \qquad (5.4.35)$$

当 $z \to \infty$ 时,

$$\frac{\bar{\rho}_s(z)}{z} \to \bar{\theta}_s \tag{5.4.36}$$

因此, $\bar{\theta}_s$ 为光束的发散角. 图 5-17 显示了从光源发出的光束其半径在一定参数 σ_s 和 σ_g 下, 随距离 z 的变化. 从图 5-17(a) 中可以看出具有相同初始半径的 Gaussian Schell model 光束, 相干性越好, 它的方向性也越好; 图 5-17(b) 显示了具有相同的相干度的 Gaussian Schell model 光束, 光束越细, 它的方向性也越差, 反之, 光束越宽, 它的方向性也越好.

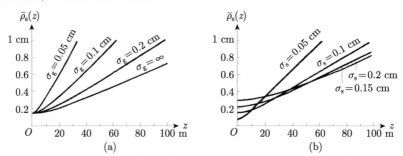

图 5-17　对于 Gaussian Schell model 光束半径随距离的变化

(a) 具有相同的初始半径 ($\sigma_s = 0.1$cm), 对于不同的相干度 σ_g 半径随距离的变化; (b) 具有相同的初始相干度 ($\sigma_g = 0.2$cm), 对于不同的初始半径 σ_s 半径随距离的变化

5.5　光源空间相干性对光场频谱场的影响

1986 年 Wolf 发现光在传播过程中, 其归一化光谱一般情况下不再保持不变, 甚至在真空中也是如此, 且频谱的移动与观察点的位置有关. 这类频谱的移动与多普勒效应具有完全不同的物理机制. Wolf 效应是由光源的相关性引起的.

5.5.1　两个部分关联的源产生的光场的频谱

下面我们简单地来认识一下 Wolf 效应的过程. 考虑两点光源 $\boldsymbol{p}_1$、$\boldsymbol{p}_2$, 它们具有相同的光谱 $S_Q(\omega)$, 且光源是涨落的. 如图 5-18 所示, 则两点光源发出的光场在空间 $\boldsymbol{p}$ 点的光场可以用一系综 $\{V(\boldsymbol{p}, \omega)\}$ 表示 ($\omega = 2\pi\nu$), 每个涨落形式为

$$V(\boldsymbol{p}, \omega) = Q(\boldsymbol{p}_1, \omega)\frac{\mathrm{e}^{\mathrm{i}kR_1}}{R_1} + Q(\boldsymbol{p}_2, \omega)\frac{\mathrm{e}^{\mathrm{i}kR_2}}{R_2} \tag{5.5.1}$$

式中, $\{Q(\boldsymbol{p}_j, \omega)\}$ ($j = 1, 2$) 表征两点光源的涨落强度, R_1、R_2 各为从 $\boldsymbol{p}_1$、$\boldsymbol{p}_2$ 源点到 $\boldsymbol{p}$ 点的距离, $k = \omega/c$, c 为真空光速. 为简单起见, 这里的光场都只考虑标量情况, 则 $\boldsymbol{p}$ 处的光谱为

$$S_V(\boldsymbol{p}, \omega) = \langle V^*(\boldsymbol{p}, \omega)V(\boldsymbol{p}, \omega)\rangle \tag{5.5.2}$$

把式 (5.5.1) 代入式 (5.5.2) 可得到 $\boldsymbol{p}$ 处的光谱分布

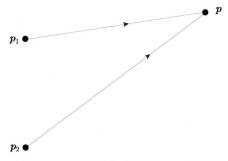

图 5-18   由两相同光谱点源形成光场中 $\boldsymbol{p}$ 点的光谱 $S(\boldsymbol{p},\omega)$

$$S_V(\boldsymbol{p},\omega) = \left(\frac{1}{R_1^2} + \frac{1}{R_2^2}\right) S_Q(\omega) + \left[W_Q(\boldsymbol{p}_1,\boldsymbol{p}_2,\omega)\frac{\mathrm{e}^{\mathrm{i}k(\boldsymbol{R}_2-\boldsymbol{R}_1)}}{R_1 R_2} + \text{c.c.}\right] \tag{5.5.3}$$

式中

$$S_Q(\omega) = \langle Q^*(\boldsymbol{p}_1,\omega)Q(\boldsymbol{p}_1,\omega)\rangle = \langle Q^*(\boldsymbol{p}_2,\omega)Q(\boldsymbol{p}_2,\omega)\rangle \tag{5.5.4}$$

和

$$W_Q(\boldsymbol{p}_1,\boldsymbol{p}_2,\omega) = \langle Q^*(\boldsymbol{p}_1,\omega)Q(\boldsymbol{p}_2,\omega)\rangle \tag{5.5.5}$$

分别为光源谱分布和所谓的两源涨落的交叉光谱密度, c.c. 表示复共轭项.

引入两光源的关联度, 即

$$\mu_Q(\boldsymbol{p}_1,\boldsymbol{p}_2,\omega) = \frac{W_Q(\boldsymbol{p}_1,\boldsymbol{p}_2,\omega)}{S_Q(\omega)} \tag{5.5.6}$$

再把式 (5.5.6) 代入式 (5.5.3), 可得

$$S_V(\boldsymbol{p},\omega) = S_Q(\omega)\left[\frac{1}{R_1^2} + \frac{1}{R_2^2} + \mu_Q(\boldsymbol{p}_1,\boldsymbol{p}_2,\omega)\frac{\mathrm{e}^{\mathrm{i}k(\boldsymbol{R}_2-\boldsymbol{R}_1)}}{R_1 R_2} + \text{c.c.}\right] \tag{5.5.7}$$

为简便起见, 我们选择场点 $\boldsymbol{p}$ 在连线 $P_1 P_2$ 的垂直平分线上, 则有 $R_1 = R_2 = R$, 所以式 (5.5.7) 进一步可简化为

$$S_V(\boldsymbol{p},\omega) = \frac{2}{R^2} S_Q(\omega)\left(1 + \text{Re}\mu_Q(\boldsymbol{p}_1,\boldsymbol{p}_2,\omega)\right) \tag{5.5.8}$$

式中, Re表示取实部. 从式 (5.5.8) 看出, 在观察点 $\boldsymbol{p}$ 处的光谱一般地不正比于源谱 $S_Q(\omega)$, 而是与两点的涨落的相关特性 $W_Q(\boldsymbol{p}_1,\boldsymbol{p}_2,\omega)$ 有关. 只有当一些十分特别的情况, 如两源的涨落是完全非关联的, 即 $W_Q(\boldsymbol{p}_1,\boldsymbol{p}_2,\omega) = 0$ 时, 这时观察点处的光谱才正比于源谱. 同样对于理想单色光源, 在同一观察点 $\boldsymbol{p}$ 处, 就得不到谱的分布, 也就无所谓频谱的移动了. 因此, 只有部分相干光, 且有一定的谱宽, 也就是说对应于任意实际的光源, 就可能在不同的观察点处测量到不同的谱移. 从式 (5.5.8) 可以看出光源的关联性强烈的影响着光场在 $\boldsymbol{p}$ 处的光谱 $S(\boldsymbol{p},\omega)$ 分布情况.

下面举一个例子, 当

$$\mu_Q(\boldsymbol{p}_1, \boldsymbol{p}_2, \omega) = a e^{-\frac{(\omega - \omega_1)^2}{2\delta_1^2}} - 1 \tag{5.5.9}$$

式中, a、ω_1、δ_1 均为正常数, 且 $\delta_1 \ll \omega_1$. 为了使式 (5.5.9) 表示关联系数, 必须使 $a \leqslant 2$, 使得 $0 \leqslant |\mu_Q| \leqslant 1$. 同时假设两个光源的光谱为高斯分布, 有

$$S_Q(\omega) = A e^{-\frac{(\omega - \omega_0)^2}{2\delta_0^2}} \tag{5.5.10}$$

式中 A、ω_0 和 δ_0 也为正常数, 且 $\delta_0 \ll \omega_0$. 把式 (5.5.9) 和式 (5.5.10) 代入式 (5.5.8), 则得在 $\boldsymbol{p}$ 点的光谱分布为

$$S(\boldsymbol{p}, \omega) = \frac{2Aa}{R^2} e^{-\frac{(\omega - \omega_0)^2}{2\delta_0^2}} e^{-\frac{(\omega - \omega_1)^2}{2\delta_1^2}} \tag{5.5.11}$$

进一步化简后, 得

$$S(\boldsymbol{p}, \omega) = A' e^{-\frac{(\omega - \omega_0')^2}{2\delta_0'^2}} \tag{5.5.12}$$

式中

$$A' = \left(\frac{2Aa}{R^2}\right) e^{-\frac{(\omega_1 - \omega_0)^2}{2(\delta_0^2 + \delta_1^2)}} \tag{5.5.13}$$

$$\omega_0' = \frac{\delta_1^2 \omega_0 + \delta_0^2 \omega_1}{\delta_0^2 + \delta_1^2} \tag{5.5.14}$$

$$\frac{1}{\delta_0'^2} = \frac{1}{\delta_0^2} + \frac{1}{\delta_1^2} \tag{5.5.15}$$

式 (5.5.12) 显示了在 $\boldsymbol{p}$ 点处光谱仍是高斯形的单峰分布. 然而, 一般地, 谱线不再以 ω_0 为中心, 而是以 ω_0' 为中心, 如图 5-19 所示. 当两个光源无关联时 ($\mu_a = 0$), 按照式 (5.5.8) 和式 (5.5.10), 得

$$[S(\boldsymbol{p}, \omega)]_{\text{uncorr}} = \left(\frac{2A}{R^2}\right) e^{-\frac{(\omega - \omega_0)^2}{2\delta_0^2}} \tag{5.5.16}$$

比较式 (5.5.16) 与式 (5.5.12), 虽然两者都是高斯分布, 但它们还是有不同的. 根据式 (5.5.15), $\delta_0' < \delta_0$ 表明关联源产生的光源分布比无关联的源产生的光谱分布更窄. 另外, 从式 (5.5.14) 很容易得到, 若 $\omega_1 < \omega_0$, 则式 (5.5.12) 表示的场的光谱向低频移动, 称为红移. 反之, 若 $\omega_1 > \omega_0$, 谱线向高频移动, 称为蓝移. 如图 5-19 所示.

这种由辐射源之间的关联性引起的谱线移动首先于 1987 年被 Bocko 等在声波中得到验证. 随后, 1988 年 Gori 和 Guattari 等用光学实验证实了两个部分关联的源产生的谱线移动 [4]. 如图 5-20 所示, 用两个相干的且相互独立的光束 B_α 和 B_β 照射两针孔 P_1 和 P_2 作次级光源, BS 为分束器, P_1 和 P_2 之间的关联性可以由分束器与平面 A 的法线所成的倾角来控制, SA 为频谱分析器. 实验结果如图 5-21 所示.

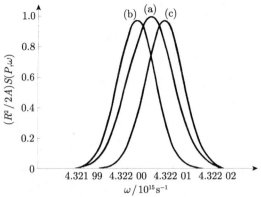

图 5-19 由式 (5.5.12) 预见的谱线移动

式 (5.5.10) 中 $A=1$, $\omega_0 = 4.32201 \times 10^{15}\text{s}^{-1}$, $\delta_0 = 5 \times 10^9\text{s}^{-1}$. (a) 表示两源无关联 (即 $\mu_Q = 0$) 时场点 $\boldsymbol{p}$ 处的光谱; (b) 对应于式 (5.5.9) 表示的关联源, 在场点 $\boldsymbol{p}$ 处的光谱, 其中 $a = 1.8$, $\delta_1 = 7.5 \times 10^9\text{s}^{-1}$, 并且 $\omega_1 = \omega_0 - 2\delta_0$ (红移线); (c) $\omega_1 = \omega_0 + 2\delta_0$ (蓝移线)

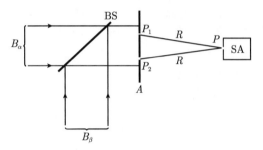

图 5-20 由于源的关联性引起谱线移动的光学实验示意图

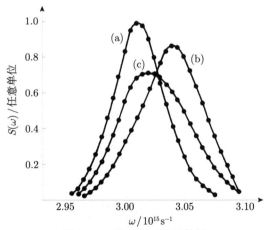

图 5-21 黑点表示测量数据

如图 5-20 所示装置, 由两个光源间的关联性引起光谱移动. (a) 红移谱线; (b) 蓝移谱线; (c) 光源谱线 (乘了因子 2)

5.5.2   标度定律

尽管上面的结论是有根据的, 但我们可能会觉得奇怪, 为什么这类现象以前没被观察到. 一个可能的答案的是: 正如式 (5.5.8) 所示的 $\mu_{12}(\omega) = 0$ 的情况, 如果光源是严格不相干的, 即在任何两个光源的单元之间不存在关联性, 那么就不能得到光谱的任何调制. 然而这样一个粗糙的模型对自然光源来说是不真实的, 因为众所周知, 至少在波长量级的线度范围内, 光源的相关性是存在的. 人们也许会探寻几种相关源的存在, 这些源在任何观察点都可得到一样的归一化光谱. 在这一方面, Wolf 得到了一个重要结果. 他考虑了一个准均匀的平面光源并且集中考虑远场. 假定在整个源上振动的谱是一样的, Wolf 指出在以单位矢量 $\boldsymbol{u}$ 表示的方向上归一化的远场光谱具有如下形式:

$$S^{\infty}(\boldsymbol{\mu}, \omega) = \frac{k^2 S_0(\omega) \tilde{\mu}_0(k\boldsymbol{\mu}_{\mathrm{P}}, \omega)}{\displaystyle\int_0^{\infty} k^2 S_0(\omega) \tilde{\mu}_0(k\boldsymbol{\mu}_{\mathrm{P}}, \omega) \mathrm{d}\omega} \tag{5.5.17}$$

式中, S_0 为源平面上的光谱, μ_0 为相应的相干度, 而波浪符号表示傅里叶变换, $\boldsymbol{\mu}_{\mathrm{P}}$ 为 $\boldsymbol{\mu}$ 在源平面的投影矢量.

很显然, 归一化的远场光谱常常不同于源上的归一化光谱, 这是因为① k^2 因子; ② $\tilde{\mu}_0$ 因子. 假设 μ_0 具有以下形式:

$$\mu_0(\boldsymbol{\rho}_1 - \boldsymbol{\rho}_2, \omega) = h[k(\boldsymbol{\rho}_1 - \boldsymbol{\rho}_2)] \tag{5.5.18}$$

式中, h 为满足 $h(0)=1$ 的任何相关函数. 计算傅里叶变换 $\tilde{\mu}_0$, 可得

$$\tilde{\mu}_0(k\boldsymbol{\mu}_{\mathrm{P}}, \omega) = \frac{1}{(2\pi)^2} \int \mu_0(\boldsymbol{\rho}') \mathrm{e}^{\mathrm{i}k\boldsymbol{\mu}_{\mathrm{P}} \cdot \boldsymbol{\rho}'} \mathrm{d}^2\rho' = \frac{1}{(2\pi k)^2} \int h(\boldsymbol{\sigma}) \mathrm{e}^{\mathrm{i}k\boldsymbol{\mu}_{\mathrm{P}} \cdot \boldsymbol{\sigma}} \mathrm{d}^2\sigma = \frac{1}{k^2} \tilde{h}(\boldsymbol{\mu}_{\mathrm{P}}) \tag{5.5.19}$$

式中, 已设 $\boldsymbol{\rho}_1 - \boldsymbol{\rho}_2 = \boldsymbol{\rho}'$ 和 $k\boldsymbol{\rho}' = \boldsymbol{\sigma}$. 把式 (5.5.19) 代入式 (5.5.17), 有

$$S^{\infty}(\boldsymbol{\mu}, \omega) = \frac{S_0(\omega)}{\displaystyle\int_0^{\infty} S_0(\omega) \mathrm{d}\omega} \tag{5.5.20}$$

现在远场的归一化光谱独立于观察点. 此外, 它等于源平面上的归一化光谱. 因此, 式 (5.5.18) 是准均匀光源在远场产生的一个等于源平面上的归一化光谱的一个充分条件. 这个完美而简单的结果被称为 **Wolf 标度定律**(scaling law). Lambertian 源给出了很重要的一类服从标度定律的源. 式 (5.5.18) 可应用于一些自然光源. 然而, 当相干度违背了标度定律, 光谱的不变性一般将消失. 这首先由 Morris 和 Faklis 从实验上证明. 下面我们简略地看一下他们的实验.

如图 5-22 所示, 有一个频谱很宽的本质上是非相干的热源 (如钨灯) 放在平面 I 的小孔前. 然后分别经过一个焦距为 f 的普通透镜 (a) 和一个消色差傅里叶变换透镜 (b) 照射在平面 II 形成次级源, 这些源产生的光谱在远场平面III从不同观察角度测量其光谱.

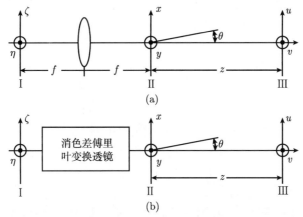

图 5-22 实验构造示意图

(a) 服从标度定律; (b) 违背标度定律

如果在平面 II 上的孔足够大, 由如图 5-22(a) 所示的由透镜形成的次级光源的谱相干度满足标度定律, 另一方面由如图 5-22(b) 所示的由消色差傅里叶透镜形成的次级光源不服从标度定律. 按照理论分析, 我们可以预见, 如图 5-22(a) 所示, 在远场产生的归一化光谱分布在所有方向 θ 都是相同的, 都等于光源的归一化光谱分布; 而对于如图 5-22(b) 所示, 其远场光谱在不同 θ 方向上有不同的归一化光谱分布, 而且都与光源的归一化光谱分布不一样. 结果如图 5-23 所示.

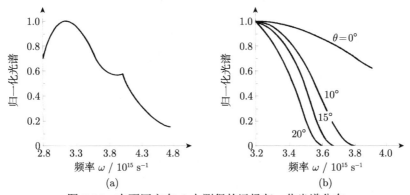

图 5-23 在不同方向 θ 上测得的远场归一化光谱分布

(a) 服从标度定律; (b) 违背标度定律. 对于服从标度定律的 (a), 因为所有远场归一化光谱分布都相同, 所以图中只有一条曲线

5.6   部分相干物质波

最近几年, 随着激光冷却和囚禁原子技术的不断进步 (详见第 9 章), 物质波光学蓬勃发展. 人们利用蒸发冷却机制在实验室实现了玻色–爱因斯坦凝聚体 (Bose-Einstein condensate , BEC). 完全纯净的玻色爱因斯坦凝聚体是一种完全相干的物质波. 不过, 由于实验室中还达不到绝对零度的极低温度, 所获得的玻色–爱因斯坦凝聚体在动量空间上都存在着一定的分布, 因此, 严格意义上的完全相干的物质波实际上并不存在. 所有在有限温度下获得的超冷原子气体, 如图 5-24 所示的德国 Hannover 大学 Ertmer 小组得到的玻色–爱因斯坦凝聚体, 都只是部分相干的物质波 (partially coherent matter wave), 其物质波场的不同时空点间存在的只是部分相位关联. 部分相干物质波的演化和传播特性在物质波应用中扮演着十分重要的角色.

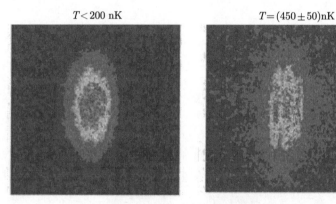

$T < 200 \text{ nK}$ $T = (450 \pm 50)\text{nK}$

图 5-24   有限温度下的玻色–爱因斯坦凝聚体[41]

部分相干物质波的一种描述方法是把物质波场算符分解成两部分: 一部分描述凝聚体组分, 是凝聚体波函数; 另一部分描述非凝聚组分, 是微扰算符. 两组分的演化情况满足一对耦合方程组. 此耦合方程组通常不能得到解析的结果, 求解中一般要附加一些近似条件.

另一种描述部分相干物质波的方法是由美国科学家 Glauber(2005 年诺贝尔物理学奖获得者) 提出的. 他利用了关联函数的方法, 可以定量地描述物质波场的密度分布和相干度信息. 美国亚利桑那州大学的 Meystre 小组提出了物质波领域的范西泰特–策尼克定理. 他们的推导没有考虑原子间的相互作用, 分析的是物质波从不相干源出发后的传播和演化情况. 该方法与传统光学是相似的.

在本节中, 我们将首先对物质波和超冷原子气体作一简单的介绍, 然后引入物质波的一阶关联函数和一阶相干度的概念, 以此来描述物质波的相干性. 特别地, 我们把张量 $ABCD$ 的方法拓展到了部分相干物质波领域, 用一个广义的张量 $ABCD$ 定律描述了部分相干物质波一阶关联函数的演化情况. 这一方法可用于研究部分相干物质波的演化和传播问题. 我们给出了 Gaussian Schell mode 部分相干物质波一阶关联函数演化问题的解析表达式. 利用部分相干物质波的张量 $ABCD$ 定律和相关解析表达式, 我们分析了重力场中物质波一阶相干度的演化情况, 这种张量的方法使得整个分析过程简单清楚. 本节得到的结论对于分析物质波的时空相干性、空间分布以及物质波成像等问题都有十分重要的意义.

5.6.1 物质波与超冷原子气体

根据德布罗意的物质波假说, 具有质量的物质粒子也同时具有波动性, 其波长 λ 与粒子的动量 p 成反比

$$\lambda = \frac{h}{p} \tag{5.6.1}$$

式中, h 为普朗克常量. 一个微观粒子, 从物质波的角度来看, 就是一个波包, 可以用波函数 $\psi(\boldsymbol{r}, t)$ 来表示, 如图 5-25 所示. 薛定谔方程描述了该波函数的演化及传播情况

$$i\hbar \frac{\partial}{\partial t} \psi(\boldsymbol{r}, t) = \hat{H} \psi(\boldsymbol{r}, t) \tag{5.6.2}$$

式中, $\hbar = h/(2\pi)$, $\hat{H}$ 为单粒子的哈密顿算符.

图 5-25 物质粒子的波粒二象性

实验中, 人们研究和分析的对象往往是多粒子物质波体系. 为了表示多粒子物质波体系的波动性, 人们定义了热德布罗意波长

$$\lambda_{\mathrm{T}} = \frac{h}{\sqrt{2\pi m k_{\mathrm{B}} T}} \tag{5.6.3}$$

式中, m 为粒子质量, k_{B} 为玻尔兹曼常量, T 为体系的温度. 热德布罗意波长是理想气体处于该温度时所有粒子德布罗意波长的包络, 它与单粒子德布罗意波长 λ 的关系如图 5-26 所示.

热德布罗意波长随着温度的降低而增大. 室温下, 理想气体的热德布罗意波长较短 (以氢原子气体为例, 室温下其热德布罗意波长仅为 $10^{-4}\mu\mathrm{m}$), 远小于粒子平均间距, 这时的气体可以被当作经典气体来处理 [图 5-27(a)], 它满足经典的麦克斯

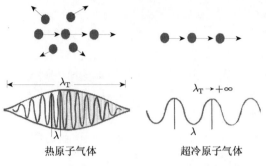

图 5-26   热德布罗意波长 λ_T 与德布罗意波长 λ

韦–玻尔兹曼统计规律. 利用激光冷却和捕获原子的技术可以降低原子气体的温度得到热德布罗意波长较长的冷原子气体 [图 5-27(b)]. 当热德布罗意波长与粒子间距同量级或大于粒子间距时, 气体开始表现出较明显的量子波动现象. 根据气体粒子不同的量子统计特性, 这种量子气体被称为费米气体或玻色气体. 当温度趋近于绝对零度时 ($T \to 0$), 玻色气体会形成一种新物态 —— 玻色–爱因斯坦凝聚体 [图 5-27(c)]. 纯的 BEC 是完全相干的物质波, 所有原子处于同一量子态, 具有相同的能量、动量以及确定的相位关系. 1995 年, 人们成功地在实验室中实现了玻色–爱因斯坦凝聚. 三位实验物理学家 Cornell、Ketterle、Wieman 因此获得了 2001 年的诺贝尔物理学奖.

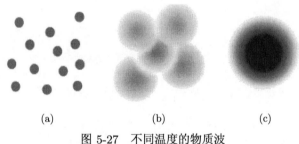

图 5-27   不同温度的物质波

(a) 热原子; (b) 冷原子; (c) BEC

在自由空间形成 BEC 的条件可以写成无量纲的相空间密度 ρ 满足

$$\rho \equiv n\lambda_T^3 \geqslant 2.612 \tag{5.6.4}$$

式中, n 为粒子密度. 式 (5.6.4) 说明, BEC 中各粒子波包在空间上已经相互重叠.

图 5-28 描绘的是温度降低时原子气体在动量空间的分布变化. 左图描述的冷原子气体所处温度高于临界温度, 原子在动量空间以玻尔兹曼统计规律进行分布; 中图描述的冷原子气体处在临界温度附近, 有凝聚组分出现, 最低动量态的原子数分布显著增加; 右图描述的是比较纯的玻色–爱因斯坦凝聚体, 其温度接近绝对零

度, 几乎所有原子都分布在最低动量态. 从这个图中我们也可以看到温度降低时单原子波包逐渐重叠的过程.

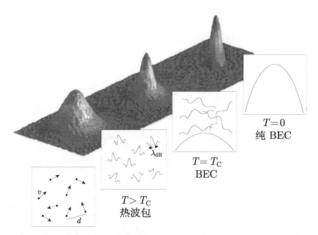

图 5-28 温度降低时原子气体在动量空间的分布变化及单原子波包重叠过程[42]

5.6.2 物质波相干性的描述

物质波和光波一样也具有相干的特性. 物质波的相干性描述了物质波体系中不同场点之间的相位关联情况. 干涉现象是物质粒子具有相干性的重要表现. 图 5-29 描述了相干物质波的干涉实验：两团玻色–爱因斯坦凝聚体从势阱中释放后进行自由演化, 人们在其空间重叠处观察到了干涉条纹.

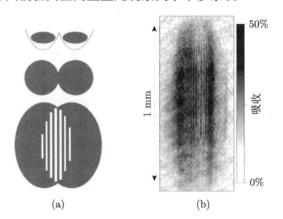

图 5-29 两团 BEC 之间的干涉[43]

为了定量描述物质波的相干性, 人们在场算符的基础上进一步引入了物质波关联函数. 一阶关联函数 $\Gamma^{(1)}$(以下简写为 Γ) 描述的是物质波复振幅相位的波动情况：

$$\Gamma\left(\boldsymbol{r}_1, \boldsymbol{r}_2\right) = \left\langle \hat{\psi}^+\left(\boldsymbol{r}_1\right) \hat{\psi}\left(\boldsymbol{r}_2\right) \right\rangle \tag{5.6.5}$$

它和物质波干涉实验中干涉条纹的对比度有关. 式中 $\hat{\psi}^+\left(\boldsymbol{r}\right)$ 为物质波场算符 $\hat{\psi}\left(\boldsymbol{r}\right)$ 的共轭算符.

对关联函数进行归一化后得到一阶相干度 $g^{(1)}$(以下简写为 g) 的一般表达式:

$$g\left(\boldsymbol{r}_1, \boldsymbol{r}_2\right) = \frac{\Gamma\left(\boldsymbol{r}_1, \boldsymbol{r}_2\right)}{\sqrt{\Gamma\left(\boldsymbol{r}_1, \boldsymbol{r}_1\right)}\sqrt{\Gamma\left(\boldsymbol{r}_2, \boldsymbol{r}_2\right)}} \tag{5.6.6}$$

根据相干性的定义, 完全相干物质波的一阶关联函数能够进行因式分解:

$$\left\langle \hat{\psi}^+\left(\boldsymbol{r}_1\right) \hat{\psi}\left(\boldsymbol{r}_2\right) \right\rangle = \psi^*\left(\boldsymbol{r}_1\right) \psi\left(\boldsymbol{r}_2\right) \tag{5.6.7}$$

式中

$$\psi\left(\boldsymbol{r}\right) = \sqrt{N} \left\langle \boldsymbol{r} | \phi \right\rangle \tag{5.6.8}$$

它表示所有粒子处在同一量子态 $|\phi\rangle$, $\psi\left(\boldsymbol{r}\right)$ 就是凝聚体波函数 $\psi_{\mathrm{c}}\left(\boldsymbol{r}\right)$, 这正是理想玻色–爱因斯坦凝聚体的定义式. 相干物质波的一阶相干度是

$$\left|g_{\mathrm{coh}}\left(\boldsymbol{r}_1, \boldsymbol{r}_2\right)\right| = 1 \tag{5.6.9}$$

对于完全非相干物质波, 不同位置间的场算符没有任何相位关联,

$$\left\langle \hat{\psi}^+\left(\boldsymbol{r}_1\right) \hat{\psi}\left(\boldsymbol{r}_2\right) \right\rangle = 0.$$

完全非相干物质波的一阶相干度是

$$\left|g_{\mathrm{incoh}}\left(\boldsymbol{r}_1, \boldsymbol{r}_2\right)\right| = 0 \tag{5.6.10}$$

部分相干物质波的相干性介于完全相干和完全非相干之间, 不同场点之间具有部分的相位关联. 它的一阶关联函数不等于零, 但又不能像式 (5.6.7) 那样被因式分解. 根据 Schwarz 不等式

$$\left|\Gamma\left(\boldsymbol{r}_1, \boldsymbol{r}_2\right)\right|^2 < \Gamma\left(\boldsymbol{r}_1, \boldsymbol{r}_1\right) \Gamma\left(\boldsymbol{r}_2, \boldsymbol{r}_2\right) \tag{5.6.11}$$

部分相干物质波的一阶相干度满足

$$0 < \left|g\left(\boldsymbol{r}_1, \boldsymbol{r}_2\right)\right| < 1 \tag{5.6.12}$$

5.6.3   部分相干物质波的张量 ABCD 定律

部分相干物质波系统是一个多粒子体系, 其整个波场的演化特性不能通过一个单粒子波函数来描述. 通常采用二次量子化方法, 即用场算符 $\hat{\psi}$ 来描述多粒子物质波场. 对部分相干物质波场, 其一阶关联函数可用场算符表达为

$$\Gamma\left(\boldsymbol{q}_1, t_1, \boldsymbol{q}_2, t_2\right) = \left\langle \hat{\psi}^+\left(\boldsymbol{q}_1, t_1\right) \hat{\psi}\left(\boldsymbol{q}_2, t_2\right) \right\rangle \tag{5.6.13}$$

式中, q 表示原子的位置矢量.

考虑无相互作用物质波从部分相干源出发后的演化情况. 为了简化计算, 我们忽略引力波和地球旋转效应, 则单粒子哈密顿量的形式为

$$H = \frac{\boldsymbol{p}^{\mathrm{T}}\boldsymbol{p}}{(2m)} - m\boldsymbol{g}^{\mathrm{T}}\boldsymbol{q} - \frac{m\boldsymbol{q}^{\mathrm{T}}\vec{\vec{\gamma}}\boldsymbol{q}}{2} \tag{5.6.14}$$

式中, m 为原子质量, $\boldsymbol{g}$ 为重力加速度矢量, $\vec{\vec{\gamma}}$ 为重力场梯度张量, $\boldsymbol{q}^{\mathrm{T}} = (x, y, z)$ 为原子位置矢量的转置矩阵, $\boldsymbol{p}^{\mathrm{T}} = (p_x, p_y, p_z)$ 为原子动量矢量的转置矩阵.

二次量子化此哈密顿量, 并将结果代入玻色子场算符所满足的海森伯方程得

$$\mathrm{i}\hbar\frac{\partial}{\partial t}\hat{\psi}(\boldsymbol{q}, t) = \left(-\frac{\hbar^2}{2m}\nabla^2 - m\boldsymbol{g}^{\mathrm{T}}\boldsymbol{q} - \frac{m\boldsymbol{q}^{\mathrm{T}}\vec{\vec{\gamma}}\boldsymbol{q}}{2}\right)\hat{\psi}(\boldsymbol{q}, t) \tag{5.6.15}$$

物质波场算符 $\hat{\psi}$ 的演化可以通过量子力学传播子 K 来表示

$$\hat{\psi}(\boldsymbol{q}, t) = \int K(\boldsymbol{q}, t, \boldsymbol{q}_0, t_0)\hat{\psi}(\boldsymbol{q}_0, t_0)\,\mathrm{d}\boldsymbol{q}_0 \tag{5.6.16}$$

式中, $\boldsymbol{q}_0$ 和 t_0 分别表示初始位置和初始时间.

量子力学的传播子 K 和经典作用量 S 可以通过 Vleck 公式联系起来:

$$K(\boldsymbol{q}, t, \boldsymbol{q}_0, t_0) = \left(\frac{m}{\mathrm{i}h}\right)^{3/2}\left|\det\frac{\partial^2 S}{\partial\boldsymbol{q}\partial\boldsymbol{q}_0}\right|\exp\{\mathrm{i}S/\hbar\} \tag{5.6.17}$$

可以得到物质波系统作用量的张量形式为

$$\begin{aligned}
&S(\boldsymbol{q}, t, \boldsymbol{q}_0, t_0) \\
&= m\dot{\xi}(\boldsymbol{q} - \xi) + \int_{t_0}^{t}L_1(t_1)\mathrm{d}t_1 - \int_{t_0}^{t}V(t_2)\mathrm{d}t_2 \\
&\quad + \frac{m}{2}\begin{pmatrix}\boldsymbol{q}_0 \\ \boldsymbol{q} - \xi\end{pmatrix}^{\mathrm{T}}\begin{pmatrix}\boldsymbol{B}^{-1}\boldsymbol{A} & -\boldsymbol{B}^{-1} \\ \boldsymbol{C} - \boldsymbol{D}\boldsymbol{B}^{-1}\boldsymbol{A} & \boldsymbol{D}\boldsymbol{B}^{-1}\end{pmatrix}\begin{pmatrix}\boldsymbol{q}_0 \\ \boldsymbol{q} - \xi\end{pmatrix}
\end{aligned} \tag{5.6.18}$$

式中, $L_1(t)$ 为部分拉格朗日量 $L_1(t) = m\left(\left|\dot{\xi}\right|^2 + \xi^{\mathrm{T}}\vec{\vec{\gamma}}\xi + 2\boldsymbol{g}^{\mathrm{T}}\xi\right)/2$, ξ 为由重力场引起的附加位移, 3×3 矩阵 $\boldsymbol{A}$、$\boldsymbol{B}$、$\boldsymbol{C}$、$\boldsymbol{D}$ 和矢量 ξ 可以通过求解哈密顿–雅可比 (Hamilton-Jacobi) 方程得到. 式

$$\begin{pmatrix}\boldsymbol{q}(t) \\ \dfrac{\boldsymbol{p}(t)}{m}\end{pmatrix} = \begin{pmatrix}\xi \\ \dot{\xi}\end{pmatrix} + \begin{pmatrix}\boldsymbol{A} & \boldsymbol{B} \\ \boldsymbol{C} & \boldsymbol{D}\end{pmatrix}\begin{pmatrix}\boldsymbol{q}_0 \\ \dfrac{\boldsymbol{p}_0}{m}\end{pmatrix} \tag{5.6.19}$$

描述粒子由初始时刻 t_0 到其后的某个时刻 t 的位置 $\boldsymbol{q}$ 和动量 $\boldsymbol{p}$ 的演化.

进一步, 可以得到物质波场一阶关联函数演化的一般公式:

$$\Gamma(\boldsymbol{r},t) = -\left(\frac{m}{\mathrm{i}h}\right)^3 \frac{1}{|\det \boldsymbol{B}|} \int \Gamma(\boldsymbol{r}_0,t_0) \exp\left(-\mathrm{i}\frac{\Delta S}{\hbar}\right) \mathrm{d}\boldsymbol{r}_0 \tag{5.6.20}$$

式中, $\boldsymbol{r}$ 和 $\boldsymbol{r}_0$ 为位置张量

$$\boldsymbol{r}^{\mathrm{T}} = \left(\boldsymbol{q}_1^{\mathrm{T}}, \boldsymbol{q}_2^{\mathrm{T}}\right), \quad \boldsymbol{r}_0^{\mathrm{T}} = \left(\boldsymbol{q}_{01}^{\mathrm{T}}, \boldsymbol{q}_{02}^{\mathrm{T}}\right) \tag{5.6.21}$$

$\Delta S = S_1 - S_2$ 是作用量之差, 其中 $S_j\,(j=1,2)$ 是由初始位置 (q_{0j},t_0) 到观测位置 (q_j,t) 的作用量. 作用量之差的具体形式是

$$\Delta S = m\dot{\boldsymbol{\xi}} \cdot (\boldsymbol{q}_1 - \boldsymbol{q}_2) + \frac{m}{2}\begin{pmatrix} \boldsymbol{r}_0 \\ \boldsymbol{r} - \bar{\boldsymbol{\xi}} \end{pmatrix}^{\mathrm{T}} V \begin{pmatrix} \boldsymbol{r}_0 \\ \boldsymbol{r} - \bar{\boldsymbol{\xi}} \end{pmatrix} \tag{5.6.22}$$

式中, $\bar{\boldsymbol{\xi}}^{\mathrm{T}} = \left(\boldsymbol{\xi}^{\mathrm{T}}, \boldsymbol{\xi}^{\mathrm{T}}\right)$

$$V = \begin{pmatrix} \bar{\boldsymbol{B}}^{-1}\bar{\boldsymbol{A}} & -\bar{\boldsymbol{B}}^{-1} \\ \bar{\boldsymbol{C}} - \bar{\boldsymbol{D}}\bar{\boldsymbol{B}}^{-1}\bar{\boldsymbol{A}} & \bar{\boldsymbol{D}}\bar{\boldsymbol{B}}^{-1} \end{pmatrix} \tag{5.6.23}$$

这里的 $\bar{\boldsymbol{A}}$、$\bar{\boldsymbol{B}}$、$\bar{\boldsymbol{C}}$、$\bar{\boldsymbol{D}}$ 分别是

$$\bar{\boldsymbol{A}} = \begin{pmatrix} \boldsymbol{A} & 0 \\ 0 & \boldsymbol{A} \end{pmatrix}, \quad \bar{\boldsymbol{B}} = \begin{pmatrix} \boldsymbol{B} & 0 \\ 0 & -\boldsymbol{B} \end{pmatrix}, \quad \bar{\boldsymbol{C}} = \begin{pmatrix} \boldsymbol{C} & 0 \\ 0 & -\boldsymbol{C} \end{pmatrix}, \quad \bar{\boldsymbol{D}} = \begin{pmatrix} \boldsymbol{D} & 0 \\ 0 & \boldsymbol{D} \end{pmatrix} \tag{5.6.24}$$

基于物质波光学与传统光学的相似与区别, 我们引入 Guassian Schell mode (参见 5.4.3 节) 来描述部分相干物质波的一阶关联函数

$$\Gamma(\boldsymbol{q}_1,\boldsymbol{q}_2) = G_0 \exp\left\{-\frac{1}{4}[\boldsymbol{q}_1^{\mathrm{T}}(\boldsymbol{\sigma}_{\mathrm{s}}^2)^{-1}\boldsymbol{q}_1 + \boldsymbol{q}_2^{\mathrm{T}}(\boldsymbol{\sigma}_{\mathrm{s}}^2)^{-1}\boldsymbol{q}_2] - \frac{1}{2}(\boldsymbol{q}_1 - \boldsymbol{q}_2)^{\mathrm{T}}(\boldsymbol{\sigma}_{\mathrm{g}}^2)^{-1}(\boldsymbol{q}_1 - \boldsymbol{q}_2)\right\} \tag{5.6.25}$$

式中, G_0、$\boldsymbol{\sigma}_{\mathrm{s}}$、$\boldsymbol{\sigma}_{\mathrm{g}}$ 都和原子气体的温度有关. $\boldsymbol{\sigma}_{\mathrm{s}}$ 和 $\boldsymbol{\sigma}_{\mathrm{g}}$ 是 3×3 阶转置对称矩阵

$$\boldsymbol{\sigma}_{\mathrm{s}} = \begin{pmatrix} \sigma_{sx} & \sigma_{sxy} & \sigma_{sxz} \\ \sigma_{syx} & \sigma_{sy} & \sigma_{syz} \\ \sigma_{szx} & \sigma_{szy} & \sigma_{sz} \end{pmatrix} \tag{5.6.26}$$

$$\boldsymbol{\sigma}_{\mathrm{g}} = \begin{pmatrix} \sigma_{gx} & \sigma_{gxy} & \sigma_{gxz} \\ \sigma_{gyx} & \sigma_{gy} & \sigma_{gyz} \\ \sigma_{gzx} & \sigma_{gzy} & \sigma_{gz} \end{pmatrix} \tag{5.6.27}$$

式中, $\boldsymbol{\sigma}_{\mathrm{s}}$ 表示物质波在三维空间的有效宽度, $\boldsymbol{\sigma}_{\mathrm{g}}$ 表示物质波的三维相干长度.

式 (5.6.25) 可以整理成张量的形式

$$\Gamma(\boldsymbol{r}) = G_0 \exp\left\{\frac{\mathrm{i}m}{2\hbar}\boldsymbol{r}^{\mathrm{T}}\boldsymbol{M}_{\mathrm{i}}^{-1}\boldsymbol{r}\right\} \tag{5.6.28}$$

式中, $\boldsymbol{M}_{\mathrm{i}}^{-1}$ 为 6×6 阶矩阵

$$\boldsymbol{M}_{\mathrm{i}}^{-1} = \begin{pmatrix} \dfrac{\mathrm{i}\hbar}{2m}(\boldsymbol{\sigma}_{\mathrm{s}}^2)^{-1} + \dfrac{\mathrm{i}\hbar}{m}(\boldsymbol{\sigma}_{\mathrm{g}}^2)^{-1} & -\dfrac{\mathrm{i}\hbar}{m}(\boldsymbol{\sigma}_{\mathrm{g}}^2)^{-1} \\[2mm] -\dfrac{\mathrm{i}\hbar}{m}(\boldsymbol{\sigma}_{\mathrm{g}}^2)^{-1} & \dfrac{\mathrm{i}\hbar}{2m}(\boldsymbol{\sigma}_{\mathrm{s}}^2)^{-1} + \dfrac{\mathrm{i}\hbar}{m}(\boldsymbol{\sigma}_{\mathrm{g}}^2)^{-1} \end{pmatrix} \tag{5.6.29}$$

这种张量的表达形式可以描述各种特殊的物质波系统, 如非轴对称和各向异性的像散物质波. 张量的方法形式简洁, 计算方便. 把式 (5.6.22)、式 (5.6.28) 代入式 (5.6.20), 积分后得到

$$\begin{aligned} \Gamma(\boldsymbol{r}) = {} & G_0\left[\det(\bar{\boldsymbol{A}} + \bar{\boldsymbol{B}}\boldsymbol{M}_{\mathrm{i}}^{-1})\right]^{-1/2} \exp\left\{\frac{\mathrm{i}m\dot{\boldsymbol{\xi}}\cdot(q_1 - q_2)}{\hbar}\right\} \\ & \times \exp\left\{\frac{\mathrm{i}m}{2\hbar}(\boldsymbol{r} - \bar{\boldsymbol{\xi}})^{\mathrm{T}}\boldsymbol{M}_{\mathrm{f}}^{-1}(\boldsymbol{r} - \bar{\boldsymbol{\xi}})\right\} \end{aligned} \tag{5.6.30}$$

式中

$$\boldsymbol{M}_{\mathrm{f}}^{-1} = (\bar{\boldsymbol{C}} + \bar{\boldsymbol{D}}\boldsymbol{M}_{\mathrm{i}}^{-1})(\bar{\boldsymbol{A}} + \bar{\boldsymbol{B}}\boldsymbol{M}_{\mathrm{i}}^{-1})^{-1} \tag{5.6.31}$$

$\boldsymbol{M}_{\mathrm{i}}^{-1}$ 和 $\boldsymbol{M}_{\mathrm{f}}^{-1}$ 分别表示部分相干物质波在初始时刻和观察时刻的复曲率张量.

式 (5.6.31) 即为部分相干物质波的张量 $\boldsymbol{ABCD}$ 定律.

5.6.4 部分相干物质波的演化

作为部分相干物质波张量 $\boldsymbol{ABCD}$ 定律的一个应用, 下面我们将计算物质波一阶关联函数 $\Gamma(\boldsymbol{q}_1, \boldsymbol{q}_2, t)$ 在重力场中的演化情况. 我们讨论的对象是一个不存在原子间相互作用的冷原子团. 冷原子团从磁阱中释放后在重力作用下沿 z 轴传播. 重力加速度 g 的方向是 z 轴方向.

这个演化过程中的 $\boldsymbol{A}$、$\boldsymbol{B}$、$\boldsymbol{C}$、$\boldsymbol{D}$ 矩阵分别是

$$\boldsymbol{A} = \boldsymbol{I}, \quad \boldsymbol{B} = t\boldsymbol{I}, \quad \boldsymbol{C} = \boldsymbol{0}, \quad \boldsymbol{D} = \boldsymbol{I} \tag{5.6.32}$$

式中, $\boldsymbol{I}$ 是一个 3×3 阶的单位矩阵, $\boldsymbol{0}$ 是一个 3×3 的零矩阵, t 是原子团的演化时间. 重力场引起的附加位移矢量是

$$\boldsymbol{\xi}^{\mathrm{T}} = (0, 0, \xi_z) \tag{5.6.33}$$

式中, $\xi_z = -gt^2/2$. 重力梯度 γ 是小量, 演化时间 t 远小于 $\gamma^{-1/2}$. 在整个传播过程中, 重力梯度的影响可以忽略不计. 因而以上的 $\boldsymbol{A}$、$\boldsymbol{B}$、$\boldsymbol{C}$、$\boldsymbol{D}$ 矩阵中没有出现和重力梯度相关的项.

下面分两个方面来看部分相干物质波的演化情况.

1. 相干性的演化

我们将通过部分相干物质波相干长度演化的解析公式来分析其相干性的演化规律. 设原子团在 x、y、z 方向的初始宽度是 σ_{sj}, 其中 $j = x, y, z$. 假设初始物质波的有效宽度是这样一种简单形式:

$$\boldsymbol{\sigma}_{\mathrm{s}}^{-2} = \begin{pmatrix} \sigma_{\mathrm{s}x}^{-2} & 0 & 0 \\ 0 & \sigma_{\mathrm{s}y}^{-2} & 0 \\ 0 & 0 & \sigma_{\mathrm{s}z}^{-2} \end{pmatrix} \tag{5.6.34}$$

由于一阶关联函数描述的是物质波场中两空间点的关联特性, 它会随着这两个空间点位置的变化而发生变化. 当一阶关联函数 $\Gamma(q_1, q_2)$ 的大小衰减到其最大值的 $1/\mathrm{e}$ 时, 这两个空间点的距离称为相干长度. 在相干长度范围内的任意两场点有较明显的相位关联. 当温度远高于临界温度时, 物质波可以按照热原子气体来处理, 其相干长度是 $\lambda_{\mathrm{T}}/\sqrt{2\pi}$, 其中 $\lambda_{\mathrm{T}} = \sqrt{2\pi\hbar^2/mk_{\mathrm{B}}T}$ 是热德布罗意波长, k_{B} 是玻尔兹曼常量, T 是温度. 当温度低于临界温度时, 大量原子在基态凝聚, 这会使得物质波的相干长度远大于热德布罗意波长. 对于纯净的 BEC, 相干长度将趋于无限大. 我们所考虑的部分相干物质波的相干长度处于热德布罗意波长和无限大之间. 部分相干物质波的相干长度矩阵可以取作

$$\boldsymbol{\sigma}_{\mathrm{g}}^{-2} = \begin{pmatrix} \sigma_{\mathrm{g}x}^{-2} & 0 & 0 \\ 0 & \sigma_{\mathrm{g}y}^{-2} & 0 \\ 0 & 0 & \sigma_{\mathrm{g}z}^{-2} \end{pmatrix} \tag{5.6.35}$$

把式 (5.6.34) 和式 (5.6.35) 代入式 (5.6.29) 中, 通过张量 $\boldsymbol{ABCD}$ 定律 [式 (5.6.31)] 可以得到观测时刻的复曲率张量 $\boldsymbol{M}_{\mathrm{f}}^{-1}$. 其非对角元素和观测时刻的相干长度直接相关. 以下是我们得到的 Guassian Schell mode (GSM) 部分相干物质波相干长度演化公式

$$\sigma_{\mathrm{g}j}^{(\mathrm{d})} = \sqrt{\frac{\hbar^2 t^2}{m^2 \sigma_{sj}^2} + \sigma_{\mathrm{g}j}^2 \left(1 + \frac{\hbar^2 t^2}{4m^2 \sigma_{sj}^4}\right)}, \quad j = x, y, z \tag{5.6.36}$$

式中, $\sigma_{\mathrm{g}j}^{(\mathrm{d})}$ 为在观测时刻沿 j 方向的相干长度, 而 $\sigma_{\mathrm{g}j}$ 为初始时刻该方向的相干长度, σ_{sj} 为初始时刻该方向的物质波宽度. 从式 (5.6.36) 可以得到这样一个结论: 物质波相干长度会随着演化时间 t 的增加而增长. 对该结论的理解可以结合传统光学的空间相干理论来进行. 我们假设初始时刻的物质波场是完全非相干的. 根据式 (5.6.16) 可知, 演化后的物质波场是初始波场各场点在该位置的叠加. 虽然初始时刻任意两场点间没有相位关联, 但是演化以后的任意两个场点, 一个是所有初始场

点在该处的叠加, 另一个也是所有初始场点在该处的叠加. 这样一来, 此空间两个场点将彼此相似, 它们之间出现了关联. 该关联的产生是通过物质波演化和物质波各场点的叠加来实现的. 我们还可以从量子力学的角度来理解物质波相干长度和演化时间的关系: 原子团的自由膨胀使得原子密度随着演化时间的增加而不断下降. 在这个自由演化过程中原子团的相空间密度是不变的. 由于相空间密度是原子密度和相干体积的乘积, 则相干体积必然随着演化时间的增加而增大. 美国麻省理工大学的 Ketteler 小组观察了不同演化时刻冷原子团物质波的干涉条纹, 其实验结果如图 5-30 所示, 其中图 (a)~(c) 分别是冷原子团演化 15ms、20ms、25ms 时的干涉条纹. 显然, 较长的演化时间所对应的干涉条纹对比度较高, 而较高的对比度对应了较好的相干性. 这与我们从式 (5.6.36) 得到的结论相吻合.

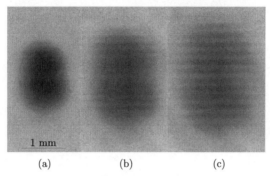

图 5-30　不同演化时刻的冷原子团干涉条纹[44]

将温度远高于临界温度的热原子气体和温度远低于临界温度的超冷原子气体两种不同的状态条件代入式 (5.6.36), 分别得到两种原子气体相干长度演化的近似式:

$$\sigma_{gj}^{(d)} \approx \frac{\hbar t}{m\sigma_{sj}} \quad \text{(热原子气体)} \tag{5.6.37}$$

$$\sigma_{gj}^{(d)} \approx \sigma_{gj}\sqrt{1 + \frac{\hbar^2 t^2}{4m^2\sigma_{sj}^4}} \quad \text{(超冷原子气体)} \tag{5.6.38}$$

当温度接近绝对零度时, 大部分原子凝聚在基态, 凝聚体的宽度为 $\sigma_{sj} = \sqrt{\hbar/(2m\omega_j)}$, ω_j 为初始时刻 j 方向约束磁阱的角频率. 这时式 (5.6.38) 可以进一步写成

$$\sigma_{gj}^{(d)} \approx \sigma_{gj}\sqrt{1 + (\omega_j t)^2} \quad (T \to 0 \text{ 的原子气体}) \tag{5.6.39}$$

2. 密度分布的演化

当一阶关联函数 $\Gamma(\boldsymbol{q}_1, \boldsymbol{q}_2)$ 的两场点位置重合 (即 $\boldsymbol{q}_1 = \boldsymbol{q}_2 = \boldsymbol{q}$) 时, 一阶关联函数表示的是该处的原子数密度. 根据这个道理, 我们来计算超冷原子团的横截面

原子数密度分布情况.

设超冷原子的种类是 Rb^{87}, 初始温度为 250nK, 凝聚比约 80%, 初始磁阱对原子团形成约束, 其各方向的角频率分别是 $\omega_x = \omega_z = 2\pi \times 330$Hz 和 $\omega_y = 2\pi \times 80$Hz, 总原子数是 $N = 10^6$ 个. 假设沿各个方向的初始相干长度等于原子团在该方向的宽度. 根据这些条件, 计算原子团从势阱里释放后, 在不同演化时刻的横截面密度分布, 其结果如图 5-31 所示, 图中的坐标原点取在运动原子团的中心位置, 长度单位是微米, 图 5-31(a)~(c) 分别对应 $t=$ 0.00s、0.08s、0.30s 时的原子团密度分布. 在此自由演化过程中, 冷原子团横截面的形状在发生变化. 初始密度分布是椭圆高斯型, 随着演化时间的增加, 其长轴与短轴的比例发生变化. 在某一时刻, 原子数密度将呈现圆形高斯分布. 之后逐渐变成另一个方向的椭圆高斯分布. 这个现象是由原子团的初始约束场所引起的. 初始势阱对原子团的不对称约束, 使得原子团在各个方向的扩散速度不相同, 因而出现了密度分布纵横比的变化.

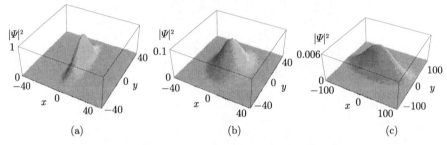

图 5-31   部分相干物质波在不同演化时刻的密度分布

第6章 固体光学

固体光学研究光通过固态物质的传播, 是光学的一个重要分支, 其内容包括光的吸收、色散、双折射、偏振效应、电光效应和磁光效应等. 本章的研究方法主要是用宏观的麦克斯韦电磁理论处理光波; 用经典方法处理物质内部的微观起因.

6.1 介质中的麦克斯韦方程组和波动方程

物质内部的电磁态由 4 个量描绘, 它们分别是: ① 电荷的体密度 ρ; ② 电偶极子的体密度 (极化强度) $\boldsymbol{P}$; ③ 磁偶极子的体密度 (磁化强度) $\boldsymbol{M}$; ④ 单位面积上的电流 (电流密度) $\boldsymbol{J}$.

上述各量均视为宏观平均值, 以消除组成物质的所有原子的微观变化. 它们与宏观平均场 $\boldsymbol{E}$、$\boldsymbol{H}$ 的关系由 Maxwell 方程给出:

$$\nabla \times \boldsymbol{E} = -\mu_0 \frac{\partial \boldsymbol{H}}{\partial t} - \mu_0 \frac{\partial \boldsymbol{M}}{\partial t} \tag{6.1.1}$$

$$\nabla \times \boldsymbol{H} = \varepsilon_0 \frac{\partial \boldsymbol{E}}{\partial t} + \frac{\partial \boldsymbol{P}}{\partial t} + \boldsymbol{J} \tag{6.1.2}$$

$$\nabla \cdot \boldsymbol{E} = -\frac{1}{\varepsilon_0} \nabla \cdot \boldsymbol{P} + \frac{\rho}{\varepsilon_0} \tag{6.1.3}$$

$$\nabla \cdot \boldsymbol{H} = -\nabla \cdot \boldsymbol{M} \tag{6.1.4}$$

式中, ε_0 为真空介电常数, μ_0 为真空磁导率. 引入电位移

$$\boldsymbol{D} = \varepsilon_0 \boldsymbol{E} + \boldsymbol{P} \tag{6.1.5}$$

磁感应强度

$$\boldsymbol{B} = \mu_0 (\boldsymbol{H} + \boldsymbol{M}) \tag{6.1.6}$$

则 Maxwell 方程简化为

$$\nabla \times \boldsymbol{E} = -\frac{\partial \boldsymbol{B}}{\partial t} \tag{6.1.7}$$

$$\nabla \times \boldsymbol{H} = \frac{\partial \boldsymbol{D}}{\partial t} + \boldsymbol{J} \tag{6.1.8}$$

$$\nabla \cdot \boldsymbol{D} = \rho \tag{6.1.9}$$

$$\nabla \cdot \boldsymbol{B} = 0 \tag{6.1.10}$$

传导电子对电场的响应由电流方程 (欧姆定律) 表示

$$J = \sigma E \tag{6.1.11}$$

式中, σ 为电导率.

束缚电荷对电场的聚集响应由以下关系式表示:

$$D = \varepsilon E \quad \text{或} \quad P = (\varepsilon - \varepsilon_0)E = \chi \varepsilon_0 E \tag{6.1.12}$$

磁场相对应的关系为

$$B = \mu H \tag{6.1.13}$$

极化强度与所施加的电场 E 之间的比例因子 (电极化率) 为

$$\chi = \frac{\varepsilon}{\varepsilon_0} - 1 \tag{6.1.14}$$

在各向同性介质 (如玻璃) 中, χ 是标量, 与所施加的电场方向无关; 而对于各向异性介质 (如大多数晶体), 其极化程度随着施加的电场方向而变化, χ 是张量, 它包括了晶体的大部分光学性质.

对于非磁性 $(M = 0)$ 和电中性 $(\rho = 0)$ 介质, Maxwell 方程简化为

$$\nabla \times E = -\mu_0 \frac{\partial H}{\partial t} \tag{6.1.15}$$

$$\nabla \times H = \varepsilon_0 \frac{\partial E}{\partial t} + \frac{\partial P}{\partial t} + J \tag{6.1.16}$$

$$\nabla \cdot E = -\frac{1}{\varepsilon_0} \nabla \cdot P \tag{6.1.17}$$

$$\nabla \cdot H = 0 \tag{6.1.18}$$

式 (6.1.15) 取旋度, 得到

$$\nabla \times (\nabla \times E) = -\mu_0 \nabla \times \left(\frac{\partial H}{\partial t} \right) = -\mu_0 \frac{\partial}{\partial t} (\nabla \times H) \tag{6.1.19}$$

式 (6.1.16) 对时间求导, 有

$$\frac{\partial}{\partial t} (\nabla \times H) = \varepsilon_0 \frac{\partial^2 E}{\partial^2 t} + \frac{\partial^2 P}{\partial^2 t} + \frac{\partial J}{\partial t} \tag{6.1.20}$$

因此

$$\nabla \times (\nabla \times E) + \frac{1}{c^2} \cdot \frac{\partial^2 E}{\partial t^2} = -\mu_0 \frac{\partial^2 P}{\partial t^2} - \mu_0 \frac{\partial J}{\partial t} \tag{6.1.21}$$

式中, 右边第一项由物质内部极化电荷产生, 第二项由物质内部传导电荷产生. 求解波动方程, 可以揭示两种源对光传播影响的程度.

在不导电介质中, 极化项 $-\mu_0 \dfrac{\partial^2 \boldsymbol{P}}{\partial t^2}$ 起主要作用, 它可解释许多光学效应如色散、吸收、双折射、旋光性等;

在金属中, 电导项 $-\mu_0 \dfrac{\partial \boldsymbol{J}}{\partial t}$ 起主要作用, 由波动方程的解可证明金属不透明度大以及反射率高的原因;

在半导体中, 两项都必须加以考虑. 因此波动方程有点复杂, 解也难以解释. 许多光学性质可作定性描述, 严格的讨论半导体的光学性质要用量子理论.

6.2 光在各向同性电介质中的传播 色散

在不导电的各向同性介质中, 电子总是被原子所束缚, 且没有占优势的束缚方向. 假设在这样的电介质中, 电子离开平衡位置的距离为 $\boldsymbol{r}$, 则介质的宏观极化强度 $\boldsymbol{P}$ 与电子位移 $\boldsymbol{r}$ 的关系为

$$\boldsymbol{P} = -Ne\boldsymbol{r} \tag{6.2.1}$$

式中, N 为单位体积中的电子数, $-e$ 为电子电荷, $\boldsymbol{r}$ 与施加的静电场 $\boldsymbol{E}$ 的关系为

$$-e\boldsymbol{E} = k\boldsymbol{r} \tag{6.2.2}$$

式中, k 为弹性系数, 故静电极化强度为

$$\boldsymbol{P} = \frac{Ne^2}{k}\boldsymbol{E} \tag{6.2.3}$$

如果电场 $\boldsymbol{E}$ 随时间变化, 则式 (6.2.3) 不适用. 为求出这种情况下的极化强度, 必须考虑电子的实际运动. 为此, 可以把束缚电子视为经典的阻尼谐振子, 其运动方程为

$$m\frac{\mathrm{d}^2 \boldsymbol{r}}{\mathrm{d}t^2} + m\gamma\frac{\mathrm{d}\boldsymbol{r}}{\mathrm{d}t} + k\boldsymbol{r} = -e\boldsymbol{E} \tag{6.2.4}$$

式中, 左边第二项代表阻尼力, 第三项表示弹性力, 式 (6.2.4) 中忽略了磁力 $e\boldsymbol{v} \times \boldsymbol{B}$, 对电磁波而言, 它比电场力 $e\boldsymbol{E}$ 小得多. 如果 $\boldsymbol{E}$ 按 $\mathrm{e}^{-\mathrm{i}\omega t}$ 随时间作简谐变化, $\boldsymbol{r}$ 也按 $\mathrm{e}^{-\mathrm{i}\omega t}$ 随时间作简谐运动, 则式 (6.2.4) 变为

$$(-m\omega^2 - \mathrm{i}\omega m\gamma + k)\boldsymbol{r} = -e\boldsymbol{E} \tag{6.2.5}$$

因此, 极化强度为

$$\boldsymbol{P} = \frac{Ne^2}{-m\omega^2 - \mathrm{i}\omega m\gamma + k}\boldsymbol{E} = \frac{Ne^2/m}{\omega_0^2 - \omega^2 - \mathrm{i}\omega\gamma}\boldsymbol{E} \tag{6.2.6}$$

式中, $\omega_0 = \sqrt{k/m}$ 为束缚电子的有效共振频率. 因此, $\boldsymbol{P}$ 的大小和相位均随频率变化, 把 $\boldsymbol{P}$ 代入普适的波动方程, 得

$$\nabla \times (\nabla \times \boldsymbol{E}) + \frac{1}{c^2}\frac{\partial^2 \boldsymbol{E}}{\partial t^2} = -\frac{\mu_0 Ne^2}{m}\left(\frac{1}{\omega_0^2 - \omega^2 - \mathrm{i}\gamma\omega}\right)\frac{\partial^2 \boldsymbol{E}}{\partial t^2} \tag{6.2.7}$$

由于 $\boldsymbol{P}$ 与 $\boldsymbol{E}$ 成线性关系, 且因为 $\nabla \cdot \boldsymbol{E} = -\dfrac{1}{\varepsilon_0}\nabla \cdot \boldsymbol{P} = 0$, 所以 $\nabla \times (\nabla \times \boldsymbol{E}) = -\nabla^2 \boldsymbol{E}$, 因此介质中的波动方程化为

$$\nabla^2 \boldsymbol{E} = \frac{1}{c^2}\left(1 + \frac{Ne^2}{m\varepsilon_0}\frac{1}{\omega_0^2 - \omega^2 - \mathrm{i}\gamma\omega}\right)\frac{\partial^2 \boldsymbol{E}}{\partial t^2} \tag{6.2.8}$$

其解有如下形式:

$$\boldsymbol{E} = \boldsymbol{E}_0 \mathrm{e}^{\mathrm{i}(\tilde{k}z - \omega t)} \tag{6.2.9}$$

该解表示沿 z 方向传播的单色平面谐波, 其波数 $\tilde{k} = k + \mathrm{i}\alpha$ 是复数:

$$\tilde{k}^2 = \frac{\omega^2}{c^2}\left(1 + \frac{Ne^2}{m\varepsilon_0}\frac{1}{\omega_0^2 - \omega^2 - \mathrm{i}\gamma\omega}\right) \tag{6.2.10}$$

上述解也可写作

$$\boldsymbol{E} = \boldsymbol{E}_0 \mathrm{e}^{-\alpha z}\mathrm{e}^{\mathrm{i}(kz - \omega t)} \tag{6.2.11}$$

表示振幅随距离作指数衰减, 能量随距离 z 按 $\mathrm{e}^{-2\alpha z}$ 衰减, 式中 2α 为吸收系数.

引入**复折射率**

$$\tilde{n} = n_{\mathrm{r}} + \mathrm{i}n_{\mathrm{i}} = \frac{c}{\omega}\tilde{k} \tag{6.2.12}$$

式中, 虚部 n_{i} 称为消光系数, 它与 α 的关系为

$$\alpha = \frac{\omega}{c}n_{\mathrm{i}} \tag{6.2.13}$$

由式 (6.2.10) 和式 (6.2.12) 得

$$\tilde{n}^2 = 1 + \frac{Ne^2}{m\varepsilon_0}\left(\frac{1}{\omega_0^2 - \omega^2 - \mathrm{i}\gamma\omega}\right) = (n_{\mathrm{r}} + \mathrm{i}n_{\mathrm{i}})^2 \tag{6.2.14}$$

化简并通过使式 (6.2.14) 中的实部和虚部分别对应相等, 得

$$n_{\mathrm{r}}^2 - n_{\mathrm{i}}^2 = 1 + \frac{Ne^2}{m\varepsilon_0}\left[\frac{\omega_0^2 - \omega^2}{(\omega_0^2 - \omega^2) + \gamma^2\omega^2}\right] \tag{6.2.15}$$

$$2n_{\mathrm{r}}n_{\mathrm{i}} = \frac{Ne^2}{m\varepsilon_0}\left[\frac{\gamma\omega}{(\omega_0^2 - \omega^2)^2 + \gamma^2\omega^2}\right] \tag{6.2.16}$$

从式 (6.2.15) 和式 (6.2.16) 可解出 n_{r} 和 n_{i}, 两者与频率 ω 的关系如图 6-1 所示.

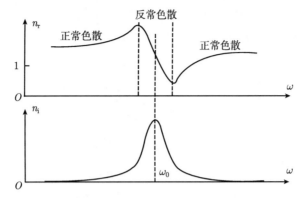

图 6-1 共振频率附近的折射率 n_r 和消光系数 n_i 对频率的关系

由此可见, 折射率 n 是频率的函数. 若 $\mathrm{d}n_r/\mathrm{d}\omega > 0$, 即折射率函数随频率的增加而增加, 称为正常色散 (正色散); 相反, 若 $\mathrm{d}n_r/\mathrm{d}\omega < 0$, 即折射率函数随频率的增加而减小, 叫做反常色散 (负色散). 反常色散一般出现在共振频率附近, 折射率可以小于 1.

以上讨论假定所有电子均受到相同的束缚作用, 具有相同的共振频率. 如果考虑不同电子受到不同的束缚作用, 可以设共振频率为 ω_1 的电子占的比例为 f_1, ω_2 的电子占的比例为 f_2, 则复折射率平方的公式为

$$\tilde{n}^2 = 1 + \frac{Ne^2}{m\varepsilon_0} \sum \left(\frac{f_i}{\omega_j^2 - \omega^2 - \mathrm{i}\gamma_j\omega} \right) \tag{6.2.17}$$

式中, f_i 为振子强度, γ_j 代表不同频率的阻尼常数, 这时光谱有几个吸收带, 如图 6-2 所示.

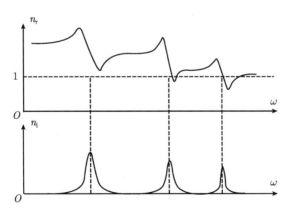

图 6-2 多个吸收带时的折射率曲线

由式 (6.2.17) 可知, 当 $\omega \to 0$ 时, $\tilde{n}^2 = 1 + \frac{Ne^2}{m\varepsilon_0} \sum_j \frac{f_i}{\omega_j^2}$, 即等于介质的相对静电

介电常数; 在高频区, 折射率会急剧下降到小于 1, 然后在 $\omega \to \infty$ 的过程中, n 从小于 1 向着 1 靠近. 图 6-3 所示为 X 射线区石英的实测折射率随波长变化的曲线.

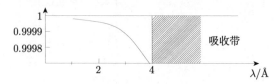

图 6-3   X 射线区石英的折射率曲线

如果 $\gamma_j \omega \ll \omega_j^2 - \omega^2$, 即吸收可以忽略, 则折射率实质上是方程的实部, 有

$$n^2 = 1 + \frac{Ne^2}{m\varepsilon_0} \sum_j \left(\frac{f_i}{\omega_j^2 - \omega^2} \right) \tag{6.2.18}$$

当用波长代替频率时, 式 (6.2.18) 即为塞耳迈耶尔色散公式 (Sellmeier), 该式对许多透明物质均可应用.

6.3   光在导电介质中的传播

讨论光在导电介质中的传播时, 在普遍波动方程中只考虑电导项而非极化项, 故传导电子的运动方程为

$$m\frac{\mathrm{d}\boldsymbol{v}}{\mathrm{d}t} + m\tau^{-1}\boldsymbol{v} = -e\boldsymbol{E} \tag{6.3.1}$$

式中, 等式左边第二项代表阻尼力, 右边为电场力, $\boldsymbol{v}$ 为电子速度, τ 为弛豫时间, $m\tau^{-1}$ 为摩擦系数, 令 $\boldsymbol{J} = -Ne\boldsymbol{v}$ 为电流密度, N 为单位体积内的传导电子数. 式 (6.3.1) 可进一步表示为

$$\frac{\mathrm{d}\boldsymbol{J}}{\mathrm{d}t} + \tau^{-1}\boldsymbol{J} = \frac{Ne^2}{m}\boldsymbol{E} \tag{6.3.2}$$

静电场作用时, $\dfrac{\mathrm{d}\boldsymbol{J}}{\mathrm{d}t} = 0$, 式 (6.3.2) 简化为 $\tau^{-1}\boldsymbol{J} = \dfrac{Ne^2}{m}\boldsymbol{E}$, 所以

$$\boldsymbol{J} = \frac{Ne^2}{m}\tau\boldsymbol{E} = \sigma\boldsymbol{E} \tag{6.3.3}$$

式中, 电导率与弛豫时间的关系为 $\sigma = \dfrac{Ne^2}{m}\tau$.

简谐电场作用时, $\boldsymbol{E}$ 和 $\boldsymbol{J}$ 都有 $\mathrm{e}^{-\mathrm{i}\omega t}$ 的时间变化关系, 所以

$$(-\mathrm{i}\omega + \tau^{-1})\boldsymbol{J} = \tau^{-1}\sigma\boldsymbol{E} \tag{6.3.4}$$

把 $\boldsymbol{J}$ 代入波动方程, 当只考虑电导项时得

$$\nabla^2 \boldsymbol{E} = \frac{1}{c^2}\frac{\partial^2 \boldsymbol{E}}{\partial t^2} + \frac{\mu_0\sigma}{1 - \mathrm{i}\omega\tau}\frac{\partial \boldsymbol{E}}{\partial t} \tag{6.3.5}$$

取解为 $\boldsymbol{E} = \boldsymbol{E}_0\mathrm{e}^{\mathrm{i}(\tilde{k}z-\omega t)}$ 的形式, 式中 $\tilde{k}$ 为复数, $\tilde{k} = k + \mathrm{i}\alpha$, 还必须满足

$$\tilde{k}^2 = \frac{\omega^2}{c^2} + \frac{\mathrm{i}\omega\mu_0\sigma}{1 - \mathrm{i}\omega\tau} \tag{6.3.6}$$

6.3.1 极低频率

在极低频率 $(\omega \to 0)$ 的情况下, 式 (6.3.6) 可简化为

$$\tilde{k}^2 \approx \mathrm{i}\omega\mu_0\sigma$$

所以

$$\tilde{k} = (1 + \mathrm{i})\sqrt{\frac{\omega\mu_0\sigma}{2}}$$

$$k \approx \alpha \approx \sqrt{\frac{\omega\mu_0\sigma}{2}}$$

复折射率

$$\tilde{n} = n_{\mathrm{r}} + \mathrm{i}n_{\mathrm{i}}, \quad \tilde{n} = \frac{c}{\omega}\tilde{k}, \quad n_{\mathrm{r}} \approx n_{\mathrm{i}} \approx \sqrt{\frac{\sigma}{2\omega\varepsilon_0}}$$

在导电介质中传播时, 定义电磁波振幅下降到表面处的 e^{-1} 时的距离为趋肤深度 δ, 有

$$\delta = \frac{1}{\alpha} = \sqrt{\frac{2}{\omega\mu_0\sigma}} = \sqrt{\frac{\lambda_0}{c\pi\sigma\mu_0}} \propto \frac{1}{\sqrt{\sigma}} \tag{6.3.7}$$

式中, λ_0 为真空中波长.

式 (6.3.7) 表明, σ 越大, 吸收系数越大, δ 越小, 故金属 (良导体) 的透明度差. 例如, 铜的电导率为 $\sigma = 5.8 \times 10^7(\Omega\cdot\mathrm{m})^{-1}$, 用 $\lambda = 1\mathrm{mm}$ 的微波入射时, 趋肤深度约为 $10^{-4}\mathrm{mm}$.

6.3.2 一般情况

根据式 (6.2.12) 定义的复折射率, 式 (6.3.6) 等价于

$$\tilde{n}^2 = \left(\frac{c}{\omega}\right)^2\tilde{k}^2 = (n_{\mathrm{r}} + \mathrm{i}n_{\mathrm{i}})^2 = 1 - \frac{\omega_{\mathrm{p}}^2}{\omega^2 + \mathrm{i}\omega\tau^{-1}} \tag{6.3.8}$$

式中, ω_p 为金属的等离子频率

$$\omega_{\mathrm{p}} = \sqrt{\frac{Ne^2}{m\varepsilon_0}} = \sqrt{\frac{\mu_0\sigma c^2}{\tau}} \tag{6.3.9}$$

从式 (6.3.8) 得

$$n_r^2 - n_i^2 = 1 - \frac{\omega_p^2}{\omega^2 + \tau^{-2}} \tag{6.3.10}$$

$$2n_r n_i = \frac{\omega_p^2}{\omega^2 + \tau^{-2}} \left(\frac{1}{\omega\tau} \right) \tag{6.3.11}$$

因此, n_r、n_i 完全由 ω_p、τ、ω 所决定. 金属的 τ 典型值为 10^{-13}s, 这个频率对应于光谱的红外区, ω_p 的典型值为 10^{15}s, 对应于光谱的可见区和近紫外区.

图 6-4 为 n_r、n_i 关于 ω 的函数的图形. 由图可见, 在等离子体频率区的宽广频率范围内, 折射率小于 1. 消光系数 n_i 在低频处非常大, 随着频率的增大单调减小. 当 $\omega > \omega_p$ 时, 消光系数变得非常小, 以至于金属在高频下变成透明的. 对碱金属等良导体, 实验结果与此定性相符. 对不良导体和半导体, 自由电子和束缚电子均有贡献. 经典理论的结果为

$$\tilde{n}^2 = 1 - \frac{\omega_p^2}{\omega^2 + i\omega\tau^{-1}} + \frac{Ne^2}{m\varepsilon_0} \sum_j \left(\frac{f_i}{\omega_j^2 - \omega^2 - i\gamma_j\omega} \right) \tag{6.3.12}$$

但理论计算和实验测量均比较困难. 对半导体材料的光学性质的实验和理论研究目前仍是活跃的领域.

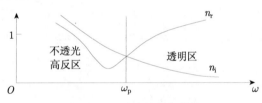

图 6-4   金属的折射率曲线

6.4   光在吸收介质边界上的反射和折射

6.4.1   复折射率

平面波入射到复折射率为 $\tilde{n} = n_r + in_i = \dfrac{c}{\omega}\tilde{k}$ 的介质的边界上. 为简便起见, 考虑第一种介质为非吸收的情况, 并采用下述标记 (暂不考虑振幅):

入射平面波	$\exp\left\{i\left(\boldsymbol{k}_0 \cdot \boldsymbol{r} - \omega t\right)\right\}$
反射波	$\exp\left\{i\left(\boldsymbol{k}_0' \cdot \boldsymbol{r} - \omega t\right)\right\}$
折射波	$\exp\left\{i\left(\tilde{k} \cdot \boldsymbol{r} - \omega t\right)\right\}$
复传播矢量	$\tilde{k} = \boldsymbol{k} + i\boldsymbol{\alpha}$

复折射率

$$\tilde{n} = n_r + in_i = \frac{c}{\omega}\tilde{k}$$

对于边界面上所有的点, 三个平面波的宗量必须相等 (相位匹配), 则有

$$\boldsymbol{k}_0 \cdot \boldsymbol{r} = \boldsymbol{k}'_0 \cdot \boldsymbol{r}$$

$$\boldsymbol{k}_0 \cdot \boldsymbol{r} = \tilde{k} \cdot \boldsymbol{r} = (\boldsymbol{k} + i\boldsymbol{\alpha}) \cdot \boldsymbol{r}$$

上述第一个方程即为通常所说的反射定律. 从第二个方程可得

$$\boldsymbol{k}_0 \cdot \boldsymbol{r} = \boldsymbol{k} \cdot \boldsymbol{r}$$

$$0 = \boldsymbol{\alpha} \cdot \boldsymbol{r}$$

因此, 一般情况下 $\boldsymbol{k}$ 和 $\boldsymbol{\alpha}$ 的方向不同 (等相面和等幅面分离), 这种波称为**非均匀波**.

上述结果说明 $\boldsymbol{\alpha}$ 与边界面正交, 而矢量 $\boldsymbol{k}$ 则确定等相面, 其方向如图 6-5 所示. 图中波在吸收介质中沿着矢量 $\boldsymbol{k}$ 的方向运动, 但是波的振幅却随离开边界平面距离的增加而按指数规律衰减.

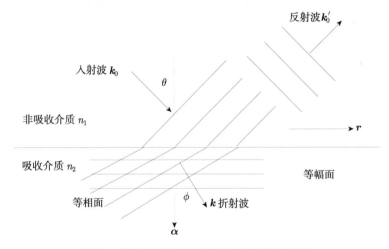

图 6-5 光在吸收介质边界上的反射和折射

6.4.2 斜入射时折射角 ϕ 与入射角 θ 的关系

在吸收介质中, 波动方程可用复折射率 $\tilde{n}$ 表示为

$$\nabla^2 \boldsymbol{E} = \frac{\tilde{n}^2}{c^2} \frac{\partial^2 \boldsymbol{E}}{\partial t^2} \tag{6.4.1}$$

对平面谐波, 有关系式 $\nabla \to \mathrm{i}\tilde{k}, \dfrac{\partial}{\partial t} \to -\mathrm{i}\omega$, 所以

$$\tilde{k} \cdot \tilde{k} = \frac{\tilde{n}^2}{c^2}\omega^2 = \tilde{n}^2 k_0^2, \quad k_0 = \frac{\omega}{c}$$

即

$$(\boldsymbol{k} + \mathrm{i}\boldsymbol{\alpha}) \cdot (\boldsymbol{k} + \mathrm{i}\boldsymbol{\alpha}) = (n_{\mathrm{r}} + \mathrm{i}n_{\mathrm{i}})^2 k_0^2$$

令等式两边实部和虚部对应相等, 得

$$\begin{cases} k^2 - \alpha^2 = \left(n_{\mathrm{r}}^2 - n_{\mathrm{i}}^2\right) k_0^2 \\ \boldsymbol{k} \cdot \boldsymbol{\alpha} = k\alpha\cos\phi = n_{\mathrm{r}}n_{\mathrm{i}}k_0^2 \end{cases}$$

因此

$$k\cos\phi + \mathrm{i}\alpha = k_0\sqrt{\tilde{n}^2 - \sin^2\theta} \tag{6.4.2}$$

对于正入射 $(\theta = 0)$, 式 (6.4.2) 简化成 $k + \mathrm{i}\alpha = k_0\tilde{n}$, 为单色波的关系式.

6.4.3 折射定律 (复折射率)

考虑一个平面波从空气进入导体的情形, 设二者的接触面是平面, 这时折射定律可写成

$$\tilde{n} = \frac{\sin\theta}{\sin\tilde{\phi}}$$

式中, $\tilde{n}$ 为复折射率, $\tilde{\phi}$ 为复折射角. 因此

$$\cos\tilde{\phi} = \sqrt{1 - \frac{\sin^2\theta}{\tilde{n}^2}} \tag{6.4.3}$$

由式 (6.4.2)、式 (6.4.3), 可以得到复折射率与复折射角的关系为

$$\tilde{n} = \frac{k\cos\phi + \mathrm{i}\alpha}{k_0\cos\tilde{\phi}} \tag{6.4.4}$$

6.4.4 反射率公式

电场和磁场存在以下关系:

入射平面波 $\qquad\qquad \boldsymbol{H} = \dfrac{1}{\mu_0\omega}\boldsymbol{k}_0 \times \boldsymbol{E}$

反射波 $\qquad\qquad\quad\, \boldsymbol{H}' = \dfrac{1}{\mu_0\omega}\boldsymbol{k}_0' \times \boldsymbol{E}'$

折射波 $\qquad\qquad\quad\, \boldsymbol{H}'' = \dfrac{1}{\mu_0\omega}\tilde{k} \times \boldsymbol{E}'' = \dfrac{1}{\mu_0\omega}\left(\boldsymbol{k} \times \boldsymbol{E}'' + \mathrm{i}\boldsymbol{\alpha} \times \boldsymbol{E}''\right)$

在 TE 偏振的情况下, 电场和磁场的切向分量的连续性边界条件是

$$E + E' = E'' \tag{6.4.5}$$

$$-H \cos\theta + H' \cos\theta = H''_{切向} \tag{6.4.6}$$

从磁场的条件, 得

$$-k_0 E \cos\theta + k_0 E' \cos\theta = -(kE'' \cos\phi + i\alpha E'') = -\tilde{n}k_0 E'' \cos\tilde{\phi} \tag{6.4.7}$$

从式 (6.4.5)、式 (6.4.7) 消去 E'', 得

$$r_s = \frac{\cos\theta - \tilde{n}\cos\tilde{\phi}}{\cos\theta + \tilde{n}\cos\tilde{\phi}} \quad (\text{TE 偏振}) \tag{6.4.8}$$

这个方程表示反射振幅与入射振幅之比值, 其形式与无吸收情况下的菲涅耳方程相同, 区别在于 $\tilde{n}$、$\tilde{\phi}$ 均为复数.

对于 TM 偏振的情况, 对应的结果也与在电介质情况下的方程有相同的形式, 即

$$r_p = \frac{\tilde{n}\cos\theta - \cos\tilde{\phi}}{\tilde{n}\cos\theta + \cos\tilde{\phi}} \quad (\text{TM 偏振}) \tag{6.4.9}$$

反射率可以表示为

$$R_s = |r_s|^2, \quad R_p = |r_p|^2 \tag{6.4.10}$$

图 6-6 为一种典型金属的反射率随入射角的变化. 由图可见, 在 TE 偏振的情况下, 反射率 R_s 随入射角的增加而单调增加, 至掠入射时增加至 1. 另一方面, 对于 TM 偏振的情况, 反射率 R_p 曲线在某一角度 θ_1 时经历一个极小值. θ_1 称为主入射角, 其大小取决于光学常数, 它与电介质情况下的布儒斯特角相对应.

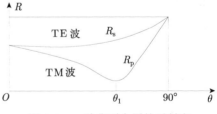

图 6-6 一种典型金属的反射率

如果入射光是线偏振光, 但不是纯 TE 波或 TM 波, 从金属上反射时一般来说反射光将是椭圆偏振的. 若已知复折射率 $\tilde{n}$, 可以按上面的理论计算出反射光的强度和偏振情况. 反之, 对反射光的强度和偏振情况的测量, 可以确定 $\tilde{n}$. 这种方法称为**椭圆率测量术**.

在正入射情况下, 式 (6.4.9) 和式 (6.4.10) 可以简化为

$$r_s = |r_p| = \frac{1 - \tilde{n}}{1 + \tilde{n}} = \frac{1 - n_r - in_i}{1 + n_r + in_i} \tag{6.4.11}$$

于是得到正入射时的反射率表达式

$$R = \left| \frac{1 - \tilde{n}}{1 + \tilde{n}} \right|^2 = \frac{(1 - n_\mathrm{r})^2 + n_\mathrm{i}^2}{(1 + n_\mathrm{r})^2 + n_\mathrm{i}^2} \tag{6.4.12}$$

当 $n_\mathrm{i} \to 0$ 时, R 即为电介质情况下的值, 折射率变为实数. 而当 $n_\mathrm{i} \gg n_\mathrm{r}$ 时, 反射率高达接近于 1 的值.

对金属而言, 在低频极限时, $n_\mathrm{i} \approx n_\mathrm{r} \approx \sqrt{\dfrac{\sigma}{2\omega\varepsilon_0}}$, 代入 R 中, 有

$$R \approx 1 - \frac{2}{n_\mathrm{r}} \approx 1 - \sqrt{\frac{8\omega\varepsilon_0}{\sigma}} \tag{6.4.13}$$

式 (6.4.13) 称为哈根–鲁本斯公式. 该公式在远红外区已被大量的实验所证实. 对于良导体 (如 Cu、Ag、Au 等), 在近红外区 $\lambda \approx 1 \sim 2\mu\mathrm{m}$, 反射率极好; 在远红外区 $\lambda > 20\mu\mathrm{m}$, 反射率更好, $R \to 1$.

6.5 光在晶体中的传播

6.5.1 晶体中的波动方程

在晶体中, 晶格的有规则排列引起光学性质的**各向异性**. 光在晶体中传播的速度是传播方向和偏振态的函数. 对一定的传播方向, 对应于两种互相正交的偏振态, 一般有两个可能的相速度值, 即**双折射**.

立方对称类型的晶体 (NaCl) 在光学上是各向同性的, 除此以外, 其余晶体全部显现出双折射性质. 这时, 矢量 $\boldsymbol{P}$ 不再沿矢量 $\boldsymbol{E}$ 的方向, $\boldsymbol{P}$ 和 $\boldsymbol{E}$ 之间的关系为

$$\boldsymbol{P} = \varepsilon_0 \overset{\leftrightarrow}{\chi} \boldsymbol{E}$$

$$\begin{pmatrix} P_x \\ P_y \\ P_z \end{pmatrix} = \varepsilon_0 \begin{pmatrix} x_{11} & x_{12} & x_{13} \\ x_{21} & x_{22} & x_{23} \\ x_{31} & x_{32} & x_{33} \end{pmatrix} \begin{pmatrix} E_x \\ E_y \\ E_z \end{pmatrix} \tag{6.5.1}$$

式中, $\overset{\leftrightarrow}{\chi}$ 为极化张量. 相应的电位移矢量可以表示为 $\boldsymbol{D} = \varepsilon_0 \left(\overset{\leftrightarrow}{I} + \overset{\leftrightarrow}{\chi} \right) \boldsymbol{E}$, 其中 $\overset{\leftrightarrow}{I}$ 为 (3×3) 单位矩阵. 介电张量为 $\overset{\leftrightarrow}{\varepsilon} = \varepsilon_0 \left(\overset{\leftrightarrow}{I} + \overset{\leftrightarrow}{\chi} \right)$.

对于通常的非吸收晶体, $\overset{\leftrightarrow}{\chi}$ 是对称的, 存在一组坐标轴 (主轴), 使得 $\overset{\leftrightarrow}{\chi}$ 和 $\overset{\leftrightarrow}{\varepsilon}$ 对角化, $\overset{\leftrightarrow}{\chi}$ 和 $\overset{\leftrightarrow}{\varepsilon}$ 的对角元素分别称为**主极化率**和**主介电常数**

$$\overset{\leftrightarrow}{\chi} = \begin{pmatrix} x_{11} & 0 & 0 \\ 0 & x_{22} & 0 \\ 0 & 0 & x_{33} \end{pmatrix} \tag{6.5.2}$$

$$\vec{\varepsilon} = \varepsilon_0 \left(\vec{I} + \vec{x} \right) = \varepsilon_0 \begin{pmatrix} 1 + x_{11} & 0 & 0 \\ 0 & 1 + x_{22} & 0 \\ 0 & 0 & 1 + x_{33} \end{pmatrix} \quad (6.5.3)$$

此时波动方程可写为

$$\nabla \times (\nabla \times \boldsymbol{E}) + \frac{1}{c^2} \frac{\partial^2 \boldsymbol{E}}{\partial t^2} = -\frac{1}{c^2} \vec{\chi} \frac{\partial^2 \boldsymbol{E}}{\partial t^2} \quad (6.5.4)$$

若传播矢量 $\boldsymbol{k}$ 满足方程

$$\boldsymbol{k} \times (\boldsymbol{k} \times \boldsymbol{E}) + \frac{\omega^2}{c^2} \boldsymbol{E} = -\frac{\omega^2}{c^2} \vec{\chi} \boldsymbol{E} \quad (6.5.5)$$

则晶体中的波为单色平面波 $e^{i(\boldsymbol{k} \cdot \boldsymbol{r} - \omega t)}$. 把式 (6.5.5) 写成分量形式为

$$\begin{cases} \left(-k_y^2 - k_z^2 + \dfrac{\omega^2}{c^2} \right) E_x + k_x k_y E_y + k_x k_z E_z = -\dfrac{\omega^2}{c^2} \chi_{11} E_x \\[2mm] k_y k_x E_x + \left(-k_x^2 - k_z^2 + \dfrac{\omega^2}{c^2} \right) E_y + k_y k_z E_z = -\dfrac{\omega^2}{c^2} \chi_{22} E_y \\[2mm] k_z k_x E_x + k_z k_y E_y + \left(-k_x^2 - k_y^2 + \dfrac{\omega^2}{c^2} \right) E_z = -\dfrac{\omega^2}{c^2} \chi_{33} E_z \end{cases} \quad (6.5.6)$$

为了阐明上述方程的物理意义, 我们假定波沿着其中一个主轴, 如 x 轴的方向传播的特殊情况. 在此情况下, $k_x = k$, $k_y = k_z = 0$, 三个方程可化为

$$\begin{cases} \dfrac{\omega^2}{c^2} E_x = -\dfrac{\omega^2}{c^2} \chi_{11} E_x \\[2mm] \left(-k^2 + \dfrac{\omega^2}{c^2} \right) E_y = -\dfrac{\omega^2}{c^2} \chi_{11} E_y \\[2mm] \left(-k^2 + \dfrac{\omega^2}{c^2} \right) E_z = -\dfrac{\omega^2}{c^2} \chi_{33} E_z \end{cases} \quad (6.5.7)$$

从第一个方程得 $E_x = 0$, 表明 $\boldsymbol{E}$ 垂直于传播方向 x 轴;

从第二个方程来看, 若 $E_y \neq 0$, 得 $k = \dfrac{\omega}{c} \sqrt{1 + \chi_{22}}$;

从第三个方程看出, 若 $E_z \neq 0$, 则 $k = \dfrac{\omega}{c} \sqrt{1 + \chi_{33}}$.

由于 ω / k 是波的相速度, 故沿 x 方向传播的波有两个相速度:

$$\begin{cases} u_1 = \dfrac{\omega}{k} = \dfrac{c}{\sqrt{1 + x_{22}}} & (\boldsymbol{E} \ \text{在} \ y \ \text{方向}) \\[3mm] u_2 = \dfrac{\omega}{k} = \dfrac{c}{\sqrt{1 + x_{33}}} & (\boldsymbol{E} \ \text{在} \ z \ \text{方向}) \end{cases} \quad (6.5.8)$$

6.5.2   波矢面

对于任意方向的传播矢量 $\boldsymbol{k}$, 其大小具有两个可能的值, 即具有两种可能的相速度值. 引入三个主折射率:

$$n_1 = \sqrt{1 + x_{11}}, \quad n_2 = \sqrt{1 + x_{22}}, \quad n_3 = \sqrt{1 + x_{33}}$$

对平面波, 传播矢量 $\boldsymbol{k}$ 满足

$$\boldsymbol{k} \times (\boldsymbol{k} \times \boldsymbol{E}) + \frac{\omega^2}{c^2}\boldsymbol{E} + \frac{\omega^2}{c^2}\vec{\chi}\boldsymbol{E} = 0 \tag{6.5.9}$$

把它写成三个分量的方程, 为使 E_x、E_y、E_z 有特解, 方程组的系数行列式必须为零, 即

$$\begin{vmatrix} \left(\dfrac{n_1\omega}{c}\right)^2 - k_y^2 - k_z^2 & k_xk_y & k_xk_z \\[2mm] k_yk_z & \left(\dfrac{n_2\omega}{c}\right)^2 - k_x^2 - k_z^2 & k_yk_z \\[2mm] k_zk_x & k_zk_y & \left(\dfrac{n_3\omega}{c}\right)^2 - k_x^2 - k_y^2 \end{vmatrix} = 0 \tag{6.5.10}$$

这是波矢 $\boldsymbol{k}$ 在晶体中所满足的方程 ($\boldsymbol{k}$ 面方程), 它可由 $\boldsymbol{k}$ 空间中的三维面来表示 (图 6-7).

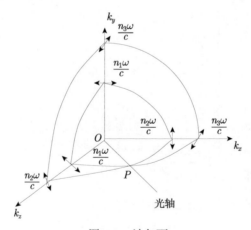

图 6-7   波矢面

为说明波矢面的构成, 考虑任一坐标面, 如 xy 平面, $k_z = 0$, 行列式为

$$\left[\left(\frac{n_3\omega}{c}\right)^2 - k_x^2 - k_y^2\right]\left\{\left[\left(\frac{n_1\omega}{c}\right)^2 - k_y^2\right]\left[\left(\frac{n_2\omega}{c}\right)^2 - k_x^2\right] - k_x^2k_y^2\right\} = 0 \tag{6.5.11}$$

它表示波矢面与 xy 平面的交线, 共有两条交线:

$$k_x^2 + k_y^2 = \left(\frac{n_3\omega}{c}\right)^2 \quad (\text{圆}) \tag{6.5.12}$$

$$\frac{k_x^2}{(n_2\omega/c)^2} + \frac{k_y^2}{(n_1\omega/c)^2} = 1 \quad (\text{椭圆}) \tag{6.5.13}$$

类似地, 与 xz 和 yz 平面的交线也是一个圆和一个椭圆.

$\boldsymbol{k}$ 面的性质如下:

(1) $\boldsymbol{k}$ 面是双层曲面, 即对任一给定的 $\boldsymbol{k}$ 的方向, 有两个可能的 k 值, 对应于两个相速度, 这两个相速度刚好对应于两种互成正交的偏振状态. 因此, 晶体中的光波可看作由两个独立的彼此间成正交偏振的并以不同速度传播的波所组成.

(2) $\boldsymbol{k}$ 面的内壳和外壳在某一定点 P 处相交, 该点确定两个 k 值相等时的一个方向, 这个方向称为晶体的**光轴**. 光沿光轴传播时, 两个正交偏振态的相速相等.

(3) 当 $n_3 > n_2 > n_1$ 时, 在 xz 平面内有两个光轴, 这种晶体叫双轴晶体. $\boldsymbol{k}$ 面与 xz 平面的交线如图 6-8(a) 所示.

(4) 有两个主折射率相等时, 晶体仅有一条光轴, 称为单轴晶体. 当 $n_1 = n_2 < n_3$ 时, 为正单轴晶体, 光轴是 z 轴. $\boldsymbol{k}$ 面由一个球面和一个旋转椭球面组成, 旋转轴即是光轴, 椭球面在外, 如图 6-8(b) 所示. 而当 $n_1 = n_2 > n_3$ 时, 为负单轴晶体, 光轴也是 z 轴. $\boldsymbol{k}$ 面由一个球面和一个旋转椭球面组成, 旋转轴即是光轴, 椭球面在内, 见图 6-8(c).

(5) 当 $n_1 = n_2 = n_3$ 时, $\boldsymbol{k}$ 面退化为单个球面, 光学上呈各向同性.

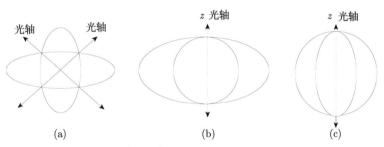

图 6-8 双轴晶体 (a) 及单轴晶体 (b)、(c) 的光轴

晶体按光学特性可分为三大类:

(1) 各向同性晶体.

$$\ddot{\chi} = \begin{pmatrix} a & 0 & 0 \\ 0 & a & 0 \\ 0 & 0 & a \end{pmatrix}, \quad n = \sqrt{1+a}$$

这类晶体属立方晶系, 晶体中有三个结晶学上等效的、相互正交的方向可供选择. 光学性质上为各向同性, 等同于非晶体.

(2) 单轴晶体.

$$\overset{\leftrightarrow}{\chi} = \begin{pmatrix} a & 0 & 0 \\ 0 & a & 0 \\ 0 & 0 & b \end{pmatrix}$$

$$n_1 = n_2 = \sqrt{1+a}, \quad n_3 = \sqrt{1+b}$$

这类晶体属三角晶系、四角晶系或六角晶系, 晶体中有一个平面有两个或多个结晶学上等效的方向可供选择.

在单轴晶体中, $n_1 = n_2 = n_o$ 称为寻常折射率, 而 $n_3 = n_e$ 为非常折射率. 对于正晶体有 $n_e > n_o$, 负晶体有 $n_e < n_o$.

(3) 双轴晶体.

$$\overset{\leftrightarrow}{\chi} = \begin{pmatrix} a & 0 & 0 \\ 0 & b & 0 \\ 0 & 0 & c \end{pmatrix}$$

$$n_1 = \sqrt{1+a}, \quad n_2 = \sqrt{1+b}, \quad n_3 = \sqrt{1+c}$$

这类晶体为三斜晶系、单斜晶系或斜方晶系, 晶体中没有两个结晶学上的等效的方向可供选择.

表 6-1 列出了几种典型晶体的折射率.

表 6-1　一些普通晶体的折射率

晶体	折射率
NaCl	1.544
钻石	2.417
石英 (正晶体)	$n_o = 1.544$, $n_e = 1.553$
方解石 (负晶体)	$n_o = 1.658$, $n_e = 1.486$
云母 (双轴晶体)	$n_1 = 1.552$, $n_2 = 1.582$, $n_3 = 1.588$

6.5.3　相速度面

波数 k 与相速率 v 的关系为 $k = \dfrac{\omega}{v}$, 波矢 $\boldsymbol{k}$ 与相速 $\boldsymbol{v}$ 的关系为 $\boldsymbol{k} = \dfrac{\omega}{v^2}\boldsymbol{v}$; 用分量表示时, 上述矢量方程相当于三个标量方程

$$k_x = v_x \frac{\omega}{v^2}, \quad k_y = v_y \frac{\omega}{v^2}, \quad k_z = v_z \frac{\omega}{v^2} \tag{6.5.14}$$

代入 k 面的方程中, 得

$$\begin{vmatrix} \dfrac{n_1^2 v^4}{c^2} - v_y^2 - v_z^2 & v_x v_y & v_x v_z \\[3mm] v_y v_x & \dfrac{n_2^2 v^4}{c^2} - v_x^2 - v_z^2 & v_y v_z \\[3mm] v_z v_x & v_z v_y & \dfrac{n_3^2 v^4}{c^2} - v_x^2 - v_y^2 \end{vmatrix} = 0 \qquad (6.5.15)$$

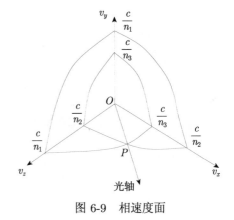

图 6-9 相速度面

由该方程定义的面称为**相速度面**, 它可认为是 k 面的倒数面, 也是双壳面, 对沿确定方向的平面波, 它直接给出两个可能的相速度值. 相速度面一般有如图 6-9 的形式, 与坐标平面的交线是由圆和四次卵形线组成. 所以 v 面与 xy 平面的交线方程为

$$v^2 = v_x^2 + v_y^2 = \frac{c^2}{n_3^2} \quad (\text{圆})$$

$$\frac{v_x^2}{n_2^2} + \frac{v_y^2}{n_1^2} = \frac{v^4}{c^2} \qquad (\text{四次卵形线})$$

$$(6.5.16)$$

其余坐标面上也存在类似的关系式.

6.5.4 光线速度面

考察在晶体中的一束窄光束或光线, 波矢 k 的方向由下式决定:

$$\mathbf{k} \times (\mathbf{k} \times \mathbf{E}) + \frac{\omega^2}{c^2} \mathbf{E} = -\frac{w^2}{c^2} \vec{\chi} \cdot \mathbf{E}, \quad \mathbf{k}(\mathbf{k} \cdot \mathbf{E}) + \left(\frac{\omega^2}{c^2} - k^2 \right) \mathbf{E} = -\frac{w^2}{c^2} \vec{\chi} \cdot \mathbf{E}$$

因为 E 与 $\vec{\chi} \cdot E$ 不在一个方向上, 所以 $k \cdot E \neq 0$, 即 k 和 E 在各向异性介质中不垂直.

另外, 由 $\mathbf{k} \times \mathbf{E} = \mu_0 \omega \mathbf{H}$ 可知, $k \perp H$. 因此, k 在 $E - S$ 平面内, 但与 S 方向不一致, 两者之间有一夹角 θ.

等相面与 k 垂直, 如图 6-10 所示. 等相面沿 S 方向 (即**光线方向**) 运动的速度 u 称为**光线速度**

$$u = \frac{v}{\cos \theta} \geqslant v$$

式中, v 为相速. 显然, 除光轴方向外, 光线的速度大于相速度. 在光轴方向, 光线速度与相速度相等, 这时 S 与 k 方向一致.

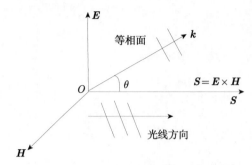

图 6-10 k、S 及光线方向之间的关系

光线速度面给出了在任一给定的光线方向上, 光线速度的大小. 为求得光线速度面的方程, 考察平面波的波动方程, 它可用电位移矢量 $D = \varepsilon_0(\vec{I} + \vec{\chi}) \cdot E$ 表示为

$$k \times (k \times E) = -\frac{\omega^2}{c^2 \varepsilon_0} D$$

由于 $D \perp k$, 展开三矢量乘积后得到

$$(k \cdot E)k - k^2 E = -\frac{\omega^2}{c^2 \varepsilon_0} D$$

点乘 D, 得

$$k^2 E \cdot D = \frac{\omega^2}{c^2 \varepsilon_0} D \cdot D$$

由于 $k = \dfrac{\omega}{v}$, 有

$$E \cdot D = ED \cos \theta = \frac{\omega^2}{c^2 \varepsilon_0} D^2, \quad v = \frac{\omega}{k}$$

取晶体的主轴为坐标轴, 则 E、D 的分量有下列关系:

$$\begin{cases} D_x = \varepsilon_0 \varepsilon_{11} E_x = \varepsilon_0 n_1^2 E_x \\ D_y = \varepsilon_0 \varepsilon_{22} E_y = \varepsilon_0 n_2^2 E_y \\ D_z = \varepsilon_0 \varepsilon_{33} E_z = \varepsilon_0 n_3^2 E_z \end{cases}$$

E、D 的方程相当于如下 3 个标量方程:

$$\begin{cases} D_x \left(\dfrac{c^2}{n_1^2} - u_y^2 - u_z^2 \right) + D_y u_x u_y + D_z u_x u_z = 0 \\[2mm] D_x u_y u_x + D_y \left(\dfrac{c^2}{n_2^2} - u_x^2 - u_z^2 \right) + D_z u_y u_z = 0 \\[2mm] D_x u_z u_x + D_y u_y u_z + D_z \left(\dfrac{c^2}{n_3^2} - u_x^2 - u_y^2 \right) = 0 \end{cases}$$

为了使方程有解, 必须

$$\begin{vmatrix} \dfrac{c^2}{n_1^2} - u_y^2 - u_z^2 & u_x u_y & u_x u_z \\[3mm] u_y y_x & \dfrac{c^2}{n_2^2} - u_x^2 - u_z^2 & u_y u_z \\[3mm] u_z u_x & u_y u_z & \dfrac{c^2}{n_3^2} - u_x^2 - u_y^2 \end{vmatrix} = 0 \qquad (6.5.17)$$

式 (6.5.17) 称为光线速度面方程. 令 $u_z = 0$, 得与 xy 平面的截线方程

$$u_x^2 + u_y^2 = \frac{c^2}{n_3^2} \qquad (\text{圆})$$

$$n_2^2 u_x^2 + n_1^2 u_y^2 = c^2 \qquad (\text{椭圆})$$

由旋转变换可以得到与其他坐标面的截线方程, 其结果也是圆和椭圆. 而且, 沿着坐标轴的光线速度面的截线跟相速度面的截线相同. 光线速度面的结构由双层壳组成, 对给定光线方向有两个可能的 u 值, 决定两种光线速度相等的方向称为晶体的光线轴. 双轴晶体有两条光线轴, 与光轴截然不同. 单轴晶体则只有一条光线轴, 与光轴重合.

6.6 光在界面上的双折射

6.6.1 双折射、寻常波与非常波

考察入射在晶体表面上的一列平面波. 用 k_0 表示入射波的传播矢量, k 表示折射波的传播矢量, 角 θ 和 ϕ 为入射角和折射角. 在边界上有 $k_0 \cdot r = k \cdot r$, 表示入射波和折射波的传播矢量在界面上的投影必须相等. 在晶体中, 对于给定的传播方向, 有两个可能的传播矢量, 导致入射在晶体表面上的波产生双折射, 如图 6-11 所示. 这两个折射波为

$$k_0 \sin \theta = k_1 \sin \phi_1$$

$$k_0 \sin \theta = k_2 \sin \phi_2$$

由于 k_1、k_2 一般并非常数, 而是随 k 的方向而变化的, 所以

$$\frac{\sin \theta}{\sin \phi} \neq \text{恒量}$$

这一情况不同于各向同性介质界面上发生的折射. 因此, 给定 θ 确定 ϕ 不是件容易的事. 解出 ϕ 的一种途径是如图 6-11 所示的图解法.

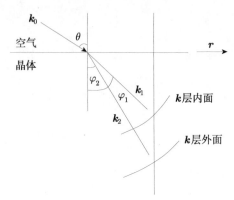

图 6-11   双折射的产生

单轴晶体中 k 面的一层是球面, 在所有方向上 k 为常数, 遵从 Snell 定理, 这种波称为**寻常波**, 有

$$\frac{\sin\theta}{\sin\phi} = n_{\mathrm{o}}$$

另一层是椭球面, Snell 定律不成立, 这种波称为**非常波**. 对于正单轴晶体, 有 $n_{\mathrm{e}} > n_{\mathrm{o}}$, $\phi_{\mathrm{e}} \leqslant \phi_{\mathrm{o}}$; 对于负单轴晶体, 则有 $n_{\mathrm{e}} < n_{\mathrm{o}}$, $\phi_{\mathrm{e}} \geqslant \phi_{\mathrm{o}}$.

图 6-12 为几个双折射的例子. 在所有情况下, 波的两种偏振互成正交. 图中箭头表示的是波矢量 k, 半圆线、半椭圆线表示 k 面.

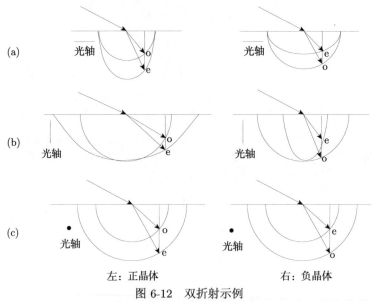

左: 正晶体   右: 负晶体

图 6-12   双折射示例

(a) 光轴与界面平行, 且与入射面平行; (b) 光轴与界面垂直,

且与入射面平行; (c) 光轴与界面平行, 且与入射面垂直

6.6.2　偏振棱镜

利用晶体的双折射性质可以制作产生偏振光的器件 —— 偏振棱镜. 设一列波从单轴晶体内部入射到边界上, 设光轴垂直于入射面, k 面的截面由两个圆组成, 对 o 光和 e 光, Snell 定律均成立, 假设外部介质为空气, 于是

$$n_o \sin\phi_o = \sin\theta$$

$$n_e \sin\phi_e = \sin\theta$$

式中, θ 为入射角, ϕ_o 和 ϕ_e 分别为寻常波和非常波的折射角, 寻常波的 $\boldsymbol{E}$ 矢量与光轴方向垂直, 非常波的 $\boldsymbol{E}$ 矢量与光轴方向平行.

对于负单轴晶体 (方解石), 若入射角 θ 满足

$$n_e < \frac{1}{\sin\theta} < n_o$$

则 o 光全内反射, e 光则不然, 故折射波是全偏振的, 如图 6-13(a) 所示.

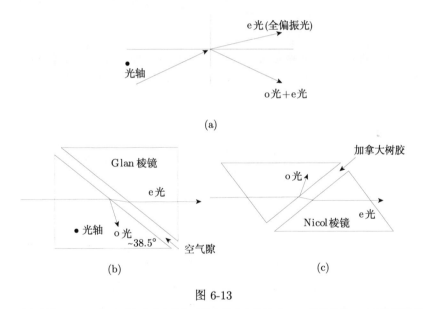

图 6-13

(a) 内折射情况下, 晶体界面上非常光线与寻常光线分离的情形; (b) 格兰棱镜; (c) 尼科耳棱镜

图 6-13(b) 所示的格兰棱镜就是根据上述原理制成的一种偏振棱镜. 它由两个一样的方解石棱镜构成, 棱镜的棱脊切成与光轴平行, 安装时使斜面保持平行. 两个棱镜斜面间的间隙为空气或某种合适的透明材料. 如果是空气间隙, 顶角必须为 38.5°. 图 6-13(c) 是另一种偏振棱镜 —— 尼科耳棱镜, 其形状为与方解石晶体相近的菱体.

以上棱镜只能获得一束偏振光, 另一类偏振元件可以把入射光分开成两束偏振方向互相正交的光束. 图 6-14 为三个这样的实例, 它们都是用正单轴晶体材料制作的.

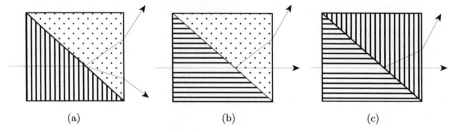

图 6-14　把非偏振光分成两束分离的正交偏振光的三种棱镜

(a) 沃拉斯顿棱镜; (b) 洛匈棱镜; (c) 塞拿蒙棱镜

6.7　旋光性、磁光效应和电光效应

6.7.1　旋光性

某些物质能把通过它的光的偏振面旋转, 这种现象称为旋光性 (图 6-15). 使偏振面向右旋转的物质叫右旋物质, 反之为左旋物质. 食盐、朱砂、某些糖类、晶态石英等都是旋光物质.

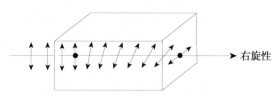

图 6-15　旋光物质使偏振面旋转

线偏振光通过旋光物质时, 光传播方向上单位长度偏振面转过的角度称为**旋光率**. 旋光率随波长不同而有变化的现象叫做**旋光色散**. 例如, 石英对沿光轴方向传播的波长为 400nm、500nm、600nm 的光, 旋光率分别为 49°/mm、31°/mm、22°/mm.

为解释旋光现象, 假设在介质中右旋圆偏振光与左旋圆偏振光的传播速度不同. 令 n_R 和 n_L 分别代表右旋圆偏振光的折射率和左旋圆偏振光的折射率, 相应的波数为 $k_R = n_R \omega/c$ 和 $k_L = n_L \omega/c$, 而 $\begin{pmatrix} 1 \\ -i \end{pmatrix} e^{i(k_R z - \omega t)}$ 和 $\begin{pmatrix} 1 \\ i \end{pmatrix} e^{i(k_L z - \omega t)}$ 分别代表右旋圆偏振光和左旋圆偏振光.

一束起初沿 x 方向线偏振的光在介质中传播, 其右旋和左旋偏振的初始琼斯矢量为

$$\begin{pmatrix} 1 \\ 0 \end{pmatrix} = \frac{1}{2} \begin{pmatrix} 1 \\ -i \end{pmatrix} + \frac{1}{2} \begin{pmatrix} 1 \\ i \end{pmatrix}$$

通过介质传播距离 l 后, 光波的复振幅为

$$\frac{1}{2} \begin{pmatrix} 1 \\ -i \end{pmatrix} e^{i(k_R l)} + \frac{1}{2} \begin{pmatrix} 1 \\ i \end{pmatrix} e^{i(k_L l)}$$

$$= \frac{1}{2} e^{i(k_R+k_L)l/2} \left\{ \begin{pmatrix} 1 \\ -i \end{pmatrix} e^{i(k_R-k_L)l/2} + \begin{pmatrix} 1 \\ i \end{pmatrix} e^{-i(k_R-k_L)l/2} \right\} \tag{6.7.1}$$

设 $\varphi = (k_R + k_L)l/2$, $\theta = (k_R - k_L)l/2$, 则复振幅为

$$e^{i\varphi} \left\{ \frac{1}{2} \begin{pmatrix} 1 \\ -i \end{pmatrix} e^{i\theta} + \frac{1}{2} \begin{pmatrix} 1 \\ i \end{pmatrix} e^{-i\theta} \right\} = e^{i\varphi} \begin{pmatrix} \frac{1}{2}(e^{i\theta} + e^{-i\theta}) \\ -\frac{1}{2}i(e^{i\theta} - e^{-i\theta}) \end{pmatrix} = e^{i\varphi} \begin{pmatrix} \cos\theta \\ \sin\theta \end{pmatrix} \tag{6.7.2}$$

式 (6.7.2) 表示一种线偏振波, 其偏振方向相对于原偏振方向转过一个角度 θ

$$\theta = (n_R - n_L)\frac{\omega l}{2c} = (n_R - n_L)\frac{\pi l}{\lambda_0}$$

式中, λ_0 为真空中波长. 由上式可见, 旋光率可以表示成 $\delta = (n_R - n_L)\pi/\lambda_0$, 其中折射率 n_R、n_L 也是 λ_0 的函数.

石英存在两种晶态, 一种为右旋, 另一种为左旋. 当光沿右旋石英的光轴传播时, 其折射率如表 6-2 所示. 在左旋石英中, 表中 n 的下标 R、L 对调.

表 6-2 石英的折射率

λ/nm	n_R	n_L	$n_R - n_L$
396	1.558 10	1.558 21	0.000 11
589	1.544 20	1.544 27	0.000 07
760	1.539 14	1.539 20	0.000 06

由右旋石英和左旋石英制成的两块棱镜按照图 6-16 所示装在一起, 构成菲涅耳棱镜. 它可以把非偏振光分成两束旋转方向相反的圆偏振光, 其原理是, 在斜面边界上, 对右旋圆偏振光来说, 相对折射率大于 1, 对左旋圆偏振光而言则是小于 1, 因而光束在边界面上被分成两束光.

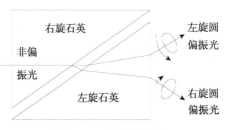

图 6-16 菲涅耳棱镜

现在来考虑旋光介质的**极化率张量**. 如果极化张量有非对角对称的共轭虚元素, 即有如下形式:

$$\overset{\leftrightarrow}{\chi} = \begin{pmatrix} \chi_{11} & i\chi_{12} & 0 \\ -i\chi_{12} & \chi_{11} & 0 \\ 0 & 0 & \chi_{33} \end{pmatrix} \tag{6.7.3}$$

式中, χ_{12} 为实数, 则该介质为旋光介质. 证明如下:

由极化率张量, 可以写出波动方程 (如沿 z 方向传播) 的分量形式为

$$-k^2 E_x + \frac{\omega^2}{c^2} E_x = -\frac{\omega^2}{c^2}(\chi_{11} E_x + i\chi_{12} E_y) \tag{6.7.4}$$

$$-k^2 E_y + \frac{\omega^2}{c^2} E_y = -\frac{\omega^2}{c^2}(-i\chi_{12} E_x + \chi_{11} E_y) \tag{6.7.5}$$

$$\left(-k^2 + \frac{\omega^2}{c^2}\right) E_z = -\frac{\omega^2}{c^2}\chi_{33} E_z \tag{6.7.6}$$

从最后一个方程得到 $E_z=0$, 即波是横波. 为了使方程有特解, 式 (6.7.4)、式 (6.7.5) 的系数行列式必须为零, 即

$$\begin{vmatrix} -k^2 + \left(\dfrac{\omega^2}{c^2}\right)(1+\chi_{11}) & i\left(\dfrac{\omega^2}{c^2}\right)\chi_{12} \\ -i\left(\dfrac{\omega^2}{c^2}\right)\chi_{12} & -k^2 + \left(\dfrac{\omega^2}{c^2}\right)(1+\chi_{11}) \end{vmatrix} = 0 \tag{6.7.7}$$

对 k 求解, 得

$$k = \frac{\omega}{c}\sqrt{1 + \chi_{11} \pm \chi_{12}} \tag{6.7.8}$$

把 k 代入波动方程 (6.7.4) 或式 (6.7.5), 得

$$E_x = \pm iE_y \begin{cases} + & (右旋圆偏振光) \\ - & (左旋圆偏振光) \end{cases}$$

式 (6.7.8) 分别代表右旋和左旋圆偏振光, 折射率分别为

$$n_R = \sqrt{1 + \chi_{11} + \chi_{12}}, \quad n_L = \sqrt{1 + \chi_{11} - \chi_{12}} \tag{6.7.9}$$

于是有

$$n_R - n_L \approx \frac{\chi_{12}}{\sqrt{1+\chi_{11}}} = \frac{\chi_{12}}{n_o} \tag{6.7.10}$$

式中, n_o 为寻常折射率. 这样, 旋光率就可以写作

$$\delta = (n_R - n_L)\frac{\pi}{\lambda_0} = \frac{\chi_{12}\pi}{n_o\lambda_0} \propto \chi_{12} \tag{6.7.11}$$

我们也可以从石英的 k 面来对式 (6.7.11) 给出的旋光率作一探讨. 由于石英既是旋光物质, 又是双折射物质, 不是简单的单轴晶体, 其 k 面的正确方程是

$$
\begin{vmatrix}
\left(\dfrac{n_1\omega}{c}\right)^2 - k_y^2 - k_z^2 & k_xk_y + \mathrm{i}\chi_{12}\left(\dfrac{\omega}{c}\right)^2 & k_xk_z \\[2mm]
k_yk_x - \mathrm{i}\chi_{12}\left(\dfrac{\omega}{c}\right)^2 & \left(\dfrac{n_1\omega}{c}\right)^2 - k_x^2 - k_z^2 & k_yk_z \\[2mm]
k_zk_x & k_zk_y & \left(\dfrac{n_3\omega}{c}\right)^2 - k_x^2 - k_y^2
\end{vmatrix} = 0 \qquad (6.7.12)
$$

两个 k 壳面对应于两个**正交椭圆偏振**, 而不是正交线偏振. 沿光轴方向, 内壳面和外壳面并不接触 (一般的单轴晶体是相接触的), 存在一定的间隔. 这个间隔同 χ_{12} 的值有关, 从而也是旋光本领的量度.

6.7.2 磁光效应

1. 固体中的法拉第旋光

1845 年, 法拉第发现磁场能使各向同性电介质变为旋光介质. 这种现象叫做法拉第**磁致旋光效应**(图 6-17). 光的偏振面转过的角度 θ 正比于磁感应强度 B 和光在介质中传播的长度 l, 即

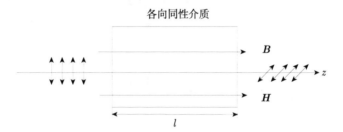

图 6-17   法拉第磁致旋光效应

$$\theta = vBl \qquad (6.7.13)$$

式中, B 为磁感应强度, l 为介质长度, v 为比例常数 (Verdet 常量). 表 6-3 列出了

表 6-3   几种物质对波长为 580nm 黄光的 Verdet 常量

材　料	Verdet 常量/[min/(Oe·cm)]
萤石	0.0009
钻石	0.012
冕牌玻璃	0.015~0.025
重火石玻璃	0.030~0.050
氯化钠	0.036

1Oe=79.5775 A/m.

几种物质的 Verdet 常量.

法拉第磁光效应可作这样的解释：当考虑存在静磁场 $\boldsymbol{B}$ 和光波的振荡电场 $\boldsymbol{E}$ 时, 束缚电子运动方程的微分形式为

$$m\frac{\mathrm{d}^2\boldsymbol{r}}{\mathrm{d}t^2} + K\boldsymbol{r} = -e\boldsymbol{E} - e\left(\frac{\mathrm{d}\boldsymbol{r}}{\mathrm{d}t}\right) \times \boldsymbol{B} \tag{6.7.14}$$

式中, $\boldsymbol{r}$ 为电子离开平衡位置的位移, K 为弹性力常数. 设 $\boldsymbol{E}$ 随时间的变化形式为 $\boldsymbol{E}_0\mathrm{e}^{-\mathrm{i}\omega t}$, $\boldsymbol{r}$ 随时间的变化形式为 $\boldsymbol{r}_0\mathrm{e}^{-\mathrm{i}\omega t}$, 则方程可写成

$$-m\omega^2\boldsymbol{r}_0 + K\boldsymbol{r}_0 = -e\boldsymbol{E} + \mathrm{i}\omega e\boldsymbol{r} \times \boldsymbol{B} \tag{6.7.15}$$

又因为

$$\boldsymbol{P} = -Ne\boldsymbol{r}, \quad \boldsymbol{r} = -\frac{\boldsymbol{P}}{Ne} \tag{6.7.16}$$

于是有

$$(-m\omega^2 + k)\boldsymbol{P} = Ne^2\boldsymbol{E} + \mathrm{i}\omega e\boldsymbol{P} \times \boldsymbol{B} \tag{6.7.17}$$

求解式 (6.7.17) 的分量方程组 ($\boldsymbol{B}$ 沿 z 方向), 解出 $\boldsymbol{P} = \varepsilon_0\overset{\leftrightarrow}{\chi}\cdot\boldsymbol{E}$, 式中 $\overset{\leftrightarrow}{\chi}$ 为 "有效" 极化率张量, 它与旋光物质有相同的形式:

$$\overset{\leftrightarrow}{\chi} = \begin{pmatrix} \chi_{11} & \mathrm{i}\chi_{12} & 0 \\ -\mathrm{i}\chi_{12} & \chi_{11} & 0 \\ 0 & 0 & \chi_{33} \end{pmatrix} \tag{6.7.18}$$

式中

$$\chi_{11} = \frac{Ne^2}{m\varepsilon_0}\left[\frac{\omega_0^2 - \omega^2}{(\omega_0 - \omega^2)^2 - \omega_c^2\omega^2}\right] \tag{6.7.19}$$

$$\chi_{33} = \frac{Ne^2}{m\varepsilon_0}\left[\frac{1}{\omega_0^2 - \omega^2}\right] \tag{6.7.20}$$

$$\chi_{12} = \frac{Ne^2}{m\varepsilon_0}\left[\frac{\omega\omega_c}{(\omega_0 - \omega^2)^2 - \omega_c^2\omega^2}\right] \tag{6.7.21}$$

式中, $\omega_0 = \sqrt{k/m}$ 为共振频率, $\omega_c = eB/m$ 为回旋频率.

最后, 旋光率可近似表示为

$$\delta = \frac{\chi_{12}\pi}{n_0\lambda_0} \approx \frac{\pi Ne^2}{n_0\lambda_0 m\varepsilon_0}\left[\frac{\omega\omega_c}{(\omega_0^2 - \omega^2)^2}\right] = \frac{\pi Ne^3}{n_0\lambda_0 m^2\varepsilon_0}\left[\frac{\omega B}{(\omega_0^2 - \omega^2)^2}\right] \propto B \tag{6.7.22}$$

式中, 假定了 $\omega\omega_c \ll |\omega_0^2 - \omega^2|$.

2. 弗格特效应 (Voigt)

静磁场中各向同性物质变成双折射物质和旋光物质, 这种效应只有在 $\omega \approx \omega_0$ 时才较为明显; 在其他频率处, $\chi_{11} = \chi_{33}$, $\chi_{12} \approx 0$, 双折射是非常小的.

在原子蒸气中, 入射光频率接近于蒸气原子的共振频率时, 磁场引起的双折射称为 Voigt 效应.

3. 科顿–莫顿 (Cotton-Mouton) 效应

Cotton-Mouton 效应也是一种磁光效应, 可以在液体中观察到, 原因是磁场能够使液体中的分子产生规则的排列. 与下面就要讲到的克尔电光效应类似, 这种效应的大小与电场强度的平方成正比.

6.7.3 电光效应

1. 克尔 (Kerr) 电光效应

1875 年克尔发现, 光学上各向同性的物质置于强电场中也会产生双折射效应. 这种被称为克尔电光效应的现象在固体和液体中都可以看到. 产生这种现象的原因是电场使固体 (玻璃) 或液体中分子排列成行, 使之变成单轴晶体, 光轴由电场确定. 效应的大小与电场强度的平方成正比:

$$n_{//} - n_{\perp} = KE^2\lambda_0$$

式中, $n_{//}$ 为沿 $\boldsymbol{E}$ 方向的折射率, $n_{\perp}$ 为垂直于 $\boldsymbol{E}$ 方向的折射率, λ_0 表示真空中波长, K 为克尔常量. 表 6-4 为几种液体的克尔常量值.

表 6-4　几种液体的克尔常量值

液　体	克尔常量/(cm/V²)
苯	0.7×10^{-12}
CS$_2$	3.5×10^{-12}
硝基甲苯	2.0×10^{-10}
硝基苯	4.4×10^{-10}

克尔电光效应可应用于制作高速调节器 (克尔盒). 它由浸没在合适液体中的两片平行导体组成, 其装置如图 6-18 所示. 如果起偏器和检偏器摆成正交, 并相对克尔盒的电轴成 $\pm 45°$, 那么除非加上电场, 光才能透过 (图 6-19). 克尔盒的透射率与所加电压的关系见图 6-20.

2. 泡克耳斯 (Pockels) 效应

某些双折射晶体置于电场中, 其折射率会发生改变. 这种效应正比于电场强度, 叫做泡克耳斯效应. 利用这一效应, 可以制作光快门和光调制器 (通常用磷酸二氢

铵 (ADP) 或者磷酸二氢钾 (KDP) 制成). 晶体在两个电极间的安放要与通过晶体的光电场的方向一致 (图 6-21). 泡克耳斯盒的透射率与电压的关系曲线如图 6-20 所示.

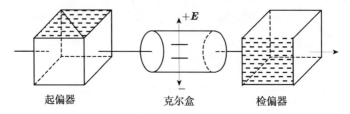

图 6-18   利用克尔电光效应制作的高速调节 (克尔盒) 装置

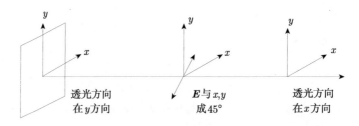

图 6-19   克尔盒使用原理图

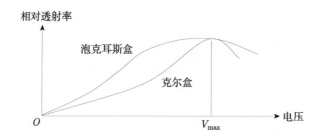

图 6-20   克尔盒和泡克耳斯盒透射率曲线对比

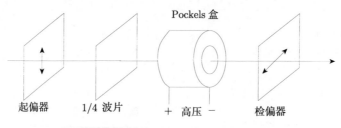

图 6-21   用泡克耳斯盒制作高速调节装置

6.8 非线性光学简介

当光波通过光学介质传播时, 振荡着的电磁场对组成介质的所有电子施加极化力. 因为原子内层的电子被原子核紧紧束缚着, 所以大部分极化作用是加在外层电子或价电子上. 使用普通光源时, 辐射场比原子束缚电子的场要小得多. 因此, 辐射场的作用犹如一种微扰. 这种微扰产生的极化与光波的电场成正比. 然而, 如果辐射场同原子的场 ($\sim 10^8 \mathrm{V/cm}$) 可以相比拟的话, 那么在极化与辐射场两者之间的关系不再是线性的了 (图 6-22).

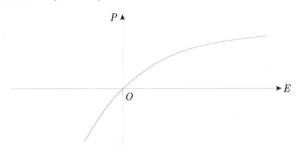

图 6-22 介质的极化与电场强度的关系曲线

要显示这种非线性, 可用激光作为光源提供所需的光场. 已观测到的非线性光学效应包括光学谐波的产生, 混频的产生, 光整流和许多其他现象.

在各向同性介质中, 因为极化的方向同电场的方向一致, 所以极化强度 $\boldsymbol{P}$ 同电场 $\boldsymbol{E}$ 之间的一般关系可表达为简单的标量级数展开式, 即

$$P = \varepsilon_0(\chi E + \chi^{(2)} E^2 + \chi^{(3)} E^3 + \cdots) \tag{6.8.1}$$

式中, χ 为标准极化率或线性极化率. χ 的值通常比非线性系数 $\chi^{(2)}$、$\chi^{(3)}$ 等大得多. 如果施加的电场形式为 $E_0 \mathrm{e}^{-\mathrm{i}\omega t}$, 那么感应的极化量为

$$P = \varepsilon_0(\chi E_0 \mathrm{e}^{-\mathrm{i}\omega t} + \chi^{(2)} E_0^2 \mathrm{e}^{-\mathrm{i}2\omega t} + \chi^{(3)} E_0^3 \mathrm{e}^{-\mathrm{i}3\omega t} + \cdots) \tag{6.8.2}$$

二次和更高次极化项产生光谐波 (图 6-23). 随着极化系数级数的增大, 谐波强度通常迅速减弱. 如果 $\boldsymbol{P}$ 和 $\boldsymbol{E}$ 有这样的一般关系, 当 $\boldsymbol{E}$ 的方向相反时仅仅引起 $\boldsymbol{P}$ 的方向相反, 也就是说, 如果 $P(E)$ 是奇函数的话, 那么偶次项全为零并且没有偶次谐波. 事实上, 各向同性介质便是这种情况.

在晶体中, $\boldsymbol{P}$ 与 $\boldsymbol{E}$ 不一定平行, 于是极化强度必须表达成如下的展开式:

$$\boldsymbol{P} = \varepsilon_0(\overset{\leftrightarrow}{\chi} \cdot \boldsymbol{E} + \overset{\leftrightarrow}{\chi}^{(2)} : \boldsymbol{E}\boldsymbol{E} + \overset{\leftrightarrow}{\chi}^{(3)} \vdots \boldsymbol{E}\boldsymbol{E}\boldsymbol{E} + \cdots) \tag{6.8.3}$$

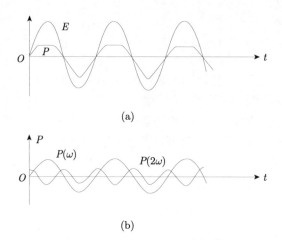

(a)

(b)

图 6-23　(a) 在非线性情况下电场和极化强度与时间的关系;

(b) 极化分解成基波和二次谐波 (图中未标出直流项)

式中, $\vec{\chi}$ 为通常的极化率张量, 系数 $\overset{(2)}{\vec{\chi}}$、$\overset{(3)}{\vec{\chi}}$ 等为高阶张量. 这个展开式常写成两项之和, 即

$$\boldsymbol{P} = \boldsymbol{P}^{\mathrm{L}} + \boldsymbol{P}^{\mathrm{NL}} \tag{6.8.4}$$

式中, 线性极化强度 $\boldsymbol{P}^{\mathrm{L}}$ 为

$$\boldsymbol{P}^{\mathrm{L}} = \varepsilon_0 \vec{\chi} \cdot \boldsymbol{E} \tag{6.8.5}$$

余下的一项是非线性极化强度 $\boldsymbol{P}^{\mathrm{NL}}$, 表示为

$$\boldsymbol{P}^{\mathrm{NL}} = \varepsilon_0 (\overset{(2)}{\vec{\chi}} : \boldsymbol{E}\boldsymbol{E} + \overset{(3)}{\vec{\chi}} \vdots \boldsymbol{E}\boldsymbol{E}\boldsymbol{E} + \cdots) \tag{6.8.6}$$

如果施加的场 $\boldsymbol{E}$ 是角频率为 ω 的光波, 那么二次谐波极化强度 $\boldsymbol{P}(2\omega)$ 便由 $\varepsilon_0 \overset{(2)}{\vec{\chi}} : \boldsymbol{E}\boldsymbol{E}$ 所产生, 其分量可以写成

$$P_i(2\omega) = \varepsilon_0 \sum_j \sum_k \chi_{ijk}^{(2)} E_j E_k \tag{6.8.7}$$

所产生的光的二次谐波的大小严格地依赖于张量 $\overset{(2)}{\vec{\chi}}$ 的形式. 为使张量 $\overset{(2)}{\vec{\chi}}$ 不为零, 晶体必须不具有反演对称性. 这也是晶体为压电晶体的一个要求条件. 因此, 像石英和 KDP 这类压电晶体也常常用来产生光的二次谐波.

考察一束角频率为 ω 的平面波通过晶体传播的情况, 这里的晶体具有能产生二次谐波 2ω 所需的对称类型. 基波的电磁场有空间－时间变化的形式 $\mathrm{e}^{\mathrm{i}(k_1 z - \omega t)}$, 而二次谐波的电磁场则为 $\mathrm{e}^{\mathrm{i}(k_2 z - 2\omega t)}$.

假定晶体是厚度为 l 的板, 那么在晶体的出射面上, 二次谐波的振幅是由晶体内每一厚度元 $\mathrm{d}z$ 的贡献相加而得, 即

$$E(2\omega, l) \propto \int_0^l E^2(\omega, z)\mathrm{d}z \propto \int_0^l \mathrm{e}^{2\mathrm{i}[k_1 z - \omega(t-\tau)]}\mathrm{d}z \tag{6.8.8}$$

式中 τ 为频率为 2ω 的光扰动从 z 传至 l 的时间, 并由式

$$\tau = \frac{k_2(l-z)}{2\omega} \tag{6.8.9}$$

得出. 在进行积分运算并取绝对值的平方后, 得到二次谐波的强度为

$$|E(2\omega)|^2 \propto \left[\frac{\sin\left(k_1 - \frac{1}{2}k_2\right)l}{k_1 - \frac{1}{2}k_2}\right]^2 \tag{6.8.10}$$

以上结果表明, 假如 $k_1 = k_2/2$, 那么光的二次谐波的强度与板厚的平方成正比. 另外, 用厚度为

$$l_{\mathrm{c}} = \frac{\pi}{2k_1 - k_2} \tag{6.8.11}$$

的晶体时, 能够得到最大的强度. l_{c} 称为 "相互作用长度". 由于色散的缘故, 对典型的晶体而言, 这个相互作用长度仅为 $10\lambda_0 \sim 20\lambda_0$. 不过, 有可能用**速度匹配**的方法来大大增大相互作用长度. 这种方法是利用双折射晶体的 $\boldsymbol{k}$ 面或速度面的双重性质. 实际上, 因为能量沿着光线传递, 所以在这种应用中重要的是光线速度面.

对于单轴晶体, 适当地选择光线的方向, 就可以使基波 (对应于寻常光线) 的光线速度等于二次谐波 (对应于非常光线) 的光线速度. 这可由图 6-24 和图 6-25 加以说明. 用速度匹配的方法, 使得在晶体中产生光的二次谐波的效率可以提高几个数量级. 另外, 可以利用周期性畴反转结构的材料实现准相位匹配.

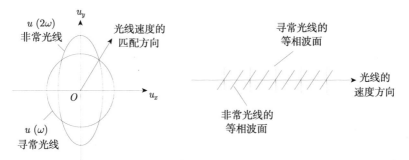

图 6-24 产生光谐波时速度匹配所用的光线速度面

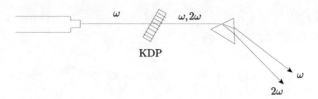

图 6-25   演示光学倍频的装置简图, KDP 晶体按速度匹配角放置

第 7 章　量子化光场

在前面几章中, 均把光看成电磁波, 并用经典的麦克斯韦方程组来描述. 光的大部分传输问题均可以用电磁波理论处理. 但在处理光与物质的相互作用时, 需要用到光场的量子化. 例如, 原子的自发辐射问题、光的统计特性等问题无法用经典的电磁波理论处理. 在本章中, 我们将介绍辐射场量子化的基本理论和方法, 并讨论量子化光场的基本特性.

7.1　辐射场的量子化

本节首先讨论单模辐射场的量子化.

由电磁场所满足的麦克斯韦方程组和介质的物性方程出发, 可以求出在开式腔中, 如果没有介质, 腔中电磁场的波动方程为

$$\nabla^2 \boldsymbol{E} - \varepsilon_0 \mu_0 \frac{\partial^2 \boldsymbol{E}}{\partial t^2} = 0 \tag{7.1.1}$$

式中, $\varepsilon_0 \mu_0 = 1/c^2$. 假定辐射场为单模场, 沿 z 轴方向传播, 电矢量振动方向与 x 轴一致, 并且处于两腔镜中 (图 7-1), 则式 (7.1.1) 可以简化为标量方程

$$\frac{\partial^2 E_x}{\partial z^2} - \varepsilon_0 \mu_0 \frac{\partial^2 E_x}{\partial t^2} = 0 \tag{7.1.2}$$

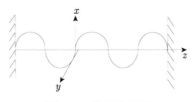

图 7-1　谐振腔简图

式 (7.1.2) 已经假设辐射场在 xy 平面上的变化很缓慢, 所以忽略了 $\dfrac{\partial^2 E_x}{\partial x^2}$, $\dfrac{\partial^2 E_x}{\partial y^2}$ 项. 可以采用分离变量法求得方程 (7.1.2) 的解

$$E_x(z,t) = E_0\left(z_0, t_0\right) \cos \Omega t \sin kz \tag{7.1.3}$$

式中, k 为单模 (设为 n 模) 的波矢, $k_n = 2\pi/\lambda_n = \Omega_n/c = n\pi/L$, Ω 为该单模的振荡角频率, L 为腔长. 式 (7.1.3) 可改写为

$$E_x(z,t) = A\mathrm{e}^{\mathrm{i}(\Omega t + \varphi)}\sin kz \tag{7.1.4}$$

引入变量 q、M, 式 (7.1.4) 为

$$E_x(z,t) = q(t)\sqrt{\frac{2M\Omega^2}{\varepsilon_0 V}}\sin kz \tag{7.1.5}$$

式中, V 为腔体体积, M 为归一化因子, 它是一具有质量量纲的常数, 表示场振幅的虚设质量, $q(t)$ 为具有长度量纲的量. 由式 (7.1.4) 和式 (7.1.5) 可得

$$q(t) = A\mathrm{e}^{\mathrm{i}(\Omega t + \varphi)}\sqrt{\frac{\varepsilon_0 V}{2M\Omega^2}} \tag{7.1.6}$$

由经典的麦克斯韦方程组, 可以求得磁场的表示式. 因为

$$\nabla \times \boldsymbol{H} = \boldsymbol{J} + \frac{\partial \boldsymbol{D}}{\partial t} \tag{7.1.7}$$

考虑到 $\boldsymbol{J} = 0$, $\boldsymbol{D} = \varepsilon_0 \boldsymbol{E}$, 则式 (7.1.7) 化为

$$\nabla \times \boldsymbol{H} = \varepsilon_0 \frac{\partial \boldsymbol{E}}{\partial t} \tag{7.1.8}$$

因为电磁波为横波, 振动着的电场矢量、磁场矢量和波的行进方向三者互相正交, 电场 $\boldsymbol{E}$ 的振动方向沿 x 方向, 所以磁场 $\boldsymbol{H}$ 的振动方向为 y 方向. 并且由于磁场 $\boldsymbol{H}$ 的横向变化比较缓慢, 即 $\partial H_y/\partial y \ll \partial H_y/\partial z$, $\partial H_y/\partial x \ll \partial H_y/\partial z$. 因此

$$-\frac{\partial}{\partial z}H_y = \varepsilon_0 \dot{q}(t)\sqrt{\frac{2M\Omega^2}{\varepsilon_0 V}}\sin kz$$

$$H_y = \dot{q}(t)\frac{\varepsilon_0}{k}\sqrt{\frac{2M\Omega^2}{\varepsilon_0 V}}\cos kz \tag{7.1.9}$$

众所周知, 光腔体积内的电磁场能量为

$$H = \frac{1}{2}\int (\varepsilon_0 E_x^2 + \mu_0 H_y^2)\mathrm{d}V$$

将式 (7.1.5)、式 (7.1.9) 代入上式, 有

$$H = \frac{1}{2}\left(q^2\frac{2M\Omega^2}{V}S\int_0^L \sin^2 kz\mathrm{d}z + \dot{q}^2\frac{\varepsilon_0\mu_0}{k^2}\frac{2M\Omega^2}{V}S\int_0^L \cos^2 kz\mathrm{d}z\right)$$

利用 $k_n = n\pi/L$, 积分后得

$$H = \frac{1}{2}\left(Mq^2\Omega^2 + M\dot{q}^2\right) \tag{7.1.10}$$

若令 $P = M\dot{q}$, 式中 P 具有动量量纲, 则

$$H = \frac{1}{2}\left(Mq^2\Omega^2 + \frac{P^2}{M}\right) \tag{7.1.11}$$

根据量子力学原理可知, 线性谐振子的哈密顿算符是

$$\hat{H} = \frac{1}{2}\left(m\omega^2\hat{x}^2 + \frac{\hat{P}^2}{m}\right) \tag{7.1.12}$$

式中, m 为线性谐振子的质量, ω 为线性谐振子的振荡频率. 对比式 (7.1.11) 和式 (7.1.12), 可以清楚地看出, 电磁场的哈密顿能量刚好与一个具有质量为 M、频率为 Ω 的经典简谐振子的能量相同, 因此可以把一个模式 (即一种频率) 的电磁场等效为一个具有相同频率的简谐振子, 从而使电磁场量子化. 由此得到的单模电磁场的哈密顿算符为

$$\hat{H} = \frac{1}{2}\left(M\Omega^2\hat{q}^2 + \frac{\hat{P}^2}{M}\right) \tag{7.1.13}$$

电磁场量子化以后, 将与简谐振子相对应. $\hat{P}$、$\hat{q}$ 即为该简谐振子相应的动量算符和位置算符, 两个算符应满足如下对易关系, 即

$$\left[\hat{P}, \hat{q}\right] = -\mathrm{i}\hbar$$

$$\left[\hat{q}, \hat{P}\right] = \mathrm{i}\hbar \tag{7.1.14}$$

$$\left[\hat{P}, \hat{P}\right] = [\hat{q}, \hat{q}] = 0$$

以下将对 $\hat{P}$ 和 $\hat{q}$ 作正则变换, 为此引入算符 $\hat{a}$、$\hat{a}^+$:

$$\hat{a} = (2M\hbar\Omega)^{-1/2}\left(M\Omega\hat{q} + \mathrm{i}\hat{P}\right) \tag{7.1.15}$$

$$\hat{a}^+ = (2M\hbar\Omega)^{-1/2}\left(M\Omega\hat{q} - \mathrm{i}\hat{P}\right) \tag{7.1.16}$$

由 $\hat{a}$、$\hat{a}^+$ 算符的定义, 可以看出它们互为伴随算符, 即 $(\hat{a}^+)^+ = \hat{a}$, 并可得出

$$\hat{q}(t) = \left(\frac{\hbar}{2M\Omega}\right)^{1/2}\left(\hat{a}^+ + \hat{a}\right) \tag{7.1.17}$$

$$\hat{P}(t) = \mathrm{i}\left(\frac{M\hbar\Omega}{2}\right)^{1/2}\left(\hat{a}^+ - \hat{a}\right) \tag{7.1.18}$$

这样, 电磁场算符将可表示为算符 $\hat{a}$ 和 $\hat{a}^+$ 的组合:

$$\hat{E}_x(z,t) = \sqrt{\frac{\hbar\Omega}{\varepsilon_0 V}}\left(\hat{a}^+ + \hat{a}\right)\sin kz \tag{7.1.19}$$

$$\hat{H}_y(z,t) = \mathrm{i}\sqrt{\frac{\hbar\Omega}{\varepsilon_0 V}}\frac{\varepsilon_0\Omega}{k}\left(\hat{a}^+ - \hat{a}\right)\cos kz \tag{7.1.20}$$

式中, $\sqrt{\hbar\Omega/\varepsilon_0 V}$ 具有电场量纲, 相当于 "每个光子" 的电场. 对于一个确定的模和腔体, $\sqrt{\hbar\Omega/\varepsilon_0 V}$ 为常数, 为方便起见, 用 ε 表示.

由算符 $\hat{P}$、$\hat{q}$ 的对易关系式 (7.1.14), 可以立即得出如下对易关系:

$$\left[\hat{a}^+, \hat{a}^+\right] = [\hat{a}, \hat{a}] = 0$$

$$\left[\hat{a}^+, \hat{a}\right] = -\left[\hat{a}, \hat{a}^+\right] = -1 \tag{7.1.21}$$

$$\left[\hat{H}, \hat{a}\right] = -\hbar\Omega\hat{a}$$

$$\left[\hat{H}, \hat{a}^+\right] = \hbar\Omega\hat{a}^+$$

算符 $\hat{a}$、$\hat{a}^+$ 满足海森伯运动方程, 即

$$\frac{\mathrm{d}\hat{a}}{\mathrm{d}t} = \frac{\mathrm{i}}{\hbar}\left[\hat{H}, \hat{a}\right] = -\mathrm{i}\Omega\hat{a} \tag{7.1.22}$$

$$\frac{\mathrm{d}\hat{a}^+}{\mathrm{d}t} = \frac{\mathrm{i}}{\hbar}\left[\hat{H}, \hat{a}^+\right] = \mathrm{i}\Omega\hat{a}^+ \tag{7.1.23}$$

式 (7.1.22)、式 (7.1.23) 的解分别为

$$\hat{a}(t) = \hat{a}(0)\mathrm{e}^{-\mathrm{i}\Omega t} \tag{7.1.24}$$

$$\hat{a}^+(t) = \hat{a}^+(0)\mathrm{e}^{\mathrm{i}\Omega t} \tag{7.1.25}$$

式中, $\hat{a}(0)$、$\hat{a}^+(0)$ 分别表示 $t = 0$ 时的 $\hat{a}$ 和 $\hat{a}^+$ 算符.

电磁场的哈密顿算符式 (7.1.13) 也可表示为算符 $\hat{a}$ 和算符 $\hat{a}^+$ 的组合, 即

$$\hat{H} = \hbar\Omega\left(\hat{a}^+\hat{a} + \frac{1}{2}\right) \tag{7.1.26}$$

7.2　光 子 数 态

若采用光子数态矢表示本征态矢, 则在以 $|n\rangle$ 为基矢的光子数图像中, 能量本征值方程为

$$\hat{H}|n\rangle = E_n|n\rangle \tag{7.2.1}$$

式中, $|n\rangle$ 为光子数态矢量, 基矢 $|n\rangle$ 是正交归一的, 即 $\langle n\mid m\rangle = \delta_{n,m}$, E_n 为 $|n\rangle$ 光子状态的能量本征值.

由式 (7.1.21) 的对易关系, 可以求得

$$\hat{H}\left(\hat{a}\,|n\rangle\right) = \left\{\left[\hat{H},\hat{a}\right] + \hat{a}\hat{H}\right\}|n\rangle = -\hbar\Omega\hat{a}\,|n\rangle + \hat{a}\hat{H}\,|n\rangle = \left(E_n - \hbar\Omega\right)\left(\hat{a}\,|n\rangle\right) \quad (7.2.2)$$

同样可以求出

$$\left.\begin{array}{c} \hat{H}\left(\hat{a}^2\,|n\rangle\right) = \left(E_n - 2\hbar\Omega\right)\left(\hat{a}^2\,|n\rangle\right) \\ \vdots \\ \hat{H}\left(\hat{a}^n\,|n\rangle\right) = \left(E_n - n\hbar\Omega\right)\left(\hat{a}^n\,|n\rangle\right) \end{array}\right\} \quad (7.2.3)$$

式 (7.2.2) 的含义为, 将算符 $\hat{a}$ 对本征态矢 $|n\rangle$ 作用一次, 得到的态仍然是哈密顿算符的本征态, 但能量本征值降低了一个 $\hbar\Omega$ 值. 式 (7.2.3) 表示算符 $\hat{a}$ 对本征态矢 $|n\rangle$ 作用 n 次后的状态, 也仍然是哈密顿算符的本征态, 但能量本征值随作用次数 n 而降低 $n\hbar\Omega$ 值. 可以求出

$$\hat{H}\,|0\rangle = \frac{1}{2}\hbar\Omega\,|0\rangle \quad (7.2.4)$$

式 (7.2.4) 表明本征态矢的最低状态为 $|0\rangle$, 此时的本征值为 $\frac{1}{2}\hbar\Omega$, $\hbar\Omega$ 为一个光子的能量, 态矢 $|0\rangle$ 表示光子数为零的状态, $|n\rangle$ 表示具有 n 个光子的状态, 则式 (7.2.2)、式 (7.2.3) 将表示算符 $\hat{a}$ 作用于光子的状态, 而且每作用一次将减少一个光子, 所以算符 $\hat{a}$ 称为光子湮没 (annihilation) 算符.

由式 (7.1.21) 的对易关系, 同样还可求出

$$\left.\begin{array}{c} \hat{H}\left(\hat{a}^+\,|0\rangle\right) = \left(\hat{a}^+\hat{H} + \hbar\Omega\hat{a}^+\right)|0\rangle \\ = \left(1 + \frac{1}{2}\right)\hbar\Omega\left(\hat{a}^+\,|0\rangle\right) \\ \vdots \\ \hat{H}\left(\hat{a}^{+n}\,|0\rangle\right) = \left(n + \frac{1}{2}\right)\hbar\Omega\left(\hat{a}^{+n}\,|0\rangle\right) \end{array}\right\} \quad (7.2.5)$$

由此可以看出, 算符 $\hat{a}^+$ 每作用于光子状态一次, 能量本征值将增加 $\hbar\Omega$, 即刚好增加一个光子的能量, 或者说算符 $\hat{a}^+$ 每作用于光子态一次, 即增加一个光子, 因此, 算符 $\hat{a}^+$ 被称为光子产生 (creation) 算符. 这样, $\hat{a}^{+n}\,|0\rangle$ 表示具有 n 个光子的状态, 用 $|n\rangle$ 表示. 比较式 (7.2.1) 和式 (7.2.5), 得出能量本征值 ε_n 为

$$E_n = \left(n + \frac{1}{2}\right)\hbar\Omega \quad (7.2.6)$$

$$\hat{H} |n\rangle = \hbar\Omega \left(n + \frac{1}{2} \right) |n\rangle \tag{7.2.7}$$

当光子数 $n = 0$ 时, 则能量本征值为

$$E_0 = \frac{1}{2}\hbar\Omega \tag{7.2.8}$$

由式 (7.1.26) 及式 (7.2.1)、式 (7.2.6), 可得 $\hat{a}^+\hat{a} |n\rangle = n |n\rangle$, 用算符 $\hat{n}$ 表示 $\hat{a}^+\hat{a}$ 算符, 式 (7.2.8) 即为

$$\hat{n} |n\rangle = n |n\rangle \tag{7.2.9}$$

式 (7.2.9) 表示, 算符 $\hat{a}^+\hat{a}$ 作用到本征态矢 $|n\rangle$ 上时, 其本征值为 n, 因此算符 $\hat{a}^+\hat{a}$(即算符 $\hat{n}$) 被称为光子数算符. 光子数算符有如下对易关系:

$$[\hat{n}, \hat{a}] = -\hat{a}, \quad [\hat{n}, \hat{a}^+] = \hat{a}^+$$

式 (7.2.1) 和式 (7.2.9) 表明, 光子数态 $|n\rangle$ 既是哈密顿算符的本征态, 又是光子数算符的本征态. 若辐射场处于 $|n\rangle$ 态矢, 则场中该模式的光子数为 n, 能量本征值为式 (7.2.6) 表示. 由此可见, 量子化场中的态矢的本征能量为分立的值. 图 7-2 中给出了电磁场量子化以后的各个能级.

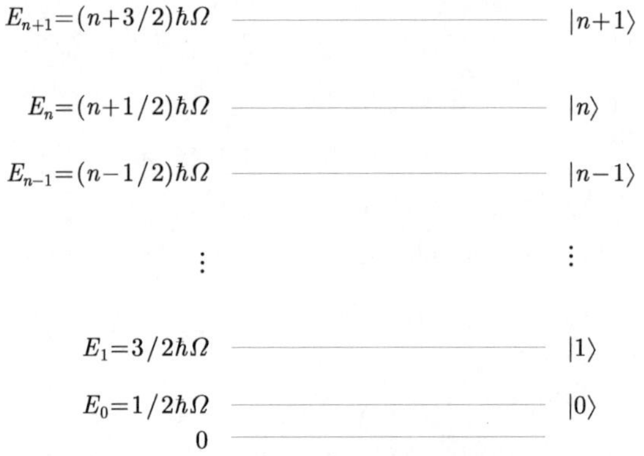

图 7-2　一个量子化电磁场的能级

光子湮没算符 $\hat{a}$ 和光子产生算符 $\hat{a}^+$ 并非厄米算符, 即

$$\hat{a} \neq (\hat{a})^+ \tag{7.2.10}$$

因此二者并不代表可观察量. 但是它们的某些组合是厄米算符. 例如, $\hat{a}$ 和 $\hat{a}^+$ 组成的电场算符 $\hat{E}$ 和哈密顿算符 $\hat{H}$(见式 (7.1.19)、式 (7.1.26)) 均为厄米算符.

如前所述, $\hat{a}$ 为光子湮没算符, 因此将 $\hat{a}$ 算符作用于光子数态矢 $|n\rangle$ 一次, 则使光子数减少一个, 变成 $|n-1\rangle$ 光子数态, 其表示式为

$$\hat{a} |n\rangle = s_n |n-1\rangle \tag{7.2.11}$$

因为 $\hat{a}$ 不是厄米算符, 所以 s_n 可以为复数. 式 (7.2.11) 的复共轭式为

$$\langle n| \hat{a}^+ = \langle n-1| s_n^* \tag{7.2.12}$$

由式 (7.2.11) 和式 (7.2.12) 可得

$$\langle n| \hat{a}^+ \hat{a} |n\rangle = n \langle n \mid n \rangle = |s_n|^2 \langle n-1 \mid n-1 \rangle \tag{7.2.13}$$

令复数 s_n 的相位为零, 则 $s_n = \sqrt{n}$, 这样, 式 (7.2.11) 变为

$$\hat{a} |n\rangle = \sqrt{n} |n-1\rangle \tag{7.2.14}$$

同样可以得到

$$\hat{a}^+ |n\rangle = \sqrt{n+1} |n+1\rangle \tag{7.2.15}$$

式 (7.2.14) 表明, 光子湮没算符 $\hat{a}$ 将一个具有 n 个光子的态转变为具有 $(n-1)$ 个光子的态; 式 (7.2.15) 指出, 光子产生算符 $\hat{a}^+$ 将一个具有 n 个光子的态转变为具有 $(n+1)$ 个光子的态. 由式 (7.2.14)、式 (7.2.15) 还可得出

$$\langle n| \hat{a}\hat{a} |n\rangle = \langle n| \hat{a}^+ \hat{a}^+ |n\rangle = 0 \tag{7.2.16}$$

$$\langle n| \hat{a}\hat{a}^+ |n\rangle = n+1 \tag{7.2.17}$$

$$\begin{cases} \langle m| \hat{a}^+ |n\rangle = \sqrt{n+1}\delta_{m,n+1} \\ \langle m| \hat{a} |n\rangle = \sqrt{n}\delta_{m,n-1} \end{cases} \tag{7.2.18}$$

在光子数表象中, 式 (7.2.18) 可写成如下矩阵形式:

$$\hat{a}^+ = \begin{pmatrix} 0 & 0 & 0 & 0 & \cdots \\ \sqrt{1} & 0 & 0 & 0 & \cdots \\ 0 & \sqrt{2} & 0 & 0 & \cdots \\ 0 & 0 & \sqrt{3} & 0 & \cdots \\ \vdots & \vdots & \vdots & \vdots & \end{pmatrix}, \quad \hat{a} = \begin{pmatrix} 0 & \sqrt{1} & 0 & 0 & \cdots \\ 0 & 0 & \sqrt{2} & 0 & \cdots \\ 0 & 0 & 0 & \sqrt{3} & \cdots \\ \vdots & \vdots & \vdots & \vdots & \end{pmatrix} \tag{7.2.19}$$

光子数算符 $\hat{n} = \hat{a}^+ \hat{a}$, 因此

$$\hat{n} = \begin{pmatrix} 0 & 0 & 0 & 0 & \cdots \\ 0 & 1 & 0 & 0 & \cdots \\ 0 & 0 & 2 & 0 & \cdots \\ 0 & 0 & 0 & 3 & \cdots \\ \vdots & \vdots & \vdots & \vdots & \end{pmatrix} \tag{7.2.20}$$

而态矢 $|n\rangle$ 的矩阵形式为

$$|0\rangle = \begin{pmatrix} 1 \\ 0 \\ 0 \\ 0 \\ \vdots \end{pmatrix}, \quad |1\rangle = \begin{pmatrix} 0 \\ 1 \\ 0 \\ 0 \\ \vdots \end{pmatrix}, \quad |2\rangle = \begin{pmatrix} 0 \\ 0 \\ 1 \\ 0 \\ \vdots \end{pmatrix}, \quad \cdots \quad (7.2.21)$$

因为

$$\hat{a}^+ |0\rangle = \sqrt{1} |1\rangle$$

$$\hat{a}^{+2} |0\rangle = \sqrt{1}\hat{a}^+ |1\rangle = \sqrt{2!} |2\rangle$$

$$\vdots$$

$$\hat{a}^{+n} |0\rangle = \sqrt{n!} |n\rangle$$

因此

$$|n\rangle = \frac{1}{\sqrt{n!}} \left(\hat{a}^+ \right)^n |0\rangle \quad (7.2.22)$$

式 (7.2.22) 表示, 算符 $\hat{a}^+$ 将真空态作用 n 次, 则得到第 n 个本征态.

若用 $|n\rangle$ 表示光子数态矢时, 电场算符的预期值为

$$\langle n| \hat{E} |n\rangle = \varepsilon \sin kz \langle n| \hat{a} |n\rangle + \text{c.c.} = 0 \quad (7.2.23)$$

式 (7.2.23) 说明电场算符的预期值为零, 而光强的平均值

$$\langle n| \hat{E}^2 |n\rangle = \varepsilon^2 \sin^2 kz \langle n| \hat{a}^+\hat{a}^+ + \hat{a}\hat{a}^+ + \hat{a}^+\hat{a} + \hat{a}\hat{a} |n\rangle$$

$$= 2\varepsilon^2 \sin^2 kz \left(n + \frac{1}{2} \right) \quad (7.2.24)$$

却不为零, 这表明系综平均值为零的场存在着起伏. 这一结果并不意味着电场不存在, 当一个电子通过腔时不会发生偏转. 它意味着, 对于状态完全相同的很多原子的系统, 做这样的 "测量" 时所给出偏转的平均值为零. 应强调指出的是, 式 (7.2.23)、式 (7.2.24) 所涉及的是量子力学平均, 而并非时间平均.

若将式 (7.2.24) 对空间取平均, 则该式变为

$$\langle n| \hat{E}^2 |n\rangle = \varepsilon^2 \left(n + \frac{1}{2} \right) = \frac{\hbar\Omega}{\varepsilon_0 V} \left(n + \frac{1}{2} \right) \quad (7.2.25)$$

可由式 (7.2.25) 进一步看出 $\hbar\Omega/\varepsilon_0 V$ 的物理含意, $n\hbar\Omega/\varepsilon_0 V$ 表示 n 个光子的光强. 因此, $\hbar\Omega/\varepsilon_0 V$ 表示了单模场中一个光子的光强, $\sqrt{\hbar\Omega/\varepsilon_0 V}$ 为一个光子的光场振幅.

由能量本征值表达式 (7.2.6) 可看出, 能量本征值必须是 $\hbar\Omega$ 的整数倍 (除 $\hbar\Omega/2$ 外), 不能连续取值, 这是量子化场与经典场的一个重要区别. 可是能量的预期值却可以任意取值, 这是因为态矢通常是能量本征态的任意叠加. 对辐射场能量的每一次测量必定给出某一个本征值, 同时辐射场在参与相互作用时只能以 $\hbar\Omega$ 的整数倍交换能量.

在光子数态为 $|0\rangle$ 时, 由式 (7.2.6) 得出

$$E_0 = \frac{1}{2}\hbar\Omega \tag{7.2.26}$$

式 (7.2.26) 表示场中没有光子, 但是它的能量本征值为 $\hbar\Omega/2$, 这能量称为场的**零点能**, 这是量子化场与经典场的又一区别. 场的零点起伏在量子力学中引起可以测量得到的效应, 特别是这些起伏可以引起氢原子能级 $2P_{1/2}$-$2S_{1/2}$ 的兰姆移位, 这是因为零点起伏和电子发生相互作用引起 $2P_{1/2}$ 态的电子的自发辐射. 零点起伏还在激光器、参量放大器、衰减器等中引起自发辐射, 而且是量子噪声的来源.

以上讨论的是单一光子数态 $|n\rangle$ 的情况, 但是实际上, 场通常并非处于单一的光子数态 $|n\rangle$, 往往是若干个光子数态的叠加态

$$|\psi\rangle = \sum_n C_n |n\rangle \tag{7.2.27}$$

式中, 系数 C_n 为 $|\psi\rangle$ 态中具有 n 个光子数的概率幅. 此时电磁场的能量为 $\langle\psi| \hat{H} |\psi\rangle$, 可见场的能量平均值不一定是每个光子能量 $\hbar\Omega$ 的整数倍.

7.3 多模电磁场

在 7.2 节中, 已使单模电磁场量子化, 并以光子数态 $|n\rangle$ 表示单模电磁场. 本节拟将上述分析推广到多模电磁场.

多模电磁场可以表示为

$$E_x(z,t) = \sum_s E_s \cos \Omega_s t \sin k_s z \tag{7.3.1}$$

式中, E_s 为第 s 个纵模的振幅, 它是时间 t 的缓变函数. 在式 (7.3.1) 中已考虑了多模场为标量场, 电场的振动方向为 x 方向, 光波的传播方向为 z 方向. 与单模电磁场的量子化处理方法相似, 可将式 (7.3.1) 改写为

$$E_x(z,t) = \sum_s q_s(t)\sqrt{\frac{2M_s\Omega_s}{\varepsilon_0 V}} \sin k_s z \tag{7.3.2}$$

式中, Ω_s 为第 s 模的本征角频率, $\Omega_s = s\pi c/L$, k_s 为第 s 模的波矢, $k_s = s\pi/L$. 由麦克斯韦方程组可求出磁场 $\boldsymbol{H}$ 的表示式为

$$H_y(z,t) = \sum_s \dot{q}_s(t) \frac{\varepsilon_0}{k_s} \sqrt{\frac{2M_s\Omega_s}{\varepsilon_0 V}} \cos k_s z \tag{7.3.3}$$

多模场的哈密顿能量算符为

$$\hat{H} = \frac{1}{2} \sum_s \left(M_s \Omega_s^2 \hat{q}_s^2 + \frac{\hat{P}_s^2}{M_s} \right) = \sum_s \hat{H}_s \tag{7.3.4}$$

式中, $\hat{H}_s$ 为 s 模的哈密顿算符, $\hat{P}_s$、$\hat{q}_s$ 应满足如下对易关系, 即

$$\left[\hat{q}_s, \hat{P}_{s'} \right] = i\hbar \delta_{s,s'} \tag{7.3.5}$$

$$\left[\hat{P}_s, \hat{P}_{s'} \right] = [\hat{q}_s, \hat{q}_{s'}] = 0 \tag{7.3.6}$$

与单模电磁场相似, 引入光子湮没算符和光子产生算符, 分别为

$$\hat{a}_s = (2M_s\hbar\Omega_s)^{-1/2} \left(M_s\Omega_s\hat{q}_s + i\hat{P}_s \right) \tag{7.3.7}$$

$$\hat{a}_s^+ = (2M_s\hbar\Omega_s)^{-1/2} \left(M_s\Omega_s\hat{q}_s - i\hat{P}_s \right) \tag{7.3.8}$$

$$\left[\hat{a}_s, \hat{a}_{s'}^+ \right] = \delta_{s,s'} \tag{7.3.9}$$

$$[\hat{a}_s, \hat{a}_{s'}] = [\hat{a}_s^+, \hat{a}_{s'}^+] = 0 \tag{7.3.10}$$

多模电磁场中 s 模的哈密顿算符 $\hat{H}_s$ 可用光子产生算符 $\hat{a}_s^+$ 及光子湮没算符 $\hat{a}_s$ 表示, 即

$$\hat{H}_s = \hbar\Omega_s \left(\hat{a}_s^+ \hat{a}_s + \frac{1}{2} \right) \tag{7.3.11}$$

因此式 (7.3.4) 化为

$$\hat{H} = \sum_s \hat{H}_s = \sum_s \hbar\Omega_s \left(\hat{a}_s^+ \hat{a}_s + \frac{1}{2} \right) \tag{7.3.12}$$

与式 (7.1.19) 及式 (7.1.20) 的形式类似, 这里电磁场算符分别可表示为

$$\hat{E}_x(z,t) = \sum_s \varepsilon_s \left(\hat{a}_s^+ + \hat{a}_s \right) \sin k_s z \tag{7.3.13}$$

$$\hat{H}_y(z,t) = \sum_s i\varepsilon_s \frac{\varepsilon_0 \Omega_s}{k_s} \left(\hat{a}_s^+ - \hat{a}_s \right) \cos k_s z \tag{7.3.14}$$

式中, $\varepsilon_s = \sqrt{\hbar\Omega_s/\varepsilon_0 V}$.

对于第 s 个单模电磁场, 可用光子数态 $|n_s\rangle$ 表示其本征态, 能量本征值方程则可写为

$$\hat{H}_s |n_s\rangle = \hbar\Omega_s \left(n_s + \frac{1}{2}\right) |n_s\rangle \tag{7.3.15}$$

多模辐射场的总的能量本征值等于

$$E = \sum_s E_s = \sum_s \hbar\Omega_s \left(n_s + \frac{1}{2}\right) \tag{7.3.16}$$

若在多模辐射场中, 第一个模中有 n_1 个光子, 第二个模中有 n_2 个光子, $\cdots\cdots$, 第 s 个模中有 n_s 个光子, 则本征态矢可以写成

$$|n_1\rangle |n_2\rangle \cdots |n_s\rangle = |n_1 n_2 \cdots n_s\rangle = |\{n_s\}\rangle \tag{7.3.17}$$

为了书写方便, 式 (7.3.17) 最后以花括号表示所有光子数态之集. 由此得到

$$\hat{H} |n_1 n_2 \cdots n_s\rangle = \sum_s \hbar\Omega_s \left(n_s + \frac{1}{2}\right) |n_1 n_2 \cdots n_s\rangle \tag{7.3.18}$$

在这样的光子数态矢中, 光子湮没算符以及光子产生算符只和它相对应的模作用, 使该模中的光子数减少或增加, 由此可以写为

$$\hat{a}_s |n_1 n_2 \cdots n_s \cdots\rangle = \sqrt{n_s} |n_1 n_2 \cdots n_s - 1 \cdots\rangle \tag{7.3.19}$$

$$\hat{a}_s^+ |n_1 n_2 \cdots n_s \cdots\rangle = \sqrt{n_s + 1} |n_1 n_2 \cdots n_s + 1 \cdots\rangle \tag{7.3.20}$$

$$\langle n_1' n_2' \cdots n_s' \cdots | n_1 n_2 \cdots n_s \cdots\rangle = \delta_{n_1, n_1'} \delta_{n_2, n_2'} \cdots \delta_{n_s, n_s'} \cdots \tag{7.3.21}$$

总的辐射场的状态则是所有这些本征态的线性叠加, 其情况可由下式给出

$$\begin{aligned}|\psi\rangle &= \sum_{n_1} \sum_{n_2} \cdots \sum_{n_s} \cdots C_{n_1 n_2 \cdots n_s \cdots} |n_1 n_2 \cdots n_s \cdots\rangle \\ &= \sum_{\{n_s\}} C_{\{n_s\}} |\{n_s\}\rangle \end{aligned} \tag{7.3.22}$$

式中, $|C_{n_1 n_2 \cdots n_s \cdots}|^2$ 表示在第一个模中找到 n_1 个光子, 在第二个模中找到 n_2 个光子, $\cdots$ 在第 s 个模中找到 n_s 个光子的概率.

与单模场中类似, 有

$$\langle n_1 n_2 \cdots n_s \cdots | \hat{E}_s |n_1 n_2 \cdots n_s \cdots\rangle = 0 \tag{7.3.23}$$

$$\langle n_1 n_2 \cdots n_s \cdots | \hat{E}_s^2 |n_1 n_2 \cdots n_s \cdots\rangle = 2\frac{\hbar\Omega_s}{\varepsilon_0 V} \left(n_s + \frac{1}{2}\right) \sin^2 k_s z \tag{7.3.24}$$

当多模场中每一个模都没有光子, 即

$$n_1 = n_2 = \cdots = n_s = \cdots = 0 \tag{7.3.25}$$

时, 场所处的状态就是场的真空态, 可标为 $|\{O_s\}\rangle$, 由式 (7.3.4) 和式 (7.3.11) 可以求得

$$\langle\{O_s\}|\,\hat{H}\,|\{O_s\}\rangle = \sum_s \frac{1}{2}\hbar\Omega_s \tag{7.3.26}$$

这个能量为场的零点能. 真空态时电场算符的预期值为

$$\langle\{O_s\}|\,\hat{E}_x\,|\{O_s\}\rangle = 0 \tag{7.3.27}$$

$\hat{E}_x^2$ 算符的预期值为

$$\langle\{O_s\}|\,\hat{E}_x^2\,|\{O_s\}\rangle = \sum_s \frac{\hbar\Omega_s}{\varepsilon_0 V} \sin^2 k_s z \tag{7.3.28}$$

若对空间坐标取平均, 则式 (7.3.28) 改变为

$$\langle\{O_s\}|\,\hat{E}_x^2\,|\{O_s\}\rangle = \sum_s \frac{\hbar\Omega_s}{2\varepsilon_0 V} \tag{7.3.29}$$

此即多模场的零点起伏.

7.4　光子相位算符

7.4.1　相位算符的定义和性质

经典的哈密顿量由下式给出:

$$H = \frac{1}{2}\left(m\omega^2 x^2 + \frac{P^2}{m}\right) \tag{7.4.1}$$

哈密顿运动方程为

$$\begin{cases} \dot{x} = \dfrac{\partial H}{\partial P} \\[2mm] -\dot{P} = \dfrac{\partial H}{\partial x} \end{cases} \tag{7.4.2}$$

将式 (7.4.1) 代入式 (7.4.2), 得

$$\begin{cases} \dot{x} = \dfrac{P}{m} \\[2mm] -\dot{P} = m\omega^2 x \end{cases} \tag{7.4.3}$$

由此得

$$\ddot{x} = \frac{\dot{P}}{m} = -\omega^2 x \tag{7.4.4}$$

$$\ddot{x} + \omega^2 x = 0 \tag{7.4.5}$$

式 (7.4.5) 的解为

$$\begin{cases} x = A e^{i\varphi} + A e^{-i\varphi} \\ \varphi = \omega t \end{cases} \tag{7.4.6}$$

以及

$$P = m\dot{x} = im\omega \left(A e^{i\varphi} - A e^{-i\varphi} \right) \tag{7.4.7}$$

式中, A 为实数, 更普遍的 φ 表达式为 $\varphi = \omega t + \alpha$, 但可适当选择相位, 使 $\alpha = 0$.

在辐射场的量子化中, 已经得出谐振子的动量和位置算符分别为

$$\hat{q} = \left(\frac{\hbar}{2M\Omega} \right)^{1/2} \left(\hat{a}^+ + \hat{a} \right) \tag{7.4.8}$$

$$\hat{p} = iM\Omega \left(\frac{\hbar}{2M\Omega} \right)^{1/2} \left(\hat{a}^+ - \hat{a} \right) \tag{7.4.9}$$

以上方程组即为式 (7.1.17) 和方程组 (7.1.18). 若将式 (7.4.8)、式 (7.4.9) 与经典的式 (7.4.6)、式 (7.4.7) 对比, 即可定义相位算符 φ 如下:

$$\begin{cases} \hat{a}^+ = \hat{R} e^{i\hat{\varphi}} \\ \hat{a} = e^{-i\hat{\varphi}} \hat{R} \end{cases} \tag{7.4.10}$$

式中, R、φ 解释为厄米算符. 这个工作早已由狄拉克[45,46] 和海勒[47] 完成, 然而下面的讨论将显示上述定义会导致一个不正确的结论.

前面已经给出光子数算符 $\hat{n} = \hat{a}^+ \hat{a}$, 将式 (7.4.10) 代入, 得

$$\hat{n} = \hat{R} e^{i\hat{\varphi}} e^{-i\hat{\varphi}} \hat{R}$$

若 $e^{i\hat{\varphi}} e^{-i\hat{\varphi}}$ 为单位算符, 则有

$$\hat{n} = \hat{R} e^{i\hat{\varphi}} e^{-i\hat{\varphi}} \hat{R} = \hat{R}^2 \tag{7.4.11}$$

或

$$\hat{R} = \hat{n}^{1/2} \tag{7.4.12}$$

式中, 光子数的平方根算符定义为

$$\hat{n} = \hat{n}^{1/2} \hat{n}^{1/2} \tag{7.4.13}$$

因为

$$\left[\hat{a}, \hat{a}^+\right] = \hat{a}\hat{a}^+ - \hat{a}^+\hat{a} = 1 \tag{7.4.14}$$

因此

$$\mathrm{e}^{-\mathrm{i}\hat{\varphi}}\hat{R}\hat{R}\mathrm{e}^{\mathrm{i}\hat{\varphi}} - \hat{R}\mathrm{e}^{\mathrm{i}\hat{\varphi}}\mathrm{e}^{-\mathrm{i}\hat{\varphi}}\hat{R} = 1 \tag{7.4.15}$$

用 $\mathrm{e}^{\mathrm{i}\hat{\varphi}}$ 左乘式 (7.4.15) 各项, 可得

$$\hat{n}\mathrm{e}^{\mathrm{i}\hat{\varphi}} - \mathrm{e}^{\mathrm{i}\hat{\varphi}}\hat{n} = \mathrm{e}^{\mathrm{i}\hat{\varphi}} \tag{7.4.16}$$

由此, 可得对易关系

$$\left[\hat{n}, \mathrm{e}^{\mathrm{i}\hat{\varphi}}\right] = \mathrm{e}^{\mathrm{i}\hat{\varphi}} \tag{7.4.17}$$

满足

$$\mathrm{e}^{\mathrm{i}\hat{\varphi}}\hat{n}\mathrm{e}^{-\mathrm{i}\hat{\varphi}} = \hat{n} - 1$$

利用[48]

$$\mathrm{e}^{\hat{A}}\hat{B}\mathrm{e}^{-\hat{A}} = \hat{B} + \left[\hat{A}, \hat{B}\right] + \frac{1}{2!}\left[\hat{A}, \left[\hat{A}, \hat{B}\right]\right] + \frac{1}{3!}\left[\hat{A}, \left[\hat{A}, \left[\hat{A}, \hat{B}\right]\right]\right] + \cdots$$

可知算符 $\hat{\varphi}$ 和 $\hat{n}$ 必须满足对易关系

$$[\hat{n}, \hat{\varphi}] = \hat{n}\hat{\varphi} - \hat{\varphi}\hat{n} = -\mathrm{i} \tag{7.4.18}$$

这一对易关系提出了如下的不确定关系:

$$\Delta n \cdot \Delta \varphi \geqslant 1 \tag{7.4.19}$$

式 (7.4.19) 表明, 若一个光波的光子数已经给定, 则这个波的相位将是完全不确定的, 反之亦然[47]. 然而上述相位算符的定义 (因此也就是不确定关系式) 是不正确的. 通过对如下矩阵元的研究即可证明

$$\langle m| [\hat{n}, \hat{\varphi}] |n\rangle = -\mathrm{i} \langle m \mid n\rangle = -\mathrm{i}\delta_{m,n} \tag{7.4.20}$$

可是

$$\langle m| [\hat{n}, \hat{\varphi}] |n\rangle = \langle m| \hat{n}\hat{\varphi} - \hat{\varphi}\hat{n} |n\rangle = (m - n) \langle m| \hat{\varphi} |n\rangle \tag{7.4.21}$$

式 (7.4.21) 中已经利用了下面两个关系式:

$$\begin{cases} \hat{n} |n\rangle = n |n\rangle \\ \langle m| \hat{n} = \langle m| m \end{cases} \tag{7.4.22}$$

由式 (7.4.20)、式 (7.4.21) 可得

$$(m - n) \langle m | \hat{\varphi} | n \rangle = -\mathrm{i}\delta_{m,n} \tag{7.4.23}$$

显然, 式 (7.4.23) 完全不能成立. 造成这一错误结论的原因在于认为由式 (7.4.10) 所定义的厄米算符 φ 能构成单位算符 $\mathrm{e}^{\mathrm{i}\varphi}\mathrm{e}^{-\mathrm{i}\varphi}$, 而实际上并非如此.

Susskind 和 Glogower[49] 通过如下式子定义了相位算符, 它们的表示式为

$$\begin{cases} \hat{a} = (\hat{n} + 1)^{1/2}\,\mathrm{e}^{\mathrm{i}\hat{\varphi}} \\ \hat{a}^{+} = \mathrm{e}^{-\mathrm{i}\hat{\varphi}}\,(\hat{n} + 1)^{1/2} \end{cases} \tag{7.4.24}$$

式中, $\hat{n}$ 为光子数算符, 由式 (7.4.24) 可定义相位算符为

$$\begin{cases} \mathrm{e}^{\mathrm{i}\hat{\varphi}} = (\hat{n} + 1)^{-1/2}\,\hat{a} \\ \mathrm{e}^{-\mathrm{i}\hat{\varphi}} = \hat{a}^{+}\,(\hat{n} + 1)^{-1/2} \end{cases} \tag{7.4.25}$$

这样定义的相位算符给出如下结论:

$$\mathrm{e}^{\mathrm{i}\hat{\varphi}}\mathrm{e}^{-\mathrm{i}\hat{\varphi}} = 1 \tag{7.4.26}$$

这里已经利用了关系式 $\hat{a}\hat{a}^{+} = \hat{n} + 1$. 不过应当注意到 $\mathrm{e}^{-\mathrm{i}\hat{\varphi}}\mathrm{e}^{\mathrm{i}\hat{\varphi}} \neq 1$.

利用光子数算符、光子湮没算符、光子产生算符的性质, 可以得到

$$\mathrm{e}^{\mathrm{i}\hat{\varphi}} | n \rangle = (\hat{n} + 1)^{-1/2}\,\hat{a} | n \rangle = (\hat{n} + 1)^{-1/2}\,n^{1/2} | n - 1 \rangle$$

$$= \begin{cases} | n - 1 \rangle, & n \neq 0 \\ 0, & n = 0 \end{cases} \tag{7.4.27}$$

以及

$$\mathrm{e}^{-\mathrm{i}\hat{\varphi}} | n \rangle = \hat{a}^{+}\,(\hat{n} + 1)^{-1/2} | n \rangle = | n + 1 \rangle \tag{7.4.28}$$

上述指数相位算符中各有一个矩阵元不等于零. 在光子数表象中, 这两个矩阵元分别为

$$\begin{cases} \langle n - 1 | \mathrm{e}^{\mathrm{i}\hat{\varphi}} | n \rangle = 1 \\ \langle n + 1 | \mathrm{e}^{-\mathrm{i}\hat{\varphi}} | n \rangle = 1 \end{cases} \tag{7.4.29}$$

除此之外, 其他矩阵元均为零. 可见, 在光子数表象中, 可以将相位算符写成矩阵形式:

$$\mathrm{e}^{\mathrm{i}\hat{\varphi}} = \begin{pmatrix} 0 & 1 & 0 & 0 & \cdots \\ 0 & 0 & 1 & 0 & \cdots \\ 0 & 0 & 0 & 1 & \cdots \\ \vdots & \vdots & \vdots & \vdots & \end{pmatrix}, \quad \mathrm{e}^{-\mathrm{i}\hat{\varphi}} = \begin{pmatrix} 0 & 0 & 0 & 0 & \cdots \\ 1 & 0 & 0 & 0 & \cdots \\ 0 & 1 & 0 & 0 & \cdots \\ 0 & 0 & 1 & 0 & \cdots \\ \vdots & \vdots & \vdots & \vdots & \end{pmatrix} \tag{7.4.30}$$

对比式 (7.2.19) 可得

$$e^{i\hat{\varphi}} = \frac{1}{\sqrt{n}}\hat{a}, \quad e^{-i\hat{\varphi}} = \frac{1}{\sqrt{n+1}}\hat{a}^+ \tag{7.4.31}$$

即它们分别与光子湮没算符和光子产生算符相当, 仅差一个因子. 由式 (7.4.29) 还可看出, $e^{i\hat{\varphi}}$ 和 $e^{-i\hat{\varphi}}$ 不满足如下关系式:

$$\langle m|\,\hat{Q}\,|n\rangle = \langle n|\,\hat{Q}\,|m\rangle^* \tag{7.4.32}$$

式中, $\hat{Q}$ 为某一算符. 因此与算符 $\hat{a}$、$\hat{a}^+$ 一样, 算符 $e^{i\hat{\varphi}}$、$e^{-i\hat{\varphi}}$ 也不是厄米算符, 它们不能表示辐射场的可观察量. 可是, 若将这两个算符组合, 则产生如下一对算符:

$$\cos\hat{\varphi} = \frac{1}{2}\left(e^{i\hat{\varphi}} + e^{-i\hat{\varphi}}\right) \tag{7.4.33}$$

$$\sin\hat{\varphi} = \frac{1}{2i}\left(e^{i\hat{\varphi}} - e^{-i\hat{\varphi}}\right) \tag{7.4.34}$$

利用式 (7.4.27)、式 (7.4.28), 可知其中不消失的矩阵元是

$$\begin{cases} \langle n-1|\cos\hat{\varphi}\,|n\rangle = \dfrac{1}{2}, & \langle n|\cos\hat{\varphi}\,|n-1\rangle = \dfrac{1}{2} \\[2mm] \langle n-1|\sin\hat{\varphi}\,|n\rangle = \dfrac{1}{2i}, & \langle n|\sin\hat{\varphi}\,|n-1\rangle = -\dfrac{1}{2i} \end{cases} \tag{7.4.35}$$

有

$$\begin{cases} \langle n-1|\cos\hat{\varphi}\,|n\rangle = \langle n|\cos\hat{\varphi}\,|n-1\rangle^* \\[2mm] \langle n-1|\sin\hat{\varphi}\,|n\rangle = \langle n|\sin\hat{\varphi}\,|n-1\rangle^* \end{cases}$$

上式表示算符 $\cos\hat{\varphi}$、$\sin\hat{\varphi}$ 满足关系式 (7.4.32), 因此是厄米算符, 可用它来表示辐射场的可观察量的特性. 不难证明相位算符满足如下对易关系:

$$[\cos\hat{\varphi}, \sin\hat{\varphi}] = \frac{\hat{a}^+\,(\hat{n}+1)^{-1}\,\hat{a} - 1}{2i} \tag{7.4.36}$$

因此, 除了如下矩阵元 (基态矩阵元):

$$\langle 0|\,[\cos\hat{\varphi}, \sin\hat{\varphi}]\,|0\rangle = -\frac{1}{2i} \tag{7.4.37}$$

以外, 其余所有的矩阵元均等于零. 并且

$$[\hat{n}, e^{i\hat{\varphi}}] = -e^{i\hat{\varphi}} \tag{7.4.38}$$

$$[\hat{n}, e^{-i\hat{\varphi}}] = e^{-i\hat{\varphi}} \tag{7.4.39}$$

$$[\hat{n}, \cos\hat{\varphi}] = -i\sin\hat{\varphi} \tag{7.4.40}$$

$$[\hat{n}, \sin\hat{\varphi}] = \mathrm{i}\cos\hat{\varphi} \tag{7.4.41}$$

上述对易关系表明, 光子数算符和相位算符不对易. 因而原则上, 每建立一个辐射场状态, 这个场的状态不可能同时是这两个算符的本征态. 若将式 (7.4.24) 代入式 (7.1.19), 则得

$$\hat{E}_x = \sqrt{\frac{\hbar\Omega}{\varepsilon_0 V}} \left[(\hat{n}+1)^{1/2}\,\mathrm{e}^{\mathrm{i}\hat{\varphi}} + \mathrm{e}^{-\mathrm{i}\hat{\varphi}}\,(\hat{n}+1)^{1/2} \right] \sin kz \tag{7.4.42}$$

式 (7.4.42) 表明, 指数相位算符的引入将 $\hat{a}$、$\hat{a}^+$ 算符分成了光子数算符和相位算符两部分. 显然光子数算符 $\hat{n}$ 与经典场中的振幅相联系, 相位算符 $\hat{\varphi}$ 则起着与经典场中的相相位对应的作用.

光子数算符和相位算符不对易进一步表明了, 量子化辐射场的振幅和相位不能同时确定, 振幅和相位的测量受不确定关系的支配. 这是量子化辐射场与经典电磁场的又一区别. 由量子力学可知, 若有两个算符 $\hat{F}$、$\hat{G}$, 它们不对易, 则它们的不确定关系为

$$\Delta F \cdot \Delta G \geqslant \frac{1}{2}\left| \left\langle \left[\hat{F}, \hat{G} \right] \right\rangle \right|$$

式中

$$\Delta F = \sqrt{\left\langle \hat{F}^2 \right\rangle - \left\langle \hat{F} \right\rangle^2}$$

$$\Delta G = \sqrt{\left\langle \hat{G}^2 \right\rangle - \left\langle \hat{G} \right\rangle^2}$$

因此, 不难得出

$$\begin{cases} \Delta n \cdot \Delta\cos\varphi \geqslant \dfrac{1}{2}\left| \langle \sin\hat{\varphi} \rangle \right| \\[2mm] \Delta n \cdot \Delta\sin\varphi \geqslant \dfrac{1}{2}\left| \langle \cos\hat{\varphi} \rangle \right| \end{cases} \tag{7.4.43}$$

式中, Δn、$\Delta\cos\varphi$ 分别为

$$\Delta n = \sqrt{\langle \hat{n}^2 \rangle - \langle \hat{n} \rangle^2}$$

$$\Delta\cos\varphi = \sqrt{\langle \cos^2\hat{\varphi} \rangle - \langle \cos\hat{\varphi} \rangle^2}$$

式中, $\langle \cos\hat{\varphi} \rangle$、$\langle \sin\hat{\varphi} \rangle$ 分别表示稳态场的预期值.

7.4.2 相位算符本征态

下面将讨论相位算符本征态 $|\varphi\rangle$ 的性质.

上面已经引入了两个算符 $\cos\hat{\varphi}$ 和 $\sin\hat{\varphi}$, 这些算符表明辐射场的相位特征. 在通常的电磁波概念中, 相位是一个单一的量, 这意味着不必要用两个不同的量子算符来表示. 另外

$$[\cos\hat{\varphi}, \sin\hat{\varphi}] = \frac{\hat{a}^+\,(\hat{n}+1)^{-1}\,\hat{a} - 1}{2\mathrm{i}}$$

表明相位算符对易关系不成立, 这是相位算符的一个显著特点. 这表明任何一种状态形式都不可能同时是相位算符 $\cos\hat\varphi$、$\sin\hat\varphi$ 的本征态. 然而式 (7.4.37) 表明无数的矩阵元素中仅有一个不等于零. 因此, 从极限意义上讲, 同时是 $\cos\hat\varphi$、$\sin\hat\varphi$ 的本征态的状态形式是可能的. 对此可作进一步分析如下: 定义状态 $|\varphi\rangle$ 为

$$|\varphi\rangle = \lim_{s\to\infty} (s+1)^{-1/2} \sum_{n=0}^{s} \mathrm{e}^{\mathrm{i}n\varphi} |n\rangle \tag{7.4.44}$$

这个状态是光子数态本征态 $|n\rangle$ 的线性叠加, 但是每一个 $|n\rangle$ 经由相位函数 $\mathrm{e}^{\mathrm{i}n\varphi}$ 加权而得. 式中, $(s+1)^{-1/2}$ 是归一化因子, 同时 $|n\rangle$ 态矢的正交归一性使 $|\varphi\rangle$ 成为归一化的, 即

$$
\begin{aligned}
\langle\varphi|\varphi\rangle &= \lim_{s\to\infty} (s+1)^{-1} \sum_n \sum_m \mathrm{e}^{-\mathrm{i}m\varphi}\mathrm{e}^{\mathrm{i}n\varphi} \langle m|n\rangle \\
&= \lim_{s\to\infty} (s+1)^{-1} \sum_{n=0} \mathrm{e}^{-\mathrm{i}n\varphi}\mathrm{e}^{\mathrm{i}n\varphi} \langle n|n\rangle \\
&= \lim_{s\to\infty} (s+1)^{-1} \sum_{n=0} 1 = 1
\end{aligned} \tag{7.4.45}
$$

由于

$$
\begin{aligned}
\langle\varphi|\theta\rangle &= \lim_{s\to\infty} (s+1)^{-1} \sum_n \sum_m \mathrm{e}^{\mathrm{i}m\theta}\mathrm{e}^{-\mathrm{i}n\varphi} \langle n|m\rangle \\
&= \lim_{s\to\infty} (s+1)^{-1} \sum_n \mathrm{e}^{\mathrm{i}n(\theta-\varphi)} \\
&= \lim_{s\to\infty} (s+1)^{-1} \frac{1 - \mathrm{e}^{\mathrm{i}s(\theta-\varphi)}}{1 - \mathrm{e}^{\mathrm{i}(\theta-\varphi)}}
\end{aligned} \tag{7.4.46}
$$

若 $\varphi \neq \theta$ 在 $s\to\infty$ 时, 式 (7.4.46) 趋于零, 即 $\langle\varphi|\theta\rangle \to 0$, 因此保证了状态 φ 是正交的.

利用上述关系式, 可以得到

$$
\begin{aligned}
&\cos\hat\varphi\, |\varphi\rangle \\
&= \frac{1}{2} \lim_{s\to\infty} (s+1)^{-1/2} \left[\sum_{n=1}^{s} \mathrm{e}^{\mathrm{i}n\varphi} |n-1\rangle + \sum_{n=0}^{s} \mathrm{e}^{\mathrm{i}n\varphi} |n+1\rangle \right] \\
&= \frac{1}{2} \lim_{s\to\infty} (s+1)^{-1/2} \left[\mathrm{e}^{\mathrm{i}\varphi} \sum_{n=1}^{s-1} \mathrm{e}^{\mathrm{i}n\varphi} |n\rangle + \mathrm{e}^{-\mathrm{i}\varphi} \sum_{n=1}^{s+1} \mathrm{e}^{\mathrm{i}n\varphi} |n\rangle \right] \\
&= \cos\varphi\, |\varphi\rangle + \frac{1}{2} \lim_{s\to\infty} (s+1)^{-1/2} \left[\mathrm{e}^{\mathrm{i}s\varphi} |s+1\rangle - \mathrm{e}^{\mathrm{i}(s+1)\varphi} |s\rangle - \mathrm{e}^{-\mathrm{i}\varphi} |0\rangle \right]
\end{aligned} \tag{7.4.47}
$$

式 (7.4.47) 表明, 态 $|\varphi\rangle$ 没有达到算符 $\cos\hat{\varphi}$ 的严格本征态, 因为式中有一个很大的右矢贡献项存在. 然而当 $s \to \infty$ 时, 这个贡献项趋近于零, 因此式 (7.4.47) 具有本征态方程的形式.

由式 (7.4.47) 可以推导得 $\cos\hat{\varphi}$ 的对角矩阵元为

$$\langle\varphi|\cos\hat{\varphi}|\varphi\rangle$$
$$= \cos\varphi - \frac{1}{2}\lim_{s\to\infty}(s+1)^{-1}\left[0 - \mathrm{e}^{\mathrm{i}\varphi}\langle s|s\rangle - \mathrm{e}^{-\mathrm{i}\varphi}\langle 0|0\rangle\right] \tag{7.4.48}$$
$$= \cos\varphi\left\{1 - \lim_{s\to\infty}(s+1)^{-1}\right\} = \cos\varphi$$

用类似的方法可以得到

$$\langle\varphi|\sin\hat{\varphi}|\varphi\rangle = \sin\varphi\left\{1 - \lim_{s\to\infty}(s+1)^{-1}\right\} = \sin\varphi \tag{7.4.49}$$

不难求出相位算符平方的矩阵元, 当 $s \to \infty$ 时, 有

$$\begin{cases} \langle\varphi|\cos^2\hat{\varphi}|\varphi\rangle = \cos^2\varphi \\ \langle\varphi|\sin^2\hat{\varphi}|\varphi\rangle = \sin^2\varphi \end{cases} \tag{7.4.50}$$

由式 (7.4.48)、式 (7.4.49)、式 (7.4.50) 可得

$$\begin{cases} \Delta\cos\varphi = \sqrt{\langle\varphi|\cos^2\hat{\varphi}|\varphi\rangle - \langle\varphi|\cos\hat{\varphi}|\varphi\rangle^2} = 0 \\ \Delta\sin\varphi = 0 \end{cases} \tag{7.4.51}$$

上述结果表明, 对于大多数计算, 式 (7.4.44) 所定义的状态 $|\varphi\rangle$ 好像同时是算符 $\cos\hat{\varphi}$、$\sin\hat{\varphi}$ 的本征态, 这里 φ 是可观察到的相位角. 但这仅仅是当 $s \to \infty$, 即光子数趋于无限大时的极限情况, 这时量子理论已过渡到经典理论. 在严格的数学证明中, 态 $|\varphi\rangle$ 并不是相位算符的严格的本征态. 严格说来, 同时是 $\cos\hat{\varphi}$ 和 $\sin\hat{\varphi}$ 的本征态的状态是不存在的, 这是因为, 在式 (7.4.37) 中, $\cos\hat{\varphi}$、$\sin\hat{\varphi}$ 互不对易的结果. 通常, 称态 $|\varphi\rangle$ 为单模相位态, 正如 7.2 节中称 $|n\rangle$ 为单模光子数态一样.

7.4.3 单模光子数态的物理性质

前面已经分别讨论了光子数算符 $\hat{n}$、光子数本征态 $|n\rangle$ 以及相位算符 $\hat{\varphi}$、相位算符本征态 $|\varphi\rangle$. 下面将进一步阐明单模光子数态 $|n\rangle$ 和单模相位态 $|\varphi\rangle$ 的物理性质.

首先, 考虑一个单模状态, 其光子数准确地为 n_0, 对于这样的状态, 光子数的不确定量等于零, 即

$$\Delta n = 0 \tag{7.4.52}$$

对于相位算符, 根据 $\cos\hat{\varphi}$、$\sin\hat{\varphi}$ 的定义以及式 (7.4.27) 和式 (7.4.28) 所示关系, 可得

$$\langle n|\cos\hat{\varphi}|n\rangle = \langle n|\sin\hat{\varphi}|n\rangle = 0 \tag{7.4.53}$$

$$\langle n|\cos^2\hat{\varphi}|n\rangle = \frac{1}{4}\langle n|\left(e^{i\hat{\varphi}}+e^{-i\hat{\varphi}}\right)\left(e^{i\hat{\varphi}}+e^{-i\hat{\varphi}}\right)|n\rangle$$

$$= \begin{cases} \dfrac{1}{2}, & n \neq 0 \\[2mm] \dfrac{1}{4}, & n = 0 \end{cases} \tag{7.4.54}$$

同样

$$\langle n|\sin^2\hat{\varphi}|n\rangle = \begin{cases} \dfrac{1}{2}, & n \neq 0 \\[2mm] \dfrac{1}{4}, & n = 0 \end{cases} \tag{7.4.55}$$

如果 $n \neq 0$, 则相位的不确定量是

$$\Delta\cos\varphi = \Delta\sin\varphi = \frac{1}{\sqrt{2}} \tag{7.4.56}$$

因为

$$\frac{1}{2\pi}\int_0^{2\pi}\cos^2\varphi\,\mathrm{d}\varphi = \frac{1}{2\pi}\int_0^{2\pi}\sin^2\varphi\,\mathrm{d}\varphi = \frac{1}{2} \tag{7.4.57}$$

上述结果表明, 与状态 $|n\rangle$ 相对应的电磁波具有确定的振幅, 但是由式 (7.4.56) 决定的相位角可以取 $0 \sim 2\pi$ 的任意值. 这些性质可以用与态 $|n\rangle$ 相联系的电场分布图 7-3 加以说明.

图 7-3 表明腔中存在着的振荡电场是时间的函数, 每个正弦波的振荡频率均为 Ω, 振幅具有确定值. 但是相位则在 $0 \sim 2\pi$ 随机分布, 这说明相位是完全不确定的.

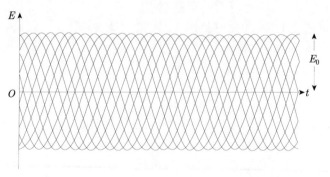

图 7-3　单模光子数态 $|n\rangle$ 的光场在一个固定点随着时间 t 的变化

对于单模光子数态 $|n\rangle$, 电场 $\hat{E}$ 和 $\hat{E}^2$ 的预期值分别是

$$\langle n| \hat{E} |n\rangle = 0 \tag{7.4.58}$$

$$\langle n| \hat{E}^2 |n\rangle = \frac{\hbar\Omega}{\varepsilon_0 V} \left(n + \frac{1}{2}\right) \tag{7.4.59}$$

电场的均方根差则是

$$\Delta E = \left(\frac{\hbar\Omega}{\varepsilon_0 V}\right)^{1/2} \left(n + \frac{1}{2}\right)^{1/2} \tag{7.4.60}$$

图 7-3 中电磁波振幅可定量表示为

$$E_0 = \left(\frac{\hbar\Omega}{\varepsilon_0 V}\right)^{1/2} \left(n + \frac{1}{2}\right)^{1/2} \tag{7.4.61}$$

在一定程度上图 7-3 体现了式 (7.4.52)、式 (7.4.56) 和式 (7.4.60) 所表示的各种不确定值, 并且也保证了式 (7.4.53)、式 (7.4.58) 预期值的消失. 其物理含义为由于电磁波的相位完全不确定, 具有随机相位的正弦波的平均值为零. 因此预期值等于零, 而 E_0 为一个确定的常数.

7.4.4 单模相位态的物理性质

下面进一步讨论单模相位态的物理性质.

假定考虑的单模状态是精确定义的相位角 φ 的状态. 对于这样的状态 $|\varphi\rangle$, 相位算符的不确定量在 $s \to \infty$ 时为零, 即

$$\Delta \cos \varphi = \Delta \sin \varphi = 0 \tag{7.4.62}$$

因此, 单模相位态的相位完全确定, 但腔模中的光子数是不确定的, 由式 (7.4.44) 给出的 $|\varphi\rangle$ 的定义, 可得光子数算符 $\hat{n}$ 和 $\hat{n}^2$ 在相位态中的预期值分别为

$$\langle \varphi| \hat{n} |\varphi\rangle = \lim_{s \to \infty} (s+1)^{-1} \sum_{n=0}^{s} \langle n| n |n\rangle = \lim_{s \to \infty} (s+1)^{-1} \sum_{n=0}^{s} n = \lim_{s \to \infty} \frac{1}{2}s \tag{7.4.63}$$

和

$$\langle \varphi| \hat{n}^2 |\varphi\rangle = \lim_{s \to \infty} (s+1)^{-1} \sum_{n=0}^{s} n^2 = \lim_{s \to \infty} \frac{1}{6}s (2s+1) \tag{7.4.64}$$

由此可得

$$\Delta n = \sqrt{\langle \hat{n}^2 \rangle - \langle \hat{n} \rangle^2} = \lim_{s \to \infty} \left[\frac{1}{6}s (2s+1) - \frac{1}{4}s^2\right]^{1/2} = \lim_{s \to \infty} \left(\frac{s^2}{12} + \frac{1}{6}s\right)^{1/2} \tag{7.4.65}$$

式 (7.4.65) 表明在单模相位态 $|\varphi\rangle$ 时, 光子数的预期值为无穷大, 光子数的不确定量 Δn 也是无穷大, 但是, 光子数的不确定量与平均光子数之比

$$\frac{\Delta n}{\langle \varphi | \hat{n} | \varphi \rangle} = \frac{1}{\sqrt{3}} \tag{7.4.66}$$

则是一确定值.

在单模相位态 $|\varphi\rangle$ 时, 电场算符 E 的预期值为

$$\langle \varphi | \hat{E} | \varphi \rangle = \sqrt{\frac{\hbar \Omega}{\varepsilon_0 V}} \sin kz \, \langle \varphi | (\hat{a}^+ + \hat{a}) | \varphi \rangle$$

$$= 2\sqrt{\frac{\hbar \Omega}{\varepsilon_0 V}} \sin kz \cdot \cos \varphi \lim_{s \to \infty} (s+1)^{-1} \sum_{n=0}^{s-1} \sqrt{n+1} \tag{7.4.67}$$

式 (7.4.67) 表明, 当 $s \to \infty$ 时, $\langle \varphi | \hat{E} | \varphi \rangle \to \infty$, 因为其中的求和值是按 $s^{3/2}$ 规律发散的, 而电场的不确定量也为无限大.

以上讨论表明, 单模相位态所对应的电磁波具有完全确定的相位, 但振幅则完全不确定, 不确定量亦为无穷大, 即单模相位态是能量趋于无穷大的一个态, 因此只有理论意义, 实际上也不可能存在处于相位本征态 $|\varphi\rangle$ 的状态. 图 7-4 为表明单模相位态 $|\varphi\rangle$ 的图形, 图中纵轴仍然表示腔中某个固定点的电场, 场的状态则由无穷多个波叠加而成, 其中各个辅助波的振幅不同 (可在 $0 \sim \infty$ 变化, 即振幅是完全不确定的), 它和不同的光子数 n 相对应. 但是所有的波都具有相同的频率 Ω 和相位角 φ, 所以节点是重合的.

图 7-3 和图 7-4 表示在 Δn 和 $\Delta \cos \varphi$ 或等效 $\Delta \sin \varphi$ 的取值范围内的两个相反的极端情况. 这两种极端状态在实际中并不存在. 上述讨论表明量子化辐射场的相位和光子数不能同时确定, 即场的振幅和相位的不确定量相互制约, 服从不确定关系, 这是与经典电磁场的主要不同点, 也是量子化辐射场的特性. 在量子化场中, 最接近于经典电磁场的状态, 就是相干态.

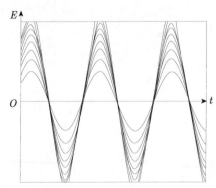

图 7-4　单模相位态 $|\varphi\rangle$ 的光场在一个固定点随着时间 t 的变化

7.5 相 干 态

7.5.1 相干态的定义

通常定义光子湮没算符 $\hat{a}$ 的本征态为相干态. 为求相干态, 必须求解如下本征值方程

$$\hat{a}|\alpha\rangle = \alpha|\alpha\rangle \tag{7.5.1}$$

如前所述算符 $\hat{a}$ 不是厄米算符, 因此不能利用前述厄米算符的 "本征值是实数" 以及 "本征矢量是正交的和完备的" 定理. 由于式 (7.5.1) 中的 α 为相干态的本征值, 可为任意复数, 即

$$\alpha = |\alpha| \, \mathrm{e}^{\mathrm{i}\theta} \tag{7.5.2}$$

由式 (7.1.19) 可知 (为简单起见, 以下省略算符符号 '∧')

$$E_x(z,t) = \varepsilon\left(a + a^+\right)\sin kz = E^{(+)} + E^{(-)} \tag{7.5.3}$$

式中

$$\begin{cases} E^{(+)} = \varepsilon a \sin kz \\ E^{(-)} = \varepsilon a^+ \sin kz \end{cases} \tag{7.5.4}$$

根据式 (7.5.1) 相干态的定义, 可得

$$E^{(+)}|\alpha\rangle = \varepsilon|\alpha\rangle \tag{7.5.5}$$

因此可以说, 相干态既是光子湮没算符 $\hat{a}$ 的本征态, 也是电场算符正频部分的本征态[50~52].

相反, 第二节中所讨论的光子数态 $|n\rangle$ 并非相干态, 因为

$$a|n\rangle = \sqrt{n}\,|n-1\rangle \neq n|n\rangle \tag{7.5.6}$$

由此可以得出结论, 一个简单的光子数态 $|n\rangle$ 不是相干态, 但可以利用光子数表象中的完备性关系, 将相干态 $|\alpha\rangle$ 展开为光子数态 $|n\rangle$ 的叠加:

$$|\alpha\rangle = \sum_{n=0}^{\infty} |n\rangle\langle n|\alpha\rangle = \sum_{n=0}^{\infty} C_n\left(\alpha\right)|n\rangle \tag{7.5.7}$$

式中, $C_n\left(\alpha\right) = \langle n|\alpha\rangle$ 为粒子数表象和相干态图像之间的变换系数, $|\langle n|\alpha\rangle|^2$ 表示在相干态中找到 n 个粒子的概率. 式 (7.5.1) 意味着, 从相干态 $|\alpha\rangle$ 中移出一个光子后剩下的态应保持不变, 仍是相干态, 所以相干态 $|\alpha\rangle$ 中的光子数 n 不可能取确定的数值.

如果将式 (7.5.7) 代入式 (7.5.1), 并代入式 (7.5.6) 所给出的关系, 则有

$$a\left|\alpha\right\rangle = \sum_{n=1}^{\infty} C_n\left(\alpha\right)\sqrt{n}\left|n-1\right\rangle = \sum_{n=0}^{\infty} \alpha C_n\left(\alpha\right)\left|n\right\rangle \tag{7.5.8}$$

因为式中 $n = 0$ 的项为零, 所以前一个求和应从 1 到 ∞. 为便于表示可以改换标记如下, 令 $n+1 \to n$, 这样式 (7.5.8) 变成

$$\sum_{n=0}^{\infty} C_{n+1}\left(\alpha\right)\sqrt{n+1}\left|n\right\rangle = \sum_{n=0}^{\infty} \alpha C_n\left(\alpha\right)\left|n\right\rangle \tag{7.5.9}$$

如果以 $\langle m|$ 左乘式 (7.5.9) 的两边, 并且由于 $\langle m|n\rangle = \delta_{m,n}$, 因此得到简单的递推关系:

$$C_{n+1}\left(\alpha\right)\sqrt{n+1} = \alpha C_n\left(\alpha\right) \tag{7.5.10}$$

或

$$\begin{cases} C_1 = \dfrac{\alpha}{\sqrt{1}}C_0 \\[2mm] C_2 = \dfrac{\alpha}{\sqrt{2}}C_1 = \dfrac{\alpha^2}{\sqrt{2!}}C_0 \\[2mm] C_3 = \dfrac{\alpha^3}{\sqrt{3!}}C_0 \\[2mm] \qquad\vdots \end{cases} \tag{7.5.11}$$

以及

$$C_n\left(\alpha\right) = \frac{\alpha^n}{\sqrt{n!}}C_0 \tag{7.5.12}$$

因此有

$$\left|\alpha\right\rangle = C_0 \sum_{n=0}^{\infty} \frac{\alpha^n}{\sqrt{n!}}\left|n\right\rangle \tag{7.5.13}$$

适当选择 C_0, 使 $\langle\alpha\mid\alpha\rangle = 1$, 即

$$\langle\alpha|\alpha\rangle = \left|C_0\right|^2 \sum_{n=0}^{\infty}\sum_{m=0}^{\infty} \frac{\left(\alpha^*\right)^m \alpha^n}{\sqrt{n!}\sqrt{m!}}\langle m|n\rangle$$

$$= \left|C_0\right|^2 \sum_{n=0}^{\infty} \frac{\left(|\alpha|^2\right)^n}{n!} = \left|C_0\right|^2 e^{|\alpha|^2} = 1 \tag{7.5.14}$$

则得

$$C_0 = e^{-\frac{1}{2}|\alpha|^2} \tag{7.5.15}$$

及

$$\langle n|\alpha\rangle = C_n(\alpha) = \mathrm{e}^{-\frac{1}{2}|\alpha|^2}\frac{\alpha^n}{\sqrt{n!}} \tag{7.5.16}$$

这样可得相干态的表示式为

$$|\alpha\rangle = \mathrm{e}^{-\frac{1}{2}|\alpha|^2}\sum_{n=0}^{\infty}\frac{\alpha^n}{\sqrt{n!}}|n\rangle \tag{7.5.17}$$

式 (7.5.17) 为相干态在光子数表象中的表示式, 所表示的状态满足式 (7.5.1) 的本征值方程, 即

$$a|\alpha\rangle = \mathrm{e}^{-\frac{1}{2}|\alpha|^2}\sum_{n=1}^{\infty}\frac{\alpha^n}{\sqrt{n!}}\sqrt{n}|n-1\rangle = \mathrm{e}^{-\frac{1}{2}|\alpha|^2}\sum_{n=1}^{\infty}\frac{\alpha\cdot\alpha^{n-1}}{\sqrt{(n-1)!}}|n-1\rangle = \alpha|\alpha\rangle \tag{7.5.18}$$

实际上也常将式 (7.5.17) 所表示的状态定义为相干态.

根据光子数态 $|n\rangle$ 与真空态 $|0\rangle$ 之间的关系式

$$|n\rangle = \frac{1}{\sqrt{n!}}\left(a^+\right)^n|0\rangle \tag{7.5.19}$$

可以将相干态 $|\alpha\rangle$ 表示成

$$|\alpha\rangle = \mathrm{e}^{-\frac{1}{2}|\alpha|^2}\sum_{n=0}^{\infty}\frac{\left(\alpha a^+\right)^n}{n!}|0\rangle = \mathrm{e}^{\left(\alpha a^+ -\frac{1}{2}|\alpha|^2\right)}|0\rangle \tag{7.5.20}$$

式 (7.5.20) 已经引入麦克劳林级数

$$\sum_{n=0}^{\infty}\frac{x^n}{n!} = \mathrm{e}^x \tag{7.5.21}$$

相干态表示式 (7.5.17) 表明, 相干态 $|\alpha\rangle$ 可由光子数态 $|n\rangle$ 的适当叠加构成. 由式 (7.5.20) 可进一步看到, 态 $|n=0\rangle$ 与态 $|\alpha=0\rangle$ 是全同的, 其含义是模的基态是相干态.

对 $\mathrm{e}^{\alpha a^+ -\frac{1}{2}\alpha^*\alpha}$ 微商, 有

$$\frac{\partial}{\partial\alpha}\left(\mathrm{e}^{\alpha a^+ -\frac{1}{2}\alpha^*\alpha}\right) = \left(a^+ -\frac{1}{2}\alpha^*\right)\mathrm{e}^{\alpha a^+ -\frac{1}{2}\alpha^*\alpha} \tag{7.5.22}$$

代入式 (7.5.20), 可得

$$a^+|\alpha\rangle = \left(\frac{\partial}{\partial\alpha}+\frac{1}{2}\alpha^*\right)|\alpha\rangle \tag{7.5.23}$$

由此可见相干态是光子湮没算符的本征态, 但不是光子产生算符 $\hat{a}^+$ 的本征态, 光子产生算符没有归一化的本征态.

相干态 $|\alpha\rangle$ 可展开为光子数态 $|n\rangle$ 的表达式 (7.5.17), 这对了解相干态的大部分情况提供了一个方便的方法. 后面将会发现式 (7.5.17) 对讨论相干态的正交性、完备性以及相干态中具有 n 个光子的概率等是非常有用的. 在这一节的下面部分将介绍另一种比较简捷、也常常有用的推导相干态的方法.

定义一个算符 $D(\beta)$, 该算符对算符 $\hat{a}$ 和 $\hat{a}^{+}$ 实现如下的平移:

$$D^{-1}(\beta) a D(\beta) = a + \beta \tag{7.5.24}$$

$$D^{-1}(\beta) a^{+} D(\beta) = a^{+} + \beta^{*} \tag{7.5.25}$$

利用对易关系可以证明

$$D(\beta) = e^{\beta a^{+} - \beta^{*} a} \tag{7.5.26}$$

所以

$$D(-\beta) = D^{-1}(\beta) = D^{+}(\beta) \tag{7.5.27}$$

可见, 算符 $D(\beta)$ 是幺正算符.

因为相干态 $|\alpha\rangle$ 已定义为

$$a|\alpha\rangle = \alpha|\alpha\rangle \tag{7.5.28}$$

式 (7.5.28) 两端各乘 $D^{-1}(\alpha)$ 得 $D^{-1}(\alpha) a|\alpha\rangle = \alpha D^{-1}(\alpha)|\alpha\rangle$, 并由关系式 $(7.5.24) D^{-1}(\alpha) a = (a + \alpha) D^{-1}(\alpha)$, 可以得到

$$a D^{-1}(\alpha)|\alpha\rangle = 0 \tag{7.5.29}$$

由于振子的基态 $|0\rangle$ 是以上方程的唯一解, 所以必须有

$$D^{-1}(\alpha)|\alpha\rangle = |0\rangle \tag{7.5.30}$$

由此得相干态 $|\alpha\rangle$ 为

$$|\alpha\rangle = D(\alpha)|0\rangle \tag{7.5.31}$$

这表明相干态恰好是谐振子基态经平移后的态.

7.5.2 相干态的正交性、归一性和完备性

由前面的推导知道, 相干态具有归一化的性质, 即

$$\langle \alpha \mid \alpha \rangle = 1 \tag{7.5.32}$$

通过下述分析可以了解相干态的完备性. 由于复平面 $(\alpha = |\alpha| e^{i\theta})$ 的面积元为

$$d^{2}\alpha = d[\text{Re}\{\alpha\}] d[\text{Im}\{\alpha\}] = |\alpha| d(|\alpha|) d\theta \tag{7.5.33}$$

因此

$$\int d^2\alpha \, |\alpha\rangle\langle\alpha| = \int_0^\infty d\,|\alpha| \int_0^{2\pi} |\alpha|\,d\theta \sum_n \sum_m \frac{|\alpha|^m}{\sqrt{m!}} e^{im\theta} \frac{|\alpha|^n}{\sqrt{n!}} e^{-in\theta} e^{-|\alpha|^2} |m\rangle\langle n|$$

$$= \pi \sum_n \frac{1}{n!} \int_0^\infty 2|\alpha|\,d|\alpha| \cdot |\alpha|^{2n} e^{-|\alpha|^2} |n\rangle\langle n|$$

$$= \pi \sum_n |n\rangle\langle n| = \pi \tag{7.5.34}$$

式 (7.5.34) 中已引入如下的积分结果:

$$\int_0^{2\pi} d\theta e^{i(m-n)\theta} = 2\pi\delta_{mn}, \quad \int_0^\infty x^{2n+1} e^{-\lambda x^2} = \frac{n!}{2\lambda^{n+1}} \tag{7.5.35}$$

由量子力学知道, 任何态矢可以用基矢集来展开, 即

$$|\varphi\rangle = \sum_k C_k |k\rangle = \sum_k |k\rangle\langle k \mid \varphi\rangle \tag{7.5.36}$$

式中基矢 $|k\rangle$ 必满足

$$\sum_k |k\rangle\langle k| = I \tag{7.5.37}$$

这一性质称为完备性. 在连续情况下, 上述性质表示如下:

$$\int |k\rangle\langle k|\,dk = I \tag{7.5.38}$$

式中, I 为单位算符. 任何态矢可以用完备集来展开.

因为

$$\int d^2\alpha \, |\alpha\rangle\langle\alpha| = \pi > 1 \tag{7.5.39}$$

由此可见, 相干态是超完备的.

若矢量 $|j\rangle$ 与矢量 $|k\rangle$ 之间满足如下关系:

$$\langle k \mid j\rangle = \delta_{kj} = \begin{cases} 1, & k = j \\ 0, & k \neq j \end{cases} \tag{7.5.40}$$

则称矢量 $|j\rangle$ 与矢量 $|k\rangle$ 是正交的. 因为相干态 $|\alpha\rangle$ 为

$$|\alpha\rangle = \sum_{n=0}^\infty \frac{\alpha^n}{\sqrt{n!}} e^{-\frac{1}{2}|\alpha|^2} |n\rangle \tag{7.5.41}$$

其共轭态为

$$\langle\beta| = \sum_{m=0}^\infty \frac{(\beta^*)^m}{\sqrt{m!}} e^{-\frac{1}{2}|\beta|^2} \langle m| \tag{7.5.42}$$

这两个态矢的标量积为

$$\langle\beta|\alpha\rangle = \sum_{n=0}^{\infty}\sum_{m=0}^{\infty}\frac{(\beta^*)^m}{\sqrt{m!}}\frac{\alpha^n}{\sqrt{n!}}\mathrm{e}^{-\frac{1}{2}(|\alpha|^2+|\beta|^2)}\langle m|n\rangle$$

$$= \sum_{n}\frac{(\beta^*)^n\alpha^n}{n!}\mathrm{e}^{-\frac{1}{2}(|\alpha|^2+|\beta|^2)}$$

$$= \mathrm{e}^{-\frac{1}{2}(|\alpha|^2+|\beta|^2)+\beta^*\alpha} \tag{7.5.43}$$

这个标量积的模的平方是

$$|\langle\beta|\alpha\rangle|^2 = \mathrm{e}^{-|\beta-\alpha|^2} \tag{7.5.44}$$

所以

$$\langle\beta|\alpha\rangle \neq \delta_{\beta,\alpha} \tag{7.5.45}$$

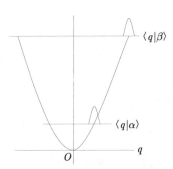

图 7-5 两个大小显著不同的态
$|\alpha\rangle$ 和 $|\beta\rangle$ 的正交性程度

可见相干态不像厄米算符的诸本征态那样构成一个正交集. 但是可以看出, 当 $(\alpha-\beta)$ 的量值远大于 1(即 $|\alpha-\beta| \gg 1$) 时

$$\langle\beta|\alpha\rangle \to 0 \tag{7.5.46}$$

此时相干态 $|\alpha\rangle$ 和相干态 $|\beta\rangle$ 接近于彼此正交. 但是即使标量积极小, 这两个相干态也不可能完全正交, 这些波函数彼此重叠的程度确定了内积 $\langle\beta|\alpha\rangle$ 的大小. 图 7-5 表明两个相干态的正交性程度. 相干态 $|\alpha\rangle$ 与相干态 $|\beta\rangle$ 的非正交性使得一个相干态可以用其他相干态的展开来表示.

7.5.3 相干态的物理性质

当单模场处于相干态 $|\alpha\rangle$ 时, 由式 (7.5.16) 可以求出相干态 $|\alpha\rangle$ 中具有 n 个光子的概率 $P_n(\alpha)$

$$P_n(\alpha) = |\langle n|\alpha\rangle|^2 = \mathrm{e}^{-|\alpha|^2}\frac{|\alpha|^{2n}}{n!} \tag{7.5.47}$$

在相干态中, 光子数 n 的平均值为

$$\langle n\rangle = \langle\alpha|n|\alpha\rangle = \mathrm{e}^{-|\alpha|^2}\sum_{n=0}^{\infty}\frac{(\alpha^*\alpha)^n}{n!}n = \mathrm{e}^{-|\alpha|^2}|\alpha|^2\sum_{n=1}^{\infty}\frac{|\alpha|^{2(n-1)}}{(n-1)!} = |\alpha|^2 \tag{7.5.48}$$

将式 (7.5.48) 代入式 (7.5.47), 得

$$P_n(\alpha) = \mathrm{e}^{-\langle n\rangle}\frac{\langle n\rangle^n}{n!} \tag{7.5.49}$$

式 (7.5.49) 即为相干态的光子数分布, 这一分布服从泊松 (Poisson) 分布规律 (图 7-6 中的虚线). 若激光器运转在远高于阈值的情况下, 则光子数分布趋向于泊松分布, 但宽度较大. 为进行比较, 图中同时还画出热平衡时单模辐射场所满足的普朗克 (Planck) 分布.

相干态中光子数算符平方的预期值为

$$\langle \alpha | n^2 | \alpha \rangle = \mathrm{e}^{-|a|^2} \sum_n \frac{(\alpha^*\alpha)^n}{n!} n^2$$

$$= \mathrm{e}^{-|a|^2} \sum_n \frac{|\alpha|^{2n}}{n!} [n(n-1)+n]$$

$$= |\alpha|^4 + |\alpha|^2 \qquad (7.5.50)$$

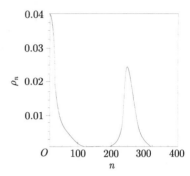

图 7-6 光子数分布曲线

实线为普朗克分布; 虚线为泊松分布

因此, 光子数的均方偏差为

$$\Delta n = \sqrt{\langle n^2 \rangle - \langle n \rangle^2} = |\alpha| \qquad (7.5.51)$$

光子数相对起伏量为

$$\frac{\Delta n}{\langle n \rangle} = |\alpha|^{-1} \qquad (7.5.52)$$

以上 3 个表示式给出了相干态中腔的平均光子数 $|\alpha|^2$, 光子数的不确定量 $|\alpha|$ 以及相对不确定量 $|\alpha|^{-1}$. 由这些表示式可见, 随着平均光子数的增加, 光子数的不确定量也增加, 而相对不确定量则减少.

相干态中相位算符的预期值为

$$\langle \alpha | \cos\varphi | \alpha \rangle = \frac{1}{2} \mathrm{e}^{-|\alpha|^2} \sum_{n,m} \frac{(\alpha^*)^n \alpha^m}{\sqrt{n!m!}} \langle n | (\mathrm{e}^{\mathrm{i}\varphi} + \mathrm{e}^{-\mathrm{i}\varphi}) | m \rangle$$

$$= \frac{1}{2} \mathrm{e}^{-|\alpha|^2} \sum_{n,m} \frac{(\alpha^*)^n \alpha^m}{\sqrt{n!m!}} (\delta_{n-1,m} + \delta_{n+1,m})$$

$$= \frac{1}{2} \mathrm{e}^{-|\alpha|^2} \sum_{n=0}^{\infty} \frac{(\alpha^*)^{n+1} \alpha^n + (\alpha^*)^n \alpha^{n+1}}{\sqrt{n!(n+1)!}}$$

$$= \frac{1}{2} \mathrm{e}^{-|\alpha|^2} (\alpha^* + \alpha) \sum_{n=0}^{\infty} \frac{|\alpha|^{2n}}{\sqrt{n!(n+1)!}}$$

$$= |\alpha| \cos\theta \cdot \mathrm{e}^{-|\alpha|^2} \sum_{n=0}^{\infty} \frac{|\alpha|^{2n}}{n!\sqrt{(n+1)}} \qquad (7.5.53)$$

式 (7.5.53) 已经利用了关系式

$$\alpha + \alpha^* = 2\,|\alpha|\cos\theta, \quad \alpha = |\alpha|\,\mathrm{e}^{\mathrm{i}\theta} \tag{7.5.54}$$

式 (7.5.53) 表明, 相位算符在相干态 $|\alpha\rangle$ 中的预期值正比于 $\cos\theta$. 同样可以求出算符 $\cos^2\varphi$ 在相干态中的预期值.

$$\langle\alpha|\cos^2\varphi|\alpha\rangle = \frac{1}{2} - \frac{1}{4}\mathrm{e}^{-|\alpha|^2} + |\alpha|^2\left(\cos^2\theta - \frac{1}{2}\right)\mathrm{e}^{-|\alpha|^2}\sum_{n=0}^{\infty}\frac{|\alpha|^{2n}}{n!\sqrt{(n+1)(n+2)}} \tag{7.5.55}$$

当 $|\alpha|^2 \gg 1$ 时, 式 (7.5.53)、式 (7.5.55) 的级数可分别展开为

$$\sum_n\frac{|\alpha|^{2n}}{n!\sqrt{n+1}} = \frac{\mathrm{e}^{|\alpha|^2}}{|\alpha|}\left(1 - \frac{1}{8\,|\alpha|^2} + \cdots\right) \tag{7.5.56}$$

$$\sum_n\frac{|\alpha|^{2n}}{n!\sqrt{(n+1)(n+2)}} = \frac{\mathrm{e}^{|\alpha|^2}}{|\alpha|^2}\left(1 - \frac{1}{2\,|\alpha|^2} + \cdots\right) \tag{7.5.57}$$

忽略级数展开中的高阶小量, 代入式 (7.5.53)、式 (7.5.55), 对于相干态 $|\alpha\rangle$ 可得, 当平均光子数较大时相位算符的预期值为

$$\langle\alpha|\cos\varphi|\alpha\rangle = \cos\theta\left(1 - \frac{1}{8\,|\alpha|^2}\right) \tag{7.5.58}$$

$$\langle\alpha|\cos^2\varphi|\alpha\rangle = \cos^2\theta\left(1 - \frac{1}{2\,|\alpha|^2}\right) + \frac{1}{4\,|\alpha|^2} \tag{7.5.59}$$

于是, 相位的不确定量为

$$\Delta\cos\varphi = \sqrt{\langle\cos^2\varphi\rangle - \langle\cos\varphi\rangle^2} = \frac{|\sin\theta|}{2\,|\alpha|}, \quad |\alpha|^2 \gg 1 \tag{7.5.60}$$

可以采用同样的方法讨论相位算符 $\sin\varphi$ 和 $\sin^2\varphi$ 在相干态 $|\alpha\rangle$ 中的预期值, 并且同样可以得到相位不确定量 $\Delta\sin\varphi$ 的量值 $\dfrac{|\cos\theta|}{2\,|\alpha|}$.

7.5.4　相干态和最小不确定态

当场处于相干态 $|\alpha\rangle$ 时, 由式 (7.5.51)、式 (7.5.60) 可得光子数及其相位的测不准量的乘积为

$$\Delta n \cdot \Delta\cos\varphi = \frac{1}{2}\langle\cos\theta\rangle, \quad |\alpha|^2 \gg 1 \tag{7.5.61}$$

同样可得

$$\Delta n \cdot \Delta\sin\varphi = \frac{1}{2}\langle\sin\theta\rangle, \quad |\alpha|^2 \gg 1 \tag{7.5.62}$$

由式 (7.5.51)、式 (7.5.60) 可见, 在相干态 $|\alpha\rangle$ 时, $\Delta n \neq 0$, $\Delta \cos \varphi \neq 0$, 这与单模光子数态以及单模相位态都不同. 这种不确定量满足式 (7.5.61)、式 (7.5.62) 的关系. 并且如前所述, 相干态 $|\alpha\rangle$ 的光子数不确定量相对值及相位不确定量均随着平均光子数的增加而减少. 因此当 $|\alpha|^2 \gg 1$ 时, 相干态所对应的电磁波将愈接近具有确定振幅和确定相位的经典电磁波. 对比式 (7.5.61) 与式 (7.4.43) 可知, 相干态是满足不确定关系所允许的最小值, 所以, 相干态称为最小不确定态.

可以从另一角度证明上述相干态 $|\alpha\rangle$ 是最小不确定态. 由算符 a、a^+ 和 p、q 之间的关系可以看到, 系统处于相干态 $|\alpha\rangle$ 时, p、q、p^2 和 q^2 的预期值分别是

$$\langle q \rangle = \sqrt{\frac{\hbar}{2M\Omega}} \langle \alpha | (a + a^+) | \alpha \rangle = \sqrt{\frac{\hbar}{2M\Omega}} (\alpha + \alpha^*) \tag{7.5.63}$$

$$\langle p \rangle = \mathrm{i}\sqrt{\frac{M\hbar\Omega}{2}} \langle \alpha | (a^+ - a) | \alpha \rangle = \mathrm{i}\sqrt{\frac{M\hbar\Omega}{2}} (\alpha^* - \alpha) \tag{7.5.64}$$

$$\begin{aligned}
\langle q^2 \rangle &= \frac{\hbar}{2M\Omega} \langle \alpha | (a^{+^2} + a^2 + aa^+ + a^+a) | \alpha \rangle \\
&= \frac{\hbar}{2M\Omega} \left(\alpha^{*^2} + \alpha^2 + 2\alpha^*\alpha + 1 \right)
\end{aligned} \tag{7.5.65}$$

$$\begin{aligned}
\langle p^2 \rangle &= -\frac{M\hbar\Omega}{2} \langle \alpha | (a^{+^2} + a^2 - aa^+ - a^+a) | \alpha \rangle \\
&= -\frac{M\hbar\Omega}{2} \left(\alpha^{*^2} + \alpha^2 - 2\alpha^*\alpha - 1 \right)
\end{aligned} \tag{7.5.66}$$

式 (7.5.66) 已利用了相干态的本征值方程式 (7.5.1) 及它的共轭表示式. 这样, 可得其散差为

$$(\Delta q)^2 = \langle q^2 \rangle - \langle q \rangle^2 = \frac{\hbar}{2M\Omega} \tag{7.5.67}$$

$$(\Delta q)^2 = \langle p^2 \rangle - \langle p \rangle^2 = \frac{M\hbar\Omega}{2} \tag{7.5.68}$$

由此得到

$$\Delta p \Delta q = \frac{\hbar}{2} \tag{7.5.69}$$

式 (7.5.69) 表明相干态符合不确定原理中的最小值, 即相干态为最小不确定态. 与此相应, 可以证明电场算符和磁场算符的不确定量乘积也与不确定关系的最小允许值符合 (具体计算可见下节), 即

$$\Delta E \cdot \Delta H = \frac{1}{2}\hbar \left(\frac{2\Omega^2}{kV} \right) |\sin kz \cos kz| \tag{7.5.70}$$

7.5.5　相干态的图形

我们还可以从相干态 $|\alpha\rangle$ 求出电场算符的预期值

$$\langle\alpha|\, E\, |\alpha\rangle = 2\left(\frac{\hbar\Omega}{\varepsilon_0 V}\right)^{1/2} |\alpha|\sin kz\cos\theta \tag{7.5.71}$$

$$\langle\alpha|\, E^2\, |\alpha\rangle = \left(\frac{\hbar\Omega}{\varepsilon_0 V}\right)\sin^2 kz\left(4\,|\alpha|^2\cos^2\theta + 1\right) \tag{7.5.72}$$

因此得出电场的均方差为

$$\Delta E = \sqrt{\langle E^2\rangle - \langle E\rangle^2} = \left(\frac{\hbar\Omega}{\varepsilon_0 V}\right)^{1/2} |\sin kz| \tag{7.5.73}$$

由于

$$\frac{\Delta E}{\langle E\rangle} = \frac{1}{\alpha^* + \alpha} \propto \frac{1}{|\alpha|} \tag{7.5.74}$$

可见, 随着相干态中平均光子数的增加, 电场振幅的相对不确定量随之减少.

图 7-7 表明当腔内辐射场处于相干态时, 腔内固定点的电场随时间变化的依赖

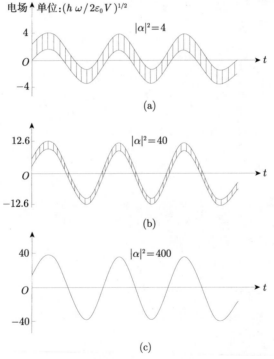

图 7-7　相干态 $|\alpha\rangle$ 的光场在一个固定点随时间 t 的变化

(a)、(b) 光子数较少, 振幅和相位都有较大的起伏; (c) 光子数很多, 振幅和相位的起伏都很小

关系. 图中画出了三种不同 $|\alpha|$ 值时的相干态情况. 该图清楚地表明, $|\alpha|^2$ 愈大, 电场振幅的相对不确定量愈小. 当 $|\alpha|^2 \gg 1$ 时, 对应的辐射场趋向于具有确定振幅和确定相位的经典电磁波.

7.5.6 多模相干态

在多模场时, 能量本征态可以用式 (7.3.17) 表示, 这就表明多模态为诸单模本征态之外积. 这里可以采用相似的方法将多模相干态定义为诸单模相干态之积, 即

$$|\{\alpha_k\}\rangle \equiv \prod_k |\alpha_k\rangle \tag{7.5.75}$$

为书写方便, 式中采用花括号表示所有 α_k 之集. 于是本征值方程可写成如下方程组:

$$a_s |\{\alpha_k\}\rangle = \alpha_s |\{\alpha_k\}\rangle \tag{7.5.76}$$

相干态的完备性关系成为

$$\int |\{\alpha_k\}\rangle \langle\{\alpha_k\}| \frac{\mathrm{d}^2\alpha_k}{\pi} = I \tag{7.5.77}$$

因为诸单模相干态之间不具备正交性, 所以两个单模相干态之间的标量积可以表示为 (参照式 (7.5.43))

$$\langle \alpha_k \mid \alpha_k' \rangle = \mathrm{e}^{-\frac{1}{2}\left(|\alpha_k|^2 + |\alpha_k'|^2\right) + \alpha_k^* \alpha_k'} \tag{7.5.78}$$

7.6 压 缩 态

7.6.1 压缩态物理性质

如图 7-8 所示, 一个初始形状为尖峰的 (即压缩的) 波包会周期性的展开又回到初始的尖峰形状. 波函数随时间演化的表达式为

$$\varphi(x,t) = \int \mathrm{d}x' G(x,x',t)\varphi(x',0) \tag{7.6.1}$$

式中, $G(x,x',t)$ 为简谐振子 (simple harmonic oscillator, SHO) 的传播函数

$$G(x,x',t) = \sqrt{\frac{m\omega}{2\pi\hbar |\sin\omega t|}} \exp\left\{\frac{\mathrm{i}m\omega}{2\hbar\sin\omega t}[(x^2 + x'^2)\cos\omega t - 2xx']\right\} \tag{7.6.2}$$

式中, m 和 ω 为振子的质量和角频率.

假设在 $t = 0$ 时刻有一个 δ 函数的波包 $\varphi(x',0) = \delta(x'-x_0)$, 则在 $t = \pi/2\omega$ 之后波函数将变为平面波. 即该压缩态演化为

$$\varphi(x,t=0) = \delta(x-x_0) \tag{7.6.3a}$$

$$\varphi\left(x, t=\frac{\pi}{2\omega}\right)=\sqrt{\frac{m\omega}{2\pi\hbar}}\exp\left\{\mathrm{i}\left(\frac{m\omega x_0}{\hbar}\right)x\right\} \tag{7.6.3b}$$

$$\varphi\left(x, t=\frac{\pi}{\omega}\right)=\delta(x+x_0) \tag{7.6.3c}$$

由图 7-8 和式 (7.6.3) 可知, 如果开始用一个尖锐 (sharp) 的或者压缩的态, 那么在每半个周期之后将回到原尖锐态.

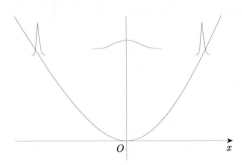

图 7-8   简谐振子压缩态的演化

现在考虑如何制备一个压缩态. 如图 7-9(a) 所示, 应用一个直流电场, 且用一个 "墙" 将 SHO 限制在一个有限的区域. 在这种情况下, 可以预期当波包被推向障碍时, 它将发生变形或者被压缩.

类似地, 图 7-9(b) 中的二次偏移势将产生一个压缩的波包. 为理解这一点, 考虑存在二次势的哈密顿量

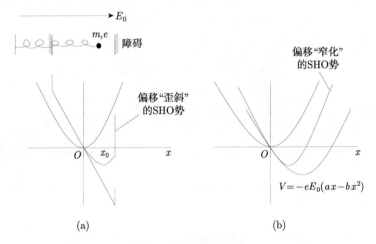

图 7-9   压缩态的制备

(a) 首先用一个直流电场将 SHO 势偏移, 然后用一个障碍将电荷的振荡限制在一个有限的区域, 使 SHO 势 "歪斜"; (b) 用一个二次偏移势偏移并 "窄化" SHO 势

$$H = \frac{p^2}{2m} + \frac{1}{2}kx^2 - eE_0(ax - bx^2) \tag{7.6.4}$$

式中, ax 项为振子的偏移, 加入 bx^2 是为了设置一个障碍来压缩波包.

式 (7.6.4) 可以改写为

$$H = \frac{p^2}{2m} + \frac{1}{2}(k + 2ebE_0)x^2 - eaE_0x \tag{7.6.5}$$

显然, 这个形式中也有一个偏移的基态, 但这里的有效弹簧常数 $k' = k + 2ebE_0$ 更大. 这意味着我们将拥有如图 7-10 所示的压缩偏移波包.

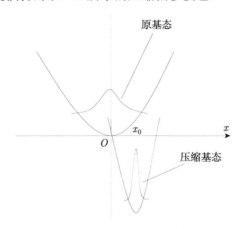

图 7-10　偏移 "窄化" 的 SHO 势使波包压缩

正如线性偏移势中的产生算符部分对于制备相干态来说是最重要的, 式 (7.6.4) 中的 bx^2 项所包含的两个光子 $a^{+\,2}$ 和 a^2 的贡献, 是制备压缩相干态最重要的.

7.6.2　压缩态和不确定性关系

考虑两个厄米算符 A 和 B, 它们满足如下对易关系:

$$[A, B] = \mathrm{i}C \tag{7.6.6}$$

根据海森伯不确定性关系, 变量 A 和 B 预期值的不确定量的乘积为

$$\Delta A \cdot \Delta B \geqslant \frac{1}{2}\left|\langle C \rangle\right| \tag{7.6.7}$$

若其中一个可观察量 (譬如说 A) 的不确定量满足

$$(\Delta A)^2 < \frac{1}{2}\left|\langle C \rangle\right| \tag{7.6.8}$$

则称该系统的态为**压缩态**. 在式 (7.6.8) 的条件下, 如果两个变量还满足最小不确定关系, 即

$$\Delta A \cdot \Delta B = \frac{1}{2}\left|\langle C \rangle\right| \tag{7.6.9}$$

那么该压缩态称为**理想压缩态**.

因此, 压缩态中一个变量的量子涨落减小到两个变量的最小对称不确定量 (即 $(\Delta A)^2 = (\Delta B)^2 = |\langle C \rangle|/2$) 以下, 其代价是相应的共轭量的涨落会增加, 使得不确定性关系仍得以满足.

作为一个例子, 我们考虑一个频率为 ω 的量子化单模电场

$$\boldsymbol{E}(t) = \boldsymbol{E}\hat{\varepsilon}(a\mathrm{e}^{-\mathrm{i}\omega t} + a^{+}\mathrm{e}^{\mathrm{i}\omega t}) \tag{7.6.10}$$

式中, a 和 a^{+} 满足对易关系

$$[a, a^{+}] = 1 \tag{7.6.11}$$

引入厄米振幅算符

$$X_1 = \frac{1}{2}(a + a^{+}) \tag{7.6.12}$$

$$X_2 = \frac{1}{2\mathrm{i}}(a - a^{+}) \tag{7.6.13}$$

显然, X_1 和 X_2 本质上是量纲为 1 的位置和动量算符

$$x = \frac{\sqrt{2\hbar/m\omega}}{2}(a + a^{+})$$

$$p = \frac{\sqrt{2\hbar m\omega}}{2\mathrm{i}}(a - a^{+})$$

由式 (7.6.11) 的对易关系, X_1 和 X_2 满足

$$[X_1, X_2] = \frac{\mathrm{i}}{2} \tag{7.6.14}$$

利用这两个算符, 式 (7.6.10) 可以改写为

$$\boldsymbol{E}(t) = 2\boldsymbol{E}\hat{\varepsilon}(X_1 \cos\omega t + X_2 \sin\omega t) \tag{7.6.15}$$

厄米算符 X_1 和 X_2 可以看成电场的两个正交分量的振幅, 其相相位差 $\pi/2$. 根据式 (7.6.14), 两个振幅的不确定关系为

$$\Delta X_1 \cdot \Delta X_2 \geqslant \frac{1}{4} \tag{7.6.16}$$

如果使得

$$(\Delta X_i)^2 < \frac{1}{4}, \quad i = 1 \text{ 或 } 2 \tag{7.6.17}$$

就可以得到辐射场的压缩态.

一个理想的压缩态除了要满足式 (7.6.17), 还需要满足

$$\Delta X_1 \cdot \Delta X_2 = \frac{1}{4} \tag{7.6.18}$$

在 7.6.3 小节中, 我们将讨论一个理想压缩态的例子 —— 双光子相干态. 这里首先指出, 相干态 $|\alpha\rangle$ 和福克态 $|n\rangle$ 都不是压缩态. 这是因为, 根据式 (7.6.12), 在相干态中

$$\begin{aligned}
(\Delta X_1)^2 &= \langle\alpha|X_1^2|\alpha\rangle - \langle\alpha|X_1|\alpha\rangle^2 \\
&= \frac{1}{4}\langle\alpha|[a^2 + aa^+ + a^+a + (a^+)^2]|\alpha\rangle \\
&\quad - \frac{1}{4}[\langle\alpha|(a+a^+)|\alpha\rangle]^2 = \frac{1}{4}
\end{aligned} \tag{7.6.19}$$

类似地

$$(\Delta X_2)^2 = \frac{1}{4} \tag{7.6.20}$$

同样地, 在一个福克态中

$$(\Delta X_1)^2 = \langle n|X_1^2|n\rangle - \langle n|X_1|n\rangle^2 = \frac{1}{4}(2n+1) \tag{7.6.21}$$

$$(\Delta X_2)^2 = \frac{1}{4}(2n+1) \tag{7.6.22}$$

图 7-11(a)~(c) 分别给出了相干态、X_1 噪声减小压缩态和 X_2 噪声减小压缩态的电场随时间变化图, 以及相应的 X_1 和 X_2 不确定量的误差轮廓. 不同态的误差轮廓中的每一点都对应一个具有一定相位和振幅的波. 误差轮廓中所有这些波的累加导致了电场的不确定性, 如图 7-11 中用阴影表示的区域. 在相干态中, X_1 和 X_2 具有相同的不确定性, 电场的离散为一常数. 在 X_1 噪声减小压缩态中, 电场振幅的不确定性减小, 其代价是相位的不确定性增加; 在 X_2 噪声减小压缩态中, 情况则正好相反.

7.6.3 压缩算符和压缩相干态

前面提到, x 的二次项, 即形如 $(a + a^+)^2$ 的项, 对制备压缩态是非常重要的. 因此, 我们可以考虑利用简并参量过程 (degenerate parametric process) 来产生这样的辐射场态. 与此相联系的双光子哈密顿量可以写为

$$H = \mathrm{i}\hbar(ga^{+2} - g^*a^2) \tag{7.6.23}$$

式中, g 为耦合常数. 对应的辐射场态为

$$|\varphi(t)\rangle = \mathrm{e}^{(ga^{+2} - g^*a^2)}|0\rangle \tag{7.6.24}$$

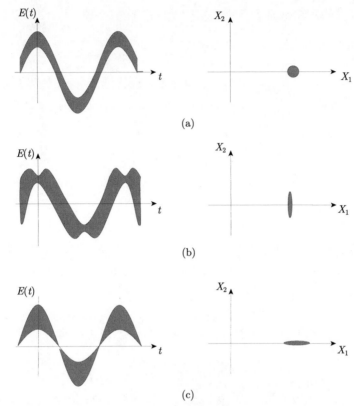

图 7-11   电场随时间的变化图及相应的 X_1、X_2 误差轮廓[53]

(a) 相干态; (b) X_1 噪声减小压缩态; (c) X_2 噪声减小压缩态[9]

由此定义幺正压缩算符

$$S(\xi) = \exp\left\{ \frac{1}{2}\xi^* a^2 - \frac{1}{2}\xi^* a^{+2} \right\} \tag{7.6.25}$$

式中, $\xi = r\exp\{i\theta\}$ 为一个任意复数. 显然

$$S^+(\xi) = S^{-1}(\xi) = S(-\xi) \tag{7.6.26}$$

应用等式

$$e^A B e^{-A} = B + [A, B] + \frac{1}{2!}[A, [A, B]] + \cdots \tag{7.6.27}$$

可以得到压缩算符的幺正变换性质

$$S^+(\xi) a S(\xi) = a\cosh r - a^+ e^{i\theta}\sinh r \tag{7.6.28}$$

$$S^+(\xi) a^+ S(\xi) = a^+\cosh r - a e^{i\theta}\sinh r \tag{7.6.29}$$

如果定义一个旋转 $\theta/2$ 的复振幅

$$Y_1 + iY_2 = (X_1 + iX_2)e^{-i\theta/2} \tag{7.6.30}$$

则由式 (7.6.28) 得到

$$S^+(\xi)(Y_1 + iY_2)S(\xi) = Y_1 e^{-r} + iY_2 e^r \tag{7.6.31}$$

要获得一个压缩相干态 $|\alpha, \xi\rangle$, 首先将偏移算符 $D(\alpha)$ 作用到真空态, 然后再用压缩算符 $S(\xi)$ 作用之, 即

$$|\alpha, \xi\rangle = S(\xi)D(\alpha)|0\rangle \tag{7.6.32}$$

式中, $\alpha = |\alpha| \exp(i\varphi)$. 如前所述, 相干态由 a 和 a^+ 的线性项产生, 而压缩相干态需要它们的二次项.

压缩相干态是相干态的一个正则例子, 我们来讨论它的一些性质. 通过利用偏移和压缩算符 [式 (7.6.25)] 的变换性质, 态 $|\alpha, \xi\rangle$ 的算符预期值可以由定义式 (7.6.32) 来确定. 因此有

$$
\begin{aligned}
\langle a \rangle &= \langle \alpha, \xi | a | \alpha, \xi \rangle = \langle 0 | D^+(\alpha)S^+(\xi)aS(\xi)D(\alpha)|0\rangle \\
&= \langle \alpha | a \cosh r - a^+ e^{i\theta} \sinh r | \alpha \rangle = a \cosh r - a^* e^{i\theta} \sinh r \quad (7.6.33)
\end{aligned}
$$

$$
\begin{aligned}
\langle a^2 \rangle &= \langle (a^+)^2 \rangle^* = \langle 0 | D^+(\alpha)S^+(\xi)a^2 S(\xi)D(\alpha)|0\rangle \\
&= \langle \alpha | S^+(\xi)aS(\xi)S^+(\xi)aS(\xi) | \alpha \rangle \\
&= \alpha^2 \cosh^2 r + (\alpha^*)^2 e^{2i\theta} \sinh^2 r - 2|\alpha|^2 e^{i\theta} \sinh r \cosh r \\
&\quad - e^{i\theta} \cosh r \sinh r \quad (7.6.34)
\end{aligned}
$$

$$
\begin{aligned}
\langle a^+ a \rangle &= |\alpha|^2 (\cosh^2 r + \sinh^2 r) - (\alpha^*)^2 e^{i\theta} \sinh r \\
&\quad \cosh r - \alpha^2 e^{-i\theta} \sinh r \cosh r + \sinh^2 r \quad (7.6.35)
\end{aligned}
$$

旋转振幅 Y_1 和 Y_2 的变化量可以由上述预期值确定. 将式 (7.6.12) 和式 (7.6.13) 中的 X_1 和 X_2 代入式 (7.6.30), 得到

$$Y_1 + iY_2 = a \exp\left(\frac{-i\theta}{2}\right) \tag{7.6.36}$$

因此

$$
\begin{aligned}
(\Delta Y_1)^2 &= \langle Y_1^2 \rangle - \langle Y_1 \rangle^2 \\
&= \frac{1}{4} \left\langle \left(ae^{-i\theta/2} + a^+ e^{i\theta/2}\right)^2 \right\rangle - \frac{1}{4} \left(\left\langle ae^{-i\theta/2} + a^+ e^{i\theta/2} \right\rangle\right)^2 \\
&= \frac{1}{4} \left\langle a^2 e^{-i\theta} + a^{+2} e^{i\theta} + aa^+ + a^+ a \right\rangle
\end{aligned}
$$

$$-\frac{1}{4}\left(\left\langle a\mathrm{e}^{-\mathrm{i}\theta/2}+a^{+}\mathrm{e}^{\mathrm{i}\theta/2}\right\rangle\right)^{2}=\frac{1}{4}\mathrm{e}^{-2r} \tag{7.6.37}$$

$$(\Delta Y_2)^2=\frac{1}{4}\mathrm{e}^{-2r} \tag{7.6.38}$$

$$\Delta Y_1\cdot\Delta Y_2=\frac{1}{4} \tag{7.6.39}$$

可见, 压缩相干态是一个理想压缩态. 如图 7-12 所示, 在一个复振幅平面中, 误差圆被压缩成了同一区域的一个误差椭圆. 椭圆的两个主轴分别沿着经由 X_1 和 X_2 旋转 $\theta/2$ 角度得到的 Y_1 和 Y_2 方向. 压缩的程度取决于 $r=|\xi|$, 它被称为**压缩参数**.

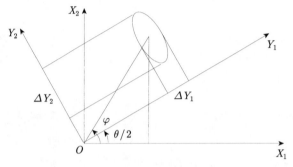

图 7-12　压缩相干态的误差轮廓

7.6.4　多模压缩态

多模压缩态可以由单模双光子相干态生成. 下面首先讨论双模压缩这个简单的例子, 然后将其推广到多模的情况.

将幺正算符

$$S(\xi)=\mathrm{e}^{\xi^{*}a_{\omega+\omega'}a_{\omega-\omega'}-\xi a_{\omega+\omega'}^{+}a_{\omega-\omega'}^{+}} \tag{7.6.40}$$

作用在双模真空态上, 可以得到双模压缩态.

为了显示生成双模的算符具有压缩性, 定义组合产生、湮没算符:

$$b^{+}=\frac{1}{\sqrt{2}}[a_{\omega+\omega'}^{+}+\mathrm{e}^{\mathrm{i}\delta}a_{\omega-\omega'}^{+}] \tag{7.6.41}$$

$$b=\frac{1}{\sqrt{2}}[a_{\omega+\omega'}+\mathrm{e}^{-\mathrm{i}\delta}a_{\omega-\omega'}] \tag{7.6.42}$$

其同相 (in-phase) 和正交相 (in-quadrature) 分量为

$$b_1=\frac{1}{2}(b+b^{+}) \tag{7.6.43}$$

$$b_2 = \frac{1}{2\mathrm{i}}(b - b^+) \tag{7.6.44}$$

相应的不确定关系为

$$\Delta b_1 \cdot \Delta b_2 \geqslant \frac{1}{4} \tag{7.6.45}$$

双模压缩真空态的这两个分量的变化量为

$$(\Delta b_1)^2 = \frac{1}{4}\left[\exp\{-2r\}\cos^2\left(\frac{\delta}{2} - \frac{\theta}{2}\right) + \exp\{2r\}\sin^2\left(\frac{\delta}{2} - \frac{\theta}{2}\right)\right] \tag{7.6.46}$$

$$(\Delta b_2)^2 = \frac{1}{4}\left[\exp\{2r\}\cos^2\left(\frac{\delta}{2} - \frac{\theta}{2}\right) + \exp\{-2r\}\sin^2\left(\frac{\delta}{2} - \frac{\theta}{2}\right)\right] \tag{7.6.47}$$

特别地, 当选择相位 $\delta - \theta = 0$ 和 π 时, 分别得到 b_1 和 b_2 涨落减小的理想压缩态.

用类似的方法可以压缩多模真空态. 多模压缩算符定义为

$$S[\xi(\omega)] = \int \frac{\mathrm{d}\omega'}{2\pi}\exp\left[\xi^*(\omega')a_{\omega+\omega'}a_{\omega-\omega'} - \xi(\omega')a_{\omega+\omega'}^+a_{\omega-\omega'}^+\right] \tag{7.6.48}$$

式中, $\xi(\omega) = r(\omega)\exp\{\mathrm{i}\theta(\omega)\}$, 积分区域为频率的正半宽度. 根据式 (7.6.10) 的定义, 多模压缩相干态可以通过先将真空态偏移, 然后再加以压缩来得到, 即

$$|\alpha(\omega), \xi(\omega)\rangle = S[\xi(\omega)]D[\alpha(\omega)]|\tilde{0}\rangle \tag{7.6.49}$$

式中, $|\tilde{0}\rangle$ 为多模真空态.

第一篇参考文献

[1] 林强, 王绍民. 张量光学 [M]. 杭州: 杭州大学出版社, 1994.

[2] MOVILLA J M, PIQUERO G, MARTINEZ-HERRERO R, et al. Parametric characterizetion of non-uniformly polarized beams[J]. Opt Commun, 1998, 149: 230~234.

[3] 王绍民, 赵道木. 矩阵光学原理 [M]. 杭州: 杭州大学出版社, 1994.

[4] MANDEL L, WOLF E. Optical Coherence and Quantum optics[M]. Cambridge: Cambridge University Press, 1995.

[5] LIN Q, WANG L, ZHU S. Partially coherent light pulse and its propagation[J]. Opt Commun, 2003, 219(1~6): 65~70.

[6] LIN Q, CAI Y, WANG L. Partially coherent beam and its applications[J]. Front Phys China, 2007, 2(2): 153~165.

[7] WOLF E. Non-cosmological redshifts of spectral lines[J]. Nature, 1987, 326: 363~365.

[8] WOLF E. Red shifts and blue shifts of spectral lines emitted by two correlated sources[J]. Phys Rev Lett, 1987, 58: 2646~2648.

[9] WOLF E. Redshifts and blueshifts of spectral lines caused by source correlations[J]. Opt Commun, 1987, 62(1): 12~16.

[10] WOLF E, JAMES D F V. Correlation-induced spectral changes[J]. Rep Prog Phys, 1996, 59: 771~818.

[11] LIN Q, WANG L. Generation of partially coherent laser beam directly from spatial-temporal phase modulated optical resonators[J]. J Mod Opt, 2003, 50(5): 743~754.

[12] WANG L, LIN Q. The evolutions of the spectrum and spatial coherence of laser radiation in resonators with hard apertures and phase modulation[J]. IEEE Journal of Quantum Electronics, 2003, 39(6): 749~758.

[13] LIN Q. Generation and transformation of partially coherent laser beams[J]. Review of Laser Engineering, 2004, 32(4): 247~251.

[14] LIN Q, CAI Y. Fractional Fourier transform for partially coherent beams[J]. Opt Lett, 2002, 27(19): 1672~1674.

[15] CAI Y, LIN Q. Scaled fractional Fourier transform for partially coherent beams[J]. Chin Phys Lett, 2003, 20(5): 668~670.

[16] WANG L, LIN Q, CHENG H, et al. Propagation of partially coherent pulsed beams in the spatiotemporal domain[J]. Phys Rev E, 2003, 67(5): 056613-1-7.

[17] CAI Y, LIN Q. Transformation and spectrum properties of partially coherent beams in the fractional Fourier transform plane[J]. J Opt Soc Am A, 2003, 20(8): 1528~1536.

[18] CAI Y, LIN Q. The fractional Fourier transform for a partially coherent pulse[J]. J Opt A: Pure Appl Opt, 2004, 6(4): 307~311.

[19] CAI Y, LIN Q. Fractional Fourier transform for partially coherent beam in spatial-frequency domain[J]. Chin Phys, 2004, 13(7): 1025~1032.

[20] WANG L, LIU N, LIN Q, et al. Propagation of coherent and partially coherent pulses through one-dimensional photonic crystals[J]. Phys Rev E, 2004, 70: 016601-1-12.

[21] GE D, CAI Y, LIN Q. Partially coherent flat-topped beam and its propagation[J]. Appl Opt -LP, 2004, 43(24): 4732~4738.

[22] CAI Y, LIN Q. A partially coherent elliptical flattened Gaussian beam and its propagation[J]. J Opt A: Pure Appl Opt, 2004, 6: 1061~1066.

[23] FENG T, LIN Q. Spectrum properties of partially coherent beams in turbulent atmosphere[J]. Acta Optica Sinica, 2005, 25(3): 293~296.

[24] LIN Q, CAI Y. Tensor ABCD law for partially coherent twisted anisotropic Gaussian-Schell model beams[J]. Opt Lett, 2002, 27(4): 216~218.

[25] CAI Y, LIN Q. Spectral shift of partially coherent twisted anisotropic Gaussian Schell-model beams in free space[J]. Opt Commun, 2002, 204(1~6), 17~23.

[26] CAI Y, LIN Q. Propagation of partially coherent twisted anisotropic Gaussian-Schell model beams in spatial-frequency domain[J]. Chin Phys Lett, 2002, 19(9): 1287~1290.

[27] CAI Y, LIN Q, GE D. Propagation of partially coherent twisted anisotropic Gaussian Schell-model beams in dispersive and absorbing media[J]. J Opt Soc Am A, 2002, 19(10): 2036~2042.

[28] CAI Y, LIN Q. Propagation of partially coherent twisted anisotropic Gaussian-Schell model beams through misaligned optical systems[J]. Opt Commun, 2002, 211(1~6): 1~8.

[29] CAI Y, LIN Q. Focusing properties of partially coherent twisted anisotropic Gaussian-Schell model beams[J]. Opt Commun, 2003, 215(4~6): 239~245.

[30] CAI Y, HUAN Y, LIN Q. Spectral shift of partially coherent twisted anisotropic Gaussian Schell-model beams focused by a thin lens[J]. J Opt A: Pure Appl Opt, 2003, 5(4): 397~401.

[31] CAI Y, GE D, LIN Q. Fractional Fourier transform for partially coherent and partially polarized Gaussian-Schell model beams[J]. J Opt A: Pure Appl Opt, 2003, 5 (5): 453~459.

[32] GE D, CAI Y, LIN Q. Propagation of partially polarized Gaussian Schell-model beams in dispersive and absorbing media[J]. Opt Commun, 2004, 229(1~6): 93~98.

[33] CAI Y, LIN Q. Partially coherent flat-topped multi Gaussian Schell-model beam and its propagation[J]. Opt Commun, 2004, 239(1~3): 33~41.

[34] GE D, CAI Y, LIN Q. Propagation of partially polarized Gaussian Schell-model beams in anomalously dispersive media[J]. Optik, 2004, 115(7): 305~310.

[35] GE D, CAI Y, LIN Q. Propagation of partially polarized Gaussian Schell-model beams through aligned and misaligned optical systems[J]. Chin Phys, 2005, 14(1): 128~132.

[36] CHEN J, LIN Q, Partially coherent matter wave and its evolution[J]. Opt Commun, 2008, 281(5): 1300~1305.

[37] CHEN J, LIN Q, LIU Y. The general astigmatic matter wave[J]. Opt Express, 2008, 16: 3368~3375.

[38] CHEN J, ZHANG Z, LIU Y, et al. Nonlinear evolution of the interacting Gaussian-shaped matter waves[J]. Opt Express, 2008, 16: 16918~16926.

[39] 陈君. 相干及部分相干物质波的传输特性研究 [D]. 杭州: 浙江大学理学院, 2008.

[40] WOLF E, AGARWAL GS. Coherence theory of laser resonator modes[J]. J. Opt. Soc. Am. A, 1984, 1(5): 541~546.

[41] DETTMER S, HELLWEG D. RYYTTY P, et al. Obervation of phase flucturations in elongated Bose-Einstein condensates[J]. Phys Rev Lett, 2001, 87: 160406-1-4.

[42] BONGS K. SENGSTOCK K. Physics with coherent matter waves[J]. Rep Prog Phys. 2004, 67: 907~963.

[43] ANDREWS M R, TOWNSECND C G. MIESNER H-J, et al. Observation of interference between two Bose condensates[J]. Science, 1997, 275: 637~641.

[44] MILLER D E. ANGLIN J R. ABO-SHAEER J R, et al. High-contrast interference in a thermal cloud of atoms[J]. Phys Rev A, 2005, 71: 043615-1-4.

[45] DIRAC P A M. The quantum theory of the emission and absorption of radiation[J]. Proc R Soc A, 1927, 114: 243~265.

[46] DIRAC P A M. The Principles of Quantum Mechanics[M]. 4th ed. Oxford: Oxford University Press, 1958.

[47] HEITLER W. The Quantum Theory of Radiation[M]. 3rd ed. Oxford: Oxford University Press, 1954.

[48] 曾谨言. 量子力学 (卷 II)[M]. 第三版. 北京: 科学出版社, 2000.

[49] SUSSKIND L. Glogower J. Quantum mechanical phase and time operator[J]. Physics, 1964, 1: 49~61.

[50] GLAUBER R J. Photon correlations[J]. Phys Rev Lett, 1963, 10(3): 84~86.

[51] GLAUBER R J. The quantum theory of optical coherence[J]. Phys Rev, 1963, 130(6): 2529~2539.

[52] GLAUBER R J. Coherent and incoherent states of the radiation field[J]. Phys Rev, 1963, 131(6): 2766~2788.

[53] CAVES C M. Quantum-mechanical noise in an interferometer[J]. Phys Rev D, 1981, 23: 1693~1708.

第一篇重要参考书目

1. BORN M, WOLF E. Principle of Optics[M]. 7th ed. Cambridge: Cambridge University Press, 1999.

    玻恩 M, 沃耳夫 E. 光学原理. 第二版. [M]. 杨葭荪等译. 北京: 科学出版社, 1985.

2. GREENE P L, HALL D G. Diffraction characteristics of the azimuthal Bessel-Gauss beam[J]. J Opt Soc Am A, 1996, 13: 962~966.

    加塔克 A K, 塞格雷健 K. 现代光学 [M]. 蒙文林译. 呼和浩特: 内蒙古人民出版社, 1985.

3. GOODMAN J W. Introduction to Fourier Optics[M]. New York: McGraw Hill, 1988.

    顾德门 J W. 傅里叶光学导论 [M]. 詹达三等译. 北京: 科学出版社, 1976.

4. 福尔斯 G R. 现代光学导论 [M]. 陈时胜, 林礼煌译. 上海: 上海科技出版社, 1980.

5. BOYD R W. Nonlinear Optics[M]. 2nd ed. New York: Academic Press, 2003.

6. AGRAWAL G P. Nonlinear Fiber Optics[M]. 2nd ed. New York: Academic Press, 1995.

7. SCULLY M O, ZUBAIRY M S. Quantum Optics[M]. Cambridge: Cambridge University Press, 1997.

第二篇

现代光学前沿

第 8 章　现代量子光学

1963 年罗伊·格劳伯 (Glauber, 2005 年诺贝尔物理学奖获得者) 将量子理论引入光学, 用于讨论光的相干性, 奠定了量子光学的理论基础[1~3]. 随着激光冷却原子等实验技术的进步, 量子光学的重要性已经远远超出理论范畴. 特别是进入 21 世纪以来, 量子光学取得了长足的发展. 今天, 量子光学已经渗透到众多的基础科学及应用科学领域, 正引领着新一代科学技术的发展方向. 许多新概念和新技术不断涌现, 如光频梳、量子隐形传态、量子保密通信、超快光速、超慢光速、光子角动量、单光子干涉、多光子纠缠、量子真空效应等均为目前热门的研究领域. 可以相信, 现代量子光学的发展将对未来科学技术的进步带来深刻的影响. 本章将对量子光学的若干前沿课题进行简要阐述.

8.1　超快光速与超慢光速

由于光速与爱因斯坦的狭义相对论相关, 有关超光速的研究一直是学术界关注的焦点. 超光速分为超快光速和超慢光速两类情况.

在超慢光速方面, 1999 年 Hau 等利用超冷 (50nK)Na 原子气体将光速减慢到 17m/s[4]. 2001 年 Liu 等通过在电磁感应透明 (EIT) 技术中适当控制耦合场将光速减小到零, 使光在介质中停留了几百微秒[5]. Kocharovskaya 等[6] 以及 Phillips 等[7] 进一步在热原子气体中实现了 "光停止"、"光储藏".

在超快光速方面, 2000 年王力军等报道了利用三能级原子的两个增益峰之间的反常色散实现了光脉冲的超光速传播, 即群速度超过了真空中的光速[8]. 同年, Mugnai 等宣称微波传输的速度可以超过真空中的光速[9]. 2002 年, Haché和 Poirier[10] 观察到了电脉冲在同轴光子晶体中的长程超光速传输. 2003 年, Bigelow 等[11] 观察到了低温下固体样品中脉冲群速度的超光速传输.

本节将对群速度超光速产生的物理机理和实现方法, 以及一些具有代表性的实验结果进行阐述.

8.1.1　群速度与折射率的关系

根据定义, 群速度 $u_g = d\omega/dk$ 与相速度 $u_p = \omega/k$ 的关系是

$$u_g = u_p \left(1 - \frac{k}{n} \frac{dn}{dk} \right) \tag{8.1.1}$$

式中, $n = c/u_{\mathrm{p}}$ 为相速折射率, 它是频率 ω 的函数, 即 $n = n(\omega)$. 式 (8.1.1) 可进一步化为

$$u_{\mathrm{g}} = \frac{u_{\mathrm{p}}}{1 + \dfrac{\omega}{n}\dfrac{\mathrm{d}n}{\mathrm{d}\omega}} \tag{8.1.2}$$

于是得到群速折射率 $n_{\mathrm{g}} = c/u_{\mathrm{g}}$ 为

$$n_{\mathrm{g}} = n + \omega\frac{\mathrm{d}n}{\mathrm{d}\omega} \tag{8.1.3}$$

对此, 可以分为三种情况.

1. 超慢光速

$$n_{\mathrm{g}} = n + \omega\frac{\mathrm{d}n}{\mathrm{d}\omega} > 1 \tag{8.1.4}$$

在靠近介质吸收带的区域, 斜率 $\mathrm{d}n/\mathrm{d}\omega$ 很大, $n_{\mathrm{g}} \gg 1$, 可以获得超慢光速. 若 $n + \omega \mathrm{d}n/\mathrm{d}\omega$ 非常大, 以至于 $u_{\mathrm{g}} \to 0$ 时, 可以使光 "停" 下来, 即实现 "零光速".

2. 超快光速

$$n_{\mathrm{g}} = n + \omega\frac{\mathrm{d}n}{\mathrm{d}\omega} < 1 \tag{8.1.5}$$

显然, 这种情况要求斜率 $\mathrm{d}n/\mathrm{d}\omega < 0$, 即出现在介质的反常色散区域. 这时, 群速折射率 n_{g} 可小于 1, 光脉冲的群速度 u_{g} 可大于真空中的光速 c. 当 $n_{\mathrm{g}} \ll 1$ 时, $u_{\mathrm{g}} \gg c$, 可实现超快光速. 特别地, 若 $n_{\mathrm{g}} \to 0$, 则 $u_{\mathrm{g}} \to \infty$.

3. 负光速

$$n_{\mathrm{g}} = n + \omega\frac{\mathrm{d}n}{\mathrm{d}\omega} < 0 \tag{8.1.6}$$

负光速可以认为是超光速的一种特殊情况, 即在反常色散介质中, 对于一定频率的光脉冲, $n + \omega \mathrm{d}n/\mathrm{d}\omega$ 小到了负值. 这时, 光脉冲的群速度 $u_{\mathrm{g}} < 0$.

8.1.2   超快光速

2000 年王力军等报道了一个群速度超光速的实验[8,12]. 在这个实验中, 让光脉冲通过一个 6cm 长的 Cs 原子气体室. 实验发现, 光脉冲通过 Cs 原子气体室传播与通过同样距离的真空传播相比, 光脉冲的波峰在出口处出现的时间要早

(62±1)ns(图 8-1). 由

$$\Delta t = \frac{L}{u_{\mathrm{g}}} - \frac{L}{c} = \frac{0.06}{u_{\mathrm{g}}} - 0.2\mathrm{ns} = (-62 \pm 1)\mathrm{ns} \tag{8.1.7}$$

可得光脉冲在铯原子气体中的群速度为

$$u_{\mathrm{g}} = \frac{c}{-310 \pm 5} \tag{8.1.8}$$

相应的群速折射率为

$$n_{\mathrm{g}} = \frac{c}{u_{\mathrm{g}}} = -310 \pm 5 \tag{8.1.9}$$

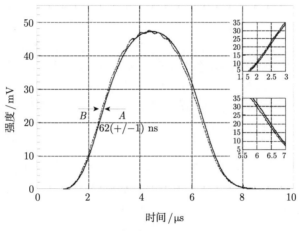

图 8-1　通过同样距离的 Cs 原子气体 (曲线 B) 和真空 (曲线 A) 的光脉冲比较[8]

上述结果意味着, 光脉冲的波峰在先于它进入原子气体室约 62ns 就已经在出口处出现了. 或者说, 要等光脉冲波峰离开原子气体室约 18.6m, 它才开始进入原子气体室. 对这种奇异的传输现象曾经有两种不同的解释: 一种解释是光脉冲的前沿和后沿在反常色散介质中经历了不同的增益和衰减造成的[13~15], 即介质对脉冲前沿进行了放大, 对后沿进行了吸收, 从而使得脉冲的传输加快了, 另一种解释认为超光速现象是由于组成光脉冲的各种频率成分在经历反常色散区域时发生相干叠加引起的. 这种解释更加符合实际, 因为超快光速现象与光脉冲的相干性密切相关. 随着相干性的降低, 超光速现象会逐步消失[16].

在群速度超光速的实验中, 光能量 (坡印亭矢量) 的传输速度并没有超光速, 也没有违背相对论和因果律[8,12,16,17]. 至于信息能否以超光速传送, 以及信息的传播速度到底如何定义等, 目前尚有争议.

8.1.3 超慢光速

为了获得极慢光速 ($u_g \ll c$), 要求 $\dfrac{\omega \mathrm{d}n}{n \mathrm{d}\omega} \gg 1$. 可见, 获得折射率随光波频率变化很大的正常色散介质是出现极慢光速的关键, 即要求在 n-ω 关系图中, 有一段很陡的曲线, 使得在很小频率范围内有很大的折射率变化. 我们知道, 在与介质发生共振的频率附近, 可以得到斜率极大的 n-ω 曲线. 但此时极化率的虚部也同时取极大值, 此时光脉冲将被强烈吸收, 以至于无法穿过介质. 因而真正实现极慢光速还需要用到一项关键技术, 即 "电磁感应透明技术"(electromagnetic induced transparency, EIT)[18,19].

电磁感应透明技术是 20 世纪 90 年代由 Standford 大学的 Harris 教授提出的利用量子相干效应消除电磁波传播过程中介质吸收的技术[20]. 一旦介质的吸收被消除, 电磁波在介质中的传播就如同在真空中传播, 使得原来透射率几乎为零的介质成为透明介质.

考虑一个三能级原子系统, 其中 $|1\rangle$ 和 $|2\rangle$ 是原子基态形成的超精细结构能级, $|3\rangle$ 是激发态. EIT 的关键是除了需要探测光 ω_p(其频率与 $|1\rangle$ 和 $|3\rangle$ 态接近共振) 外, 还需要再加一束耦合光 ω_c, 其频率与 $|2\rangle$ 和 $|3\rangle$ 态发生共振 (图 8-2). 由于量子相干效应, 探测光与耦合光共同作用的结果, 使原子的两个超精细能级 $|1\rangle$ 和 $|2\rangle$ 相互耦合, 形成 $|1\rangle$ 和 $|2\rangle$ 的相干叠合. 这样使探测光偏离了原子的共振频率, 出现所谓 "相干布居囚禁", $|3\rangle$ 态成为布居数为零的暗态, 从而吸收减小, 透射率大大提高 (>60%)[图 8-3(a)]. 不但如此, 由于这种量子相干效应只发生在探测光很小的频率范围内, 其频率宽度由耦合光强决定, 所以在零失谐频率附近很窄范围内出现斜率极大的正常色散, 从而可导致光的群速度大大减小 [图 8-3(b)].

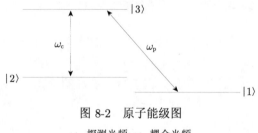

图 8-2 原子能级图

ω_p 探测光频; ω_c 耦合光频

美国哈佛大学的 Hau 等实施的光脉冲延迟实验所用的介质是利用激光冷却等技术制备的纳开量级的 Na 原子气体. 在这样低的温度下, 每个原子的物理状态接近一致, 即几乎所有原子处于单一的原子态 $|1\rangle$ 上, 而在另外的两个原子态 $|2\rangle$ 和 $|3\rangle$ 上则没有原子. 利用 EIT 技术, 即利用耦合光 ω_c 使得探测光 ω_p 在零失谐频率附近很窄的范围内出现斜率极大的正常色散, 从而导致光群速大大减小.

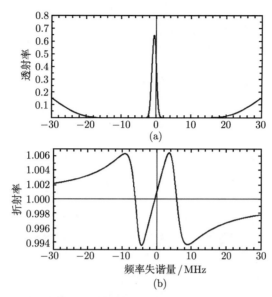

图 8-3　(a) 探测光透射率随频率失谐量的变化; (b) 折射率随频率失谐量的变化[4]

Hau 等的实验结果虽然引起了轰动, 但它离实际应用还相距甚远, 因为要把 Na 原子温度冷却到纳开量级是非常困难的, 需要数百万元的设备才能做到. 如果能将介质的温度提高到接近室温, 则以光速减慢为基础的应用就能变为现实. 1999 年, Kash 等[21] 报道了他们在 360K 的 Rb 原子气体中使光速减慢为 90m/s 的实验. 这一结果使光速减慢的介质温度从纳开量级提高到了室温, 为光速减慢的实际应用增加了可能性.

光速不仅可以变慢, 甚至还可以令其停止. Kocharovskaya 等证明通过电磁感应透明技术, 可以在相干驱动多普勒加宽原子介质中使光脉冲完全停下来[6]. Phillips 等[7] 报道了如何使光脉冲减速并将其约束在 Rb 原子蒸气中 (约束时间已达 0.5ms).

Phillips 等的实验首先是将光脉冲在空间上压缩 5 个数量级, 即将光脉冲群速度减为千米每秒的量级, 然后通过控制这个光束的加入和撤出来控制信号光的停和走, 以此实现光的存储和释放. 图 8-4 是实验的测量结果, 其中图 (a)~(c) 分别表示不同的存储时间, I 表示信号脉冲在没有得到控制光命令时已有一半从介质中出来, 而 II 是经过储存一段时间后才释放出的信号脉冲的另一半. 这项储存光的技术的关键是将光速减慢为零, 使得光的相干激发能够嵌入 Rb 蒸气的塞曼 (自旋) 相干态中. 这种储存光的方法的最大特点是不破坏原来光脉冲的特征, 使信号脉冲的相位和量子态得以保存.

光速减慢具有重要的科学意义与应用前景. 通过光速减慢研究可以加深人们对光与物质相互作用本质的理解, 更进一步发现其中的物理规律. 光速减慢过程中

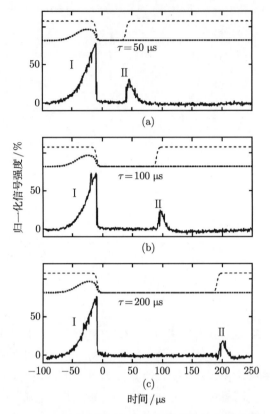

图 8-4　Rb 原子蒸气中光脉冲被存储的实验结果

(a), (b) 和 (c) 分别对应的存储时间为 50μs、100μs 和 200μs[7]

介质所呈现出来的强非线性效应也为非线性光学开辟了新的研究领域. 极慢光速可以用于光开关、光存储、光延迟等技术上, 在光通信、光计算等方面有着巨大的应用前景. 随着光速减慢研究的不断深入和发展, 光速减慢的技术会越来越成熟, 越来越走向实际的应用.

8.2　量子频标与光频梳

频率是自然界中被测量得最准的物理量, 其中原子谱线频率的测量尤其具有重要的意义. 原子谱线的中心频率 ν_0 由参与量子跃迁的上下两能级的能量差决定, 即 $\nu_0 = (E_m - E_n)/h$. 由于原子的内部状态不易受外界干扰, 所以跃迁频率高度稳定, 可以用来作为频率标准. 这种以原子、分子或离子等 (以下简称原子) 内部量子跃迁的发射或吸收谱线为基准的频率稳定的信号源作为测量频率的标准, 称为**量子频**

标(quantum-frequency standard) 或**原子频标**[22~24].

由于频率和周期互为倒数, 所以频率标准也是时间标准. 1967 年第 13 届国际计量大会决定, 以无干扰的 $^{133}\mathrm{Cs}$ 原子基态超精细跃迁的辐射周期的 9 192 631 770 倍持续时间为国际时间单位的 1s. 量子频标作为当代最先进、最精密的时间、频率计量标准, 广泛应用于通信、导航、交通管理、大地测量、天文观测、精密仪器校正等现代科学技术领域. 量子频标在现代计量中发挥着重要的作用, 对精确测定物理常数, 确定原子、分子能级, 检验量子电动力学和相对论理论都有重要贡献.

由于用量子频标进行的频率、时间测量可以达到比其他物理量测量高得多的精准度, 我们往往通过一定关系将其他基本物理量, 如长度、温度和电流等转换成频率时间来进行测量. 例如, 1983 年第 17 届国际计量大会通过长度标准, 规定 "米是 1/299 792 458s 的时间间隔内光在真空中行程的长度", 实现了长度和时间计量基准的统一. 因此, 量子频标理论和技术的进步对物理学基础研究具有十分重大的意义.

目前, 量子频标正由早期的微波频标 (原子钟) 向光频标 (光钟) 发展, 其对时间测量的精准度可高达 10^{-18}s 的数量级. 新发展起来的**光频梳**(optical frequency comb) 技术, 已经能够以 10^{-19} 的不确定度实现光频的合成及比对[25].

8.2.1 量子频标原理

1. 被激型

这种装置是以外加电磁波激励使原子产生能级跃迁, 即以高稳定、高分辨的原子 (包括分子, 下同) 谱线为参考标准以控制电磁振荡频率的量子频标装置 (图 8-5). 典型的被动型量子频标有 Cs 原子束频标, 光抽运 Rb 气泡频标等.

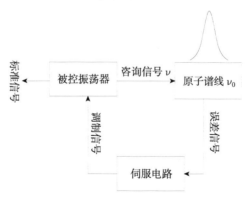

图 8-5 被激型量子频标原理图

在被激型量子频标中, 当外加电磁波频率 ν 接近于原子谱线的中心频率 ν_0(一般处于微波波段) 时, 原子系统就会产生共振吸收或共振发射, 其强度 S 与电磁波

频率 ν 的关系 (波谱谱线) 如图 8-6 所示. 当外加电磁波的频率受低频调制时, 输出信号的振幅和相位就取决于电磁波的频率 ν 与原子本征频率 ν_0 之差 $\nu - \nu_0$ 的大小和符号, 用此低频输出信号的变化可以使振荡器产生的振荡频率锁定于原子跃迁频率 ν_0 上.

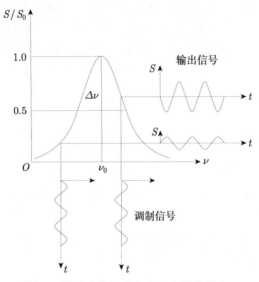

图 8-6　用输出信号的变化锁定振荡频率 ν

2. 自激型

这种装置是直接由高稳定的原子受激发射信号作为标准信号源的量子频标装置 (图 8-7). 这类频标有 H 原子激射振荡器频标、氨分子激射振荡器和光抽运铷激射器等.

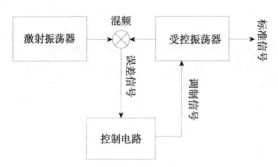

图 8-7　自激型量子频标原理图

根据激光原理, 为了产生受激辐射振荡, 必须使原子系统的上下能级处在粒子数反转状态, 并在谐振腔中与辐射场相互作用. 由于激射振荡产生的电磁波往往过于微弱, 且原子频率又不是通常测量中便于应用的整数值, 因此一般用可检测微弱信号的锁相接收机接收量子振荡信号, 经过相敏检波, 滤波后加到压控振荡器上, 使振荡器的振荡频率锁定到 ν_0 的某个分数倍数上.

8.2.2 几个实用的量子频标

现有的实用频标主要有 Cs 原子束、光抽运 Rb 气泡和 H 激射器三种, 前两种属被激型, 后一种为自激型. 这些原子都只有一个价电子, 有核磁矩, 标准谱线属基态超精细能级两个 $m_F = 0$ 态之间的跃迁, 受环境电磁场的影响较小. 这三种频标的原子频率都处在微波波段, 分别为 9.192 631 770$\times 10^9$Hz(^{133}Cs)、6.834 683 614$\times 10^9$Hz(^{87}Rb)、1.420 405 751$\times 10^9$Hz(^{1}H), 因而都属于微波频标.

为了在上述频率处得到强的吸收或发射谱线, 必须对原子系统进行 "选态", 使大多数原子处在所需的特定量子态.

在 Cs 原子束频标和 H 激射振荡器这类使用原子束的装置中, 采用的是 "磁选态". 其原理是不同超精细能态的原子具有不同的有效磁矩, 在强度不均匀磁场作用下, 原子束按状态不同而沿不同轨道前进, 从而可使所需状态的原子进入电磁波作用区 (图 8-8).

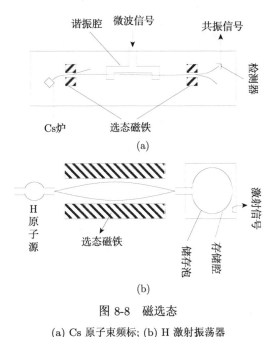

图 8-8 磁选态

(a) Cs 原子束频标; (b) H 激射振荡器

在 Cs 气泡频标中, 则是利用特定共振光对某些能级进行光抽运把原子制备到特定量子态, 称作 "光选态"(图 8-9).

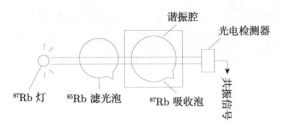

图 8-9　Rb 气泡频标中的光选态

8.2.3　从原子钟到光钟 —— 光频梳技术[26~30]

高稳定度、高准确度的微波原子频标可用作时间标准, 即原子钟. 原子钟的工作原理是, 由振荡器引出频率 f_{osc} 信号 (通常为兆赫兹量级), 经频率综合器 (frequency synthesizer) 将其提升到与原子谐振频率 f_{atom} 相近的频率 f_{ref}(通常在吉赫兹量级), 通过这两个频率的鉴频产生反馈信号, 由电子电路馈回振荡器控制其高精度振荡, 由此产生的周期性信号由计数器计数并输出信号脉冲 (图 8-10).

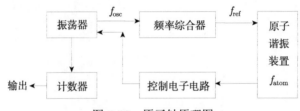

图 8-10　原子钟原理图

1955 年, 英国的 Essen 研制成功了世界上第一台 Cs 原子钟. 经过各国科学家多年的努力, 量子频标或原子钟的准确度、稳定度、复现性都已大大提高. 目前, 美国 NIST 的铯原子喷泉钟的准确度已达 0.53×10^{-15} (6000 万年误差 1s).

原子钟测量时间的准确度达到了令人叹服的程度, 但是人们并不满足. 这是因为, 频标的精确度由输出频率与标称频率的相对偏差 $\Delta f / f$ 来衡量. 微波原子钟的工作频率在 10^9Hz 量级, 而可见光的频率在 10^{14}Hz 量级, 现代光频测量技术已可使光频区的 Δf 测量与微波区的 Δf 测量达到相同水平, 因此, 比起原子微波频标来, 光频标的精确度可望有几个数量级的提高.

由于现实中无法找到一个物理过程, 可以直接测量 10^{14}Hz 这样高的频率, 因此由原子频标 (原子钟) 走向光频标 (光钟) 必须采用频率综合链 (frequency synthesis chain) 技术, 将光频与微波频率连接起来.

光钟的基本原理如图 8-11 所示. 光钟采用的光频振荡器是稳频的激光器, 而原子谐振装置采用的是光频区的原子跃迁. 两者通过鉴频产生反馈信号, 由电子电路反馈以控制稳频激光器高精度地工作, 这一过程与微波原子钟类似, 只是工作频率不同. 由于目前的频率标准是 Cs 原子微波频标, 因此上述装置再由光频综合链与一个 Cs 原子频标相连接, 整个装置由 Cs 原子频标进行相位锁定.

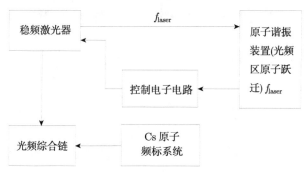

图 8-11　光钟原理图

　　实现光频标需要解决两个基本问题: ① 要有频率稳定的激光器; ② 要有稳定工作的光频综合链. 早期的光频综合链由多级组成, 每级包括非线性混频元件、高精度的参考频率源、起 "接力" 作用的高稳定激光器, 多极逐步锁相连接, 从微波区到中红外区, 再到可见区, 技术复杂, 系统庞大, 通常要很大的实验室, 运转稳定不易, 并且只能对少数频率进行设计.

　　为了解决上述问题, 人们尝试了新的方法. 美国国家标准和技术研究所 (NIST) 的霍尔 (Hall) 和德国马克斯－普朗克量子光学研究所的汉斯 (Hänsch) 等发展了一种称作 "光频梳" 的技术, 即采用锁相的飞秒锁模激光器形成的光频梳, 干净利落地实现了光频到微波频率的综合连接, 直接实现了光频的精细测量. 霍尔和汉斯因此荣获 2005 年诺贝尔物理学奖.

　　飞秒锁模激光器发展于 20 世纪 80 年代. 采用宽增益带宽的激光介质如染料、钛宝石等的激光器自由运转时, 允许有很多不同频率的激光模式振荡, 这些激光模式的频率等距排列, 而相位一般则是无规律的. 当采用锁模技术锁定这些激光模式时, 激光器输出的将是时间上等距的短脉冲序列, 每个短脉冲的宽度可达到飞秒 (10^{-15}s) 量级. 这些在时域周期输出的光脉冲, 用傅里叶变换到频域呈现等距的频谱 (图 8-12), 在激光介质增益线型内形成 "梳" 状, 称光频梳. 光频梳的 "梳齿" 间的频率间隔为

$$f_{\mathrm{r}} = \frac{1}{T} \tag{8.2.1}$$

式中, T 为时域中光脉冲的周期, f_r 一般为几十到百兆赫兹量级, 属射频范围. 由于脉冲载频的相速度与脉冲包络的群速度不一致, 整个光频梳的频率起点并不是零, 存在一个偏置频率 f_{o}, 其数值不超过 f_{r}, 因而也在射频范围内. 于是, 对应于光频梳第 n 个 "梳齿" 的频率为

$$f_n = nf_{\mathrm{r}} + f_{\mathrm{o}} \tag{8.2.2}$$

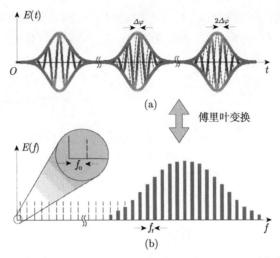

图 8-12　锁模激光器发出的脉冲序列及对应的频谱[30]

当锁模激光器被稳定锁相后, 整个光频梳在频域范围内将被稳定住, 从而形成一把可以测量光频的 "尺子", 每个 "梳齿" 即是这把 "尺子" 的刻度. 这样, 落在光频梳两个 "梳齿" 之间的某一待测频率即为

$$f = n f_{\mathrm{r}} + f_{\mathrm{o}} + f' \tag{8.2.3}$$

在上述测量中, 梳齿频率间隔 f_{r}、模序数 n(整数) 及待测频率与第 n 个梳齿频率之间的差频 f' 是容易确定的: f_{r} 由锁模激光器的调制频率测定; n 可以通过波长计初测 f_n 后微微抖动 f_{r} 即可确定; f' 可用待测频率与梳齿频率之间的差拍准确测得; 而 f_{o} 的测定则要困难一些, 需要用到一种称作 "自参考"(self-reference) 的技术, 如图 8-13 所示, 将第 n 个激光模的倍频与第 $2n$ 个激光模进行差频, 得到

$$2 f_n - f_{2n} = 2 \left(n f_{\mathrm{r}} + f_{\mathrm{o}} \right) - \left(2 n f_{\mathrm{r}} + f_{\mathrm{o}} \right) = f_{\mathrm{o}} \tag{8.2.4}$$

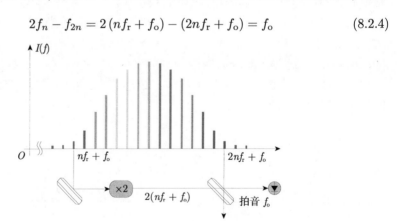

图 8-13　光频梳中的自参考技术[30]

但是, 要在直接输出的光频梳内找到有一定强度的 f_n 和 f_{2n} 模是不现实的. 这是因为, 普通飞秒锁模激光器的频谱宽度有较大的限制, 无法达到频谱宽过倍频程的要求. 霍尔等用光子晶体光纤中的自相位调制巧妙地解决了这一问题, 使频谱展宽到了 $500\sim1200\text{nm}$ 的范围 (图 8-14)[31].

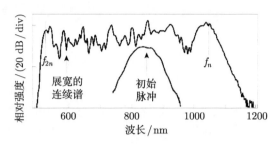

图 8-14 利用光子晶体光纤中的自相位调制实现的频谱展宽[31]

概括起来, 我们可以把光学频率梳的功能比作一个光学齿轮箱. 通过这个光学齿轮箱, 较高的光学频率 ($10^{14} \sim 10^{15}\text{Hz}$) 能够精确地分频到较低的微波频率 ($\sim10^9\text{Hz}$), 实现光学频率标准向微波频率的精密传递 (图 8-15). 霍尔和汉斯开创的这种光频梳技术把光频测量转换成一系列的射频测量, 完全取代了早先庞大复杂的光频综合链系统, 为实现光钟和光频精密测量作出了决定性的贡献. 应该指出的是, 华东师范大学马龙生教授领导的研究小组在光频梳技术的关键实验中作出了重要贡献[25,32,33].

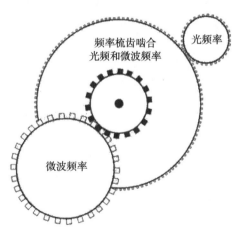

图 8-15 光学齿轮箱实现光学频率向微波频率的精密传递

光频梳的实现对科学技术的发展意义重大. 利用光频标可以得到很高精确度的新频率标准. 目前已报道的几个单离子光频标实验已达到 10^{-15} 的精确度, 进一步的发展可望达到 10^{-18}. 在不久的将来, 光频标将可能取代目前的 Cs 原子微波频标. 光频的精确测量能够让我们以前所未有的精度去测定物理学的基本常数, 确定物质的量子结构, 检验物理学的基本理论. 高精度的时间测量将使 GPS 全球定位系统更为准确可靠, 使深度太空飞行更有保证, 使大型天文望远镜阵列这类大型测量系统的同步运转更为准确. 另外, 光频梳技术涉及超快光学、激光光谱学、测控电子学等多个领域, 光频梳技术的发展将带动这些领域的发展及相应的应用.

8.3　光子角动量

光的角动量分成两种: 一种与光的偏振态相联系, 即由光子的自旋引起的角动量, 称为光子的**内禀角动量**; 另一种与光传播时的螺旋形波前相联系, 即由角向相位分布引起的角动量, 称为光的**轨道角动量**[34~36]. 对于前一种角动量, 早在 1936 年就由 Beth 对其进行了实验测量[37]. 而对光的轨道角动量的研究则是近年来的事情.

根据麦克斯韦电磁理论, 电磁辐射携带有能量和动量. 电磁动量包括线动量和角动量. 电磁辐射和物质的相互作用总是伴随着动量的交换. 这种动量的交换有相当一部分与辐射压相联系. 很长一段时间来, 人们在考虑光对原子和物质的力学作用时, 往往只是关注其中的线动量交换.

1909 年, Poynting 由力学类比推断, 圆偏振光会对双折射晶片施加一个力矩的作用, 并且角动量与线动量的比值为 $\lambda/2\pi$[36]. Beth 最早对这个角动量进行了实验观测[37]. 在 Beth 的实验中, 一束偏振光经过一固定的四分之一波片转换后成为圆偏振光, 然后让这束圆偏振光通过一块悬挂在细石英丝上的半波片 [图 8-16(a)], 将右旋圆偏振光变成左旋圆偏振光. 在这个过程中, 每个光子将 $2\hbar$ 的自旋角动量转移给了双折射晶片. 实验测量到的力矩在方向和大小上都与波动光学和量子光学所预言的结果相吻合. 光束中 N 个光子的角动量为 $J = \pm N\hbar$, 能量为 $W = N\hbar\omega$,

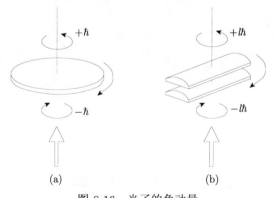

图 8-16　光子的角动量

(a) 内禀角动量; (b) 轨道角动量

两者的比值为 $\pm 1/\omega$.

拉盖尔–高斯光束[36]、复杂像散椭圆光束[38]、高阶贝赛尔光束[39] 均具有轨道角动量. 光束的轨道角动量与其光强二阶矩之间有一定的关系[40]、并且通过柱透镜后轨道角动量会发生改变[41]. 光束的轨道角动量可以通过实验进行测量[42,43].

拉盖尔–高斯模光束是一个典型的具有轨道角动量的例子. 如图 8-17 所示, 利用柱面镜构成的非轴对称光学系统, 可以将厄米–高斯光束变换为具有扭转对称性的拉盖尔–高斯光束[35], 这种光束在传播方向上中心强度为零, 是一种**中空光束**. 拉盖尔–高斯模光束的振幅有一个角向相位因子 $\exp\{-il\phi\}$, l 为方位角模式指数. 光传播时具有螺旋形的波前[44](图 8-18), 故称**螺旋波**或**涡旋波**. 从量子力学与近轴光学的类比可知, 这种模式是角动量算符 $\hat{L}_z$ 的本征模, 它的每一个光子携带有 $l\hbar$ 的轨道角动量. 当具有轨道角动量的光子作用到物质上去时, 会产生相应的力学效应. 图 8-16(b) 表示拉盖尔–高斯模光束通过一悬挂的柱透镜后, 平均每个光子携带的轨道角动量由 $-l\hbar$ 变为 $l\hbar$, 在此过程中, 柱透镜受到一个力矩的作用.

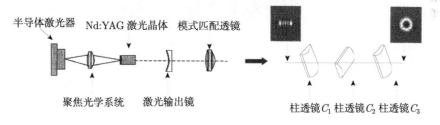

图 8-17　利用三个互相垂直的柱面镜将厄米–高斯光束变换为拉盖尔–高斯光束[35]

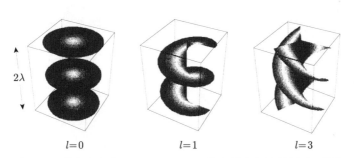

图 8-18　带角向相位因子 $\exp\{-il\phi\}$ 的光波的螺旋状波阵面[44]

利用光束的轨道角动量可以制成光学扳手[35,45], 用于对微米量级微粒的俘获、旋转等操控 (图 8-19). 这种技术在生物、医学、纳米材料、量子通信及原子科学技术等领域有重要的应用[34,35,45~48].

以下我们将分别从经典、量子的角度对光子的轨道角动量给出分析, 并运用张量方法考察一种特殊光束的轨道角动量.

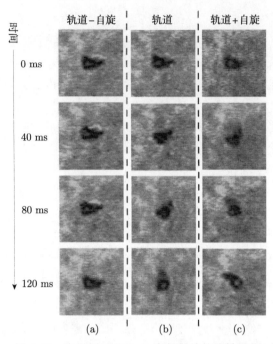

轨道－自旋　　　轨道　　　轨道＋自旋

时间

0 ms

40 ms

80 ms

120 ms

(a)　　　　　　(b)　　　　　　(c)

图 8-19　光学扳手对 2μm 直径微粒的旋转操作

(a) 光子轨道角动量与自旋角动量相抵消, 微粒无旋转; (b) 光子轨道角动量使微粒旋转; (c) 光子轨道角动量加自旋角动量, 微粒更快旋转[45]

8.3.1　光束轨道角动量的经典理论

对一沿 z 轴方向传播的光束, 若其矢势沿 x 轴方向偏振

$$\boldsymbol{A} = \widehat{x}\, u(x, y, z)\, \exp\{\mathrm{i}kz\} \tag{8.3.1}$$

则在傍轴近似下得到

$$\boldsymbol{B} = \mu_0 \boldsymbol{H} = \mathrm{i}k\left(u\widehat{y} + \frac{\mathrm{i}}{k}\frac{\partial u}{\partial y}\widehat{z}\right)\exp\{\mathrm{i}kz\} \tag{8.3.2}$$

$$\boldsymbol{E} = \mathrm{i}\omega\left(u\widehat{x} + \frac{\mathrm{i}}{k}\frac{\partial u}{\partial x}\widehat{z}\right)\exp\{\mathrm{i}kz\} \tag{8.3.3}$$

由此可以算出坡印亭矢量时间平均值的实部, 即光束中的线动量密度

$$\begin{aligned}\varepsilon_0\langle\boldsymbol{E}\times\boldsymbol{B}\rangle &= \frac{\varepsilon_0}{2}[(\boldsymbol{E}^*\times\boldsymbol{B}) + (\boldsymbol{E}\times\boldsymbol{B}^*)] \\ &= \mathrm{i}\omega\frac{\varepsilon_0}{2}(u\nabla u^* - u^*\nabla u) + \omega k\varepsilon_0|u|^2\widehat{z}\end{aligned} \tag{8.3.4}$$

式中, $\omega k\varepsilon_0|u|^2\widehat{z}$ 为坡印亭矢量沿 z 方向的分量, $\mathrm{i}\omega\dfrac{\varepsilon_0}{2}(u\nabla u^* - u^*\nabla u)$ 为角向分量. 因此, 光束的坡印亭矢量或线动量密度沿 z 方向呈螺旋状分布 (图 8-20).

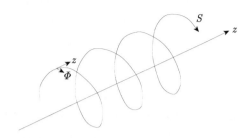

图 8-20 拉盖尔 – 高斯光束的坡印亭矢量示意图

光束的轨道角动量源于光束线动量的角向分量, 因此光束中沿 z 轴传播的轨道角动量密度为

$$j_z = |(\boldsymbol{r} \times \varepsilon_0 \langle \boldsymbol{E} \times \boldsymbol{B} \rangle)_z| = \varepsilon_0 |\boldsymbol{r} \times \langle \boldsymbol{E} \times \boldsymbol{B} \rangle_\phi| \tag{8.3.5}$$

式中, ϕ 表示取角向分量 (在 x-y 平面上).

光束的能量密度则为

$$w = |c\varepsilon_0 \langle \boldsymbol{E} \times \boldsymbol{B} \rangle_z| = c\varepsilon_0 \omega k |u|^2 = \varepsilon_0 \omega^2 |u|^2 \tag{8.3.6}$$

光束中每个光子占有的平均轨道角动量为

$$\overline{J_z} = \frac{\hbar\omega \iiint j_z r \mathrm{d}\phi \mathrm{d}r \mathrm{d}z}{\iiint w r \mathrm{d}\phi \mathrm{d}r \mathrm{d}z} \tag{8.3.7}$$

式中, $\hbar\omega$ 为单个光子的能量.

作为一个例子, 我们来看傍轴近似条件的下述光场:

$$u(r, \phi, z) = u_0(r, z) \exp\{\mathrm{i}l\phi\} \tag{8.3.8}$$

由式 (8.3.4) 易得线动量密度的 φ 分量变为一个简单的形式 $\varepsilon_0 \langle \boldsymbol{E} \times \boldsymbol{B} \rangle_\phi = \varepsilon_0 \omega l |u|^2 / r$, 代入式 (8.3.5), 算得角动量密度大小为 $j_z = \varepsilon_0 \omega l |u|^2$. 于是, 由式 (8.3.6)、式 (8.3.7) 得到光束中每个光子占有的平均轨道角动量为

$$\overline{J_z} = l\hbar \tag{8.3.9}$$

显然, 拉盖尔 – 高斯模光束就属于这样的一种情况.

8.3.2 光束轨道角动量的量子描述

在傍轴近似下, 经典电磁场理论和量子理论在某些方面有一些相似之处. 例如, 在经典理论中, 我们假设光束的电场强度

$$\boldsymbol{E} = \boldsymbol{F}(x, y, z) \exp\{\mathrm{i}kz\} \tag{8.3.10}$$

式中, $\boldsymbol{F}(x,y,z)$ 满足方程

$$2\mathrm{i}k\frac{\partial}{\partial z}\boldsymbol{F}(x,y,z) = -\left(\frac{\partial^2}{\partial x^2}+\frac{\partial^2}{\partial y^2}\right)\boldsymbol{F}(x,y,z) \tag{8.3.11}$$

可以看出, 这里的场函数 $\boldsymbol{F}(x,y,z)$ 类似于量子力学中的态矢 $|\boldsymbol{F}(z)\rangle$, 作用于 $\boldsymbol{F}(x,y,z)$ 上的算符则相当于作用在态矢 $|\boldsymbol{F}(z)\rangle$ 上的量子算符.

光场经过一个无损耗的光学系统从 $z=z_0$ 传播到 $z=z_1$ 位置, 场的演化由一个归一化算符 $\hat{o}$ 来表征

$$|\boldsymbol{F}(z_1)\rangle = \hat{o}|\boldsymbol{F}(z_0)\rangle \tag{8.3.12}$$

在真空中传播的情况下, 算符 $\hat{o}$ 为

$$\hat{o} = \exp\left(\frac{\mathrm{i}\,(z_1-z_0)}{2k}\hat{p}^2\right) \tag{8.3.13}$$

本书, 算符 $\hat{p}$ 定义为

$$\hat{p}^2 = \hat{p}_x^2 + \hat{p}_y^2 \tag{8.3.14}$$

式中, $\hat{p}_x$、$\hat{p}_y$ 分别是 x、y 方向的动量算符, 分别为

$$\hat{p}_x = -\mathrm{i}\frac{\partial}{\partial x} \tag{8.3.15}$$

$$\hat{p}_y = -\mathrm{i}\frac{\partial}{\partial y} \tag{8.3.16}$$

并且满足

$$[\hat{x},\hat{p}_x] = [\hat{y},\hat{p}_y] = \mathrm{i} \tag{8.3.17}$$

在计算中, 为简单起见, 把 $\hbar$ 定义为 1. 因此, 实数量 $Q(z)$ 可以定义为

$$Q(z) = \langle\boldsymbol{F}(z)|\hat{Q}|\boldsymbol{F}(z)\rangle \tag{8.3.18}$$

可以得出 z 方向的轨道角动量算符为

$$\hat{L}_z = \hat{x}\hat{p}_y - \hat{y}\hat{p}_x \tag{8.3.19}$$

至于 z 方向的角动量算符, 满足

$$\hat{S}_z|F_j\rangle = \sum_{k=i,j}\mathrm{i}\varepsilon_{jkz}|F_j\rangle \tag{8.3.20}$$

因此, $\hat{S}_z$ 的矩阵表达形式为

$$\hat{S}_z = \begin{pmatrix} 0 & \mathrm{i} \\ -\mathrm{i} & 0 \end{pmatrix} \tag{8.3.21}$$

它的本征值为 ±1. 综合式 (8.3.11) 和式 (8.3.17), 可以得到

$$Q(z_1) = \langle \boldsymbol{F}(z_0) | \hat{o}^+ \hat{Q} \hat{o} | \boldsymbol{F}(z) \rangle \tag{8.3.22}$$

式中, $\hat{o}^+$ 为算符 $\hat{o}$ 的复共轭算符. 在海森伯表象里, 我们把算符 $\hat{o}^+ \hat{Q} \hat{o}$ 解释为算符 $\hat{Q}$ 的随传播距离的演化.

下面将根据上述量子理论来研究光束经过理想柱面透镜时所引起的轨道角动量的改变. 通常, 当普通的椭圆光束通过柱透镜后, 会得到较高的轨道角动量[49].

当光束通过一个理想透镜后, 光场分布函数 $\boldsymbol{F}(x, y, z)$ 多了一个附加相位函数 $\exp\{i\psi(x, y)\}$, 这里 $\psi(x, y)$ 是关于 x、y 的实函数. 相对应的算符为

$$\hat{T} = \exp\{i\psi(\hat{x}, \hat{y})\} \tag{8.3.23}$$

对于柱透镜来讲, 函数 $\psi(x, y)$ 的表达式为

$$\psi(x, y) = -\frac{k}{2f}(x\cos\theta + y\sin\theta)^2 \tag{8.3.24}$$

式中, f 为柱透镜的焦距, $k = \dfrac{2\pi}{\lambda}$, θ 为柱透镜的母线与 x 轴的夹角. 根据式 (8.3.23), 我们可以得到光通过柱面镜以后轨道角动量算符为

$$\hat{T}^+ \hat{L}_z \hat{T} = \hat{L}_z + \hat{x}\frac{\partial\psi}{\partial y} - \hat{y}\frac{\partial\psi}{\partial x} \equiv \hat{L}_z + \delta\hat{L}_z \tag{8.3.25}$$

对于入射光场 $|\boldsymbol{F}_{\text{in}}\rangle$, 轨道角动量的改变量为

$$\delta L_z = \langle \boldsymbol{F}_{\text{in}} | \delta\hat{L}_z | \boldsymbol{F}_{\text{in}} \rangle \tag{8.3.26}$$

同样地, 对于出射光 $|\boldsymbol{F}_{\text{out}}\rangle$, 轨道角动量改变量的表达式变为

$$\delta L_z = -\langle \boldsymbol{F}_{\text{out}} | \delta\hat{L}_z | \boldsymbol{F}_{\text{out}} \rangle \tag{8.3.27}$$

这是由于对于出射光来说, 角动量算符的演化变为

$$\hat{T}\hat{L}_z\hat{T}^+ = \hat{L}_z - \delta\hat{L}_z \tag{8.3.28}$$

对于薄球面透镜来讲, $\delta\hat{L}_z = 0$. 这也就是说, 薄球面透镜不能改变光所具有的轨道角动量. 根据式 (8.3.24), 我们可以得到

$$\delta\hat{L}_z = \frac{k}{2f}[2\hat{x}\hat{y}\cos 2\theta - (\hat{x}^2 - \hat{y}^2)\sin 2\theta] \tag{8.3.29}$$

式中, 可以看出

$$\delta\hat{L}_z\left(\theta \pm \frac{\pi}{2}\right) = -\delta\hat{L}_z(\theta) \tag{8.3.30}$$

若入射光本身不具有轨道角动量, 那么, 通过母线与光束的光轴成 45° 的柱透镜以后, 我们就可以得到旋转的光束, 如果将柱透镜旋转 π/2, 那么就会得到旋转方向相反, 而角动量大小相同的光束.

8.3.3　光束轨道角动量的张量分析

在分析光束轨道角动量的时候, 采用张量的方法可以给我们带来方便. 以高阶椭圆厄米 – 高斯光束为例[50], 可以用张量的形式将这种光束定义为[51]

$$E_p(r) = E_0 \exp\left[-\frac{\mathrm{i}k}{2}\boldsymbol{r}^{\mathrm{T}}\overset{\leftrightarrow}{\boldsymbol{Q}}_{\mathrm{e}}^{-1}\boldsymbol{r}\right] H_P\left[\sqrt{\mathrm{i}k\boldsymbol{r}^{\mathrm{T}}\overset{\leftrightarrow}{\boldsymbol{Q}}_{\mathrm{h}}^{-1}\boldsymbol{r}}\right], \quad p = 0, 1, 2, 3, \cdots \quad (8.3.31)$$

式中, E_0 为常数 (为简单起见, 以下设其为 1), $k = 2\pi/\lambda$ 为波数, λ 为波长, $\boldsymbol{r}$ 为光束传播横截面上的位置矢量, $\boldsymbol{r}^{\mathrm{T}} = (x \quad y)$, H_p 是 p 阶厄米多项式, $\overset{\leftrightarrow}{\boldsymbol{Q}}_{\mathrm{e}}^{-1}$ 和 $\overset{\leftrightarrow}{\boldsymbol{Q}}_{\mathrm{h}}^{-1}$ 都为 2×2 的复曲率张量. 设

$$\overset{\leftrightarrow}{\boldsymbol{Q}}_{\mathrm{e}}^{-1} = \begin{pmatrix} a + a'\mathrm{i} & b + b'\mathrm{i} \\ c + c'\mathrm{i} & d + d'\mathrm{i} \end{pmatrix}, \quad \overset{\leftrightarrow}{\boldsymbol{Q}}_{\mathrm{h}}^{-1} = \begin{pmatrix} e\mathrm{i} & f\mathrm{i} \\ g\mathrm{i} & h\mathrm{i} \end{pmatrix}$$

式中, 参数 a、b、c、d、a'、b'、c'、d', e、f、g、h 均为实数, 且 $e < 0$, $h < 0$, $(f + g)^2 - 4eh < 0$, 使得在横截面上的任意点 (x, y) 处保证 $\sqrt{\mathrm{i}k\boldsymbol{r}^{\mathrm{T}}\overset{\leftrightarrow}{\boldsymbol{Q}}_{\mathrm{h}}^{-1}\boldsymbol{r}}$ 为一个实数.

由式 (8.3.4)、式 (8.3.5) 可得光束的轨道角动量密度为

$$j_z = \frac{\mathrm{i}\omega\varepsilon_0}{2}\left[x\left(u\frac{\partial u^*}{\partial y} - u^*\frac{\partial u}{\partial y}\right) - y\left(u\frac{\partial u^*}{\partial x} - u^*\frac{\partial u}{\partial x}\right)\right] \quad (8.3.32)$$

将由式 (8.3.31) 得到的高阶椭圆厄米 – 高斯光束的光场振幅分布作为 u 的数学表达式代入式 (8.3.32), 即可求得高阶椭圆厄米 – 高斯光束横截面上的轨道角动量密度分布为

$$j_z = -\frac{\varepsilon_0\omega^2}{2c}[(b + c)(x^2 - y^2) + 2(d - a)xy]|u_p|^2 \quad (8.3.33)$$

式中

$$|u_p|^2 = \exp\{k[a'x^2 + (b' + c')xy + d'y^2]\}$$
$$\times |H_p\{\sqrt{-k[ex^2 + (f + g)xy + hy^2]}\}|^2 \quad (8.3.34)$$

由上述结果, 我们可以计算并画出傍轴近似下的高阶椭圆厄米 – 高斯光束在 $z = 0$ 处垂直于传播方向的横截面上的轨道角动量密度 j_z 的分布. 图 8-21 为一定参数下光束的轨道角动量密度分布及等高线图 (x、y 轴的单位为米). 由图可见, 在垂直于光束传播方向的同一横截面上, 轨道角动量密度集中分布在几个不同的区域, 且不同位置处的轨道角动量密度大小不一, 方向也不尽相同, 有的区域为正, 有的区域为负. 在图 8-21 所示的例子中, 沿 z 轴正方向的轨道角动量密度分布大大

于负方向的分布, 于是整个光束携带有总的沿 z 轴方向的轨道角动量. 若适当改变
参数, 则可使总的轨道角动量为负.

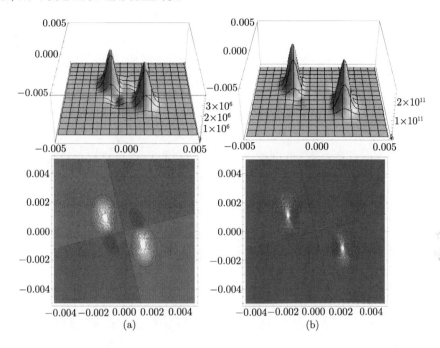

图 8-21 高阶椭圆厄米 – 高斯光束的轨道角动量密度分布及等高线图

(a) $p = 2$; (b) $p = 5$

由图 8-21 还可看到, 当阶次 p 增大时, 轨道角动量密度的峰值显著增大, 且正
反两种方向的轨道角动量密度相差更加悬殊. 阶次 p 对光束轨道角动量大小的影
响还反映在光束中每个光子携带的平均轨道角动量 $\overline{J_z}$ 上. 对高阶椭圆厄米 – 高斯
光束, 由式 (8.3.6)、式 (8.3.7) 及式 (8.3.33) 可得

$$
\overline{J_z} = \frac{\hbar\omega \iiint j_z r \mathrm{d}\phi \mathrm{d}r \mathrm{d}z}{\iiint w r \mathrm{d}\phi \mathrm{d}r \mathrm{d}z}
$$

$$
= -\frac{k\hbar}{2} \frac{\iint [(b+c)(x^2 - y^2) + 2(d-a)xy]|u_p|^2 \mathrm{d}x\mathrm{d}y}{\iint |u_p|^2 \mathrm{d}x\mathrm{d}y} \tag{8.3.35}
$$

在图 8-21 所取的参数条件下, 分别对 p 从 0 到 5 的光子平均轨道角动量作数
值计算, 结果如图 8-22 所示. 可以看出, 光子携带的平均轨道角动量随阶次 p 的

增大而增加. 这一结果表明, 高阶椭圆厄米 – 高斯光束能够比椭圆高斯光束或拉盖尔 – 高斯光束提供高得多的轨道角动量, 因而会有实际的应用价值.

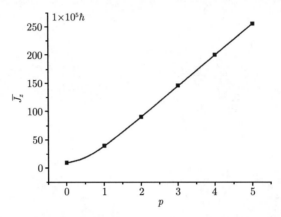

图 8-22　高阶椭圆厄米 – 高斯光束中每个光子平均携带的轨道角动量随阶次 p 的变化

8.4　单光子干涉

在波动光学中, 我们知道, 两列波之间的干涉引起干涉条纹. 然而, 光不但具有波动的属性, 还具有粒子的属性. 当考虑光的粒子性时, 又是什么样的干涉呢? 根据量子力学的概率解释, 微观粒子的波动性是一种概率波. 因而大量光子通过双缝时, 将按照量子力学的统计规律出现在观测屏上. 在那些光子出现概率大的地方, 会显得较亮, 概率小的地方则相对较暗, 从而形成一定的干涉条纹. 如果用感光胶片代替观测屏, 并设法让光子一个一个地通过双缝, 那么在较长时间的曝光后, 胶片上仍将记录到同样的干涉条纹. 这就显得奇怪了, 似乎光子自己就能跟自己产生干涉. 狄拉克曾断言[52]: "每个光子只是跟自己干涉. 干涉决不会发生在不同的光子之间."

那么, 单个光子是否能够产生干涉? 在杨氏双缝中, 一个光子是否是一半通过一个狭缝而另一半通过另一个狭缝 (或者在迈克耳孙干涉仪中, 一个光子是否在分光镜中分成两半), 然后再会合而产生干涉条纹? 长期以来, 这个问题充满了争议, 引起了人们的极大兴趣. 解决上述争议的最有说服力的途径是从实验上予以验证, 即设计并实施单光子干涉实验.

8.4.1　早期实验

1909 年英国科学家 Taylor 最早尝试用实验观测单光子的干涉. Taylor 利用一个气体放电光源照明一枚小的针尖, 在远处用一照相胶片记录下所产生的衍射图案. 实验中光源的强度被衰减到平均每秒只有 10^6 个光子. 如果这些光子是等间隔发出的, 那么前后两个光子之间的平均距离有 300m 之远, 因而可以认为在光源与照相底片之间统计地说最多只可能有一个光子存在. 经过长达六个月的曝光, 结果在照相底片上仍然能够看到小针尖引起的衍射图案.

Taylor 的实验似乎表明单光子确实能够自己跟自己相干涉. 但考虑到当时实验条件的限制, 这一结论并不能令人完全信服. 随着科学技术的进展, 实验条件不断得到改善, 在以后的年代中陆续有一些科学家重复了这种 "单个光子干涉" 的实验研究, 绝大多数都肯定了 Taylor 的结论. 例如, 1969 年 Reynolds 采用杨氏双缝干涉及 F-P 干涉仪, 分别用光电倍增管和像增强器记录, 光子流分别为每秒 10^4 个及 10^2 个, 都观测到了干涉条纹; 同年 Bozec 采用 F-P 干涉仪并用照相乳胶记录, 光子流为每秒 10^2 个, 也记录到了干涉条纹.

随着对光的量子本性认识的逐步深化, 上述实验的可靠性受到了怀疑. 人们认识到, 仅仅降低光的强度并不一定能够确保整个实验的光程中始终只存在一个光子. 这是因为, 光子并不是均匀地分布在光束中, 光子流中的光子实际上是忽疏忽密地分布着, 形成所谓的光子聚簇. 考虑到这一因素, 上述实验的结论就不再可靠. 看来, 必须引入严格的实验测试证实光路中确实只有一个光子, 才能肯定单个光子的干涉. 1986 年, 法国的 Aspect 教授等提出[53], 可以利用光子**符合计数**(coincidence counting) 的检测技术, 检验被一块分光板分为两个分光路的极弱的光束中, 是否存在着一个光子 (图 8-23).

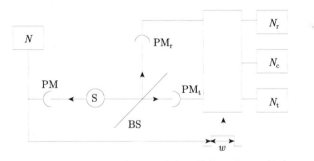

图 8-23 Aspect 设计的光子符合计数检测单光子技术

在 Aspect 的实验中, 极弱的光源 S 发出的光束在一个分光板 BS 被反射或被透射 (假如只有一个光子), 或者既有反射又有透射 (若是有多个光子的存在), 然后分别用光电倍增管 PM_r 及 PM_t 接收, 并在相应的计数器 N_r 及 N_t 中被记录. 这两个计数器又用一个符合计数器 N_c 相连, 其作用是当 N_r 和 N_t 同时获得计数时 N_c 就被运转, 表明反射和透射光束中都有光子存在. 所以只有当 N_r 或 N_t 有计数而 N_c 不发生计数时, 才表示确实只有一个光子在某一分支光路中运行. 实验中还用了一个与光源同步的门电路脉冲开关 w 来保证不至于误计.

现在假定每秒的开关次数为 N, 则分别在反射和透射通道中通过每次开关时间被计数的概率分别为

$$P_{\mathrm{r}} = \frac{N_{\mathrm{r}}}{N} \tag{8.4.1}$$

$$P_{\mathrm{t}} = \frac{N_{\mathrm{t}}}{N} \tag{8.4.2}$$

而每次开关时间中获得符合计数的概率为

$$P_{\mathrm{c}} = \frac{N_{\mathrm{c}}}{N} \tag{8.4.3}$$

因此, 当光路中只有单个光子时, 应有 P_{r} 或 P_{t} 不为零, 但 $P_{\mathrm{c}} = 0$. 亦即只有当光强减到极弱而又有 $P_{\mathrm{c}} \sim 0$ 时, 才可以统计地认为在光路中最多只有一个光子存在. 若实验测得 $P_{\mathrm{c}} > 0$, 显然表明光脉冲中至少有两个光子的存在.

Aspect 利用一个脉冲二极管产生所需要的光脉冲, 经过衰减使之发生 1000 个脉冲才能获得一次计数. 在这样极弱的强度下来做实验, 结果仍然有 $P_{\mathrm{c}} > 0$, 即不能保证整个光路中始终保持只有 — 个光子. 因此, Taylor 及他之后的一系列实验结果并不能说是由单个光子所引起的干涉现象[54].

8.4.2　单光子光源下的干涉实验

Aspect 实验表明靠减弱光源的强度实际上并不能形成单光子干涉. 因此, 有必要寻找一种新的光源, 保证每次总是发射一个光子. 最近一些年来, 单光子光源的研制取得了长足的发展, 提出和实施了若干类产生单光子的方案. 这些方案中采用的单量子系统包括囚禁的单原子、单离子、单分子、单量子点以及氮 – 空穴 (N-V) 色心等[55,56]. 单光子源技术正在走向成熟和应用阶段. 单光子干涉实验也因为单光子光源的获得而真正得以实现.

图 8-24 为一利用单光子光源进行干涉实验的示意图. 构成图中光路的装置称为 Mach-Zehnder 干涉仪, 其中 S 为单光子光源, BS 为分束器, M 为反射镜, D 为探测器. 当干涉仪中两条分开的路径相等时, 实验得到的结果是, 探测器 D_1 能探测到光子, 而 D_2 则没有. 对此, 可用量子力学分析如下[57,58]:

光子由光源 ($|S\rangle$) 经分束器 BS_1 后, 成为透射 ($|T\rangle$) 和反射 ($|R\rangle$) 的线性叠加态

$$|S\rangle \to \frac{1}{\sqrt{2}}(|T\rangle + \mathrm{i}|R\rangle) \tag{8.4.4}$$

式中, i 代表反射态较之于透射态的相移.

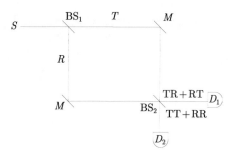

图 8-24 Mach-Zehnder 干涉仪中的单光子干涉

由于两个光路中都有一个反射镜 M, 它们的作用互相抵消, 因此根据叠加原理, 可以将 $|T\rangle$ 和 $|R\rangle$ 的进一步演化写成

$$|T\rangle \to \frac{1}{\sqrt{2}}(\mathrm{i}|D_1\rangle + |D_2\rangle) \tag{8.4.5}$$

$$|R\rangle \to \frac{1}{\sqrt{2}}(|D_1\rangle + \mathrm{i}|D_2\rangle) \tag{8.4.6}$$

将式 (8.4.5)、式 (8.4.6) 代入式 (8.4.4), 得到

$$|S\rangle \to \mathrm{i}|D_1\rangle + 0|D_2\rangle \tag{8.4.7}$$

于是, 光子到达两个探测器的概率分别为

$$P_1 = |\langle D_1|S\rangle|^2 = 1 \tag{8.4.8}$$

$$P_2 = |\langle D_2|S\rangle|^2 = 0 \tag{8.4.9}$$

显然, 上述结果符合能量守恒定律的要求.

另一方面, 虽然我们能够知道只有 D_1 探测器中有光子出现, 但是光子到底是由哪条路径 (which way 或 which path) 到达探测器的则不得而知. 反过来, 一旦能够探知光子走的是哪条路径, 则上述结果将受到破坏. 例如, 假定探得光子走的是 T 路径, 则有

$$|S\rangle \to |T\rangle \to \frac{1}{\sqrt{2}}(\mathrm{i}|D_1\rangle + |D_2\rangle) \tag{8.4.10}$$

于是

$$P_1 = |\langle D_1|S\rangle|^2 = \frac{1}{2} \tag{8.4.11}$$

$$P_2 = |\langle D_2|S\rangle|^2 = \frac{1}{2} \tag{8.4.12}$$

即这种情况下两个探测器有同样的概率探测到光子, 这与事实不符.

Mach-Zehnder 干涉仪中单光子干涉的 which way 问题[59,60] 同样也出现在单光子的杨氏双缝干涉实验中. 如果让单光子逐个逐个通过双缝, 经历足够长时间后, 观测屏上将显示典型的杨氏双缝干涉条纹 [图 8-25(a)]. 而如果我们设法在双缝后窥探光子的路径, 则干涉条纹将消失 [图 8-25(b)]. 其结果是, 我们将不可能获得光子的 which way 信息.

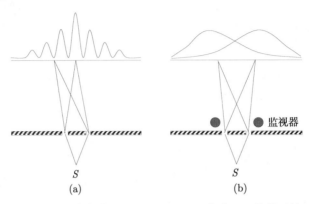

图 8-25   干涉条纹 (a) 和 which way 信息 (b) 的排斥性

类似地, 如果我们试着封住双缝中的某一个缝, 干涉条纹也将消失. 从光子的角度看, 似乎当它通过双缝中的某一个缝的时候, 能够 "感知" 另一个缝的存在; 或者换一个说法, 似乎光子真的能够 "自己跟自己干涉".

总结起来, 我们要么没有光子的路径选择 (粒子性) 信息而得到光子的干涉 (波动性) 结果, 要么没有光子的干涉 (波动性) 结果而得到光子的路径选择 (粒子性) 信息. 或者, 更一般地说, 随着路径选择信息的增强, 干涉条纹的可见度将会下降; 反之亦然.

8.4.3   单光子干涉的意义和应用

单光子干涉现象非常典型地体现了量子力学的基本原理, 展示了量子的奇异性. 单光子干涉的研究对我们理解量子力学的本质有着十分重要的意义. 随着单光子干涉理论和实验的进一步深入, 量子的奥秘会有更深刻的揭示.

单光子干涉技术上的一个重要应用是量子保密通信. 在量子保密通信中, 密钥的信息被加载在单光子上, 这种情况下任何测量都不可避免地会改变这个单量子系统的量子态, 使得窃听者不可能在不被发现的情况下获取密钥信息. 这种密钥编码被证明是一种绝对安全和保密的方法. 图 8-26 为华东师范大学的曾和平等研制的基于 Sagnac 单光子干涉仪的高稳定度、低误码率的量子保密通信装置, 可以实现长距离的量子保密通信[61].

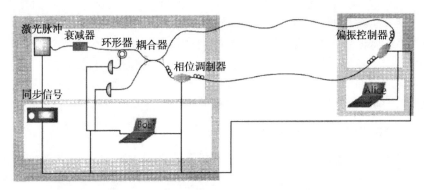

图 8-26　基于 Sagnac 单光子干涉仪的量子保密通信装置[61]

最后还需要指出, 按照 Dirac 的说法, 光子只能是 "自己跟自己" 发生干涉. 但是实际上, 两个光子之间也可以发生干涉. 早在 1967 年, Mandel 等就利用两台激光器实现了相互独立的两束极微弱的激光之间的干涉[62](图 8-27). 这以后又有一系列新的实验研究支持不同光子之间的干涉[59]. 更为奇特的是, 双光子之间不仅能够产生干涉, 而且还有令人捉摸不透的纠缠现象.

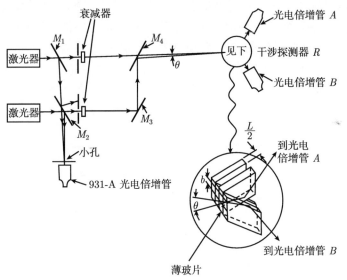

图 8-27　Mandel 等的独立双激光束干涉实验[62]

8.5　双光子纠缠

1935 年 Einstein, Podolsky 和 Rosen[63](简称 EPR) 发表了一篇著名的论文, 论证表明局域性假设与量子力学不相容. 20 世纪 90 年代以来, 多个研究小组采用通过自发参量下转换非线性光学过程产生处于纠缠态的光子对的方法进行了一系列与量子非局域性有关的实验, 如鬼成像、鬼干涉, 双光子双缝干涉等, 得到了一些被解释为是量子非局域性的奇特实验现象[64]. 光子纠缠态的研究不但极大地推动了量子力学理论的发展, 而且还催生了包括量子密码、量子通信、量子计算和量子测量等在内的崭新的应用技术, 显示出广阔而诱人的前景.

8.5.1　EPR 佯谬及实验检验

量子力学是 20 世纪最伟大的两个基础理论之一. 量子力学在各领域的应用显示了其巨大的威力. 以量子力学为基础发展起来的半导体、激光等现代高新技术深刻地改变了 20 世纪人类社会的生活. 然而, 量子力学的解释却始终充满了争议. 以爱因斯坦为代表的一批科学家坚持认为量子力学是不完备的理论, 而以玻尔为代表的哥本哈根学派则坚信量子理论的正确性. 爱因斯坦深刻而不懈的责疑、批评和论争, 引起了许多理论物理学家、实验物理学家和哲学家的关注和探索, 这其中尤以 EPR 佯谬问题最为引人注目.

我们知道, 微观粒子具有波粒二象性. 在量子力学中, 微观粒子是用波函数描述的. 波函数描述了粒子的量子态, 因此也称为态函数. 态函数的模的平方给出了力学量测量值的概率. 关于测量, 量子力学有一条重要的准则 (即海森伯不确定关系): 量子力学中一对共轭的物理量, 如果精确地测得其中的一个物理量, 则另一个物理量将不能得到精确的测量, 即不可能同时得到这两个物理量的精确值. 例如, 粒子的位置 x 和动量 p 构成一对共轭量, 满足下述不确定性关系:

$$\Delta x \Delta p \geqslant \frac{\hbar}{2} \tag{8.5.1}$$

对此, EPR 论文构思了一个由两个相同的粒子 (如双光子、双电子等) 组成的一维系统的思想实验, 向量子力学提出了质疑, 其基本思想可以概括为: 设想让这两个粒子彼此分离, 在离开足够远距离后, 对粒子 1 的位置 x_1 进行精确的测量. 根据力学定律, 由 $x_2 = x_1$, 我们可以获得粒子 2 的精确的位置信息 x_2. 显然, 由于两个粒子已经分隔了足够远的距离, 对粒子 1 的测量不可能立即对粒子 2 产生影响. 因此, 如果我们在这时测量粒子 2 的动量, 将得到精确的动量信息 p_2. 这样, 我们就可以同时获得关于粒子 2 的精确的位置和动量信息——而这与量子力学的不确定性关系相矛盾. 按照量子力学的思想, 当我们对粒子 1 的位置给出精确的测量时, 不但该粒子的动量将不再能有精确的量值, 而且粒子 2 的动量的精确信息也将不复存在.

在爱因斯坦等人的上述质疑中, 他们认为物理客体必定是局域的, 因而两个相隔很远的客体之间不可能有立刻的影响, 否则与狭义相对论相矛盾. 而玻尔等人则认为, 在量子力学中, 两个微观客体 (子系统) 构成一个整体 (总系统), 子系统之间必定是彼此关联的, 无论它们之间相距多么遥远. 量子力学的这种非局域的关联, 在爱因斯坦看来, 是不可思议的. 爱因斯坦称其为 "幽灵般的超距作用".

到底是爱因斯坦正确, 还是玻尔他们正确, 需要用实验来回答.

1964 年, 贝尔 (Bell) 在玻姆 (Bohm, 跟爱因斯坦一样, 他也认为量子力学只给微观客体以统计描述是不完备的, 提出有必要引入一些附加变量对微观客体作更深一步的描述) 局域隐变量理论的基础上推导出一个不等式. 贝尔发现, 此不等式与量子力学的预言不符, 因而可以通过对此式的实验检验, 来判断量子力学的概率描述是否正确[59].

1982 年, 法国巴黎大学的 Aspect 等[65] 测量了 Ca 原子级联辐射光子对的线偏振关联, 以很高的精度检验了 Bell 不等式 (图 8-28). 实验结果与量子力学预言一致, 显示 Bell 不等式被违背, 从而否定了决定论的局域隐变量理论, 肯定了量子力学的准确性.

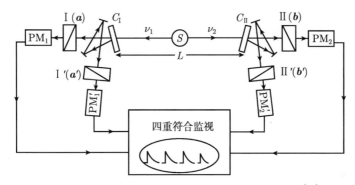

图 8-28　Aspect 等检验 Bell 不等式的实验装置图[65]

在 Aspect 实验之后, 又陆续有一些新的、更好的实验支持了上述结论. 例如, 1995 年, Kwiat 等[66] 获得了违反 Bell 不等式超过 100 个标准偏差的实验结果; 1998 年, Tittle 等[67] 在 10km 光纤中完成了远距离双光子 EPR 关联实验, 实验结果以 16 个标准偏差违反 Bell 不等式. 2001 年 Rowe 等[68] 用 $^9Be^+$ 离子、2003 年 Hasegawa 等[69] 用单中子源也实现了 Bell 不等式的检验.

EPR 实验结果表明, 非局域性是量子力学的基本性质, 爱因斯坦等在 EPR 佯谬中揭示的量子关联效应是微观客体非局域性的体现. 至此, 似乎 70 年前由爱因斯坦和玻尔等关于量子力学理论完备性的讨论引发的这场世纪大争论已经可以作一个了结. 但事实并非如此. 正如著名理论物理学家费曼 1965 年所说的: "我确信没有人能懂得量子力学." 今天, 我们对处于纠缠态中的粒子之间究竟存在一种什么性质的关联或相互作用依然一无所知. 或者, 我们要问, 相对论的局域性与量子力学的非局域性的矛盾该如何解决? 这两种今天看来不相协调的基本理论该如何在一个更深刻的基础上加以统一? 这些问题的研究将从根本上推动物理学理论的进一步向前发展.

8.5.2　量子纠缠

量子纠缠普遍存在于量子力学多粒子体系或者多自由度体系中, 是量子力学的奇妙特性之一. 量子纠缠表现为对一个子系统的测量结果无法独立于对其他子系统的测量参数. EPR 实验中的一对粒子就处于量子纠缠之中. 薛定谔最早提出了**纠缠态** (entangled state) 的概念. 纠缠态的提出对量子力学的发展起到了重要的推动作用. 与纠缠态相关的理论和实验是近几十年来量子力学进展的主要方向. 量子纠缠态作为量子通信和量子计算的载体, 被广泛应用于量子隐形传态、量子密钥分发、量子密集编码、量子计算等领域. 量子纠缠的研究和应用将给未来的科学技术带来深刻而巨大的影响.

设一个粒子 (光子或电子等) 可以处于 $|\uparrow\rangle$ 或 $|\downarrow\rangle$ 两种量子态 (如自旋向上或向下), 则两个独立粒子的量子态分别为

$$|\psi_1\rangle = \alpha_1|\uparrow_1\rangle + \beta_1|\downarrow_1\rangle \tag{8.5.2}$$

$$|\psi_2\rangle = \alpha_2|\uparrow_2\rangle + \beta_2|\downarrow_2\rangle \tag{8.5.3}$$

式中, 系数满足归一化条件 $|\alpha|^2 + |\beta|^2 = 1$, 如可取 $\alpha = 1/\sqrt{2}$, $\beta = -1/\sqrt{2}$. 这两个粒子可以组成四个纠缠态:

$$|\psi_{12}^-\rangle = \frac{1}{\sqrt{2}}(|\uparrow_1\downarrow_2\rangle - |\downarrow_1\uparrow_2\rangle) \tag{8.5.4}$$

$$|\psi_{12}^+\rangle = \frac{1}{\sqrt{2}}(|\uparrow_1\downarrow_2\rangle + |\downarrow_1\uparrow_2\rangle) \tag{8.5.5}$$

$$|\Phi_{12}^-\rangle = \frac{1}{\sqrt{2}}(|\uparrow_1\uparrow_2\rangle - |\downarrow_1\downarrow_2\rangle) \tag{8.5.6}$$

$$|\Phi_{12}^+\rangle = \frac{1}{\sqrt{2}}(|\uparrow_1\uparrow_2\rangle + |\downarrow_1\downarrow_2\rangle) \tag{8.5.7}$$

这 4 个态称作四个 Bell 基, 它们构成四维希尔伯特空间的一组正交完备归一基. 空间上的任何态矢都可以按这 4 个基展开[70,71].

量子纠缠态反映了量子子系统之间的非局域关联. 纠缠态在任何表象中, 都不可能写成各单粒子的量子态的直积. 例如

$$|\psi_{12}^-\rangle = \frac{1}{\sqrt{2}}(|\uparrow_1\downarrow_2\rangle - |\downarrow_1\uparrow_2\rangle) \neq |\psi_1\rangle \otimes |\psi_2\rangle \tag{8.5.8}$$

著名的 "薛定谔猫" 就处于与放射性粒子的纠缠态中. 与 EPR 问题提出的同年, 在质疑量子力学的解释时, 薛定谔提出了一个今天称为 "薛定谔猫佯谬" 的理

想实验[60,72,73](图 8-29)：设想在一个封闭的盒子里放着一只猫和一个具有激发态 $|1\rangle$ 和基态 $|0\rangle$ 两态的放射性粒子. 当粒子处于 $|1\rangle$ 态时, 会产生辐射触发机械装置打破装有剧毒气体的瓶子把猫毒死; 当处于 $|0\rangle$ 态时, 则不产生辐射, 猫仍然活着. 根据量子力学的态叠加原理, 粒子可以处于 $|0\rangle$ 和 $|1\rangle$ 的叠加态 $|\psi\rangle = \alpha|0\rangle + \beta|1\rangle$. 在没有打开盒子观察猫的死活以前, 猫处于一个死活叠加或者说非死非活、既死又活的状态, 即猫与放射性粒子构成的系统的总的量子态为

$$|\psi_{\text{总}}\rangle = \alpha|0, \text{活}\rangle + \beta|1, \text{死}\rangle \tag{8.5.9}$$

图 8-29 薛定谔猫佯谬装置[73]

根据量子力学的哥本哈根解释, 猫的生死不依赖盒子打开前的 "客观存在" (reality), 而是决定于打开盒子后的 "观察"(observation). 即一旦打开盒子观察, 则原先处于死活叠加态的猫将立即坍缩为 $|$死$\rangle$ 态或 $|$活$\rangle$ 态. 爱因斯坦曾对量子力学中这种 "依赖于观察的存在" 发出诘问：“你是否相信, 月亮只有在看着它的时候才真正存在？".

对于作为宏观生物体的猫来说, 上述怪异的纠缠态似乎是荒诞透顶的, 不可谓不是一个致命的佯谬. 但是对于微观量子客体, 这种奇特的纠缠却不但是真实的, 而且还给我们带来了神奇的应用. **量子隐形传态**(quantum teleportation) 就是一个重要的例子.

8.5.3 量子隐形传态

隐形传态的想法最初来源于科幻小说, 指的是一种无影无踪的传送过程, 它把一个物理客体等同于构造该客体所需的全部信息, 传递客体只需传递它的信息, 而不用搬运该客体. 在经典物理学中, 这个过程可以实现. 我们先精确的测定原物, 提取它的所有信息, 然后将这个信息传送到接收地点, 接收者依据这些信息, 选取与原物构成完全相同的基本单元 (如原子), 就可以在另一个地点制造出与原物完全相同的复制品. 然而在量子力学中, 由于受不确定性关系的制约, 不可能精确地测出原物的全部信息, 不可能复制出与原物相同的量子态 (量子不可克隆定理[74]), 因此要实现量子态的原样传递似乎是不可能的.

　　但是 1993 年, Bennett 等[75] 提出可以利用 EPR 纠缠态的非局域关联再辅以一个经典的信息通道来传送未知的量子态. 1997 年, Bouwmeester 等[76] 首次在实验上实现了量子隐形传态. 量子隐形传态的基本思想是, 为实现传送某个未知的量子态, 发送者可以将原物的信息分成经典和量子两部分, 经典信息是对原物进行某种测量而获得的, 量子信息则是发送者在测量中未提取的其余信息, 这两部分信息分别通过经典和量子两个通道传送给接收者, 接收者在获得这两种信息之后, 可以根据一定的变换获得与原物完全相同的量子态.

　　量子隐形传态的原理[70,71,75~77] 如图 8-30 所示. 图中 Alice 代表信息的发送者, Bob 代表信息的接收者. 假设光子 1 处于某个未知的量子态

$$|\psi\rangle_1 = \alpha|\leftrightarrow\rangle_1 + \beta|\updownarrow\rangle_1 \tag{8.5.10}$$

式中, $|\leftrightarrow\rangle$、$|\updownarrow\rangle$ 分别表示两种不同的量子态, 如光子的水平偏振和垂直偏振. Alice 要把光子 1 的量子态 $|\psi\rangle_1$ 传送给 Bob, 使 Bob 接收到的光子 3 也处在这个量子态上. 这个过程可以分三步完成:

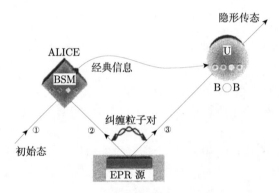

图 8-30　量子隐形传态原理[76]

　　(1) 制备 EPR 纠缠粒子对, 使光子 2 和光子 3 处于纠缠态

$$|\psi_{23}^-\rangle = \frac{1}{\sqrt{2}}(|\leftrightarrow\rangle_2|\updownarrow\rangle_3 - |\updownarrow\rangle_2|\leftrightarrow\rangle_3) \tag{8.5.11}$$

这里偏振方向相互正交的两个纠缠光子可以通过 II 型参量下转换非线性光学过程中产生的自发辐射孪生光子对得到 (在非线性光学晶体如 BBO 中, 一个泵浦光子可以自发地湮没成两个时间、偏振、频率、自旋等高度关联的光子[78,79]).

　　将纠缠对中的光子 2 送给 Alice, 光子 3 送给 Bob. 于是, 光子 1, 2, 3 就构成一个总系统, 其量子态为

$$|\psi_{123}\rangle = |\psi_{23}^-\rangle \otimes |\psi\rangle_1 \tag{8.5.12}$$

它可以光子 1 和 2 的 Bell 基展开, 得到

$$|\psi_{123}\rangle = \frac{1}{2}[|\psi_{12}^-\rangle(-\alpha|\leftrightarrow\rangle_3 - \beta|\updownarrow\rangle_3) + |\psi_{12}^+\rangle(-\alpha|\leftrightarrow\rangle_3 + \beta|\updownarrow\rangle_3)$$
$$|\Phi_{12}^-\rangle(\beta|\leftrightarrow\rangle_3 + \alpha|\updownarrow\rangle_3) + |\Phi_{12}^+\rangle(-\beta|\leftrightarrow\rangle_3 + \alpha|\updownarrow\rangle_3)] \tag{8.5.13}$$

(2) Alice 对光子 1 和 2 进行 Bell 联合测量[77], 将有 1/4 概率得到每个 Bell 基, 但每次测量只能得到其中的一个基. 一旦 Alice 测得 4 个 Bell 基中的一个, 光子 3 就会塌缩到相应的某个量子态上.

(3) Alice 将测得的结果通过经典信道告诉 Bob, Bob 根据 Alice 的结果选取相应的幺正变换对光子 3 进行操作, 使得其量子态与需要传送的量子态 $|\psi\rangle_1$ 一致. 举个例子来说, 若 Alice 测得的 Bell 基为 $|\Phi_{12}^+\rangle$, 则光子 3 的量子态将坍缩为 $|\psi\rangle_3 = -\beta|\leftrightarrow\rangle_3 + \alpha|\updownarrow\rangle_3$, 可对其进行如下的幺正变换得到原始的 $|\psi\rangle_1$ 态:

$$|\psi\rangle_{3变换后} = \begin{pmatrix} 0 & 1 \\ -1 & 0 \end{pmatrix}|\psi\rangle_3 = \begin{pmatrix} 0 & 1 \\ -1 & 0 \end{pmatrix}\begin{pmatrix} -\beta \\ \alpha \end{pmatrix} = \begin{pmatrix} \alpha \\ \beta \end{pmatrix} = \alpha|\leftrightarrow\rangle_1 + \beta|\updownarrow\rangle_1 = |\psi\rangle_1$$
$$\tag{8.5.14}$$

类似地, 若 Bob 从 Alice 那里接收到的 Bell 基为 $|\psi_{12}^-\rangle$, $|\psi_{12}^+\rangle$, $|\Phi_{12}^-\rangle$, 则相应的幺正变换矩阵分别为

$$\begin{pmatrix} -1 & 0 \\ 0 & -1 \end{pmatrix}, \quad \begin{pmatrix} -1 & 0 \\ 0 & 1 \end{pmatrix}, \quad \begin{pmatrix} 0 & 1 \\ 1 & 0 \end{pmatrix}$$

可以看出, 在上述量子隐形传态过程中, EPR 纠缠对扮演着最为重要的角色. 可以说没有粒子的纠缠态就实现不了量子态的隐形传输. 利用两粒子纠缠态建立的量子通道和 Bell 基的联合测量, 把原始态的量子信息隐含其中, 在通讯双方不知道传输的原始态的任何信息的情况下, 仍可把这个态制备到另一粒子上.

应当指出, 量子隐形传态的过程并不违背量子不可克隆定理. 因为发送者在对原物进行测量时, 将造成原物量子态的破坏, 从而其量子态的传输不是一个依样画葫芦的复制过程, 而是一个经由量子和经典两个通道的搬此运彼的重建过程. 同时, 这一过程也不违背相对论. 因为量子隐形传态必须要借助经典通道传送一部分信息才能完成, 从而不可能成为超光速通信.

由于在量子隐形传态中, 任何试图在中途窃取信息的行为都将导致量子态的坍缩而被通信者发现, 因此利用这种方式传送的信息具有非常可靠的安全性, 从而可以实现真正意义上的保密通信. 由于这一特点, 量子纠缠、量子隐形传态、量子密钥编码、量子保密通信等迅速成为各方关注的研究热点.

除了隐形传态, 量子纠缠行为还可用于 "鬼成像"、"鬼干涉"[64,80,81] 等方面的研究.

8.6   量子真空效应

古希腊学者德谟克里特 (约公元前 460∼ 前 370) 很早就提出: 世界除了不可再分的原子 (atom) 以外, 就是虚空 (void). 但是人们发现, 物体的四周总是被空气或液体所充满. 因此, 从亚里士多德 (公元前 384∼ 前 322) 起的长达两千多年的时间里, 人们一直认为虚空空间即真空实际上并不存在, 即 "自然界厌恶真空"[82]. 自然厌恶真空的说法还被人们用来解释抽水唧筒的吸水原理. 但是到了伽利略 (1564∼1642) 的时候, 情况出现了变化. 一个由很长的吸气筒构成的抽水唧筒不能使水升高到超过 10.34m, 这使伽利略感到厌恶真空可能是一种有其局限的并能被量度出来的力, 今天我们知道这种力实际上是大气压力. 后来托里拆利和德国马德堡市市长盖里克等的实验则表明, 真空是可以存在的.

真空虽然被证明可以在自然界中存在, 但是, 除了把真空看成是空无一切的虚空外, 人们对真空到底是什么可以说几乎是一无所知的. 虽然人们对真空的性质也作过一定的探讨, 但主要还是思辨性的. 真正从物理内涵上对真空作出科学的考察, 是从狄拉克开始的[83∼87].

1928 和 1930 年, 狄拉克发表了有关电子的量子理论的两篇文章[83]. 狄拉克注意到, 在相对论中, 能量和动量满足以下关系:

$$E^2 = p^2c^2 + m_0^2c^4 \tag{8.6.1}$$

式中, E、p、m_0 分别为粒子的能量、动量和静质量, c 为真空中的光速. 这个关系式可以改写为

$$E = \pm\sqrt{p^2c^2 + m_0^2c^4} \tag{8.6.2}$$

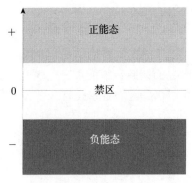

图 8-31   正负能态和禁区

在一般人看来, 式 (8.6.2) 中的负能解是没有意义的, 应该舍去, 但是狄拉克没有这么做. 狄拉克认为, 任何相对论粒子都有正负两个能态, 其中正能态有一个下限 $+m_0c^2$, 负能态有一个上限 $-m_0c^2$, 上下限之间是一个宽度为 $2m_0c^2$ 的能量禁区, 任何粒子不能在禁区内出现, 如图 8-31 所示[84].

狄拉克假设, 真空虽然没有任何正能态的粒子, 但它所有的负能态却是被电子按泡利不相容原理填得满满的, 即真空就好像是一个 "负能电子海". 这样, 处于正能态的电子不可能跃入负能态, 从而保证了实物粒子的稳定性. 反过来, 处于负能态的电子如果吸收了一份大于 $2m_0c^2$ 的能

量, 就可以越过禁区而进入正能态. 这时, 正能态不再是空的, 出现了一个粒子, 负能态不再是满的, 出现了一个空穴, 即真空中形成了一个 "电子 – 空穴对". 物理上, 空穴等效于一个相反电荷的正能态电子, 即反电子. 这种带正电荷的反电子不久以后就被 Anderson 在实验中发现[87]. 随后, 各种各样的反粒子相继被发现, 表明狄拉克关于真空充满了负能态粒子的想法是值得考虑的.

狄拉克的理论是人类对真空认识的第一个巨大的飞跃. 在这之后, 随着量子场论的建立并取得不断的进展, 人们对真空的性质有了更进一步的认识. 今天我们知道, 真空确实不是空无一切的虚空, 而是有着复杂内涵或构造的特殊物理实在, 即真空不空[84~91]. 真空虽然没有任何实的粒子, 即没有一般意义上的物质, 但有虚粒子, 有能量涨落, 有相变, 有复杂的凝聚可以破坏对称[88]. 量子真空虽然明显地区别于一般的物质, 但它们之间在根本上又是统一和关联的, 从而能够产生相互作用, 引起一些独特的量子效应.

8.6.1 真空涨落与零点能

量子真空的一个重要特征是存在着量子涨落, 具有零点能[59,84,90~92]. 从现代量子场论的角度看, 每一种粒子都对应着一种场. 真空是各种粒子态的最低能态, 而粒子则是真空的激发态.

量子真空虽然是最低的能态, 但它的能量并不为零. 例如, 在量子光学中, 处于 n 个光子的量子态 $|n\rangle$ 的能量本征值为[59]

$$E_n = \left(n + \frac{1}{2}\right) h\nu \tag{8.6.3}$$

式中, h 为普朗克常量, ν 为光子的频率. 如果是 0 个光子态 $|0\rangle$, 即真空态, 它仍然具有下述能量:

$$E_0 = \frac{1}{2}h\nu \tag{8.6.4}$$

这个能量就是真空的零点能.

量子真空的零点能源于真空自身所固有的振荡或涨落. 在量子真空中, 不断地有各种虚的正反粒子对短暂出现和相互转化, 构成复杂的真空涨落[84,85]. 图 8-32 表示真空涨落的一种形式, 虚的正反电子对与虚光子之间的相互转化.

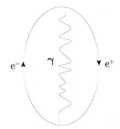

图 8-32　虚的电子 – 正电子对与虚光子的相互转化

8.6.2 Casimir 效应

真空零点能的一个物理效应是 Casimir 效应[92~97].

1948 年, 荷兰物理学家 Casimir 提出两个非常靠近的不带电的金属片之间存在一种独特的吸引作用[93]. 这种吸引力可以这样考虑, 在正常情况下, 真空中充满了几乎各种波长的零点振荡, 但在两个非常靠近的间距为 a 的金属薄片之间的空腔中, 根据驻波振荡的原理, 只可能存在波长为 $\lambda = 2a/N(N = 1, 2, 3, \cdots)$ 的真空零点振荡, 波长较长的零点振荡会被排除在空腔之外, 于是就会形成使金属片相互靠拢的力 (图 8-33), 其大小为

$$F(a) = A \frac{\pi}{480} \frac{hc}{a^4} \tag{8.6.5}$$

式中, A 为金属片的受力面积.

1996 年, 华盛顿大学的 Lamoreaux 对此进行了精确的测量, 证实了 Casimir 效应[94]. 随后出现了更多的有关 Casimir 效应的理论和实验报道[95~97].

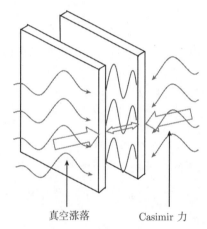

图 8-33   Casimir 效应

图 8-34   微型机械构件[98]

图 8-35   左手材料的 Casimir 排斥
力使得镜面凭空而悬[100]

Casimir 力被认为是纳米机械装置中可能引起摩擦的最后一个原因. 人们因此而设想, 如果能够实现对 Casimir 效应的控制, 那么在微型或纳米机械 (图 8-34) 中就可以尽可能地减小甚至消除各部件之间的摩擦[99]. 另外, 利用一定条件下 Casimir 力会变成排斥力的性质, 还可以实现神奇的量子悬浮, 即浮于 "nothing" (图 8-35)[99~101]. 当然, Casimir 效应的科学意义和实际应用远不止于此.

8.6.3 Purcell 效应

Purcell 效应是指通过适当改变原子所处的外部条件, 使原子的自发辐射率较之在自由空间中加强或减弱的现象, 即利用 Purcell 效应, 可以实现对原子自发辐射的控制.

爱因斯坦曾在 1917 年对原子的自发辐射和受激辐射作过理论上的比较研究. 受激辐射是在外来光子的刺激下发生的. 而自发辐射则不同, 它是在无外来光场作用的情况下, 原子自发地从激发态跃迁到基态并辐射出一个光子的过程. 在爱因斯坦以后的一段相当长的时间里, 人们一直认为自发辐射是一个不受任何外部因素影响的自发的随机过程, 不可能人为地加以控制. 但是 1946 年 Purcell 提出, 将原子放置在微腔中可以改变其自发辐射率[102]. 这也就是说, 自发辐射并不是物质的固有性质, 而是物质与自由空间中或腔内的真空场相互作用的结果. 不过这一意见并未引起足够的重视. 直到 20 世纪 80 年代光子晶体的概念 (参见 11.3 节) 提出来以后, 人们才认识到自发辐射确实是可以通过改变原子的外部条件而加以人为控制的[103]. 今天, 由 Purcell 效应出发, 已经发展起一门新的学科 —— 腔量子电动力学 (cavity quantum electrodynamics, CQED), 开辟了与微腔光学有关的若干应用研究.

从物理实质上看, 自发辐射实际上是原子与真空能 (真空涨落) 相互作用的结果. 在与真空场相互作用的情况下, 一个二能级系统会自发地衰变, 衰变的速率正比于跃迁频率模式的谱密度. 在一个真空腔中, 模式密度会受到改变, 其振幅会产生大幅度的增减变化. 从腔模式的角度看, 模式的最大密度出现在共振频率附近, 并且一般而言可以超过相应的自由空间中的密度. 1946 年, Purcell 就已经认识到了这一点. 他指出, 在一个体积为 V 的空腔中, 一个 (准) 单一的光谱模式具有一定的带宽, 其值为 ν/Q(ν 为频率). 将腔增强密度与自由空间的模密度归一化, 可得 Purcell 自发辐射增强因子[102,104,105]

$$P = \frac{3}{4\pi^2} \left(\frac{\lambda}{n}\right)^3 \frac{Q}{V} \tag{8.6.6}$$

式中, 加入折射率 n 是考虑到可以用于计算介质中的自发辐射[106].

当原子的跃迁落在模式线宽时, 它的自发衰变速率将会按 Purcell 因子的倍率增强. 更为重要的是, 由于这种衰变的增强仅来自于那些构成相应的谐振腔的准模 (连续模) 的耦合, 这使得自发辐射正比于这个准模, 从而可以大大提高耦合自发辐射的功率. 图 8-36 说明的是空腔中的自发辐射因为 Purcell 效应而较之自由空间中被加强.

当频谱没有落在模式的谐振频率附近时, 比起自由空间中的情况, 腔中的模密度会大大降低. 适当设计空腔的构造, 使微腔在非共振频率上工作, 则自发衰变将受到抑制[103,105,107].

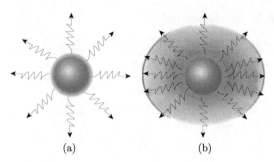

图 8-36　Purcell 效应使得腔中 (b) 原子的自发辐射较之自由空间 (a) 中被加强[104]

　　在设计用于观测 Purcell 效应的微腔时, 必须考虑相应的原子 (或类似于原子的粒子) 的跃迁特征. 其中重要的一点是, 微腔的体积必须要足够的小, 因为由微腔 Q 因子的调控所决定的自发衰变增强效应要受到跃迁谱宽的限制. 同样地, 在其他因素相同的情况下, 窄的原子跃迁使得较高的 Q 值成为可能, 从而可以增强 Purcell 效应. 由于这个原因, 比起大块的半导体来, 单独的量子点 (参见 11.3 节) 具有更窄的跃迁宽度, 因此在这一领域扮演了重要的角色.

8.6.4　真空极化

　　量子真空的又一个特征是存在着真空极化[84,86,87,91]. 我们知道, 当电介质中放入电荷或施加电场时, 由于电荷或电场对电介质内部电结构的作用, 电介质会被极化. 同样道理, 真空也存在特殊的内在结构[108~110], 在电荷或在电场的作用下, 真空中的虚电子和虚反电子或其他虚的正反粒子也会受到吸引和排斥作用, 从而改变真空虚粒子云的电荷分布, 即真空也会被极化[85]. 图 8-37 是真空极化的一个示意图. 该图表示, 真空中的虚光子先变成虚的正反正电子对 (极化), 然后又变回成虚光子.

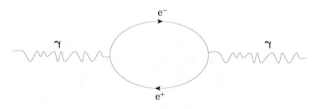

图 8-37　真空极化

　　真空极化的观测效应也已经被证实. 兰姆位移 (Lamb shift) 就是其中的一个例子. 兰姆位移是 H 原子介于 $2S_{1/2}$ 与 $2P_{1/2}$ 两个能级之间的一个很小的能量差. 根据狄拉克的量子理论, n 量子数及 j 量子数相同但 l 量子数不同的 H 原子能态应该是简并态, 即不会产生能量差值. 但是 1947 年兰姆及 Retherford 利用微波技术刺激 H 原子 $2S_{1/2}$ 与 $2P_{1/2}$ 两能级之间的射频跃迁, 发现 $2S_{1/2}$ 能级比起 $2P_{1/2}$

能级来要高出约 1000MHz 的能量差[111].

研究表明, 上述能量差是原子中的电子与真空场的相互作用引起的. 我们知道, H 原子中的电子由于受到质子电场的作用, 具有库仑势

$$U = -\frac{e^2}{4\pi\varepsilon_0 r} \tag{8.6.7}$$

但是电子还会受到由真空零点涨落引起的微扰作用. 这种扰动可以理解为是原子反复地发射又吸收虚光子的过程, 导致电子不停地快速振荡, 电子云因此有些被 "抹开", 其半径将由 r 变为 $r + \delta r$. 电子的库仑势因此会产生相应的变化, 从而破坏了 $2S_{1/2}$ 与 $2P_{1/2}$ 两个能级的简并性. 计算表明两能级之间的能量差为[59]

$$\langle \Delta U \rangle = \frac{4}{3} \frac{e^2}{4\pi\varepsilon_0} \frac{e^2}{4\pi\varepsilon_0 \hbar c} \left(\frac{\hbar}{mc}\right)^2 \frac{1}{8\pi a_0^3} \ln\left(\frac{4\varepsilon_0 \hbar c}{e^2}\right) \tag{8.6.8}$$

H 原子谱线中兰姆位移的解释最早是由 Bethe[112] 在 1947 年做出的, 这为量子电动力学的发展建下了基础. 由于兰姆位移中含有精细结构常数

$$\alpha = \frac{e^2}{4\pi\varepsilon_0 \hbar c} \tag{8.6.9}$$

因此兰姆位移为精细结构常数 α 的测量提供了比百万分之一还佳的精确度, 为量子电动力学提供了精确的检验.

除了兰姆位移, 真空极化还会带来其他一些效应. 例如, 当真空中放入一个电荷使真空发生极化时, 实测的电荷值会比真实的电荷值小一些[84]. 另外, 电子的反常磁矩也与真空极化有关[87,113]. 电磁场对真空的极化作用会改变真空的光学各向同性性质, 产生一些类似于介质中的电光效应和磁光效应的可观测效应, 如光线的偏转、双折射等[113~116].

8.6.5 正负电子对的产生

真空的极化意味着, 真空中能够不断地发生粒子 – 反粒子对的虚产生和湮没[88]. 因此, 真空中充满了虚粒子. 霍金通过真空正反虚粒子对的产生和湮没说明了黑洞周围可以产生所谓的霍金辐射[117] (参见 12.2 节).

有理论预言[118~120], 如果有足够的能量使得真空极化中形成的正反虚电子对不再复合, 从而产生实的正负电子对. 这种情况叫做 "正负电子对产生 (pair production)" (图 8-38). 产生正负电子对需要达到一个很强的电场, 称作 Schwinger 临界电场

$$E_c = \frac{mc^2}{e\lambda_c} = 1.3 \times 10^{16} \text{V/cm} \tag{8.6.10}$$

式中, λ_c 为电子的康普顿波长. 这个电场相当于激光的聚焦强度达到

$$I = 4.6 \times 10^{29} \text{W/cm}^2 \tag{8.6.11}$$

在能量如此强大的激光光子作用下, 真空可以被 "击穿" 或 "撕裂", 产生正负电子对. 当然, 目前所能达到的激光强度为 $10^{22} \sim 10^{23} \text{W/cm}^2$, 离上述要求还相差好几个数量级. 但是人们相信, 随着强激光技术的进展, 终将能够在真空中实现正反电子对的产生.

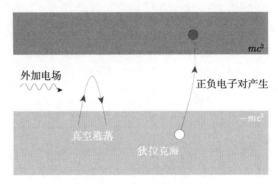

图 8-38　正负电子对的产生

需要指出的是, 由于能量、动量守恒定律的限制, 单个光子将不可能产生正负电子对. 因此, 正负电子对的产生至少需要两个光子. 这两个光子相向运动, 其交接点就是产生出来的正负电子对的质心. 为了能产生正负电子对, 每个光子的能量至少应等于电子的静能 $m_e c^2$.

上面讨论的是正负电子对可以由真空中创生出来. 反过来, 当正负电子相遇时, 则会湮没成一对 γ 光子[86]. 由此可见, 真空和物质粒子之间存在着一种特殊的互动关系.

在量子光学中, 我们有[59]

$$|n\rangle = \frac{(\hat{a}^+)^n}{\sqrt{n!}}|0\rangle \tag{8.6.12}$$

反之, 有

$$|0\rangle = \frac{(\hat{a})^n}{\sqrt{n!}}|n\rangle \tag{8.6.13}$$

式中, $\hat{a}^+$ 为光子的产生算符, $(\hat{a}^+)^n$ 表示对相应的量子态实施 n 次产生算符的作用, $\hat{a}$ 为光子的湮没算符, $(\hat{a})^n$ 表示对相应的量子态实施 n 次湮没算符的作用.

上面两个式子对于我们深入认识真空和粒子之间的相生相灭关系是富有启发性的.

上述讨论将我们带到物理学的一个基本问题 —— 质量或物质的起源. 这个问题涉及量子真空的第三个特征: 真空对称性的自发破缺[84,89].

图 8-39(a) 表示具有单谷形的即只有一个极小值的真空势能密度曲线. 这时真空涨落围绕在平衡点 $\phi = 0$ 附近发生, 即平均值 $\langle \phi \rangle = 0$, 它在时间或空间反演后还是 $\langle \phi \rangle = 0$, 属于正常真空. 图 8-39(b) 则表示具有双谷形的即有两个极小值的真空势能密度曲线. 这时真空的基态可以有两种情况: 要么围绕在平衡点 $\phi = \rho$ 附近涨落, 即平均值 $\langle \phi \rangle = \rho$; 要么围绕在平衡点 $\phi = -\rho$ 附近涨落, 即平均值 $\langle \phi \rangle = -\rho$. 这两种情况在时间或空间反演后就不再是它自己而是相反的那种基态了, 即真空的对称性发生了自发破缺.

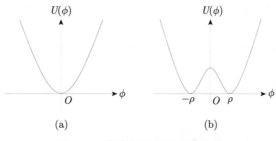

图 8-39 真空场的势能密度曲线

当真空对称性自发破缺时, 一个零质量玻色子与真空发生相互作用可以获得质量, 这导致了质量起源的希格斯机制[84]. 这一机制为温伯格–萨拉姆弱电统一理论铺平了道路.

8.6.6 真空与物质的相互作用

前面所说的 Casimir 效应、电子的反常磁矩、兰姆位移, 以及近年来人们广泛研究的腔量子效应[121~123] 等, 表明真空可以与物质之间发生相互作用. 不仅如此, 真空还是物质与物质之间相互作用的媒介. 当然, 认识到这一点也经历了一个漫长的过程.

在相互作用的探索历程中一个非常重要的概念是 "以太". 在很多时候, 以太被作为相互作用的媒介来看待. 以太这个词最早是由亚里士多德提出来的, 用以说明自然界除了火、气、土、水四种元素外, 还应当有第五种元素, 它是最纯洁的东西, 存在于青天或上层大气. 这一概念后来被笛卡儿引入到力学中. 笛卡儿认为, 物体之间的所有作用力都必须通过某种中间媒介物质来传递. 因此, 空间不可能是空无所有的, 它被以太这种媒介物质所充满. 笛卡儿还用以太漩涡图来解释太阳周围行星的运动[82].

在惠更斯 (1629~1695) 提出了光的波动说并被杨氏 (1773~1829) 和菲涅耳 (1788~1827) 等通过实验和理论加以发展了以后, 人们认为真空必须具有某种类似于空气、水甚至弹性固体的性质, 否则真空中光波的传播尤其是光的偏振性就成了难以想象的事情. 很多人相信这种传播光波的媒介物质应当是以太.

随后, 以太的概念又被法拉第 (1791~1867) 和麦克斯韦 (1831~1879) 引入到电磁学中. 法拉第认为, 如果接受以太的存在, 那么它可能是力线的荷载物. 麦克斯韦分析了电磁波的传播与光传播的相似性, 指出光就是产生电磁现象的介质 (即以太) 的横振动.

在将以太的概念应用于光或电磁波的传播时, 人们也发现了一些难以说明的问题. 例如, 根据光或电磁波的横波性, 似乎要求以太必须是某种弹性固体以太. 但这样一来, 又怎么解释物体以及行星在空间中毫无阻碍的运动? 关于以太的另外一个问题是, 地球周围的以太到底是随地球一起运动的, 即被地球拖曳的, 还是不跟着地球一起运动的自由以太? 若是后者的情况, 那么在地球上应该能够检验到以太风的存在. 1881 年迈克耳孙 (1852~1931) 开始以干涉实验来检验以太风究竟是否存在. 1887 年由迈克耳孙和莫雷 (1838~1923) 合作完成的实验给出了否定的结果[82].

迈克耳孙和莫雷的干涉实验结果可以解释为以太几乎完全被地球拖曳着走, 也可以解释为以太根本就不存在. 按照一般人的看法, 爱因斯坦 1905 年建立的狭义相对论选择了后一种解释, 即摒弃了以太的概念. 但实际上爱因斯坦本人并没有这么简单地看问题. 爱因斯坦曾经专门写了三篇文章来讨论以太问题[124~126]. 爱因斯坦写道[124]:

"然而, 更加精确的考查表明, 狭义相对论并不一定要求否定以太. 可以假定有以太存在; 只是必须不再认为它有确定的运动状态, 也就是说, 必须抽掉洛伦兹给它留下的那个最后的力学特征. 我们以后会看到, 这种想法已为广义相对论的结果所证实 ……

当然, 从狭义相对论的观点来看, 以太假说首先是一种无用的假说 …… 但是另一方面却可以提出一个有利于以太假设的重要论据. 否定以太的存在, 最后总是意味着承认空虚空间绝对没有任何物理性质. 这种见解不符合力学的基本事实 ……"

尤其是当爱因斯坦对引力相互作用作了深入的考察之后, 他发现, 一个没有媒介的空间将带来一系列致命的问题. 他指出[126]: "依照广义相对论, 空间已经被赋予物理性质; 因此, 在这种意义上说, 存在着一种以太. 依照广义相对论, 一个没有以太的空间是不可思议的; 因为在这样一种空间里, 不但光不能传播, 而且量杆和时钟也不可能存在, 因此也就没有物理意义上的空间 - 时间间隔."

当然, 以太已经成为一个历史用词. 在今天看来, 爱因斯坦所说的以太实际上应该是量子真空. 这样, 爱因斯坦的想法可以理解为, 物质与物质之间的引力相互作用必须要以量子真空作为媒介才能实现.

比较起来, 人们对量子真空在自然界其他三种基本相互作用中所扮演的媒介角色的认识要来得更多一些.

1. 真空与电磁相互作用

平常我们说电荷与电荷、电子与光子之间是通过碰撞 (如果接触的话) 或电磁场实现相互作用的. 这种关于电磁相互作用的描述是非常浅层的. 量子电动力学 (QED) 对电磁相互作用的认识则要深入得多. 量子电动力学认为, 电磁相互作用是通过真空这一媒介即通过交换真空虚粒子实现的.

图 8-40(a) 是电子与光子散射费曼图. 图中电子先吸收光子, 然后再放出光子. 这个过程实际上是通过真空这一媒介物实现的. 真空的媒介作用可以从图 8-40(b) 电子与电子散射费曼图中更清楚地看出. 图中电子和电子之间通过向真空放出和吸收虚光子, 或者说通过交换真空虚光子, 实现两者之间的相互作用.

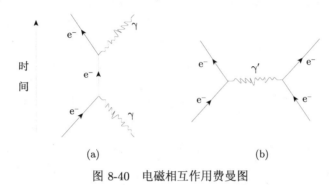

图 8-40　电磁相互作用费曼图

(a) 电子与光子; (b) 电子与电子

2. 真空与弱相互作用

温伯格–萨拉姆的弱电统一理论需要真空能够发生对称性自发破缺. 根据弱电统一理论, 弱相互作用中粒子与粒子之间的作用也是通过媒介粒子传递的. 这种媒介粒子称作中间玻色子, 其中带电的用 $W^{\pm}$ 表示, 不带电的用 Z^0 表示. 图 8-41 为弱相互作用的费曼图, 图中 p 为质子, n 为中子, ν_μ 为 μ 中微子, $\bar{\nu}_e$ 为反电子中微子. 弱电统一理论试图一视同仁地来对待电磁相互作用中的光子和弱相互作用中的中间玻色子. 但这马上遇到一个问题, 如何赋予中间玻色子以质量而仍保持光子

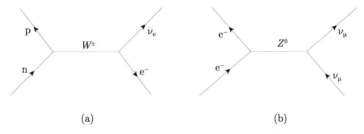

图 8-41　弱相互作用通过中间玻色子 $W^{\pm}$ 和 Z^0 传递

静质量为零?[84] 希格斯解决了这一难题. 他利用真空的某种自发对称破缺, 让零质量的玻色子与这种真空发生相互作用, 使得中间玻色子可以获得质量. 1983 年, 带很大质量的荷电中间玻色子 $W^{\pm}$ 和中性中间玻色子 Z^0 在实验中相继被发现[127], 证明了这一理论的正确性.

3. 真空与强相互作用

强相互作用的理论是量子色动力学 (QCD). 这个理论认为, 所有的强子 (包括重子和介子) 都是由六种夸克粒子组成的, 夸克通过交换胶子组成的束缚态就是强子. 每种夸克有三个不同的色量子数, 胶子共有八个, 各有不同的色, 而所组成的强子则是无色的. 与量子电动力学研究带电荷的粒子之间通过交换光子发生电磁相互作用类似, 量子色动力学研究的是带色荷的粒子通过交换胶子发生强相互作用[84]. 图 8-42 为夸克与夸克之间通过交换胶子发生强相互作用的费曼图.

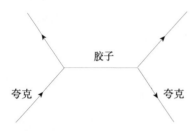

图 8-42   强相互作用通过胶子传递

我们知道, 弱相互作用中的带电荷的粒子 (如电子) 是可以单独存在的, 或者说可以处于自由的状态. 但在强相互作用中, 迄今为止还未发现或制备出带色荷的自由粒子 (如自由的夸克), 这种现象被称作是 "夸克禁闭". 为解释这一现象, 李政道将真空与电介质作了一个类比思考. 李政道认为, 与电磁学中的电介质极化相类似, 也可以把存在正反虚色夸克粒子对的真空当作一个具有介色系数 (对应于电介质的介电系数)K 的介质看待. 这种真空当然也有真空极化现象. 李政道指出, 只要假设真空的介色系数 $K \ll 1$, 而夸克内部 $K \sim 1$, 就可以证明, 产生自由夸克所需要的能量为无穷大, 从而从能量上禁止了自由夸克的出现, 即真空如果是一种完全或近完全的抗色电介质, 就可以使夸克处于禁闭状态[84,89].

回过头再来看引力相互作用问题. 目前最主流的引力理论是爱因斯坦的广义相对论. 在广义相对论中, 引力被几何化了, 也就是说, 将引力的作用看成是由于物质而引起的时空弯曲的必然结果. 这样做就撇开了引力相互作用的具体细节, 其好处是数学上的简洁优雅, 但对于引力作用的微观物理机制则无法得到深入的认识. 这种简单化的处理已经在某些问题上造成了严重的困难, 如奇点问题、引力场量子化的无穷大问题等. 虽然目前已有一些理论试图消除广义相对论与量子力学之间的不协调问题, 如弦理论和圈量子引力理论等, 但这些理论能否取得最后的成功还是一个相当大的问号. 另外, 目前一种比较普遍的看法是, 引力相互作用是通过引力子传递的, 但预言的引力子迄今为止还没有被发现.

目前主流理论界对真空在引力相互作用中的角色几乎是忽视的. 但值得指出

的是, 已经有相当一些物理学家注意到了引力相互作用中真空所起的作用. 例如, Dicke[128]、Puthoff[129,130]、Vlokh[131~136] 等都从真空尤其是真空的极化、真空的介电常数和真空折射率等方面着手, 对引力相互作用进行了考察. 最近, 我们对引力场中真空的非均匀性作了考察, 并用真空渐变折射率的概念探讨了光在引力场中的传播问题, 用光学的方法对引力场中光线的弯曲、雷达回波延迟等问题进行了理论分析和计算, 得到了和广义相对论一致的结论. 另外, 运用这一方法, 我们还对引力透镜问题作了一系列的研究, 并给出了直观的计算机模拟[137~140](参见 12.1 节).

总结起来, 目前人们对量子真空虽然已经有了初步的一些认识, 但比较起其丰富的物理内涵来, 只能说是尚为 "沧海之一粟". 真空像一个神秘的宝藏, 等待着我们去探索和发现. 毋庸置疑的是, 量子真空的研究将向我们揭示隐藏在现有物理理论后面更深层的奥秘, 向我们展示物理理论之间最深层的联系. 由量子真空所揭示出来的关系将启发我们消除目前彼此尚不协调的物理学基本理论中存在的根本性问题, 并最终引导我们走向物理学的统一之路. 同时, 量子真空的研究也可能为目前众说纷纭的若干重大问题 (如宇宙学中的暗能量、暗物质等问题) 的解决提供有益的思路. 正像量子光学由一个冷门学科迅速崛起为目前广受关注的热门领域, 可以预见, 量子真空的研究必将由今天的崎岖小道走向明天的广阔天地.

参 考 文 献

[1]   GLAUBER R J. Photon correlations[J]. Phys Rev Lett, 1963, 10(3): 84~86.

[2]   GLAUBER R J. The quantum theory of optical coherence[J]. Phys Rev, 1963, 130(6): 2529~2539.

[3]   GLAUBER R J. Coherent and incoherent states of the radiation field[J]. Phys Rev, 1963, 131(6): 2766~2788.

[4]   HAU L V, HARRIS S E, DUTTON Z, et al. Light speed reduction to 17 meters per second in an ultracold atomic gas[J]. Nature, 1999, 397: 594~598.

[5]   LIU C, DUTTON Z, BEHROOZL C H, et al. Observation of coherent optical information storage in an atomic medium using halted light pulses[J]. Nature, 2001, 409: 490~493.

[6]   KOCHAROVSKAYA O, ROSTOVTSEV Y, SCULLY M O. Stopping light via hot atoms[J]. Phys Rev Lett, 2001, 86(4): 628~631.

[7]   PHILLIPS D F, FLEISCHHAUER A, MAIR A, et al. Storage of light in atomic vapor[J]. Phys Rev Lett, 2001, 86(5): 783~786.

[8]   WANG L J, KUZMICH A, DOGARIU A. Gain-assisted superluminal light propagation[J]. Nature, 2000, 406: 277~279.

[9]   MUGNAI D, RUGGERI A, RUGGERI R. Observation of superluminal behaviors in wave propagation[J]. Phys Rev Lett, 2000, 84(21): 4830~4833.

[10]　HACHE A, POIRIER L. Long-range superluminal pulse propagation in a coaxial photonic crystal[J]. Appl Phys Lett, 2002, 80(3): 518~520.

[11]　BIGELOW M S, LEPERHDIN N N, BOYD R W. Superluminal and slow light propagation in a room temperature solid[J]. Science, 2003, 301: 200~202.

[12]　MARANGOS J. Faster than a speeding photon[J]. Nature, 2000, 406: 243, 244.

[13]　SPRANGLE P, PENAO J R, HAFIZI B. Apparent superluminal propagation of a laser pulse in a dispersive medium[J]. Phys Rev E, 2001, 64(2), 026504-1-5.

[14]　HUANG C G, ZHANG Y Z. Poynting vector, energy density, and energy velocity in an anomalous dispersion medium[J] Phys Rev A, 2001, 65(1) 015802-1-4.

[15]　RIBEIRO F J, COHEN M L. Amplifying Sommerfeld precursors and producing a discontinuous index of refraction with gains and losses[J]. Phys Rev E, 2001, 64(4): 046602-1~5.

[16]　WANG L G, LIU N H, LIN Q, et al. Effect of coherence on the superluminal propagation of light pulses through anomalously dispersive media with gain[J]. Europhys Lett, 2002, 60(6): 834~840.

[17]　WEI G. Understanding subluminal and superluminal propagation through superposition of frequency components[J]. Phys Rev E, 2006, 73(1), 016605-1-3

[18]　赵丽娟, 唐莉勤, 许京军, 等. 非线性光学效应与光速减慢 [J]. 物理学进展. 2001, 21(4): 385~391.

[19]　沈京玲, 孙立立, 戴建华. 光能够走多慢?—— 极慢光速研究若干进展 [J]. 物理, 2002, 31(2): 88~92.

[20]　BOLLER K J, IMAMOLU A, HARRIS S E. Observation of electromagnetically induced transparency[J]. Phys Rev Lett, 1991, 66(20): 2593~2596.

[21]　KASH M M, SAUTENKOV V A, ZIBROV A S, et al. Ultraslow group velocity and enhanced nonlinear optical effects in a coherently driven hot atomic gas[J]. Phys Rev Lett, 1999, 82(26): 5229~5232.

[22]　王义遒. 量子频标物理的进展 [J]. 物理, 1983, 12(11), 641~647.

[23]　王义遒, 王庆吉, 傅济时, 等. 量子频标原理 [M]. 北京: 科学出版社, 1986.

[24]　刘金铭, 翟造成. 现代计时学概述 —— 原子频标及其应用现代计时学概论 [M]. 上海: 上海科学技术文献出版社, 1980.

[25]　MA L S, BI Z Y, BARTELS A, et al. Optical frequency synthesis and comparison with uncertainty at the 10^{-19} level[J]. Science, 2004, 303: 1843~1845.

[26]　李师群. 2005 年诺贝尔物理学奖 —— 光学再次被关注聚焦 [J]. 物理与工程, 2006, 16(1): 1~7.

[27]　SHELTON R K, MA L S, KAPTEYN H C, et al. Phase-coherent optical pulse synthesis from separate femtosecond lasers[J]. Science, 2001, 293(5533): 1286~1289.

[28]　REICHERT J, HOLZWARTH R, UDEM T, et al. Measuring the frequency of light with modelocked lasers[J]. Opt Commun, 1999, 172: 59~68.

[29] TELLE H R, STEINMEYER G, DUNLOP A E, et al. Carrier-envelope offset phase control: a novel concept for absolute optical FREQUENCY measurement and ultra-short pulse generation[J]. Appl Phys B, 1999, 69: 327~332.

[30] UDEM T, HOLZWARTH R, HÄNSCH T W. Optical frequency metrology[J]. 2002, 416: 233~237.

[31] JONES D J, DIDDAMS S A, RANKA J K, et al. Carrier-envelope phase control of femtosecond mode-locked lasers and Direct optical frequency synthesis[J]. Science, 2000, 288: 635~639.

[32] SHELTON R K, MA L S, KAPTEYN H C, et al. Phase-coherent optical pulse synthesis from separate femtosecond lasers[J]. Science, 2001, 293 (5533): 1286~1289.

[33] MA L S, Robertsson L, PICARD S, et al. First international comparison of femtosecond laser combs at the international bureau of weights and measures[J]. Opt Lett, 2004, 29: 641~643.

[34] 高明伟, 高春清, 林志锋. 扭转对称光束的产生及其变换过程中的轨道角动量传递 [J]. 物理学报, 2007, 56(04): 2184~2190.

[35] 高明伟, 高春清, 何晓燕, 等. 利用具有轨道角动量的光束实现微粒的旋转 [J]. 物理学报, 2004, 53(2): 413~417.

[36] ALLEN L, BEIJERSBERGEN M W, SPREEUW R J C, et al. Orbital angular momentum of light and the transformation of the Laguerre-Gaussian laser modes[J]. Phys Rev A, 1992, 45: 8185~8189.

[37] BETH R A. Mechanical detection and measurement of the angular momentum of light[J]. Phys Rev, 1936, 50: 115~125.

[38] COURTIAL J, DHOLAKIA K, ALLEN L, et al. Gaussian beams with very high orbital angular momentum[J]. Opt Commun, 1997, 144: 210~213.

[39] VOLKE-SEPULVEDA K, GARCÉS-CHÓVEZ V, CHÓVEZ-CERDA S, et al. Orbital angular momentum of a high-order Bessel light beam[J]. J Opt B: Quantum Semiclass, 2002, 4: S82~S89.

[40] 高春清, 魏光辉, WEBER H. 光束的轨道角动量及其与光强二阶矩的关系 [J]. 中国科学 (A 辑), 2000, 30(9): 823~827.

[41] VAN ENK S J, NIENHUIS G. Eigenfunction description of laser beams and orbital angular momentum of light[J]. Opt Commun, 1992, 94: 147~158.

[42] PARKIN S J, NIEMINEN T A, HECKENBERG N R, et al. Optical measurement of torque exerted on an elongated object by a noncircular laser beam[J]. Phys Rev A, 2004, 70(2): 023816-1-6.

[43] 董一鸣, 徐云飞, 张璋, 等. 复杂像散椭圆光束的轨道角动量的实验研究 [J]. 物理学报, 2006, 55(11): 5755~5759.

[44] PADGETT M J, Allen L. The angular momentum of light: optical spanners and the rotational frequency shift[J]. Optical and Quantum Electronics, 1999, 31: 1~12.

[45] SIMPSON N B, DHOLAKIA K, ALLEN L, et al. Mechanical equivalence of spin and orbital angular momentum of light: an optical spanner[J]. Opt Lett, 1997, 22(1): 52~54.

[46] 雷铭, 姚宝利. 碳酸钙微粒光致旋转的实验和理论研究[J]. 光子学报, 2007, 36(5): 816~819.

[47] WEI H Q, XUE X, LEACH J, et al. Simplified measurement of the orbital angular momentum of single photons[J]. Opt Commun, 2003, 223: 117~122.

[48] 刘义东, 高春清, 高明伟, 等. 利用光束的轨道角动量实现高密度数据存储的机理研究 [J]. 物理学报, 2007, 56(2): 0854~0858.

[49] COURTIAL J, DHOLAKIA K, ALLEN L, et al. Measurement of the rotational frequency shift imparted to a rotating light beam possessing orbital angular momentum[J]. Opt Commun, 1997, 80(15): 3217~3219.

[50] 张洪宪, 赵珩. 高阶椭圆厄米 - 高斯光束的轨道角动量研究 [J]. 光子学报, 2008, 37(8): 1679~1683.

[51] CAI Y J, LIN Q. The elliptical Hermite–Gaussian beam and its propagation through paraxial systems[J]. Opt Commun, 2002, 207: 139~147.

[52] DIRAC P A M. The Principles of Quantum Mechanics[M]. Oxford: Oxford University Press, 1958.

[53] GRANGIER P, ROGER G, ASPECT A. Experimental evidence for a photon anticorrelation effect on a beam splitter: a new light on single-photon interferences[J]. Europhys Lett, 1986, 1(4): 173~179.

[54] 章志鸣, 沈元华, 陈惠芬. 光学 [M]. 第二版. 北京: 高等教育出版社, 2003.

[55] XU X L, WILLIAMS D A, CLEAVER J R A. Electrically pumped single-photon sources in lateral p-i-n junctions[J]. Appl Phys Lett, 2004, 85(15): 3238~3240.

[56] MCKEEVER J, BOCA A, BOOZER A D, et al. Deterministic generation of single photons from one atom trapped in a cavity[J]. Science, 2004, 303: 1992~1994.

[57] RIOUX F. Illustrating the superposition principle with single-photon interference[J]. Chem Educator, 2005, 10(6): 424~426.

[58] SCARANI V, SUAREZ A. Introducing quantum mechanics: one-particle interferences[J]. Am J Phys, 1998, 66(8): 718~721.

[59] SCULLY M O, ZUBAIRY M S. Quantum Optics[M]. Cambridge: Cambridge University Press, 1997.

[60] 孙昌璞. 量子测量问题的研究及应用 [J]. 物理, 2000, 29(8): 457~467.

[61] 吴光, 周春源, 曾和平. Sagnac 干涉仪中差分相位调制的单光子干涉 [J]. 科学通报, 2003, 48(13): 1393~1397.

[62] PFLEEGOR R L, MANDEL L. Interference of independent photon beams[J]. Phys Rev, 1967, 159(5): 1084~1088.

[63] EINSTEIN A, Podolsky B, ROSEN N. Can quantum-mechanical description of physical reality be considered complete?[J]. Phys Rev, 1935, 47: 777~780.

[64] 汪凯戈, 曹德忠, 熊俊. 关联光学新进展 [J]. 物理, 2008, 37(4): 223~232.

[65] ASPECT A, DALIBARD J, ROGER G. Experiment test of Bell's inequalities using time-varying analyzers[J]. Phys Rev Lett, 1982, 49(25): 1804~1807.

[66] KWIAT P, MATTLE K, WEINFURTER H, et al. New high-intensity source of polarization-entangled photon pairs[J]. Phys Rev Lett, 1995, 75(24): 4334~4341.

[67] TITTLE W, BRENDEL J, ZBINDEN H, et al. Violation of Bell in equalities by photons more than 10 km apart[J]. Phys Rev Lett, 1998, 81(17): 3563~3566.

[68] ROWE M A, KIELPINSKI D, MEYER V, et al. Experimental violation of a Bell's inequality with sufficient detection[J]. Nature, 2001, 409: 791~794.

[69] HASEGAWA Y J, LOIDL R, BADUREK G, et al. Violation of a Bell-like inequality in single-neutron interferometry[J]. Nature, 2003, 425: 45~48.

[70] 李克轩, 李文博, 李烨, 等. 量子纠缠态与量子隐形传态 [J]. 北方交通大学学报, 2004, 28(3): 64~69.

[71] 苏晓琴, 郭光灿. 量子隐形传态 [J]. 物理学进展, 2004, 24(3): 259~273.

[72] SCHRÖDINGER E. Die gegenwartige situation in der quantenmechanik[J]. Naturwissen Schaften, 1935, 23: 807~812, 844~849.

[73] DEWITT B S. Quantum mechanics and reality[J]. Phys Today, 1970, 23(9): 30~35.

[74] WOOTLERS W K, ZUREK W H. A single quantum cannot be cloned[J]. Nature, 1982, 299: 802~803.

[75] BENNETT C H, BRASSARD G, CRÉPEAU C, et al. Teleporting an unknown quantum state via dual classical and Einstein- Podolsky-Rosen channels[J]. Phys Rev Lett, 1993, 70: 1895~1899.

[76] BOUWMEESTER D, PAN J W, MATTLE K, et al. Experimental quantum teleportation[J]. Nature, 1997, 390: 575~579.

[77] BRAUNSTEIN S L, MANN A. Measurement and the Bell operator and quantum teleportation[J]. Phys Rev A, 1995, 51(3): 1727~1730.

[78] 孙利群, 王佳, 田芊, 等. 自发参量下转换双光子场应用研究进展 [J]. 物理, 2000, 29(12): 727~731.

[79] 冯瑜, 郑小兵, 乔延利, 等. 自发参量下转换机理及应用研究综述 [J]. 量子光学学报, 2006, 12(2): 85~91.

[80] PITTMAN T B, SHIH Y H, STRECALOV D V, et al. Optical imaging by means of tow-photon quantum entanglement[J]. Phys Rev A, 1995, 52(5): R3429~3432.

[81] STREKALOV D V, SERGIENKO A V, KLYSHKO D N, et al. Observation of two-photon "Ghost" interference and diffraction[J]. Phys Rev Lett, 1995, 74(18): 3600~3603.

[82] 卡约里 F. 物理学史 [M]. 戴念祖译. 呼和浩特: 内蒙古人民出版社, 1981.

[83] DIRAC P A M. THE Quantum Theory of the Electron[J]. Proc Roy Soc, 1928, A117: 610~624; A Theory of Electrons and Protons[J]. Proc Roy Soc, 1930, A126: 360~365.

[84] 刘辽. 现代物理学中的真空概念 [J]. 物理通报, 1983, 3: 6.

[85]　薛晓舟. 量子真空物理导引 [M]. 北京: 科学出版社, 2005.

[86]　GREINER W, REINHARDT J. 量子电动力学 [M]. 马伯强, 杨建军, 徐德之, 等译. 北京: 北京大学出版社, 2001.

[87]　WEINBERG S. The Quantum Theory of Fields[M]. Vol. 1. New York: Cambridge University Press, 1995.

[88]　李政道. 真空作为一种物理介质, 对称与不对称 [M]. 北京: 清华大学出版社; 广州: 暨南大学出版社, 2000.

[89]　李政道. 粒子物理和场论 [M]. 上海: 上海科学技术出版社, 2006.

[90]　MILONNI P W. The Quantum Vacuum: an Introduction to Quantum Electrodynamics[M]. New York: Academic Press, 1994.

[91]　PESKIN M E, Schroeder D V. An Introduction to Quantum Field Theory[M]. 北京: 世界图书出版公司北京公司, 2006.

[92]　JAFFE R L. Casimir effect and the quantum vacuum[J]. Phys Rev D, 2005, 72(2): 021301-1-5.

[93]　CASIMIR H G B. On the attraction between two perfectly conducting plates[J]. Proc Con Ned Akad Wetensch, 1948, 51: 793.

[94]　LAMOREAUX S K. Demonstration of the Casimir force in the 0.6 to 6 μm range[J]. Phys Rev Lett, 1997, 78(1): 5~8.

[95]　CHAN H B, AKSYUK V A, KLELMAN R N, et al. Quantum mechanical actuation of microelectromechanical systems by the Casimir force[J]. Science, 2001, 291: 1941~1944.

[96]　GIES H, KlingmÜLLER K. Casimir effect for curved geometries: proximity-force-approximation validity limits[J]. Phys Rev Lett, 2006, 96(22): 220401-1-4.

[97]　EMIG T, JAFFE R L, KARDER M, et al. Casimir interaction between a plate and a cylinder[J]. Phys Rev Lett, 2007, 96(8): 170403-1-4.

[98]　SANDIA NATIONAL LABORATORIES. A close-up view of the single-sided linear rack[EB/OL]. http://mems.sandia.gov/gallery/images_linear_racks.html, 2009-09-05.

[99]　BALL P. Feel the force[J]. Nature, 2007, 447: 772~774.

[100]　LEONHARDT U, PHILBIN T G. Quantum levitation by left-handed metamaterials[J]. New J Phys, 2007, 9(8): 254-1-11.

[101]　LAMOREAUX S K. Quantum force turns repulsive[J]. Nature, 2009, 457: 156, 157.

[102]　PURCELL E M. Spontaneous emission probabilities at radio frequencies[J]. Phys Rev, 1946, 69: 37~38.

[103]　YABLONOVITCH E. Inhibited spontaneous emission in solid-state physics and electronics[J]. Phys Rev Lett, 1987, 58(20): 2059~2062.

[104]　VAHALA K J. Optical microcavities[J]. Nature, 2003, 424: 839~846.

[105]　HAROCHE S, KLEPPNER D. Cavity quantum electrodynamics[J]. Phys Today, 1989, 42: 24~30.

[106] GERARD J M, GAYRAL B. Strong Purcell effect for InAs quantum boxes in three-dimensional solid-state microcavities[J]. J Lightwave Tech, 1999, 17: 2089~2095.

[107] CHANG R K. Optical Processes in Microcavities[M]. Singapore: World Scientific, 1996.

[108] ARMONI A, Gorsky A, SHIFMAN M. Spontaneous Z_2 symmetry breaking in the orbifold daughter of N=1 super-Yang-Mills theory, fractional domain walls and vacuum structure[J]. Phys Rev D, 2005, 72(10): 105001-1-15.

[109] DIENES K R, DUDAS E, GHERGHETTA T. Calculable toy model of the string-theory landscape[J]. Phys Rev D, 2005, 72(2): 026005-1-26.

[110] BARROSO A, FERREIRA P M, SANTOS R, et al. Stability of the normal vacuum in multi-Higgs-doublet models[J]. Phys Rev D, 2006, 74(8): 085016-1-10.

[111] LAMB W E, Retherford R C. Fine structure of the hydrogen atom by a microwave method[J]. Phys Rev, 1947, 72: 241~243.

[112] BETHE H A. The electromagnetic shift of energy levels[J]. Phys Rev, 1947, 72: 339~341.

[113] AHMADI N, Nouri-ZONOZ M. Quantum gravitational optics: effective Raychaudhuri equation[J]. Phys Rev D, 2006, 74(4): 044034-1-8.

[114] DUPAYS A, Robilliard C, RIZZO C, et al. Observing quantum vacuum lensing in a neutron star binary system[J]. Phys Rev Lett, 2005, 94(16): 161101-1-4.

[115] RIKKEN G L J A, RIZZO C. Magnetoelectric birefringences of the quantum vacuum[J]. Phys Rev A, 2000, 63(1): 012107-1-4.

[116] RIKKEN G L J A, RIZZO C. Magnetoelectric anisotropy of the quantum vacuum[J]. Phys Rev A, 2003, 67(1): 015801-1-2.

[117] HAWKING S W. Particle creation by black holes[J]. Commun Math Phys, 1975, 43: 199~220; 1976, 46: 206.

[118] SCHWINGER J. On gauge invariance and vacuum polarization[J]. Physs Rev, 1951, 82(5): 664~679.

[119] SALAMIN Y I, HU S X, HATSAGORTSYAN K Z, et al. Relativistic high-power laser–matter interactions[J]. Physics Reports, 2006, 427: 41~155.

[120] NAROZHNY N B, BULANOV S S, MUR V D, et al. e^+e^--pair production by a focused laser pulse in vacuum[J]. Phys Lett A, 2004, 330: 1~6.

[121] WALTHER H, VARCOE B T H, ENGLERT B, et al. Cavity quantum electrodynamics[J]. Rep Prog Phys, 2006, 69(5): 1325~1382.

[122] GUERLIN C, BERNU J, DELEGLISE S, et al. Progressive field-state collapse and quantum non-demolition photon counting[J]. Nature, 2007, 448: 889~894.

[123] WILK T, Webster S C, KUHN A, et al. Single-atom single-photon quantum interface[J]. Science, 2007, 317: 488~490.

[124] 爱因斯坦 A. 以太和相对论 (1920). 爱因斯坦文集 [M]. 第一卷. 许良英, 范岱年译. 北京: 商务印书馆, 1977.

[125] 爱因斯坦 A. 论以太 (1924)[J]. 楼格译. 现代物理知识, 1994, 6(3): 14~17.

[126] 爱因斯坦 A. 物理学中的空间、以太和场的问题 (1930). 爱因斯坦文集 [M]. 第一卷. 许
       良英, 范岱年译. 北京: 商务印书馆, 1977.

[127] 丁亦兵. 统一之路 [M]. 长沙: 湖南科学技术出版社, 1997.

[128] DICKE R H. Gravitation without a principle of equivalence[J]. Rev Mod Phys, 1957,
       29: 363~376.

[129] PUTHOFF H E. Polarizable-vacuum (PV) approach to general relativity[J]. Found
       Phys, 2002, 32: 927~943.

[130] PUTHOFF H E, Davis E W, MACCONE C. Levi-Civita effect in the polarizable vac-
       uum (PV) representation of general relativity[J]. Gen Rel Grav, 2005, 37: 483~489.

[131] VLOKH R. Change of optical properties of space under gravitational Field[J]. Ukr J
       Phys Opt, 2004, 5: 27~31.

[132] VLOKH R, Kostyrko M. Reflection of light caused by gravitational field of spherically
       symmetric mass[J]. Ukr J Phys Opt, 2005, 6: 120~124.

[133] VLOKH R, Kostyrko M. Estimation of the birefringence change in crystals induced by
       gravitation field[J]. Ukrs J Phys Opt, 2005, 6: 125~127.

[134] VLOKH R, Kostyrko M. Optical-gravitation nonlinearity: a change of gravitational
       coefficient G induced by gravitation field[J]. Ukr J Phys Opt, 2006, 7: 179~182.

[135] VLOKH R, Kvasnyuk O. Maxwell equations with accounting of tensor properties of
       time[J]. Ukr J Phys Opt, 2007, 8: 125~137.

[136] VLOKH R. Parametrical optics effects at the presence of gravitation[J]. Proceedings of
       the 7th International Conference on Laser and Fiber-Optical Networks Modeling, 2005.
       90~93.

[137] 叶兴浩. 引力场中真空折射率的改变及光的传播特性研究 [D]. 杭州: 浙江大学理学院博
       士学位论文, 2008.

[138] YE X H, LIN Q. A simple optical analysis of gravitational lensing[J]. J Mods Opt,
       2008, 55(7): 1119~1126.

[139] YE X H, LIN Q. Inhomogeneous vacuum: an alternative interpretation of curved space-
       time[J]. Chin Phys Lett, 2008, 25(5): 1571~1574.

[140] YE X H, LIN Q. Gravitational lensing analysed by the graded refractive index of a
       vacuum[J]. J Opt A: Pure Appl Opt, 2008, 10: 075001-1-6.

第9章 原子光学

自从 1975 年汉斯和 Schawlow[1] 提出激光冷却原子的设想以来, 激光冷却与囚禁中性原子的实验研究取得了一系列重大成果. 特别是最近的一二十年时间里, 中性原子的激光冷却、囚禁与操控在理论、实验及技术上都得到了飞速的发展. 1997年和 2001 年, 诺贝尔物理学奖两次授予了这个领域的研究. 伴随着冷原子技术的发展, 一系列新的研究, 如几何原子光学、波动原子光学、量子原子光学、微结构集成原子光学、非线性原子光学等相继兴起[2~7]. 一门全新的、类似于光子光学的"原子光学"学科已经形成, 并呈现蓬勃发展的趋势. 本章将从光场对原子的作用力、激光冷却原子、玻色–爱因斯坦凝聚、原子干涉、原子激光等几个方面, 对原子光学的基本理论和实验问题加以论述.

9.1 光场对原子的作用力

激光冷却与囚禁原子依靠的是辐射场对原子的作用力[7]. 在辐射场的作用下, 原子将产生感生偶极矩 $\boldsymbol{d}$, 它与振幅为 E 的辐射电磁场的相互作用能为

$$V = -\boldsymbol{d} \cdot \boldsymbol{E}(\boldsymbol{r}, t) \tag{9.1.1}$$

式中, V 为势能. 虽然式 (9.1.1) 只含有电偶极矩和电场矢量, 但所描写的辐射场和原子的相互作用能已经把电场和磁场都包含进去了. 也就是说 V 不仅包含了电作用能, 也包括了磁作用能. 若电磁场具有空间不均匀性, 则原子所受的作用力为能量梯度的负值, 即

$$\boldsymbol{F} = -\nabla V = \overline{\nabla(\boldsymbol{d} \cdot \boldsymbol{E}(\boldsymbol{r}, t))} \tag{9.1.2}$$

一般情况下原子处于基态, 与电磁场的相互作用使基态能级的能量发生变化. 可以用微扰理论求得这个能量变化

$$\Delta E_{\mathrm{g}} = -\frac{1}{2}\alpha(\omega)\overline{\boldsymbol{E}^2(\boldsymbol{r}, t)} \tag{9.1.3}$$

式中, $\alpha(\omega)$ 为随时间变化的电场作用下的原子极化率. 在辐射频率接近于某个共振频率的情况下, 考虑上能级寿命 $1/\Gamma$ (Γ 为原子的自发辐射率) 后, 原子极化率可表示为

$$\alpha(\omega) \approx \frac{|\langle e|\boldsymbol{d} \cdot \boldsymbol{e}|g\rangle|^2}{E_{\mathrm{e}} - E_{\mathrm{g}} - \hbar\omega - \mathrm{i}\hbar\Gamma/2} \tag{9.1.4}$$

式中, g、e 表示基态和激发态, E_g、E_e 为它们的能级能量. 于是

$$\boldsymbol{F} = -\mathrm{Re}\{\nabla(\Delta E_g)\} = \boldsymbol{F}_1 + \boldsymbol{F}_2 \tag{9.1.5}$$

式中, $\boldsymbol{F}_1$ 和 $\boldsymbol{F}_2$ 分别正比于相位梯度和电场梯度. 以下将从两种特殊的辐射场出发分析光场对原子的作用力 $\boldsymbol{F}_1$ 和 $\boldsymbol{F}_2$.

1. 行波场

$$\boldsymbol{E}\left(\boldsymbol{r}, t\right) = \boldsymbol{E}_0[\mathrm{e}^{-\mathrm{i}(\boldsymbol{k}\cdot\boldsymbol{r} - \omega t)} + \mathrm{c.c.}] \tag{9.1.6}$$

其电场振幅不变, 梯度为零. 相位 $\varPhi = \boldsymbol{k}\cdot\boldsymbol{r} - \omega t$ 随位置变化, 有梯度. $\varPhi$ 处在指数上, 对它求导给出虚部, 它和极化率的虚部相结合可得到 $\boldsymbol{F}_1$ 的表达式

$$\boldsymbol{F}_1 = \nabla(\mathrm{Im}\{\Delta E_g\}) = \hbar W \nabla \varPhi = \hbar \boldsymbol{k} W \tag{9.1.7}$$

式中, W 为基态的跃迁速率

$$W = \frac{\varGamma/2}{(\omega_0 - \omega)^2 + \varGamma^2/4 + \varOmega^2/2}\varOmega^2 \tag{9.1.8}$$

式中, $\varOmega$ 为 Rabi 频率, $\omega_0 = (E_e - E_g)/\hbar$, $\delta = \omega - \omega_0$ 为激光场的失谐, $\omega > \omega_0$ 为蓝失谐, $\omega < \omega_0$ 为红失谐.

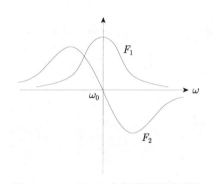

由式 (9.1.7)、式 (9.1.8) 可知, $\boldsymbol{F}_1$ 与激光频率 ω 的关系呈 Lorentz 线形, 有共振性质, 共振频率处有最大值 (图 9-1).

$\boldsymbol{F}_1$ 的物理意义: $\boldsymbol{F}_1$ 是光子动量 $\hbar \boldsymbol{k}$ 和单位时间内原子能级跃迁数 W 的乘积. W 实际上也就是单位时间吸收的共振光子数. 光子在平面波中是完全定向的, 原子吸收光子引起的总动量变化即为原子所受的辐射力. 原子吸收一个光子后被激发到高能态, 然后通过自发辐射回到基态. 自发辐射光子对原子产生反冲, 也会改变原子的动量. 但自发辐射光子的方向

图 9-1　$\boldsymbol{F}_1$ 和 $\boldsymbol{F}_2$ 与辐射频率失谐的关系[7]

是随机的, 大量辐射对原子的总动量改变为零. 这样, 通过对定向光子的吸收, 可以积累起可观的动量变化, 即产生一定的辐射力效应. 这种由原子吸收光子改变动量而产生的力就是**辐射压力**. 又因为它是由原子吸收共振光子再自发辐射而形成, 实际上是光子的散射过程, 所以也称**散射力**、**共振辐射力**或**自发辐射力**.

2. 驻波场

$$\boldsymbol{E}(\boldsymbol{r}, t) = \boldsymbol{E}_0 \cos(\boldsymbol{k} \cdot \boldsymbol{r})[\mathrm{e}^{-\mathrm{i}\omega t} + \mathrm{c.c.}] \tag{9.1.9}$$

其振幅随位置而变化, 梯度全在振幅上, 得到

$$\boldsymbol{F}_2 = \frac{\hbar(\omega_0 - \omega)/2}{(\omega_0 - \omega)^2 + \Gamma^2/4} \nabla \Omega^2 \tag{9.1.10}$$

式中, $\Omega^2 \propto I = \overline{E_0^2}$. 在强场情况下有

$$\boldsymbol{F}_2 = -\hbar W \frac{\nabla I}{I} \frac{(\omega - \omega_0)}{\Gamma} \tag{9.1.11}$$

由式 (9.1.10) 可知, $\boldsymbol{F}_2$ 对激光频率的依赖关系呈色散线形. 当频率失谐为正时, 力为负的, 即与光场梯度反向; 当失谐为负时, 力与光场梯度同向. 可见这种力是一种光频移力. 当光场处于适当的大失谐频率时, $\boldsymbol{F}_2$ 取得极大值. 在这种大失谐的情况下, 原子的能级跃迁概率很小.

$\boldsymbol{F}_2$ 的物理意义: $\boldsymbol{F}_2$ 来源于光场振幅的空间不均匀性. 光场引起原子的能级发生位移 (光频移), 其量值与光场的强度和频率有关. 如果光场强度不均匀, 原子在光场中不同位置处能量有高有低, 就会迫使原子向低能量处移动. 当光频率为蓝失谐时, 基态能级位移为正, 场强越大, 能量越高, 力指向光弱处; 反之, 光频率为红失谐时, 基态能级位移为负, 场强越大, 能量越低, 原子指向强场处, 力和光场梯度同方向 (图 9-1). $\boldsymbol{F}_2$ 称作**梯度力**. 由于这个力本质上相当于感生电偶极子在不均匀电场中所感受的力, 因此也称为**偶极力**.

总结起来, 自发辐射力 $\boldsymbol{F}_1$ 具有共振性质 (共振条件 $\omega - \omega_0 = \boldsymbol{k} \cdot \boldsymbol{v}$), 光强强时有饱和现象; 偶极梯度力 $\boldsymbol{F}_2$ 不具有饱和现象, 它只出现在非均匀的光场中. 这两类力反映了光与原子相互作用的不同侧面, 本质上都与原子散射光子的反冲相联系.

9.2 激光冷却原子

激光对原子的冷却过程, 其实质是原子对光子的吸收和再发射, 或者广义地说是对光子的散射而导致的反冲. 以下根据原子冷却温度的不同, 分多普勒冷却和低于多普勒极限冷却两种情况分别加以讨论.

9.2.1 多普勒冷却[8,9]

如图 9-2 所示, 原子共振吸收与其运动方向相对的光子, 然后自发辐射. 由于原子具有运动速度 v, 这时自发辐射力 $\boldsymbol{F}_1$ 的表达式为

$$\boldsymbol{F}_1 = \frac{1}{2} \hbar \boldsymbol{k} \Gamma \frac{G}{1 + G + \left(\dfrac{\delta - \boldsymbol{k} \cdot \boldsymbol{v}}{\Gamma/2}\right)^2} \tag{9.2.1}$$

式中, $G = 2(dE_0/\hbar\Gamma)^2$. 可见, $\boldsymbol{F}_1$ 具有共振性质, 在满足共振条件 $\delta = \omega - \omega_0 = \boldsymbol{k}\cdot\boldsymbol{v}$ 时有最大值. 这时光波频率 v 相对静止原子的跃迁频率 v_0 有一个红移量, 即被共振吸收的光波的频率为

$$v = v_0 \left(1 - \frac{v}{c}\right) \tag{9.2.2}$$

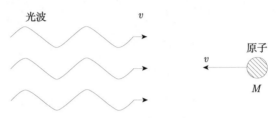

图 9-2　多普勒冷却原理

　　原子吸收光子能量后, 又以自发辐射的方式发射光子回到基态, 然后再吸收光子, 再自发辐射 …… 每次吸收一个光子, 原子都获得一份与其运动方向相反的动量. 而每次自发辐射, 光子的发射方向却是随机的, 也就是说, 总体上看, 自发辐射是各向同性的. 这样多次重复下来, 原子因吸收光子得到的动量随吸收次数增加, 而在自发辐射中损失的动量平均起来为零, 原子的速度因此而改变. 平均每次吸收 – 自发辐射循环中减小的速度为

$$\Delta v = -\frac{h\nu_0}{Mc} \tag{9.2.3}$$

式中, M 为原子质量, 这就是 1975 年汉斯和肖洛提出的激光冷却原子的主要思想. 它是激光冷却技术中最重要的原理, 即**多普勒冷却**(Doppler cooling) 的基本机制.

　　激光冷却原子的另一种重要情况如图 9-3(a) 所示, 运动的原子处于两个频率相同而传播方向相反的光波场 (即驻波场) 中. 这种情况下, 原子受两光波的作用力仍可用式 (9.2.1) 分别计算, 总的作用力为两者之和. 图 9-3(b) 表示 $\delta = \omega - \omega_0 < 0$, 即红失谐时的作用力与原子速度 v 的关系. 图中的虚线分别表示两光波的作用力, 实线表示总的作用力 F_{OM}. 由图可知, 不论速度是负 (对着光波 1) 或正 (对着光波 2), 原子都将受到与其速度方向相反的阻滞力. 在满足共振条件 $\delta = \pm\boldsymbol{k}\cdot\boldsymbol{v}$ 的情况下, 阻滞力 F_{OM} 最大; 在 $|v|$ 较小的区域, 阻滞力与速度 v 呈线性关系. 如果光强较弱, 可以得到

$$F_{\text{OM}} = -\beta v \tag{9.2.4}$$

式中, β 为阻滞系数

$$\beta = 4\hbar k^2 \frac{2G\delta/\Gamma}{\left[1 + \delta^2 \Big/ \left(\frac{\Gamma}{2}\right)^2\right]^2} \tag{9.2.5}$$

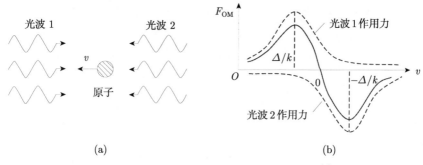

图 9-3　驻波场中的原子及其所受的作用力[9]

原子在这样的光场中就像进入了黏稠的胶状物一样被减速. 我们把这样的光场叫做一维光学黏胶 (optical molasses). 在激光冷却技术中, 当原子运动速度减小到一定程度时, 常用 "光学黏胶" 来进一步冷却.

利用多普勒冷却机制, 可以使原子的热运动速度从室温下的几百米每秒降低到很低. 当然这个速度不可能无限制地减小下去, 而是存在着一个极限, 其原因是当原子的速度被减小到很低时, 根据共振条件 $\delta = \omega - \omega_0 = \pm \boldsymbol{k} \cdot \boldsymbol{v}$, 光波的频率 ω 已经非常接近原子的跃迁频率 ω_0. 由于原子的跃迁谱线宽度最窄是原子能级寿命决定的自然宽度, 因此多普勒冷却不能消除对应于自然半宽度的热运动, 即

$$k_{\mathrm{B}} T_{\mathrm{D}} = M v_{\mathrm{D}}^2 = \frac{1}{2} \hbar \Gamma \tag{9.2.6}$$

式中, k_{B} 为玻尔兹曼常量, v_{D} 为多普勒冷却的极限速度

$$v_{\mathrm{D}} = \sqrt{\frac{\hbar \Gamma}{2M}} \tag{9.2.7}$$

T_{D} 为多普勒冷却的极限温度

$$T_{\mathrm{D}} = \frac{\hbar \Gamma}{2k_{\mathrm{B}}} \tag{9.2.8}$$

例如, 对 ^{87}Rb 原子, 使用的激光波长为 $\lambda = 780$nm, Rb 原子的上能级寿命为 $\Gamma^{-1} = 26.5$ns, 其多普勒冷却的极限速度约为 0.118m/s, 多普勒冷却极限温度为 144μK.

9.2.2 低于多普勒极限的冷却[8,9]

当考虑原子的多能级、而不是简单的二能级结构时, 可以实现低于多普勒极限的冷却. 其中最典型的一种机制是**偏振梯度冷却**(polarization gradient cooling)[10,11]. 这种机制综合了激光偏振梯度、光泵和光感应能级位移等多种效应, 最终使原子冷却到多普勒极限温度以下.

1. 激光偏振梯度效应

两束偏振方向互相垂直的线偏振光波相对传播时, 在两光波重叠的区域, 合成光场的偏振态随位置而变化. 空间位置每隔 $\lambda/8$, 合成光场将由线偏振态 (L) 变成圆偏振态 (σ^+ 或 σ^-) 或相反. 例如, 图 9-4 中 $z=0$ 的位置处光场是线偏振的, 在 $z=\lambda/8$ 处, 向正 z 方向传播的光波相位增加了 $\pi/4$, 而向负 z 方向传播的光波则减少了 $\pi/4$, 两者之间有 $\pi/2$ 的相位差, 这样两个线偏振光就合成为了一个圆偏振光.

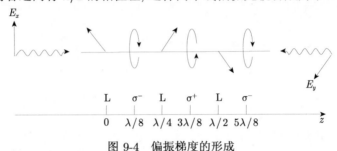

图 9-4　偏振梯度的形成

2. 能级光感应位移效应

在近共振激光场作用下, 基态磁量子数 m_g 不同的能级将产生不同的光感应位移. 当激光频率相对原子跃迁频率红失谐 ($\delta < 0$) 时, 光感应能级产生一个负的位移 ΔE_g. 同时, 位移量 ΔE_g 的大小还取决于激光场的偏振态.

以原子在基态 $J_g = 1/2$ 和激发态 $J_e = 3/2$ 之间的跃迁为例. 图 9-5(a) 中间

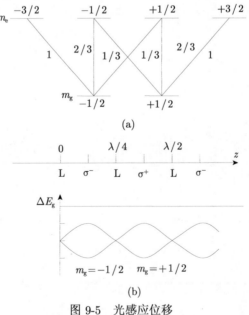

图 9-5　光感应位移

一行数字表示决定位移量大小的克莱布希-高登 (Clebsch-Gordan) 系数的平方值. 由于线偏振光只能产生 $\Delta m=0$ 的跃迁, σ^+ 和 σ^- 偏振的光分别只能产生 $\Delta m=1$ 和 $\Delta m=-1$ 的跃迁, 因此在存在偏振梯度的不同位置处, 基态的两个磁能级将有不同的光感应位移. 例如, 若 $z=0$ 处的光场为线偏振, 其对应的跃迁满足 $\Delta m = 0$, 相应的能级位移系数为 2/3, 基态两个磁能级 $m_g = \pm 1/2$ 的光感应位移相等. 在 $z = \lambda/8$ 处, 光场是 σ^- 偏振, $m_g = -1/2$ 对应跃迁 $\Delta m = -1$, 即由 $m_g = -1/2$ 跃迁到 $m_e = -3/2$, 相应的系数为 1; 而 $m_g = 1/2$ 的跃迁对应的系数为 1/3. 因此, $m_g = -1/2$ 磁能级的光感应位移是 $m_g = 1/2$ 的 3 倍. 将其他各点的能级位移情况作类似分析, 连接起来就形成了图 9-5(b).

3. 光泵效应

光泵效应是指 σ^+ 和 σ^- 偏振光的选择激发导致原子在某个特定能级聚集的现象. 如图 9-6 所示, 设近共振激发光为 σ^+ 偏振, 其激发跃迁用实线表示, 自发辐射跃迁满足选择定则 $\Delta m = 0, \pm 1$, 用虚线表示. 经过一段时间的激发和退激发, $m_g = 1/2$ 能级上会聚集起较多的原子. 类似地, σ^- 偏振光激发会造成原子在 $m_g = -1/2$ 能级上的聚集.

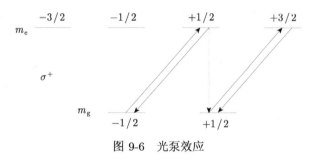

图 9-6   光泵效应

原子在上述几种效应的作用下可实现减速. 图 9-7 表示在偏振梯度光场中不同

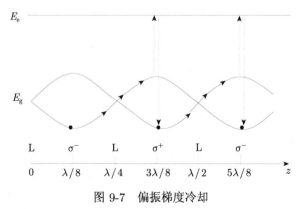

图 9-7   偏振梯度冷却

位置处原子在不同基态磁能级上的聚集情况 (圆点代表原子聚集). 这些原子具有一定的速度, 会在空间运动. 设 $z = \lambda/8$ 处, $m_g = -1/2$ 态的原子向正 z 方向运动, 其能级会逐渐升高 (如图中曲线上的箭头所示). 当原子运动到 $z = 3\lambda/8$ 处时, σ^+ 偏振的光泵作用使它迅速跃迁到 $m_g = 1/2$ 的态上. 由于光泵过程中吸收光的能量低于发射的能量, 造成原子动能减少. 但只要有足够的动能, 原子仍会向正 z 方向运动, 开始第二次 "爬坡", 并且在 $z = 5\lambda/8$ 处重新回到 $m_g = -1/2$ 的态上. 如此反复的循环, 原子的动能越来越低, 最终可将原子的速度降至极低.

上述冷却机制中原子反复 "爬坡" 的过程, 有点类似于希腊神话中的 Sisyphus 受罚的情形. Sisyphus 为堕入地狱的暴君, 被罚推石上山, 石近山顶却又滚下, 再推再滚, 循环不已. 原子在反复爬坡的过程中, 不断地将部分动能转化成势能, 然后又以发射光子的方式损耗了这部分能量, 最终达到降低速度的目的. 因此, 偏振梯度冷却也称为 Sisyphus 冷却[12].

偏振梯度冷却可实现的极限温度 T_p 取决于加热速率与冷却速率的平衡. 失谐量 δ 一定时, 光强越低, T_p 越低. 光强一定时, 失谐越大, T_p 越低. 适当地选择失谐量和光强, 可使极限温度无限减小. T_p 的近似表达式为

$$T_p \approx \frac{\hbar \Omega^2}{8 k_B |\delta|} \tag{9.2.9}$$

式中, Ω 为拉比频率. 虽然极限温度为零实际上是不可能达到的, 但比起多普勒冷却来, 偏振梯度冷却可以达到低得多的温度 (约为几微开的量级)[10].

9.3   玻色–爱因斯坦凝聚

9.3.1   玻色–爱因斯坦凝聚态的概念[13]

印度科学家玻色于 1924 年撰写了一篇论文, 用完全不同于经典电动力学的统计方法, 推导出了普朗克的黑体辐射公式[14]. 由于论文发表遇到挫折, 他将文章寄给了爱因斯坦. 爱因斯坦马上看出了它的重要性, 并将其译成德文发表. 爱因斯坦进一步将玻色的方法推广到单原子理想气体, 并预言当原子的间距足够小, 速度足够慢时, 将发生相变而形成一种新的物质状态[15], 即 **玻色 – 爱因斯坦凝聚**(Bose-Einstein condensates, BEC) 态.

我们知道, 常温下气体状态的原子都作着各自不同的运动. 当温度降到足够低时, 本来各自独立的原子会 "凝聚" 在一个相同的量子状态, 从而只需要用一个波函数就可以加以描述. 此即爱因斯坦预言的气体玻色原子形成玻色–爱因斯坦凝聚体的状况. 物质处于 BEC 状态时, 所有粒子都处于能量的最低态, 并且有相同的物理特征.

我们还可以从另一个角度来认识玻色–爱因斯坦凝聚态. 1924 年, 德国物理学家德布罗意指出, 物质粒子也具有波粒二象性. 这种与物质相联系的波称为**物质波**(matter wave). 若粒子的动量为 p, 则其德布罗意波长为 $\lambda=h/p$(h 为普朗克常量). 这个公式表明, 粒子的速度越慢, 其德布罗意波长就越大. 当原子其温度降到足够低时, 它的德布罗意波波长可达微米量级. 这时同一气体中的原子由于其平均距离很短, 每个原子都会受到其他原子德布罗意波的协同, 从而形成一个协同一致的状态 (图 9-8), 即 BEC 状态. 这种情况好比激光束中的光子, 彼此处于相干的状态, 因此处于玻色–爱因斯坦凝聚态的原子也称为 "相干物质波".

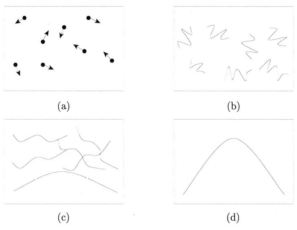

图 9-8　原子气体温度降低最终形成玻色–爱因斯坦凝聚态

(a) 高温, 粒子平均间距 d; (b) 低温, 德布罗意波长 $\lambda_{\mathrm{dB}} = h/mv \propto T^{-1/2}$; (c) 临界温度, $\lambda_{\mathrm{dB}} \approx d$, 物质波重叠; (d) 绝对零度, 纯 BEC[8]

原子形成 BEC 需要满足苛刻的条件, 实验上要克服诸多的技术困难. 因此, 在爱因斯坦预言 BEC 后 70 多年的 1995 年, JILA 的 Cornell、Wieman 小组和 MIT 的 Ketterle 小组才在实验室中实现了原子气体的玻色原子形成玻色–爱因斯坦凝聚态[16,17].

9.3.2　BEC 形成的条件[8,18,19]

玻色–爱因斯坦凝聚体的形成条件可以用量子统计物理来分析. 若在体积为 L^3 的立方盒子中有玻色原子气体, 则在能级 ε 上的平均布居数为

$$\langle n_\varepsilon \rangle = \frac{1}{\mathrm{e}^{(\varepsilon-\mu)/k_{\mathrm{B}}T} - 1} \tag{9.3.1}$$

式中, μ 为化学势. 为保证对任意能级占有数为非负值, 要求 $\mu < 0$. 在动量 p 空间中, 能量 $\varepsilon < p^2/2M$ 的状态数为

$$N(\varepsilon) = \left(\frac{L}{2\pi\hbar}\right)^3 \int_0^{\sqrt{2M\varepsilon}} 4\pi p^2 \mathrm{d}p = \frac{L^3}{6\pi^2\hbar^3}(2M\varepsilon)^{3/2} \tag{9.3.2}$$

态密度为

$$D(\varepsilon) = \frac{\mathrm{d}N(\varepsilon)}{\mathrm{d}\varepsilon} = \frac{V}{\sqrt{2}\pi^2\hbar^3}M^{3/2}\sqrt{\varepsilon} \tag{9.3.3}$$

式中, $V = L^3$. 于是, 盒子中各种态的总原子数为

$$N = \langle n_0 \rangle + \int_0^\infty D(\varepsilon)\frac{1}{\mathrm{e}^{(\varepsilon-\mu)/k_\mathrm{B}T}-1}\mathrm{d}\varepsilon \tag{9.3.4}$$

式中, $\langle n_0 \rangle$ 为 $\varepsilon = 0$ 能态的粒子布居数 (高温下这一项可以忽略). 令 $z = \exp\{\mu/k_\mathrm{B}T\}$, $x = \varepsilon/k_\mathrm{B}T$, 式 (9.3.4) 可化为

$$\left(\frac{2\pi\hbar^2}{Mk_\mathrm{B}T}\right)^{3/2}\frac{N}{V} = g_{3/2}(z) \tag{9.3.5}$$

式中

$$g_{3/2}(z) = \frac{2}{\sqrt{\pi}}\int_0^\infty \frac{\sqrt{x}}{\mathrm{e}^x/z-1}\mathrm{d}x \tag{9.3.6}$$

对于玻色体系, $0 \leqslant z \leqslant 1$, $g_{3/2}(z)$ 为单调递增函数, 最大值为 $g_{3/2}(1) \approx 2.612$. 于是, 在 N/V 固定且 $\langle n_0 \rangle$ 忽略的情况下, 最低温度 (即临界温度 T_c) 为

$$T_\mathrm{c} = \frac{2\pi\hbar^2}{Mk_\mathrm{B}}\left(\frac{N}{2.612V}\right)^{3/2} \tag{9.3.7}$$

温度低于临界温度 T_c 时, 式 (9.3.6) 不再成立. 这时, $\varepsilon = 0$ 能态的布居数 $\langle n_0 \rangle$ 相比 N 不再能忽略, 有相当数量的原子将集聚到没有动能的同一个量子态, 即玻色–爱因斯坦凝聚态上.

可见, BEC 形成的条件是

$$T \leqslant T_\mathrm{c} \tag{9.3.8}$$

由式 (9.3.7) 可得到临界密度

$$\left(\frac{N}{V}\right)_\mathrm{c} = 2.612\left(\frac{Mk_\mathrm{B}T}{2\pi\hbar^2}\right)^{3/2} \tag{9.3.9}$$

因此, 对于温度已经较低的原子系统, 也可用采用提高其密度的办法来实现 BEC, 即

$$\left(\frac{N}{V}\right) \geqslant \left(\frac{N}{V}\right)_\mathrm{c} \tag{9.3.10}$$

引入热波长 $\Lambda = h/\sqrt{2\pi M k_{\mathrm{B}} T}$(与德布罗意波长 λ_{dB} 同数量级), 则 BEC 形成条件也可写成体系的相空间密度条件

$$\Lambda^3 \left(\frac{N}{V} \right) \geqslant 2.612 \tag{9.3.11}$$

或热波长条件

$$\Lambda \geqslant \left(2.612 \frac{V}{N} \right)^{1/3} \tag{9.3.12}$$

式中, $(V/N)^{1/3}$ 约等于原子之间的平均距离 d.

9.3.3 BEC 的理论描述及性质

BEC 系统是一个量子多体体系. 假定所有原子都处于一个共同的外势, 即原子势阱 $V(r)$ 中, 彼此之间只有二体碰撞相互作用, 则体系的二次量子化哈密顿量为

$$H = \int \mathrm{d}^3 r\, \Psi^+(r) \left(-\frac{\hbar^2}{2M} \nabla^2 + V(r) \right) \Psi(r)$$
$$+ \frac{1}{2} \int \mathrm{d}^3 r \mathrm{d}^3 r'\, \Psi^+(r) \Psi^+(r') V(r - r') \Psi(r') \Psi(r) \tag{9.3.13}$$

通常采用平均场理论来处理该系统, 令

$$\Psi(r, t) = \phi(r, t) + \Psi'(r) \tag{9.3.14}$$

式中, $\phi(r, t) = \langle \Psi(r, t) \rangle$ 为玻色 – 爱因斯坦凝聚体的波函数, 满足

$$\mathrm{i}\hbar \frac{\partial}{\partial t} \phi(r, t) = \left(-\frac{\hbar^2}{2M} \nabla^2 + V(r) + g |\phi(r, t)|^2 \right) \phi(r, t) \tag{9.3.15}$$

式 (9.3.15) 称作 G-P(Gross-Pitaevski) 方程, 它是一个非线性薛定谔方程, 式中 $g = 4\pi\hbar^2 a/M$, a 为原子的 s 波散射长度. G-P 方程可以用来描述玻色–爱因斯坦凝聚体的动力学行为, 以及研究凝聚体的各种性质.

作为一种新物态, BEC 具有区别于一般物态的诸多性质. 这些性质中比较重要的有: BEC 的稳定性、相干性和集体激发, BEC 的光散射, 双 (或多) 组分 BEC, 用 Feshbach 共振机制控制 BEC, BEC 的耦合输出 (原子激光), BEC 原子物质波, BEC 中的光速减慢, BEC 中的超流现象和涡旋 (图 9-9)[20], BEC 原子纠缠态, 以及超冷量子简并费米气体等[19].

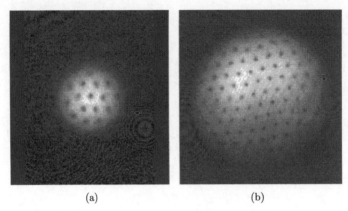

(a)   (b)

图 9-9   Na 原子 BEC 中出现的涡旋阵列

(a) 涡旋数为 16; (b) 涡旋数为 80[20]

9.3.4   BEC 的实现

实现 BEC 的主要实验步骤为: 首先利用激光冷却和囚禁技术获得大数目、高密度的超冷玻色原子气体, 然后将样品装入静磁阱中, 再利用射频蒸发冷却技术进一步降低温度, 提高原子系统的相空间密度, 最后利用光学手段检测 BEC 的形成[18]. 可以将这个过程概括为四种重要的实验技术, 即中性原子的激光冷却技术、原子的俘获或囚禁技术、蒸发冷却技术和 BEC 的光学检测技术.

1. 中性原子的激光冷却

由前所述, 可以采用调谐于原子共振线低端 (即红失谐) 的准单色激光束照射中性原子, 使得运动原子通过吸收光子并自发辐射的方式, 将一部分动能转移到光场中, 从而实现对原子的减速, 即产生冷却效应.

1985 年, Chu 等[21] 领导的研究小组采用 Na 原子系统, 第一个在实验中成功地实现了对中性原子的三维激光冷却 (图 9-10). 他们首先用 598nm 的染料激光束将 Na 原子的速度减慢到约 20m/s, 然后引入三对相互垂直的激光束, 在约 0.2cm^3 的交汇区域内形成了 Na 原子的三维光学黏胶. 在这种激光场中的慢速原子, 不论向任何方向运动, 都会受到来自光场的阻尼, 原子就像在黏稠的液体中运动. 人们形象地将用这种方法冷却原子获得的样品称作光学黏胶, 后来也把这种激光冷却场的构型称为光学黏胶. 六束激光中每束的平均光强约为 10mW/cm^2, 其频率负失谐于 Na 原子 $3S_{1/2}F = 2 \to 3P_{3/2}F' = 3$ 的超精细跃迁. 光学黏胶持续的时间约为 0.1s, 其中的原子密度约为 $10^6/\text{cm}^3$. 通过 "自由飞行和再俘获" 方法估测所得到的 Na 原子三维光学黏胶的温度为 $240^{+100}_{-60}\mu\text{K}$, 与理论中给出的 Na 原子的多普勒冷却极限温度 $240\mu\text{K}$ 基本相符.

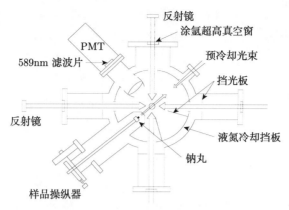

图 9-10 第一个三维光学黏胶的实验[21]

1988 年, JILA 的 Wieman 小组采用半导体激光器在实验中实现了 Cs 原子的三维光学黏胶, 测得的温度为 $100^{+100}_{-30}\mu K$, 与理论预言的铯原子多普勒冷却极限温度 125μK 大致相符[22].

多普勒冷却机制一度被人们认为是激光冷却原子的唯一机制, 即认为多普勒冷却的极限温度是原子能够获得的最低温度. 但 1998 年 Phillips 小组报道了低于多普勒冷却极限温度的 Na 原子三维光学黏胶实验结果. 实验中他们采用了不同的方法反复测量原子的温度, 确证达到了 40μK 左右低温, 远低于 Na 原子的多普勒冷却极限温度[23]. 接着, Cohen-Tannoudji 小组也证实了光学黏胶的温度远低于多普勒冷却极限温度[24]. 这个结果表明存在着更深层次的激光冷却机制. 为此, 人们提出了偏振梯度导致的 Sisyphus 冷却和偏振旋转导致的运动诱导原子布居冷却[10,11]及磁感应冷却[25] 等亚多普勒冷却机制. 这些冷却机制的极限为单光子反冲极限温度 $T_R = \hbar^2 k^2 / M k_B$, 因为在激光冷却的过程中总伴随着光子的吸收和辐射, 原子不可避免地受到来自光子的随机反冲.

进一步, 如果在原子被冷却到单光子反冲极限温度后, 设法使其不再通过吸收–辐射的过程与激光场交换动量, 就可以避免光子反冲的影响, 从而有可能突破单光子反冲极限. 对此, Cohen-Tannoudji 等提出了 "速度选择相干布居俘获" 方案, 并于 1990 年在 He 原子系统中首先实现了低于其单光子反冲极限 4μK 的一维光学黏胶, 其温度达到 2μK 量级[26], 1995 年首次实现了低于单光子反冲极限温度的三维激光冷却, 温度达到 180nK[27]. 另外, Chu 小组提出了 "受激 Raman 跃迁速度选择" 方案, 在实验中得到了 Na 原子一维等效温度约 24pK 的结果, 也突破了相应的单光子反冲极限 2.4μK 的限制[28].

2. 中性原子的囚禁技术

中性原子的三维光学黏胶, 一定程度上阻止了原子的扩散运动, 但还不能将原子稳定地俘获在一个确定的空间区域内, 因为激光冷却并不构成稳定的原子阱. 所谓的 "原子阱", 是指在空间一定位置处形成特定的势能最低点, 偏离该点的原子将受到指向该点的回复力的作用, 从而使得能量低于一定值的原子被俘获在该点附近的空间区域内. 原子阱束缚原子的能力可以用阱的势垒高度 (阱深) 来描述, 习惯上用温度单位开尔文来表示. 目前已获得较多研究的原子阱主要有三类, 即光阱, 磁阱和磁光阱.

1) 光阱

光阱的原理和激光俘获微粒的原理基本一致. 激光与原子相互作用, 原子吸收光子, 并在辐射光子时受到沿光束前进方向的辐射压力 (即散射力) 的作用. 原子在近共振的光场作用下会产生感生电偶极矩, 感生电偶极矩与光场的相互作用, 使原子感受到与光场强度梯度成比例的辐射压力, 即梯度力. 根据交流 Stark 效应, 原子感生电偶极矩与光场的相互作用, 将导致原子的能级产生与光场强度及偏振有关的能级移动, 即光频移. 如果光场中的光强分布是非均匀的, 则原子能级就随空间光强的变化呈一定分布. 在激光束为负失谐的情况下, 由于负失谐时光频移的结果是使光强最强处成为原子势能的最低点, 于是偶极力将把原子推向光强的最强处; 反之, 当激光束为正失谐时, 偶极力会把原子推向光强最弱处, 即正失谐时光频移的结果是使光强最弱处为原子势能的最低点. 例如, 在正失谐的驻波光场中, 偶极力将原子推向波节处; 在负失谐的驻波光场中, 偶极力将原子推向波腹处. 这种利用驻波光场的偶极力来俘获原子的设想最早是由 Letokhov 于 1968 年提出的 [29].

原子光阱也可以采用偶极力和散射力相结合的办法 [30]. 用两束负失谐的基模高斯激光束对射, 且两束激光的焦点稍稍错开, 处在两焦点间的中性原子将受到偶极力和散射力两种力的共同作用. 1986 年, Chu 等 [31] 在温度约为毫开的三维 Na 原子光学黏胶的基础上, 采用大负失谐量的强聚焦基模高斯激光束, 首次在实验中成功地演示了 Na 原子光阱. 阱中俘获的 Na 原子数约为 500 个, 平均原子密度 $10^{11} \sim 10^{12}/\mathrm{cm}^3$, 冷原子的寿命为秒的量级. 实验中他们在微秒量级的周期内交替使用冷却光和俘获光, 以防止形成 Na 原子光学黏胶的冷却光与形成光阱的俘获光之间的相互干扰.

为提高原子光阱的性能, 人们还提出了一些改进的方法, 如采用两束旋转方向相反的圆偏振高斯激光束作为俘获光 [32], 增加辅助激光束对原子产生阻尼 [33], 持续改变俘获光束 [34] 等.

2) 磁阱

根据麦克斯韦电磁理论, 不均匀磁场 $\boldsymbol{B}$ 对磁偶极矩 $\boldsymbol{\mu}$ 的作用力为 $\boldsymbol{F}_{\mathrm{B}} = -\nabla(\boldsymbol{\mu} \cdot \boldsymbol{B})$ [18]. 因此, 对于磁矩不为零的中性原子, 可以使用一定结构的磁场系统将其俘获在磁场的极小值处. 最简单的中性原子磁阱由一对通以恒定直流电流的同轴反向亥姆霍兹线圈组成, 构成如图 9-11 所示的磁四极阱. 在两线圈之间轴线上的中点处, 磁场强度为零. 从该点出发沿着任意方向前进, 磁场强度都会增大. 应用磁四极阱时, 首先将经过一维激光冷却的慢原子束漂移至磁阱的中心, 然后用近共振的激光脉冲将原子的漂移速度降低到零附近, 同时接通两线圈的电流, 即可在磁四极阱中心实现原子俘获. 1985 年, Metcalf 小组首次在实验中演示了原子的磁四极阱[35]. 由于他们的实验系统真空度较低, 约 10^{-8}Torr 量级, 原子在阱中的俘获时间仅 1s, 原子密度仅有 10^3cm^{-3} 量级. 如果进一步提高系统的背景真空度, 则能将原子俘获更长的时间.

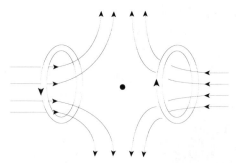

图 9-11 由一对同轴反向的亥姆霍兹线圈组成的磁四极阱

原子在磁四极阱中的受力情况跟原子的磁偶极矩与四极磁场之间的夹角有关. 当原子在阱内运动时, 只有保持这一夹角基本不变, 才能使原子受到的磁场力指向磁阱的中心, 从而将原子俘获在阱中. 这个条件一般情况下是难以满足的.

磁四极阱的中心是 $m = -1$ 的 Zeeman 子能级上的原子势能的极低点. 当阱中处在 $m = -1$ 的 Zeeman 子能级上的原子运动到磁阱的中心时, 由于磁场强度为零, 可以通过 Majarona 跃迁过程跃迁到 $m = 0$ 或 $m = +1$ 的 Zeeman 子能级上. 对于 $m = +1$ 的 Zeeman 子能级上的原子, 这一点对应原子势能的极大点. 这种情况下, 原子将被推出阱外, 造成阱中原子的泄漏.

上述漏洞将严重限制阱中原子密度的增加. 为克服这一问题, 人们设计了多种办法. 例如, Pritchard 小组通过增加均匀偏置磁场以克服 Majarona 跃迁所引起的原子泄露, 在更高的真空度下将磁四极阱中的原子俘获了约 2min[36]. Corell 小组则提出了增加旋转偏置磁场的方法, 使处于 $m = -1$ 的 Zeeman 子能级上的原子被旋转磁场形成的等效时间平均势所限制, 不再进动到 $m = 0$ 和 $m = +1$ 的 Zeeman 子能级, 有效地消除了磁四极阱中原子的泄露问题[37]. Lovelace 等[38] 提出了原子的交流磁阱的设想, Wieman 小组首先完成了相应的实验工作 [39].

3) 磁光阱

用原子光阱俘获原子需要用很强的激光束来产生空间势阱, 而很强的激光束对原子能级的扰动较大, 会引起偶极力的涨落, 导致原子的加热. 为解决这一问题, 人们曾设想利用多束较弱的交叉激光束对原子产生散射力来俘获原子. 但根据 Ashkin 和 Gordon 所证明的光学 Earnshaw 定理[40], 进入任何区域的光通量与出射的光通量相等, 而原子所受到的来自光束的散射力处在光波矢方向上. 因此在一个封闭的区域内原子受到的散射力不可能处处向内, 总存在使原子泄露的通道, 即单纯依靠散射力将无法形成原子阱. 对此, Prichard 等[41] 指出, 如果引入随空间变化的静磁场, 则可利用散射力形成原子阱.

　　Raab 等[42] 采用 Na 原子最先实现了梯度磁场与激光场相结合的中性原子磁光阱. 实验中, 梯度磁场由一对同轴的反向亥姆霍兹线圈提供, 激光场为三对相互垂直地交汇在磁四极阱中心的负失谐激光束组成. 该磁光阱的结构如图 9-12 所示. 他们把经激光减速至 10m/s 的 Na 原子束引入阱中心, 阱中俘获的 Na 原子约 10^7 个, 原子密度约 $10^{11} \mathrm{cm}^{-3}$, 俘获时间约 100s, 等效温度约 600μK, 阱深约 0.4K.

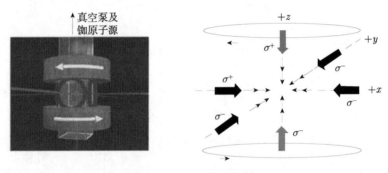

图 9-12　磁光阱示意图

　　1990 年, Wieman 小组采用半导体激光器在 Cs 原子系统中实现了世界上第一个直接工作在原子气室中的中性 Cs 原子磁光阱[43]. 从处于室温下速度呈 Maxwell-Boltzmann 分布的背景 Cs 原子蒸气中直接冷却与俘获一部分慢速 Cs 原子, 大大简化了磁光阱的实验装置和相关技术. 1993 年, Ketterle 等[44] 提出了 "暗磁光阱" 方案, 可以有效地提高阱中所俘获原子的密度.

　　目前, 国外有多个研究小组先后建立了各种不同原子的磁光阱实验装置, 成功地实现了多种中性原子 (如 Li、K、Rb、Mg、Ca、Sr、He、Ne、Ar、Kr、Xe 等) 的俘获. 国内上海光机所的王育竹小组[45] 和北京大学的王义遒小组[46] 分别报道了 Na 原子磁光阱及 Cs 原子磁光阱的实验结果, 山西大学光电研究所也采用磁光阱获得了冷原子样品[47], 中国计量科学研究院、中国科学院武汉物理与数学研究所、浙江大学光学研究所、中国科学院物理研究所等也开展了激光冷却与俘获方面的工作.

　　3. 蒸发冷却技术

　　1986 年, MIT 的 Hess[48] 提出了与激光冷却并行发展的冷却原子气体的另一方法：蒸发冷却方法. 这种冷却机制就像冷却一杯热咖啡一样, 热的水蒸气逃逸出去, 余下的咖啡能较快冷却下来. 实验中, 蒸发冷却是由一个射频磁场来完成的. 在磁阱中, 能量较大的原子可达到磁场较强的地方, 产生的 Zeeman 分裂也较大. 选择适当的射频场频率, 可使这些原子跃迁到非囚禁的自旋态而逸出磁阱. 将射频场频率慢慢调低, 使更多的能量较高的原子逸出到阱外. 于是, 阱中原子密度和弹性碰撞概率增加, 温度变低. 阱中原子的最终温度和相空间密度取决于最后的射频场频率.

Kleppner 等利用射频诱导静磁阱中高温的原子, 使其从束缚态跃迁至非束缚态. 高温原子从阱中逃逸后, 剩下的原子经碰撞热平衡使温度下降. 连续地将射频由高至低扫频, 在损失一定原子数的条件下, 可以将磁阱中原子气体的温度快速降低[49]. 图 9-13 为 Ketterle 小组利用四极磁阱和蓝失谐 Ar+ 激光构成的磁光阱实现冷 ^{23}Na 原子的囚禁, 采用射频蒸发冷却技术将冷原子的相空间密度在 7s 内增加 6 个量级[17,50]. 这种快速提高原子相空间密度以及降低温度的方法, 已经成为获得 BEC 的常规手段[12].

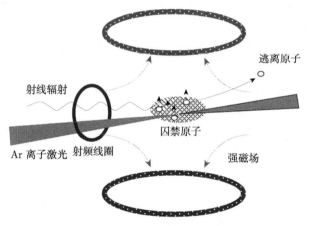

图 9-13　Ketterle 小组的 BEC 实验装置[50]

实现蒸发冷却的关键在于：① 极高的背景真空度, 以保证势阱有较长的囚禁时间来完成蒸发冷却过程; ② 较大的弹性碰撞截面及较高的原子密度, 以缩短重新热平衡化所需要的时间[18].

4. BEC 光学检测技术

目前观测 BEC 形成的主要手段是共振吸收成像技术[51], 其过程为：突然关闭势阱, 让发生凝聚的原子云自由扩散, 然后在不同的延迟时刻用共振脉冲光来探测. 由于原子对共振光的吸收, 在探测光中会产生阴影区, 由 CCD 装置对透射光成像, 对图像进行数字化分析, 可得到原子云每一点处的光学厚度. 对由此获得的一系列飞行时间图像进行逐点校正, 以修正由探测光的偏振度和饱和效应引起的偏差, 可以得到扩散原子云的二维速度分布.

飞行时间测量是测量冷原子温度的常用方法. 它用共振荧光方法测量距冷原子团中心一定距离处的荧光强度的时间演化, 可以得到冷原子的速度分布, 进而可以推出原子的温度. 扩散原子云的二维速度分布中包含着原子的许多热力学信息, 如分布曲线下所包围面积的积分, 正比于总的原子数目; 在零速度附近出现的窄特征峰, 其峰值曲线下所包围面积的积分正比于处于体系基态的原子数目; 从扩散原子云的平均半径和扩散时间可以得到原子的平均扩散速度和平均能量等特征参量.

可见, 利用共振吸收成像技术可以确定 BEC 中原子的数目、密度、温度及原子的空间分布等.

需要指出的是, 共振吸收成像技术对 BEC 有一定破坏作用. 利用共振光探测, 原子会强烈地散射共振光子, 从而引起对原子的加热效应. 目前人们正在积极寻求无破坏性的 BEC 探测手段 [18].

9.3.5　BEC 实验结果

1995 年, 美国科罗拉多大学的 Cornell、Wieman 等实现了 ^{87}Rb 的玻色–爱因斯坦凝聚态[16]. 图 9-14 为他们的实验结果, 左边的三个阴影图为利用共振吸收成

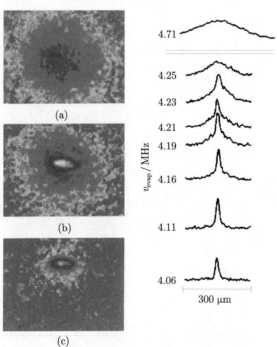

图 9-14　JILA 研究组的 Rb 原子玻色–爱因斯坦凝聚态[16]

像技术得到的玻色–爱因斯坦凝聚态形成过程俯视图, 其中图 9-14(a) 为玻色–爱因斯坦凝聚态形成之前, 图 9-14(b) 为玻色–爱因斯坦凝聚态形成之中, 背景为热运动, 图 9-14(c) 为几乎所有的原子都形成了玻色–爱因斯坦凝聚态; 右边的曲线图显示的是随着温度的降低 (自上至下), 有更多的原子被蒸发掉了.

上述实验图 9-14(a)~(c) 是通过从囚禁阱中排出原子云后利用共振光的阴影形成的, 形成图形的大小取决于原子从囚禁阱中排出时动量的大小. 实验中热运动背景呈球形对称, 而玻色–爱因斯坦凝聚态的峰图反映出代表动量的波函数并不对称, 这与理论分析得到的结果是一致的.

差不多与 Cornell 等同时, 美国麻省理工学院的 Ketterle 等也成功地实现了玻色–爱因斯坦凝聚态[17]. 他们采用的是 Na 原子系统. 与 Cornell 小组采用旋转磁场装置使原子始终不能达到磁场零点不同, Ketterle 小组采用强激光束来阻止原子进入囚禁阱中心磁场为零的区域. Ketterle 实验中形成玻色–爱因斯坦凝聚态的原子数较 Cornell 实验要高出 2 个量级. 图 9-15 为其实验结果, 其中上图为随着温度的降低, 玻色–爱因斯坦凝聚态的密度增长过程俯视图, 图形宽度为 1.0mm, 凝聚态中的原子数约为 $7×10^5$ 个; 下图为侧视图. 图 9-16 为玻色–爱因斯坦凝聚态形成过程中的密度变化情况.

值得指出的是, MIT 小组的实验采用非共振光成像方法实现了凝聚态的无损害探测, 可以对凝聚态与时间的关系进行直接的动力学观测[52].

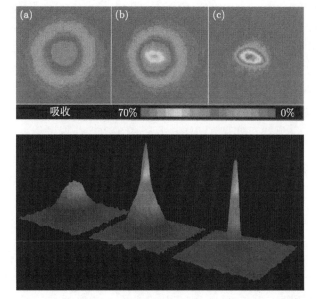

图 9-15　MIT 研究组的 Na 原子玻色–爱因斯坦凝聚态形成过程[17]

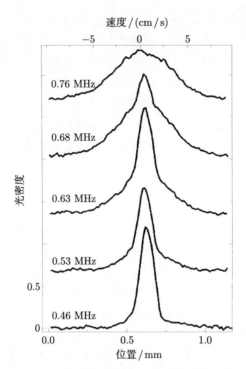

图 9-16　玻色 – 爱因斯坦凝聚态形成过程中的密度变化[17]

　　由于在稀薄碱性原子气体的玻色 – 爱因斯坦凝聚态的研究和对凝聚物的早期基础研究工作方面作出的重要贡献, Cornell、Wieman 和 Wolfgang Ketterle 三人荣获了 2001 年诺贝尔物理学奖.

　　我国科学工作者在 BEC 实验方面也取得了重要成就[50]. 2002 年, 中国科学院上海光学精密机械研究所王育竹小组在国内率先实现了 ^{87}Rb 原子的 BEC, 获得了约 10^4 的凝聚原子数, 相应的相变跃迁温度为 250nK[53]. 2004 年, 北京大学电子学系的陈徐宗和王义遒小组实现了 ^{87}Rb 原子的 BEC, 获得了约 5×10^5 的凝聚原子数, 并观测到了多分量 BEC 的共存现象[54]. 之后, 中科院武汉物理与数学研究所吕宝龙小组在 2006 年、山西大学张靖小组在 2007 年等也先后实现了 BEC.

9.4　原子激光

　　原子激光 (atom laser) 又称物质波激光[55], 其原理如图 9-17(b) 所示. 首先在磁 – 光原子阱或磁原子阱中将玻色原子制备成 BEC. 这样, 处于势阱最低量子态的原子就集聚在势阱局限的空间中. 然后用合适的方法将 BEC 中的部分原子耦合出原子阱, 形成原子激光. 这一过程类似于光学谐振腔中高简并度的光子被部分反射镜耦合输出形成激光 [图 9-17(a)].

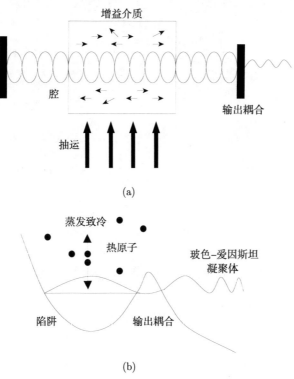

图 9-17 (a) 光子激光; (b) 原子激光[55,56]

与通常的热原子束不同, 原子激光器发射的原子都处于同一量子态, 因而是高度相干的. 这一区别非常类似于普通热光源和激光光源之间的区别. 同时, 原子激光器发射的原子具有较长的德布罗意波长, 表现出明显的波动性. 因此, 原子激光器发射的是相干的物质波, 就像激光器发射的是相干的光波那样[57].

原子激光最早在 1997 年由 MIT 的 W. Ketterle 小组在实验室中实现[58]. 他们用射频输出耦合器将磁阱中的 Na 原子 BEC 中的部分原子改变成非捕陷态, 使其在重力作用下从磁阱区落下, 形成如图 9-18(a) 所示的相干原子输出.

产生原子激光束的一个关键是将原子从玻色 – 爱因斯坦凝聚体中用相干法耦合出来. 在图 9-18 中, 图 (a)MIT 和图 (b)Munich 分别利用脉冲和连续射频辐射使磁阱内凝聚体原子自旋反转解脱约束, 在重力场中下落; 图 (c)Yale, 重力将原子从周期势的光学陷阱中拉下来; 图 (d) NIST, 不用重力而是利用受激拉曼跃迁的方法将原子从陷阱中击出, 原子束方向可任意选择[7,58,59].

要形成实用的原子激光束, 必须获得长期连续输出的物质波才有意义. 但是, 相干原子束只能从 BEC 中出来, 而 BEC 中的原子数是有限的. 因此, 要实现连

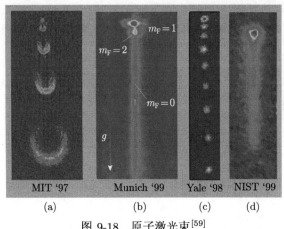

图 9-18　原子激光束[59]

续输出的原子激光束, 需要不断地向 BEC 补充新的温度超低、相位一致的相干原子. 类似的问题在激光器中较好解决, 因为光子可以在激光腔内不断产生. 但是原子不能在腔内自然产生, 只能由外界提供, 且 BEC 中相干原子的形成过程较长, 时间约为秒的量级. 另外, 在 BEC 形成过程中还要严格防止外界的干扰, 以免削弱 BEC 原子的相干性. 针对这一困难, Ketterle 小组采用光镊移动 BEC 的方法. 实验中, 他们用一个激光阱作为连续相干原子存储器, 另有一个生产腔, 以通常方法产生 Na 的 BEC 原子, 形成 BEC 后被光镊移动到存储器上, 之后耦合输出 BEC[60]. 北京大学的王义遒小组提出了一种用一个主 BEC(MBEC) 提供输出和多个辅助 BEC(SBEC) 补充相干原子的方案[7].

　　巴黎高等师范学院 Kastler Brossel 实验室提出了另一种实现连续输出原子激光束的方案[61,62]. 图 9-19 为该方案的磁引导装置简化图. 冷原子在磁光阱中形成后, 经由一个斜向上的区域减速. 图中射频天线 1 到 10 用于原子束的蒸发冷却, 射频天线 T 用于原子束温度的测量. 利用这种装置, 可以使得冷原子束在传输的过程中温度降低, 相空间密度增大, 从而有望实现原子激光的连续输出.

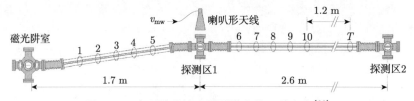

图 9-19　实现连续输出原子激光的一种方案[60]

　　原子激光在物理学和高技术领域有十分重要的应用. 正如激光的出现大大地改进了光学实验一样, 原子激光的出现必将大大地改进原子物理学的实验. 原子激光将使现有原子钟的精度显著提高, 有可能使人们建立桌面规模的、用于检验自然界基本相互关系和基本对称性的装置, 提高基本物理常量的测量精度. 原子激光的出现将极大地改善原子干涉等实验, 就像用激光器取代普通热光源使光的干涉实验得到极大改善那样. 随着干涉精度的提高, 原子光学的实验可以从零阶、一阶原子光学进展到二阶原子光学. 原子激光器可以让我们以极高的精度将原子沉积在固体表面, 实现原子制版技术. 原子水平上的物质操纵将使纳米技术步入全新的阶段, 使制造单原子尺度的结构和器件成为可能[57]. 可以预见, 原子激光技术的发展和成熟, 将对未来的科学和技术产生极其重要的影响.

9.5 原 子 干 涉[6]

根据德布罗意提出的物质波的概念, 原子也具有波的特性, 因而可以像光波那样发生干涉. 原则上, 热原子和冷原子都能够实现干涉. 但由于冷原子的动量更小, 相干长度更长, 干涉条纹更容易获得. 因此冷原子、特别是超冷原子是实现原子干涉的重要载体.

图 9-20 是 1997 年 Ketterle 等将 BEC 原子分成两团, 使其在重力场中下落时相遇发生干涉, 产生清晰的干涉条纹.

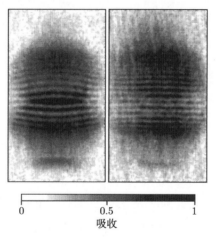

图 9-20   两团 BEC 在下落过程中形成的干涉条纹[63]

在波动光学中, 当一列光波被分束器分为两列相干光波并相遇时, 将发生光波的干涉现象. 类似地, 当一列原子物质波被原子分束器分为两列相干原子物质波并相遇时, 将发生原子物质波的干涉现象.

与光子不同的是, 原子除了外部质心运动 (外态) 外, 还具有内部能级结构 (内态). 因此, 原子的干涉可分为两大类: 一类是标量干涉, 即原子质心运动波函数的不同分量之间的干涉; 另一类是旋量干涉, 即原子不同内态之间的干涉. 为了适应各种研究的需要, 人们设计了多种类型的原子干涉仪, 如杨氏双缝原子干涉仪, 三光栅原子干涉仪, 光学 Ramsey 原子干涉仪, 受激拉曼跃迁原子干涉仪, Mach-Zehnder 原子干涉仪, 原子干涉陀螺仪等.

图 9-21 为 1991 年 Pritchard 等采用三块机械光栅构成的 Mach-Zehnder 原子干涉仪 [64]. 实验中, 超声 Na 原子束首先被两个狭缝准直, 然后被第一块光栅 (相当于原子分束器) 分裂为两束, 再被第二块光栅 (相当于原子合束器) 汇合为一束, 最后通过第三块光栅增强干涉条纹的信号强度. 图 9-22 为其实验结果.

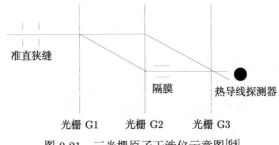

图 9-21　三光栅原子干涉仪示意图[64]

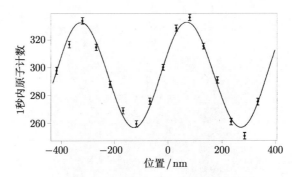

图 9-22　三光栅原子干涉实验结果[64]

图 9-23 为 1995 年 Zeillinger 等采用三个驻波相位光栅构成的 Mach-Zehnder 原子干涉仪[65]. 同年, Lee 等利用类似的方法, 获得了 62% 的干涉条纹对比度[66].

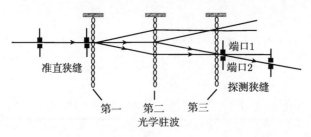

图 9-23　三驻波相位光栅构成的 Mach-Zehnder 原子干涉仪[65]

1997 年, Pritchard 等采用旋转的三光栅 Mach-Zehnder 原子干涉仪测量了微小转动引起的 Sagnac 相移 (图 9-24)[67]. 理论分析表明, 此干涉仪中原子的 Sagnac 相移为

$$\Delta\phi_{\text{atom}} = \frac{4\pi m A}{h}\Omega = \frac{mc}{\hbar\omega}\Delta\phi_{\text{light}} \tag{9.5.1}$$

式中, Ω 为原子干涉仪的旋转角速度, ω 为激光频率, $\Delta\phi_{\text{light}}$ 为光学干涉陀螺仪测量的 Sagnac 相移, A 为干涉仪两臂所包围的面积, 即 $A = L^2\lambda_{\text{dB}}/d_{\text{G}}$, L 为干涉仪中分束点与合束点之间距离的一半, d_{G} 为光栅周期, $\lambda_{\text{dB}} = h/mv$ 为原子的德布罗意波长, m 和 v 分别为原子质量和速度.

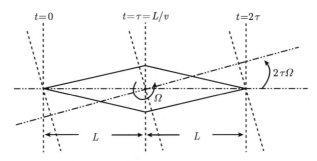

图 9-24 旋转的 Mach-Zender 原子干涉仪[67]

由式 (9.5.1) 可知, 当干涉仪面积相同时, 采用原子物质波干涉仪和光学干涉仪测量的 Sagnac 相移之比为 $mc^2/\hbar\omega$, 即物质波干涉仪的测量精度要比光学干涉仪的精度高出 10^{11} 倍. 不过, 由于原子束通过光栅的衍射角度较小, 且原子干涉实验必须在真空室中进行, 故比起光学干涉仪来, 原子干涉仪两臂所包围的面积较小.

原子干涉仪在科学技术中有重要的应用. 利用原子干涉仪, 可以研究原子物质波、BEC 及原子激光的时空相干性, 探索原子的未知性质, 精密测量基本物理常数 (如精细结构常数), 检验量子力学和广义相对论[68] 等物理学基本理论. 利用旋转的 Mach-Zender 原子干涉仪, 可以制成原子干涉陀螺仪, 用于精确测量物体的微小转动. 由于原子具有质量, 原子干涉仪可以作为灵敏的惯性传感仪, 用于精确测量加速度、引力常数、重力梯度等[69~72], 在导航、探矿、大地勘察、地震预报、环境监测等方面发挥重要的作用[8].

9.6 原子光学中的矩阵方法[73~75]

原子干涉仪的灵敏度要比光学干涉仪的灵敏度高出好几个量级[76]. 近年来, 随着激光冷却及操纵中性原子技术的迅速发展, 原子干涉仪的研究取得了很大的进展. 1992 年, Chu 等用三对双光子拉曼脉冲实现了原子干涉仪, 并用以测量重力

加速度[70]. 1999 年, 改进后的原子重力仪精度达到了 $\Delta g/g = 10^{-9}$[71]. 图 9-25 为其实验装置, 其中的 Cs 原子经激光冷却俘获后上抛并下落, 构成所谓的**原子喷泉**(atomic fountain). 2002 年, McGuirk 等[72] 用更多个双光子拉曼脉冲实现了更高精度的原子重力仪. 除此之外, 利用三能级的原子同样可以实现高精度的原子重力仪, 且装置相对比较简单.

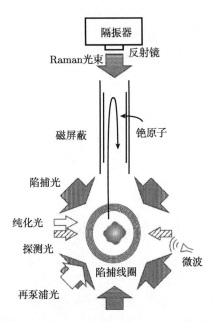

图 9-25   Chu 等的原子重力干涉仪实验装置[71]

原子干涉仪中相位差的分析, 可以用拉格朗日积分方法[77] 计算原子的运动轨迹. 但这种方法需要作繁杂的多重积分和微分. 为此, Bordé等[78] 将 2×2 阶矩阵方法引入到原子光学中, 给理论计算带来了方便. 在此基础上, 可以建立一种更为方便的 3×3 阶矩阵方法, 方便地计算原子干涉仪在外场作用下的相位差, 进而得到需要测量的物理量.

9.6.1   原子光学中的矩阵定义

原子波包的传输满足薛定谔方程

$$i\hbar\frac{\partial|\psi(t)\rangle}{\partial t} = H|\psi(t)\rangle \tag{9.6.1}$$

式中, $|\psi(t)\rangle$ 为原子波包的波函数. 若忽略原子之间的相互作用, 在引力惯性场和/或电磁场作用下的原子的经典哈密顿量为[78]

$$H = \frac{1}{2M} \boldsymbol{p} \cdot \overleftrightarrow{\boldsymbol{g}}(t) \cdot \boldsymbol{p} - \boldsymbol{\Omega}(t) \cdot \boldsymbol{L} - M\boldsymbol{g}(t) \cdot \boldsymbol{q} - \frac{M}{2} \boldsymbol{q} \cdot \overleftrightarrow{\boldsymbol{\gamma}}(t) \cdot \boldsymbol{q} + V(t) \qquad (9.6.2)$$

式中, $\overleftrightarrow{\boldsymbol{g}}(t)$、$\overleftrightarrow{\boldsymbol{\gamma}}(t)$ 分别为引力波和重力梯度张量, $\boldsymbol{\Omega}(t)$ 为地球旋转的角速度矢量, $\boldsymbol{g}(t)$ 为重力矢量, 这四个量代表着整个引力惯性场; $\boldsymbol{q}$、$\boldsymbol{p}$、$\boldsymbol{L}$ 分别为原子的位置、动量和角动量矢量; M 为原子的质量, $V(t)$ 代表其他一些可能存在的外场. 哈密顿函数 H 中的最高次项是 $\boldsymbol{p}$ 和 $\boldsymbol{q}$ 的两次, 也是 $\boldsymbol{p}'$ 和 $\boldsymbol{q}'$ 的两次. $\boldsymbol{q}$ 和 $\boldsymbol{q}'$ 分别表示原子所处的两个不同位置. 引入分析力学中的作用量 $S_{\mathrm{cl}}[\boldsymbol{q}(t)]$, 它依赖于粒子所走的轨道 $\boldsymbol{q}(t)$. 经典作用量 S_{cl} 为

$$S_{\mathrm{cl}}(\boldsymbol{q}, t, \boldsymbol{q}', t') = a + \widetilde{\boldsymbol{b}} \cdot \boldsymbol{q} + \widetilde{\boldsymbol{c}} \cdot \boldsymbol{q}' + \frac{M}{2}[\widetilde{\boldsymbol{q}} \boldsymbol{D} \boldsymbol{B}^{-1} \boldsymbol{q} - 2\widetilde{\boldsymbol{q}}\widetilde{\boldsymbol{B}^{-1}}\boldsymbol{q}' + \widetilde{\boldsymbol{q}}'\boldsymbol{B}^{-1}\boldsymbol{A}\boldsymbol{q}'] \quad (9.6.3)$$

式中, a、$\boldsymbol{b}$、$\boldsymbol{c}$ 为系数, a 为标量, $\boldsymbol{b}$、$\boldsymbol{c}$ 为矢量, 波浪号 "$\sim$" 表示转置, $\widetilde{\boldsymbol{B}^{-1}} = \boldsymbol{D}\boldsymbol{B}^{-1}\boldsymbol{A} - \boldsymbol{C}$. $\boldsymbol{A}$、$\boldsymbol{B}$、$\boldsymbol{C}$、$\boldsymbol{D}$ 为 3×3 阶方块矩阵, 在不考虑引力波的情况下有

$$\begin{aligned} \boldsymbol{A} &= \cosh(\sqrt{\gamma}T), \quad \boldsymbol{B} = \frac{1}{\sqrt{\gamma}}\sinh(\sqrt{\gamma}T) \\ \boldsymbol{C} &= \sqrt{\gamma}\sinh(\sqrt{\gamma}T), \quad \boldsymbol{D} = \cosh(\sqrt{\gamma}T) \end{aligned} \qquad (9.6.4)$$

式中, $T = t - t'$, γ 为与张量 $\overleftrightarrow{\boldsymbol{\gamma}}(t)$ 对应的 3×3 阶矩阵. $\boldsymbol{ABCD}$ 满足

$$\frac{\mathrm{d}}{\mathrm{d}t}\begin{pmatrix} \boldsymbol{A} & \boldsymbol{B} \\ \boldsymbol{C} & \boldsymbol{D} \end{pmatrix} = \begin{pmatrix} 0 & \boldsymbol{n}^{-1} \\ \boldsymbol{\gamma} & 0 \end{pmatrix}\begin{pmatrix} \boldsymbol{A} & \boldsymbol{B} \\ \boldsymbol{C} & \boldsymbol{D} \end{pmatrix} \qquad (9.6.5)$$

式中, $\boldsymbol{n}^{-1}$ 为张量 $\overleftrightarrow{\boldsymbol{g}}(t)$ 所对应的矩阵 (在不考虑引力波的情况下, $\boldsymbol{n}$ 为单位矩阵), 与角速度矢量 $\boldsymbol{\Omega}(t)$ 及旋转矩阵 $\boldsymbol{J}$ 相应的 $\boldsymbol{J} \cdot \boldsymbol{\Omega}$ 因子已被消去. 以及

$$\begin{pmatrix} \boldsymbol{q} \\ \boldsymbol{v} \end{pmatrix} = \begin{pmatrix} \boldsymbol{\xi} \\ \boldsymbol{n}\dot{\boldsymbol{\xi}} \end{pmatrix} + \begin{pmatrix} \boldsymbol{A} & \boldsymbol{B} \\ \boldsymbol{C} & \boldsymbol{D} \end{pmatrix}\begin{pmatrix} \boldsymbol{q}' \\ \boldsymbol{v}' \end{pmatrix} \qquad (9.6.6)$$

式中, $\boldsymbol{v} = \boldsymbol{p}/M$, $\boldsymbol{v}' = \boldsymbol{p}'/M$ 为原子波包的中心速度, $\boldsymbol{q}$ 和 $\boldsymbol{q}'$ 为中心位置. $\boldsymbol{\xi}$ 满足 $\ddot{\boldsymbol{\xi}} + \boldsymbol{n}^{-1}\dot{\boldsymbol{n}}\dot{\boldsymbol{\xi}} - \boldsymbol{n}^{-1}\boldsymbol{\gamma}\boldsymbol{\xi} - \boldsymbol{n}^{-1}\boldsymbol{g} = 0$.

对于一维情况, γ 及矩阵元 A、B、C、D 均为标量, 于是式 (9.6.6) 所表示的矩阵传输公式可以简化为

$$\begin{pmatrix} q \\ v \end{pmatrix} = \begin{pmatrix} \xi \\ \dot{\xi} \end{pmatrix} + \begin{pmatrix} A & B \\ C & D \end{pmatrix}\begin{pmatrix} q' \\ v' \end{pmatrix} \qquad (9.6.7)$$

为提高原子干涉仪的测量精度, 往往需要在两个 $\pi/2$ 脉冲之间多加几个 π 脉冲, 或者以多个脉宽更短、间隔相等的 $\pi/2$ 脉冲来代替一个 $\pi/2$ 脉冲[78]. 这样必定

会遇到多个矩阵相乘的复杂情况. 由于式 (9.6.7) 带有一个附加项, 不能直接连乘, 为简化运算, 可将其改写为 3×3 阶矩阵形式

$$
\begin{pmatrix} q \\ v \\ 1 \end{pmatrix} = \begin{pmatrix} A & B & \xi \\ C & D & \dot{\xi} \\ 0 & 0 & 1 \end{pmatrix} \begin{pmatrix} q' \\ v' \\ 1 \end{pmatrix} \tag{9.6.8}
$$

式中, ξ、$\dot{\xi}$ 分别表示由重力引起的原子附加位移和附加速度. 式 (9.6.8) 给出了原子束在重力的影响下在自由空间中的传输矩阵.

光脉冲与原子束相互作用时, 原子吸收光子后速度会改变 $\pm \hbar k / M$, 其中 k 是光的波矢, M 是原子的质量, $\pm$ 号取决于原子的速度增大还是减小. 因此光脉冲的矩阵为

$$
\begin{pmatrix} q \\ v \\ 1 \end{pmatrix} = \begin{pmatrix} 1 & 0 & 0 \\ 0 & 1 & \pm \hbar k / M \\ 0 & 0 & 1 \end{pmatrix} \begin{pmatrix} q' \\ v' \\ 1 \end{pmatrix} \tag{9.6.9}
$$

式 (9.6.9) 只在发生跃迁的那部分原子的传输过程中才需要使用.

9.6.2 原子干涉仪中的相位差

原子干涉仪的相位差由原子自由运动产生的相位差和激光照射原子时原子演化的相位差两部分组成, 即

$$
\Delta \varphi = \Delta \varphi_{\mathrm{path}} + \Delta \varphi_{\mathrm{light}} \tag{9.6.10}
$$

原子自由运动产生的相位差来自于原子运动所经历的两个不同路径 I 和 II:

$$
\Delta \varphi_{\mathrm{path}} = (S_{\mathrm{cl}}^{\mathrm{II}} - S_{\mathrm{cl}}^{\mathrm{I}}) / \hbar \tag{9.6.11}
$$

式中, S_{cl} 为经典作用量 $S_{\mathrm{cl}} = \displaystyle\int_0^{2T+T'} L[z(t), \dot{z}(t)] \mathrm{d}t$. 对于均匀重力场, 由于没有重力梯度的影响, $L = mv^2/2 - mgz$, 这时两个经典路径的作用量可以相互抵消, 相位差 $\Delta \varphi_{\mathrm{path}}$ 等于零. 当考虑重力梯度的影响时, $L = mv^2/2 - mg_0 z + m\gamma z^2/2$, 两者不能抵消, $\Delta \varphi_{\mathrm{path}}$ 不为零.

激光照射原子时原子演化的相位差来自于和原子发生相互作用的激光. 光与原子相互作用使原子将获得一个附加相位 $\varphi_i = k_\alpha z_i - \omega_\alpha t_i + \varphi_0(t_i)$, 其中 z_i 是原子在 t_i 时刻所处的位置, 下标 $i(i = 0, 1, 2, 3, \cdots)$ 和 $\alpha(\alpha = a, b, \cdots)$ 分别表示激光的序列号和与激光频率相关的代号, $\varphi_0(t_i)$ 是作用激光的初始相位. 这个附加相位的符号和原子的初态有关. 追踪相互作用后原子状态之间的变化可以得到

$$
\Delta \varphi_{\mathrm{light}} = \Delta \varphi_{\mathrm{II}} - \Delta \varphi_{\mathrm{I}} = (\varphi'(t_1) - \varphi(t_0)) - (\varphi(t_2) - \varphi(t_1)) \tag{9.6.12}
$$

由于 $t_1 - t_0 = t_2 - t_1 \equiv T$, 因此解决问题的关键是求出原子在时刻 t_i 的位置 z_i. 可以用矩阵的方法方便地求解这一问题.

考虑如图 9-26 所示的二能级原子. 其中 $|1\rangle$ 态和 $|3\rangle$ 态分别对应于原子基态超精细结构的两个子能级态, $|2\rangle$ 态对应于激发态. ω_1 和 ω_2 分别是拉曼脉冲的两个频率, 它们之间非常接近. 当第一个 $\pi/2$ 脉冲与原子作用时, 将初始处于 $|1\rangle$ 态的原子分为数目相等的两部分 $|1\rangle$ 态和 $|3\rangle$ 态. 处于 $|3\rangle$ 态的原子由于接收了一个 $\hbar k_g$ 的动量而加速, 其中 $k_g = k_1 - k_2$, 而 k_1、k_2 是光的波矢, 分别对应于图 9-26 中的 ω_1 和 ω_2. 由于原子动量的扩散, 原子的运动速度不再在竖直方向, 而吸收的光子速度是竖直方向的, 处于 $|3\rangle$ 态的原子波包将会保持其特性而与 $|1\rangle$ 态的原子分开. 两束原子经过自由空间传播后, 分别与第二束光脉冲 (π 脉冲) 作用, 结果使原子的能态发生反转, 即 $|3\rangle$ 态的原子通过受激辐射而跃迁到 $|1\rangle$ 态, 并获得一个 $-\hbar k_g$ 的动量而减速; 而 $|1\rangle$ 态的原子通过受激吸收而跃迁到 $|3\rangle$ 态, 并获得一个 $\hbar k_g$ 的动量而加速, 从而在空间上实现了原子束的偏转. 被偏转的原子束再一次在自由空间中传输, 经过一个脉冲间隔后, 两个 $|1\rangle$ 和 $|3\rangle$ 态的波包同时与第三束光脉冲 ($\pi/2$ 脉冲) 作用, 结果再一次发生相干分裂, 使得在空间两两对应重叠, 产生干涉效应 (图 9-27).

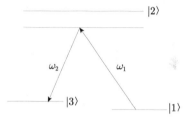

图 9-26　双光子受激拉曼跃迁图

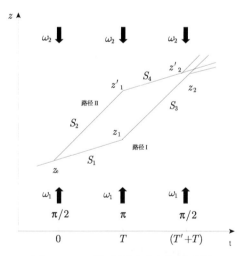

图 9-27　三脉冲原子重力仪原理图

现在用式 (9.6.8)、式 (9.6.9) 所定义的矩阵来分析原子重力仪中的相位差. 在原子重力仪中, 事先用磁光俘获法在真空室中冷却原子, 形成冷原子团. 将这个原子团垂直向上喷, 并在这个过程中与三束相互时间间隔为 T 和 T' 的拉曼脉冲相互作用后, 会相互交换动量 $\pm\hbar k/M$. 我们把作用点的坐标和相应的速度标在原子干涉仪的两条经典轨迹上, 各原子初始位置为 z_0(z 即为上文中的 q). 原子受到 $\pi/2$ 脉冲后, 分为两束, 路径 I 上的原子速度仍为 v_0, 路径 II 上的原子速度则为 $v_0' = v_0 + \hbar k/m$. 于是

$$\begin{pmatrix} z_1 \\ v_1 \\ 1 \end{pmatrix} = \begin{pmatrix} 1 & 0 & 0 \\ 0 & 1 & \hbar k/M \\ 0 & 0 & 1 \end{pmatrix} \begin{pmatrix} A(T) & B(T) & \xi(T) \\ C(T) & D(T) & \dot{\xi}(T) \\ 0 & 0 & 1 \end{pmatrix} \begin{pmatrix} z_0 \\ v_0 \\ 1 \end{pmatrix} \tag{9.6.13}$$

$$\begin{pmatrix} z_2 \\ v_2 \\ 1 \end{pmatrix} = \begin{pmatrix} 1 & 0 & 0 \\ 0 & 1 & -\hbar k/M \\ 0 & 0 & 1 \end{pmatrix} \begin{pmatrix} A(T') & B(T') & \xi(T') \\ C(T') & D(T') & \dot{\xi}(T') \\ 0 & 0 & 1 \end{pmatrix} \begin{pmatrix} z_1 \\ v_1 \\ 1 \end{pmatrix} \tag{9.6.14}$$

$$\begin{pmatrix} z_1' \\ v_1' \\ 1 \end{pmatrix} = \begin{pmatrix} A(T) & B(T) & \xi(T) \\ C(T) & D(T) & \dot{\xi}(T) \\ 0 & 0 & 1 \end{pmatrix} \begin{pmatrix} 1 & 0 & 0 \\ 0 & 1 & \hbar k/M \\ 0 & 0 & 1 \end{pmatrix} \begin{pmatrix} z_0 \\ v_0 \\ 1 \end{pmatrix} \tag{9.6.15}$$

$$\begin{pmatrix} z_2' \\ v_2' \\ 1 \end{pmatrix} = \begin{pmatrix} A(T') & B(T') & \xi(T') \\ C(T') & D(T') & \dot{\xi}(T') \\ 0 & 0 & 1 \end{pmatrix} \begin{pmatrix} 1 & 0 & 0 \\ 0 & 1 & -\hbar k/M \\ 0 & 0 & 1 \end{pmatrix} \begin{pmatrix} z_1' \\ v_1' \\ 1 \end{pmatrix} \tag{9.6.16}$$

通过上述矩阵, 可以得到两路原子的相位差

$$\begin{aligned} \delta\varphi =& -k(z_2 - z_1 - z_1' + z_0) + \frac{k(z_2 - z_2')}{2} \\ =& -k\left[\frac{(z_2 + z_2')}{2} - (z_1 + z_1') + z_0\right] \\ =& -\frac{k}{\sqrt{\gamma}}[\sinh(\sqrt{\gamma}(T+T')) - 2\sinh(\sqrt{\gamma}T)]\left(v_0 + \frac{\hbar k}{2M}\right) \\ & + \sqrt{\gamma}[1 + \cosh(\sqrt{\gamma}(T+T')) - 2\cosh(\sqrt{\gamma}T)]\left(z_0 - \frac{g}{\gamma}\right) \Bigg] \end{aligned} \tag{9.6.17}$$

取 γ 的一阶展开式, 在 $T' = T$ 的情况下, 式 (9.6.17) 可以简化为

$$\delta\varphi = kgT^2 + k\gamma T^2\left[\frac{7}{12}gT^2 - \left(v_0 + \frac{\hbar k}{2M}\right)T - z_0\right] \tag{9.6.18}$$

此结果与 Chu 等所得到的完全相符[71], 也和 Wolf 等对经典轨迹进行拉格朗日积分所得出的结果一致[77].

对于更为复杂的原子干涉仪, 如五脉冲式原子干涉仪等, 同样可以用上述方法加以分析.

9.6.3 三能级原子干涉仪的精度分析

考虑一个三能级原子, 能级如图 9-28 所示. 图中 $|g\rangle$ 态是原子的基态, $|a\rangle$ 态和 $|b\rangle$ 态是原子的两个激发态. ω_a 和 ω_b 是激光脉冲的两个频率, 这两个光脉冲可分别使原子发生 $|g\rangle - |a\rangle$ 和 $|g\rangle - |b\rangle$ 之间的跃迁.

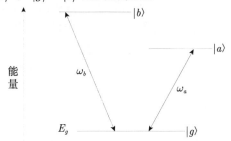

图 9-28 三能级原子的能级和与之相互作用的两束激光的共振频率

部分处于 $|g\rangle$ 态的原子由于接收了一个 $\hbar k_a$ 或 $\hbar k_b$ 的动量而加速, 对应跃迁到 $|a\rangle$ 态或 $|b\rangle$ 态, 其中 k_a、k_b 是光的波矢, 分别对应于图 9-28 中的 ω_a 和 ω_b. 原子从低能态跃迁到高能态的概率取决于所加光脉冲的脉宽: 如果是 $\pi/2$ 脉冲, 概率是 50%; 如果是 π 脉冲, 概率是 100%. $\pi/2$ 脉冲起到分束的作用, π 脉冲起到类似光学中的反射镜的作用. 在 $\pi/2$ 脉冲的作用下, 光束把原子分成两束, 其中一束原子的状态不发生改变, 而另外一束原子的能态将发生跃迁, 并得到 $\hbar k_a$ 或 $\hbar k_b$ 的动量 (取决于激光的频率). 由此两束原子将在纵向上分开一定的距离 $\hbar k_a T/M$ 或 $\hbar k_b T/M$, 式中 T 为两个光脉冲间的时间间隔, M 为原子的质量.

在原子重力仪装置中, 事先用磁光俘获法在水平放置的真空室中冷却原子, 形成冷原子团. 将这个原子团水平喷出, 并在这个过程中与四个频率序列为 $\omega_a - \omega_a - \omega_b - \omega_b$[79,80] 的激光脉冲垂直相互作用, 使之相互交换动量 $\pm\hbar k/M$, 如图 9-29 所示.

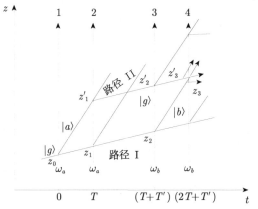

图 9-29 激光脉冲序列为 $\omega_a - \omega_a - \omega_b - \omega_b$ 的三能级原子干涉仪

我们把作用点的坐标和原子与光作用后的能态标在原子重力仪的两条轨迹上.
图中原子路径用直线和虚线表示, 处于基态 $|g\rangle$ 的原子初始位置为 z_0. 原子从左至
右与四束用竖直点线所表示的光脉冲相互作用. 第一束和第二束频率为 ω_a 的激光
使原子能态在 $|g\rangle - |a\rangle$ 之间跃迁. 第三束和第四束频率为 ω_b 的激光使原子能态在
$|g\rangle - |b\rangle$ 之间跃迁. 第一束与第二束激光脉冲间隔的时间和第三束与第四束激光脉
冲间隔的时间相同. 整个过程两束原子经过自由空间传播以及与四束光脉冲的相互
作用后, 可围成一个闭环, 并在最后形成干涉条纹.

运用矩阵定义式 (9.6.8) 和式 (9.6.9), 可以分析光脉冲序列对测量精度的影响.
推导表明, 干涉条纹全部的相位差为[64,75]

$$
\begin{aligned}
\delta\varphi =& k_a(z_1' - z_0) - k_b[(z_3 + z_3')/2 - z_2] \\
=& \frac{2\sinh(T\sqrt{\gamma}/2)}{M\gamma}[k_\alpha\sqrt{\gamma}(\hbar k_a + Mv_0)\cosh(T\sqrt{\gamma}/2) + \hbar k_a k_b\sqrt{\gamma}\cosh(T + 2T')\sqrt{\gamma}/2] \\
& - \hbar k_a k_b\sqrt{\gamma}\cosh((3T + 2T')\sqrt{\gamma}/2) \\
& - Mk_b v_0\sqrt{\gamma}\cosh((3T + 2T')\sqrt{\gamma}/2) - Mk_a g\sin(T\sqrt{\gamma}/2) \\
& + Mk_a z_0 \gamma\sinh(T\sqrt{\gamma}/2) + Mk_b g\sinh((3T + 2T')\sqrt{\gamma}/2) \\
& - Mk_b z_0 \gamma\sinh((3T + 2T')\sqrt{\gamma}/2)]
\end{aligned} \tag{9.6.19}
$$

取 γ 的一阶展开式, 在 $T' = T$ 的情况下, 可简化为

$$
\delta\varphi = \frac{1}{2}(2k_b - k_a)gT^2 + \delta\varphi_0 + \gamma T^2\delta\varphi_1 \tag{9.6.20}
$$

式中, γ 很小, 一般为 $10^{-7}\mathrm{g/m}$, 因此测量重力加速度时, 可以不考虑最后一项
$\gamma T^2\delta\varphi_1$. 在实验装置固定且在一定的原子初速度的情况下, 由于式中的其他量都是
取定的, 所以 $\delta\varphi_0$ 是一个定值. 这样, 在实验中直接测得相位差 $\delta\varphi$ 之后, 可以通过
式 (9.6.20) 的前两项计算出重力加速度 g. 这个结果与 Chu[71] 等用三对拉曼脉冲
光实现的原子重力仪得到的结果类似. McGuirk 等[72] 在 Chu 的基础上提出了多
加几对光脉冲的方法来提高系数, 但实验难度更大, 因为冷原子下落到底部的时间
是有限的.

为了进一步提高三能级原子重力仪的测量精度, 可以将四个光脉冲的频率序列
改变为如图 9-30 所示的 $\omega_a - \omega_b - \omega_a - \omega_b$(与图 9-29 中所示的原子重力仪相比, 相
当于第二束和第三束激光互换).

采用同样的方法, 可以求得该三能级原子重力仪在 $T' = T$ 的情况下, 相位差为

$$
\begin{aligned}
\delta\varphi &= k_a(z_2' - z_0) - k_b\left[\frac{(z_3 + z_3')}{2} - z_1\right] \\
&= 2(2k_b - k_a)gT^2 + \delta\varphi_0' + \gamma T^2\delta\varphi_1'
\end{aligned} \tag{9.6.21}
$$

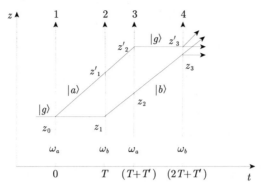

图 9-30　激光脉冲序列为 $\omega_a - \omega_b - \omega_a - \omega_b$ 的三能级原子干涉仪

对比式 (9.6.20) 和式 (9.6.21) 中第一项的系数, 可以发现图 9-30 所示的三能级原子重力仪比图 9-29 所示的三能级原子重力仪精度要高, 而实验上并没有增加难度.

图 9-31 为根据文献 [81] 中的实验数据得到的原子重力仪的相位差 $\delta\varphi$ 与重力加速度的测量精度 Δg 之间的关系. 图 9-31 中斜线 (1) 和 (2) 分别为 $\omega_a - \omega_a - \omega_b - \omega_b$ 序列和 $\omega_a - \omega_b - \omega_a - \omega_b$ 序列的原子重力仪的相位差与重力加速度的测量精度的关系曲线. 可以看出, 对于相同的相位差 $\delta\varphi$, (2) 的数值比 (1) 的数值要小, 即 $\omega_a - \omega_b - \omega_a$ ω_b 序列的原子重力仪的精度比 $\omega_a - \omega_a - \omega_b - \omega_b$ 序列的原子重力仪的精度要高. 这说明, 通过改变光脉冲的序列可以提高原子重力仪的测量精度.

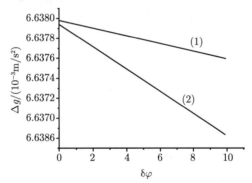

图 9-31　原子重力仪的相位差与重力加速度的测量精度之间的关系

上述研究表明, 3×3 阶矩阵方法可以方便地用来求解原子干涉仪中的一些问题, 尤其对处理多个脉冲的原子重力仪将更能显示出它的简便. 这一方法还可用于其他原子干涉仪的分析, 如用于原子钟、陀螺仪等.

参 考 文 献

[1]　HANSCH T, SCHAWLOW A. Cooling of gases by laser radiation[J]. Opt Commun,

1975, 13: 68, 69.

[2]　ADAMS C S, SIGEL M, MLYNEK J. Atoms optics[J]. Phys Rept, 1994, 240(3): 143~210.

[3]　BALDWIN K G H. Experiments in atom optics[J]. Aust J Phys, 1996, 49 (4): 855~897.

[4]　FOLMAN R, KRÜGER P, SCHMIEDMAYER J, et al. Microscopic atom optics: from wires to an atom chip[J]. Adv in At Mol Opt Physics, 2002, 48: 263~356.

[5]　ROLSTON S L, PHILLIPS W D. Nonlinear and quantum atom[J]. Nature, 2002, 416: 219~224.

[6]　印建平. 原子光学讲座第一讲: 几何与波动原子光学及其器件 [J]. 物理, 2006, 35(1), 69~75.

[7]　王义遒. 原子的激光冷却与囚禁和稀薄气体玻色 – 爱因斯坦凝聚的实现. 见: 曾谨言, 龙桂鲁, 裴寿镀. 量子力学进展 (第三辑)[M]. 北京: 清华大学出版社, 2003.

[8]　王义遒. 原子的激光冷却与陷俘 [M]. 北京: 北京大学出版社, 2007.

[9]　李师群. 激光冷却和捕陷中性原子 [J]. 大学物理, 1999, 18(1): 1~5; 18(2): 1~6.

[10]　DALIBARD J, COHEN-TANNOUDJI C. Laser cooling below the Doppler limit by polarization gradients: simple theoretical models[J]. J Opt Soc Am B, 1989, 6(11): 2023~2045.

[11]　COHEN-TANNOUDJI C, PHILLIPS W D. New mechanisms for laser cooling[J]. Phys Today, 1990, 43(10): 33~40.

[12]　王育竹, 徐震. 激光冷却及其在科学技术中的应用 [J]. 物理学进展, 2005, 25(4): 347~358.

[13]　陈徐宗, 周小计, 陈帅, 等. 物质的新状态 —— 玻色 – 爱因斯坦凝聚 [J]. 物理, 2002, 31(3): 141~145.

[14]　BOSE S N. Planck's law and the light quantum hypothesis[J]. Z Phys, 1924, 26(2): 178~185.

[15]　EINSTEIN A. Quantentheorie des einatomigen idealen gases[J]. Sitzungsber Preuss Akad Wiss Phy-math Kl, 1924,22: 261~267; 1925, 1: 3~14.

[16]　ANDERSON M H, ENSHER J R, MATTHEWS M R, et al. Observation of Bose-Einstein condensation in a dilute atomic vapor[J]. Science, 1995, 269: 198~201.

[17]　DAVIS K B, MEWES M O, ANDREWS M R, et al. Bose-Einstein condensate in a gas of sodium atom[J]. Phys Rev Lett, 1995, 75(22): 3969~3973.

[18]　王晓辉, 李义民, 王义遒. 玻色 – 爱因斯坦凝聚的物理实现及其应用展望 [J]. 物理, 1998, 27(1): 3~11.

[19]　李师群. 超冷原子物理原子学与光学 (续)[J]. 物理与工程, 2002, 12(2): 8~11.

[20]　ABO-SHAEER J R, RAMAN C, VOGELS J M, et al. Observation of vortex lattices in Bose-Einstein condensates[J]. Science, 2001, 292: 476~479.

[21]　CHU S, HOLLBERG L, BJORKHOL J E, et al. Three-dimensional viscous confinement and cooling of atoms by resonance radiation pressure[J]. Phys Rev Lett, 1985, 55(1): 48~51.

[22] SESKO D, FAN C G, WIEMAN C E. Production of a cold atomic vapor using diode-laser cooling[J]. J Opt Soc Am B, 1988, 5(6): 1225~1227.

[23] LETT P D, WATTS R N, WESTBROOK C I, et al. Observation of atoms laser cooled below the Doppler limit[J]. Phys Rev Lett, 1998, 61: 169~172.

[24] DALIBARD J, SALOMON C, ASPECT A, et al. Atomic Physics. II[M]. Singapore: World Scientific, 1989.

[25] SHEEHY B, SHANG S-Q, VAN DER STRATEN P, et al. Magnetic field induced laser cooling below the Doppler limit[J]. Phys Rev Lett, 1990, 64(8): 858~861.

[26] ASPECT A, ARIMONDO E, KAISER R, et al. Laser cooling below the one-photon recoil energy by velocity-selective coherent population trapping[J]. Phys Rev Lett, 1988, 61(7): 826~829.

[27] LAWALL J, KULIN S, SAUBAMEA B, et al. Three-dimensional laser cooling of Helium beyond the single-photon recoil limit[J]. Phys Rev Lett, 1995, 75(23): 4194~4197.

[28] KASEVICH M, WEISS D S, RIIS E, et al. Atomic velocity selection using stimulated Raman transitions[J]. Phys Rev Lett, 1997, 66(18): 2297~2300.

[29] LETOKHOV V S. Doppler line narrowing in a standing light wave[J]. JETP Lett, 1968, 7: 272~274.

[30] ASHKIN A. Trapping of atoms by resonance radiation pressure[J]. Phys Rev Lett, 1978, 40(12): 729~732.

[31] CHU S, J. BJORKHOLM E, ASHKIN A, et al. Experimental observation of optically trapped atoms[J]. Phys Rev Lett, 1986, 57(3): 314~318.

[32] DALIBARD J, REYNAUD S, COHEN-TANNOUDJI C. Proposals of stable optical traps for neutral atoms[J]. Opt Commun, 1983, 47: 395~399.

[33] ASHKIN A, GORDON J. Cooling and trapping of atoms by resonance radiation pressure[J]. Opt Lett, 1979, 40(6): 161~163.

[34] ASHKIN A, DZIEDZIE J. Observation of radiation-pressure trapping of particles by alternating light beams[J]. Phys Rev Lett, 1985, 54(12): 1245~1248.

[35] MIGDALL A, PRODAN J, PHILLIPS W, et al. First observation of magnetically trapped neutral atoms[J]. Phys Rev Lett, 1985, 54(24): 2596~2599.

[36] BAGNATO V, LAFYATICS G, MARTIN A, et al. Continuous stopping and trapping of neutral atoms[J]. Phys Rev Lett, 1983, 58(21): 2194~2197.

[37] PETRICH W, ANDERSON M H, ENSHER J R, et al. Stable, tightly confining magnetic trap for evaporative cooling of neutral atoms[J]. Phys Rev Lett, 1995, 74(17): 3352~3355.

[38] LOVELACE R V E, MEHANIAN C, TOMMILA T J, et al. Magnetic confinement of a neutral gas[J]. Nature, 1985, 318(7): 30~36.

[39] CORNELL E A, MONROE C, WIEMAN C. Multiply loaded, ac magnetic trap for neutral atoms[J]. Phys Rev Lett, 1991, 67(18): 2439~2442.

[40] ASHKIN A, GORDON J P. Stability of radiation-pressure traps: an optical earnshaw theorem[J]. Opt Lett, 1983, 8(10): 511~513.

[41] PRITCHARD D E, RAAB E, BAGNATO V, et al. Light traps using spontaneous forces[J]. Phys Rev Lett, 1986, 57(3): 310~313.

[42] RAAB E, PRENTISS M, CABLE A, et al. Trapping of neutral sodium atoms with radiation pressure[J]. Phys Rev Lett, 1987, 59(23): 2631~2634.

[43] MONROE C, SWANN W, ROBINSON H, et al. Very cold trapped atoms in a vapor cell[J]. Phys Rev Lett, 1990, 65(13): 1571~1574.

[44] KETTERLE W, DAVIS K, JOFFE M, et al. High densities of cold atoms in a dark spontaneous-force optical trap[J]. Phys Rev Lett, 1993, 70(15): 2253~2256.

[45] LIU X, LIN Y, ZHOU S, et al. Laser cooling and trapping of a sodium atoms in magneto-optical trap[J]. Chinese Journal of Lasers, 1996, B5(6): 511~515.

[46] LI Y, CHEN X, WANG Q, et al., Capture and escape of cesium atoms in the 1D magneto-optical trap[J]. Laser Physics, 1996, 6(2): 290~294.

[47] WANG J, ZHANG T, YANG W, et al. Magneto-optical trap loaded from an ultrahigh-vacuum vapor cell of cesium atoms[J]. Acta Sinica Quantum Optica, 1998, 4: 229~235.

[48] HESS H F. Evaporative cooling of magnetically trapped and compressed spin-polarized hydrogen[J]. Phys Rev B, 1986, 34(5): 3476~3479.

[49] MASUHARA N, DOYLE J M, SANDBERG J C, et al. Evaporative cooling of spin-polarized atomic hydrogen[J]. Phys Rev Lett, 1988, 61(8): 935~938.

[50] 印建平, 王正岭. 玻色－爱因斯坦凝聚 (BEC) 实验及其最新进展 [J]. 物理学进展, 2005, 25(3): 235~257.

[51] ENSHER J R, JIN D S, MATTHEWS M R, et al. Bose-Einstein condensation in a dilute gas: measurement of energy and ground-state occupation[J]. Phys Rev Lett, 1996, 77 (25): 4984~4987.

[52] 窦志国. 碱性原子的玻色－爱因斯坦冷凝态与 "原子激光"[J]. 物理与工程, 2002, 12(4): 30~33.

[53] WANG Y, ZHOU S, LONG Q, et al. Evidence for a Bose Einstein Condensate in dilute Rb gas by absorption image in a quadrupole and Ioffe configuration trap[J]. Chin Phys Lett, 2003, 20(6): 799~801.

[54] CHEN S, ZHOU X, YANG F, et al. Analysis of runawany evaporation and Bose-Einstein condensation by time-of-flight absorption imaging[J]. Chin Phys Lett, 2004, 21(11): 2105~2108.

[55] 邓鲁. 原子激光器与非线性原子光学: 现代原子物理学的新进展 [J]. 物理, 2000, 29(2): 65~68.

[56] 王裕民. 原子激光 [J]. 激光与光电子学进展, 2000, 8: 1~5.

[57] 李师群. 激光冷却和捕陷中性原子③[J]. 大学物理, 1999, 18(3): 1~4.

[58] MEWES M O, ANDREWS M R, KURN D M, et al. Output coupler for Bose–Einstein condensed atoms[J]. Phys Rev Lett, 1997, 78(4): 582~585.

[59] KETTERLE_GROUP. Atom laser pictures[EB/OL]. http://cua.mit.edu/ketterle_group /Projects_1997/Atom_laser_pics/Atom_laser_pics.htm, 2009-09-30.

[60] GUSTAVSON T L, CHIKKATUR A P, LEANHARDT A E, et al. Transport of Bose-Einstein condensates with optical tweezers[J]. Phys Rev Lett, 2000, 88(2): 020401-1-4.

[61] LAHAYE T, VOGELS J M, GÜNTER K J, et al. Realization of a magnetically guided atomic beam in the collisional regime[J]. Phys Rev Lett, 2004, 93(9): 093003-1-4.

[62] LAHAYE T, WANG Z, REINAUDI G, et al. EVAPORATIVE cooling of a guided rubidium atomic beam[J]. Phys Rev A, 2005, 72(3): 033411-1-9.

[63] KETTERLE_GROUP. Nice pictures[EB/OL]. http://cua.mit.edu/ketterle_group/Nice_ pics.htm, 2009-09-30.

[64] KEITH D W, EKSTROM C R, TURCHERRE Q A, et al. An interferometer for atoms[J]. Phys Rev Lett, 1991, 66(21): 2693~2696.

[65] RASEL E M, OBERTHALER M K, BATELAAN H, et al. Atom wave interferometry with diffraction gratings of light[J]. Phys Rev Lett, 1995, 75(14): 2633~2637.

[66] GILTNER D M, MCGOWAN R W, LEE S A. Atom interferometer based on Bragg scattering from standing light waves[J]. Phys Rev Lett, 1995, 75(14): 2638~2641.

[67] LENEF A, HAMMOND T D, SMITH E T, et al. Rotation sensing with an atom interferometer[J]. Phys Rev Lett, 1997, 78(5): 760~763.

[68] FRAY S, DIEZ C A, HÄSCH T W. Atomic interferometer with amplitude gratings of light and its applications to atom based tests of the equivalence principle[J]. Phys Rev Lett, 2004, 93(24): 240404-1-4.

[69] SNADDEN M J, MCGUIRK J M, BOUYER P, et al. Measurement of the earth's gravity gradient with an atom interferometer-based gravity gradiometer[J]. Phys Rev Lett, 1998, 81(5): 971~974.

[70] KASEVICH M, CHU S. Measurement of the gravitational acceleration of an atom with a light-pulse atom interferometer[J]. Appl Phys B, 1992, 54: 321~332.

[71] PETERS A, CHUNG Y K, CHU S. Measurement of gravitational acceleration by dropping atoms[J]. Nature, 1999, 400: 849~852.

[72] MCGUIRK J M, FOSTER G T, FIXLER J B, et al. Sensitive absolute-gravity gradiometry using atom interferometry[J]. Phys Rev A, 2002, 65: 033608-1-14.

[73] 郑森林, 林强. 分析原子干涉仪的矩阵方法 [J]. 光学学报, 2005, 25(6): 860~864.

[74] 郑森林, 陈君, 林强. 光脉冲序列对三能级原子重力仪的测量精度的影响 [J]. 物理学报, 2005, 54(8): 3535~3541.

[75] 郑森林. 冷原子的实现及原子干涉仪中相位差的研究 [D]. 杭州: 浙江大学理学院, 2005.

[76] CLAUSER J F. Ulter-high sensitivity accelerometers and gyroscopes using neutral atom matter-wave interferometry[J]. Physica B, 1988, 151: 262~272.

[77]　WOLF P, TOURRENC P H. Gravimetry using atom interferometers: some systematic effects[J] . Phys Lett A, 1999, 251(4): 241~246.

[78]　BORDÉ C H J. Theoretical tools for atom optics and interferometry[J]. C. R. Acad Sci Paris, 2001, 2(4): 509~530.

[79]　BORDÉ C H J. Atomic interferometry with internal state labelling[J]. Phys Lett A, 1989, 140(1): 10~12.

[80]　KAZUHITO H, SHINYA Y, ATSUO M. Three-level atom interferometer with bichromatic laser fields[J]. Phys Rev A, 2003, 68: 043621-1-11.

[81]　PETERS A, CHUNG K Y, CHU S, High-precision gravity measurements using atom interferometry[J]. Metrologia, 2001, 38: 25~61.

第 10 章　超 快 光 学

超短脉冲激光在最近十几年里得到了飞速的发展, 脉冲周期已进入几个飞秒 $(10^{-15}s)$ 的单周期量级, 并正在向阿秒 $(10^{-18}s)$ 脉冲发展. 超短脉冲激光为人类探索微观超快现象及研究强场物理提供了前所未见的技术手段. 利用超短脉冲激光, 可以观察到极快的化学反应过程, 包括化学键的断裂与重组、分子与原子的振动过程等. 美国加州理工学院的 Zewail 教授利用飞秒激光技术成功地控制了化学键的成键与断裂, 观察到了从反应物到生成物的中间过程, 因此获得 1999 年诺贝尔化学奖. 超短脉冲激光聚焦后的强度可达到 $10^{22}W/cm^2$ 甚至更高. 利用这种极高的峰值功率, 可以开展极端条件下强场物理的研究, 包括激光等离子体、X 射线辐射源、热核聚变快速点火等. 以超短脉冲激光为核心的超快光学将给未来的光电子技术、光通信技术、微加工技术、等离子技术、热核反应技术、生物化学技术以及医疗技术等领域带来重大的影响.

10.1　超短脉冲激光

10.1.1　激光发展简述

激光的理论基础是 1917 年爱因斯坦提出的受激辐射概念. 受激辐射是处于激发态的原子在一定频率的外来光子的刺激下回到某个低能态并辐射出连同入射光子在内共两个光子的过程 (图 10-1). 受激辐射产生的光具有相同的频率、相位、偏振和传播方向, 因而激光具有单色性佳、相干性好、亮度高等区别于传统光源的一系列优点.

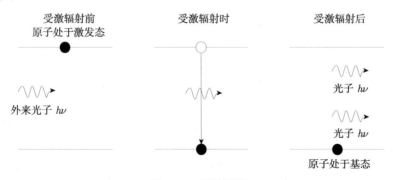

图 10-1　受激辐射

经过近 40 年的努力, 人们首先在电磁波的微波段实现了受激辐射放大, 研制出了微波激射器 (maser). 1958 年, 美国科学家汤斯 (Townes) 和肖洛 (Schawlow) 提出, 在一定条件下, 可以将微波激射器推广到光学波段. 1960 年梅曼 (Theodore H. Maiman) 制造出了世界上第一台激光器 —— 红宝石激光器. 此后, 激光技术迅速发展, 激光介质也覆盖了气体、固体、半导体和染料等各种不同的物态, 并获得了广泛的应用.

图 10-2 为激光器的原理示意图. 激光器主要由工作物质、泵浦源和谐振腔三部分构成. 由泵浦源提供能量, 将工作物质中的原子由基态抽运至高能态, 当高能态的粒子数超过低能级的粒子数时, 即实现了粒子数反转. 这时受激辐射产生的光在由一个全反射镜和一个部分反射镜组成的谐振腔内来回振荡, 使更多的工作物质原子产生受激辐射, 从而实现光的受激辐射放大 (light amplification by stimulated emission of radiation, Laser), 由此形成的高单色性、高相干性、高方向性、高亮度的激光经由部分反射镜输出.

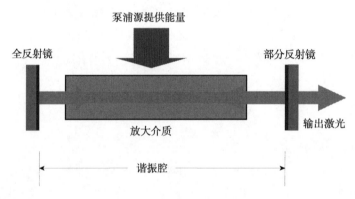

图 10-2　激光器的原理示意图

激光诞生以来的近半个世纪里, 激光技术向众多的方向蓬勃发展. 超短脉冲激光技术是其中一个非常重要、影响深远的发展方向. 超短脉冲激光发展到今天大致经历了下述几个阶段[1]:

(1) 20 世纪 70 年代的皮秒 (10^{-12}s) 激光技术. 这个阶段建立起了各种锁模理论, 探索和试验了各种锁模方法, 并逐步成熟走向物理和化学等方面的初步应用.

(2) 20 世纪 80 年代的飞秒 (10^{-15}s) 染料激光技术. 这个阶段发展起了碰撞锁模染料激光器技术, 使激光能够稳定地运转在飞秒量级.

(3) 20 世纪 90 年代的飞秒固体激光技术. 这个阶段在产生飞秒激光的介质上取得了重大突破, 出现了固体介质的超短脉冲激光器, 大大提高了激光器的稳定性.

(4) 进入 21 世纪以后, 利用高次谐波产生技术可以产生阿秒 (10^{-18}s) 量级[2,3]的激光脉冲.

10.1.2 飞秒脉冲激光器的种类

按照激光介质的不同, 飞秒激光器可以分为四类.

1. 有机染料介质飞秒激光器

这类激光器根据不同染料可以输出不同波长的飞秒脉冲. 波长范围覆盖了从紫外到红外的波段, 其中最有效的波长集中于 620nm(红光) 附近. 主要技术手段是被动锁膜, 主要技术途径是两个相反方向传播的光脉冲在可饱和吸收染料中的碰撞锁模技术.

2. 飞秒固体激光器

以掺钛蓝宝石 (Ti:Al$_2$O$_3$)、掺镁橄榄石等固体材料为介质的飞秒固体激光器可以实现非常稳定的自锁模振荡, 波长范围在红光和近红外区, 即 700nm~1.10μm 和 1.2~1.3μm, 其二次谐波可以覆盖紫外. 固体介质超短脉冲激光器比起染料激光器来具有很多优点. 例如, 有很高的增益带宽, 容易获得很短的飞秒脉冲, 可调谐范围宽、输出功率高、结构简单、性能稳定、寿命长、无毒性等.

图 10-3 为 1991 年英国圣　安德鲁大学的 Spence 等[4] 报道的自锁模掺钛蓝宝石 (Ti:Al$_2$O$_3$) 激光器示意图 (其中棱镜对 P_1、P_2 起色散补偿作用). 这个激光器能产生 60fs 的超短脉冲.

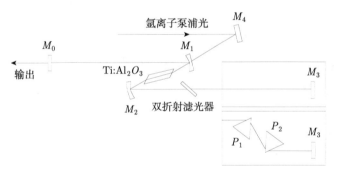

图 10-3　自锁模掺钛蓝宝石激光器示意图[4]

3. 飞秒半导体激光器

这是一种引入了多量子阱材料的超短脉冲半导体激光器. 多量子阱材料具有高增益、低色散、宽谱带、强的非线性增益饱和以及非常快的恢复时间等优点. 多量子阱材料飞秒半导体激光器的体积小, 可应用于高比特的多路通信等领域.

4. 飞秒光纤激光器

这是一种以掺杂稀土元素的 SiO$_2$ 为增益介质的光纤激光器, 具有结构紧凑、效率高、损耗低等特点, 其波长范围适宜于光通信领域.

10.1.3　飞秒激光关键技术[1,5]

1. 飞秒脉冲的产生

飞秒脉冲激光由皮秒激光技术发展而来. 飞秒、皮秒超短脉冲的获得需要依靠的一个核心技术是锁模技术. 由图 10-4 可以看出, 通过对激光各种频率 (纵模) 成分相位的锁定可以产生超短脉冲.

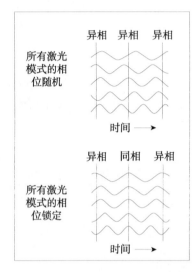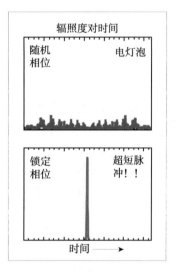

图 10-4　激光锁模实现超短脉冲

1981 年美国贝尔实验室的 Fork 和 Shank 等首次利用对碰脉冲锁模染料激光器产生了 100fs 可见光脉冲, 将皮秒脉冲压缩获得了飞秒的范围. 1985 年又利用啁啾脉冲压缩获得 27fs 的激光脉冲, 1987 年获得 6fs 的脉冲. 进入 90 年代后, 又将飞秒技术推进到固体激光领域.

下面以自锁模掺钛蓝宝石激光器为例来说明一下飞秒脉冲产生的原理 (图 10-5).

在凹面反射镜 M_1、M_2 组成的腔室中置入长约几个毫米的掺钛蓝宝石. 来自 Ar 离子激光器的蓝绿光或来自固体激光器的倍频绿光激发晶体产生受激辐射, 在 M_3、M_4 组成的谐振腔中来回多次振荡、放大而输出激光. 棱镜对 P_1、P_2 起群速度色散补偿作用, 狭缝光阑 S 用于锁模脉冲的压缩. 这种激光器能够输出飞秒脉冲得益于将棱镜对插入钛蓝宝石激光器的谐振腔中, 从而使激光器由连续振荡模式过渡到锁模模式, 而不需要饱和吸收器或附加脉冲锁模. 进一步研究发现这是一种与光强有关的脉冲选择机制, 与增益介质的高次非线性即克尔效应有关, 因而被称为克尔透镜锁模.

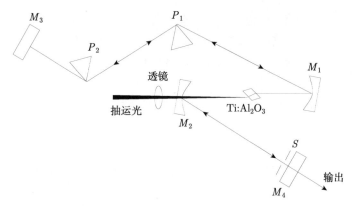

图 10-5　自锁模掺钛蓝宝石激光器结构

2. 飞秒脉冲的放大

若不经过放大, 飞秒激光输出的单个脉冲能量一般为 $0.1\sim10\mu J$, 对应的峰值功率为 $10^{13}\sim10^{15}W$. 对于超快超强激光物理和化学的研究等, 这样的光功率还远远不够, 必须发展起相应的飞秒激光放大技术. 但是被放大的激光峰值功率达到一定程度时会面临两个棘手的问题: 一是由于增益饱和使得其从增益介质中抽取能量变得低效甚至无效; 二是高峰值功率的飞秒光脉冲通过介质时表现出极强的非线性效应和破坏效应.

为解决上述问题, 1985 年美国密执安大学的 Strickland 和 Mourou[6] 提出了激光脉冲的啁啾放大技术 (chirped-pulse amplification, CPA), 其基本原理可以概括为 "先展宽、再放大、后压缩" 三个过程 (图 10-6). 首先, 将由谐振器产生的飞秒脉冲

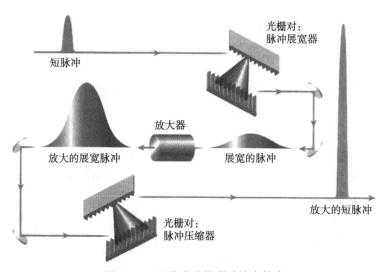

图 10-6　飞秒脉冲的啁啾放大技术

展宽到皮秒甚至纳秒量级, 使其峰值功率值降低若干个量级. 这时的脉冲具有随时间变化的频率, 因此称这种脉冲为啁啾脉冲 (图 10-7). 然后, 将这种具有啁啾的宽脉冲经过放大介质放大. 由于展宽后的脉冲的峰值功率较低, 因此可以充分地抽取能量并有效地抑制自聚焦等非线性效应和破坏效应. 最后, 经过放大后的啁啾脉冲在具有与扩展器相反符号色散特性的压缩器压缩后, 恢复到原来的飞秒脉冲宽度, 但峰值功率可以提高 6~7 个数量级.

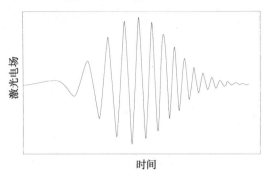

图 10-7   啁啾脉冲 (脉冲频率随时间增大)

啁啾有正啁啾和负啁啾两种情况. 若脉冲的低频成分走在高频成分的前头, 称作 "正啁啾", 反之为 "负啁啾". 含有线性啁啾的脉冲可表示为

$$E(t) = A(t) \exp\left[i\left(\omega_0 t + Ct^2 \right) \right] \tag{10.1.1}$$

式中, $C > 0$ 为正啁啾, $C < 0$ 为负啁啾.

啁啾脉冲放大技术中的展宽器和压缩器可以选用不同的光学元件. 一个典型的掺钛蓝宝石激光器中的啁啾脉冲放大要求将脉冲展宽到数百皮秒, 这意味着不同的波长成分最大要相差约 10cm 的光程. 能够达到这一光程差的最实用的途径是采用基于光栅的展宽器和压缩器.

展宽器和压缩器的特点在于它们的色散性质. 对于负色散来说, 光脉冲的高频 (短波) 成分要比低频 (长波) 成分花较少的时间穿过器件. 正色散则正好相反. 在一个啁啾脉冲放大器里, 展宽器和压缩器的色散应该刚好抵消. 出于实际的考虑, 展宽器通常设计成正色散, 压缩器则设计成负色散 (图 10-6). 图 10-8 为一基于光栅的负色散脉冲压缩器. 图 10-9 则为一基于棱镜的正色散脉冲展宽器.

3. 飞秒脉冲的测量

飞秒脉冲具有极窄的时间宽度, 大大超出了通常电子学仪器的时间分辨率 (10^{-9}s), 因此必须发展新的脉冲测量方法. 目前飞秒脉冲技术中采用的是二次自相关函数法 (图 10-10). 自掺钛蓝宝石激光器输出的飞秒脉冲经过分束器分成两

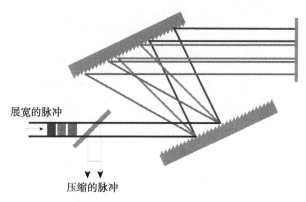

图 10-8 双光栅负色散脉冲压缩器

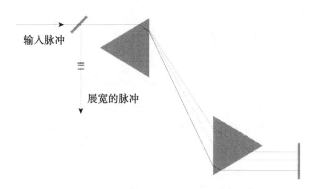

图 10-9 双棱镜正色散脉冲展宽器

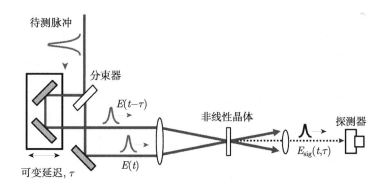

图 10-10 自相关飞秒激光脉冲测量装置

列脉冲, 一列为信号脉冲 $I(t)$, 另一列为参考脉冲 $I(t-\tau)$, 其中 τ 为可变延迟器 (variable delay) 引起两列脉冲的时间差异, 这两列脉冲经过透镜后汇聚于非线性晶体 BBO 上, 倍频光电倍增管探测记录得二次自相关函数

$$A(\tau) = \int_{-\infty}^{+\infty} I(t)I(t-\tau)\mathrm{d}t \tag{10.1.2}$$

由于二次自相关函数 $A(\tau)$ 是 $I(t)$ 的对称函数, 所以不能由 $A(\tau)$ 完全确定出 $I(t)$ 的形状. 为了确定出脉冲形状还需要知道脉冲的频谱信息. 由于 $I(t)$ 与脉冲的频谱 $I(\omega)$ 之间有傅里叶变换关系

$$I(w) = \int_{-\infty}^{+\infty} I(t)\mathrm{e}^{-\mathrm{i}\omega t}\mathrm{d}t \tag{10.1.3}$$

这样由脉冲功率频率谱的形状和 $A(\tau)$ 所确定的宽度便可对飞秒脉冲的形状做出判断[1].

10.1.4　飞秒激光的应用

飞秒激光是一种独特的科学研究工具和手段, 其应用范围很广, 主要包括三个方面.

1. 超快领域

飞秒激光在超快现象研究中所起的作用是快速捕捉信息. 飞秒激光犹如一个极为精细的时钟和一架超高速的 "相机" 可以将自然界中诸如原子、分子水平上的快速过程记录下来. 飞秒激光系统能够让我们研究、了解甚至操控物质内部涉及物理、化学、生物的超快速变化过程. 飞秒脉冲用作光通信的光源, 可把现有的通信速度提高几百倍. 飞秒激光的应用产生了飞秒物理、飞秒化学、飞秒生物学、飞秒光通信、光频率标准 (光频梳技术, 参见 8.2 节) 等多个相关学科.

这里举一个用飞秒激光控制分子中化学键断裂的例子. 图 10-11(a) 表示一个长脉冲作用到分子的某个化学键上时, 该化学键受到激发产生振动, 但几个飞秒之后, 振动将传递到整个分子. 这种现象称作分子内振动重分布, 其结果是: 长脉冲最终使整个分子受到激发, 其中较弱的化学键将出现断裂, 而与最初受到激发的是哪一个键无关. 这就使得我们不能按照意愿实现对某个化学键的控制. 而飞秒超短脉冲激光的出现可以突破这一禁区. 如图 10-11(b) 所示, 一个一定形状的超短激光脉冲作用到分子上, 可以让我们选择性地断裂某个化学键. 显然, 飞秒激光对化学键的人为控制将对化学和分子生物学的发展产生革命性的影响.

2. 超强领域

由于飞秒脉冲激光的峰值功率可以高达拍瓦 ($10^{15}\mathrm{W}$) 量级, 光强可以达到 $10^{22}\mathrm{W/cm^2}$ 甚至更高, 飞秒激光在超强领域 (强场物理领域) 中有重要的应用. 超短脉冲激光强大的电磁场远大于原子中的库仑场, 可以很容易地将原子中的电子全部剥离. 因此, 飞秒激光是研究原子、分子体系的高阶非线性、多光子过程的重要

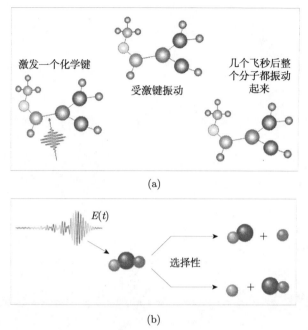

图 10-11　光脉冲对分子化学键的作用

(a) 长脉冲; (b) 超短脉冲

工具. 与飞秒激光相应的能量密度只有在核爆炸中才可能存在, 因此飞秒强光可以用来产生相干 X 射线和其他极短波长的光, 可以用于受控核聚变的研究, 实现核聚变快点火, 甚至可以用于模拟宇宙中的天体物理现象等.

3. 超微细加工领域

飞秒激光超微细加工的独特之处在于 "超微" 与 "超快" 的组合, 它与当今先进的制造技术紧密相关, 对某些关键工业生产技术的发展将起到有力的推动作用. 目前飞秒激光超微细加工已经成为激光、光电子行业中的一个引人注目的前沿研究方向.

飞秒激光超微细加工往往是在极小的空间、极短的时间和极端的物理条件下对物质进行加工的. 用激光超短脉冲进行材料处理或加工不仅可以改进现有激光材料微加工的不足之处, 而且还可以完成传统激光加工无法做到的事情. 飞秒激光能够具备极高的三维光子密度, 对各种材料实现逐层、微量加工. 由于飞秒脉冲不是靠热效应先熔化再蒸发, 而是靠强场直接蒸发材料, 因此用飞秒脉冲来进行微细加工, 其热影响区极小, 打出的孔光滑而没有毛刺, 加工精度都非常之高[7](图 10-12).

一定强度的飞秒激光可以实现对各种材料的精细加工[8]. 图 10-13 为 Chichkov 等用不同脉宽激光对一钢片的打孔实验结果. 扫描电镜 (SEM) 图显示, 用较短脉冲

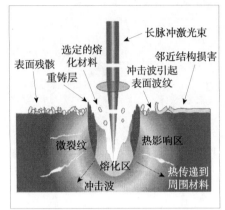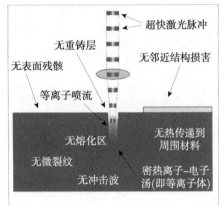

图 10-12　长脉冲和超短脉冲激光加工对材料影响的比较[7]

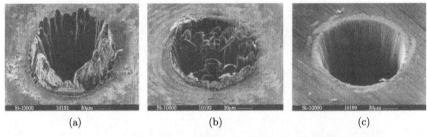

(a)　　　　　　　　　　(b)　　　　　　　　　　(c)

图 10-13　对 100μm 厚钢片的激光打孔扫描电镜图

(a) 3.3ns 激光; (b) 80ps 激光; (c) 200fs 激光[9]

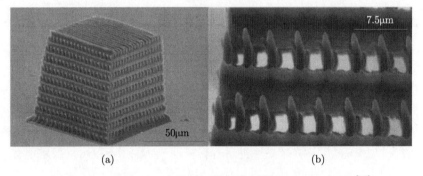

(a)　　　　　　　　　　　　　　　　(b)

图 10-14　飞秒双光子聚合逐层叠加法制作的 3D 光子晶体[10]

的飞秒激光打出的孔具有最好的品质, 飞秒激光对孔周围材料几乎没有烧损的痕迹[9]. 图 10-14 为 Cumpston 等将波长为 800nm、脉宽为 150fs 的激光束聚焦到有很高的双光子吸收截面的聚合物内, 用逐层叠加法制成的具有 3D 光子带隙的微结构器件, 其中图 (b) 为图 (a) 的细节放大[10]. 图 10-15 为 Perry 等用掺钛蓝宝石激光切割直径 1cm、厚度 2mm 的爆炸物品的实验结果. 可以看出, 较长脉冲的激光在切割中产生的热效应使得切割部周围产生不规则烧损, 而用飞秒超短脉冲激光切割则非常地干净利落, 对周围几乎没有造成什么影响, 这对危险易爆物品的安全拆除是十分有利的[11].

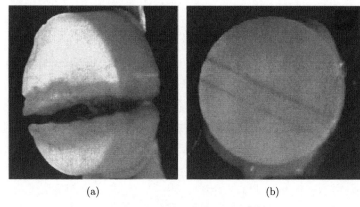

(a)   (b)

图 10-15　对爆炸物品的切割

(a) 用 600ps 激光; (b) 用 120fs 激光[11]

飞秒激光微细加工的例子还有很多. 例如, 飞秒激光可以应用于视力矫正手术、亚微米雕刻等 (图 10-16). 可以预计飞秒激光超微细加工技术在微电子、新型材料、生物芯片、生物医学等科学技术领域中都将有广泛的应用.

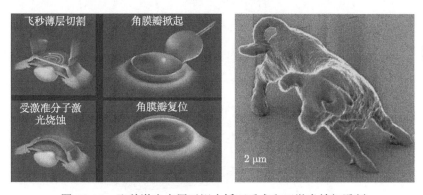

图 10-16　飞秒激光应用于视力矫正手术和亚微米精细雕刻

10.1.5　阿秒脉冲激光研究进展[2,3]

飞秒超短脉冲激光的实现使人类进入了超快光学的时代. 飞秒脉冲作为光探针, 可以用于观察发生在飞秒时间量级的化学反应, 记录下化学反应中分子和原子的动力学过程. 但是对于诸如原子内电子的跃迁和弛豫这样的过程, 由于涉及的时

间在阿秒 (10^{-18}s) 量级, 飞秒脉冲激光就显得无能为力了. 为了研究阿秒时间量级的超快过程中所发生的瞬态现象, 必须进一步探索发展阿秒脉冲激光技术.

当激光脉冲由飞秒向更短的阿秒迈进时, 原先的产生飞秒脉冲的一些方法却不再适用, 其原因主要是受到光振荡周期的限制. 我们知道, 可见光的振荡周期大约是 2fs, 所以在可见光波段不可能产生短于飞秒的光脉冲. 要想实现阿秒脉冲激光必须要在高频区如极紫外或软 X 射线区. 但是在高频区要想利用传统的光学谐振腔来产生阿秒脉冲有两个困难: 一是很难找到紫外区的激光介质, 二是缺乏在紫外区镀宽带膜的成熟技术, 因而难以实现紫外区的谐振腔, 因此必须另辟蹊径来产生更短的阿秒脉冲.

目前最有前途的产生阿秒脉冲的方案是超短脉冲的谐波合成技术. 例如, 可以利用超强超短脉冲与惰性气体的非线性效应产生高次谐波等方法得到阿秒脉冲. 2001 年, Paul 等用聚焦的飞秒激光脉冲作用在惰性气体 Ar 上, 产生了脉宽为 250as 的脉冲[12](图 10-17). 同年, Hentschel 等[2] 报道了他们产生的阿秒量级的 X 射线脉冲. 他们采用 Ne 气作为非线性介质靶, 用一束超高强度超短激光脉冲聚焦在靶上, 从而获得了类似激光的 X 射线脉冲, 并且利用新的测量技术第一次测出了此 X 射线脉冲的脉宽为 650as (图 10-18).

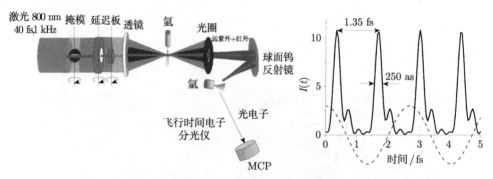

图 10-17　Paul 等[12] 的阿秒脉冲实验装置及测量结果

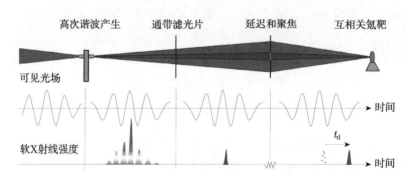

图 10-18　Hentschel 等[2] 的阿秒脉冲产生和测量实验原理图

单个阿秒 X 射线脉冲的产生使得阿秒脉冲走向进一步的发展和应用成为可能. 当然, 目前这一领域有许多问题亟待深入研究与改进. 随着阿秒脉冲产生技术及抽运探测技术的逐步成熟, 能够用以揭示电子动力学过程 (如原子内壳层电子的动力学过程) 并控制这些过程的阿秒激光物理将成为未来自然科学的一个重要前沿领域.

10.2 单周期脉冲光束

最近几年, 随着超短脉冲激光的发展, 激光的脉冲已经达到几个周期甚至单周期的宽度[13]. 单周期脉冲光束的峰值功率可以达到相对论的范畴, 这种光束与物质的相互作用会表现出显著的非线性效应[14]. 可以预见, 单周期脉冲光束将给未来的科学技术带来一系列新的、重要的应用. 当前, 除了深入开展单周期脉冲光束的实验研究外, 这个领域非常迫切需要做的工作是从理论上深入探讨单周期甚至亚周期脉冲光束的电磁场分布规律及其与物质相互作用中表现出来的特殊性质.

10.2.1 复点源电偶极子辐射场[15,16]

对于多周期脉冲光束的非线性传输所适用的方程是三维非线性薛定谔方程. 在方程的推导过程中, 采用的是缓变包络近似, 其成立的前提条件是光束的频谱宽度远小于载波频率. 但是根据量子力学不确定性原理有

$$\Delta\tau \cdot \Delta\nu \sim 1 \tag{10.2.1}$$

对于单周期脉冲光束

$$\Delta\nu \sim \frac{1}{\Delta\tau} = \frac{1}{T} = \nu \tag{10.2.2}$$

显然, 缓变包络近似的前提条件已不再满足, 因而用这种方法来处理单周期脉冲就不再有效. 因此, 有必要探寻一种新的方法, 可以使得其在严格的麦克斯韦方程组的框架下, 精确地描述单周期甚至亚周期脉冲光束的电磁场分布情况. 研究表明[15~17], 复点源模式下的电偶极子振荡就是一种可行的方法.

假设真空中有一电偶极子, 负电荷 $-q$ 固定在坐标系的原点, 正电荷 $+q$ 在 x 方向随时间振动, 则变化电偶极子的电矩可写成

$$\boldsymbol{p}(t) = ql(t)\boldsymbol{e}_x \tag{10.2.3}$$

式中, $l(t)$ 为正负电荷之间的距离, $\boldsymbol{e}_x$ 表示沿 x 方向的单位矢量. 电偶极子辐射场的矢势 $\boldsymbol{A}$ 为

$$\boldsymbol{A}(x,y,z,t) = \frac{\mu_0}{4\pi} \int_V \frac{\boldsymbol{j}(t-R/c)}{R} \mathrm{d}V = \frac{\mu_0}{4\pi R}\left[\dot{p}\right]\boldsymbol{e}_x \tag{10.2.4}$$

式中, $\boldsymbol{j}$ 为电流密度矢量, $R = \sqrt{x^2 + y^2 + z^2}$ 为坐标原点到场点的距离, c 为光在真空中的传播速度, $(t - R/c)$ 代表推迟时间. $[\dot{p}]$ 代表电偶极子的电矩对推迟时间的一次偏导数 (下面方括号内各个量所含的时间均指推迟时间). 有了矢势表达式, 就可以由洛伦兹条件 $\nabla \cdot \boldsymbol{A} + \partial\varphi/\partial\left(c^2 t\right) = 0$ 得出电磁场标势, 再由电磁场和势函数的关系 $\boldsymbol{E} = -\nabla\varphi - \partial\boldsymbol{A}/\partial t$ 和 $\boldsymbol{B} = \nabla \times \boldsymbol{A}$, 得出随时间变化的电偶极子产生的辐射场严格表达式

$$
\begin{aligned}
\boldsymbol{E}\left(x,y,z,t\right) = & -\frac{c^2\mu_0}{4\pi}\left(\frac{[\ddot{p}]}{c^2 R} + \frac{[\dot{p}]}{cR^2} + \frac{[p]}{R^3}\right)\boldsymbol{e}_x \\
& + \frac{c^2\mu_0 x}{4\pi R^2}\left(\frac{[\ddot{p}]}{c^2 R} + \frac{3\,[\dot{p}]}{cR^2} + \frac{3\,[p]}{R^3}\right)\left(x\boldsymbol{e}_x + y\boldsymbol{e}_y + z\boldsymbol{e}_z\right)
\end{aligned} \tag{10.2.5}
$$

$$
\boldsymbol{H}\left(x,y,z,t\right) = -\frac{c}{4\pi R}\left(\frac{[\ddot{p}]}{c^2 R} + \frac{[\dot{p}]}{cR^2}\right)\left(z\boldsymbol{e}_y - y\boldsymbol{e}_z\right) \tag{10.2.6}
$$

式中, $[\ddot{p}]$ 代表电偶极子的电矩对推迟时间的两次偏导数. 从电磁场表达式 (10.2.5)、式 (10.2.6) 中可以看出, 原点 $R = 0$ 处是一个奇点 (产生无穷大结果). 为了在计算过程中避开这个奇点, 我们可以把源点移到 $(0,0,\mathrm{i}z_0)$ 的虚位置[18]. 引入 z' 和 R' 这两个量分别代替式 (10.2.5) 和式 (10.2.6) 中原来的 z 和 R, 即

$$
z' = z + \mathrm{i}z_0, \quad R' = \sqrt{x^2 + y^2 + \left(z + \mathrm{i}z_0\right)^2} \tag{10.2.7}
$$

式中, $z_0 = \pi\omega_0^2/\lambda$ 为高斯光束中的瑞利距离, w_0 为高斯光束的腰斑半径. 根据谐振腔理论, 对于各种频率成分瑞利衍射距离是一个常数, 它仅仅依赖于谐振腔参数. 可以验证复点源模型下的电偶极子辐射场严格满足麦克斯韦方程组.

10.2.2 亚周期脉冲矢量光束的理论描述[17]

亚周期脉冲是比单周期脉冲更短的光学脉冲. 对亚周期脉冲光束 (subcycle pulse beam, SCPB) 的理论分析将使我们对超短脉冲光束的电磁场分布情况有更完整的认识. 跟单周期脉冲类似, 基于标量近似和载波包络近似的方法对于亚周期脉冲光束也是失效的. 因此, 有必要同样运用复点源电偶极辐射的方法给出一个满足麦克斯韦方程组的严格解.

考虑到光束具有不同的偏振态, 首先引入参数 ξ. 令 $\xi = 0$ 为 x 方向的线偏振, $\xi = \pm 1$ 为两种不同方向的圆偏振, $\xi = \pm\infty$ 为 y 方向的线偏振, 则位于坐标系原点的振荡偶极子的电偶极矩可表示为

$$
\boldsymbol{p}\left(\boldsymbol{r},t\right) = \frac{p_0(t)}{\sqrt{1 + \xi^2}}\left(\boldsymbol{e}_x + \mathrm{i}\xi\boldsymbol{e}_y\right)\delta\left(\boldsymbol{r}\right) \tag{10.2.8}
$$

式中, 函数 $p_0(t)$ 原则上是任意的. 这里我们取其为一个载波和一个正定包络的

乘积

$$p_0(t) = p_0 \exp\left(-\frac{t^2}{2T^2}\right) \exp\left[\mathrm{i}\left(\omega t + \phi_0\right)\right] \tag{10.2.9}$$

式中, 电偶极矩的峰值 p_0 决定光束的峰值功率, 高斯型包络的半高全宽为 $2\sqrt{2\ln 2}T$, 载波的频率为 $\omega = kc = 2\pi/T_0$, ϕ_0 为载波包络的相位或绝对相位.

式 (10.2.8) 所描述的振荡偶极子向四周发射球面电磁脉冲. 要获得一个沿某一方向 (这里我们取 z 轴方向) 传播的聚焦脉冲, 可以将偶极子源从坐标原点移到沿 z 轴的一个复位置, 即取前述复点源偶极辐射模型. 这时, 可对坐标及距离作相应的变换

$$z' = z + \mathrm{i}z_0$$
$$t' = t - t_0 + \mathrm{i}\frac{z_0}{c}$$
$$R' = \sqrt{x^2 + y^2 + (z + \mathrm{i}z_0)^2} \tag{10.2.10}$$

这样, 我们就可以利用无限空间的格林函数得到复点源偶极辐射的电磁场分布

$$\boldsymbol{E}\left(x, y, z, t\right) = \frac{c^2\mu_0 k^2 p_0\left(\tau'\right)}{4\pi R'\sqrt{1+\xi^2}}\left[f\left(\boldsymbol{e}_x + \mathrm{i}\xi\boldsymbol{e}_y\right) + \frac{x + \mathrm{i}\xi y}{R'^2}g\boldsymbol{r}\right] \tag{10.2.11}$$

$$\boldsymbol{H}\left(x, y, z, t\right) = \frac{ck^2 h p_0\left(\tau'\right)}{4\pi R'^2\sqrt{1+\xi^2}}\left[-\mathrm{i}\xi z'\boldsymbol{e}_x + z'\boldsymbol{e}_y + \left(\mathrm{i}\xi x - y\right)\boldsymbol{e}_z\right] \tag{10.2.12}$$

此处 τ' 是复推迟时间 $\tau' = t' - R'/c$, 以及

$$f = \left(1 + \frac{\mathrm{i}\tau'}{\omega T^2}\right)^2 - \frac{1}{k^2 R'^2}\left(1 - \frac{t'R'}{cT^2} + \mathrm{i}kR'\right)$$

$$g = -f + \frac{2}{k^2 R'^2}\left(1 - \frac{\tau'R'}{cT^2} + \mathrm{i}kR'\right)$$

$$h = f + \frac{1}{k^2 R'^2} \tag{10.2.13}$$

经由式 (10.2.11)、式 (10.2.12) 的实部可以得到实际的电磁场分布情况. 将这个电磁场代入麦克斯韦方程组, 可以计算出实空间中产生的能流. 电磁场的峰值 E_0 与光束的坡印亭矢量 $\boldsymbol{S}$ 相联系, 两者的关系为

$$E_0 = \sqrt{2c\mu_0 S_{\max}} \tag{10.2.14}$$

由此可得

$$p_0 = \frac{4\pi z_0 A_0 E_0}{c^2 k^2 \mu_0} \tag{10.2.15}$$

式中, $A_0^{-2} = [B + 1/k^2 z_0^2]B$, $B = 1 - 1/kz_0 + 1/\omega^2 T^2$. 引入符号 $\bar{x} = x + \mathrm{i}\xi y$ 及 $A = E_0 z_0 A_0 p_0(\tau')/p_0 R'\sqrt{1+\xi^2}$, 则亚周期脉冲光束电磁场的各个分量为

$$E_x = \mathrm{Re}\left\{ A\left(f + \frac{\bar{x}xg}{R'^2}\right)\right\}, \qquad B_x = \mathrm{Re}\left\{ -A\frac{\mathrm{i}\xi z'}{R'c}h\right\}$$

$$E_y = \mathrm{Re}\left\{ A\left(\mathrm{i}\xi f + \frac{\bar{x}yg}{R'^2}\right)\right\}, \quad B_y = \mathrm{Re}\left\{ A\frac{z'}{R'c}h\right\}$$

$$E_z = \mathrm{Re}\left\{ A\frac{\bar{x}z'g}{R'^2}\right\}, \qquad\qquad B_z = \mathrm{Re}\left\{ A\frac{\mathrm{i}\xi x - y}{R'c}h\right\} \qquad (10.2.16)$$

图 10-19 给出了基于上述严格解的亚周期脉冲光束的电场分布. 图中取波长为 1.054μm, 脉冲宽度为 0.5 倍的光学周期, 束腰宽度为 1μm, 其中图 (a)~(c) 为 x 方向的线偏振源 ($\xi = 0$) 时的电场强度在 x、y、z 三个方向的分量. 从图中可以看出, 这种亚周期脉冲光束的横向分量 E_x 在 x 方向具有高斯型的分布, 其最大值落在传播轴上 ($x = 0$ 处). 相比之下, 另一横向分量 E_y 以及纵向分量 E_z 在传播轴上的量值为零, 而在 $|x| \approx w_0$ 附近曲线表现为最大值 (当然较之 E_x 的极大值要小得多). 由此可见, 即使振荡源是线偏振的, 它发出的电磁波在 y、z 方向上的分量也均不为零. 因此, 这种强聚焦的亚周期脉冲光束不再处于严格的线偏振状态. 对于

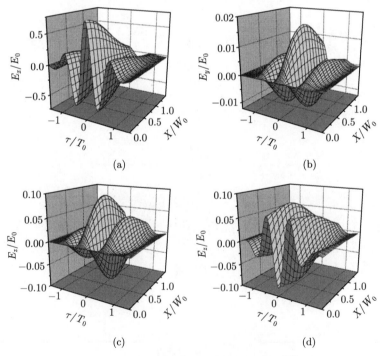

图 10-19　亚周期脉冲光束的电场分布[17]

圆偏振源 ($\xi = 1$) 来说, 由图 (d) 可以看出, 它辐射的电磁场的纵向分量 E_z 在传播轴上的量值并不为零.

图 10-20 给出了在平面波情况下, 线偏振亚周期脉冲光束的电场的 x 方向分量的时域分布曲线. 其中图 (a)~(c) 中的实线为由上面给出的严格解得到的结果, 虚线为载波–包络近似下的解. 可以看出, 严格解的时间分布与标量近似解有较大的不同. 而且, 随着脉冲的变窄, 两者的区别明显增大. 图 (d) 为载波–包络近似下, 电场的 x 方向分量对时间的积分. 这个积分在脉冲宽度小于一个周期时不为零, 表明存在较大的直流分量. 而对于严格解, 这个积分严格等于零, 表明严格解不存在直流分量, 因而可以长距离传输.

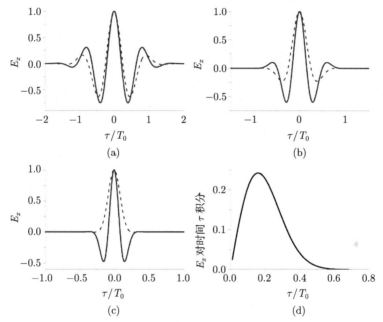

图 10-20　线偏振亚周期脉冲光束的电场分量的时域分布[17]

(a) $T = 0.5T_0$; (b) $T = 0.25T_0$; (c) $T = 0.1T_0$; (d) $\phi_0 = 0.5\pi$

值得注意的是, 严格解的瞬时频率在脉冲中心 (峰值) 处最大, 并总是大于载波频率. 这一现象在载波–包络近似中被忽略了. 显然, 这种频率的增大并不是由任何外部因素所引起, 因此可以称为 "自蓝移"(self-induced blueshift).

进一步的理论分析表明, 亚周期脉冲光束的 "自蓝移" 与时域中的 Gouy 相移相联系. 空域中的 Gouy 相移由光束在空间中被聚焦所引起; 而时域中的 Gouy 相移由脉冲的时间宽度受到限制所造成. 仅当脉冲宽度被压缩到单周期甚至亚周期的范围时, 时域中的 Gouy 相移以及相应的 "自蓝移" 才会有显著的表现[17].

在相对论范畴, "自蓝移" 对电子在光束电磁场作用下的获得能量有重要的影响. 如果忽略自蓝移效应, 电子能量的获得会大大超出实际值.

图 10-21(a) 表现的是自由电子在余弦平面波亚周期脉冲光束电磁场加速下能量获得的情况. 图中 γ 为相对论因子 (洛伦兹因子): $\gamma = E/m_{e0}c^2 = 1/\sqrt{1-v^2/c^2}$. 如果忽略自蓝移, 光束的脉冲就会获得一个非零的直流分量, 电子最终会以一个可观的能量离开光脉冲, 如图 (a) 中虚线所示, 电子离开时的相对论因子为 $\gamma = 1.65$. 这就违背了自由电子在平面波电磁场中不可能获得净加速的常识. 而如果将由麦克斯韦方程组得到的严格解中出现的自蓝移考虑进去, 则如图 (a) 中的实线所示, 电子的 γ 因子虽然经历了一定的起伏, 但这种起伏是完全对称的, 电子最终并没有获得任何能量.

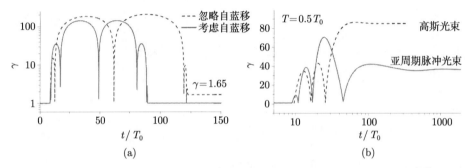

图 10-21　自由电子被光束电磁场加速获得能量的相对论因子 γ 的比较[17]

图 10-21(b) 比较了电子在两种不同的光束中的加速情况, 其中的虚线对应旁轴载波–包络近似下的标准正弦高斯光束, 实线对应由严格解给出的聚焦的亚周期正弦高斯光束. 可以看出, 前者给出的电子离开脉冲时的 γ 因子是后者的 2 倍多 (近似解 $\gamma = 84$, 严格解 $\gamma = 35$). 这里需要注意的是, 与平面波脉冲下的情况不同, 对于聚焦的脉冲光速, 电子在其中获得的净能量可以不为零.

以上我们对单周期和亚周期脉冲光束的电磁场分布情况以及相应的一些性质作了理论分析. 随着测量技术[19] 和强场物理的进展, 这种周期范围内超短脉冲的理论描述可望在实验中得到检验.

10.3　超 强 激 光

自激光诞生以来, 提高激光的聚焦功率密度始终是人们追求的一个重要目标 (图 10-22)[20].

20 世纪 60 年代, 由于调 Q 技术和锁模技术的发展, 激光的脉冲宽度缩短到了纳秒和皮秒的量级, 峰值功率提高了数百万倍, 介质中的功率密度达到了吉瓦每平方厘米的强度. 但是, 高功率密度的激光会因为介质材料的非线性效应产生自聚焦和成丝等现象, 造成材料的毁坏和光束质量的降低. 因此, 在其后近 20 年的时间里, 激光输出功率的提高主要是依靠通光口径的增大, 在功率密度的增强上则基本上处于停滞状态, 没有出现重大的技术突破.

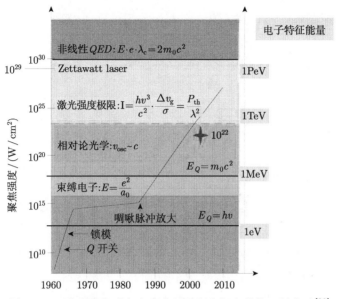

图 10-22 激光聚焦功率密度发展过程和相应的物理学范畴[20]

上述情况直到 20 世纪 80 年代中期引入啁啾脉冲放大 (CPA) 技术才得以改变. CPA 技术使得激光可以在工作物质中有很高的能量抽取效率, 同时又保持足够低的功率密度避免非线性效应造成对材料的破坏, 巧妙地把激光峰值功率提高了数个量级, 实现了激光技术发展中的一次影响深远的重大革命. 由此, 激光的聚焦功率密度再一次进入了飞速提高的阶段. 目前, 利用 CPA 技术, 激光的脉冲宽度已经被压缩到飞秒甚至阿秒量级, 输出功率高达太瓦 (10^{12} W) 甚至拍瓦 (10^{15} W), 聚焦功率密度达到了 $10^{22} \sim 10^{23}$ W/cm^2.

超短超强激光如此高的功率密度为科学研究和技术应用提供了前所未有的极端物理条件. 由于超短脉冲激光聚焦后形成的电场可以比原子内的电场强数千倍甚至更高, 从而使人类拥有了可以彻底改变和控制物质中电子的运动并进而改变物质性质和状态的能力. 由此诞生了以超强激光为技术手段的强场物理这一崭新的领域以及与此相关的众多交叉应用学科, 如激光等离子体物理学、激光粒子加速、激光 X 射线源、激光天体物理、激光核物理、激光核聚变快点火、激光非线性量子电动力学等. 超强激光使物理学的研究范围得到了很大的拓展, 给许多传统学科带来了巨大的冲击, 同时也为科学的发展带来了前所未有的机遇. 目前, 激光强场物理正处于起步阶段, 其对相关学科研究巨大的推动作用和影响力, 及其潜在的重大应用价值, 吸引了世界各国科学家的广泛关注, 已经成为当今科学研究的一个非常重要的热点[20~24].

10.3.1　超强激光的一些重要物理量

在超短超强脉冲激光与物质粒子的相互作用过程中, 激光的强度起着决定性的作用.

与激光强度相关的几个重要的物理量表述如下:

(1) 能量密度　$w = \langle w_e + w_m \rangle = \dfrac{1}{2}\varepsilon_0 E_0^2$

(2) 功率密度 (光强)　$I = \langle S \rangle = \dfrac{1}{2}E_0 H_0 = \dfrac{1}{2}\varepsilon_0 E_0^2 \cdot c = wc = 1.327 \times 10^{-3} E_0^2 (\text{W/m}^2)$

(3) 功率　$P = I A_{面积} = wc A_{面积} = W_{能量}/t$

(4) 电场强度 (幅值)　$E_0 = \sqrt{\dfrac{2}{c\varepsilon_0}}\sqrt{I} = 27.45\sqrt{I}(\text{V/m})$

(5) 磁场强度 (幅值)　$B_0 = \dfrac{E_0}{c} = 9.156 \times 10^{-8}\sqrt{I}(\text{T})$

(6) 光压　$p = (1+R)w = (1+R)\dfrac{I}{c}$ (式中 R 为物体的反射率)

对于普通的光波, 上述各量是比较小的. 例如, 太阳辐射到地球表面的能流密度为 $1.35 \times 10^3 \text{W/m}^2$, 其电场强度幅值只有 10^3V/m(大大低于氢原子玻尔轨道上的库仑电场强度 $E = 5.14 \times 10^{11}\text{V/m}$), 磁场强度幅值仅为 $3.36 \times 10^{-6}\text{T}$, 光压只有 10^{-6}Pa 的量级.

对于超短脉冲激光, 上述各量就非常可观了. 例如, 聚焦功率密度为 10^{17}W/cm^2 的激光, 电场强度为 $8.68 \times 10^{11}\text{V/m}$, 不仅大大高于自然界中闪电产生的电场强度 (约 10^5 V/m 量级), 而且超过了氢原子内束缚电子运动的库仑电场强度, 磁场强度则达到了 $2.90 \times 10^3 \text{T}$, 光压达到 $3.33 \times 10^{12}\text{Pa}$. 而对于目前已经能够实现聚焦光强为 10^{22}W/cm^2 量级的激光, 电场强度更是高达 10^{14}V/m, 为原子内库仑场强的千倍量级, 磁场达到了 10^6T, 光压高达 10^{17}Pa.

上述计算表明, 超短激光脉冲已经可以在实验室中产生前所未有的强电场、强磁场、高压强等极端物理条件, 为我们广泛而深入地研究强场物理的各个方面提供了强有力的技术手段.

10.3.2　不同强度下激光电磁场对电子的作用力

1. 强度较弱的光波对电子的作用力

由于光波的电磁场不是很强, 电子的速度比起光速来要小得多, 这时电子所受的磁场力基本上可以忽略, 一般只需考虑电场力的作用, 即

$$F = eE \tag{10.3.1}$$

这个力使得电子随光波电场的交变产生横向振动 [图 10-23(a)], 电子的位移可表示为

$$x = a_1 E \tag{10.3.2}$$

显然, 这时的光学效应属于经典光学中的线性光学范畴.

当光波增强时, 电子在光波电场作用下产生的位移不再简单地正比于 E, 而可能出现一系列的高次项, 即

$$x = a_1 E + a_2 E^2 + a_3 E^3 + \cdots \tag{10.3.3}$$

这时的光学为非线性光学.

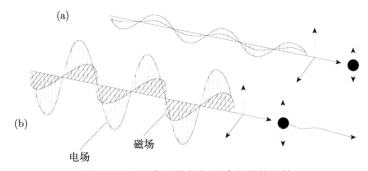

图 10-23 经典光学与相对论光学的比较

(a) 弱光波电磁场对电子的作用; (b) 强光波电磁场对电子的作用[20]

2. 超强激光下的情况

当激光的功率密度达到 $10^{18}\mathrm{W/cm}^2$ 以上时, 电子的颤动速度已经可以与真空中的光速 c 相比拟. 这时需要考虑相对论效应. 首先, 电子的质量大于静止质量, 即 $m = \gamma m_0$, 式中 γ 为洛伦兹因子

$$\gamma = \frac{1}{\sqrt{1 - \dfrac{v^2}{c^2}}} \tag{10.3.4}$$

其次, 光波电磁场对电子的洛伦兹力中的磁场力已经不能再被忽略, 即总的洛伦兹力由电场力和磁场力两项构成:

$$F = eE + ev \times B = eE \left(e_E + \frac{v}{c} \times e_B \right) \tag{10.3.5}$$

式中, e_E、e_B 分别为电场和磁场方向的单位矢量. 这时的电子除了因受到 x 方向电场力的作用而作横向振动外, 还会受到沿 $v \times B$ 方向的磁场力的作用, 从而获得

一个纵向的运动 (图 10-23(b)). 而且光强越强, 电子的纵向运动越胜过横向运动. 为认识这一点, 我们可以引入一个归一化的矢势

$$a_0 = \frac{eE_0\lambda}{2\pi m_0 c^2} = \frac{eE_0}{m_0\omega_0 c} \approx 8.55 \times 10^{-6} \lambda\sqrt{I} \tag{10.3.6}$$

它表示以电子的静能为单位, 电子在一个光周期里获得的能量. 当激光的功率密度大于 10^{18}W/cm^2 时, $a_0 > 1$, 电子在光波电磁场中的行为是相对论的. 研究表明, 电子的横向运动正比于 a_0 的大小, 而纵向运动正比于 a_0^2[20]. 这就使得弱光波 ($a_0 < 1$) 和强光波 ($a_0 > 1$) 中电子的横向运动与纵向运动的大小对比关系会出现戏剧性的逆转.

10.3.3　激光电场中的原子和分子

电子在激光电场中会获得一个颤动能 (quiver energy), 这个能也称为电子的有质动力势 (ponderomotive), 其表达式为[20,24,25]

$$U_q = U_p = \left\langle \frac{e^2 E_0^2}{4 m_e \omega^2} \right\rangle \left(1 + \alpha^2\right) \approx 9.34 \times 10^{-6} \left(1 + \alpha^2\right) I\lambda^2 (\text{eV}) \tag{10.3.7}$$

式中, ω 为光波的角频率, λ 为光波的波长, 对线偏振 α 取 0, 圆偏振光 α 取 1.

当光波的功率密度达到 10^{14}W/cm^2 量级时, 束缚在原子中的电子的颤动能开始挑战约几个电子伏特的电离能. 激光的强度越高, 原子或分子中的电子就容易被剥离而形成离子. 原子或分子的离子化电势 I_p 与电子的有质动力势 U_p 的比较关系可用 Keldysh 参数 Γ 表示, 其定义为

$$\Gamma = \sqrt{\frac{I_p}{2U_p}} \tag{10.3.8}$$

根据参数 Γ 的不同, 可以将激光引起原子分子电离的情况分为下述几种 (图 10-24)[26]:

(1) 阈上电离. 对应于 $\Gamma > 1$ 或 $I_p > U_p > h\nu_0$($h\nu_0$ 为单个光子的能量), 即激光强度相对较弱的情况. 产生这种电离时, 电子越出势垒的时间比激光场的振荡周期长得多, 多光子吸收处于支配地位, 因此也叫多光子电离.

(2) 隧道电离. 对应于 $\Gamma < 1$ 且激光电场引起的电离电势应变比较小的情况. 这种情况下, 电子从应变的势垒中穿出产生隧道电离. 隧道电离时, 电子穿出势垒所用的时间比激光场的振荡周期短得多, 激光场本身可以被视为静态.

(3) 势垒抑制电离. 对应于 $\Gamma < 1$ 且激光电场引起的电离电势应变足够大的情况. 这种情况下激光的电场强度很大, 势垒可以被压低到电子的能级以下, 产生相应的电离.

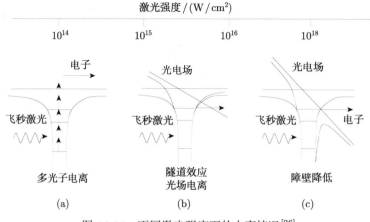

图 10-24 不同激光强度下的电离情况[26]

一般来说, 原子电离的速率随着激光强度的增大而增长. 当激光强度达到一定程度时, 在激光脉冲的持续时间内, 原子电离的概率等于 1. 我们称这时的激光强度为饱和光强. 例如, 在 $10^{21}\mathrm{W/cm^2}$ 的光强下, 即使是铀原子这样的重金属元素, 其电子也可以在极短的时间内被全部剥离, 形成铀的裸核离子[24].

对于苯或二氧芑 (二噁英) 这样的分子, 激光电场将使其发生不改变形状的电离. 若激光电场非常强, 电子将在极短的时间里被瞬时剥离, 残留的同性离子因库仑力而排斥, 产生所谓的 "库仑爆炸"[27].

一定强度的激光作用在材料物质上, 可以使束缚在原子中的电子因发生电离而成为自由电子, 大量的自由电子和带正电的离子混合在一起, 构成整体上呈电中性的等离子体. 激光等离子体在技术上有很重要的应用, 是当今科学界的一大研究热点.

10.3.4 超强激光在介质中的自聚焦和成丝

1. 自聚焦

光在介质中传播的速度与介质的折射率成反比. 平常我们总是把折射率当作常数来处理. 但是严格地讲, 折射率为光强的函数, 即

$$n = n_0 + n_2 I + \cdots \tag{10.3.9}$$

式中, n_2 为二次非线性折射率系数. 在具有正非线性折射率系数 $(n_2 > 0)$ 的介质中, 介质的折射率随光的强度增大而增大. 对于强度按高斯型分布的激光束来说, 光束的中心因强度高而传播速度相对较慢, 周围部分则因强度减弱而传播速度相对较快, 从而使得波阵面发生凹曲, 其效果恰似光束通过凸透镜那样. 这种现象称为**自聚焦** (self-focusing).

等离子体是一种高度非线性的介质, 强度很高的激光在其中传播也会产生自聚焦现象. 这是由于, 激光在等离子体中的折射率为

$$n = \sqrt{1 - \frac{\omega_\mathrm{p}^2}{\omega^2}} \qquad (10.3.10)$$

式中, ω 为激光的频率, ω_p 为等离子体频率, 这是等离子体中电子偏离平衡位置时的振动频率. 在 $\omega > \omega_\mathrm{p}$ 的情况下, 折射率为正, 激光脉冲可以在等离子体中传播. ω_p 的量值为

$$\omega_\mathrm{p} = \sqrt{\frac{4\pi n_\mathrm{e} e^2}{m_\mathrm{e}}} \qquad (10.3.11)$$

式中, n_e 为等离子体中电子的密度, m_e 为电子的相对论性质量. 当强激光引起等离子体中处于光束中心部位的电子较之处于周边部位的电子具有较大的速度或者较小的密度时, 就会产生等离子体中的激光自聚焦现象 (图 10-25).

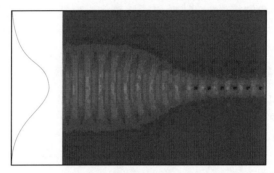

图 10-25　激光在等离子体中的自聚焦[20]

2. 激光成丝

激光在大气中传输时, 由于自聚焦作用, 光束的功率密度增大, 使得空气分子更容易电离而产生等离子体. 激光的自聚焦程度越大, 空气中形成的等离子体密度也越大. 另一方面, 等离子体内部的自由电子对光束具有发散作用, 而且衍射效应也要引起光束的发散, 这两种**散焦** (defocusing) 作用阻止了光束的进一步坍缩, 使得强激光束在空气中形成一定粗细的光丝可以稳定传输较长的距离. 这种现象叫做激光**成丝** (filamentation), 它是非线性效应导致的激光自聚焦、等离子体中自由电子的散焦和光束衍射所引起的散焦三者达到某种平衡的结果. 激光成丝时, 光束的能量集中在光丝中, 光束的传输距离增加. 图 10-26 为激光在空气中成丝的原理及研究成丝距离的实验装置示意图. 图 10-27 为 S. A. Hosseini 等观测到的激光成丝现象. 图中显示的是光束的横截面, 其位置在离多光丝开始形成处 35m 远的地方.

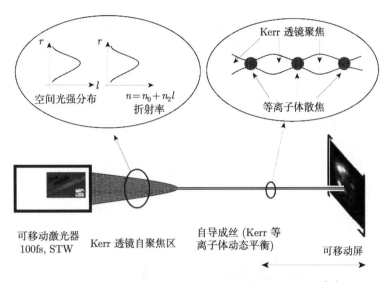

图 10-26 激光成丝原理及研究成丝距离的实验装置[28]

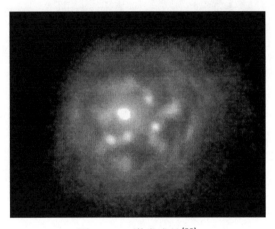

图 10-27 激光成丝[30]

应当指出的是, 激光在空气中成丝要求激光的功率至少达到下述临界值:

$$P_c = \frac{\lambda^2}{2\pi n_0 n_2} \tag{10.3.12}$$

对于 $n_0 = 1$, $n_2 = 5.57 \times 10^{-19} \mathrm{cm}^2/\mathrm{W}$, $\lambda = 800\mathrm{nm}$, 这个阈值为 $1.8\mathrm{GW}$. 也就是说, 只有当激光的功率高于这个值时, 才有可能在空气中产生光丝[29].

10.3.5 高次谐波的产生[20]

超强激光作用到物质上时, 激光与等离子体的相互作用将产生高次谐波. 按等离子体中电子密度 n 的不同, 超强激光产生高次谐波可以分为下面两种情况:

(1) $n < n_\mathrm{c}$, 即电子密度小于临界密度 $n_\mathrm{c} = m_\mathrm{e}\omega_0^2/4\pi e^2$ 的情况. 根据式 (10.3.10) 和式 (10.3.11), 光在这种较低密度的等离子体中是可以传播的. 对于超强激光来说, 即使是在中心对称的介质中传播, 也能观测到偶数次的高次谐波. 这与普通的非线性光学中当介质具有中心对称性时只出现奇数次的谐波明显不同.

(2) $n > n_\mathrm{c}$. 这种情况下等离子体中的电子密度超过了临界密度, 光不能在其中传播, 但是仍然能够产生高次谐波. 由 $e\boldsymbol{v} \times \boldsymbol{B}$ 引起的强振荡力作用在等离子体临界面上, 会产生自调制反射光束. Carman 等[31] 最早观测到了这一效应. 1996 年 Norreys 等[32] 报道观测到了 75 次的固体高次谐波. 图 10-28 为 Tarasevitch 等[33] 记录到的高次谐波谱, 他们所用的激光脉冲宽度为 120fs, 功率密度为 $2\times10^{17}\mathrm{W/cm}^2$.

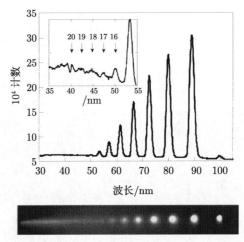

图 10-28　Tarasevitch 等[33] 观测到的高次谐波谱

10.3.6　超强激光的应用

1. 激光引导高压放电

超强激光通过大气时, 会产生自聚焦成丝现象, 从而可以在空气中形成一个很长的等离子通道. 由于等离子体中有大量的自由电子, 因而具有良好的导电性. 应用这一性质, 人们可以将激光用于触发和引导闪电到安全地点, 避免强大的雷击对民用、工业、国防等方面的重要设施造成严重破坏 (图 10-29)[34].

激光引雷的可行性已经在野外试验中得到证明[35]. 实验室中的激光引导高压放电实验可以清楚地演示这一技术. 图 10-30 为 Kasparian 等[36] 所做的激光引导高压放电的实验装置及观测到的现象. 可以看出, 在没有激光引导时, 高压放电的路径是飘忽不定的, 而在由激光成丝形成等离子体通道引导放电的实验中, 放电路径构成一条直线.

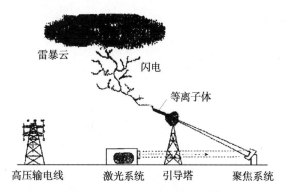

图 10-29 激光引雷示意图[34]

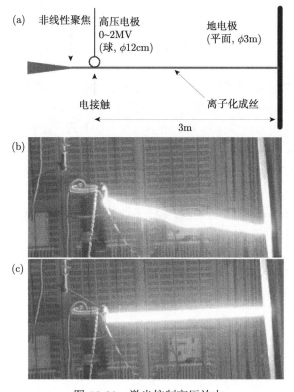

图 10-30 激光控制高压放电

(a) 实验装置; (b) 3m 远的自由放电; (c) 激光细丝引导的直线放电[36]

2. 超宽带激光雷达

高强度的激光在介质中传输时, 在脉冲的内部会出现相位频率变化, 脉冲的前沿波长变长, 后沿波长变短, 从而引起频谱的展宽. 这种现象称为**自相位调制** (selfphase modulation)(图 10-31). 高强度的飞秒激光脉冲在空气中超强的自相位调制致使光丝中出现从紫外 230nm 到红外 4.5μm 的连续近白光光谱. 利用这一性质可以实现**超宽带激光雷达**(white-light radar)[36].

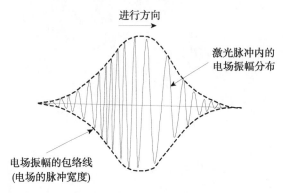

图 10-31　自相位调制

　　超宽带激光雷达在普通激光雷达空间分辨的基础上又增加了光谱分辨, 使得它既能像普通激光雷达那样利用光脉冲在空气中传播的来回时间得到反射体的距离信息, 同时又能利用展宽了的激光光谱提高探测的精度. 这个特性可以利用来检测空气中的污染物, 其原理如下:

　　向空中发射两束激光, 一束针对所要检测的污染物的吸收带, 另一束作为参考光束. 两束激光在空中传播时一束被污染物吸收, 另一束被大气中的 N_2、O_2 分子或尘埃粒子散射, 两束光的反射光被地面上的监测器接收后进行光谱分析, 以此确定空气中污染物的存在情况. 超宽带激光雷达由于可以充分利用光丝中的白光光谱 (图 10-32), 使得对污染物吸收波带的覆盖范围宽广, 同时由于微粒在光丝场中能够产生三次谐波因而可以得到空气中微粒的信息, 因而比用普通激光雷达检测空气污染物具有明显的优越性[27,36].

　　3. X 射线激光

　　超强激光的又一个应用是可以用于制造 X 射线激光器, 其原理是用强激光脉冲通过工作介质把原子深能级的电子电离, 电离出来的电子又因与失去深能级电子的原子碰撞复合而放出 X 射线. 这束 X 射线, 跟在原激光脉冲的后面被持续地放大, 形成一个 X 射线激光脉冲. 产生这种 X 射线激光脉冲的关键是电离电子的能量要足够低, 约 1eV 的量级, 这样就可以使得碰撞复合的过程足够短. 为此, 可以用一个光强较低的激光脉冲, 把浅能级的电子电离, 再用一个高强度的脉冲把深能级的电子电离掉, 空出的深能级可以被先电离出来的动能较低的电子优先填充, 从而产生 X 射线辐射[37].

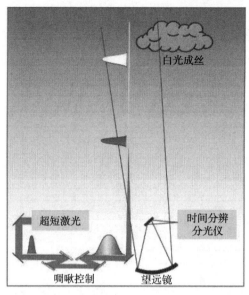

图 10-32 白光激光雷达实验装置示意图[36]

超强激光用于产生 X 射线激光的方案已经被一些国家的实验证明是切实可行的. 1997 年, 英国的 X 射线激光联合实验组采用优化的双脉冲泵浦方案, 分别在 14.0nm 和 7.3nm 的波长上实现了饱和的 X 射线激光输出[38,39]. 这一结果为实现在生命科学等领域有重要应用的 "水窗" 波段 (2.3~4.4nm) 的 X 射线激光铺平了道路[25].

4. 激光天体物理学

超强激光与固体靶相互作用产生的高温高密等离子体与太阳及其他恒星中的条件类似. 一些科学家提出, 当激光的强度达到 $10^{20}\mathrm{W/cm^2}$ 时, 对应的光压高达 $10^9\mathrm{bar}$ 量级, 可用以产生与天体物理学相当的一些极端条件, 如不透明度、密度和温度等, 从而在实验室里模拟那些平常我们只有依靠观测或推测才能获取有关信息的天体物理学过程. 例如, 可以用超强激光研究热核反应以及超密态核反应中的核聚变速率 (这个速率在致密物质状态下与普通情况下有很大的不同). 超高强度激光下的超高压力金属物理学可以帮助我们理解恒星内部氢物质的相变、硬化和结晶, 以及研究超新星、恒星和星云等的物理机制.

5. 激光加速粒子

通过高能粒子的碰撞, 人们可以研究自然界物质的基本构造及相互作用. 在过去的半个多世纪里, 粒子的加速需要依靠费用昂贵的大型加速器. 例如, 位于日内瓦附近瑞士和法国交界地区地下 100m 深处的欧洲粒子物理研究中心的大型强子

对撞机 (LHC), 总长 27km, 造价 37.6 亿欧元, 前后花了 12 年时间才建造完成. 现在, 新型的超短脉冲强激光可以给加速器物理带来革命性的变化. 超强激光所产生的电场是目前人类可以产生的最强电场. 在超强激光电磁场的作用下, 等离子体波的相速度接近光速. 处于加速相位的电子在等离子体波的强电场的作用下可以被加速到极高的能量[25].

图 10-33 形象地表示了电子在等离子体尾流场中加速的情形, 其中图 10-33(a) 表示在被激光脉冲激发的等离子体中, 尾流势上升、变陡并破裂, 等离子体中的电子被卷入到尾流势顶部的 "浪花" 中作 "冲浪运动". 图 10-33(b) 表示负载的电子使得等离子体的尾流发生变形, 阻止了电子进一步从等离子体中俘获出来. 图 10-33(c) 表示电子 "冲浪" 到尾流势的底部时, 每个电子获得了差不多相同的能量, 从而形成一束近似单能的高速电子流[40].

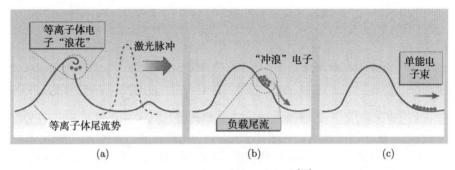

图 10-33 电子在波场中加速[40]

在有质动力加速中, 电子在小于一个皮秒的时间里由低速加速到接近光速 c, 其加速度为地球表面重力加速度的 10^{20} 倍上下. 德国的 Saubrey 用强度为 $10^{18}\mathrm{W/cm^2}$ 的激光使等离子体的加速度达到了 $10^{17}g$. 这种急剧的加速与黑洞附近粒子的加速情况相当. 激光的强度达到 $10^{23}\mathrm{W/cm^2}$ 时, 粒子的加速度可以高达 $10^{25}g$, 这会产生可探测到的 Unruh(真空涨落) 辐射. 这些例子表明, 利用实验室中的超强激光, 而不必依赖于费用极其巨大的空间或地面大型装置, 就可以检验广义相对论以及探索真空的结构 —— 这是令人鼓舞的[23].

超强激光不仅加速电子, 还可以加速其他物质粒子. 图 10-34 为一激光加速质子的示意图. 太瓦激光脉冲聚焦入射到微结构靶箔的正面, 在那里打出一团等离子体, 并将其中的电子加速. 这些加速了的电子穿越靶箔, 将位于靶箔背面的氢和其他原子电离. 靶箔后面电子云的不均匀分布构成了一个横向不均匀加速电场, 质子在其中沿靶箔法线加速. 在加速场的中心部位具有近似均匀的场分布, 在靶箔背面添加富氢物质可以使得中心部位有更多的质子产生. 这些近似均匀加速的质子构成一束准单色的质子流[41].

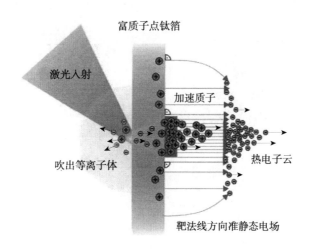

富质子点钛箔

激光入射

加速质子

吹出等离子体

热电子云

靶法线方向准静态电场

图 10-34　激光加速质子[41]

6. QED 效应

在第 8 章中我们已经提到, 当激光的强度达到 10^{29}W/cm^2 时, 就有可能在真空中产生正负电子对. 产生正负电子对的条件由下式给出:

$$Ee\lambda_c \geqslant 2m_0c^2 \tag{10.3.13}$$

式中, E 为激光电场, $\lambda_c = h/m_0c$ 为电子的康普顿波长, m_0 为电子的静止质量. 这表明, 产生正负电子对需要达到的电场临界值 (Schwinger 临界电场) 为 $E_S \sim 10^{16}\text{V/cm}$, 对应的激光聚焦强度是 $I \sim 10^{29}\text{W/cm}^2$.

我们可以换一个角度来认识真空中正负电子对的产生. 将真空看作一个能带宽度为 $E_G = 2m_0c^2$ 的特殊的电解质. 这样, 要使电子能够从 Dirac 海跃迁到真空态中, 由此产生正负电子对 (图 10-35), 就需要一个足够强的光场. 发生这样一个跃迁事件的概率由下式给出

$$W \propto \exp\left\{-\frac{\pi E_S}{E}\right\} \tag{10.3.14}$$

产生正负电子对所需的激光强度比目前所能达到的激光强度 $10^{22} \sim 10^{23}\text{W/cm}^2$ 要高出约 6 个数量级. 要弥补这一巨大的缺口, 可以将超短超强脉冲与由超级相对论粒子加速器产生的能量为 50GeV 的高速电子束碰撞, 以此来增强有效的电场强度. 在这种情况下, 洛伦兹因子为 $\gamma = 10^5$, 如果激光的功率密度为 10^{18}W/cm^2 量级, 对应 10^{10}V/cm 的电场强度, 则这个电场可以被增强 10^5 倍, 从而达到产生正负电子对所要求的临界强度[21].

除了上面这些应用外, 超强激光的应用还有很多. 例如, 单阿秒脉冲产生[21]、γ 射线发射[22]、超热物质形成[22]、惯性约束核聚变快点火等.

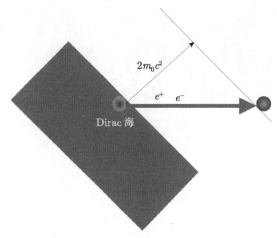

图 10-35   Dirac 海与正负电子对的产生[21]

10.4   激光诱导核聚变

能源问题是当今世界面临的一个十分重要的问题. 长期以来, 人们大量使用以煤、石油、天然气为代表的化石能源, 但这些能源在地球上的储存量非常有限. 人们担心再经过未来几个世纪的使用, 这些能源就会面临枯竭. 而基于核裂变反应的能源则会给人类带来安全性和核废料的处理等方面的问题. 因此, 人类期望开发出一种既安全洁净又用之不尽的新能源. 受控热核聚变能就是这样的一种新能源. 以取之不竭的海水中的氘 (D) 和氚 (T) 作原料的受控热核聚变反应在释放巨大能量的同时, 不会产生放射性废料, 因而是洁净安全的. 核聚变能将成为人类未来能源的主要来源. 惯性约束核聚变是一种以超强激光为关键技术手段的、不同于磁约束核聚变的受控热核聚变. 人类已经为之奋斗了将近半个世纪. 随着超强激光以及各种相关技术 (如激光等离子体技术等) 的进一步发展和完善, 在未来若干年里激光诱导核聚变技术极有希望获得成功, 从而给人类未来的能源结构带来革命性的变化.

10.4.1   核聚变及其条件

核聚变是轻原子核聚变为重原子核的过程, 核裂变则反之. 就单位质量而言, 核聚变反应释放的能量要比核裂变反应释放的能量大得多. 宇宙中太阳和其他恒星的能量都来自核聚变反应. 在人工核聚变中, 常用的一类反应是氘–氚反应 (图 10-36)

$$_1D^2 + {}_1T^3 \Longrightarrow {}_2He^4 + {}_0n^1 + 17.6\mathrm{MeV} \tag{10.4.1}$$

上述核聚变的反应物 D 和 T 的质量大于反应后生成物 (氦和中子) 的质量. 由爱因斯坦的质能方程 $E = mc^2$ 可知, 反应物与生成物的质量差以聚变能的形式向外释放. 尽管这个聚变反应中失去的质量仅占总质量的 0.38%的, 但是 1g 氘氚反应中失去的 3.8mg 的质量就已经相当于燃烧约 10^4L 油所释放的能量. 因此核聚变反应中释放的能量是极其巨大的.

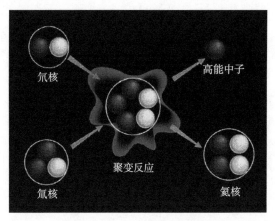

图 10-36 氘–氚核聚变反应

但是要实现核聚变反应并不是一件容易的事. 这是因为氘和氚都带正电荷, 相互之间存在斥力, 因此需要很大的能量才能把它们聚合起来. 为此, 必须把含氘和氚的靶丸加热到 1 亿度以上的高温, 使 D 和 T 有足够大的动能, 同时还要将靶丸约束到足够高的密度, 使 D 和 T 有足够大的机会相互碰撞而发生聚变. 可以将 D-T 反应的这个条件归结为下述 Lawson 判据:

$$n_e \tau \geqslant 3.9 \times 10^{14} \text{s/cm}^3 \qquad (10.4.2)$$

式中, n_e 为等离子体的密度, τ 为核反应的约束时间. 上述判据也可以用被压缩的 D-T 靶丸的密度 $\rho(\text{g/cm}^3)$ 和半径 $R(\text{cm})$ 改写为

$$\rho R \geqslant 0.265 \text{g/cm}^2 \qquad (10.4.3)$$

在氢弹爆炸的核聚变反应中, 上述条件是由辅助的核裂变能实现的. 这样的核聚变是大规模的瞬间核能释放, 无法实现人工控制, 而且还有核污染产生. 在磁约束核聚变中, 主要依靠强有力的磁场将低密度、高温度的等离子体约束足够长时间, 使氘氚等离子体达到核聚变反应所需要的条件. 经过几十年的努力, 目前的磁约束实验装置已经可以将较低温度、低密度的等离子体约束足够长的时间, 或者在短时间内将等离子体加热, 但是如何使磁约束装置中的等离子体在实现长约束时间的同时也达到核聚变反应所需要的高温, 目前仍是一个无法克服的难题. 采用**惯性约束核聚变** (inertial confinement fusion, ICF) 技术, 则有望在极短的时间里, 将极高密度、极高温度的 D-T 核燃料引爆, 实现可控热核聚变反应.

10.4.2   惯性约束核聚变

惯性约束核聚变是利用高功率激光束 (或其他高能粒子束) 均匀辐照 D-T 热核燃料组成的微型靶丸, 在极短的时间里使靶丸表面发生电离和消融, 形成包围靶芯的高温等离子体. 等离子体膨胀向外爆炸时, 其强大的反作用力会产生极大的向心聚爆压力 (大约相当于地球上大气压力的十亿倍). 在如此巨大压力的作用下, D-T 等离子体被压缩到相当于恒星内部条件的极高密度和极高温度, 引起 D-T 燃料的核聚变反应.

图 10-37 为惯性约束核聚变的基本原理示意图. 图中可以看出, 惯性约束核聚变反应由四个过程组成: ① 均匀辐照靶丸的激光束迅速地将靶丸表面物质离化形成等离子体; ② 等离子体膨胀 (靶壳爆炸) 所产生的巨大反冲对靶丸进行压缩; ③ 在压缩的后期, 靶丸的核心部位达到约 1 亿度的高温和相当于 20 倍固体铅密度的高密度, 从而在被压缩的燃料中心产生 "热斑"; ④ 整个靶丸实现热核反应并释放巨大的能量.

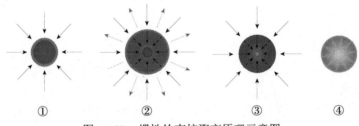

① ② ③ ④

图 10-37   惯性约束核聚变原理示意图

在上述过程中, 燃料体积的压缩比例为 10^4 量级. 如此巨大的压缩比, 要求靶壳的爆炸必须非常均匀. 如果靶壳不同部分的加速有哪怕细微的差别, 它们到达靶芯的时间差就会造成最终的压缩失败. 这个非常苛刻的条件意味着辐照靶壳的激光强度的必须具有非常均匀、平滑的分布[42].

激光驱动惯性约束核聚变有直接驱动和间接驱动两种方式 (图 10-38). 直接驱

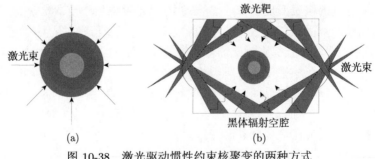

激光靶

激光束

激光束

黑体辐射空腔

(a)   (b)

图 10-38   激光驱动惯性约束核聚变的两种方式

(a) 直接驱动; (b) 间接驱动

动是将激光直接辐照在 D-T 靶丸上, 启动靶壳的热爆炸和内反冲. 间接驱动是将靶丸置于黑体辐射空腔内, 激光不是直接照射靶丸, 而是先照射腔壁, 腔壁吸收激光的能量并产生高强度的 X 射线辐照, 从而将置于腔靶中心的靶丸外壳烧热引爆, 压缩和加热靶丸实现内爆点火[43,44]. 由于间接驱动方案中产生的 X 射线辐照要比激光辐照均匀得多, 美国的 NOVA、法国的 PHEBUS 和我国的神光装置均采用了这一种方式[43].

10.4.3 激光快点火方案

1994 年 Tabak 等[45] 提出了激光快点火核聚变方案. 该方案把压缩和点火过程分开, 不仅巧妙地避开了惯性约束核聚变对激光均匀性提出的极高要求, 而且还能节省大量的驱动能量, 达到更高的增益.

快点火核聚变分为以下三个步骤[42,46].

1. D-T 燃料靶丸压缩

这一步采用纳秒级长脉冲激光束, 对充满 D-T 气体的靶丸作高对称性的压缩. 压缩后, 靶丸中心的 D-T 气体密度将达到其固体密度的千倍以上 ($\rho > 300\text{g/cm}^3$).

2. 超短超强激光打孔或预置金锥通道

这一步用一束脉冲宽度约为 100ps、光强为 10^{18}W/cm^2 量级的聚焦激光照射第一步压缩后的高密度靶丸, 靶丸中的电子被激光的有质动力势捕获, 从超强激光聚焦区域排开并喷射物质形成一个通道, 激光能量在通道内集中, 产生打孔效应 (图 10-39).

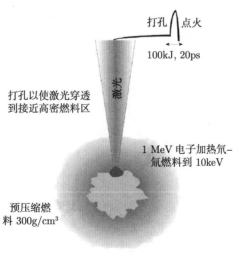

图 10-39 激光打孔点火核聚变[47]

为减少激光打孔的环节, 也可以采取预设金锥通道的做法 (图 10-40). Kodama 等[48] 第一次采用这种设计, 在激光驱动内爆压缩的峰值时刻给靶丸内核加上皮秒激光加热, 获得了令人鼓舞的结果.

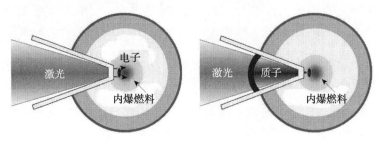

图 10-40　带金锥的快点火设计[47]

3. 超强超短激光点火

这一步改用脉宽约为 10ps、聚焦光强为 $10^{20}\mathrm{W/cm^2}$ 的激光对靶芯部分进行快速点火. 点火的激光束与靶芯的大密度梯度的高密度等离子体相互作用, 产生大量能量为兆电子伏量级的超热电子[49,50]. 超热电子流穿入高度压缩的靶丸并淀积在靶芯处的燃料中, 靶芯附近燃料的局部温度迅速上升到点火温度, 从而实现靶丸的快点火.

在快点火的上述方案中, 由于初始压缩并不要求很高的温度, 所以激光均匀性要求不再那么苛刻. 同时, 由于超短脉冲强激光与压缩后的高密等离子体相互作用, 使激光能量能够高效地传递给超热电子, 进而实现靶芯的加热和点火, 所以对驱动能量的要求也大为降低, 比传统的热斑点火方案对激光能量的需求低 10 倍, 即仅需 10^5J 的激光能量就可以实现高增益的热核聚变反应.

10.4.4　大型激光诱导核聚变装置

惯性约束聚变是实现可控热核聚变能源的主要途径之一, 同时又在国防和基础科学研究等方面有重要应用. 鉴于能源等问题的重要性, 世界上有好几个国家对激光诱导核聚变技术十分重视, 投入了大量的人力、物力和财力展开相应的研究, 并出巨资建造大型的激光诱导核聚变装置或配套的实验设备. 美国的国家点火装置 (national ignition facility, NIF) 和中国的神光系列工程就是这样的例子.

1. 美国国家点火装置

位于美国加利福尼亚州北部的国家点火装置由劳伦斯利弗莫尔国家实验室负责于 1997 年开始建设, 2009 年 5 月 29 日举行落成典礼, 整个 NIF 可以容纳三个足球场, 是目前世界上最大的激光核聚变装置 (ICF). 这个装置由美国能源部下属国家核安全管理局投资, 总耗资约 35 亿美元.

图 10-41 为国家点火装置的基础平面图. 激光脉冲产生在图中中间靠右的位置, 随后被送入两边的数个光束通道, 最后进入汇总器并在那里瞄准射入球形靶室. 这个装置的激光器总输出功率为 500TW, 输出能量达 1.8MJ, 通过 192 路激光束将能量聚集到一个很小的点上, 产生类似恒星和巨大行星的内核以及核爆炸时的温度和压力. 利用国家点火装置, 科学家可以实施此前在地球上无法实施的许多试验.

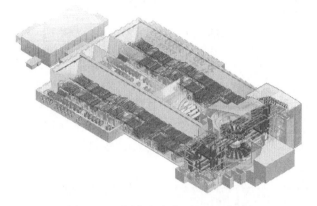

图 10-41　国家点火装置基础平面图

国家点火装置共有下述 3 个任务:

(1) 模拟核爆炸. 研究核武器的性能情况, 即作为美国核武器储备管理计划的一部分, 保证美国在无需核试验的情况下保持核威慑力.

(2) 研究宇宙的秘密. 利用国家点火装置, 科学家可以对超新星、黑洞边界、恒星和巨大行星内核的环境进行模拟和试验, 研究其中的现象和规律.

(3) 保证美国的能源安全. 预期从 2010 年起, 借助国家点火装置可以成功地实现可控热核聚变反应, 最终用来生产可持续的清洁能源.

2. 中国的惯性约束核聚变研究

早在 20 世纪 60 年代初, 我国老一辈物理学家王淦昌先生就有了把激光与核物理研究相结合的设想. 1964 年, 王淦昌先生在国际上独立提出了激光驱动核聚变的建议, 由此开始了我国惯性约束核聚变研究的历史. 在王淦昌先生的积极倡导和推动下, 我国的科研人员从 60 年代起就将惯性约束核聚变作为发展高功率激光技术的主要方向, 在惯性约束核聚变研究和高功率激光技术等方面取得了巨大的成就, 先后建成了 "六路装置"、"星光"、"天光" 和 "神光" 等一系列大型高功率激光装置[42].

神光Ⅲ原型激光装置是我国 "十一五" 期间惯性约束核聚变研究的主要实验平台, 可输出万焦耳激光能量. 2007 年 8 月, 神光Ⅲ原型激光装置打靶试运行. 2007

年 11 月 23 日, 神光III原型激光装置通过了国家级验收. 神光III装置也将于 2010
年建成. 在过去的几十年里, 中国的科学工作者为激光诱导核聚变技术付出了大量
的心血, 作出了宝贵的贡献. 他们正以百倍的努力, 用汗水和智慧为人类美好的事
业谱写着灿烂的一章.

参 考 文 献

[1] 张山彪, 王文军, 毕军, 等. 超短激光脉冲技术及其研究进展 [J]. 激光杂志, 2003, 24(4): 11~13.

[2] HENTSCHEL M, KIENBERGER R, SPIELMANN C H, et al. Attosecond metrology[J]. Nature, 2001, 414: 509~513.

[3] 韩海年, 魏志义, 苍宇, 等. 阿秒激光脉冲的新进展 [J]. 物理, 2003, 32(11): 762~765.

[4] SPENCE D E, KEAN P N, SIBBETT W. 60-fsecpulse generation from a self-mode-locked Ti:Sapphire laser[J]. Opt Lett, 1991, 16(1): 42~44.

[5] 陈云生, 车会生编译. 飞秒激光器的发展现状 [J]. 激光与光电子学进展, 2003, 40(8): 1~5.

[6] STRICKLAND D, MOUROU G. Compression of amplified chirped optical pulses[J]. Opt Commun, 1985, 56(3): 219~221.

[7] 张志刚, 徐敏. 飞秒激光脉冲技术的发展和应用 [J]. 激光杂志, 1999, 20(5): 7~14.

[8] 杨建军. 飞秒激光超精细 "冷" 加工技术及其应用 [J]. 激光与光电子学进展, 2004, 41(3): 42~57; 41(4): 39~47.

[9] CHICHKOV B N, MOMMA C, NOLTE S, et al. Femtosecond, picosecond and nanosecond laser ablation of solids[J]. Appl Phys A, 1996, 63: 109~115.

[10] CUMPSTON B H, ANANTHAVEL S P, BARLOW S, et al. Two-photon polymerization initiators for three-dimensional optical data storage and microfabrication[J]. Nature, 1999, 398: 51~54.

[11] PERRY M D, STUART B C, BANKS P S, et al. Ultrashort-pulse laser machining of dielectric materials[J]. J Appl Phys, 1999, 85(9): 6803~6810.

[12] PAUL P M, TOMA E S, BREGER P, et al. Observation of a train of attosecond pulses from high harmonic generation[J]. Science, 2001, 292(5522): 1689~1592.

[13] SHVERDIN M Y, WALKER D R, YAVUZ D D, et al. Generation of a single-cycle optical pulse[J]. Phys Rev Lett, 2005, 94(3): 033904-1-4.

[14] GOULIELMAKIS E, SCHULTZE M, HOFSTETTER M, et al. Single-cycle nonlinear optics[J]. Science, 2008, 320: 1614~1617.

[15] 王兆英, 林强. 单周期超短脉冲光束的时空传输 [J]. 激光与红外, 2002, 32(5): 303~305.

[16] WANG Z Y, LIN Q. Single-cycle electromagnetic pulses produced by oscillating electric dipoles[J]. Phys Rev E, 2003, 67(1): 016503-1-7.

[17] LIN Q, ZHENG J, BECKER W. Subcycle pulsed focused vector beams[J]. Phys Rev Lett, 2006, 97(25): 253902-1-4.

[18]   COUTURE M, BELANGER P A. From Gaussian beam to complex-source-point spher-
         ical wave[J]. Phys Rev A, 1981, 24(1): 355~359.

[19]   GOULIELMAKIS E, UIBERACKER M, KIENBERGER R, et al. Direct measurement
         of light waves[J]. Science, 2004, 305: 1267~1269.

[20]   MOUROU G A, YANOVSKY V. Relativistic optics: a gateway to attosecond physics[J].
         Optics & Photonics News, 2004, 5: 40~45.

[21]   TAJIMA T, MOUROU G. Zettawatt-exawatt lasers and their applications in ultrastrong-
         field physics[J]. Physical Review Special Topics - Accelerators and Beams, 2002, 5(3):
         031301-1-9.

[22]   MOUROU G A, BARTY C P J, PERRY M D. Ultrahigh-intensity lasers: physics of
         the extreme on a tabletop[J]. Phys Today, 1998, 51(1): 22~28.

[23]   彭翰生. 超强固体激光及其在前沿学科中的应用 (1)[J]. 中国激光, 2006, 33(6): 721~729.

[24]   张杰. 强场物理 —— 一门崭新的学科 [J]. 物理, 1997, 26(11): 643~649.

[25]   孟绍贤. 超强激光场物理学 [J]. 物理学进展, 1999, 19(3): 236~269.

[26]   车会生. 飞秒激光及其应用 [J]. 激光与光电子学进展, 2003, 40(8): 5~9.

[27]   宋云夺. 飞秒激光的应用 [J]. 光机电信息, 2004, 12: 12~17.

[28]   WILLE H, RODRIGUEZ M, KASPARIAN J, et al. Teramobile: a mobile femtosecond-
         terawatt laser and detection system [J]. Eur Phys J AP, 2002, 20: 183~190.

[29]   张平, 卞保民, 钱彦, 等. 飞秒超强激光在空气中光丝现象的研究 [J]. 激光杂志, 2004,
         25(6): 1~3.

[30]   HOSSEINI S A, LUO Q, FERLAND B, et al. Effective length of filaments measurement
         using backscattered fluorescence from nitrogen molecules[J]. Appl Phys B, 2003, 77(7):
         697~702.

[31]   CARMAN R L, RHODES C K, BENJAMIN R F, et al., Observation of harmonics
         in the visible and ultraviolet created in CO2-laser-produced plasmas [J]. Phys Rev A,
         1981, 24(5): 2649~2663.

[32]   NORREYS P A, ZEPF M, MOUSTAIZIS S, et al. Efficient extreme UV harmonics
         generated from picosecond laser pulse interactions with solid targets[J]. Phys Rev Lett,
         1996, 76(11): 1832~1835.

[33]   TARASEVITCH A, ORISCH A, VON DER LINDE D. Generation of high-order spa-
         tially coherent harmonics from solid targets by femtosecond laser pulses[J]. Phys Rev
         A, 2000, 62(2): 023816-1-6.

[34]   杨辉, 张杰. 超短脉冲激光在引导闪电中的应用 [J]. 物理, 2001, 30(1): 18~21.

[35]   UCHIDA S, SHIMADA Y, YASUDA H, et al. Laser-triggered lightning in field exper-
         iments[J]. J Opt Technol, 1999, 66 (3): 199~202.

[36]   KASPARIAN J, RODRIGUEZ M, MÉJEAN G, et al. White-light filaments for atmo-
         spheric analysis[J]. Science, 2003, 301: 61~64.

[37]   陈式刚. 强场物理 —— 诱人的研究领域 [J]. 百科知识, 1995, 4: 30, 31.

[38]　ZHANG J, MACPHEE A G, NILSEN J, et al. Demonstration of saturation in a Ni-like Ag x-ray laser at 14 nm[J]. Phys Rev Lett, 1997, 78: 3856∼3859.

[39]　ZHANG J, MACPHEE A G, LIN J, et al. A saturated x-ray laser beam at 7 nanometers[J]. Science, 1997, 276: 1097∼1100.

[40]　KATSOULEAS T. Electrons hang ten on laser wake[J]. Nature, 2004, 431: 515, 516.

[41]　SCHWOERER H, PFOTENHAUER S, JÄCKEL O, et al. Laser–plasma acceleration of quasi-monoenergetic protons from microstructured targets[J]. Nature, 2006, 439: 445∼448.

[42]　张杰. 浅谈惯性约束核聚变 [J]. 物理, 1999, 28(3): 142∼152.

[43]　吕百达. 固体激光器件 [M]. 北京: 北京邮电大学出版社: 2002.

[44]　LINDL J D, AMENDT P, BERGER R L, et al. The physics basis for ignition using indirect-drive targets on the National Ignition Facility[J]. Phys Plasmas, 2004, 11(2): 339∼491.

[45]　TABAK M, HAMMER J, GLINSKY M E, et al. Ignition and high gain with ultra-powerful lasers [J]. Phys Plasmas, 1994, 1(5): 1626∼1634.

[46]　张家泰, 胡北来, 刘松芬. 快点火与惯性聚变能 [J]. 激光与光电子学进展, 2002, 39(9): 4∼8.

[47]　KEY M H. Status of and prospects for the fast ignition inertial fusion concept[J]. Phys Plasmas, 2007, 14: 055502-1-15.

[48]　KODAMA R, NORREYS P A, MIMA K, et al., Fast heating of ultrahigh-density plsma as a step towards laser fusion ignition[J]. Nature, 2001, 412: 798∼802.

[49]　KMETEC J D, GORDON C L III, MACKLIN J J, et al. MeV x-ray generation with a femtosecond laser[J]. Phys Rev Lett, 1992, 68(10): 1527, 1528.

[50]　ZHANG P, HE J T, CHEN D B, et al. Effects of a prepulse on γ-ray radiation produced by a femtosecond laser with only 5-mJ energy[J]. Phys Rev E, 1998, 57: R3746∼R3748.

第11章　特种材料光学

最近几年, 纳米技术、微加工技术、光电子技术、微小粒子的观测和操控技术等广泛兴起并迅速发展. 与之相应的是, 一些新型的材料如纳米材料、光子晶体材料、半导体材料、负折射率材料等的理论和应用研究也正在蓬勃展开之中. 这些材料显示出特殊的光学性质, 具有重要的科学研究价值和广阔的应用前景, 其开发和研制将对未来的众多高新技术产生深刻而巨大的影响.

11.1　纳　米　光　学

纳米科学和技术是在纳米尺度上 (0.1~100nm) 研究物质 (包括原子、分子) 的特性和相互作用, 并且将这些特性应用于科学研究和技术创新的一门新兴科学. 其最终目标是以物质在纳米尺度上表现出来的特性, 制造出具有特定功能的产品, 实现生产方式的飞跃. 纳米科技涉及面很广, 包括物理、化学、生物、机械、电子、材料等众多的研究领域[1].

纳米光学是纳米科学和技术的一个重要方向. 它以激光和可将光局限在极小尺寸的亚微米结构 (如纳米孔、纳米缝、纳米针等纳米技术) 为基础, 应用激光与原子、分子、团簇和纳米结构的线性或非线性、经典或量子相互作用的新的或改型的已知效应, 产生一系列新的科学和技术.

纳米光学有两个基本特点: ①以纳米空间分辨率研究物质的结构, 要求激光能够非常强烈地局域化, 但能保持光学特征的光谱选择性; ②与自由空间情况相比, 纳米结构处的物质如原子、分子等对局域化光的响应有显著变化[2].

纳米光学在很大程度上是一种近场光学. 纳米光学使用的光限定在空间尺寸 $a \ll \lambda$(λ 为波长) 或体积 $V \ll \lambda^3$ 的范围内. 纳米光学的研究涉及比经典衍射极限还要小的尺度上的光与物质的相互作用[3].

11.1.1　扫描近场光学显微镜——纳米光学成像技术

传统的光学显微镜由光学透镜组成. 但是, 光学显微镜的放大倍数不能任意增大, 而要受到光学衍射极限的限制. 德国物理学家阿贝 (Abbe) 用衍射理论预言了分辨极限的存在. 瑞利将此极限表示为

$$a \geqslant \frac{1.22\lambda}{2n\sin\theta} \tag{11.1.1}$$

式中, a 为两个刚好能被分辨的点的距离, λ 为光波长, n 为介质的折射率, θ 为透镜的半角孔径. 瑞利判据表明, 就算是使用高数值孔径 $N_A = n\sin\theta = 1.3 \sim 1.5$ 的镜头, 分辨距离 a 最小也才约为波长的一半. 因此, 使用常规光学显微镜不可能分辨比 $\lambda/2$ 还要小的结构. 以可见光作为光源的光学显微镜最好的分辨距离只有 $200 \sim 300\text{nm}$, 这对于观测像生物单分子那样的纳米量级的物质结构是远远不够的[4,5].

纳米技术的迅猛发展对微结构的超分辨检测提出了迫切的要求. 20 世纪 80 年代, 光学检测所利用的波源从辐射波拓展到了**倏逝波**(evanescent wave), 即从处于近场的倏逝波那里获取检测物体的高频信息, 实现对物体的超衍射分辨成像, 由此诞生了近场光学扫描显微成像方法[6].

近场光学的核心问题在于探测束缚在物体表面的非辐射场. 但是这个场随离开表面的距离呈指数式衰减, 因而在远场即常规的光学观察中无法探测到. 尽管如此, 探测非辐射场的概念很早就被人提出来了. 1925 年, Synge 提出了用尺度为 10nm 的小孔在距离样品 10nm 处扫描形成二维图像的设想. 1970 年, Ash 和 Nieholls[7] 应用近场的概念, 在微波波段实现了分辨率为 $\lambda/60$ 的二维成像.

对于辐射场和非辐射场, 我们可以作这样的分析[8,9]: 考虑一个在 $z=0$ 的平面上按 $U(x, y, 0)$ 分布的复杂的场的衍射及传播, 在距离为 z 的地方, 新的场分布可表示为 $U(x, y, z)$. $U(x, y, 0)$ 可以写成其角分布谱 $A_0(m, n)$ 的傅里叶逆变换, 而 $A_0(m, n)$ 与 $A(m, n, z)$ 的关系可以表述为

$$A(m, n, z) = A_0(m, n) \exp\left\{ \frac{2\pi i}{\lambda} \sqrt{1 - (m\lambda)^2 - (n\lambda)^2} \cdot z \right\} \tag{11.1.2}$$

式中, m、n 的大小反映空间频率的高低. 对此可以分为两种不同的情况:

(1) $(m\lambda)^2 + (n\lambda)^2 < 1$ 时, 方程的指数部分的宗量为虚数. 这时, 角分布谱中的每个分量都可以由样品向探测器传播, 其相位也随之变化. 这就是说, 在 $z=0$ 处的空间频率中, 低空间频率的成分对应于传播波 (辐射场), 即角分布谱中的远场分量.

(2) $(m\lambda)^2 + (n\lambda)^2 > 1$ 时, 方程变为

$$A(m, n, z) = A_0(m, n) \exp\left\{ -\frac{2\pi}{\lambda} \sqrt{(m\lambda)^2 + (n\lambda)^2 - 1} \cdot z \right\} \tag{11.1.3}$$

这种高空间频率下的情况, 对应于物体中小的尺度. 由于这时指数部分的宗量为实数, 对应的波场具有随距离的增大而迅速衰减的特点, 是一种倏逝波. 倏逝波对应的场称为非辐射场, 它只能存在于物体表面附近, 不能向远处传播. 倏逝波的这一特点使得物体中细微结构的信息不能向外传递, 而只能限制在接近物体表面的区域, 即近场区域. 我们可以用衰减长度 d 作为衡量近场尺度的量

$$\frac{1}{d} = \frac{2\pi}{\lambda} \sqrt{(m\lambda)^2 + (n\lambda)^2 - 1} \tag{11.1.4}$$

可以看出, 高阶的衍射波对应较短的衰减长度 d.

在波场的衍射中, 传播波与倏逝波总是共存的. 要探测被测物体更细微的结构, 就要克服衍射极限, 也就是要探测位于近场区域的非辐射场. 为此, 必须把探头放在距离样品一个波长以内[10], 在场尚未传播之前就用探头捕捉它.

图 11-1 为近场光学显微镜的原理图[11]. 其要点为: ①将探头准确地放在物体表面纳米尺度的地方且不至于与样品碰撞 (这个问题可以用扫描探针显微镜常用的压电调节方法解决), 收集纳米尺度的光信号, 使之转变为电流, 或者再发射到自由空间, 或者以波导的方式将其传播到光电倍增管、光电二极管之类的探测系统. ②采取逐点扫描的办法, 将采集的信息合成为二维图像.

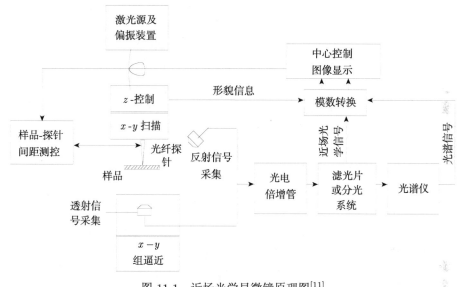

图 11-1　近场光学显微镜原理图[11]

在近场光学显微镜中, 探头进入到近场区域的非辐射场内, 产生光学扰动, 从而可以把局限在物体近邻的信息转换出来. 这个过程涉及**光子隧道效应**(photon tunneling effect). 由于这个效应, 一个合适的介电探针 "浸入" 倏逝场, 可以将倏逝场转变为传播场[8,9].

图 11-2 是四种典型的近场光学显微镜的光路图[11]. 图中探针的端口呈锥形, 口径在几十纳米左右, 即亚波长尺寸. 四种光路图中, 图 11-2(a) 和图 11-2(b) 是透射方式, 适用于观察透光性好的样品; 图 11-2(c) 和图 11-2(d) 是反射方式, 适用于观察不透明样品及做光谱研究. 也可这样分类: 一类是入射光为远场提供, 而采集倏逝场信号, 如图 11-2(a) 和图 11-2(c) 所示; 另一类是探针提供近场光源, 用普通光学系统收集信号, 如图 11-2(b) 和图 11-2(d) 所示.

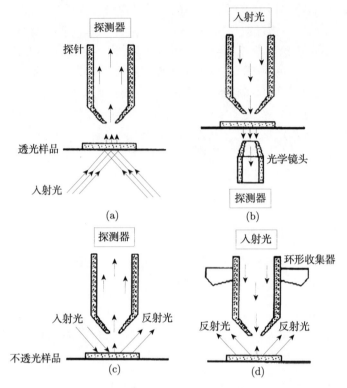

图 11-2　四种典型的光路图[11]

由于能克服传统光学显微镜低分辨率以及扫描电子显微镜和扫描隧道显微镜对生物样品产生损伤等缺点, 近场光学显微镜被广泛地应用于生物医学、纳米材料和微电子学等众多的领域. 利用近场光学显微镜, 可以得到高分辨率的光学成像, 实现单个荧光分子的标记, 实施对细胞精细结构的观察, 获得对纳米量级的物理体系的近场光谱分析, 另外还可应用于近场光电导、近场光刻、高密度信息存储等[11].

11.1.2　激光光镊——纳米光学操纵技术

1986 年, Ashkin 等[12] 在光与微粒相互作用实验的基础上发明了**光镊**(optical tweezers) 技术. 这一技术又称**单光束梯度力俘获**(single-beam optical gradient force trap) 技术, 是利用光与物质间动量传递的力学效应形成三维势阱, 以此实现对微粒的捕获和操纵. 这种单光束梯度力势阱由高度汇聚的单束激光形成, 通过散射力和辐射压梯度力的相互作用, 可弹性地捕获从几纳米到几十微米的生物体微粒或其他大分子微粒, 在基本不影响周围环境的情况下对捕获物进行无损活体的操作. 光镊技术在生命科学等领域有重要的应用, 是研究单个细胞和生物大分子行为不可或缺的有效工具[13].

根据粒子直径的大小, 光镊的作用原理分为两种情况.

1. 直径大于波长的米氏散射粒子

这种情况下光镊的作用原理可用几何光学来说明[12~16]. 如图 11-3 所示, 入射光线 a 在粒子小球中经历若干反射和折射后出射, 光子与粒子小球之间发生动量传递, 光子因为受到粒子小球的作用力而偏离原来的运动方向, 粒子小球则受到一个相反方向的作用力 F_a. 同理可知, 光线 b 对粒子施加 F_b 的作用力. F_a 和 F_b 的合力指向光束的焦点. 这样, 就可以通过移动光束焦点的位置, 控制粒子小球前后左右的移动, 实现对其的捕获和操纵.

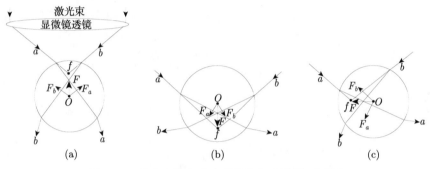

图 11-3 单光束梯度力光阱的几何光学原理图[14]

2. 直径小于激光波长的瑞利散射颗粒

这种情况需要用波动光学理论[12] 和电磁模型[17] 来解释. 根据波动光学理论, 光束对粒子存在两种作用力: 一种是与入射光同向、正比于光强的散射力, 另一种是与光强梯度同向、正比于强度梯度的梯度力.

在折射率为 n_{m} 的介质中, 折射率为 n_{p} 的瑞利粒子所受的背离焦点的散射力为[12]

$$F_{\mathrm{scat}} = \frac{n_{\mathrm{m}} P_{\mathrm{scat}}}{c} \tag{11.1.5}$$

此处 P_{scat} 为被散射的光功率. 上述散射力也可用光强 I_0 和有效折射率 $m = n_{\mathrm{p}}/n_{\mathrm{m}}$ 表示为

$$F_{\mathrm{scat}} = \frac{I_0}{c} \frac{128\pi^5 r^6}{3\lambda^4} \left(\frac{m^2 - 1}{m^2 + 2} \right)^2 n_{\mathrm{m}} \tag{11.1.6}$$

另一方面, 极化率为 α 的球形瑞利粒子受到一个指向焦点的梯度力

$$F_{\mathrm{grad}} = -\frac{n_{\mathrm{m}}}{2} \alpha \nabla E^2 = -\frac{n_{\mathrm{m}}^3 r^3}{2} \left(\frac{m^2 - 1}{m^2 + 2} \right) \nabla E^2 \tag{11.1.7}$$

若指向焦点的梯度力与背离焦点的散射力之比 R 大于 1, 则构成一个稳定的单光束俘获. 对高斯光束来说, 在 $z = \pi w_0^2 / \sqrt{3}\lambda$ 处有

$$R = \frac{F_{\mathrm{grad}}}{F_{\mathrm{scat}}} = \frac{3\sqrt{3}}{64\pi^5} \frac{n_{\mathrm{m}}^2 (m^2 + 2)}{m^2 - 1} \frac{\lambda^5}{r^3 \omega_0^2} \geqslant 1 \qquad (11.1.8)$$

以上讨论的是纵向 (轴向) 上的受力情况. 若粒子小球在横向 (垂直于光轴方向) 偏离中心位置, 则也会受到一个指向光束中心的作用力. 该力与光阱效率 Q、光功率 P 成正比[15]:

$$F = \frac{Q n_m P}{c} \qquad (11.1.9)$$

式中, c 为真空中的光速. 在一定的介质和激光功率下, 光阱力 F 与光阱效率 Q 成正比. 光阱效率与粒子小球偏离焦点位移的关系如图 11-4 所示. 可以看出, 粒子小球在偏离光阱中心的位移不超过小球半径 r 的范围内, 光阱效率曲线可近似为直线, 即光阱效率与小球对焦点的偏离成正比. 由此可见, 小球受到的光阱恢复力在小球半径范围内大致正比于小球的位移, 即

$$F = -kx \qquad (11.1.10)$$

式中, x 为小球的位移, k 为光阱的劲度系数.

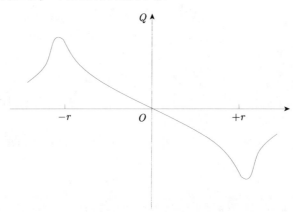

图 11-4   光阱效率与小球位移的关系曲线

综上所述, 粒子小球在光束焦点附近均受到指向光束焦点的力的作用. 这就说明了, 在高度汇聚的光束焦点周围存在一个指向焦点的势阱.

光镊系统通常由激光光源、激光扩束滤波光路、光镊移动控制环节、位移检测部分和传统的光学显微镜组成. 其结构如图 11-5 所示.

光镊操纵微粒具有下述特点:

(1) 无损性   可以对单个活体生物以非接触的遥控方式, 实施无损操控.

(2) 穿透性　可以无阻挡地越过屏障, 穿过透明封闭系统的表层 (细胞膜) 操控其内部微粒 (细胞器), 也可以透过封闭的样品池的外壁, 操控池内微粒, 实现无菌操作.

(3) 选择性　可以利用光镊挑选特定的活细胞, 观察其个体行为, 研究细胞间相互作用的基本过程.

(4) 可视性　可以操纵细胞, 使其悬浮于液体中便于观测的位置. 光镊系统的实时显示, 可以完整地保留活体细胞和大分子的生命活动, 反映体系作用的实际过程.

(5) 灵敏性　可以感应微小的负荷, 进行微小力的测量.

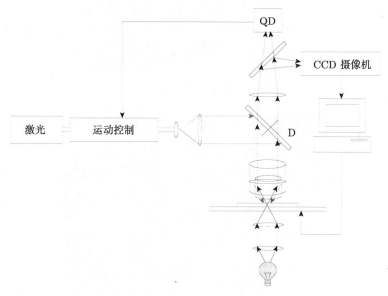

图 11-5　光镊系统结构示意图

光镊具有非常好的发展和应用前景. 作为微小粒子的操控手段, 光镊操作和检测的精度已经从微米量级发展到了纳米量级. 目前, 光镊技术主要应用于生物大分子的静力学和动力学特性的研究、生物大分子的精细操作、分子水平上的特异性的识别、生命过程的调控以及纳米生物器件的组装等方面.

图 11-6 为 R W Steubing 等[18] 利用光镊操控单细胞融合的实验结果. 图 11-7 为 Arai 等[19] 在 $0.02\mu m$ 宽、$16\mu m$ 长的单链 DNA 分子的两端粘上 "把手", 利用双光束光镊操纵这两个 "把手", 成功地给 DNA 分子打上了结. 这种方法有望用来解开遗传物质同细胞骨架的缠绕, 为在分子水平上了解生命的基本现象提供一个新的途径. 图 11-8 展示的是利用光阱技术对 DNA 长链分子的力学机制展开的研究工作. 这些工作有助于我们揭示生命遗传的奥秘[20].

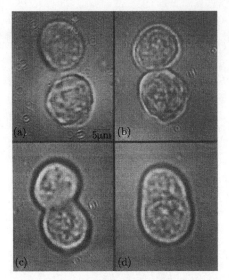

图 11-6　光镊操控单细胞融合[18]

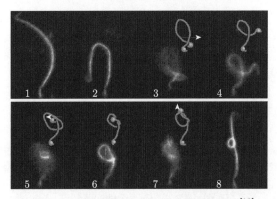

图 11-7　利用双光镊对肌动蛋白进行打结[19]

　　光镊作为一门新兴的微粒操控技术, 将在生命科学以及介观物理学等领域发挥越来越重要的作用. 纳米光镊技术及其在纳米科学中的应用不仅是一项具有前瞻性和战略性的基础研究, 而且也具有广阔的市场前景[21].

11.1.3　纳米光纤——纳米光学传输技术

　　光纤即光导纤维, 是一种利用光在纤维中的全反射原理而制成的传导光的器件. 微细的光纤封装在塑料护套中, 使得它能够弯曲而不至于断裂. 通常, 光纤的一端的发射装置使用发光二极管 (light emitting diode, LED) 或一束激光将光脉冲传送至光纤, 光纤另一端的接收装置使用光敏元件检测光信号. 由于光在光导纤维的传导损耗比电在电线传导的损耗低得多, 光纤在现代通信和传感技术等领域有广泛的应用.

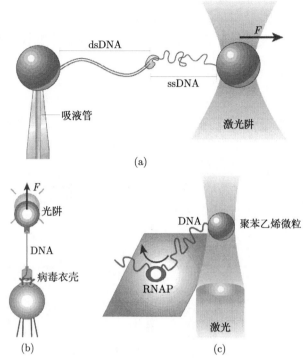

(a)

(b)   (c)

图 11-8   光阱技术在 DNA 长链分子力学机制研究中的应用[20]

由于越细小的光纤能够制备出越小和越快的器件, 因而研制纳米尺度的光纤引起了人们的重视. 2003 年, 浙江大学的童民利等研制出了直径 50nm 大小的硅质光纤 (图 11-9). 这种光纤能够将光子限制在微细的光纤内而不逸出, 实现了纳米光纤的无泄漏导光.

图 11-9   直径约为 50nm 的硅质光纤[22]

要制备这种直径细、损耗低的纳米光纤, 关键是要找到一种能使直径均匀而且内壁非常光滑的制备方法. 为了制备这种光纤, 研究人员首先使用一种叫火焰拉伸的方法制备了微米尺度光纤. 在进一步减小纤维直径的时候, 为了在拉伸区域获取稳定的温度分布, 研制者使用了尖端直径约为 80mm 的蓝宝石尖锥吸收火焰中的热能 (图 11-10). 蓝宝石光尖锥是采用激光加热生长法制作而成的, 可以在拉伸硅质纤维的过程中把加热的范围局限在很小的范围内. 微米直径的硅线的一端水平地放置在蓝宝石的尖锥上, 调整火焰使得尖端的温度恰好达到拉伸所需的温度 (约 2000K). 然后, 围绕对称轴旋转蓝宝石的尖端将硅线缠绕在尖锥上. 将硅线移到火焰外侧约 0.5mm 的地方以防止它融化, 然后在水平面上以 1~10mm/s 的速度垂直于蓝宝石尖锥的轴线将纳米纤维拉出[22].

纳米光纤可以用于在光学通信和光传感技术上使用的微光子器件. 预期这种超细小的光纤能够在未来几年投入实际应用.

图 11-10　纳米光纤制备工艺示意图[22]

11.1.4　纳米发光——纳米光学材料技术

纳米发光材料近年来发展迅速. 这种材料的微粒尺寸被减小到了几纳米到几十纳米的范围, 由此产生了许多新的物理现象, 如吸引边蓝移、巨大的比表面与丰富的表面态对材料光电性能的影响等. 这些新现象推动了尺寸效应、量子局域效应等相关物理模型的建立, 促进了纳米发光理论和应用研究的发展.

纳米发光材料微粒具有区别于宏观物体的特殊效应[23]:

(1) 小尺寸效应　当纳米微粒的尺寸与光波的波长、传导电子的德布罗意波长以及超导态的相干长度或透射深度等物理特征尺寸相当或更小时, 周期性的边界条件将被破坏, 材料的声、光、电、磁、热力学等特性均会出现新的小尺寸效应.

(2) 表面效应　纳米微粒尺寸小、表面大, 位于表面的原子占相当大的比例. 纳米粒径的减小使得表面原子的活性增大, 导致纳米粒子表面原子输送和构型的变化, 同时也引起表面电子自旋构象和电子能谱的变化.

(3) 量子尺寸效应　当粒子尺寸减小到最低值时, 费米能级附近的电子能级由准连续变为离散能级. 能级间距和金属颗粒的关系为

$$\delta = \frac{1}{3}\frac{E_F}{N} \tag{11.1.11}$$

式中, δ 为能级间距, E_F 为费米能级, N 为总电子数. 宏观物体由于包含的原子数极其巨大, 所含的电子数 $N \to \infty$, 于是能级间距 $\delta \to 0$, 表明大粒子或宏观物体的能级间距几乎为零. 纳米微粒包含的原子数较少, 从而有一定的 δ 值. 当能级间距大于静电能、光自能时, 纳米微粒的电、光特性就表现出与宏观材料特性的明显不同, 此即量子尺寸效应.

纳米发光材料的研究内容十分丰富. 最近几年, 硅基半导体纳米发光材料、纳米粉末发光材料、碳纳米管的场发射等受到了研究者的重视. 这些材料在光电集成、信息显示等领域具有重要的学术意义和良好的应用前景.

值得注意的是, 浙江大学在纳米发光材料方面也做了重要的工作. 王绍民教授等发现了纳米级非氢化无定形碳 (a-C) 在室温、真空条件下, 由 5 种从红外 (980nm) 到紫光 (404nm) 激光二极管会聚诱导, 当功率密度处于 $1kW/cm^2$ 到 $1MW/cm^2$ 之间时, 出现上转换连同下转换级联的量子过程, 呈现可见、刺眼的强白光辐射. 他们在 10 种纳米材料中发现了类似的现象, 其中 a-C 的能量转换效率最高 (大于 50%)[24,25]. 图 11-11 为微波诱导下的碳纳米微粒白光发射与太阳辐射的比较[26].

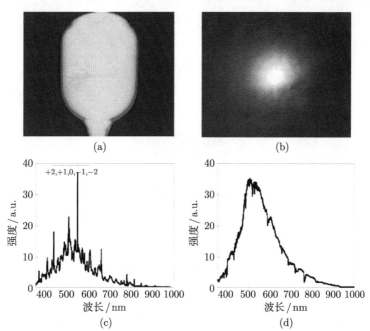

图 11-11 微波诱导碳纳米粒子白光发射与太阳辐射之比较

(a) 碳纳米粒子白光发射照片; (b) 相同曝光条件下的太阳辐射照片;

(c) 微波诱导发射光谱; (d) 太阳辐射光谱[26]

纳米发光材料的制备方法主要有溶胶–凝胶法、沉淀法、喷雾热解法等. 随着纳米材料制备技术的不断发展和完善, 人们已经用许多不同的物理方法和化学方法制备出不同尺寸、不同结构和不同组成的纳米发光材料, 并对其发光特性进行了较为全面的研究. 目前, 纳米发光材料发光性质发生变化的机理尚没有定论, 有待进一步的研究.

11.2　光 子 晶 体

将不同折射率的介质周期性排列, 可以做成特殊的微结构材料. 由于介电常数空间上的周期性会引起空间折射率的周期变化, 当介电系数的变化足够大且变化周期与光波长相当时, 光波的色散关系出现带状结构, 即**光子能带结构**(photonic band structures). 带与带之间存在被禁止的频率区间, 称为**光子频率带隙**(photonic band gap, PBG). 频率落在禁带中的光或电磁波是被禁止传播的. 具有光子频率带隙的周期性介电结构材料称作**光子晶体**(photonic crystals).

光子晶体由于其诱人的发展前景吸引了国内外众多科学家的研究兴趣. 自从 1987 年由 Yablonovitch[27] 和 John[28] 提出光子晶体概念以来, 光子晶体无论在理论研究、实验研究和应用研究方面都得到了迅速的发展[29].

11.2.1　光子晶体的结构

光子晶体分为一维、二维、三维三种光子晶体, 分别对应于一维、二维、三维方向上电介质的周期性排列结构 (图 11-12).

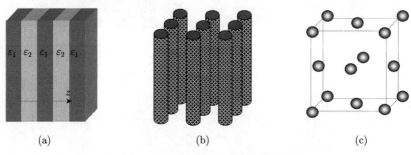

图 11-12　三种类型的光子晶体结构

(a) 一维; (b) 二维; (c) 三维

一维光子晶体通常由两种介电常数的介质多层周期分布构成. 也可以做成一维金属 - 介电光子晶体, 它能够在可见波段透明, 而在紫外、红外、微波波段不透明.

二维光子晶体一般为介电常数为 ε_a 的圆形或方形介质柱在介电常数为 ε_b 的

介质中呈二维周期排列. 这类光子晶体一般按六方晶系排列, 介质 b 通常为空气 ($\varepsilon_b = 1$). 也可以在介电常数为 ε_b 的介质板上钻孔 ($\varepsilon_a = 1$) 来得到二维周期排列.

三维光子晶体的结构应产生完全光子带隙, 关键是布里渊区边界各个方向的频率带隙应当重叠. 满足这一条件的结构如面心立方, 其二个方向上的带隙重叠.

11.2.2　光子晶体的特征

1. 光子禁带

光子晶体最基本的特征就是具有光子禁带, 落在禁带中的电磁波无论传播方向如何都是禁止的. 光子带隙依赖于光子晶体的结构和介电常数的配比. 比例越大, 带隙出现的可能也就越大.

光子的能带、能隙是指光子的频率与波矢的某种关系. 在电子的能带结构中, 存在被称作 "布里渊区" 的一些特定区域. 在一个布里渊区内部, 能量 (或频率) 随波矢连续变化, 称作一个能带. 在布里渊区的边界上, 能量 (或频率) 作为波矢的函数发生突变, 即出现能隙. 类似地, 对于存在光子能隙的介质来说, 不是所有频率的光都能在其中传播. 也就是说, 那些频率落在光子能隙区域的光将不能通过介质. 图 11-13 为光子和电子的带隙对比[30].

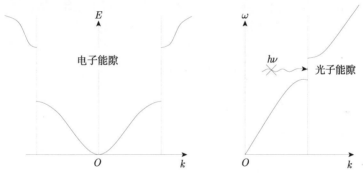

图 11-13　一维情况下电子和光子的 k-ω 关系[30]

2. 自发辐射抑制

20 世纪 80 年代以前, 自发辐射一直被人们认为是一个随机现象, 不能人为地加以改变. 1946 年 Purcell 提出, 自发辐射实际上是可以人为控制的 (Purcell 效应, 参见 8.6 节). 自发辐射不是物质的固有性质, 而是物质与场相互作用的结果. 自发辐射的概率由费米黄金定则给出

$$W = \frac{2\pi}{\eta} |V|^2 \rho(\omega) \tag{11.2.1}$$

式中, $|V|$ 为零点 Rabi 矩阵元, $\rho(\omega)$ 为光场态密度. 式 (11.2.1) 表明, 自发辐射概率与态密度呈正比. 根据这个性质, 我们可以利用光子晶体实现对自发辐射的人为控

制. 将原子放在光子晶体中, 使其自发辐射频率刚好落在带隙中, 则因带隙中该频率的光子态密度为零 [图 11-14(a)], 自发辐射的概率也就下降为零, 使得自发辐射受到抑制. 反之, 如果在光子晶体中掺入杂质, 则光子带隙中会出现品质因子很高的缺陷态, 具有很高的态密度 [图 11-14(b)], 从而可以增强自发辐射.

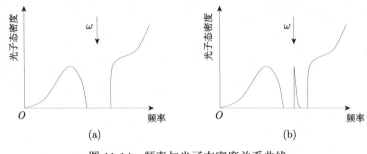

图 11-14　频率与光子态密度关系曲线

(a) 无缺陷光子晶体; (b) 有缺陷光子晶体[29]

3. 光子局域化

1987 年 John 提出, 在无序介电材料组成的超晶格即光子晶体中, 光子呈现很强的 Anderson 局域. 如果在光子晶体中引入某种程度的缺陷, 则和缺陷态频率相吻合的光子有可能被局域在缺陷位置. 一旦偏离缺陷处, 光就迅速衰减. 光子局域态的形状和特性由缺陷的属性来决定. 点缺陷相当于一个微腔, 其作用类似于包围了一层全反射墙, 可以将光限定在特定的位置, 形成一个光能量密度的共振场. 线缺陷的作用类似于波导管, 光只能沿线缺陷方向传播. 平面缺陷则类似于一个反射镜, 光被局域在缺陷平面上[29].

11.2.3　光子晶体的理论

光子晶体禁带的产生可以用经典电磁场理论和 Bloch 理论来分析. 假定电磁波在组成光子晶体的介质中传播时不衰减, 即介电常量为实数, 则由介质中的 Maxwell 方程有

$$\nabla \times \boldsymbol{E} = -\mu\mu_0 \frac{\partial}{\partial t} \boldsymbol{H} \tag{11.2.2}$$

$$\nabla \times \boldsymbol{H} = \varepsilon\varepsilon_0 \frac{\partial}{\partial t} \boldsymbol{E} \tag{11.2.3}$$

式中, ε 为介质的相对介电常量, μ 为相对磁导率. 取 $\mu = 1$, 则由式 (11.2.2) 和式 (11.2.3) 有

$$\nabla \times \frac{1}{\varepsilon}\nabla \times \boldsymbol{H} = \left(\frac{\omega}{c}\right)^2 \boldsymbol{H} \tag{11.2.4}$$

式中, $\nabla \cdot \boldsymbol{H} = 0$. 式 (11.2.4) 是 $\boldsymbol{H}$ 的一个本征值方程, 与本征算符 "$\nabla \times \dfrac{1}{\varepsilon}\nabla \times$" 对

应的本征值为 $\left(\dfrac{\omega}{c}\right)^2$.

根据 Bloch 理论, 在周期性变化的介质中, 式 (11.2.4) 的解具有 $H(r,t) = \exp\{i(k \cdot r - \omega t)\} H_k(r,t)$ 的形式, 其中波矢 $|\boldsymbol{k}| = \omega/c = 2\pi/\lambda$. 在一维光子晶体的情况下, $\varepsilon(z) = \varepsilon(z+a)$, a 为光子晶体的周期, 并且 $a = a_1 + a_2$. 如果只考虑 z 方向的传播, 则式 (11.2.4) 可以改写为标量形式

$$\frac{1}{\varepsilon} \frac{\mathrm{d}^2}{\mathrm{d}z^2} H(z) = \left(\frac{\omega}{c}\right)^2 H(z) \tag{11.2.5}$$

式 (11.2.5) 的解可化为标量 Bloch 形式, 即 $H(z) = \mathrm{e}^{\mathrm{i}kz} H_k(z)$. 通过代换并化简, 可以得到光波的色散关系如下:

$$\cos k\,(a_1 + a_2) = \cos\left(\frac{\varepsilon_1 \omega a_1}{c}\right) \cos\left(\frac{\varepsilon_2 \omega a_2}{c}\right) - \frac{1}{2}\left(\frac{\varepsilon_1}{\varepsilon_2} + \frac{\varepsilon_2}{\varepsilon_1}\right) \sin\left(\frac{\varepsilon_1 \omega a_1}{c}\right) \sin\left(\frac{\varepsilon_2 \omega a_2}{c}\right)$$
$$\tag{11.2.6}$$

由式 (11.2.6) 可知, 光子晶体的禁带出现在布里渊区边界上, 且禁带宽度与 ε_1、ε_2 有关, ε_1 与 ε_2 的比值越大, 禁带越宽. 另外, 光子禁带的位置与光子晶体结构特征长度 $a = a_1 + a_2$ 有关[31].

求解光子晶体本征方程的方法主要有平面波法、格林函数法、时域有限差分法、传输矩阵法、N 阶法等[29,31].

11.2.4 光子晶体的制作和应用

光子晶体的制作要考虑到众多的因素, 技术上有较大的难度. 光子晶体的带隙与晶体结构、介电常数比、填充率、介质的连通性等有关. 另外, 还要考虑缺陷态的引入. 而且针对不同的波长范围, 光子晶体的制作技术也不同. 在实际的制作中, 往往需要多种技术联合运用. 目前研究较多的实验制作方法有逐层叠加技术、打孔法、微机械技术法、光学法、胶体晶体法、反蛋白石法、立体平板刻蚀法等[29].

光子晶体的应用非常广泛. 利用光子晶体可以研制出一系列新型的光电子产品, 如光子晶体光纤、光子晶体波导、低损耗反射镜、超棱镜、光子晶体微谐振腔、光子晶体滤波器、光子晶体偏振器、高效发光二极管等. 由于光子晶体可以做到非常小的体积, 在新的纳米技术、光计算机、芯片等领域有广阔的应用前景.

11.3 半导体光学

半导体是现代电子技术的基础. 半导体材料在现代光学技术中也有重要的应用. 本节中我们将对半导体能带理论、半导体激光、半导体量子点以及半导体光学微腔等内容作一介绍.

11.3.1　半导体能带理论

能带理论是研究固体中电子运动规律的一种近似理论. 固体由原子组成, 原子又包括原子实和最外层电子. 假定固体中的原子实固定不动, 并按一定规律作周期性排列, 电子则被看成是在固定的原子实周期势场及其他电子的平均势场中运动, 这样就把研究对象简化成了单电子问题. 这种单电子近似理论首先是由 Bloch 和布里渊在解决金属的导电性问题时提出的.

对于一个孤立原子来说, 其外层电子的能量状态 (能级) 具有某个确定的值. 但当原子彼此靠近时, 外层电子还会受到其他原子的作用, 电子的能量会发生微小的变化. 原子间距减小时, 孤立原子的每个能级将演化成由密集能级组成的准连续**能带**. 相邻两个能带 (允许带) 间的空隙代表晶体不能占有的能量状态, 称为**禁带**(forbidden band) 或**带隙**(band gap)(图 11-15).

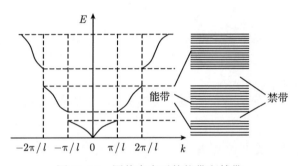

图 11-15　固体中电子的能带和禁带

考虑由 N 个原子 (或原胞) 组成的晶体, 它的每一个能带包括 N 个能级. 根据泡利不相容原理, 每个能级可被两个自旋相反的电子所占有, 即每个能带最多可容纳 $2N$ 个电子. 若**价带**(价电子所填充的能带) 中所有量子态均被电子占满, 称为**满带**. 满带中的电子不能参与宏观导电过程. 无任何电子占据的能带称为**空带**. 未被电子占满的能带称为未满带. 例如, 一价金属有一个价电子, N 个原子构成晶体时, 价带中的 $2N$ 个量子态只有一半被占据, 另一半空着. 未满带中的电子能参与导电过程, 称为**导带**.

固体的导电性能由其能带结构决定. 对一价金属, 价带是未满带, 故能导电. 对二价金属, 价带是满带, 但禁带宽度为零, 价带与较高的空带相交叠, 满带中的电子能占据空带, 因而也能导电. 绝缘体和半导体的能带结构相似, 价带为满带, 价带与空带间存在禁带. 由于热运动, 满带中的电子总会有一些具有足够的能量激发到空带中, 使之成为导带. 由于绝缘体的禁带较宽, 常温下从满带激发到空带的电子数很少, 宏观上表现为导电性能差. 半导体的禁带较窄, 满带中的电子只需较小能量就能激发到空带中, 因而表现出较大的电导率.

完全不含杂质且无晶格缺陷的纯净半导体称为本征半导体. 硅和锗都是四价元素, 其原子核最外层有四个价电子. 它们都是由同一种原子构成的 "单晶体", 属于本征半导体.

在绝对零度温度下, 半导体的价带是满带. 受到光电注入或热激发后, 价带中的部分电子会越过禁带进入能量较高的空带, 空带中存在电子后成为导带. 价带中缺少一个电子后形成一个带正电的空位, 称为**空穴**(hole), 导带中的电子和价带中的空穴合称为电子一空穴对 (图 11-16).

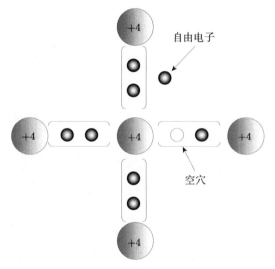

图 11-16 电子–空穴对

掺入杂质的半导体分为 p 型和 n 型两种. 例如, 通过特殊工艺在单晶硅中掺入少量的三价元素, 会在半导体内部形成带正电的空穴, 构成 p 型半导体; 反之, 若掺入少量的五价元素, 则会在半导体内部形成带负电的自由电子, 构成 N 型半导体. 将 p 型半导体与 n 型半导体制作在同一块半导体基片上, 在它们的交界面就形成空间电荷区, 称为 pn 结. pn 结具有单向导电性, 是现代电子技术的基础.

11.3.2 半导体激光

激光的理论基础是 1917 年爱因斯坦提出的受激辐射概念: 处于高能态的原子受到一个能量等于两个能级之间能量差的光子的作用, 将回到低能态, 并释放出与外来光子完全相同的光子. 在与上下能级对应的粒子数实现反转的情况下, 受激辐射产生的光通过谐振腔放大, 可以输出相干的激光束, 其光子的发射方向、频率、偏振完全相同, 彼此之间有恒定的相位差. 1960 年梅曼根据激光产生原理制造出了世界上第一台激光器 —— 红宝石激光器. 仅仅两年之后, 霍尔等人研制出了砷化镓半导体激光器.

图 11-17 为半导体激光器的原理图[32]. 图中 E_g 表示价带与导带之间的禁带, E_F 表示费米能级. 图 (a) 为本征半导体的能带结构, 其 E_F 在禁带的中间. 图 (b) 和图 (c) 表示半导体掺杂时, E_F 的位置发生改变. 其中图 (b) 为 n 型半导体, 其杂质能级靠近导带, 杂质能级上的电子很容易跃迁到导带上去, 增加导带中的电子数, 使费米能级升高. 杂质浓度愈高, E_F 也愈高, 甚至进入导带. 图 (c) 为 p 型半导体, 其杂质能级靠近价带, 价带中的电子很容易跃迁到杂质能级上去, 增加价带中的空穴带, 从而费米能级降低, 甚至进入价带.

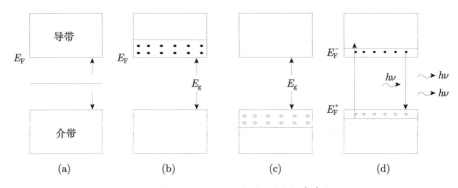

图 11-17　半导体激光器原理图[32]

在图 (d) 中, 同一块半导体的一边为 p 型, 另一边为 n 型, 两者分界面附近的区域构成 pn 结. 这是一种双简并半导体, 有两个费米能级 (E_F^- 和 E_F^+). 当这两个费米能级之差大于禁带宽度 E_g 时, 导带底部能级被电子占据的概率大于价带顶部能级被电子占据的概率, 这样就在 pn 结作用区实现了粒子数的反转. 当外来光子的能量 $h\nu$ 满足 $E_F^- - E_F^+ > h\nu > E_g$ 时, 能使导带中的电子向价带中的空穴跃迁, 发出一个与外来光子频率相同的光子, 从而可使这种频率的光放大, 实现光的受激辐射.

图 11-18 为砷化镓半导体激光器的结构示意图. 其中 L 为激光器的腔长, b 为 pn 结的宽度, d 为结区附近形成的载流子反转区的厚度. 与 pn 结平面相垂直的晶体自然理解面 (图中的 a、a' 面), 构成法布里 - 珀罗谐振腔, 以产生光振荡. 激光的强度则由注入电流的大小来调制.

相比于其他激光器, 半导体激光器有诸多的优点, 如质量轻、体积小、能耗小、响应快等. 借助于微电子技术, 可以大量生产半导体激光器, 甚至还能够在同一块板上集成几百万只小激光器. 半导体激光器已经被广泛应用于现代电子信息、精细加工、生物医疗等科学技术领域. 随着纳米科技的兴起, 半导体激光技术正在进入全新的发展阶段. 包括光子晶体激光器、随机激光器、柔性激光器等在内的各种新型半导体激光器的研制正在蓬勃展开, 并显示出广阔的应用前景[33].

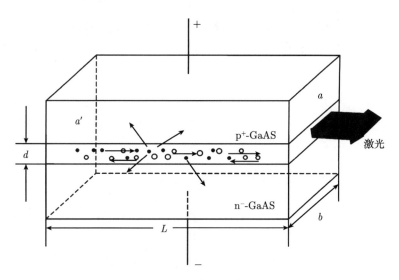

图 11-18   砷化镓激光器结构示意图[32]

11.3.3   半导体量子点

半导体量子点是近几年发展起来的一种新型纳米材料. 它是一定数量的原子按照某种方式组成的半导体纳米颗粒, 直径为 1~100nm, 是半导体介于分子和晶体之间的过渡态. 作为一种理想的荧光探针材料, 半导体量子点在生物医学等领域有重要的应用.

半导体量子点的光学性质源于纳米晶体中电子和空穴的相互作用. 当用光激发半导体量子点时, 可以产生激子即空穴–电子对. 当半导体量子点的颗粒尺寸与其激子的玻尔半径相近时, 电子–空穴的运动将受到限制, 量子点的带隙从而材料的光学性质将随着晶粒尺寸的变化而变化, 表现出量子尺寸效应. 例如, 颗粒尺寸的减小会使其有效带隙增加, 相应的吸收光谱和荧光光谱将发生蓝移, 且尺寸越小, 蓝移幅度越大[34].

图 11-19 为半导体量子点的发光原理, 图中"——>"表示辐射跃迁, "……>"表示非辐射跃迁. 量子点吸收光子后, 其价带上的电子跃迁到导带. 导带上的电子可以再跃迁回价带而发射光子, 也可以落入量子点的表面缺陷中. 若电子落在较深的表面缺陷态中, 则绝大多数电子将以非辐射的形式猝灭, 极少数的电子吸收一定能量后又跃迁回导带, 或者以发射光子的形式跃迁回价带[35].

半导体量子点的发光途径, 除了由电子和空穴直接复合产生激子态发光, 或者通过表面缺陷态间接复合发光外, 还可以通过杂质能级复合发光. 这三种情况的发光是相互竞争的. 如果量子点的表面存在较多的缺陷, 对电子和空穴的俘获能力很强, 则电子和空穴直接复合的概率很小, 激子态的发光就很弱, 甚至有可能观察不到. 为了消除缺陷态发光而增强激子态发光, 可以设法减少表面缺陷, 从而提高电子和空穴直接复合发光的产率.

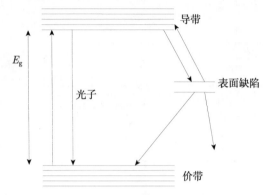

图 11-19　半导体量子点的光致发光

与有机荧光染料相比, 量子点具有独特的发光性质:

(1) 量子点的荧光光谱比较稳定. 量子点的发光强度比普通有机荧光标记染料 (如罗丹明 6G) 高, 稳定性是后者的百倍以上, 而且可以经受反复多次激发而不至于像有机荧光分子那样容易发生荧光漂白. 因此, 量子点标记的方法为研究细胞中生物分子之间长期的相互作用提供了有效的手段.

(2) 量子点的激发波长范围很宽, 而发射光谱峰宽度较窄[36] (图 11-20). 因组成和颗粒大小的不同, 量子点可以发出不同波长的光 (图 11-21)[36,37]. 这样, 在一个可检测到的光谱范围内可同时使用多个探针, 而发射光谱不出现交叠. 根据量子点发光的这一特性, 可以用同一激发波长实现对生物分子多组分的同时检测[38].

(3) 量子点的发射光谱覆盖从紫外光到红外光区域, 而很少有荧光染料的发射波长能在 800nm 以上. 因此, 可以利用半导体纳米晶体标记在红外光区域进行检测, 避免紫外光对生物材料、特别是活体生物材料的损害. 例如, Chan 等[36] 研制出的发光波长为 850nm 的近红外量子点, 具有很好的水溶性和生物相容性, 可用于检测基因表达、酶活力以及体内成像等.

量子点的制备方法主要有光刻腐蚀、选择外延生长等工艺技术的方法, 以及自组织生长法、液相化学反应法等. 随着量子点制备技术以及与不同分子连接技术的进一步完善, 量子点将成为最有前途的荧光标记物. 可以预见, 量子点作为一种新的荧光纳米材料将会在细胞生物学、医学科学与技术等领域产生深远的影响.

11.3.4　半导体光学微腔

光学微腔是指至少在一个方向上腔尺寸小到可与谐振光波的波长相比拟, 并具有高品质因子的光学微型谐振器. 由于光波波长为微米量级, 因此光学微腔的制备需要采用微米或亚微米加工技术.

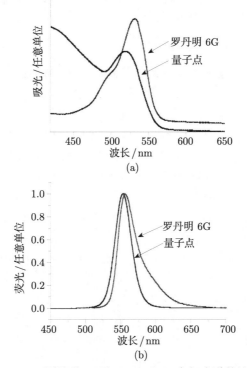

(a)

(b)

图 11-20 罗丹明 6G 和 CdSe QDs 之间光谱的比较

(a) 激发; (b) 发射[36]

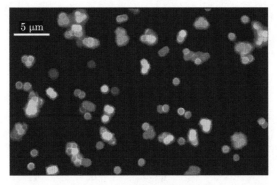

图 11-21 CdSe/ZnS 混合量子点标记发出的波长为 484nm、508nm、
547nm、575nm 和 611nm 的多种单色信号的荧光显微照片[37]

光学微腔的一个重要性质是可以改变原子的自发辐射, 使其得到抑制或增强. 早在 1946 年, Purcell[39] 就预言: "如果将原子和物质限制在至少在一个维度上尺度可以与波长相比拟的腔内, 则原子的自发辐射将受到腔的控制而改变." 这种微腔对

自发辐射性质的影响被称为 "Purcell 效应"(参见 8.6 节). 1960 年, Drexhage[40] 首次观察到由腔引起的自发辐射的改变. 近年来, 随着半导体微腔技术的发展, Purcell 效应的研究和应用越来越引起人们的重视.

1. 原子和微腔相互作用的原理[41−44]

根据量子理论, 处于激发态的原子从高能级 E_2 跃迁到低能级 E_1 时, 会释放出能量为 $h\nu = E_2 - E_1$ 的光子, 即发生了自发辐射. 这一过程可理解为激发态原子与它所处的真空场相互耦合的结果. 当原子置于腔内时, 真空场的涨落发生了变化, 从而改变了原子偶极子的涨落和偏振. 这两者相互影响, 使得微腔内原子与光子的行为与它们在自由空间中的情况完全不同. 因此, 利用微腔可以实现对自发辐射的控制, 使其得到抑制或增强.

原子和微腔相互作用的研究催生了一门新兴的学科 —— 腔量子电动力学 (cavity quantum electrodynamics, CQED)[41,42]. 腔量子电动力学阐述了原子与光子在微腔内所表现出来的与在自由空间完全不同的基本行为, 揭示了原子与光场作用的动力学过程, 并提出了有关光的量子本性、光与物质相互作用的一系列复杂的物理问题.

腔内原子与光场的相互作用如图 11-22 所示. 原子与腔内光场交换光子实现相互作用. 在腔量子电动力学中, 不仅要把原子量子化, 而且要把腔场也量子化, 同时还要考虑两者之间的相互作用, 即把原子与光场构成的系统看成由三项组成:

$$\hat{H} = \hat{H}_{\text{atom}} + \hat{H}_{\text{field}} + \hat{H}_{\text{interaction}} = \hat{H}_0 + \hat{H}_{\text{interaction}} \tag{11.3.1}$$

式中, 重点讨论的是 $\hat{H}_{\text{interaction}}$, 也就是辐射场与原子的耦合问题.

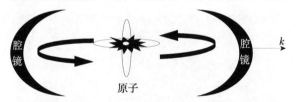

图 11-22   微腔中原子与光场的相互作用

对于自由空间来说, 其辐射场可以看作由无限多个谐振子叠加而成. 因此, 只要满足能量守恒和动量守恒, 处于激发态的原子可以耦合到任何一个模式. 自发辐射概率可由费米 "黄金定则" 求得, 激发态概率正比于 $\exp\{-\Gamma_0 t\}$. 这种呈指数衰减的自发辐射过程是一个不可逆过程.

对于微腔中的原子来说, 其自发辐射分为弱耦合与强耦合两种情况[44]:

(1) 弱耦合. 可以采用费米 "黄金定则" 来讨论微腔的速率方程, 得到光子辐射速率为

$$R = \Omega^2 2\pi\rho(\omega) \tag{11.3.2}$$

式中, Ω 为 Rabi 频率

$$\Omega = \left(\frac{d}{\hbar}\right)\sqrt{\frac{\hbar\omega}{2\varepsilon V}}\sqrt{n+1} \tag{11.3.3}$$

当 n=0 时, 为真空 Rabi 频率, 即描写自发辐射概率.

(2) 强耦合. 必须采用量子力学的密度矩阵方法来讨论速率方程, 得到自发辐射速率为

$$A_{\mathrm{c}} = \frac{4\Omega^2}{\gamma} = \left(\frac{d}{\hbar}\right)^2\frac{\hbar\omega}{2\varepsilon V}\frac{Q}{\omega} \tag{11.3.4}$$

由式 (11.3.2) 和式 (11.3.4) 可知, 微腔中自发辐射的概率与模体积 V 成反比, 与腔的品质因子 Q 成正比. 因此, 利用高品质因子的微腔可以大大增强自发辐射. 相反, 在失谐的情况下, 亦即边界条件不能满足共振时, 自发辐射将受到抑制.

2. 光学微腔的种类

光学微腔可按维度不同分类. 微腔在三个方向上都为波长量级的称为 0D 腔. 腔距为波长量级的平行平面腔为 2D 腔. 无限大自由空间为 3D 腔. 图 11-23 为三种不同维度的微腔中模式密度与光波频率的关系曲线[45], 其中 3D 腔的模式密度随光波频率作平滑的变化, 2D 腔中某些频率模式密度增大, 而另一些频率模式密度减小, 关系曲线呈台阶形, 0D 腔中由于三个方向都受到限制, 从而表现为分立的模式密度分布.

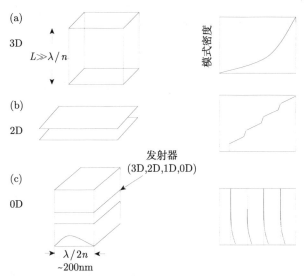

图 11-23 三种维度光学谐振腔中模式密度随光学频率的变化[45]

常用的光学微腔有平面微腔、回音壁模式微腔、光子晶体缺陷微腔等[44], 如图 11-24 所示.

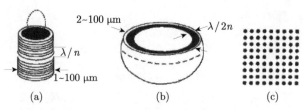

图 11-24 三种类型的光学微腔[44]

(a) 平面微腔; (b) 回音壁模式微腔; (c) 光子晶体缺陷微腔

(1) 平面微腔 (Fabry-Perot 微腔). 腔内物质为半导体量子阱, 腔镜面可以用金属膜或两种半导体材料交替生长而成[46]. 也可用一维光子晶体或一维金属–介电光子晶体[47] 制作平面微腔.

(2) 回音壁模式 (whispering gallery, WG) 微腔. 光波在两种具有不同折射率的介质的弯曲界面传播时发生全反射, 光滑的弯曲界面相当于反射率很高的镜面, 从而形成沿界面波长范围内传播的高 Q 值模式微腔[46,48].

(3) 光子晶体缺陷微腔. 光子晶体的带隙缺陷是理想的微腔, 可以具有很高的品质因子[49,50]. 利用光子晶体带隙, 在光波导中也可以形成高 Q 值的微腔[51,52].

3. 光学微腔的应用

光学微腔的一个应用是无阈值激光器. 我们可以从自发辐射的耦合系数 β 出发来认识无阈值激光器的原理. β 定义为在低激发速率时, 耦合到单一的激射模式与总的自发辐射的能量之比. 在普通激光器中, β 可近似表示为

$$\beta = \frac{\lambda^4}{4\pi^2 V \Delta \lambda n^3} \tag{11.3.5}$$

式中, $\Delta\lambda$ 为发射线宽, n 为折射率, V 为光模式体积. 在普通半导体激光器中, β 约为 10^{-5}. 在微腔的情况下, V 很小, β 显著提高, 自发辐射的光子被保留在腔内, 使得自发辐射有可能成为可逆过程. 这时, 腔内的原子有更多的机会与它们自己发出的光子相耦合, 光子的再吸收、再发射, 周而复始, 形成光子循环, 从而有可能在无粒子数反转的情况下产生相干的光子激射. 当 β 增大到接近于 1 时, 激光器的光输出随泵浦功率的变化将变为线性函数, 阈值转折消失, 成为无阈值激光器 (图 11-25)[43,53].

微腔激光器体积小、功耗低, 便于实现大规模集成, 可以应用于光电子器件的集成、新型激光器的制造、光计算和光存储以及各种光电器件的光源等. 半导体微腔激光器将在光电子学、光子学以及微加工技术等领域扮演十分重要的角色.

除此之外, 光学微腔在现代科技中还有很多重要的应用. 原子与腔场组成的系统已经成为探索诸多量子物理问题的重要工具, 它在量子测量、量子计算、量子态制备, 量子通信等领域具有重要的应用价值.

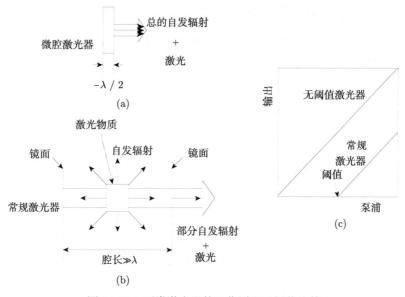

图 11-25 两类激光器的工作原理及阈值比较

(a) 无阈值激光器; (b) 常规激光器; (c) 阈值比较[54]

11.4 负折射率材料及其性质

负折射率材料也称**左手性材料**, 是指介电常数 ε 和磁导率 μ 同时为负的介质, 其折射率小于零. 1968 年苏联物理学家 Veselago 最早在理论上提出了负折射率的概念[55]. 由于在自然界中未能找到天然的负折射介质, Veselago 的工作在很长一段时间里并没有引起人们的重视. 1996~1999 年, 英国的 Pendry 从理论上提出了一种由开路谐振金属环构成、具有等效的负介电常数和负磁导率的三维周期结构[56~58]. 不久, 美国的 Smith 等研制出了相应的器件, 并从实验上验证了负折射的存在[59~62]. 负折射率材料由此进入了实质性研究的阶段.

与传统的材料相比, 负折射率材料具有非常奇特的性质, 如反常光学成像、反常多普勒频移、反常 Cherenkov 辐射、反常光压等. 负折射介质可以突破传统成像的衍射极限, 实现对微细结构的 "完美成像" 或 "超透镜成像", 极大地提高成像的分辨率. 如果使产生负折射的电磁波频段从微波波段扩展到光波段, 会对如光存储、超大规模集成电路中的光刻技术等产生重大影响. 具有负折射现象的特殊周期介质结构在新一代的谐振腔、纳米集成光路、发光增强探测、天线和波导等方面有很好的应用. 负折射率材料的基本物理问题以及其新颖的应用前景吸引了国内外众多研究者的注意, 已经成为当今电磁波、光电子学、材料学等方面的一个热门研究课题[63].

11.4.1　负折射率材料的基本物理分析

电磁波由谐振的电场和磁场组成. 电磁波在介质中的传播行为是由介质的介电常数 ε 和磁导率 μ 决定的. 一束平面波在各向同性均匀介质中传播时, 由 Maxwell 方程组

$$\nabla \times \boldsymbol{E} = -\frac{\partial \boldsymbol{B}}{\partial t} \tag{11.4.1}$$

$$\nabla \times \boldsymbol{H} = \frac{\partial \boldsymbol{D}}{\partial t} \tag{11.4.2}$$

$$\boldsymbol{B} = \mu \boldsymbol{H} = \mu_0 \mu_{\mathrm{r}} \boldsymbol{H}$$

$$\boldsymbol{D} = \varepsilon \boldsymbol{E} = \varepsilon_0 \varepsilon_{\mathrm{r}} \boldsymbol{E}$$

得到电磁场矢量 $\boldsymbol{E}$、$\boldsymbol{H}$ 和波矢 $\boldsymbol{k}$ 之间的关系为

$$\boldsymbol{k} \times \boldsymbol{E} = \omega \mu_0 \mu_{\mathrm{r}} \boldsymbol{H} \tag{11.4.3}$$

$$\boldsymbol{k} \times \boldsymbol{H} = -\omega \varepsilon_0 \varepsilon_{\mathrm{r}} \boldsymbol{E} \tag{11.4.4}$$

于是有

$$k^2 = \left(\frac{\omega}{c}\right)^2 n^2 \tag{11.4.5}$$

式中, $c = 1/\sqrt{\varepsilon_0 \mu_0}$ 为真空中的光速, $n^2 = \varepsilon_{\mathrm{r}} \mu_{\mathrm{r}}$, n 为介质的折射率.

考虑电磁波在无损各向同性介质中的传播, 此时材料的 ε 和 μ 均为实数. 根据 ε 和 μ 符号的取值, 自然界的物质可以分为四类, 如图 11-26 所示. 自然界中的大部分物质均处于图中材料空间的上半区, 且 $\varepsilon > 0$ 和 $\mu > 0$ 的材料占多数. 当平面电磁波在该物质中传播时, 波矢量 $k = \sqrt{\varepsilon_{\mathrm{r}} \mu_{\mathrm{r}}} \omega/c$ 为实数, 折射率 $n = \sqrt{\varepsilon_{\mathrm{r}} \mu_{\mathrm{r}}}$ 为正, 因此电磁波可以在其中传播. 在 $\varepsilon < 0$ 和 $\mu > 0$ 的介质中, 波矢量 $k = \mathrm{i}\sqrt{|\varepsilon_{\mathrm{r}} \mu_{\mathrm{r}}|} \omega/c$ 为虚数, 折射率 $n = \mathrm{i}\sqrt{|\varepsilon_{\mathrm{r}} \mu_{\mathrm{r}}|}$ 相当于吸收. 在这样的介质中, 波场振幅会迅速呈指数衰减, 电磁波将不能在其中传播 (即倏逝波). 同理, 电磁波也不能在 $\varepsilon > 0$ 和 $\mu < 0$ 的介质中传播. 这就是说, 电磁波无法在单负值的材料中传播. 但当材料的介电常数和磁导率同时为负, 即 $\varepsilon < 0$ 且 $\mu < 0$ 时, ε 和 μ 的乘积仍为正, 这时波矢量 k 和折射率 n 仍为实数, 电磁波可以在其中传播[64].

对于 ε 和 μ 都是负的材料, 由式 (11.4.3)、式 (11.4.4) 可知, $\boldsymbol{E}$、$\boldsymbol{H}$、$\boldsymbol{k}$ 之间不再满足通常的右手关系, 而是服从左手规则, 因而这类材料称为左手性材料 (left handed materials, LHM), 通常的材料则称为右手性材料 (right handed materials, RHM). 由于坡印亭矢量 $\boldsymbol{S} = \boldsymbol{E} \times \boldsymbol{H}$, 所以在左手性材料中, 光波传播的方向 (波矢 $\boldsymbol{k}$ 的方向, 或相速度 $\boldsymbol{v}_{\mathrm{p}}$ 的方向) 正好与能量传播的方向 (坡印亭矢量 $\boldsymbol{S}$ 的方向, 或群速度 $\boldsymbol{v}_{\mathrm{g}}$ 的方向) 相反 (图 11-27). 这时 $k = -\sqrt{\varepsilon_{\mathrm{r}} \mu_{\mathrm{r}}} \omega/c$ 为负数, 介质的折射率 $n = c/v_{\mathrm{p}} = -\sqrt{\varepsilon_{\mathrm{r}} \mu_{\mathrm{r}}}$ 也为负数, 所以左手性材料亦即负折射率材料.

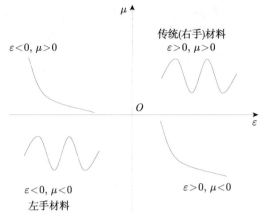

图 11-26 四类不同介质材料中电磁波的传播特性

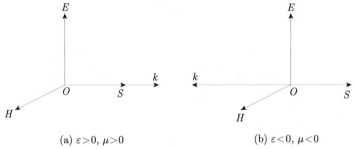

(a) $\varepsilon>0,\ \mu>0$ (b) $\varepsilon<0,\ \mu<0$

图 11-27 电磁波在不同材料中的电场、磁场、波矢量及能流密度之间的向量关系

(a) 右手材料中; (b) 左手材料中

11.4.2 负折射率材料的折射和成像

光在正折射率和负折射率两种介质之间传播时, 其折射仍满足斯涅耳定律 $n_1 \sin\theta_1 = n_2\sin\theta_2$. 由于这时两种介质的折射率符号相反, 因此与通常的折射现象不同, 折射光线与入射光线会居于法线的同侧, 如图 11-28 所示.

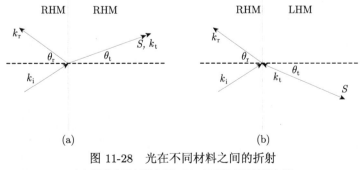

图 11-28 光在不同材料之间的折射

(a) 两种右手材料之间; (b) 右手和左手材料之间

上述区别使得左手材料制成的光学器件与普通的右手材料器件在对光的传播的影响上有完全不同的效果. 例如, 以左手材料制作的凸透镜和凹透镜, 分别起到了散光和聚光的作用 (图 11-29)

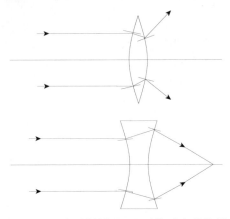

图 11-29　左手材料凹、凸透镜对光的作用

再如, 用左手材料制成的平板器件会有类似普通凸透镜的聚光效果 (图 11-30), 而一般的平板光学器件对光既不能会聚, 也不能发散.

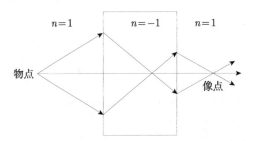

图 11-30　左手材料平板器件的聚光作用

在图 11-30 的情况下 (如 $n_1 = n_3 = 1$, $n_2 = -1$, 平板厚度足够大), 负折射率平板器件能够对物点两次成像, 一次在平板内, 一次在平板外.

负折射介质材料的一个非常有用的特性是能够放大倏逝波分量. 考虑一个点光源置于负折射率介质平板透镜跟前, 点光源辐射出的电磁波包含两种成分: 一种为传播模, 可以传播到远场区域; 另一种为倏逝波, 将随距离的增加而指数衰减, 无法传播到远场区域, 只能局域在物点附近. 传统光学透镜的焦平面位于物点光源的远场区域, 只能接收到传播模信号, 其成像的分辨率存在一个可以和波长相比拟的极限, 即衍射分辨率极限. 而负折射介质平板能够放大倏逝波分量 (图 11-31), 从而这些高频信息能够在像平面上得到还原, 所成的像的分辨率可远超过衍射极限, 实现亚波长分辨率. 根据负折射率材料的这一特点, Pendry 提出了 "完美透镜" (也称

"超透镜") 的概念, 即用负折射率材料制成将传播波信息和倏逝波信息完整地复现到像平面上去的新型光学器件[65,66].

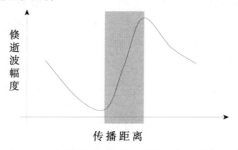

图 11-31　负折射介质平板材料对倏逝波的放大

11.4.3　负折射率材料的其他特殊效应

1. 反常多普勒频移

如图 11-32(b) 所示, 电磁波接收器处在左手性介质中, 假定接收器朝着波源运动, 波源的发射频率为 ω_0. 由于在左手介质中波矢量 $\boldsymbol{k}$ 的方向和能流 $\boldsymbol{S}$ 的方向相反, 因此看上去接收器好像是在追赶电磁波的某个相位面, 而不是如图 11-32(a) 右手介质中的迎接迎面而来的相位面. 于是, 右手介质中观测到的蓝移在左手介质中成了红移, 即左手介质中接收器接收到的频率 ω 将小于波源 ω_0, 而不像右手介质中的大于 ω_0. 如果用 $p = 1$ 来表征右手介质, $p = -1$ 表征左手介质, 则介质中的多普勒效应可以统一表示为

$$\omega = \omega_0 \left(1 - p\frac{v}{u}\right) \tag{11.4.6}$$

式中, v 为接收器相对于波源的速度, 取离开波源的速度为正, u 为介质中能流的速度, 恒取正[55].

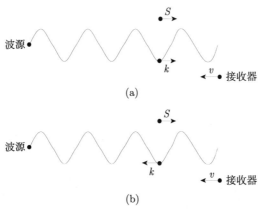

图 11-32　多普勒效应的比较
(a) 右手介质中; (b) 左手介质中

2. 反常 Cherenkov 辐射

负折射介质材料中波矢量 k 与能流 S 的方向正好相反的另一个推论是反常 Cerenkov 辐射. 根据电动力学的知识, 在真空中匀速运动的带电粒子不会辐射电磁波, 而当带电粒子在介质中匀速运动时则会在其周围引起诱导电流, 从而在其路径上形成一系列次波源, 分别发出次波. 当粒子速度超过介质中光速时, 这些次波互相干涉, 从而辐射出电磁场, 称为 Cerenkov 辐射. 一般地, 如果一个粒子在介质中以速度 v 向前作直线运动, 它将会以 $\exp\{i(k_z z + k_r r - \omega t)\}$ 的规律发出辐射, 辐射的波矢量 k 的大小满足 $k = k_z / \cos\theta$, 方向主要沿着粒子运动的方向, 而能流 S 的方向则因左右性介质的不同而不同. 在正折射介质中, 干涉后形成的波前, 即等相面是一个锥面, 电磁波能量沿此锥面的法线方向辐射出去, 是向前辐射的, 形成一个向后的锥角, 能量辐射方向与粒子运动方向的夹角 θ 满足关系 $\cos\theta = c/nv$; 而在负折射介质中, 能量的传播方向与波矢 k 的方向相反, 因而辐射的能流将背向粒子的运动方向发出, 构成一个向前的锥角, 即产生反常 Cerenkov 辐射 (图 11-33)[55,66].

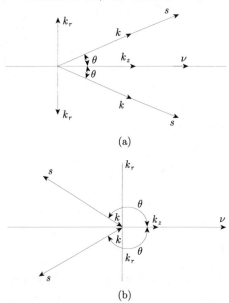

图 11-33　Cerenkov 辐射比较

(a) 右手材料中; (b) 左手材料中

3. 反常光压

我们知道, 一列单色波可以看作一束光子流, 每个光子具有动量 $p = \hbar k$. 在传统的右手介质中, 波矢量 k 沿着背离辐射源的方向, 而在左手介质中, k 却指向辐射源的方向. 因此, 一束在左手介质中传播的光, 当它射向一个反射体的时候, 会给反射体施加一个动量 $\boldsymbol{p} = 2N\hbar\boldsymbol{k}$($N$ 为入射到反射体上的光子的数目), 其方向指向光源, 如图 11-34 所示. 因此, 在普通的右手介质中的光压, 在左手介质中反倒成了光对物体的一个拉曳力或吸引力[55].

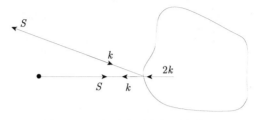

图 11-34 左手介质中的反常光压

除了上述几种反常效应外, 负折射率材料还有一些其他的特殊性质, 如异常增强的光子隧道效应、反常古斯汉辛横移、反布儒斯特角、反临界角、对原子的自发辐射增强等.

11.4.4 负折射率材料的制作

自然界没有天然的负折射介质材料. 但是 Pendry 指出[56], 周期性排列的金属导线对电磁波的响应与等离子体对电磁波的响应行为相似. 其原理是, 电磁场在金属细线上产生感应电流, 正负电荷分别向细线两端聚集, 从而产生与外来电场反相的电动势. 当电磁波电场极化方向与金属线平行时起到高通滤波的作用, 材料的等效介电常数满足

$$\varepsilon_{\mathrm{eff}}(\omega) = 1 - \frac{\omega_{\mathrm{p}}^2}{\omega^2 - \omega_{\mathrm{e}}^2 + \mathrm{i}\omega\varGamma} \tag{11.4.7}$$

当频率 ω 处于电等离子频率 ω_{p} 和电谐振频率 ω_{e} 之间时, 等效介电常数为负值. 1999 年 Pendry 提出另外一种周期排列且单元尺寸远较波长小的金属开环谐振器. 开环谐振器在受到微波磁场的作用时会感应出环电流, 等效于一个磁矩, 能够加强或削弱原磁场, 其磁导率满足

$$\mu_{\mathrm{eff}}(\omega) = 1 - \frac{F\omega_0^2}{\omega^2 - \omega_{\mathrm{m}}^2 + \mathrm{i}\omega\varGamma} \tag{11.4.8}$$

当频率 ω 出现在磁等离子频率 ω_{m} 和谐振频率 ω_0 之间时, 会出现负的磁导率[67,68].

2000 年, Smith 等根据 Pendry 的理论文章, 研制出了在 RF 波段介电常数和磁导率都为负的人工材料. 一年后, 他们用这种负折射材料做成棱镜 (图 11-35), 从实验上证明了这种材料的折射率为负 (图 11-36)[59~62].

近年来, 人们认识到不借助金属、完全用电介质材料组成光子晶体也可以制成负折射率材料. 2002 年, Joannopoulos 和 Pendry 等发现, 在一些简单的二维光子晶体中, 虽然介电常数和折射率都为正值, 但由于晶体中存在的 Bragg 散射效应, 光子

晶体对入射光的集体散射也能够产生类似于负折射和超透镜的效果 (图 11-37)[69].

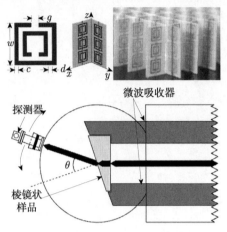

图 11-35   Smith 等研制的负折射率器件及验证实验装置[61]

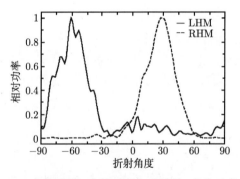

图 11-36   Smith 实验结果: 实线对应左手材料, 虚线对应右手材料[61]

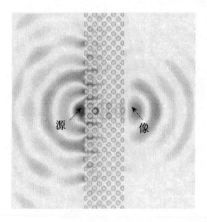

图 11-37   二维光子晶体平板的超透镜成像[69]

可以预见, 随着微加工技术的进一步发展, 基于二维和三维光子晶体结构的微型负折射效应元器件将会走向成熟, 并在各种高新技术中得到应用.

参 考 文 献

[1] 王栋, 万立骏, 王琛, 等. 纳米科学研究中的扫描探针显微学 [J]. 过程工程学报, 2002, 2(4): 291~294.

[2] 白光, 吉禾. 纳米光学 [J]. 激光与光电子学进展, 2000, 2: 13,14.

[3] NOVOTNY L, HECHT B. Principles of Nano-optics[M]. New York: Cambridge University Press, 2006.

[4] 朱星. 近场光学与近场光学显微镜 [J]. 北京大学学报 (自然科学版), 1997, 33(3): 394~407.

[5] 白永强, 刘丹, 朱星. 纳米光学和生物单分子探测 [J]. 物理, 2004, 33(12): 899~906.

[6] 武清华, 王桂英, 徐至展. 自洽场方法研究近场扫描显微镜的分辨率 [J]. 中国激光, 2002, 29(10): 871~874.

[7] ASH E A, NICHOLLS G. Super~resolution aperture scanning microscope[J]. Nature, 1972, 237: 510~512.

[8] 朱星. 近场光学显微镜 [J]. 现代科学仪器, 1998, 1, 2: 84~89.

[9] 朱星. 纳米尺度的光学成像与纳米光谱 [J]. 物理, 1996, 25(8): 458~465.

[10] BETZIG E, FINN P L, WEINER J S. Combined shear force and near-field scanning optical microscopy[J]. Appl Phys Lett, 1992, 60(20): 2484~2486.

[11] 葛华勇. 近场光学显微镜及其应用 [J]. 激光与光电子学进展, 2002, 39(6): 8~12.

[12] ASHKIN A, DZIEDZIC J M, BJORKHOLM J E, et al. Observation of a single-beam gradient force optical trap for dielectric particles[J]. Opt Lett, 1986, 11(5): 288~290.

[13] 姚建铨, 安源, 赵海泉. 光镊技术的发展与应用 [J]. 光电子·激光, 2004, 15(1): 123~128.

[14] ASHKIN A. Forces of a single-beam gradient laser trap on a dielectric sphere in the ray optics regime[J]. Biophys J, 1992, 61(2): 569~582.

[15] WRIGHT W H, SONEK G J, BERNS M W. Radiation trapping forces on microspheres with optical tweezers[J]. Appl Phys Lett, 1993, 63 (6): 715~717.

[16] SIMMONS R M, FINER J T, CHU S, et al. Quantitative measurements of force and displacement using an optical trap[J]. Biophys J, 1996, 70 (4): 1813~1822.

[17] BARTON J P, ALESANDER D R, SCHOUB S A. Theoretical determination of net radiation force and torque for a spherical particle illuminated by focused laser beam[J]. J Appl Phys, 1989, 66 (10): 4594~4602.

[18] STEUBING R W, CHENG S, WRIGHT W H, et al. Laser induced cell fusion in combination with optical tweezers: the laser cell fusion trap[J]. Cytometry, 1991, 12: 505~510.

[19] ARAI Y, YASUDA R, AKASHI K, et al. Tying a molecular knot with optical tweezers[J]. Nature, 399: 446~448.

[20] BUSTAMANTE C, BRYANT Z, SMITH S B. Ten years of tension: single-molecule DNA mechanics[J]. Nature, 2003, 421: 423~427.

[21] 李银妹. 纳米光镊技术 —— 新兴的纳米生物技术 [J]. 激光与光电子学进展, 2003, 40(1): 1~5.

[22] TONG L M, GATTASS R R, ASHCOM J B, et al. Subwavelength-diameter silica wires for low-loss optical wave guiding[J]. Nature, 2003, 426: 816~819.

[23] 于江波, 袁曦明, 陈敬中. 纳米发光材料的研究现状及进展 [J]. 材料导报, 2001, 15(1): 30~32.

[24] 赵道木, 张斌智. 创新之魂 —— 追念浙江大学物理系王绍民教授 [J]. 物理, 2006, 35(12): 1064~1066.

[25] 王绍民, 胡来归, 吕章德, 等. White and bright radiation from nanostructured carbon[J]. 光电子·激光, 2003, 14(2): 215~220.

[26] WANG S M, HU L G, ZHANG B Z, et al. Electromagnetic excitation of nano-carbon in vacuum[J]. Opt Express, 2005, 13 (10) : 3625~3630.

[27] YABLONOVITCH E. Inhibited spontaneous emission in solid-state physics and electronics[J]. Phys Rev Lett, 1987, 58 (20): 2059~2062.

[28] JOHN S. Strong localization of photon in certain disordered dielectric superlattices[J]. Phys Rev Lett, 1987, 58 (23): 2486~2489.

[29] 邓开发, 是度芳, 蒋美萍, 等. 光子晶体研究进展 [J]. 量子电子学报, 2004, 21(5): 555~564.

[30] 张道中. 光子晶体 [J]. 物理, 1994, 23(3): 141~147.

[31] 张蜡宝, 熊予莹, 费贤翔, 等. 光半导体 —— 光子晶体 [J]. 大学物理, 2006, 25(4): 49~53.

[32] 启钧原. 教程. 第 3 版. [M]. 东师大光学教材编写组改编. 北京: 高等教育出版社, 2002.

[33] 王慧琴. 随机激光的光学特性及其调制的理论研究 [D]. 南昌: 南昌大学, 2009.

[34] HINES M A, SIONNEST P G. Synthesis and characterization of strongly luminescing ZnS-capped CdSe nanocrystals[J]. J Phys Chem, 1996, 100(2): 468~471.

[35] 关柏鸥, 张桂兰, 汤国庆, 等. 半导体纳米材料的光学性能及研究进展 [J]. 电子·激光, 1998, 9(3): 260~263.

[36] CHAN W C, MAXWELL D J , GAO X H, et al. Luminescent quantum dots for multiplexed biological detection and imaging[J]. Current Opinion in Biotechnology, 2002, 13: 40~46.

[37] HAN M Y, GAO X, SU J Z, et al. Quantum-dot-tagged microbeads for multiplexed optical coding of biomolecules[J]. Nature Biotechnology, 2001, 19: 631~635.

[38] ALIVISATOS A P , GU W W, LARABELL C. Quantum dots as cellular probes[J]. Annu Rev Biomed Eng, 2005, 7(1): 55~76.

[39] PURCELL E M. Spontaneous emission probabilities at radio frequencies[J]. Phys Rev, 1946, 69: 681~685.

[40] DREXHAGE K H. Interaction of light with monomolecular dye layers[J]. Prog Opt, 1974, 12: 163~232.

[41] HAROCHE S, KLEPPNER D. Cavity quantum electrodynamics[J]. Phys Today, 1989, 42: 24~30.

[42] HAROCHE S, RAIMOND J M. Cavity quantum electrodynamics[J]. Scientific American, 1993, 268: 26~33.

[43] 章蓓. 半导体光学微腔 —— 研究腔量子电动力学效应的绝妙范例 [J]. 物理, 1996, 25(11): 652~658.

[44] 蒋美萍, 江兴方, 沈小明, 等. 微腔与腔量子电动力学研究进展 [J]. 量子电子学报, 2004, 21(6): 788~794.

[45] SLUSHER R E, WEISBUCH C. Optical microcavities in condensed matter system[J]. Solid State Commum, 1994, 92: 149~158.

[46] YAMAMOTO Y, SLUSHER R E. Optical processes in microcavities[J]. Phys Today, 1993,146: 66~73.

[47] SCALORA M, BLOEMER M J, PETHEL A S, et al. Transparent, metallo-dielectric, one-dimensional, photonic band-gap structures [J]. J Appl Phys, 1998, 83(5): 2377~2383.

[48] FAN X D, LONERGAN M C, ZHANG Y Z, et al. Enhanced spontaneous emission from semiconductor nanocrystals embedded in whispering gallery optical microcavities[J]. Phys Rev B, 2001, 64: 115310~1-5.

[49] VUČKOVIĆ J, LONČAR M, MABUCHI H, et al. Design of photonic crystal microcavities for cavity QED[J]. Phys Rev E, 2001, 65: 016608-1-10.

[50] VILLENEUVE P R, FAN S, JOANNOPOULOS J D. Microcavities in photonic crystal: mode symmetry, tenability and coupling efficiency[J]. Phys Rev, 1996, 54(11): 7837~7842.

[51] FAN S, WINN J N, DEVENYI A, et al. Guided and defect modes in periodic dielectric waveguides[J]. J Opt Soc Am B, 1995, 12(7): 1267~1270.

[52] FORESI J S, VILLENEUVE P R, FERRERA J, et al. Photonic-band gap microcavities in optical waveguides[J]. Nature, 1997, 390: 143~145.

[53] 吴根柱, 张宝顺, 曲轶, 等. 半导体微腔激光器阈值特性分析 [J]. 半导体光电, 2000, 21(5): 325~327.

[54] YOKOYAMA H, NISHI K, ANAN T, et al. Controlling spontaneous emission and threshold-less laser oscillation with optical microcavities[J]. Optical and Quantum Electronics, 1992, 24: S245~S272.

[55] VESELAGO V G. The electrodynamics of substances with simultaneously negative values of permittivity and permeability[J]. Sov Phys Usp, 1968, 10 (4): 509~514.

[56] PENDRY J B, HOLDEN A J, STEWART W J, et al. Extremely low frequency plasmons in metallic mesostructures[J]. Phys Rev Lett, 1996, 76(25): 4773~4776.

[57] PENDRY J B, HOLDEN A J, ROBBINS D J, et al. Low frequency plasmons in thin-wire structures [J]. J Phys Condens Matter, 1998, 10: 4785~4809.

[58]　PENDRY J B, HOLDEN A J, ROBBINS D J, et al.　Magnetism from conductors and enhanced nonlinear phenomena [J]. IEEE Transactions on Microwave Theory and Techniques, 1999, 47(11): 2075~2084.

[59]　SMITH D R, PADILLA W J, VIEW D C, et al. Composite medium with simultaneously negative permeability and permittivity[J]. Phys Rev Lett, 2000, 84: 4184~4187.

[60]　SMITH D R, KROLL N. Negative refractive index in left-handed materials[J]. Phys Rev Lett, 2000, 85(14): 2933~2936.

[61]　SHELBY R A, SMITH D R, SCHULTZ S. Experimental verification of a negative index of refraction[J]. Science, 2001, 292: 77~79.

[62]　SHELBY R A, SMITH D R, NEMAT-NASSER S C, et al.　Microwave transmission through a two-dimensional, isotropic, left-handed metamaterial[J]. Appl Phys Lett, 2001, 78(4): 489~491.

[63]　李志远, 张道中. 光子晶体和负折射介质材料 [J]. 中国基础科学, 2005, 6: 7~14.

[64]　周萧明, 蔡小兵, 胡更开. 左手材料设计及透明现象研究进展 [J]. 力学进展, 2007, 37(4): 517~536.

[65]　PENDRY J B. Negative refraction makes a perfect lens[J]. Phys Rev Lett, 2000, 85: 3966.

[66]　李志远, 张道中. 光子晶体和负折射介质材料 [J]. 中国基础科学, 2005, 6: 7~14.

[67]　张世鸿, 陈良, 徐彬彬, 等. 左手材料研究进展及应用前景 [J]. 功能材料, 2006, 37(1): 1~5.

[68]　胡晶磊, 汪蓉, 周东山, 等. 左手材料与负折射 [J]. 化学进展, 2007, 19(5): 813~819.

[69]　LUO C, JOHNSON S G, JOANNOPOULOS J D, et al. All-angle negative refraction without negative effective index[J]. Phys Rev B, 2002, 65(20): 201104-1-4.

第12章 引力光学

爱因斯坦的广义相对论是 20 世纪物理学最重要的基础理论之一. 与牛顿理论不同, 广义相对论是建立在弯曲时空概念上的崭新的引力理论. 广义相对论的一些预言如光线弯曲、引力透镜、雷达回波延迟、引力红移等已经在实际观测中得到证实, 还有一些预言如引力波等正在被人们想方设法去验证. 广义相对论应用于天体物理和现代宇宙学, 使后两个领域得到了巨大的发展, 产生了了诸如天体演化、宇宙膨胀、宇宙大爆炸等一系列重大的理论成果. 同时, 观测技术的发展, 使得当今的宇宙学迈入了精确观测宇宙学的时代. 广义相对论和量子力学的结合又使得描述宇宙起源、物质演化等成为可能. 在有关引力和宇宙学的各种物理问题中, 我们注意到, 有众多的内容涉及光学的现象、过程或者方法. 有鉴于此, 本章以 "引力光学" 为题, 对若干课题展开分析和讨论.

12.1 引力透镜与等效折射率

12.1.1 引力透镜概述

引力透镜是爱因斯坦广义相对论的一个预言. 广义相对论指出, 光经过大质量天体的时候会发生弯曲. 于是, 当一个源天体 (source, 也称背景天体, 如恒星、类星体、星系等) 发出的光经过透镜天体 (lens, 也称前景天体, 如恒星、星系、星系团等) 引力场的作用, 最后进入观测者 (observer) 的视野时, 观测者会观察到源天体的像 (image), 就像透镜成像一样. 这种天文现象被称为 "引力透镜"(gravitational lensing). 图 12-1 为引力透镜成上下双重像的一个示意图. 如果源天体恰巧处在观测者和透镜天体的连线上, 那么观察到的将是一个环形引力透镜像, 即爱因斯坦环 (Einstein ring).

1911 年爱因斯坦曾预言, 光经过太阳引力场时会发生弯曲. 后来由广义相对论计算得到, 光线将偏转 $\Delta\alpha = 4GM/r_0c^2$ 的角度. 这一预言早在 1919 年就被由 Eddington 牵头的两支考察队的日全食观测结果所证实. 然而, 爱因斯坦于 1912 年探讨的引力透镜成像问题[1], 由于考虑到实际观察到引力透镜的可能性很小, 直到 1936 年才在他人的极力请求下将结果拿出来发表[1,2]. 而在这期间, Eddington 于 1920 年讨论了当一个大质量天体处于恒星和观测者之间适当位置上的时候, 观察到恒星多重像的可能性[3], Chwolson 于 1924 年指出, 如果恒星、透镜天体和观测者处在一条直线上, 观测者将观测到一个以透镜天体为中心的环形恒星像[4]. 鉴于这一历史性的贡献, 曾经有人建议将环形像改名为 "Chwolson 环"[5].

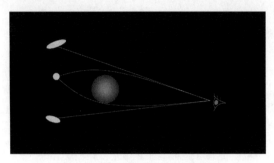

图 12-1　引力透镜成像示意图

虽然爱因斯坦认为恒星产生的引力透镜效应太小, 在太阳系以外观测到这一现象的机会不大[2], 但美国天文学家 Zwicky 却提出了不同的看法. 1937 年 Zwicky 撰文指出, 河外星云 (星系) 提供观测引力透镜效应的机会要比恒星高得多[6,7]. 这一预见在 40 多年后终于得到了证实.

1979 年, Walsh、Carswel 和 Weyman 注意到两个类星体 Q0957+561A 和 B 具有完全相同的光学和射电谱, 并且红移也相同. 他们认为, 观察到的这两个类星体其实是单个类星体的两个像, 其形成是由于某个看不见的前景星系起着引力透镜的作用[8]. 后来, 这个不明显的星系果然在引力透镜大约应该在的位置上被发现了. 这个星系属于一个包含有 100 多个星系的星系团, 所有这些星系都对类星体双重像的形成作了贡献[9]. 图 12-2 中的两个明亮的光斑即双重像 A 和 B, 两者相距约 $6''$. 在较低的像 B 的上方, 可以模糊地看到起引力透镜作用的前景星系[10].

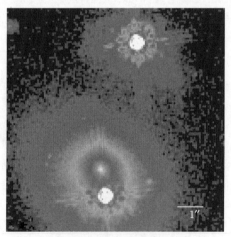

图 12-2　类星体的引力透镜双重像 (Q0957 + 561)[10]

自那以后, 陆续发现了多个引力透镜成像的事例, 尤其是 1993 年维修以后的哈勃太空望远镜的高分辨率使得天文学家能够搜寻到更暗弱的引力透镜像.

图 12-3 为由一个类星体形成的四个引力透镜像 (Q2237+030)[10], 被称作爱因斯坦十字 (Einstein cross), 夹在四个亮斑中间的核为透镜星系.

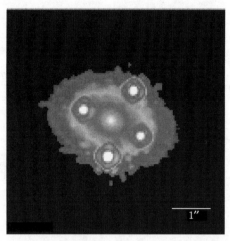

图 12-3　爱因斯坦十字像 (Q2237+030)[10]

图 12-4(a) 为由哈勃太空望远镜拍摄到的弧形引力透镜像. 像的源天体是距离地球极其遥远的星系. 由于受到庞大的居间星系团 Abell 2218(约距地球 20 亿光年)的引力透镜作用, 遥远星系的光线弯曲后形成了扭曲拉长的弧形像. 图 12-4(b) 为其成像的示意图[11]. 图 12-4(c)[12] 和 (d)[13] 是典型的弧形像实例.

第一个环形引力透镜像是由麻省理工学院的一位女科学家于 1987 年发现的. 图 12-5 则是美国宇航局于 2005 年 11 月 17 日公布的 8 个爱因斯坦环, 它们是由斯隆数字巡天观测计划与哈勃空间望远镜联手发现的[14].

引力透镜的研究具有十分重要的科学意义和应用价值. 今天, 随着越来越多的引力透镜系统的发现, 引力透镜已不再仅仅作为一种广义相对论效应的观察和验证, 更为重要的是, 它已经成为研究现代天体物理学、现代宇宙学的一个不可或缺的有力工具.

引力透镜相当于一个天然的宇宙望远镜, 它把遥远的小得、暗得看不到的天体放大、增亮, 从而能被我们观察到. 因此, 引力透镜大大地拓展了人类认识宇宙的视野.

利用引力透镜, 人们可以分析透镜天体的质量情况. 例如, 根据图 12-4 中由 Abell2218 星系团的强大引力作用而形成的背景星系的弧形像的位置和形状, 可以测定出透镜星系团的总质量. 引力透镜还可以进一步用于研究星系或星系团内部的质量分布[15,16]. 将这一方法推广到更大的范围, 利用宇宙空间中大范围的引力透镜数据资料, 可以分析宇宙的大尺度结构[17,18].

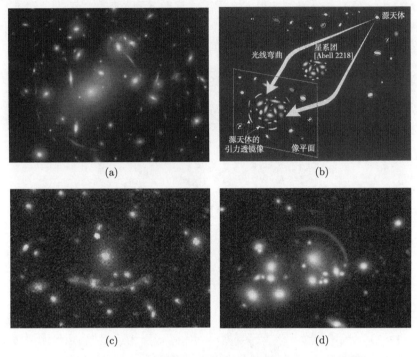

(a)   (b)

(c)   (d)

图 12-4 弧形引力透镜像

(a) Abell 2218; (b) Abell 2218 透镜系统成像示意图[11]; (c) Abell 370[12]; (d) CL2244-02[13]

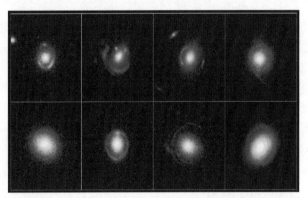

图 12-5 美国宇航局公布的 8 个爱因斯坦环[14]

与传统的利用观测到的遥远天体的亮度、视位置和红移等数据来研究宇宙中的物质分布相比较, 引力透镜的方法具有更大的优越性. 这是因为, 前者只能给出宇宙中可视物质的分布, 它可能并不代表宇宙中质量物质的真实分布; 而在引力透镜的情况下, 光线弯曲形成引力透镜像的性质与构成透镜天体的物质是发光的还是不发光的没有关系. 因此根据引力透镜确定出来的空间物质质量分布具有更大的真实性. 通过比较两种方法测定出来的质量大小, 可以了解星系、星系团及宇宙中暗物质的分布[19~21]. 例如, 对 Abell2218 星系团引力透镜弧形像的研究表明, 引力透镜天体的质量要比我们看得见的星系团的质量大约大 10 倍. 由此可以知道, Abell2218 星系团中约 90% 的质量是由暗物质提供的.

引力透镜还可用于测定遥远星系的距离. 遥远星系的距离通常是通过测定它的光谱红移来确定的. 但这种方法对于那些因距离极其遥远而暗弱得无法测定光谱的星系就无能为力了. 但由于引力透镜对遥远星系的放大、增亮和扭曲, 人们借此得以获悉这些星系的红移量, 使得能够测量天体的距离大大增加.

由于单个透镜或透镜组的性质与整个宇宙的几何及宇宙的膨胀相联系, 因此, 通过对引力透镜像的分析, 还可以估算哈勃常数的大小, 研究与宇宙加速膨胀相联系的宇宙常数、宇宙暗能量等[22~25].

12.1.2　引力透镜基本理论

1. 点状透镜

如图 12-6 所示, 在一个点状透镜系统[15,22,26~29] 中, 透镜天体 L 可视作一个质点 M. 以观察者 O 与透镜天体 L 的连线为基线, 源天体 S 的实际角位置为 γ. 但由于引力透镜对光的弯曲作用, S 的视位置在像 I 处, 即视角位置为 θ. 考虑到实际的引力透镜中涉及的距离都很大, 角度都很小, 于是由图 12-6 所示的几何关系有

$$\theta D_{OS} = \gamma D_{OS} + \Delta\alpha D_{LS} \tag{12.1.1}$$

$$\varphi D_{OS} = \Delta\alpha D_{LS} \tag{12.1.2}$$

式中, $\Delta\alpha$ 为光线偏折的角度

$$\Delta\alpha = \frac{4GM}{D_{OL}\theta c^2} \tag{12.1.3}$$

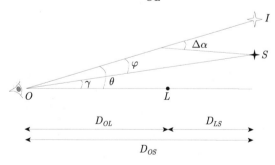

图 12-6　点状透镜系统示意图

由式 (12.1.1)、式 (12.1.2)、式 (12.1.3) 得透镜方程

$$\theta = \gamma + \frac{D_{LS}}{D_{OS}}\Delta\alpha \tag{12.1.4}$$

或

$$\theta = \gamma + \frac{D_{LS}}{D_{OS}D_{OL}}\frac{4GM}{\theta c^2} \tag{12.1.5}$$

若令

$$\theta_{\mathrm{E}} = \sqrt{\frac{D_{LS}}{D_{OS}D_{OL}}\frac{4GM}{c^2}} \tag{12.1.6}$$

则透镜方程简化为

$$\theta^2 - \gamma\theta - \theta_{\mathrm{E}}^2 = 0 \tag{12.1.7}$$

此方程的解为

$$\theta_{\pm} = \frac{\gamma}{2} \pm \theta_E \sqrt{1 + \frac{\gamma^2}{4\theta_{\mathrm{E}}^2}} \tag{12.1.8}$$

方程的两个解分别对应上下两个引力透镜像 (参见图 12-1) 的角位置. 这两个像对观察者的张角为[28]

$$\Delta\theta = \theta_+ - \theta_- = 2\theta_{\mathrm{E}}\sqrt{1 + \frac{\gamma^2}{4\theta_{\mathrm{E}}^2}} \tag{12.1.9}$$

特别地, 对于 $\gamma = 0$, 即源天体处在观察者和透镜天体的连线上, 形成爱因斯坦环的情况, 由式 (12.1.7) 和式 (12.1.9) 有

$$\theta = \theta_{\mathrm{E}} \tag{12.1.10}$$

$$\Delta\theta = 2\theta_{\mathrm{E}} \tag{12.1.11}$$

可见式 (12.1.6) 定义的 θ_{E} 角为爱因斯坦环的角半径 (图 12-7).

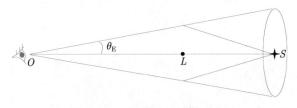

图 12-7　爱因斯坦环的角半径

2. 延展透镜

对于一个延展引力透镜系统[22,28], 透镜天体 L(如双星或多星系统、星系或星系团等) 在空间有一个延展的质量分布. 考虑到透镜天体的厚度与观察者到透镜天体的距离 D_{OL} 及透镜天体到源天体的距离 D_{LS} 相比微小得可以忽略不计, 因此, 可将延展透镜天体视作一个垂直于观察者与透镜天体连线的面质量物体 (图 12-8).

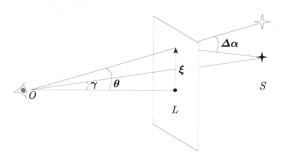

图 12-8　延展引力透镜系统

在延展透镜的情况下, 光线的弯曲是由透镜天体各部分的质量对光线的偏转作用的总和. 所以, 与式 (12.1.4) 所示的点状透镜的标量方程不同, 延展透镜的透镜方程是矢量形式的, 表示如下:

$$\boldsymbol{\theta} = \boldsymbol{\gamma} + \frac{D_{LS}}{D_{OS}}\Delta\boldsymbol{\alpha} \tag{12.1.12}$$

式中, $\Delta\boldsymbol{\alpha}$ 为[28]

$$\Delta\boldsymbol{\alpha}(\boldsymbol{\xi}) = \frac{4G}{c^2}\int \mathrm{d}^2\xi' \sum(\boldsymbol{\xi}')\frac{\boldsymbol{\xi} - \boldsymbol{\xi}'}{|\boldsymbol{\xi} - \boldsymbol{\xi}'|^2} \tag{12.1.13}$$

式中, $\boldsymbol{\xi} = \boldsymbol{\theta}D_{OL}$, $\sum(\boldsymbol{\xi})$ 为透镜天体在 $\boldsymbol{\xi}$ 处的质量面密度.

根据实际透镜天体质量分布的复杂性, 式 (12.1.12) 的解也可能是复杂的. 由于上述透镜方程是关于 $\boldsymbol{\theta}$ 的非线性方程, 因此, 当源天体位于某些位置时, 方程可能会给出多重解. 这些解对应于源天体在延展透镜天体的作用下形成的多重像[28].

12.1.3　用等效折射率分析引力透镜

1. 基本方法

在广义相对论中, 光线弯曲被看成是存在引力物质时时空发生了弯曲而引起的结果. 由于广义相对论涉及弯曲时空的概念, 理论计算往往会比较复杂烦琐. 然而一系列的研究表明[3,30~47], 光在引力场中的传播也可以用一个等效的渐变折射率来处理 (参见本节末尾的讨论). 等效折射率的方法在分析诸如引力场中的光线弯曲、雷达回波延迟等问题上被证明是有效的, 其计算结果与广义相对论即实际的天文观测相吻合.

在等效折射率的概念下, 引力物质周围的时空仍旧被看成是平直的, 因而可以在欧几里得几何的框架下进行计算和分析. 当我们引入这样一个概念的时候, 引力物质周围空间中的真空其折射率不再为恒量 1, 而是由引力物质的质量分布及真空在引力空间中所处的位置决定的一个渐变量. 因此我们也将这一折射率称为 "真空渐变折射率"[44~47]. 理论分析表明, 可以用一个引力势的指数函数来表示引力物质

周围空间中的真空折射率

$$n = \exp\left\{-\frac{2P_r}{c^2}\right\} \tag{12.1.14}$$

如图 12-9 所示, 对于一个质量呈球对称分布的透镜天体, 其周围空间的引力势为

$$P_r = -\frac{GM}{r} \tag{12.1.15}$$

式中, M 为透镜天体的总质量, r 为光线上某处到透镜天体中心的距离. 于是透镜天体周围的真空折射率分布为

$$n = \exp\left\{\frac{2GM}{rc^2}\right\} \tag{12.1.16}$$

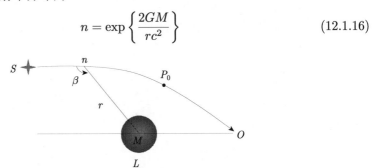

图 12-9   折射率概念下的引力透镜光路分析

对于这样一个球对称分布的折射率系统, 根据传统的几何光学原理, 光的传播路径满足[48]

$$nr\sin\beta = 常数 \tag{12.1.17}$$

式中, β 为半径 r 与光线之间的夹角. 上述关系可以改写为

$$nr\sin\beta = n_0 r_0 \tag{12.1.18}$$

式中, r_0 和 n_0 分别代表光线上最靠近透镜天体中心处 (图 12-9 中的 P_0 点) 的径向距离和真空折射率.

有了引力场中的真空折射率分布和光的传播路径关系, 引力透镜问题就可以方便地在平直时空的框架下用传统的几何光学方法加以处理. 以下将运用上述关系对引力透镜成像的光路、所成像的形状做计算机数值模拟, 对引力透镜上下两个像之间的时间延迟作出理论分析. 在下一节中, 我们将把这一方法进一步应用于透镜天体的质量计算、哈勃常数的大小估计、引力透镜中心像缺失的解释等实际问题.

2. 成像模拟

1) 成像光路模拟

考虑一个由源天体 S、质量为 M 的透镜天体 L 及观测者 O 构成的引力透镜系统, 从 S 传播过来的光由于透镜天体的引力场而发生偏折. 光线的偏折可以经由

式 (12.1.16) 和式 (12.1.17) 算出. 最后在观测者 O 处作光线的反向延长线, 即可定出引力透镜像的视位置方向. 图 12-10 给出了一个计算机模拟的引力透镜成像图. 图中将上像 I_1 和下像 I_2 画在了源天体的上下方, 以便于三者之间位置的比较.

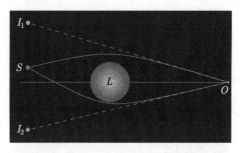

图 12-10 引力透镜成像光路模拟

由图 12-10 可以看出, $\angle I_1OL > \angle I_2OL$, 但 $\angle I_1OS < \angle I_2OS$. 这与式 (12.1.8) 给出的结论是一致的. 因为由式 (12.1.8) 可得

$$\angle I_1OL = \theta_+ = \theta_E\sqrt{1 + \frac{\gamma^2}{4\theta_E^2}} + \frac{\gamma}{2} \tag{12.1.19}$$

$$\angle I_2OL = |\theta_-| = \theta_E\sqrt{1 + \frac{\gamma^2}{4\theta_E^2}} - \frac{\gamma}{2} \tag{12.1.20}$$

$$\angle I_1OS = \theta_+ - \gamma = \theta_E\sqrt{1 + \frac{\gamma^2}{4\theta_E^2}} - \frac{\gamma}{2} \tag{12.1.21}$$

$$\angle I_2OS = |\theta_-| + \gamma = \theta_E\sqrt{1 + \frac{\gamma^2}{4\theta_E^2}} + \frac{\gamma}{2} \tag{12.1.22}$$

式 (12.1.19)、式 (12.1.20) 表明

$$\angle I_1OL > \angle I_2OL \tag{12.1.23}$$

式 (12.1.21)、式 (12.1.22) 给出

$$\angle I_1OS < \angle I_2OS \tag{12.1.24}$$

实际上, 根据式 (12.1.19)、式 (12.1.20)、式 (12.1.21) 和式 (12.1.22) 有

$$\angle I_1OL = \angle I_2OS \tag{12.1.25}$$

$$\angle I_1OS = \angle I_2OL \tag{12.1.26}$$

以及

$$\angle I_1OL - \angle I_2OL = \angle SOL = \gamma \tag{12.1.27}$$

式 (12.1.27) 为我们提供了判断源天体实际位置的途径. 例如, 对于如图 12-11 所示的引力透镜双像 PSS2322+1944[10] 来说, 源天体的实际位置应该在图中上像下的白色标记 × 附近.

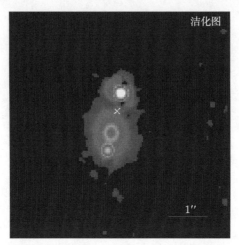

图 12-11　判断引力透镜双像 PSS2322+1944 的源天体位置 ×[10]

图 12-11 表明, 处于源天体一侧的引力透镜像要比另一侧的像来得大. 图 12-12 为对一个扩展的源天体的成像光路模拟图, 图中将上像 I_1 和下像 I_2 画在了透镜天体的上下方, 以便于与图 12-11 进行比较. 可以看出两个像的大小关系与实际情况是符合的.

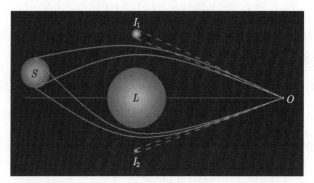

图 12-12　扩展源天体的引力透镜成像光路模拟

2) 成像形状模拟

用真空折射率的方法, 可以方便地得到引力透镜像的形状. 图 12-13 给出了图 12-12 条件下的计算机成像形状模拟结果. 虽然透镜天体 (图中的大圆盘) 挡住了其背后的源天体, 但为了便于比较, 仍将其投影在透镜天体所在的平面上 (图中的小圆盘). 由图可知, 像的形状沿切向被拉长成了弧状. 若源天体有一部分落在观察者

与透镜天体的连线 OL 上, 则两个弧形像将连在一起形成一个环形像, 即 "爱因斯坦环"(图 12-14). 这些结果都与天文观测事实相吻合.

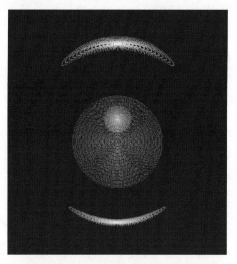

图 12-13　引力透镜成像形状模拟

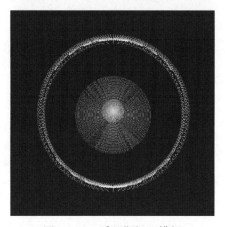

图 12-14　爱因斯坦环模拟

3. 上下像之间的时间延迟

真空折射率的方法还可以用于计算引力透镜上下两个像之间的时间延迟.

由图 12-9 和式 (12.1.18) 可知, 光走过 $\mathrm{d}s$ 所花的时间为

$$\mathrm{d}t = \frac{\mathrm{d}s}{c/n} = \frac{n\mathrm{d}r/|\cos\beta|}{c} = \frac{n\mathrm{d}r}{c\sqrt{1-\left(\dfrac{n_0 r_0}{nr}\right)^2}} \tag{12.1.28}$$

这样, 图 12-15 中的上下两个像 A、B 之间的时间延迟就可以表示为

$$\Delta t = t_B - t_A = \int_{\overset{\frown}{SB'O}} \mathrm{d}t - \int_{\overset{\frown}{SA'O}} \mathrm{d}t \tag{12.1.29}$$

式中, A' 和 B' 分别为上下两条光路到透镜天体中心的最近距离点.

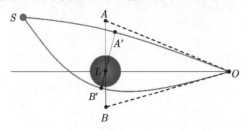

图 12-15　引力透镜上下像之间的时间延迟

通常, 一个引力透镜系统满足

$$r_S \ (\text{和: } r_O) \gg r_{A'} \ (\text{和: } r_{B'}) \gg \frac{GM}{c^2} \tag{12.1.30}$$

此处的 r_S、r_O、$r_{A'}$、$r_{B'}$ 分别代表从点 S、O、A'、B' 到透镜中心的距离.

利用式 (12.1.16)、式 (12.1.28)~ 式 (12.1.30) 可得上下像之间的时间延迟为

$$\Delta t = \frac{4GM}{c^3} \ln \frac{r_{A'}}{r_{B'}} \tag{12.1.31}$$

12.1.4　应用

1. 估算透镜天体的质量

利用观察到的引力透镜上下像之间的时间延迟, 可以估计透镜天体的质量. 由式 (12.1.1) 可得

$$M = \frac{c^3 \Delta t}{4G \ln \dfrac{r_{A'}}{r_{B'}}} \approx \frac{c^3 \Delta t}{4G \ln \dfrac{\beta_{AOL}}{\beta_{BOL}}} \tag{12.1.32}$$

对于最先发现的引力透镜双像 Q0957+561(图 12-2) 来说, 观测到的时间延迟为 417±3 天, $\beta_{AOL}/\beta_{BOL} \approx 5.5$, 于是利用式 (12.1.32) 计算可得透镜天体的质量 $M \approx 2.1 \times 10^{42}$kg.

对于引力透镜双像 HE2149-2745[10](图 12-16), 时间延迟为 (103.0±12.0) 天, $\beta_{AOL}/\beta_{BOL} \approx 3.9$, 计算得到透镜天体的质量 $M \approx 6.6 \times 10^{41}$kg.

图 12-17 为引力透镜四重像 RXJ1131-1231[10], 取处在透镜天体 (位于图中的中央位置) 的左右两侧并与透镜天体成一直线的两个像为考察对象, 这两个像之间的时间延迟为 (87±8) 天, $\beta_{AOL}/\beta_{BOL} \approx 1.9$, 计算得到透镜天体的质量 $M \approx 1.2 \times 10^{42}$kg.

图 12-18 为引力透镜四重像 RXJ0911+0551[10], 同样取处在透镜天体的左右两侧并与透镜天体成一直线的两个像为考察对象, 两个像之间的时间延迟为 (146.0±4.0) 天, $\beta_{AOL}/\beta_{BOL} \approx 2.3$, 计算得到透镜天体的质量 $M \approx 1.5 \times 10^{42}$kg.

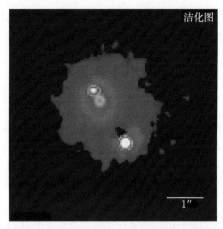

图 12-16 引力透镜双像 HE2149-2745[10]

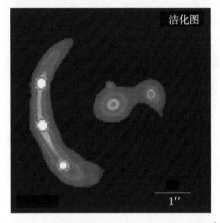

图 12-17 引力透镜四重像 RXJ1131-1231[10]

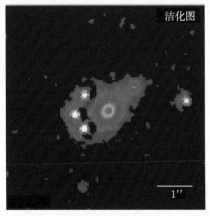

图 12-18 引力透镜四重像 RXJ0911+0551[10]

比较银河系的大约质量 $3.6 \times 10^{41}\text{kg}$ 可知, 以上根据式 (12.1.32) 估算出来的透镜天体的质量是合适的.

2. 估算哈勃常量的大小

上述关于透镜天体质量的计算结果还可以进一步用于估算哈勃常量的大小.

由式 (12.1.19)、式 (12.1.20) 可得

$$\beta_{AOL}\beta_{BOL} = \theta_+|\theta_-| = \theta_E^2 \tag{12.1.33}$$

联合式 (12.1.6) 得

$$\beta_{AOL}\beta_{BOL} = \frac{D_{LS}}{D_{OS}D_{OL}}\frac{4GM}{c^2}. \tag{12.1.34}$$

作为一种估算, 我们有 $D_{LS} = D_{OS} - D_{OL}$(即使用平直时空下的距离概念), 于是式 (12.1.34) 化为

$$\beta_{AOL}\beta_{BOL} = \left(\frac{1}{D_{OL}} - \frac{1}{D_{OS}}\right)\frac{4GM}{c^2} \tag{12.1.35}$$

根据哈勃定律[9], 与宇宙膨胀相联系的透镜天体和源天体的退行速度分别为

$$v_L = H_0 D_{OL} \tag{12.1.36}$$

$$v_S = H_0 D_{OS} \tag{12.1.37}$$

当天体以速度 v 远离地球运动时, 天体上发出的频率为 f_0 的光到达地球时, 观测者将观察到一个较低的频率 f, 即发生了光的多普勒红移

$$f = \sqrt{\frac{1 - v/c}{1 + v/c}}f_0 \tag{12.1.38}$$

对于与宇宙膨胀相联系的天体退行运动来说, 上述多普勒红移亦称作宇宙学红移. 习惯上, 这一红移用一个红移参数 z 来描述, 其定义为[9]

$$z = \frac{f_0 - f}{f} \tag{12.1.39}$$

由式 (12.1.38) 和式 (12.1.39) 可得

$$z = \sqrt{\frac{c + v}{c - v}} - 1 \tag{12.1.40}$$

及

$$v = \frac{z^2 + 2z}{z^2 + 2z + 2}c \tag{12.1.41}$$

将上式代入式 (12.1.36)、式 (12.1.37) 得

$$\frac{1}{D_{OL}} = \frac{H_0}{c}\left(1 + \frac{2}{z_L^2 + 2z_L}\right) \tag{12.1.42}$$

$$\frac{1}{D_{OS}} = \frac{H_0}{c}\left(1 + \frac{2}{z_S^2 + 2z_S}\right) \tag{12.1.43}$$

即

$$\frac{1}{D_{OL}} - \frac{1}{D_{OS}} = \frac{2H_0}{c}\left(\frac{1}{z_L^2 + 2z_L} - \frac{1}{z_S^2 + 2z_S}\right) \tag{12.1.44}$$

式中, z_L、z_S 分别为透镜天体和源天体的宇宙学红移参数.

于是由式 (12.1.35) 和式 (12.1.44) 得

$$\beta_{AOL}\beta_{BOL} = \frac{2H_0}{c}\left(\frac{1}{z_L^2 + 2z_L} - \frac{1}{z_S^2 + 2z_S}\right)\frac{4GM}{c^2} \tag{12.1.45}$$

因此, 哈勃常量为

$$H_0 = \frac{c^3\beta_{AOL}\beta_{BOL}}{8GM\left(\dfrac{1}{z_L^2 + 2z_L} - \dfrac{1}{z_S^2 + 2z_S}\right)} \tag{12.1.46}$$

将透镜天体的质量表达式 (12.1.32) 代入式 (12.1.46) 得

$$H_0 = \frac{\beta_{AOL}\beta_{BOL}\ln\dfrac{\beta_{AOL}}{\beta_{BOL}}}{2\Delta t\left(\dfrac{1}{z_L^2 + 2z_L} - \dfrac{1}{z_S^2 + 2z_S}\right)} \tag{12.1.47}$$

表 12-1 为根据上式估算得到的四个哈勃常量值. 这个估算还是比较粗糙的, 因为估算中把透镜天体近似当作了点质量物体看待, 并且没有考虑宇宙的大尺度时空结构以及时空膨胀对时间延迟造成的影响等. 四个估算值的平均大小为 83.6km/(s·Mpc). 目前多种多样的测定方法支持从 70~90km/(s·Mpc) 的哈勃常数值.

表 12-1 估算哈勃常量的大小

引力透镜	$\beta_{AOL}/('')$	$\beta_{BOL}/('')$	$\Delta t/d$	Z_L	Z_S	$H_0/[\text{km}/(\text{s·Mpc})]$
Q0957+561	5.22	0.95	417	0.36	1.41	87.7
HE2149-2745	1.29	0.33	103	0.50	2.03	35.0
RXJ1131-1231	2.12	1.12	87	0.295	0.658	80.7
RXJ0911+0551	2.22	0.95	146	0.77	2.80	130.9

3. 用真空折射率研究引力透镜的中心像

根据广义相对论, 在背景天体的引力透镜成像中, 不但会出现上面讨论中的上下像, 还应当出现中心像, 即像的个数应当是奇数. 但在几乎所有的引力透镜事例中, 观察到的像的数目是偶数而不是奇数[9,49]. 对于这一矛盾, 目前有几种可能的解释: 像消失了或者像太模糊而看不清了, 或者一个像可能与另一个像合并, 抑或一个像可能被透镜星系中的尘埃云所遮挡[9].

显然, 上述对引力透镜中心像缺失的解释是相当笼统和粗糙的. 接下来我们将从真空折射率的角度来分析引力透镜的中心像问题, 看看是不是能够给出中心像缺失的更具体的解释.

由于引力透镜的中心成像光线要穿过透镜天体即引力物质系统内部, 所以, 当研究引力透镜的中心像的时候, 需要考虑引力透镜内部的真空折射率分布.

由第 11 章的推导表明, 引力空间中的真空折射率表达式 (12.1.14) 对于引力透镜内部空间中的真空也是适用的. 对于质量呈球对称分布的透镜天体来说, 其内部空间中的引力势为

$$P_r = -\left(\frac{GM(r_L)}{r_L} + \int_r^{r_L} \frac{GM(r)}{r^2}\mathrm{d}r\right) \tag{12.1.48}$$

式中, r_L 为透镜天体的半径. 于是球对称透镜天体内部的真空折射率分布为

$$n = \exp\left\{\frac{2}{c^2}\left(\frac{GM(r_L)}{r_L} + \int_r^{r_L} \frac{GM(r)}{r^2}\mathrm{d}r\right)\right\} \tag{12.1.49}$$

对于一个实际的透镜天体, 其内部的物质分布是复杂多样的. 作为一个提供讨论的简单模型, 我们设想一个半径为 r_L 的引力物质系统 (如一个星系或星系团) 具有如下的球对称物质密度分布:

$$\rho = \rho_c\left[1 - \left(\frac{r}{r_L}\right)^k\right] \tag{12.1.50}$$

式中, ρ_c 为该物质系统中心处的密度, $0 \leqslant r \leqslant r_L$, $k > 0$. 密度 ρ 随到质心的距离 r 的增大而减小, 减小的速率取决于参数 k(图 12-19). 例如, 如果 $k = 1$, 那么密度 ρ 随距离 r 的增大而线性地减小; 如果 $k \to 0$, 那么 $\rho \to 0$, 即整个空间中只有真空而没有物质存在; 如果 $k \to \infty$, 那么 $\rho \to \rho_c$, 即透镜天体内部具有一个均匀的非零的物质密度分布.

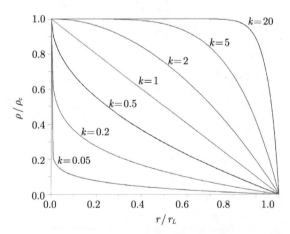

图 12-19　不同参数 k 下引力物质系统的密度分布曲线

根据透镜天体物质密度分布的上述模型, 可得其外部 $(r \geqslant r_L)$ 和内部 $(r \leqslant r_L)$ 的引力势分布如下:

$$P_{ro} = -4\pi\rho_c G \frac{k}{3(3+k)} \frac{r_L^3}{r} \tag{12.1.51}$$

$$P_{ri} = -4\pi\rho_c G \left\{ \frac{k}{2(2+k)} r_L^2 - \left[\frac{1}{6} - \frac{1}{(2+k)(3+k)} \left(\frac{r}{r_L} \right)^k \right] r^2 \right\} \tag{12.1.52}$$

于是, 透镜天体外部和内部的折射率分布分别为

$$n_o = \exp\left\{ \frac{8\pi\rho_c G}{c^2} \frac{k}{3(3+k)} \frac{r_L^3}{r} \right\} \tag{12.1.53}$$

$$n_i = \exp\left\{ \frac{8\pi\rho_c G}{c^2} \left\{ \frac{k}{2(2+k)} r_L^2 - \left[\frac{1}{6} - \frac{1}{(2+k)(3+k)} \left(\frac{r}{r_L} \right)^k \right] r^2 \right\} \right\} \tag{12.1.54}$$

对于一个实际的引力物质系统, 以上两式中的参数 k 将视具体情况而定. 但不失一般性, 在以下的有关引力透镜中心成像的模拟中, 除了特别说明的以外, 我们将取参数 $k = 2$.

有了透镜天体外部和内部的真空折射率分布式 (12.1.53) 和式 (12.1.54), 就可以进一步研究引力透镜的中心成像光线了. 图 12-20 为计算机模拟的引力透镜成像

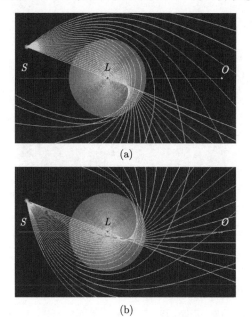

(a)

(b)

图 12-20　计算机模拟引力透镜成像光线结果

(a) 上像成像光线; (b) 下像和中心像成像光线

光线追踪结果. 由图可知, 由源天体发出的光, 经透镜天体外部和内部真空的偏折作用后, 可以有三路光线进入观察者的视野, 分别形成上像、下像和中心像 (其中的中心成像光线用虚线标出). 观察到的这三种像都是虚像, 像的位置在这些成像光线的反向延长线上. 不过, 从图中可以看出, 如果近中心处的光线没有被透镜物质过分严重地阻挡掉的话, 在 S' 处可以形成一个具有像差的实像.

图 12-21 是几个中心像成像光线的追踪结果. 从图 12-21(a) 我们发现, 观察者到透镜天体的距离 OL 越大, 中心成像光线就越靠近透镜天体的中心. 如果将图中观察者 L 与源天体 S 的角色互换, 根据光路可逆原理, 我们同样可以知道, 源天体到透镜天体的距离 SL 越大, 中心成像光线也越靠近透镜天体的中心. 图 12-21(b) 展示的是中心像光线的位置对透镜天体质量的依赖关系. 透镜天体的质量可以由式 (12.1.50) 推导得到, 其表达式为 $M = \frac{4}{3}\pi r_L^3 \rho_c k(3+k)^{-1}$. 图中的四条曲线分别代表四种不同质量的透镜天体所对应的中心像成像光线. 我们发现, 当透镜天体的质量

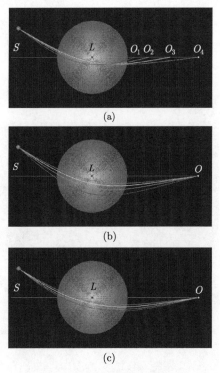

图 12-21　中心成像光线追踪

(a) 给定引力透镜系统在不同观察距离下的中心成像光线 ($O_1L:O_2L:O_3L:O_4L = 6:8:11:15$);

(b) 不同质量的透镜天体的中心成像光线 (四条光线由下而上分别对应于质量比为 20:23:29:40 的

四种透镜天体); (c) 不同密度分布的透镜天体的中心成像光线 (四条光线由下而上

分别对应于 k 的比例为 100:15:5:2 的四种透镜天体)

M 增大时, 中心成像光线将向透镜中心靠近. 图 12-21(c) 告诉我们, 参数 k 即透镜天体的密度分布对中心像光线的位置也会产生影响. 参数 k 越小, 即透镜天体的中心密度增加得越快, 中心成像光线也将越靠近透镜天体的中心.

上述结果表明, 引力透镜中心成像的光线位置受三个因素的影响:

(1) 观察者以及源天体到透镜天体距离的远近;

(2) 透镜天体质量的大小;

(3) 透镜天体内部的物质密度分布.

图 12-21 给出的引力透镜成像特性有助于我们理解长期以来令人困惑不解的中心像缺失问题[49]. 我们知道, 在实际的引力透镜观察事例中, 观察者和源天体到透镜天体的距离 OL、SL 以及透镜天体的质量 M 都是数量级极其巨大的天文数字. 因此, 中心成像光线将非常靠近透镜天体的中心. 而对于一个中心密度趋于增大的透镜物质系统来说, 越靠近中心的成像光线就越有可能被透镜中心附近的物质阻挡掉. 另外, 中心成像光线需要在透镜物质系统内穿越很长的路线, 这也增加了中心成像光一路上被透镜物质散射和吸收掉的可能性. 再者, 引力透镜的中心像, 就算它还不至于被完全遮挡掉的话, 比起透镜天体本身可能具有的较亮核心来, 一般来说应该会是暗弱得多了. 所有这些因素将使我们很少有机会观察到引力透镜的中心像. 这就解释了为什么观察到的引力透镜事例中像的个数几乎都是偶数个, 即几乎找不到引力透镜的中心像.

4. 其他

1) 引力透镜的会聚特性

由图 12-20 可以看出, 与传统的光学透镜类似, 引力透镜对光亦具有会聚作用. 为了更清楚地了解引力透镜的会聚特性, 我们改用平行光入射来加以模拟研究.

图 12-22 展示了相同密度分布、不同质量的引力透镜的会聚特性. 可以看出, 引力透镜的质量 M 越大, 平行的入射光经过引力透镜的偏折后越能会聚在一个点上, 即会聚特性越好, 且会聚点离透镜中心越近.

图 12-23 展示的是相同质量的引力透镜在不同密度分布下的会聚特性. 可以看出, k 越大, 即引力透镜内部物质分布越均匀, 会聚特性越好, 但会聚点离透镜中心越远.

另外还需要指出的是, 由于式 (12.1.14) 所表达的引力空间中的真空折射率是与光的频率无关的, 也就是说, 光在引力物质周围空间的真空中传播时不会发生色散现象[9]. 因此, 不同频率的光, 如可见光和 X 射线, 在引力透镜中的会聚特性是没有区别的. 在这一点上, 引力透镜不同于传统的光学透镜. 对于传统的光学透镜来说, 聚焦可见光需要用凸透镜, 而聚焦 X 射线则需要用凹透镜[50]. 传统光学透镜之所以具有这种不同的会聚特性, 是由于介质中的束缚电子的阻尼振荡使得光在介质中传播时的折射程度不仅与介质的特性有关, 还与光本身的频率有关[48].

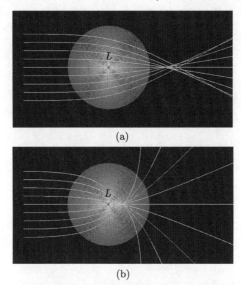

图 12-22　相同密度分布不同质量的引力透镜的会聚特性 $(M_{(a)}{:}M_{(b)}=1{:}4)$

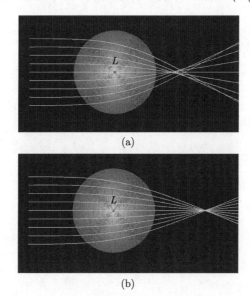

图 12-23　相同质量不同密度分布的引力透镜的会聚特性

(a) $k = 2$; (b) $k = 100$

2) 麦克斯韦鱼眼

在式 (12.1.50) 中, 如果参数 $k \to \infty$, 即透镜天体内部具有均匀的物质密度分布, 而且在引力场不是极端地强的情况下, 式 (12.1.54) 所示的引力物质系统内部的

真空折射率分布将具有下面的形式:

$$n_\mathrm{i} = \frac{n_\mathrm{c}}{(1 + r^2/a^2)} \tag{12.1.55}$$

式中, n_c(透镜中心处的真空折射率) 和 a 为常数. 这种情况正好对应于一个被称作 "麦克斯韦鱼眼" 的渐变折射率介质系统[35,48,51].

在一个 "麦克斯韦鱼眼" 式的引力透镜天体内部, 光的传播路线将是一条圆形线. 图 12-24 展示了这样的几条光线, 其中一条光线与一个虚线圆相对照. 由图可见, 光线在这种透镜天体的内部和外部是有区别的: 内部是圆形线, 外部不是圆形线.

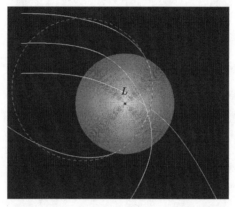

图 12-24 光在均匀密度分布 $(k = \infty)$ 的引力透镜内部和外部的传播 (计算机模拟的结果)

12.1.5 真空等效折射率的来源

上面我们用等效折射率的概念对引力透镜作了理论分析和成像模拟, 用几何光学的方法解决了与引力透镜有关的一些实际问题. 可以看出, 等效折射率的概念在处理光在引力场中传播的问题中是有效的. 这说明, 一个弯曲的时空与一个渐变折射率的真空之间可以建立一种等价的关系. 实际上, 我们可以从形式和实质两个方面探讨这种等价关系的来源.

首先, 从表现形式上看, 弯曲的时空与渐变折射率的介质具有明显的相似性.

1. 现象的相似性

引力透镜现象与大气折射引起的海市蜃楼、沙漠幻景非常类似.

海市蜃楼是我们比较了解的大气光学现象. 由于空气的导热性能差, 在适当的天气条件下, 海面上空的垂直气温差异显著, 下冷上热, 下层空气密度高, 上层空气密度低. 这时的大气是一种大范围的非均匀光学介质, 当远处景物的光在其中传播时, 会发生连续的折射效应, 从而使光的传播路径发生弯曲, 使得海面上空出现远处景物的虚像, 这就是海市蜃楼. 沙漠中也会出现类似的情形. 图 12-25 为 2008 年 4 月 24 日离甘肃省敦煌市 150km 余处的祁连山下花海子地区的一处戈壁滩上出现的大片沙丘幻景照片 (新华社记者嘎玛摄)[52].

图 12-25   祁连山下戈壁滩上的沙丘幻景[52]

显然, 无论是海市蜃楼还是沙漠幻景, 与前面我们讨论的引力透镜现象是十分相似的. 作为对照, 图 12-26 给出了引力透镜的又一个实例. 图中央那个被拉长的亮弧为位于大质量星系后面的另一个发亮星系的虚像[53].

图 12-26   引力透镜效应形成的一个弧形像 (J033238-275653)[53]

2. 费马原理的相似性

根据广义相对论, 光在静引力场中传播的相应的费马原理为[54]

$$\delta \int g_{00}^{-1/2} \mathrm{d}l = 0 \qquad (12.1.56)$$

式中, $\mathrm{d}l$ 为由位于光线处的本地观测者所测得的光通过的一个长度元, g_{00} 为广义相对论度规张量 $g_{\mu\nu}$ 的一个元素, $g_{00}^{-1/2}\mathrm{d}l$ 为相应的一个光程元. $g_{00}^{-1/2} = \mathrm{d}t/\mathrm{d}\tau$, $\mathrm{d}\tau$ 为由本地观测者测得的光经过线元 $\mathrm{d}l$ 的时间间隔, $\mathrm{d}t$ 则为由无穷远观测者测得的相应的时间间隔. 于是式 (12.1.56) 可以改写为

$$\delta \int \frac{\mathrm{d}t}{\mathrm{d}\tau} \frac{\mathrm{d}l}{\mathrm{d}s} \mathrm{d}s = 0 \qquad (12.1.57)$$

式中, $\mathrm{d}s$ 为由无穷远观测者测得的对应于本地光线元 $\mathrm{d}l$ 的长度元.

另一方面, 在普通光学中, 当光通过渐变折射率介质时, 服从如下形式的费马原理

$$\delta \int n \mathrm{d}s = 0 \tag{12.1.58}$$

可以看出, 由式(12.1.57)所表达的光在引力场中传播的费马原理与由式(12.1.58)所表达的光在非均匀介质中传播的费马原理是非常相似的.

3. 光线偏转公式的相似性

先考虑光在引力场中的偏转情况. 对于一个静态球对称引力物质系统, 其广义相对论度规的标准形式为

$$\mathrm{d}S^2 = B(R)c^2\mathrm{d}t^2 - A(R)\mathrm{d}R^2 - R^2(\mathrm{d}\theta^2 + \sin^2\theta\mathrm{d}\phi^2) \tag{12.1.59}$$

式中, R 为该度规下的径向坐标, $A(R)$、$B(R)$ 跟 R 有关, 为该度规的两个系数.

图 12-27 为光在这样一个引力空间中传播时的偏转情况. 图中 $\overset{\frown}{P_0P}$ 代表光走的路线, M 是引力物质系统的质量, ϕ 为坐标半径 R 转过的角位移, β 为 R 与光线在 P 点的切线之间的夹角. 由广义相对论给出的角位移为[55~57]

$$\mathrm{d}\phi = \frac{\mathrm{d}R}{R \Big/ \sqrt{A(R)}\sqrt{\left(\dfrac{R\big/\sqrt{B(R)}}{R_0\big/\sqrt{B(R_0)}}\right)^2 - 1}} \tag{12.1.60}$$

式中, R_0 为光线上最靠近引力中心处的径向坐标.

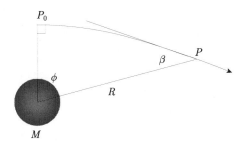

图 12-27　引力场中的光线弯曲

再考虑在平直时空的框架下, 光在折射率 n 呈球对称分布的光学介质中传播时的弯曲情况. 根据几何光学中的费马原理, 我们可以得到相应的角位移为[46,47]

$$\mathrm{d}\phi = \frac{\mathrm{d}r}{r\sqrt{\left(\dfrac{nr}{n_0r_0}\right)^2 - 1}} \tag{12.1.61}$$

式中, r 为平直时空中光线上某点到球对称折射率分布中心的距离 (区别于前述弯曲时空中的坐标半径 R), r_0 和 n_0 分别代表光线上最靠近折射率分布中心处的径向距离和折射率.

式 (12.1.60) 和式 (12.1.61) 再一次显示了光在引力场中传播与在渐变折射率介质中传播的惊人的相似性.

根据弯曲时空与渐变折射率介质的上述相似性, 我们至少可以等效地设想, 引力场中的真空具有某种非均匀性. 这种非均匀性取决于引力物质质量的大小及分布, 以及真空到引力物质距离的远近. 也就是说, 可以将表征引力物质周围真空光学性质的真空折射率视为一个随距离渐变的折射率, 而不是通常认为的恒为 1 的真空折射率. 对于静态球对称引力物质来说, 其周围真空的渐变折射率可以由式 (12.1.60) 和式 (12.1.61) 的相似性得到

$$n = \frac{R}{r\sqrt{B(R)}} \tag{12.1.62}$$

式中, R/r 可以经由下式的积分得到:

$$\frac{\mathrm{d}R}{R/\sqrt{A(R)}} = \frac{\mathrm{d}r}{r} \tag{12.1.63}$$

在弱引力场中, 我们有 $n = \exp\{2GM/rc^2\}$, 此即式 (12.1.16) 或式 (12.1.14).

再来看真空渐变折射率的物理实质. 现代量子真空的理论和实验表明, 真空可以看作是一种特殊的物理介质, 并且这种特殊的物质还会因为场或物质的存在而受到影响. 有关这方面的内容我们在第 8 章 8.6 节的量子真空效应中已经作了较多的介绍, 本章后面几节还会涉及这方面的一些内容. 我们可以设想, 作为一种特殊物理介质的真空, 它可能会受到引力物质的影响. 因而在平直时空的框架下, 引力场中的真空具有一个随距离渐变的折射率. 换句话说, 引力物质周围的真空对应一种特殊的渐变折射率介质. 至于这种思想仅仅是一种等效的数学处理手段, 还是有其深刻的物理根源, 非常值得进一步研究.

12.2   霍金辐射

霍金辐射是黑洞由于量子效应而引起的一种热辐射, 它具有黑体辐射谱的特征. 1974 年英国物理学家霍金 (Hawking) 从理论上论证了这种辐射的存在, 霍金辐射因此而命名. 不过, 有时候也称这种辐射为 Bekenstein-Hawking 辐射, 这是因为物理学家 Bekenstein 首先预言黑洞应当有一个有限的非零温度和熵. 而这意味着黑洞也应该会有热辐射.

为理解霍金辐射, 让我们先认识一下黑洞及其热力学特征.

12.2.1 黑洞概述

黑洞 (black hole) 是广义相对论预言的一种天体区域, 在这个区域内, 任何物质甚至光都无法摆脱引力的作用而逃逸出去. 也就是说, 在黑洞所属的区域, 任何物质或信号只允许进入而不允许出来. 不过, 历史上米谢尔和拉普拉斯也得到过这个结论. 他们根据牛顿引力理论推测, 一颗恒星若质量足够大、足够致密, 可以使任何物体都无法逃离其强大的引力作用, 即使连速度最快的光也无法幸免被引力曳回的命运, 因而 "宇宙中最大的发光天体, 却不会被我们看见". 当然, 这种推断在物理图像上与广义相对论是有出入的. 在广义相对论预言的黑洞区域, 粒子只能下落, 向内部方向运动, 不可能首先上升, 然后停止, 再下落回去[9].

作为最简单的例子. 我们来看 Schwarzschild 黑洞.

根据爱因斯坦引力场方程

$$R_{\mu\nu} - \frac{1}{2}g_{\mu\nu}R = -\frac{8\pi G}{c^4}T_{\mu\nu} \tag{12.2.1}$$

对于一个球对称的静态引力场, Schwarzschild 求出其时空度规为

$$ds^2 = \left(1 - \frac{2GM}{rc^2}\right)c^2dt^2 - \left(1 - \frac{2GM}{rc^2}\right)^{-1}dr^2 - r^2(d\theta^2 + \sin^2\theta d\phi^2) \tag{12.2.2}$$

在这样一个时空中, 有一个临界半径

$$r_S = \frac{2GM}{c^2} \tag{12.2.3}$$

称为 Schwarzschild 半径.

在半径 $r = r_S$ 的球面上, 时空有奇异的性质. 在一个远处的观测者看来, 这个面上发出的光信号将发生无限大的红移, 因此称其为无限红移面.

上述无限红移面同时也是一个**事件视界**(event horizon). 我们可以用光锥来说明视界的概念. 任何信号在时空中的传播方向必定位于光锥之内. 然而在视界的两侧, 光锥的行为有截然的不同[9]. 由图 12-28 可以看到, 在视界的外面, 即 $r > r_S$ 的区域, 光锥的将来既可以指向 r 增大的方向, 也可以指向 r 减小的方向. 换句话说, 在这个区域, 粒子或光信号既可以远离引力中心, 也可以靠近引力中心. 但是在 $r < r_S$ 的区域, 光锥的将来则只能指向 r 减小的方向, 粒子或光信号在这个区域不可避免地要被拉向引力中心, 绝不会发生向外侧移动的情况. 这样的一个区域, 就是**黑洞**.

在天体物理学中, 质量小于 1.4 倍太阳质量的天体在核燃料燃烧殆尽时将坍缩成白矮星. 质量在 1.4~3.2 倍太阳质量的天体会坍缩成中子星. 而质量大于 3.2 倍太阳质量的天体在发生引力坍缩时, 由于任何内部压力都无法抗衡强大的引力作用, 最终在 Schwarzschild 半径以下的物质, 都将塌陷于中心部分, 从而形成黑

洞. 因此, 在黑洞的中心 $(r = 0)$ 处, 理论上讲具有无限大的质量密度, 构成一个**奇点**(singularity). 在奇点处, 时空曲率变得无限大.

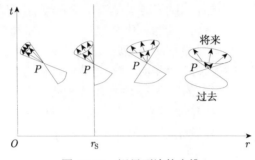

图 12-28   视界两边的光锥

12.2.2   黑洞热力学

星体经引力坍缩形成黑洞之后, 成为非常单纯的物体, 只要三个物理参数, 即质量 M、角动量 L、电荷 Q, 就可以完全描写其物理特征. 这被称为 "黑洞无毛" 定理. 当 $L = Q = 0$ 时, 黑洞的视界面积是

$$A = 4\pi r_\mathrm{S}^2 \tag{12.2.4}$$

由于任何物体都可以从视界之外进入视界之内, 反之则不行, 所以黑洞的演化表现出不可逆性. Hawking 将这种不可逆性与黑洞的视界面积联系起来. 他指出, 在黑洞的演化过程中, 视界面积要么不变, 要么增大, 而决不会减小. 这个定理叫做黑洞的面积不减定理, 可以表示为

$$\mathrm{d}A \geqslant 0 \tag{12.2.5}$$

黑洞内能的增加 $\mathrm{d}Mc^2$ 等于黑洞吸收的热量与外力对黑洞所做的机械功之和. 因此, 黑洞有一个类似于热力学第一定律的规律:

$$\mathrm{d}Mc^2 = T\mathrm{d}S + \Omega\mathrm{d}L + V\mathrm{d}Q \tag{12.2.6}$$

式中, T 和 S 分别为黑洞的温度和熵.

Bekenstein 证明, 黑洞的熵与视界面积相联系:

$$S = \frac{kc^3}{4\pi\hbar G}A \tag{12.2.7}$$

这样, 黑洞的面积不减定理实际上就反映了热力学中的熵增原理, 即热力学第二定律.

黑洞的热力学第三定律为, 不能通过有限次操作把视界的温度降低到零开. 这表明, 黑洞有一个非零的有限温度. 对于 Schwarzschild 黑洞, 其温度为

$$T = \frac{\hbar c^3}{8\pi GMk} \tag{12.2.8}$$

当我们把黑洞看作一个具有温度 T 的热力学系统时, 一个尖锐的问题就出来了. 我们知道, 任何具有温度 T 的热力学体系必定有一个与温度 T 对应的热辐射. 这就意味着, 黑洞也能够发出辐射. 但是黑洞的基本性质是不可能有任何的物质或辐射从视界内部出来, 这就出现了严重的矛盾. 这个矛盾是由霍金通过考察黑洞周围的量子效应解决的.

12.2.3 霍金辐射

对于黑洞热辐射的问题, 霍金起初认为是 Bekenstein 滥用了他的面积不减定理. 但是, 1973 年在访问莫斯科期间, 两位苏联科学家 Zeldovich 和 Starobinsky 向霍金指出, 根据量子力学的不确定性原理, 旋转黑洞应该会产生并辐射粒子. 霍金认真地考虑了他们的建议, 对黑洞视界附近量子真空的行为进行了仔细的分析和计算, 最终发现, 黑洞确实可以发出符合热辐射谱的辐射. 霍金的分析可概述如下.

根据量子场论, 真空中时刻发生着量子涨落, 不断地有正–反虚粒子对的迅速产生和淹没. 现在考虑黑洞视界外侧的真空涨落. 在这里产生的正–反虚粒子对共有四种情况可能发生 (图 12-29):

(1) 正–反虚粒子对仍旧留在视界外面并淹没;

(2) 正–反虚粒子对双双被黑洞俘获, 进入视界内部并淹没;

(3) 正粒子被黑洞俘获, 反粒子向外面逃逸;

(4) 反粒子被黑洞俘获, 正粒子得以向外面逃逸.

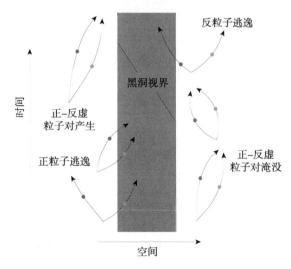

图 12-29 真空量子效应分析霍金辐射

对于前两种情况, 将不引起任何辐射效应. 对于后两种情况, 远处的观测者可探测到逃逸出来的粒子. 霍金的计算表明, 实际发生的主要是第四种情况. 在这种情况下, 一个具有正能量的粒子向远处发射, 而具有负能量的反粒子则落入黑洞. 这样在远方的观测者看来, 就相当于黑洞能够向外辐射粒子, 此即黑洞辐射. 显然, 在黑洞辐射的过程中, 能量守恒定律仍然得以遵守.

根据热辐射的 Stefan 定律, 黑洞辐射的总功率的量级为[9]

$$P \simeq A \times \sigma T^4 = 4\pi r_S^2 \times \sigma T^4 \simeq \frac{10^{34}}{M^2} \mathrm{J/s} \tag{12.2.9}$$

式中, σ 为 Stefan-Boltzmann 常量, M 取千克为单位. 由于黑洞向外辐射正能量的粒子, 黑洞的质量会减小 (这也可以从黑洞吸收负能量的粒子得到理解). 由上式, 黑洞质量的减少率为

$$\frac{\mathrm{d}M}{\mathrm{d}t} = -\frac{P}{c^2} \simeq -\frac{10^{17}}{M} \mathrm{kg/s} \tag{12.2.10}$$

黑洞因热辐射引起质量减少, 相当于黑洞的蒸发. 黑洞蒸发意味着黑洞会有一个寿命, 其值约为

$$t \simeq \frac{M}{|\mathrm{d}M/\mathrm{d}t|} \simeq M^2 \times 10^{-17} \mathrm{s} \tag{12.2.11}$$

由黑洞的温度公式可知, 黑洞的温度和质量成反比, 质量大的温度低, 质量小的温度高. 而温度低的辐射弱, 因而寿命长; 温度高的辐射强, 寿命就短. 反映在上式中, 就是黑洞的寿命与质量的平方成正比.

例如, 对于一个具有太阳质量 ($M \sim 10^{30}\mathrm{kg}$) 的黑洞, 其温度约为 $10^{-7}\mathrm{K}$, 辐射功率约为 $10^{-26}\mathrm{J/s}$, 寿命约为 $10^{43}\mathrm{s}$. 比较起来, 宇宙目前的年龄也才 $\sim 10^{17}\mathrm{s}$, 可见对于这样的黑洞, 其热辐射是非常的微不足道的.

但是, 对于一个质量为万吨的小黑洞, 其温度可高达 $10^{16}\mathrm{K}$, 辐射功率强达 $10^{20}\mathrm{J/s}$, 寿命仅有 $10^{-3}\mathrm{s}$. 可见小黑洞的辐射非常剧烈, 因而将在很短的时间里蒸发得无影无踪.

最后需要指出的是, 虽然霍金用真空量子效应对黑洞辐射所作的解释是非常巧妙和合理的, 但是仍然存在一些引起争论的问题. 例如, 黑洞的热辐射是否将造成信息的丢失, 即是否违背信息守恒定律等[58~60]. 另外我们还应该注意到, 虽然目前已经有大量的观测事实似乎表明宇宙中确实存在黑洞, 甚至咱们银河系中就有很多, 但是确凿无疑的证据至今并没有找到. 再考虑到黑洞毕竟是一个基于广义相对论的极端情形下的理论预言, 而极端情形下广义相对论是否仍旧适用, 或者, 就算广义相对论依旧成立, 极端条件下是否会有新的物理效应发生 (如是否会出现一种新的力量抗衡引力的作用), 这些问题都还是可以进一步探讨的. 因此, 黑洞本身是否真实存在也仍然是一个开放的话题.

12.3 引力波探测技术

1916 年爱因斯坦提出广义相对论时预言, 物质的运动将对周围时空产生某种扰动. 这种扰动以波或辐射的形式向外传播, 构成引力波 (gravitational wave). 引力波实际存在与否是对广义相对论的一个重要检验. 引力波探测技术的实现将开启研究浩瀚宇宙的一个新窗口, 成为继电磁辐射、宇宙线和中微子探测后探索宇宙奥秘的又一重要手段. 因此, 引力波的探测对物理学、天文学和宇宙学具有十分重要的意义. 由于引力波引起的效应极其微弱, 虽然人们已想方设法研制了多种高灵敏度的探测仪器试图证明引力波的存在, 但是迄今为止仍没有探测到直接的引力波信号. 尽管如此, 科学界对探测引力波的信心和热情有增无减. 基于激光干涉的大型地面及空间引力波探测装置已开始运作或正在筹建之中. 世界上多个国家为此投入了大量的人力、物力和财力, 期望在不久的将来聆听到来自宇宙深处的美妙的引力乐音.

12.3.1 引力波概述

广义相对论指出, 引力物质的存在使得其周围时空发生弯曲.

一个弯曲的时空可以用四维黎曼空间来描述[61~63]. 空间中某点的坐标为 x^μ. 例如, $x^0 = ct$(c 为真空中的光速), $x^1 = x$, $x^2 = y$, $x^3 = z$. 空间中坐标相差 $\mathrm{d}x^\mu$ 的相邻两点的间隔 $\mathrm{d}s$ 为

$$\mathrm{d}s^2 = g_{\mu\nu}\mathrm{d}x^\mu\mathrm{d}x^\nu \tag{12.3.1}$$

式中, $g_{\mu\nu}$ 为度规张量, 其一般形式为

$$(g_{\mu\nu}) = \begin{pmatrix} g_{00} & g_{01} & g_{02} & g_{03} \\ g_{10} & g_{11} & g_{12} & g_{13} \\ g_{20} & g_{21} & g_{22} & g_{23} \\ g_{30} & g_{31} & g_{32} & g_{33} \end{pmatrix} \tag{12.3.2}$$

时空因为有物质的存在而发生弯曲的关系由爱因斯坦引力场方程描述如下[1,40]:

$$R_{\mu\nu} - \frac{1}{2}g_{\mu\nu}R = -\frac{8\pi G}{c^4}T_{\mu\nu} \tag{12.3.3}$$

式中对称张量 $R_{\mu\nu} = g^{\chi\eta}R_{\mu\chi\nu\eta}$($R_{\mu\chi\nu\eta}$ 为四维时空的黎曼曲率张量, $g^{\chi\eta}$ 为 $g_{\chi\eta}$ 的逆), $R = g^{\mu\nu}R_{\mu\nu}$, $T_{\mu\nu}$ 为物质的能量动量张量, G 为引力常数.

可以看出, 爱因斯坦引力场方程的左边描写的是时空的几何性质, 右边描写的是物质的性质. 因此, 引力场方程描述了物质及运动对于时空背景的影响作用.

在弱场情况下, 时空度规可以近似看成是在闵可夫斯基度规 $\eta_{\mu\nu}$ 上加一个小的微扰 $h_{\mu\nu}$, 即

$$g_{\mu\nu} = \eta_{\mu\nu} + h_{\mu\nu}, \quad |h_{\mu\nu}| \ll 1 \tag{12.3.4}$$

将其代入爱因斯坦引力场方程得到

$$h_{\mu\nu} = \frac{16\pi G}{c^4}\left(T_{\mu\nu} - \frac{1}{2}\eta_{\mu\nu}T\right) \tag{12.3.5}$$

在无物质的时空区域可以简化为

$$\left(\nabla^2 - \frac{1}{c^2}\frac{\partial^2}{\partial t^2}\right)h_{\mu\nu} = 0 \tag{12.3.6}$$

由于式 (12.3.6) 是一个典型的波动方程, 表明物质对时空的扰动可以以波的形式向外传播, 这就是引力波. 而且由式可见, 引力波的传播速度即真空中的光速 c. 对于一个沿 z 轴传播的平面引力波, 其波动解为[64~66]

$$h_{\mu\nu} = h_+ + h_\times \tag{12.3.7}$$

式中, h_+、$h_\times$ 分别对应两种偏振态的横波 (图 12-30)

$$h_+ = \mathrm{Re}\left\{A_+ \mathrm{e}^{-\mathrm{i}\omega(t-z/c)}\right\} \tag{12.3.8}$$

$$h_\times = \mathrm{Re}\left\{A_\times \mathrm{e}^{-\mathrm{i}\omega(t-z/c)}\right\} \tag{12.3.9}$$

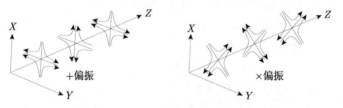

图 12-30　引力波两个偏振态的力线图

正如电磁波对带电粒子会施加电磁力的作用, 引力波场穿过物体时会对物质施加潮汐力的作用. 随时间变化的潮汐力能够使弹性物体发生变形或者自由空间质点的距离发生改变. 如图 12-31 所示, 假定一个圆环位于垂直于引力波传播方向的平面上, 则圆环之间的空间会根据引力波的频率在一个方向上交替地被拉伸和压缩, 而在与其垂直的方向上交替地被压缩和拉伸. h_+ 和 $h_\times$ 引起的空间拉伸或压缩的方向成 45° 角.

一般说来, 引力波两个偏振态对检验质量间距 L 的影响是

$$\frac{\delta L(t)}{L} = F^+ h_+(t) + F^\times h_\times(t) \equiv h(t) \tag{12.3.10}$$

引力波的强度可以用一个量纲为 1 的量 (即长度的相对变化量) 来表示

$$h = \frac{\Delta L}{L} \tag{12.3.11}$$

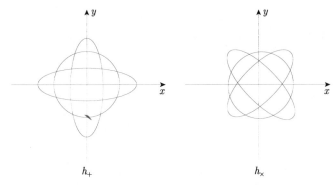

图 12-31 引力波两个偏振态的潮汐力效应

理论计算表明, 引力波的效应极其微弱, 要想利用人为的手段产生引力波并加以探测是不现实的. 因此目前我们只能寄希望于到宇宙空间中去寻找由大质量、高速运动的天体形成的引力辐射源. 可能从中探测到引力波信号的候选天文事件有: 超新星爆发、致密星和黑洞的形成、大质量双星高速绕转、致密天体的非轴对称旋转、致密天体乃至黑洞的合并等.

事实上, 经由天文现象的观测, 引力波存在的间接证据已经找到. 根据广义相对论, 中子双星系统在作高速轨道运动时, 会因引力辐射而使轨道变小, 周期变短. 1974 年, 在美国麻省州立大学物理和天文系从事脉冲星巡天工作的 Hulse 和 Taylor 发现了脉冲中子双星 PSR1913+16, 并对其轨道运动周期进行了长达近 20 年的观测. 他们的观测结果与广义相对论预言的情况符合得很好. Hulse 和 Taylor 因此荣获 1993 年诺贝尔物理学奖.

对引力波信号的直接探测始于 20 世纪 60 年代中期. 当时, 美国 Maryland 大学的 Weber 在实验室里建成了世界上第一个引力辐射探测器, 其核心部分是一个用金属线悬挂在真空容器中的重 1.4t 的铝质圆柱体. 在引力波通过时, 圆柱体内将激发起四极振动, 其共振频率约为 1000Hz. 圆柱体的振动将由固定在它上面的压电陶瓷传感器记录下来. 1969 年 Weber 公布了他们利用相距 1000km 的两台探测器捕获到的多次符合信号, 宣称探测到了引力波. 但是, 世界上随后建成的一批灵敏度更高的 Weber 型共振棒探测器却始终不能重复其实验结果, 因此 Weber 观测到的极有可能只是某种噪声, 并不是什么引力波信号.

12.3.2 激光干涉——引力波探测新技术

引力波探测的另一种方式是利用激光干涉技术. 由于激光干涉能够提供更高、更可靠的灵敏度, 同时由于它具有宽带特性, 可以捕获多种频率的引力波信号, 另外还可以利用它实现对信号频谱结构的分析, 得到关于引力波性质的更多信息, 目前世界上一些发达国家为此投入了大量的人力、物力和财力, 建造诸如 LIGO、LISA

之类的大型激光干涉引力波探测站.

激光干涉引力波探测仪实质上是一台激光迈克耳孙干涉仪 (图 12-32), 主要由一个分束镜和两组被称为检验质量的反射镜所组成. 检验质量需要被悬挂起来. 当引力波穿过探测仪时, 反射镜之间的相对运动将给出引力波的信息. 其调试方法和工作原理如下:

(1) 在平常无引力波的情况下, 调整臂长使从互相垂直的两臂返回的两束激光在分光镜处会合后相干减弱, 光电二极管接收到的是一个暗纹, 无信号输出;

(2) 当引力波经过干涉仪时, 由于引力波对时空的扰动, 检验质量即反射镜之间的距离将出现变化, 干涉仪中的一个臂会有所伸长, 另一臂有所缩短, 造成两束相干光之间产生某个光程差 $\Delta L = L_1 - L_2$, 破坏了原先的相干减弱条件, 于是光电二极管将接收到一定强度的光信号. 这样, 通过分析接收到的光信号, 就可以判断引力波的存在与否. 而且, 利用激光干涉测量到的光程差, 还可以知道引力波的应变强度 $h(t) = \Delta L/L$.

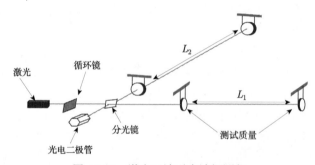

图 12-32　激光干涉引力波探测仪

由式 (12.3.11) 可知, 引力波对检验质量相对位置的扰动正比于引力波的强度 h 以及初始光程 L. 对于极其微弱的引力波来说, 要产生能够被仪器探测到的光程差 ΔL, 必须设法增大干涉仪两臂的光程 L_1 和 L_2. 但是大距离的直线光路通道既会造成工程和耗资巨大, 又要受到地表曲率的限制. 因此, 在实际的探测器中, 检验质量是由两面均被精细地抛光并涂上特殊材料的反射镜构成, 它们具有高反射率、低透射率、低散射率和低吸收率的特点. 这样, 每个光臂上的一组反射镜就构成一个 Fabry-Perot 光学谐振腔, 可以使光束在腔内来回反射多次, 从而大大增加了激光干涉引力波探测仪的有效臂长[64,67].

当然, 由于会受到光子发射噪声的影响, 激光干涉仪引力波探测器的灵敏度也存在一个限制. 理论计算表明, 激光干涉引力波探测仪能够探测到的最小引力波强度为

$$h_{\min} = \frac{\lambda}{LB\sqrt{N}} \tag{12.3.12}$$

式中, λ 为激光波长, B 为光在谐振腔内往返的平均次数, N 表示在一个引力波周期内到达分束镜的光子数目. 根据现有的技术水平和今后的发展可能, 激光干涉引力波探测仪可能探测到的最小引力波强度约为 10^{-23}[64].

12.3.3 几项大型的激光干涉引力波探测工程

激光干涉引力波探测仪的灵敏度比共振棒高出 $3 \sim 4$ 个量级, 可探测的引力波源是共振棒的 $10^9 \sim 10^{12}$ 倍. 激光干涉引力波探测仪的出现大大鼓舞了人们探测引力波的信心. 目前激光干涉引力波探测仪已成为引力波探测的主流设备.

LIGO(laser interferometer gravitational wave observatory) 是美国加州理工学院和麻省理工学院合作的一个引力波探测项目. 它是目前世界上在建的几个千米级臂长的大型激光干涉引力波探测器中规模最大、资金最雄厚 (一期预算就高达 2.92 亿美元)、进展最顺利的一个. 从 20 世纪 90 年代中期起, 分别在相距 3000km 的华盛顿州的 Hanford 和路易斯安那州的 Livingston 两个地方建造引力波探测站, 并于 21 世纪初相继建成臂长分别为 4000m 和 2000m(Hanford)、4000m(Livingston) 的激光干涉引力波探测器共三套 (图 12-33)[67], 可以以 $h \sim 10^{-21}$ 的灵敏度采集引力波信号. LIGO 还继续向美国国家科学基金会申请高级 LIGO(Advanced LIGO) 项目的资金资助. 预期这个项目将使激光干涉引力波探测器的灵敏度提高到 $h \sim 10^{-23}$[68].

 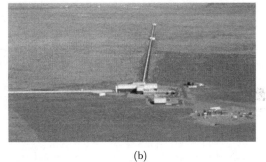

(a)   (b)

图 12-33 位于 Livingston(a) 和 Hanford(b) 的 LIGO 设施鸟瞰图[67]

除此之外, 意大利与法国合作建造了臂长 3000m 的激光干涉引力波探测站 Virgo, 德国与英国合作建造了臂长 600m 的激光干涉引力波探测站 GEO, 日本建造了臂长 300m 的激光干涉仪引力波探测站 TAMA[69].

由于在地面上建造的探测器不可避免地要受到各种噪声干扰, 而且由于受地表附近引力梯度的影响, 只能探测到 $10^{-2} \sim 10^4$Hz 的较高频率的引力波, 欧洲和美国的科学家正在联合推动激光干涉空间天线 LISA(Laser Interferometer Space Antenna) 项目, 用以在太空中探测地面上无法探测到的低频引力波信号. 由于太空中基本处于真空态, 温度接近于 0K, 而且没有地球表面上存在的震动噪声, 所以在太空中建造大臂长的激光干涉仪具有诸多的优点. LISA 项目由 3 颗位于绕太阳公转轨道上的卫星组成 (图 12-34)[70]. 3 颗卫星排列成一个边长为 500 万千米的等边三角形, 相互进行激光干涉测距. 在绕太阳公转的同时, 3 颗卫星也围绕它们的质心转动. LISA 探测器拟在 2015 年发射升空, 预计它将拥有极高的信噪比, 有能力频繁地接收到来自宇宙中的低频引力波信号[70].

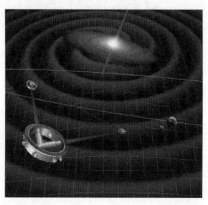

图 12-34　LISA 激光干涉空间引力波探测器[70]

中国虽然目前还没有大型的激光干涉引力波探测装置, 但也提出了一些设想准备实施引力波的探测, 其中包括 CEGO(China Einstein Gravitational wave Observavtory) 地下引力波探测计划, 以及 ASTROD (Astrodynamical Space Test of Relativity using Optical Devices) 利用光学装置进行相对论的天体动力学空间检验计划[66,69].

12.4　宇宙学中的其他光学问题

12.4.1　红移

红移是指光波或电磁波由于某种原因波长增大、频率减小的现象. 反之, 若光波或电磁波发生波长减小、频率增大, 则称为蓝移. 两种情况统称为 "频移"(frequency shift).

红移的大小由红移值 z 来衡量, 定义为

$$z = \frac{\lambda - \lambda_0}{\lambda_0} = \frac{f_0 - f}{f} \tag{12.4.1}$$

式中, λ_0 为谱线的原波长, λ 为观测到的波长, f_0 为谱线的原频率, f 为观测到的频率.

天体物理和宇宙学中的红移主要有宇宙学红移和引力红移两种.

宇宙学红移 (或称哈勃红移) 一般认为是星系远离地球的运动引起的多普勒效应, 因此又称多普勒红移.

如果星系的退行速度比光速小得多, 则由普通的多普勒频移公式:

$$f = \left(\frac{v_{\mathrm{W}} - v_{\mathrm{D}}}{v_{\mathrm{W}} - v_{\mathrm{S}}} \right) f_0 \tag{12.4.2}$$

考虑波速 $v_{\mathrm{W}} = c$, 探测器 (观测者) 的速度 $v_{\mathrm{D}} = 0$, 光源 (星系退行) 的速度 $v_{\mathrm{S}} = -v$, 得到接收频率

$$f = \left[\frac{c}{c - (-v)} \right] f_0 = \left(\frac{1}{1 + \dfrac{v}{c}} \right) f_0 \tag{12.4.3}$$

于是退行星系的红移量为

$$z = \frac{v}{c} \tag{12.4.4}$$

若星系的退行速度 v 可以与光速相比拟, 则要根据相对论中的多普勒公式

$$f = \sqrt{\frac{c - v}{c + v}} f_0 \tag{12.4.5}$$

得到红移值

$$z = \sqrt{\frac{c + v}{c - v}} - 1 \tag{12.4.6}$$

1929 年, 哈勃 (Hubble) 发现星系的红移与距离成正比. 哈勃因此推断, 遥远星系的退行速度与星系到地球的距离成正比. 此即**哈勃定律**

$$v = H_0 l \tag{12.4.7}$$

式中, H_0 为哈勃常量. 目前多种多样的距离测定方法支持 $70 \sim 90 \mathrm{km/(s \cdot Mpc)}$ 范围内的哈勃常数值 (1Mpc=3.1×10^{19}km)[9].

类星体具有非常高的红移值. 已经发现的类星体的最高红移是 $z = 6.42$[71]. 若将如此高的红移全部归因于多普勒红移效应, 则类星体的退行速度为

$$v = c \frac{(z+1)^2 + 1}{(z+1)^2 + 1} \approx 0.964c \tag{12.4.8}$$

距离地球约 10^{10} 光年. 根据大爆炸学说, 宇宙的年龄约为 1.37×10^{10} 年. 依此看来, 如此高红移值的类星体应当对应于宇宙的极早时期.

不过也有相当一部分人对类星体的红移原因提出不同的看法, 其中一种看法是, 不排除存在引力红移的影响.

引力红移是广义相对论等效原理的一个推论. 等效原理指出, 物质的惯性质量与引力质量等效, 这意味着, 可以将引力场等效为一个加速运动的参照系. 因此, 与狭义相对论中的时钟效应相类似, 在引力场中也会有钟慢效应. 在静态球对称引力场中, 一个光信号在 r_0 处观测周期为 $d\tau_0$, 传播到 r 处并且在 r 处观测周期为 $d\tau$, 这两个时间的关系为

$$\frac{d\tau}{d\tau_0} = \frac{\sqrt{1 - 2GM/rc^2}}{\sqrt{1 - 2GM/r_0c^2}} \tag{12.4.9}$$

由于频率为周期的倒数, 因此光信号的频率之比为

$$\frac{f}{f_0} = \frac{\sqrt{1 - 2GM/r_0c^2}}{\sqrt{1 - 2GM/rc^2}} \tag{12.4.10}$$

在弱引力场中, 无限远处的观测者观测 r_0 处的频率为 f_0 的光波, 频率将变为

$$f \approx (1 - GM/r_0c^2)f_0 \tag{12.4.11}$$

相应的引力红移量为

$$z \approx \frac{GM}{r_0c^2} \tag{12.4.12}$$

对于质量较小的天体来说, 引力红移量是很小的. 例如, 从太阳发出的光到达地球时, 产生的引力红移约为 10^{-6}. 20 世纪 60 年代初, Pound 等利用穆斯堡尔效应测量了地球上的引力红移, 得到的结果 (10^{-15} 量级) 与理论预言一致, 成为广义相对论的重要检验证据之一.

对于大质量的致密天体, 如中子星、黑洞等, 引力红移相当可观. 在黑洞视界这样极端的情况下, 引力红移将达到无限大.

类星体高红移的原因实际上还是一个未解之谜. 除了宇宙学红移、引力红移之外, 是否还有别的物理因素造成如此高的红移, 这个问题尚可作进一步的研究. 另外, 类星体会以成协的方式出现在宇宙空间的某个区域, 它们的红移还表现出奇特的周期性. 大量的观测数据表明, 红移分布的峰值为 z=0.06, 0.30, 0.60, 0.96, 1.41 和 1.96. 如图 12-35 所示, NGC3516($z = 0.009$) 和 NGC5985($z = 0.008$) 这两个星系周围的某个方向上分布有若干个类星体, 它们的红移恰好分布在 6 个峰值附近[72,73].

由于天体的红移能够反映宇宙空间中物质的分布及运动信息, 最近几十年来, 人们广泛开展了星系的红移巡天工作. 越来越多的天体红移数据的获得, 使得人们可以对宇宙的大尺度结构以及有关宇宙物质分布的密度场、速度场等许多性质展开深入的研究. 目前, 星系的红移巡天连同宇宙微波背景辐射等的探测已经成为观测宇宙大尺度结构的重要手段[74].

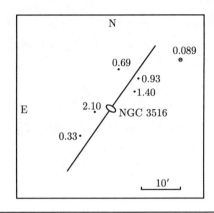

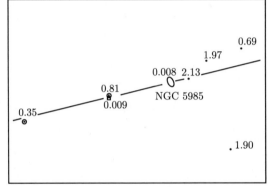

图 12-35 类星体的空间成协及红移周期性分布[72,73]

12.4.2 微波背景辐射

星系的多普勒红移以及哈勃定律的一个自然的推论是: 宇宙总体上在膨胀. 在一个膨胀的宇宙中, 观测者无论站在宇宙空间中的随便哪一个位置, 都将观测到遥远星系的退行运动, 退行的速度正比于天体到观测者的距离.

反过来, 如果宇宙一直在膨胀着, 那么在遥远的过去, 宇宙应该有一个起始点. 换句话说, 现在的宇宙应该是由原初的一个 "点"(或 "火球") 爆发并膨胀而来. 基于这样的想法, 勒梅特提出了宇宙起源的 "原初原子" 假设. 这个假设发展起了今天我们所说的 "**宇宙大爆炸**"(big bang) 理论. 按照这个理论, 在大约 137 亿年前, 宇宙所有的物质都高度密集在一点, 有着极高的温度, 因而发生了巨大的爆炸. 大爆炸以后, 宇宙经历漫长的膨胀阶段 (根据广义相对论宇宙学, 这种膨胀是时空本身的扩张), 温度逐渐降低, 星系逐渐形成, 成为今天我们所看到的宇宙 (图 12-36[75]).

1948 年伽莫夫预言大爆炸将留下一个黑体热辐射背景. 这个热辐射所对应的温度是随着宇宙膨胀而变化的, 也就是说, 背景热辐射对应的温度 $T(t)$ 将随着宇宙年龄的增大或者说宇宙尺度 $R(t)$ 的增大而降低. 对此我们可以用黑体辐射的有关知识作一简单的讨论. 在宇宙膨胀的过程中, 一方面, 由于体积的变大, 光子数密度按 $R^{-3}(t)$ 下降, 另一方面, 由于红移效应, 每个光子的能量按 $R^{-1}(t)$ 下降, 因此辐射的能量密度为 $\varepsilon(t)$ 将按 $R^{-4}(t)$ 降低, 即

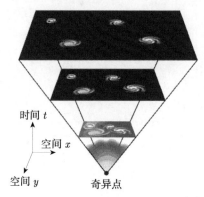

时间 t

空间 x

空间 y　　　　　奇异点

图 12-36　宇宙大爆炸及时空膨胀[75]

$$\varepsilon(t) \propto R^{-4}(t) \tag{12.4.13}$$

根据 Stefan 定律, 有

$$\varepsilon(t) \propto T^4(t) \tag{12.4.14}$$

因此

$$T(t) \propto R^{-1}(t) \tag{12.4.15}$$

或者, 根据光子数的统计规律[9]

$$n(\nu) = \frac{\overline{\varepsilon_\nu}}{h\nu} = \frac{1}{\mathrm{e}^{\frac{h\nu}{kT}} - 1} \tag{12.4.16}$$

膨胀引起红移 $\nu(t) \propto R^{-1}(t)$, 相应地有 $T(t) \propto R^{-1}(t)$, 从而保持光子数不变.

伽莫夫的两个学生 Alpher 和 Herman 估计, 残余的热辐射到今天的温度大约是 5K. 根据普朗克黑体辐射定律, 这个温度对应的辐射谱的极大值位于毫米波长范围, 即微波波段.

1964 年, 美国贝尔实验室的工程师彭齐亚斯和威尔逊架设了一台用于接受卫星信号的天线 (图 12-37[76]). 为了检测这台天线的噪声性能, 他们将天线对准天空方向进行测量, 结果发现, 在波长为 7.35cm 的地方一直有一个各向同性的恒定噪声讯号存在. 起初他们怀疑这个信号来源于天线系统本身. 但是经过彻底检查, 甚至清除了天线上的鸽子窝和鸟粪, 这个奇特的噪声仍然存在. 于是他们在 Astrophysical Journal 杂志上以《在 4080MHz 上额外的天线温度的测量》为题发表了这个发现. 物理学家马上意识到, 这个额外的辐射信号正是他们所要寻找的宇宙微波背景辐

射. 宇宙背景辐射的发现为大爆炸理论提供了有力的证据, 彭齐亚斯和威尔逊因此获得 1978 年的诺贝尔物理学奖.

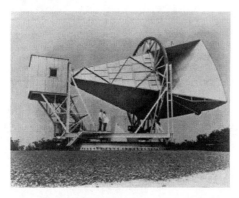

图 12-37　彭齐亚斯和威尔逊的卫星信号接收天线[76]

1990 年, 宇宙背景探测者 (cosmic background explorer, COBE) 卫星完成了完整的宇宙微波背景辐射谱的测量任务. 结果发现, 实际的频谱与普朗克黑体辐射谱高度符合 (图 12-38[77]). 由 COBE 得到的频谱曲线可以定出, 背景辐射的温度为 (2.736±0.016)K.

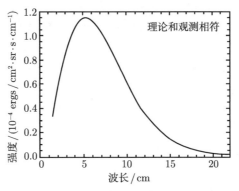

图 12-38　COBE 卫星测量到的宇宙微波背景辐射谱[77]

COBE 测量到的精确数据显示, 宇宙微波背景辐射在全天空的分布近乎各向同性, 表明宇宙总体上是均匀的, 这符合宇宙学原理的要求. 不过, COBE 的数据还显示, 微波背景辐射存在量级为 10^{-6} 的微弱的各向异性涨落, 表明早期宇宙中包含有后来成为物质结团的种子的微小密度起伏, 从而使得今天拥有星系、星系团等大质量物质聚集体的宇宙成为可能. 由于在微波背景辐射测量中作出的重要贡献, COBE 的两位领导人 Mather 和 Smoot 荣获了 2006 年度的物理诺贝尔奖[78].

图 12-39[79] 为美国宇航局 (NASA)2008 年公布的威尔金森微波各向异性探测

器 (wilkinson microwave anisotropy probe, WMAP) 测量到的微波背景辐射温度涨落情况, 不同区域之间的温度差别可以高达约 0.0002K. 根据 WMAP 的测量结果分析推断, 宇宙的年龄约为 137 亿年, 在宇宙的组成成分中, 4.4% 是一般物质, 21.4% 是暗物质, 74.2% 是暗能量, 宇宙目前的膨胀速度约为 71km/(s·Mpc), 宇宙空间是近乎于平直的, 它经历过暴涨的过程, 并且会一直膨胀下去[80,81].

图 12-39　WMAP 探测器测量到的微波背景辐射温度涨落[79]

12.4.3　超新星标准烛光

在天文学中, 标准烛光是指那些已经知道光度 (即发光强度) 的天体. 通过比较已知的光度和实际观测到的亮度 (视亮度), 可以确定遥远天体的距离. 其原理是, 一个发光强度一定的光源, 在离我们较近的地方看起来要亮一些, 而在远处则显得暗一些. 在不膨胀的欧氏空间中, 光源的亮度与光度的比值与光源到观测者距离的平方成反比. 在膨胀的宇宙空间中, 两者的关系要稍微复杂一些.

举例来说, 造父变星就曾经作为天文学中的一种标准烛光来使用. 造父变星的光度会呈现出周期性的变化. 通过对银河系内造父变星的研究发现, 造父变星的最高光度与其光变的周期有明确的关系, 利用这种关系可以可靠地确定造父变星的最高光度. 哈勃正是在近邻的河外星系中识别出了造父变星并通过其光变周期确定出它们的最高光度, 将其与观测得到的视亮度比较, 推断出这些变星所在星系的距离.

不过, 由于造父变星的光度不够高, 所以难以用于宇宙尺度上的距离测量. 天文学家曾经试图用类星体、星系团中最亮的星系等光度比造父变星更高的天体来确定宇宙尺度上的距离, 但是由于这些天体的光度弥散太大, 又无可靠的校准办法, 同时还存在着明显的天体演化, 所以这些有很高光度的天体很难用来作为测量宇宙尺度距离的标准烛光.

目前, 天文学家找到的测量宇宙大尺度距离的最佳标准烛光是 Ia 型超新星. Ia 型超新星被认为是由于白矮星吸积其伴星的物质在其质量达到钱德拉塞卡极限时, 出现不稳定并发生热核爆发而形成的, 其光谱中缺少氢谱线却有强的 SiII 吸收线. 图 12-40(a) 是 Ia 型超新星形成的简单示意图[82], (b) 为哈勃太空望远镜拍摄到的一个 Ia 型超新星爆发留下的残迹[83]. 观测发现, Ia 型超新星极其明亮, 其最高光度可达太阳光度的数十亿到上百亿倍, 从而使得我们能够观测到非常遥远的、宇宙尺度上的超新星爆发. 更为重要的是, 这类超新星的最大光度弥散较小, 而且从对近邻的、可以用其他观测方法可靠地确定出距离的 Ia 型超新星的系统观测和研究中, 天文学家发现, 可以从它们的光变和光谱特征很好地确定出最高光度. 图 12-41 为经过修正后的近邻 Ia 型超新星的光变曲线. 可以发现, 修正后所有的 Ia 型超新星的光变曲线非常一致, 因此 Ia 型超新星可以被作为很好的探测宇宙尺度的标准光源[84].

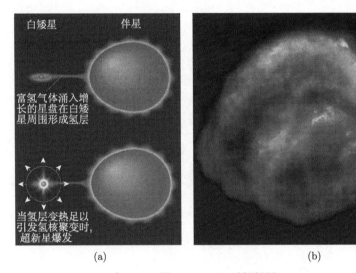

图 12-40　Ia 型超新星

(a) 形成示意图[82]; (b) HST 拍摄到的一个爆发残迹[83]

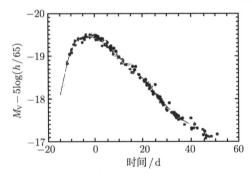

图 12-41　修正后的近邻 Ia 型超新星光变曲线[84]

为了对宇宙在大尺度上的情况作出判断, 从 20 世纪 90 年代以来, 世界上有两个研究组 (supernova cosmology project 和 high - z supernova search team) 对非常遥远的高红移 Ia 型超新星进行了搜寻和观测.

在欧氏空间中, 光度距离定义为

$$d_L = \sqrt{\frac{L}{4\pi F}} \tag{12.4.17}$$

式中, L 为超新星的固有 (绝对) 光度, F 为观测到的能流.

对于一个 Friedmann-Robertson-Walker (FRW) 模型下的宇宙, 光度距离与参数 Ω_m、Ω_Λ 及超新星的红移 z 有关[85,86], 即

$$d_L = d_L(z, \Omega_m, \Omega_\Lambda) \tag{12.4.18}$$

式中, Ω_m 为量纲为 1 的质量密度, 即宇宙物质密度与宇宙临界密度的比值

$$\Omega_m = \frac{\rho_m}{\rho_c} = \frac{\rho_m}{3H_0^2/8\pi G} \tag{12.4.19}$$

Ω_Λ 为量纲为 1 的真空能量密度, 即真空能量密度与宇宙临界密度的比值

$$\Omega_\Lambda = \frac{|\rho_\Lambda|}{\rho_c} = \frac{|\rho_\Lambda|}{3H_0^2/8\pi G} = \frac{\Lambda}{3H_0^2} \tag{12.4.20}$$

定义距离模数 μ 用作量长距离的单位

$$\mu = m - M = 5\log[d_L(z, \Omega_m, \Omega_\Lambda)] + 25 \tag{12.4.21}$$

式中, m 为超新星的视星等, M 为绝对星等 (固有亮度), 光度距离 d_L 取百万秒差距 (Mpc) 为单位.

图 12-42 显示了由地面观测站和哈勃太空望远镜观测到的 Ia 型超新星的距离模数与红移的关系[24,85]. 图 12-43 显示了不同参数下的宇宙模型之间的比较[85]. 可以看出, 观测到的数据明显地倾向于一个参数 $\Omega_m = 0.29$ 和 $\Omega_\Lambda = 0.71$ 的宇宙 (其中假定了宇宙是平直的).

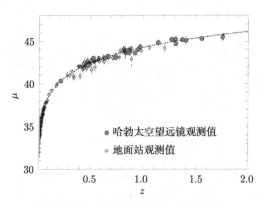

图 12-42   Ia 型超新星哈勃图[24,85]

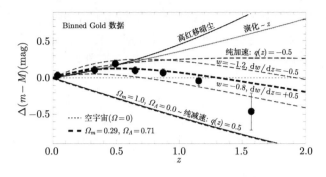

图 12-43　不同参数下的宇宙模型比较[85]

参数 Ω_Λ 是一个量纲为 1 的真空能量密度, 它与宇宙学常数 Λ 相联系.

Λ 最初是由爱因斯坦为了保证一个静态的宇宙而引入引力场方程的. 这时, 场方程变为

$$R_{\mu\nu} - \frac{1}{2} g_{\mu\nu} R - \Lambda g_{\mu\nu} = -\frac{8\pi G}{c^4} T_{\mu\nu} \tag{12.4.22}$$

后来由于哈勃等观测到一个膨胀的宇宙, 爱因斯坦最终放弃了这个常数, 并且认为是他 "一生中所犯的最大的错误".

但是实际上, 宇宙学常数 Λ 具有深刻的意义. 场方程式 (12.4.22) 经移项后可得到加速方程[24,55,61]

$$\frac{\ddot{R}}{R} = -4\pi G \left(\frac{\rho}{3} + \frac{p}{c^2} \right) \tag{12.4.23}$$

式中, ρ 为物质密度与真空密度之和, 即

$$\rho = \rho_m + \rho_\Lambda = \rho_m + \frac{\Lambda}{8\pi G} \tag{12.4.24}$$

p 为物质压强与真空压强之和, 即

$$p = p_m + p_\Lambda = p_m - \frac{\Lambda}{8\pi G} c^2 \tag{12.4.25}$$

可见, 对于一个正的非零宇宙学常数 Λ, 它对宇宙的影响相当于提供了一个正的真空密度 $\rho_\Lambda = \Lambda/8\pi G$ 和一个负的真空压强 $p_\Lambda = -\Lambda c^2/8\pi G$. 这意味着, 真空可以起到相反于引力的作用, 即为宇宙提供排斥性质的力. 这就使得在某些参数条件下, 由式 (12.4.23) 给出的将是一个加速膨胀的宇宙, 而非通常想象中的由于引力相互作用必然造成一个减速膨胀的宇宙.

事实上, Ia 型超新星观测数据表明, 目前我们的宇宙恰恰正处在加速膨胀的阶段. 由图 12-43 中与观测数据相吻合的粗虚线可以看到, 我们的宇宙经历了一个由过去的减速膨胀到现在的加速膨胀的转变过程, 这个转折点发生在红移 z 约为 0.46 地方.

宇宙的加速膨胀表明宇宙中存在与引力抗衡的力量, 我们把与之相对应的能量称作暗能量, 以区别于一般意义上的能量. 根据上面的分析, 暗能量与真空能量相联系, 一般的能量则与物质相联系. Ia 型超新星观测结果给出两者所占的比例分别为暗能量约 71%, 物质能量约 29%.

需要指出的是, 宇宙中除了能够发射光或电磁波的物质 (简称发光物质或可见物质) 之外, 还存在相当数量的不可见物质, 后者被称为暗物质. 前面提到的由 WMAP 探测到微波背景辐射结果表明, 发光物质与暗物质的比例约为 1:5. 星系转动、星系碰撞以及引力透镜等的观测结果都为暗物质的存在提供了证据.

图 12-44 是旋涡星系 M33 的转动曲线[87]. 按发光物质的引力作用来计算, 星系发光区外部气体的转速应该随距离的增大而减小, 如图中虚线所示. 而实际观测到的却是图中的实线, 外部气体转速不降反升. 对相当多的星系来说, 星系发光区外部气体的转速大致保持不变, 即表现为转动曲线平直地向外延伸 (图 12-45[88]). 星系转动曲线的异常暗示我们, 星系发光区外存在很大质量的暗物质[62].

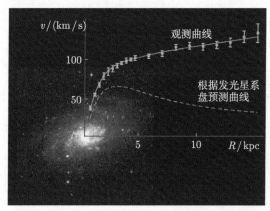

图 12-44   旋涡星系 M33 的异常转动曲线[87]

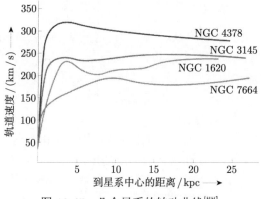

图 12-45   几个星系的转动曲线[88]

图 12-46 是 2006 年美国天文学家利用钱德拉 X 射线望远镜观测到的星系团 1E 0657-558 的碰撞过程[89]. 星系团碰撞威力之猛, 使得黑暗物质与正常发光物质分开, 从而发现了暗物质存在的直接证据 (图中代表黑暗物质分布的轮廓线由观测弱引力透镜效应得到).

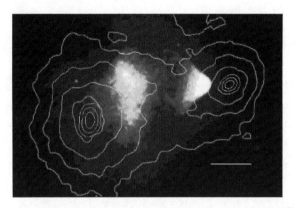

图 12-46　星系团 1E 0657-558 碰撞过程中暗物质的分离[89]

但是暗物质到底是什么, 至今仍然众说纷纭.

不仅仅是暗物质, 暗能量也仍然是一个捉摸不透的谜. 与宇宙学常数 Λ 相联系的暗能量被认为是起源于量子真空. 这是有道理的, 因为量子真空并不是一个空无一切的数学空间, 实际上它是一个具有丰富内涵的十分活跃的物理对象. 量子真空中充斥着诸如电子–反电子、质子–反质子等各种各样的正反虚粒子对, 它们由于真空的涨落而自发地产生和湮没. 因此, 真空具有能量密度是理所当然的. 但是, 若说宇宙学中的暗能量就是量子理论中的真空能量, 却难以解释两者数量级上的巨大反差. 因为根据实际的观测数据推算, 引起宇宙加速膨胀的真空能量密度相当小, 而量子场论预言的真空能量密度非常大, 两者相差约 10^{120} 的量级[9,90].

上面我们介绍了与引力有关的若干光学问题. 实际上, 天体物理和宇宙学中涉及光学的问题还有很多很多. 举个例子来说, 夜空中最强烈的伽马射线暴就没有谈到. 而伽马暴之类的天文现象无疑在天体物理和宇宙学中也具有极其重要的意义.

黑格尔曾经说过: "一个民族有一些关注天空的人, 他们才有希望". 在静谧的夜晚, 当我们仰望星空, 注视那一眨一眨闪烁的星光, 我们可能会有无限的遐想和追问: 宇宙真正的起源在哪里? 宇宙的未来将会怎样? 暗物质和一般物质有什么根本的区别? 暗能量与量子真空存在怎样的联系? 物质、时空以及运动的本质是什么? 自然界各种基本相互作用之间有着什么样的联系? 世界是在什么样的基础上建立内在的统一 …… 浩瀚的宇宙充满了扑朔迷离的问题, 神奇的自然蕴藏了深邃无穷的奥秘, 等待着我们去探索和发现.

参 考 文 献

[1]   RENN J, SAUER T, STACHEL J. The origin of gravitational lensing: a postscript to Einstein's 1936 science paper[J]. Science, 1997, 275: 184~186.

[2]   EINSTEIN A. Lens-like action of star by the deviation of light in the gravitational field[J]. Science, 1936, 84: 506, 507.

[3]   EDDINGTON A S. Space, Time and Gravitation[M]. Cambridge: Cambridge University Press, 1920.

[4]   CHWOLSON O. Über eine mögliche form fiktiver Doppelsterne. Astron Nachr, 1924, 221: 329, 330.

[5]   BARNOTHY J M. Gravitational Lenses[M]. Berlin: Springer, 1989.

[6]   ZWICKY F. On the probability of detecting nebulae which act as gravitational lenses[J]. Phys Rev, 1937, 51: 679~679.

[7]   ZWICKY F. Nebulae as gravitational lenses[J]. Phys Rev, 1937, 51: 290~290.

[8]   Walsh D, CARSWELL R F, WEYMANN R J. 0957 + 561 A, B: twin quasistellar objects or gravitational lens[J]. Nature, 1979, 279: 381~384.

[9]   瓦尼安 H C, 鲁菲尼 R. 引力与时空 [M]. 向守平, 冯珑珑译. 北京: 科学出版社, 2006.

[10] CFA-ARIZONA SPACE TELESCOPE LENS SURVEY. Information and data on gravitational lens systems [EB/OL]. http://www.cfa.harvard.edu/glensdata/, 2009-09-02.

[11] UTAH STATE UNIVERSITY. Galaxy Cluster Abell 2218[EB/OL]. http://teacherlink. ed.usu.edu/tlnasa/pictures/litho/Abell2218/, 2008-03-31.

[12] EUROPEAN SOUTHERN OBSERVATORY.Abell 370 Cluster of Galaxies with Gravitational Arcs[EB/OL]. http://www.eso.org/public/outreach/press-rel/pr-1998/phot-47-98.html, 2009-09-02.

[13] EUROPEAN SOUTHERN OBSERVATORY. Galaxy Cluster CL2244-02 with Gravitational Arcs[EB/OL]. http://www.eso.org/public/outreach/press-rel/pr-1998/pr-19-98.html, 2009-09-02.

[14] 温学诗. 新发现的爱因斯坦环. 太空探索 [J]. 2006, 2: 64~64.

[15] WAMBSGANSS J. Gravitational lensing in astronomy[J/OL]. Living Rev. Relativity 1998, 12. http://www.livingreviews.org/lrr-1998-12, 2009-09-02.

[16] 武向平. 利用引力透镜效应探测宇宙中的物质分布. 中国科学院院刊, 1995, 2: 168~170.

[17] MASSEY R, RHODES J, ELLIS R, et al. Dark matter maps reveal cosmic scaffolding[J]. Nature, 2007, 445: 286~290.

[18] SPRINGEL V, FRENK C S, WHITE S D M. The large-scale structure of the Universe[J]. Nature, 2006, 440: 1137~1144.

[19] FREEMAN K C. The hunt for dark matter in galaxies[J].Science, 2003, 302: 1902, 1903.

[20] INADA N, OGURI M, PINDOR B, et al. A gravitationally lensed quasar with quadruple images separated by 14.62 arcseconds[J]. Nature, 2003, 426: 810~812.

[21] WITTMAN D M, TYSON J A, KIRKMAN D, et al. Detection of weak gravitational lensing distortions of distant galaxies by cosmic dark matter at large scales[J]. Nature, 2000, 405: 143~148.

[22] 傅莉萍, 束成钢. 引力透镜的基本原理及最新研究进展 [J]. 天文学进展, 2005, 23(1): 56~69.

[23] KUNDIĆ T, TURNER E L, COLLEY W N, et al. A robust determination of the time delay in 0957+561A, B and a measurement of the global value of Hubble's constant[J]. ApJ, 1997, 482: 75~82.

[24] BENNETT C L. Cosmology from start to finish[J]. Nature, 2006, 440: 1126~1131.

[25] BENNETT C L. Astrophysical observations: lensing and eclipsing Einstein's theories[J]. Science, 2005, 307: 879~885.

[26] PERLICK V. Gravitational lensing from a spacetime perspective[J/OL]. Living Rev Relativity, 2004, 9. http://www.livingreviews.org/lrr-2004-9, 2009-09-02.

[27] VIRBHADRA K S, ELLIS G F R. Schwarzschild black hole lensing[J]. Phys Rev D, 2000, 62: 084003-1-8.

[28] MOLLERACH S, ROULET E. Gravitational Lensing and Microlensing[M]. New Jersey: World Scientific, 2002.

[29] KUIJKEN K. The Basics of lensing[J/OL]. http://arxiv.org/abs/astro-ph/0304438v1, 2009-09-02.

[30] WILSON H A. An electromagnetic theory of gravitation[J]. Phys Rev, 1921, 17: 54~60.

[31] DICKE R H. Gravitation without a principle of equivalence[J]. Rev Mod Phys, 1957, 29: 363~376.

[32] FELICE F. On the gravitational field acting as an optical medium[J]. Gen Rel Grav, 1971, 2: 347~357.

[33] NANDI K K, Islam A. On the optical-mechanical analogy in general relativity[J]. Am J Phys, 1995, 63: 251~256.

[34] EVANS J, NANDI K K, ISLAM A. The optical-mechanical analogy in general relativity: new methods for the paths of light and of the planets[J]. Am J Phys, 1996, 64: 1404~1415.

[35] EVANS J, NANDI K K, ISLAM A. The optical-mechanical analogy in general relativity: exact newtonian forms for the equations of motion of particles and photons[J]. Gen Rel Grav, 1996, 28: 413~429.

[36] PUTHOFF H E. Polarizable-vacuum (PV) approach to general relativity[J]. Found Phys, 2002, 32: 927~943.

[37] PUTHOFF H E, DAVIS E W, MACCONE C. Levi-civita effect in the polarizable vacuum (PV) representation of general relativity[J]. Gen Rel Grav, 2005, 37: 483~489.

[38] VLOKH R. Change of optical properties of space under gravitational field[J]. Ukr J Phys Opt, 2004, 5: 27~31.

[39] VLOKH R, KOSTYRKO M. Reflection of light caused by gravitational field of spherically symmetric mass[J]. Ukr J Phys Opt, 2005, 6: 120~124.

[40] VLOKH R, KOSTYRKO M. Estimation of the birefringence change in crystals induced by gravitation field[J]. Ukr J Phys Opt, 2005, 6: 125~127.

[41] VLOKH R, KOSTYRKO M. Optical-gravitation nonlinearity: a change of gravitational coefficient g induced by gravitation field[J]. Ukr J Phys Opt, 2006, 7: 179~182.

[42] VLOKH R, KVASNYUK O. Maxwell equations with accounting of tensor properties of time[J]. Ukr J Phys Opt, 2007, 8: 125~137.

[43] VLOKH R O. Parametrical optics effects at the presence of gravitation[J]. Proceedings of the 7th International Conference on Laser and Fiber-Optical Networks Modeling, 2005. 90~93.

[44] YE X H, LIN Q. A simple optical analysis of gravitational lensing[J]. J Mod Opt, 2008, 55(7): 1119~1126.

[45] YE X H, LIN Q. Inhomogeneous vacuum: an alternative interpretation of curved space-time[J]. Chin Phys Lett, 2008, 25(5): 1571~1574.

[46] YE X H, LIN Q. Gravitational lensing analysed by the graded refractive index of a vacuum[J]. J Opt A: Pure Appl Opt, 2008, 10: 075001-1-6.

[47] 叶兴浩. 引力场中真空折射率的改变及光的传播特性研究 [D]. 杭州: 浙江大学理学院博士学位论文, 2008.

[48] BORN M, WOLF E. Principles of Optics. 7th ed. [M]. Cambridge: Cambridge University Press, 1999.

[49] WINN J N, RUSIN D, KOCHANEK C S. The central image of a gravitationally lensed quasar[J]. Nature, 2004, 427: 613~615.

[50] SNIGIREV A, KOHN V, SNIGIREVA I, et al. Focusing high-energy x rays by compound refractive lenses[J]. Appl Opt, 1998, 37: 653~662.

[51] BUCHDAHL H A. Schwarzschild interior solution and the truncated Maxwell fish-eye[J]. J Phys A, 1983, 16: 107~110.

[52] 嘎玛. 祁连山下出现 "海市蜃楼" 奇观 [EB/OL]. http://news.163.com/08/0425/09/4AC7CA2V0001125G.html, 2008-04-25.

[53] BLAKESLEE J P, et al. Advanced camera for surveys observations of a strongly lensed arc in a field elliptical galaxy[J]. ApJ, 2004, 602: L9~L12.

[54] LANDAU L D, LIFSHITZ E M. The Classical Theory of Fields[M]. New York: Pergamon Press, 1975.

[55] WEINBERG S. Gravitation and Cosmology[M]. New York: John Wiley and Sons, 1972.

[56] Amore P, Arceo S. Analytical formulas for gravitational lensing[J]. Phys Rev D, 2006, 73: 083004-1-9.

[57] VIRBHADRA K S, ELLIS G F R. Gravitational lensing by naked singularities[J]. Phys Rev D, 2002, 65: 103004-1-10.

[58] HAWKING S W. Information loss in black holes[J]. Phys Rev D, 2005, 72: 084013-1-4.

[59] PARIKH M K, WILCZEK F. Hawking radiation as tunneling[J]. Phys Rev Lett, 2000, 85(24): 5042~5045.

[60] PARIKH M K. Energy conservation and Hawking radiation[J]. Gen Rel Grav, 2004, 36: 2419~2421.

[61] 刘辽, 赵峥. 广义相对论. 第二版. [M]. 北京: 高等教育出版社, 2004.

[62] 俞允强. 广义相对论引论. 第二版. [M]. 北京: 北京大学出版社, 1997.

[63] 须重明, 吴雪君. 广义相对论与现代宇宙学 [M]. 南京: 南京师范大学出版社,1999.

[64] 赵鹏飞, 唐孟希. 引力波与引力波探测 [J]. 广西物理, 2000, 23(3): 2~6.

[65] 黄玉梅, 王运永, 汤克云, 等. 引力波理论和实验的新进展 [J]. 天文学进展, 2007, 25(1): 58~73.

[66] 唐孟希, 李芳昱, 赵鹏飞, 等. 引力波、引力波源和引力波探测实验 [J]. 云南天文台台刊, 2002, 3: 71~87.

[67] LIGO 实验室. GEO600 和 LIGO 是什么? [EB/OL]. http://boinc.equn.com/einstein /einsteinathome.htm#ligo, 2009-09-03.

[68] 柯惟力. 世界引力波探测发展 [J]. 世界科技研究与发展, 2003, 25(1): 85~89.

[69] 汤克云, 康飞, 王运永, 等. 爱因斯坦引力波探测: 中国在行动 [J]. 科学中国人, 2004, 6: 32, 33.

[70] IRION R. Gravitational wave hunters take aim at the sky[J]. Science, 2002, 297(5584): 1113~1115.

[71] WALTER F, BERTOLDI F, CARILLI C, et al. Molecular gas in the host galaxy of a quasar at redshift z=6.42[J]. Nature, 2003, 424: 406~408.

[72] 魏建彦, 褚耀泉, 胡景耀, 等. 与 Seyfert 星系 NGC3516 成协的 X 射线源的光学光谱认证 —— 非宇宙学红移的可能证据 [J]. 中国科学 (A 辑), 1999, 29(11): 1025~1028.

[73] ARP H. A QSO 2.4 arcsec from a dwarf galaxy - the rest of the story[J]. Astronony and Astrophysics, 1999, 341: L5~L8.

[74] 褚耀泉, 朱杏芬. 大天区星系红移巡天 [J]. 天文学进展, 1998, 16(2): 150~157.

[75] KERMANSHAHI M. Universal theory[EB/OL]. http://www.universaltheory.org/Big BangTheory.html, 2009-09-03.

[76] Bell Labs. Cosmic microwave background[EB/OL]. http://prl.aps.org/50years /timeline/Cosmic%20microwave%20background, 2009-09-03.

[77] KASHLINSKY A. Making the science exact: recent developments in cosmology[EB/OL]. (1998-08-23)[2009-09-03] http://www.kashlinsky.info/anima/skash.nsf/preart?Open Form&ParentUNID=4FF930B5625D565688257377006A0A1B.

[78] 楼宇庆. 2006 年诺贝尔物理学奖 —— 宇宙微波背景辐射的黑体谱和各向异性 [J]. 物理与工程, 2007, 17(1): 10~21.

[79]　NASA. Five Year Microwave Sky [EB/OL]. (2008-03-07)[2009-09-03] http://map.gsfc. nasa.gov/media/080997/index.html.

[80]　KOMATSU E, DUNKLEY J, NOLTA M R, et al. Five-year wilkinson microwave anisotropy probe (wmap1) observations: cosmological interpretation[J/OL]. arXiv:0803. 0547v2 [astro-ph], 2009-09-02.

[81]　HINSHAW G, WEILAND J L, HILL R S, et al. Five-year wilkinson microwave anisotropy probe (wmap) observations: data processing, sky maps, and basic results[J]. Astrophysical Journal Supplement, 2009, 180: 225∼245

[82]　MORISON I. The invisible universe[EB/OL]. http://gresham.ac.uk/uploads/Invisible. ppt, 2009-09-03.

[83]　NASA. Kepler's supernova remnant[EB/OL]. http://chandra. harvard.edu/photo/ 2004/kepler/. 2009-09-03.

[84]　邓祖淦, 邹振隆. 高红移 Ia 型超新星的搜索和宇宙的加速膨胀 [J]. 物理,1999, 28(8): 464∼470.

[85]　RIESS A G, STROLGER L G, TONRY J, et al. Type Ia supernova discoveries at z>1 from the Hubble Space Telescope: evidence for past deceleration and constraints on dark energy evolution[J]. ApJ, 2004, 607: 665∼687.

[86]　王晓峰, 李宗伟. 超新星在宇宙学中的应用 [J]. 天文学进展, 2000, 18(2): 159∼171.

[87]　SAHNI V. Dark matter and dark energy[J/OL]. [2009-09-02]arXiv:astro-ph/0403324v3 *In* : Papantonopoulos E. The Physics of the Early Universe. Lecture Notes in Physics. Berlin: Springer, 2004, 653: 141∼172.

[88]　PAUL ESKRIDGE. Dark matter in galaxies[EB/OL]. http://odin.physastro.mnsu.edu/ ∼eskridge/astr101/ week13.html, 2009-09-03.

[89]　CLOWE D, BRADAČ M, GONZALEZ A H, et al. A direct empirical proof of the existence of dark matter[J]. ApJ, 2006, 648: L109∼L113.

[90]　WEINBERG S. The cosmological constant problem[J]. Rev Mod Phys, 1989, 611: 1∼23.

附录 A 基本物理常量

物 理 量	符号	数 值	单 位	备 注
光速	c	$2.997\,924\,58\times10^{8}$	m/s	定义值
真空磁导率	μ_0	$4\pi\times10^{-7}$	N/A^2	定义值
真空介电常量	ε_0	$8.854\,187\,817\times10^{-12}$	F/m	定义值
万有引力常量	G	$6.673\,(10)\times10^{-11}$	m^3/(kg·s^2)	
普朗克常量	h	$6.626\,068\,76(52)\times10^{-34}$	J·s	
约化普朗克常量	$\hbar$	$1.054\,571\,596(82)\times10^{-34}$	J·s	
电子静止质量	m_{e}	$9.109\,381\,88(72)\times10^{-31}$	kg	
质子静止质量	m_{p}	$1.672\,621\,58(13)\times10^{-27}$	kg	
原子质量单位	u	$1.660\,538\,73(13)\times10^{-27}$	kg	
基本电荷	e	$1.602\,176\,462(83)\times10^{-19}$	C	
电子荷质比	e/m_{e}	$1.758\,820\,17(32)\times10^{11}$	C/kg	
电子康普顿波长	λ_{C}	$2.426\,310\,58(22)\times10^{-12}$	m	
精细结构常量	α	$7.297\,352\,533(27)\times10^{-3}$		
精细结构常量的倒数	α^{-1}	$1.370\,359\,997\,6(50)\times10^{2}$		
里德伯常量	R_{∞}	$1.097\,373\,156\,854\,9(83)\times10^{7}$	m^{-1}	
斯特藩 - 玻尔兹曼常量	σ	$5.670\,400(40)\times10^{-8}$	W/(m^2·K^4)	
电子伏特	eV	$1.602\,176\,462(83)\times10^{-19}$	J	
玻尔半径	a_1	$5.291\,772\,49(24)\times10^{-11}$	m	
玻尔磁子	μ_{B}	$9.274\,015\,4(31)\times10^{-24}$	J/T	
电子磁矩	μ_{e}	$9.284\,770\,1(31)\times10^{-24}$	J/T	
质子磁矩	μ_{p}	$1.410\,607\,61(47)\times10^{-26}$	J/T	
核磁子	μ_{N}	$5.050\,786\,6(17)\times10^{-27}$	J/T	
玻尔兹曼常量	k_{B}	$1.380\,650\,3(24)\times10^{-23}$	J/K	
阿伏伽德罗常量	N_{A}	$6.022\,141\,99(47)\times10^{23}$	mol^{-1}	
法拉第常量	F	$9.648\,534\,15(39)\times10^{4}$	C/mol	
摩尔气体常量	R	$8.314\,472(15)$	J/(mol·K)	
理想气体摩尔体积	V_{m}	$2.241\,410(19)\times10^{-2}$	m^3/mol	

附录 B SI 词 头

因　　数	中文名称	英文名称	符号
10^{24}	尧 [它]	yotta	Y
10^{21}	泽 [它]	zetta	Z
10^{18}	艾 [可萨]	exa	E
10^{15}	拍 [它]	peta	P
10^{12}	太 [拉]	tera	T
10^{9}	吉 [咖]	giga	G
10^{6}	兆	mega	M
10^{3}	千	kilo	k
10^{-3}	毫	milli	m
10^{-6}	微	micro	μ
10^{-9}	纳 [诺]	nano	n
10^{-12}	皮 [可]	pico	p
10^{-15}	飞 [母托]	femto	f
10^{-18}	阿 [托]	atto	a
10^{-21}	仄 [普托]	zepto	z
10^{-24}	幺 [科托]	yocto	y

附录 C   矢量分析常用公式

1. 算符 ∇

直角坐标系：
$$\nabla = \boldsymbol{i}\frac{\partial}{\partial x} + \boldsymbol{j}\frac{\partial}{\partial y} + \boldsymbol{k}\frac{\partial}{\partial z}$$

柱面坐标系：
$$\nabla = \hat{r}_0\frac{\partial}{\partial r} + \hat{\varphi}_0\frac{1}{r}\frac{\partial}{\partial \varphi} + \hat{z}_0\frac{\partial}{\partial z}$$

球面坐标系：
$$\nabla = \hat{r}_0\frac{\partial}{\partial r} + \hat{\theta}_0\frac{1}{r}\frac{\partial}{\partial \theta} + \hat{\varphi}_0\frac{1}{r\sin\theta}\frac{\partial}{\partial \varphi}$$

2. 标量场的梯度

$$\nabla u = \boldsymbol{i}\frac{\partial u}{\partial x} + \boldsymbol{j}\frac{\partial u}{\partial y} + \boldsymbol{k}\frac{\partial u}{\partial z}$$

3. 矢量场的旋度

$$\nabla \times \boldsymbol{a} = \begin{vmatrix} \boldsymbol{i} & \boldsymbol{j} & \boldsymbol{k} \\ \dfrac{\partial}{\partial x} & \dfrac{\partial}{\partial y} & \dfrac{\partial}{\partial z} \\ a_x & a_y & a_z \end{vmatrix} = \boldsymbol{i}\left(\frac{\partial a_z}{\partial y} - \frac{\partial a_y}{\partial z}\right) + \boldsymbol{j}\left(\frac{\partial a_x}{\partial z} - \frac{\partial a_z}{\partial x}\right) + \boldsymbol{k}\left(\frac{\partial a_y}{\partial x} - \frac{\partial a_x}{\partial y}\right)$$

4. 矢量场的散度

$$\nabla \cdot \boldsymbol{a} = \frac{\partial a_x}{\partial x} + \frac{\partial a_y}{\partial y} + \frac{\partial a_z}{\partial z}$$

5. 拉普拉斯算符

直角坐标系：
$$\nabla^2 = \nabla \cdot \nabla = \frac{\partial^2}{\partial x^2} + \frac{\partial^2}{\partial y^2} + \frac{\partial^2}{\partial z^2}$$

柱面坐标系：
$$\nabla^2 = \frac{1}{r}\frac{\partial}{\partial r}\left(r\frac{\partial}{\partial r}\right) + \frac{1}{r^2}\frac{\partial^2}{\partial \varphi^2} + \frac{\partial^2}{\partial z^2}$$

球面坐标系：
$$\nabla^2 = \frac{1}{r^2}\frac{\partial}{\partial r}\left(r^2\frac{\partial}{\partial r}\right) + \frac{1}{r\sin\theta}\frac{\partial}{\partial \theta}\left(\sin\theta\frac{1}{r}\frac{\partial}{\partial \theta}\right) + \frac{1}{r^2\sin^2\theta}\frac{\partial^2}{\partial \varphi^2}$$

6. 矢量分析积分公式

高斯公式：
$$\oint_s \boldsymbol{a} \cdot \mathrm{d}\boldsymbol{S} = \int_V (\nabla \cdot \boldsymbol{a})\,\mathrm{d}V$$

斯托克斯公式：
$$\oint_l \boldsymbol{a} \cdot \mathrm{d}\boldsymbol{l} = \int_S (\nabla \times \boldsymbol{a}) \cdot \mathrm{d}\boldsymbol{S}$$

7. 矢量运算关系

矢量标积：
$$\boldsymbol{a} \cdot \boldsymbol{b} = a_x b_x + a_y b_y + a_z b_z$$

矢量叉积：

$$\boldsymbol{a} \times \boldsymbol{b} = (a_y b_z - a_z b_y)\,\boldsymbol{i} + (a_z b_x - a_x b_z)\,\boldsymbol{j} + (a_x b_y - a_y b_x)\,\boldsymbol{k}$$

$$\boldsymbol{a} \times (\boldsymbol{b} \times \boldsymbol{c}) = \boldsymbol{b}\,(\boldsymbol{a} \cdot \boldsymbol{c}) - \boldsymbol{c}\,(\boldsymbol{a} \cdot \boldsymbol{b})$$

矢量混合积：
$$\boldsymbol{a} \cdot (\boldsymbol{b} \times \boldsymbol{c}) = \boldsymbol{b} \cdot (\boldsymbol{c} \times \boldsymbol{a}) = \boldsymbol{c} \cdot (\boldsymbol{a} \times \boldsymbol{b})$$

8. 其他

梯度的旋度：
$$\nabla \times (\nabla u) = 0$$

梯度的散度：
$$\nabla \cdot (\nabla u) = \nabla^2 u$$

旋度的旋度：
$$\nabla \times (\nabla \times \boldsymbol{a}) = \nabla (\nabla \cdot \boldsymbol{a}) - \nabla^2 \boldsymbol{a}$$

旋度的散度：
$$\nabla \cdot (\nabla \times \boldsymbol{a}) = 0$$

标量与标量乘积的梯度：
$$\nabla (uv) = u\nabla v + v\nabla u$$

标量与矢量乘积的旋度：
$$\nabla \times (u\boldsymbol{a}) = u\nabla \times \boldsymbol{a} + \nabla u \times \boldsymbol{a}$$

标量与矢量乘积的散度：
$$\nabla \cdot (u\boldsymbol{a}) = u\nabla \cdot \boldsymbol{a} + \boldsymbol{a} \cdot \nabla u$$

矢量与矢量标积的梯度：

$$\nabla (\boldsymbol{a} \cdot \boldsymbol{b}) = \boldsymbol{a} \times (\nabla \times \boldsymbol{b}) + (\boldsymbol{a} \cdot \nabla)\,\boldsymbol{b} + \boldsymbol{b} \times (\nabla \times \boldsymbol{a}) + (\boldsymbol{b} \cdot \nabla)\,\boldsymbol{a}$$

矢量与矢量叉积的旋度：

$$\nabla \times (\boldsymbol{a} \times \boldsymbol{b}) = (\boldsymbol{b} \cdot \nabla)\,\boldsymbol{a} + (\nabla \cdot \boldsymbol{b})\,\boldsymbol{a} - (\boldsymbol{a} \cdot \nabla)\,\boldsymbol{b} - (\nabla \cdot \boldsymbol{a})\,\boldsymbol{b}$$

矢量与矢量叉积的散度：
$$\nabla \cdot (\boldsymbol{a} \times \boldsymbol{b}) = \boldsymbol{b} \cdot \nabla \times \boldsymbol{a} - \boldsymbol{a} \cdot \nabla \times \boldsymbol{b}$$

中英文对照索引

第 2 章　光的波动性与矢量性
(wave and vector nature of light)

第 3 章　　光的相干性 (coherence of light)

第 4 章　光的衍射 (diffraction of light)

第 5 章　部分相干光学 (partially coherent optics)

第 6 章　固体光学 (solid matter optics)

第 7 章　量子化光场
(quantized optical field)

第 8 章　现代量子光学
(modern quantum optics)

第 10 章　超快光学 (ultrafast optics)

社长致辞

蓦然回首，皮书的专业化历程已经走过了二十年。20年来从一个出版社的学术产品名称到媒体热词再到智库成果研创及传播平台，皮书以专业化为主线，进行了系列化、市场化、品牌化、数字化、国际化、平台化的运作，实现了跨越式的发展。特别是在党的十八大以后，以习近平总书记为核心的党中央高度重视新型智库建设，皮书也迎来了长足的发展，总品种达到600余种，经过专业评审机制、淘汰机制遴选，目前，每年稳定出版近400个品种。"皮书"已经成为中国新型智库建设的抓手，成为国际国内社会各界快速、便捷地了解真实中国的最佳窗口。

20年孜孜以求，"皮书"始终将自己的研究视野与经济社会发展中的前沿热点问题紧密相连。600个研究领域，3万多位分布于800余个研究机构的专家学者参与了研创写作。皮书数据库中共收录了15万篇专业报告，50余万张数据图表，合计30亿字，每年报告下载量近80万次。皮书为中国学术与社会发展实践的结合提供了一个激荡智力、传播思想的入口，皮书作者们用学术的话语、客观翔实的数据谱写出了中国故事壮丽的篇章。

20年跬步千里，"皮书"始终将自己的发展与时代赋予的使命与责任紧紧相连。每年百余场新闻发布会，10万余次中外媒体报道，中、英、俄、日、韩等12个语种共同出版。皮书所具有的凝聚力正在形成一种无形的力量，吸引着社会各界关注中国的发展，参与中国的发展，它是我们向世界传递中国声音、总结中国经验、争取中国国际话语权最主要的平台。

皮书这一系列成就的取得，得益于中国改革开放的伟大时代，离不开来自中国社会科学院、新闻出版广电总局、全国哲学社会科学规划办公室等主管部门的大力支持和帮助，也离不开皮书研创者和出版者的共同努力。他们与皮书的故事创造了皮书的历史，他们对皮书的拳拳之心将继续谱写皮书的未来！

现在，"皮书"品牌已经进入了快速成长的青壮年时期。全方位进行规范化管理，树立中国的学术出版标准；不断提升皮书的内容质量和影响力，搭建起中国智库产品和智库建设的交流服务平台和国际传播平台；发布各类皮书指数，并使之成为中国指数，让中国智库的声音响彻世界舞台，为人类的发展做出中国的贡献——这是皮书未来发展的图景。作为"皮书"这个概念的提出者，"皮书"从一般图书到系列图书和品牌图书，最终成为智库研究和社会科学应用对策研究的知识服务和成果推广平台这整个过程的操盘者，我相信，这也是每一位皮书人执着追求的目标。

"当代中国正经历着我国历史上最为广泛而深刻的社会变革，也正在进行着人类历史上最为宏大而独特的实践创新。这种前无古人的伟大实践，必将给理论创造、学术繁荣提供强大动力和广阔空间。"

在这个需要思想而且一定能够产生思想的时代，皮书的研创出版一定能创造出新的更大的辉煌！

社会科学文献出版社社长
中国社会学会秘书长

2017年11月

1

社会科学文献出版社简介

社会科学文献出版社（以下简称"社科文献出版社"）成立于1985年，是直属于中国社会科学院的人文社会科学学术出版机构。成立至今，社科文献出版社始终依托中国社会科学院和国内外人文社会科学界丰厚的学术出版和专家学者资源，坚持"创社科经典，出传世文献"的出版理念、"权威、前沿、原创"的产品定位以及学术成果和智库成果出版的专业化、数字化、国际化、市场化的经营道路。

社科文献出版社是中国新闻出版业转型与文化体制改革的先行者。积极探索文化体制改革的先进方向和现代企业经营决策机制，社科文献出版社先后荣获"全国文化体制改革工作先进单位"、中国出版政府奖·先进出版单位奖，中国社会科学院先进集体、全国科普工作先进集体等荣誉称号。多人次荣获"第十届韬奋出版奖""全国新闻出版行业领军人才""数字出版先进人物""北京市新闻出版广电行业领军人才"等称号。

社科文献出版社是中国人文社会科学学术出版的大社名社，也是以皮书为代表的智库成果出版的专业强社。年出版图书2000余种，其中皮书400余种，出版新书字数5.5亿字，承印与发行中国社科院院属期刊72种，先后创立了皮书系列、列国志、中国史话、社科文献学术译库、社科文献学术文库、甲骨文书系等一大批既有学术影响又有市场价值的品牌，确立了在社会学、近代史、苏东问题研究等专业学科及领域出版的领先地位。图书多次荣获中国出版政府奖、"三个一百"原创图书出版工程、"五个'一'工程奖"、"大众喜爱的50种图书"等奖项，在中央国家机关"强素质·做表率"读书活动中，入选图书品种数位居各大出版社之首。

社科文献出版社是中国学术出版规范与标准的倡议者与制定者，代表全国50多家出版社发起实施学术著作出版规范的倡议，承担学术著作规范国家标准的起草工作，率先编撰完成《皮书手册》对皮书品牌进行规范化管理，并在此基础上推出中国版芝加哥手册——《社科文献出版社学术出版手册》。

社科文献出版社是中国数字出版的引领者，拥有皮书数据库、列国志数据库、"一带一路"数据库、减贫数据库、集刊数据库等4大产品线11个数据库产品，机构用户达1300余家，海外用户百余家，荣获"数字出版转型示范单位""新闻出版标准化先进单位""专业数字内容资源知识服务模式试点企业标准化示范单位"等称号。

社科文献出版社是中国学术出版走出去的践行者。社科文献出版社海外图书出版与学术合作业务遍及全球40余个国家和地区，并于2016年成立俄罗斯分社，累计输出图书500余种，涉及近20个语种，累计获得国家社科基金中华学术外译项目资助76种、"丝路书香工程"项目资助60种、中国图书对外推广计划项目资助71种以及经典中国国际出版工程资助28种，被五部委联合认定为"2015-2016年度国家文化出口重点企业"。

如今，社科文献出版社完全靠自身积累拥有固定资产3.6亿元，年收入3亿元，设置了七大出版分社、六大专业部门，成立了皮书研究院和博士后科研工作站，培养了一支近400人的高素质与高效率的编辑、出版、营销和国际推广队伍，为未来成为学术出版的大社、名社、强社，成为文化体制改革与文化企业转型发展的排头兵奠定了坚实的基础。

宏观经济类

经济蓝皮书

2018年中国经济形势分析与预测

李平 / 主编　2017年12月出版　定价：89.00元

◆　本书为总理基金项目，由著名经济学家李扬领衔，联合中国社会科学院等数十家科研机构、国家部委和高等院校的专家共同撰写，系统分析了2017年的中国经济形势并预测2018年中国经济运行情况。

城市蓝皮书

中国城市发展报告 No.11

潘家华　单菁菁 / 主编　2018年9月出版　估价：99.00元

◆　本书是由中国社会科学院城市发展与环境研究中心编著的，多角度、全方位地立体展示了中国城市的发展状况，并对中国城市的未来发展提出了许多建议。该书有强烈的时代感，对中国城市发展实践有重要的参考价值。

人口与劳动绿皮书

中国人口与劳动问题报告 No.19

张车伟 / 主编　2018年10月出版　估价：99.00元

◆　本书为中国社会科学院人口与劳动经济研究所主编的年度报告，对当前中国人口与劳动形势做了比较全面和系统的深入讨论，为研究中国人口与劳动问题提供了一个专业性的视角。

中国省域竞争力蓝皮书

中国省域经济综合竞争力发展报告（2017～2018）

李建平　李闽榕　高燕京／主编　2018年5月出版　估价：198.00元

◆　本书融多学科的理论为一体，深入追踪研究了省域经济发展与中国国家竞争力的内在关系，为提升中国省域经济综合竞争力提供有价值的决策依据。

金融蓝皮书

中国金融发展报告（2018）

王国刚／主编　2018年6月出版　估价：99.00元

◆　本书由中国社会科学院金融研究所组织编写，概括和分析了2017年中国金融发展和运行中的各方面情况，研讨和评论了2017年发生的主要金融事件，有利于读者了解掌握2017年中国的金融状况，把握2018年中国金融的走势。

区 域 经 济 类

京津冀蓝皮书

京津冀发展报告（2018）

祝合良　叶堂林　张贵祥／等著　2018年6月出版　估价：99.00元

◆　本书遵循问题导向与目标导向相结合、统计数据分析与大数据分析相结合、纵向分析和长期监测与结构分析和综合监测相结合等原则，对京津冀协同发展新形势与新进展进行测度与评价。

社 会 政 法 类

社会蓝皮书

2018年中国社会形势分析与预测

李培林　陈光金　张翼 / 主编　2017年12月出版　定价：89.00元

◆　本书由中国社会科学院社会学研究所组织研究机构专家、高校学者和政府研究人员撰写，聚焦当下社会热点，对2017年中国社会发展的各个方面内容进行了权威解读，同时对2018年社会形势发展趋势进行了预测。

法治蓝皮书

中国法治发展报告No.16（2018）

李林　田禾 / 主编　2018年3月出版　定价：128.00元

◆　本年度法治蓝皮书回顾总结了2017年度中国法治发展取得的成就和存在的不足，对中国政府、司法、检务透明度进行了跟踪调研，并对2018年中国法治发展形势进行了预测和展望。

教育蓝皮书

中国教育发展报告（2018）

杨东平 / 主编　2018年3月出版　定价：89.00元

◆　本书重点关注了2017年教育领域的热点，资料翔实，分析有据，既有专题研究，又有实践案例，从多角度对2017年教育改革和实践进行了分析和研究。

社会体制蓝皮书

中国社会体制改革报告 No.6（2018）

龚维斌 / 主编　2018 年 3 月出版　定价：98.00 元

◆　本书由国家行政学院社会治理研究中心和北京师范大学中国社会管理研究院共同组织编写，主要对 2017 年社会体制改革情况进行回顾和总结，对 2018 年的改革走向进行分析，提出相关政策建议。

社会心态蓝皮书

中国社会心态研究报告（2018）

王俊秀　杨宜音 / 主编　2018 年 12 月出版　估价：99.00 元

◆　本书是中国社会科学院社会学研究所社会心理研究中心"社会心态蓝皮书课题组"的年度研究成果，运用社会心理学、社会学、经济学、传播学等多种学科的方法进行了调查和研究，对于目前中国社会心态状况有较广泛和深入的揭示。

华侨华人蓝皮书

华侨华人研究报告（2018）

贾益民 / 主编　2017 年 12 月出版　估价：139.00 元

◆　本书关注华侨华人生产与生活的方方面面。华侨华人是中国建设 21 世纪海上丝绸之路的重要中介者、推动者和参与者。本书旨在全面调研华侨华人，提供最新涉侨动态、理论研究成果和政策建议。

民族发展蓝皮书

中国民族发展报告（2018）

王延中 / 主编　2018 年 10 月出版　估价：188.00 元

◆　本书从民族学人类学视角，研究近年来少数民族和民族地区的发展情况，展示民族地区经济、政治、文化、社会和生态文明"五位一体"建设取得的辉煌成就和面临的困难挑战，为深刻理解中央民族工作会议精神、加快民族地区全面建成小康社会进程提供了实证材料。

产业经济类

房地产蓝皮书

中国房地产发展报告 No.15（2018）

李春华　王业强 / 主编　2018 年 5 月出版　估价：99.00 元

◆　2018 年《房地产蓝皮书》持续追踪中国房地产市场最新动态，深度剖析市场热点，展望 2018 年发展趋势，积极谋划应对策略。对 2017 年房地产市场的发展态势进行全面、综合的分析。

新能源汽车蓝皮书

中国新能源汽车产业发展报告（2018）

中国汽车技术研究中心　日产（中国）投资有限公司

东风汽车有限公司 / 编著　2018 年 8 月出版　　估价：99.00 元

◆　本书对中国 2017 年新能源汽车产业发展进行了全面系统的分析，并介绍了国外的发展经验。有助于相关机构、行业和社会公众等了解中国新能源汽车产业发展的最新动态，为政府部门出台新能源汽车产业相关政策法规、企业制定相关战略规划，提供必要的借鉴和参考。

行业及其他类

旅游绿皮书

2017 ～ 2018 年中国旅游发展分析与预测

中国社会科学院旅游研究中心 / 编　2018 年 1 月出版　定价：99.00 元

◆　本书从政策、产业、市场、社会等多个角度勾画出 2017 年中国旅游发展全貌，剖析了其中的热点和核心问题，并就未来发展作出预测。

民营医院蓝皮书

中国民营医院发展报告（2018）

薛晓林 / 主编　2018 年 11 月出版　估价 : 99.00 元

◆　本书在梳理国家对社会办医的各种利好政策的前提下，对我国民营医疗发展现状、我国民营医院竞争力进行了分析，并结合我国医疗体制改革对民营医院的发展趋势、发展策略、战略规划等方面进行了预估。

会展蓝皮书

中外会展业动态评估研究报告（2018）

张敏 / 主编　2018 年 12 月出版　估价 : 99.00 元

◆　本书回顾了 2017 年的会展业发展动态，结合"供给侧改革"、"互联网 +"、"绿色经济"的新形势分析了我国展会的行业现状，并介绍了国外的发展经验，有助于行业和社会了解最新的展会业动态。

中国上市公司蓝皮书

中国上市公司发展报告（2018）

张平　王宏淼 / 主编　2018 年 9 月出版　估价 : 99.00 元

◆　本书由中国社会科学院上市公司研究中心组织编写的，着力于全面、真实、客观反映当前中国上市公司财务状况和价值评估的综合性年度报告。本书详尽分析了 2017 年中国上市公司情况，特别是现实中暴露出的制度性、基础性问题，并对资本市场改革进行了探讨。

工业和信息化蓝皮书

人工智能发展报告（2017 ～ 2018）

尹丽波 / 主编　2018 年 6 月出版　估价 : 99.00 元

◆　本书国家工业信息安全发展研究中心在对 2017 年全球人工智能技术和产业进行全面跟踪研究基础上形成的研究报告。该报告内容翔实、视角独特，具有较强的产业发展前瞻性和预测性，可为相关主管部门、行业协会、企业等全面了解人工智能发展形势以及进行科学决策提供参考。

国际问题与全球治理类

世界经济黄皮书

2018年世界经济形势分析与预测

张宇燕 / 主编　2018年1月出版　定价：99.00元

◆　本书由中国社会科学院世界经济与政治研究所的研究团队撰写，分总论、国别与地区、专题、热点、世界经济统计与预测等五个部分，对2018年世界经济形势进行了分析。

国际城市蓝皮书

国际城市发展报告（2018）

屠启宇 / 主编　2018年2月出版　定价：89.00元

◆　本书作者以上海社会科学院从事国际城市研究的学者团队为核心，汇集同济大学、华东师范大学、复旦大学、上海交通大学、南京大学、浙江大学相关城市研究专业学者。立足动态跟踪介绍国际城市发展时间中，最新出现的重大战略、重大理念、重大项目、重大报告和最佳案例。

非洲黄皮书

非洲发展报告 No.20（2017～2018）

张宏明 / 主编　2018年7月出版　估价：99.00元

◆　本书是由中国社会科学院西亚非洲研究所组织编撰的非洲形势年度报告，比较全面、系统地分析了2017年非洲政治形势和热点问题，探讨了非洲经济形势和市场走向，剖析了大国对非洲关系的新动向；此外，还介绍了国内非洲研究的新成果。

国别类

美国蓝皮书

美国研究报告（2018）

郑秉文 黄平 / 主编　2018 年 5 月出版　估价：99.00 元

◆　本书是由中国社会科学院美国研究所主持完成的研究成果，它回顾了美国 2017 年的经济、政治形势与外交战略，对美国内政外交发生的重大事件及重要政策进行了较为全面的回顾和梳理。

德国蓝皮书

德国发展报告（2018）

郑春荣 / 主编　2018 年 6 月出版　估价：99.00 元

◆　本报告由同济大学德国研究所组织编撰，由该领域的专家学者对德国的政治、经济、社会文化、外交等方面的形势发展情况，进行全面的阐述与分析。

俄罗斯黄皮书

俄罗斯发展报告（2018）

李永全 / 编著　2018 年 6 月出版　估价：99.00 元

◆　本书系统介绍了 2017 年俄罗斯经济政治情况，并对 2016 年该地区发生的焦点、热点问题进行了分析与回顾；在此基础上，对该地区 2018 年的发展前景进行了预测。

文 化 传 媒 类

新媒体蓝皮书

中国新媒体发展报告 No.9（2018）

唐绪军／主编　2018 年 6 月出版　估价：99.00 元

◆　本书是由中国社会科学院新闻与传播研究所组织编写的关于新媒体发展的最新年度报告，旨在全面分析中国新媒体的发展现状，解读新媒体的发展趋势，探析新媒体的深刻影响。

移动互联网蓝皮书

中国移动互联网发展报告（2018）

余清楚／主编　　2018 年 6 月出版　估价：99.00 元

◆　本书着眼于对 2017 年度中国移动互联网的发展情况做深入解析，对未来发展趋势进行预测，力求从不同视角、不同层面全面剖析中国移动互联网发展的现状、年度突破及热点趋势等。

文化蓝皮书

中国文化消费需求景气评价报告（2018）

王亚南／主编　2018 年 3 月出版　定价：99.00 元

◆　本书首创全国文化发展量化检测评价体系，也是至今全国唯一的文化民生量化检测评价体系，对于检验全国及各地 " 以人民为中心 " 的文化发展具有首创意义。

地方发展类

北京蓝皮书

北京经济发展报告（2017～2018）

杨松／主编　2018年6月出版　估价：99.00元

◆　本书对2017年北京市经济发展的整体形势进行了系统性的分析与回顾，并对2018年经济形势走势进行了预测与研判，聚焦北京市经济社会发展中的全局性、战略性和关键领域的重点问题，运用定量和定性分析相结合的方法，对北京市经济社会发展的现状、问题、成因进行了深入分析，提出了可操作性的对策建议。

温州蓝皮书

2018年温州经济社会形势分析与预测

蒋儒标　王春光　金浩／主编　2018年6月出版　估价：99.00元

◆　本书是中共温州市委党校和中国社会科学院社会学研究所合作推出的第十一本温州蓝皮书，由来自党校、政府部门、科研机构、高校的专家、学者共同撰写的2017年温州区域发展形势的最新研究成果。

黑龙江蓝皮书

黑龙江社会发展报告（2018）

王爱丽／主编　2018年1月出版　定价：89.00元

◆　本书以千份随机抽样问卷调查和专题研究为依据，运用社会学理论框架和分析方法，从专家和学者的独特视角，对2017年黑龙江省关系民生的问题进行广泛的调研与分析，并对2017年黑龙江省诸多社会热点和焦点问题进行了有益的探索。这些研究不仅可以为政府部门更加全面深入了解省情、科学制定决策提供智力支持，同时也可以为广大读者认识、了解、关注黑龙江社会发展提供理性思考。

宏观经济类

城市蓝皮书
中国城市发展报告（No.11）
著(编)者：潘家华 单菁菁
2018年9月出版 / 估价：99.00元
PSN B-2007-091-1/1

城乡一体化蓝皮书
中国城乡一体化发展报告（2018）
著(编)者：付崇兰
2018年9月出版 / 估价：99.00元
PSN B-2011-226-1/2

城镇化蓝皮书
中国新型城镇化健康发展报告（2018）
著(编)者：张占斌
2018年8月出版 / 估价：99.00元
PSN B-2014-396-1/1

创新蓝皮书
创新型国家建设报告（2018~2019）
著(编)者：詹正茂
2018年12月出版 / 估价：99.00元
PSN B-2009-140-1/1

低碳发展蓝皮书
中国低碳发展报告（2018）
著(编)者：张希良 齐晔
2018年6月出版 / 估价：99.00元
PSN B-2011-223-1/1

低碳经济蓝皮书
中国低碳经济发展报告（2018）
著(编)者：薛进军 赵忠秀
2018年11月出版 / 估价：99.00元
PSN B-2011-194-1/1

发展和改革蓝皮书
中国经济发展和体制改革报告No.9
著(编)者：邹东涛 王再文
2018年1月出版 / 估价：99.00元
PSN B-2008-122-1/1

国家创新蓝皮书
中国创新发展报告（2017）
著(编)者：陈劲 2018年5月出版 / 估价：99.00元
PSN B-2014-370-1/1

金融蓝皮书
中国金融发展报告（2018）
著(编)者：王国刚
2018年6月出版 / 估价：99.00元
PSN B-2004-031-1/7

经济蓝皮书
2018年中国经济形势分析与预测
著(编)者：李平 2017年12月出版 / 定价：89.00元
PSN B-1996-001-1/1

经济蓝皮书春季号
2018年中国经济前景分析
著(编)者：李扬 2018年5月出版 / 估价：99.00元
PSN B-1999-008-1/1

经济蓝皮书夏季号
中国经济增长报告（2017~2018）
著(编)者：李扬 2018年9月出版 / 估价：99.00元
PSN B-2010-176-1/1

农村绿皮书
中国农村经济形势分析与预测（2017~2018）
著(编)者：魏后凯 黄秉信
2018年4月出版 / 定价：99.00元
PSN G-1998-003-1/1

人口与劳动绿皮书
中国人口与劳动问题报告No.19
著(编)者：张车伟 2018年11月出版 / 估价：99.00元
PSN G-2000-012-1/1

新型城镇化蓝皮书
新型城镇化发展报告（2017）
著(编)者：李伟 宋敏
2018年3月出版 / 定价：98.00元
PSN B-2005-038-1/1

中国省域竞争力蓝皮书
中国省域经济综合竞争力发展报告（2016~2017）
著(编)者：李建平 李闽榕
2018年2月出版 / 定价：198.00元
PSN B-2007-088-1/1

中小城市绿皮书
中国中小城市发展报告（2018）
著(编)者：中国城市经济学会中小城市经济发展委员会
中国城镇化促进会中小城市发展委员会
《中国中小城市发展报告》编纂委员会
中小城市发展战略研究院
2018年11月出版 / 估价：128.00元
PSN G-2010-161-1/1

区域经济类

东北蓝皮书
中国东北地区发展报告（2018）
著(编)者：姜晓秋　2018年11月出版 / 估价：99.00元
PSN B-2006-067-1/1

金融蓝皮书
中国金融中心发展报告（2017～2018）
著(编)者：王力 黄育华　2018年11月出版 / 估价：99.00元
PSN B-2011-186-6/7

京津冀蓝皮书
京津冀发展报告（2018）
著(编)者：祝合良 叶堂林 张贵祥
2018年6月出版 / 估价：99.00元
PSN B-2012-262-1/1

西北蓝皮书
中国西北发展报告（2018）
著(编)者：王福生 马廷旭 董秋生
2018年1月出版 / 定价：99.00元
PSN B-2012-261-1/1

西部蓝皮书
中国西部发展报告（2018）
著(编)者：璋勇 任保平　2018年8月出版 / 估价：99.00元
PSN B-2005-039-1/1

长江经济带产业蓝皮书
长江经济带产业发展报告（2018）
著(编)者：吴传清　2018年11月出版 / 估价：128.00元
PSN B-2017-666-1/1

长江经济带蓝皮书
长江经济带发展报告（2017～2018）
著(编)者：王振　2018年11月出版 / 估价：99.00元
PSN B-2016-575-1/1

长江中游城市群蓝皮书
长江中游城市群新型城镇化与产业协同发展报告（2018）
著(编)者：杨刚强　2018年11月出版 / 估价：99.00元
PSN B-2016-578-1/1

长三角蓝皮书
2017年创新融合发展的长三角
著(编)者：刘飞跃　2018年5月出版 / 估价：99.00元
PSN B-2005-038-1/1

长株潭城市群蓝皮书
长株潭城市群发展报告（2017）
著(编)者：张萍 朱有志　2018年6月出版 / 估价：99.00元
PSN B-2008-109-1/1

特色小镇蓝皮书
特色小镇智慧运营报告（2018）：顶层设计与智慧架构标准
著(编)者：陈劲　2018年1月出版 / 定价：79.00元
PSN B-2018-692-1/1

中部竞争力蓝皮书
中国中部经济社会竞争力报告（2018）
著(编)者：教育部人文社会科学重点研究基地南昌大学中国
中部经济社会发展研究中心
2018年12月出版 / 估价：99.00元
PSN B-2012-276-1/1

中部蓝皮书
中国中部地区发展报告（2018）
著(编)者：宋亚平　2018年12月出版 / 估价：99.00元
PSN B-2007-089-1/1

区域蓝皮书
中国区域经济发展报告（2017～2018）
著(编)者：赵弘　2018年5月出版 / 估价：99.00元
PSN B-2004-034-1/1

中三角蓝皮书
长江中游城市群发展报告（2018）
著(编)者：秦尊文　2018年9月出版 / 估价：99.00元
PSN B-2014-417-1/1

中原蓝皮书
中原经济区发展报告（2018）
著(编)者：李英杰　2018年6月出版 / 估价：99.00元
PSN B-2011-192-1/1

珠三角流通蓝皮书
珠三角商圈发展研究报告（2018）
著(编)者：王先庆 林至颖　2018年7月出版 / 估价：99.00元
PSN B-2012-292-1/1

社会政法类

北京蓝皮书
中国社区发展报告（2017～2018）
著(编)者：于燕燕　2018年9月出版 / 估价：99.00元
PSN B-2007-083-5/8

殡葬绿皮书
中国殡葬事业发展报告（2017～2018）
著(编)者：李伯森　2018年6月出版 / 估价：158.00元
PSN G-2010-180-1/1

城市管理蓝皮书
中国城市管理报告（2017-2018）
著(编)者：刘林 刘承水　2018年5月出版 / 估价：158.00元
PSN B-2013-336-1/1

城市生活质量蓝皮书
中国城市生活质量报告（2017）
著(编)者：张连城 张平 杨春学 郎丽华
2017年12月出版 / 定价：89.00元
PSN B-2013-326-1/1

城市政府能力蓝皮书
中国城市政府公共服务能力评估报告（2018）
著（编）者：何艳玲　2018年5月出版 / 估价：99.00元
PSN B-2013-338-1/1

创业蓝皮书
中国创业发展研究报告（2017~2018）
著（编）者：黄群慧 赵卫星 钟宏武
2018年11月出版 / 估价：99.00元
PSN B-2016-577-1/1

慈善蓝皮书
中国慈善发展报告（2018）
著（编）者：杨团　2018年6月出版 / 估价：99.00元
PSN B-2009-142-1/1

党建蓝皮书
党的建设研究报告No.2（2018）
著（编）者：崔建民 陈东平　2018年6月出版 / 估价：99.00元
PSN B-2016-523-1/1

地方法治蓝皮书
中国地方法治发展报告No.3（2018）
著（编）者：李林 田禾　2018年6月出版 / 估价：118.00元
PSN B-2015-442-1/1

电子政务蓝皮书
中国电子政务发展报告（2018）
著（编）者：李季　2018年8月出版 / 估价：99.00元
PSN B-2003-022-1/1

儿童蓝皮书
中国儿童参与状况报告（2017）
著（编）者：苑立新　2017年12月出版 / 定价：89.00元
PSN B-2017-682-1/1

法治蓝皮书
中国法治发展报告No.16（2018）
著（编）者：李林 田禾　2018年3月出版 / 定价：128.00元
PSN B-2004-027-1/3

法治蓝皮书
中国法院信息化发展报告No.2（2018）
著（编）者：李林 田禾　2018年2月出版 / 定价：118.00元
PSN B-2017-604-3/3

法治政府蓝皮书
中国法治政府发展报告（2017）
著（编）者：中国政法大学法治政府研究院
2018年3月出版 / 定价：158.00元
PSN B-2015-502-1/1

法治政府蓝皮书
中国法治政府评估报告（2018）
著（编）者：中国政法大学法治政府研究院
2018年9月出版 / 估价：168.00元
PSN B-2016-576-2/2

反腐倡廉蓝皮书
中国反腐倡廉建设报告No.8
著（编）者：张英伟　2018年12月出版 / 估价：99.00元
PSN B-2012-259-1/1

扶贫蓝皮书
中国扶贫开发报告（2018）
著（编）者：李培林 魏后凯　2018年12月出版 / 估价：128.00元
PSN B-2016-599-1/1

妇女发展蓝皮书
中国妇女发展报告No.6
著（编）者：王金玲　2018年9月出版 / 估价：158.00元
PSN B-2006-069-1/1

妇女教育蓝皮书
中国妇女教育发展报告No.3
著（编）者：张李玺　2018年10月出版 / 估价：99.00元
PSN B-2008-121-1/1

妇女绿皮书
2018年：中国性别平等与妇女发展报告
著（编）者：谭琳　2018年12月出版 / 估价：99.00元
PSN G-2006-073-1/1

公共安全蓝皮书
中国城市公共安全发展报告（2017~2018）
著（编）者：黄育华 杨文明 赵建辉
2018年6月出版 / 估价：99.00元
PSN B-2017-628-1/1

公共服务蓝皮书
中国城市基本公共服务力评价（2018）
著（编）者：钟君 刘志昌 吴正杲
2018年12月出版 / 估价：99.00元
PSN B-2011-214-1/1

公民科学素质蓝皮书
中国公民科学素质报告（2017~2018）
著（编）者：李群 陈雄 马宗文
2017年12月出版 / 定价：89.00元
PSN B-2014-379-1/1

公益蓝皮书
中国公益慈善发展报告（2016）
著（编）者：朱健刚 胡小军　2018年6月出版 / 估价：99.00元
PSN B-2012-283-1/1

国际人才蓝皮书
中国国际移民报告（2018）
著（编）者：王辉耀　2018年6月出版 / 估价：99.00元
PSN B-2012-304-3/4

国际人才蓝皮书
中国留学发展报告（2018）No.7
著（编）者：王辉耀 苗绿　2018年12月出版 / 估价：99.00元
PSN B-2012-244-2/4

海洋社会蓝皮书
中国海洋社会发展报告（2017）
著（编）者：崔凤 宋宁而　2018年3月出版 / 定价：99.00元
PSN B-2015-478-1/1

行政改革蓝皮书
中国行政体制改革报告No.7（2018）
著（编）者：魏礼群　2018年6月出版 / 估价：99.00元
PSN B-2011-231-1/1

华侨华人蓝皮书
华侨华人研究报告（2017）
著(编)者：张禹东 庄国土　2017年12月出版 / 定价：148.00元
PSN B-2011-204-1/1

互联网与国家治理蓝皮书
互联网与国家治理发展报告（2017）
著(编)者：张志安　2018年1月出版 / 定价：98.00元
PSN B-2017-671-1/1

环境管理蓝皮书
中国环境管理发展报告（2017）
著(编)者：李金惠　2017年12月出版 / 定价：98.00元
PSN B-2017-678-1/1

环境竞争力绿皮书
中国省域环境竞争力发展报告（2018）
著(编)者：李建平 李闽榕 王金南
2018年11月出版 / 估价：198.00元
PSN G-2010-165-1/1

环境绿皮书
中国环境发展报告（2017~2018）
著(编)者：李波　2018年6月出版 / 估价：99.00元
PSN G-2006-048-1/1

家庭蓝皮书
中国"创建幸福家庭活动"评估报告（2018）
著(编)者：国务院发展研究中心"创建幸福家庭活动评估"课题组
2018年12月出版 / 估价：99.00元
PSN B-2015-508-1/1

健康城市蓝皮书
中国健康城市建设研究报告（2018）
著(编)者：王鸿春 盛继洪　2018年12月出版 / 估价：99.00元
PSN B-2016-564-2/2

健康中国蓝皮书
社区首诊与健康中国分析报告（2018）
著(编)者：高和荣 杨叔禹 姜杰
2018年6月出版 / 估价：99.00元
PSN B-2017-611-1/1

教师蓝皮书
中国中小学教师发展报告（2017）
著(编)者：曾晓东 鱼霞
2018年6月出版 / 估价：99.00元
PSN B-2012-289-1/1

教育扶贫蓝皮书
中国教育扶贫报告（2018）
著(编)者：司树杰 王文静 李兴洲
2018年12月出版 / 估价：99.00元
PSN B-2016-590-1/1

教育蓝皮书
中国教育发展报告（2018）
著(编)者：杨东平　2018年3月出版 / 定价：89.00元
PSN B-2006-047-1/1

金融法治建设蓝皮书
中国金融法治建设年度报告（2015~2016）
著(编)者：朱小黄　2018年6月出版 / 估价：99.00元
PSN B-2017-633-1/1

京津冀教育蓝皮书
京津冀教育发展研究报告（2017~2018）
著(编)者：方中雄　2018年6月出版 / 估价：99.00元
PSN B-2017-608-1/1

就业蓝皮书
2018年中国本科生就业报告
著(编)者：麦可思研究院　2018年6月出版 / 估价：99.00元
PSN B-2009-146-1/2

就业蓝皮书
2018年中国高职高专生就业报告
著(编)者：麦可思研究院　2018年6月出版 / 估价：99.00元
PSN B-2015-472-2/2

科学教育蓝皮书
中国科学教育发展报告（2018）
著(编)者：王康友　2018年10月出版 / 估价：99.00元
PSN B-2015-487-1/1

劳动保障蓝皮书
中国劳动保障发展报告（2018）
著(编)者：刘燕斌　2018年9月出版 / 估价：158.00元
PSN B-2014-415-1/1

老龄蓝皮书
中国老年宜居环境发展报告（2017）
著(编)者：党俊武 周燕珉　2018年6月出版 / 估价：99.00元
PSN B-2013-320-1/1

连片特困区蓝皮书
中国连片特困区发展报告（2017~2018）
著(编)者：游俊 冷志明 丁建军
2018年6月出版 / 估价：99.00元
PSN B-2013-321-1/1

流动儿童蓝皮书
中国流动儿童教育发展报告（2017）
著(编)者：杨东平　2018年6月出版 / 估价：99.00元
PSN B-2017-600-1/1

民调蓝皮书
中国民生调查报告（2018）
著(编)者：谢耘耕　2018年12月出版 / 估价：99.00元
PSN B-2014-398-1/1

民族发展蓝皮书
中国民族发展报告（2018）
著(编)者：王延中　2018年10月出版 / 估价：188.00元
PSN B-2006-070-1/1

女性生活蓝皮书
中国女性生活状况报告No.12（2018）
著(编)者：韩湘景　2018年7月出版 / 估价：99.00元
PSN B-2006-071-1/1

汽车社会蓝皮书
中国汽车社会发展报告（2017～2018）
著(编)者：王俊秀　2018年6月出版／估价：99.00元
PSN B-2011-224-1/1

青年蓝皮书
中国青年发展报告（2018）No.3
著(编)者：廉思　2018年6月出版／估价：99.00元
PSN B-2013-333-1/1

青少年蓝皮书
中国未成年人互联网运用报告（2017～2018）
著(编)者：季为民 李文革 沈杰
2018年11月出版／估价：99.00元
PSN B-2010-156-1/1

人权蓝皮书
中国人权事业发展报告No.8（2018）
著(编)者：李君如　2018年9月出版／估价：99.00元
PSN B-2011-215-1/1

社会保障绿皮书
中国社会保障发展报告No.9（2018）
著(编)者：王延中　2018年6月出版／估价：99.00元
PSN G-2001-014-1/1

社会风险评估蓝皮书
风险评估与危机预警报告（2017～2018）
著(编)者：唐钧　2018年8月出版／估价：99.00元
PSN B-2012-293-1/1

社会工作蓝皮书
中国社会工作发展报告（2016~2017）
著(编)者：民政部社会工作研究中心
2018年8月出版／估价：99.00元
PSN B-2009-141-1/1

社会管理蓝皮书
中国社会管理创新报告No.6
著(编)者：连玉明　2018年11月出版／估价：99.00元
PSN B-2012-300-1/1

社会蓝皮书
2018年中国社会形势分析与预测
著(编)者：李培林 陈光金 张翼
2017年12月出版／定价：89.00元
PSN B-1998-002-1/1

社会体制蓝皮书
中国社会体制改革报告No.6（2018）
著(编)者：龚维斌　2018年3月出版／定价：98.00元
PSN B-2013-330-1/1

社会心态蓝皮书
中国社会心态研究报告（2018）
著(编)者：王俊秀　2018年12月出版／估价：99.00元
PSN B-2011-199-1/1

社会组织蓝皮书
中国社会组织报告（2017-2018）
著(编)者：黄晓勇　2018年6月出版／估价：99.00元
PSN B-2008-118-1/2

社会组织蓝皮书
中国社会组织评估发展报告（2018）
著(编)者：徐家良　2018年12月出版／估价：99.00元
PSN B-2013-366-2/2

生态城市绿皮书
中国生态城市建设发展报告（2018）
著(编)者：刘举科 孙伟平 胡文臻
2018年9月出版／估价：158.00元
PSN G-2012-269-1/1

生态文明绿皮书
中国省域生态文明建设评价报告（ECI 2018）
著(编)者：严耕　2018年12月出版／估价：99.00元
PSN G-2010-170-1/1

退休生活蓝皮书
中国城市居民退休生活质量指数报告（2017）
著(编)者：杨一帆　2018年6月出版／估价：99.00元
PSN B-2017-618-1/1

危机管理蓝皮书
中国危机管理报告（2018）
著(编)者：文学国 范正青
2018年8月出版／估价：99.00元
PSN B-2010-171-1/1

学会蓝皮书
2018年中国学会发展报告
著(编)者：麦可思研究院　2018年12月出版／估价：99.00元
PSN B-2016-597-1/1

医改蓝皮书
中国医药卫生体制改革报告（2017～2018）
著(编)者：文学国 房志武
2018年11月出版／估价：99.00元
PSN B-2014-432-1/1

应急管理蓝皮书
中国应急管理报告（2018）
著(编)者：宋英华　2018年9月出版／估价：99.00元
PSN B-2016-562-1/1

政府绩效评估蓝皮书
中国地方政府绩效评估报告 No.2
著(编)者：贠杰　2018年12月出版／估价：99.00元
PSN B-2017-672-1/1

政治参与蓝皮书
中国政治参与报告（2018）
著(编)者：房宁　2018年8月出版／估价：128.00元
PSN B-2011-200-1/1

政治文化蓝皮书
中国政治文化报告（2018）
著(编)者：邢元敏 魏大鹏 龚克
2018年8月出版／估价：128.00元
PSN B-2017-615-1/1

中国传统村落蓝皮书
中国传统村落保护现状报告（2018）
著(编)者：胡彬彬 李向军 王晓波
2018年12月出版／估价：99.00元
PSN B-2017-663-1/1

17

中国农村妇女发展蓝皮书
农村流动女性城市生活发展报告（2018）
著(编)者：谢丽华　2018年12月出版 / 估价：99.00元
PSN B-2014-434-1/1

宗教蓝皮书
中国宗教报告（2017）
著(编)者：邱永辉　2018年8月出版 / 估价：99.00元
PSN B-2008-117-1/1

产业经济类

保健蓝皮书
中国保健服务产业发展报告 No.2
著(编)者：中国保健协会　中共中央党校
2018年7月出版 / 估价：198.00元
PSN B-2012-272-3/3

保健蓝皮书
中国保健食品产业发展报告 No.2
著(编)者：中国保健协会
中国社会科学院食品药品产业发展与监管研究中心
2018年8月出版 / 估价：198.00元
PSN B-2012-271-2/3

保健蓝皮书
中国保健用品产业发展报告 No.2
著(编)者：中国保健协会
国务院国有资产监督管理委员会研究中心
2018年6月出版 / 估价：198.00元
PSN B-2012-270-1/3

保险蓝皮书
中国保险业竞争力报告（2018）
著(编)者：中国保监会　2018年12月出版 / 估价：99.00元
PSN B-2013-311-1/1

冰雪蓝皮书
中国冰上运动产业发展报告（2018）
著(编)者：孙承华 杨占武 刘戈 张鸿俊
2018年9月出版 / 估价：99.00元
PSN B-2017-648-3/3

冰雪蓝皮书
中国滑雪产业发展报告（2018）
著(编)者：孙承华 伍斌 魏庆华 张鸿俊
2018年9月出版 / 估价：99.00元
PSN B-2016-559-1/3

餐饮产业蓝皮书
中国餐饮产业发展报告（2018）
著(编)者：邢颖
2018年6月出版 / 估价：99.00元
PSN B-2009-151-1/1

茶业蓝皮书
中国茶产业发展报告（2018）
著(编)者：杨江帆 李闽榕
2018年10月出版 / 估价：99.00元
PSN B-2010-164-1/1

产业安全蓝皮书
中国文化产业安全报告（2018）
著(编)者：北京印刷学院文化产业安全研究院
2018年12月出版 / 估价：99.00元
PSN B-2014-378-12/14

产业安全蓝皮书
中国新媒体产业安全报告（2016~2017）
著(编)者：肖丽　2018年6月出版 / 估价：99.00元
PSN B-2015-500-14/14

产业安全蓝皮书
中国出版传媒产业安全报告（2017~2018）
著(编)者：北京印刷学院文化产业安全研究院
2018年6月出版 / 估价：99.00元
PSN B-2014-384-13/14

产业蓝皮书
中国产业竞争力报告（2018）No.8
著(编)者：张其仔　2018年12月出版 / 估价：168.00元
PSN B-2010-175-1/1

动力电池蓝皮书
中国新能源汽车动力电池产业发展报告（2018）
著(编)者：中国汽车技术研究中心
2018年8月出版 / 估价：99.00元
PSN B-2017-639-1/1

杜仲产业绿皮书
中国杜仲橡胶资源与产业发展报告（2017~2018）
著(编)者：杜红岩 胡文臻 俞锐
2018年6月出版 / 估价：99.00元
PSN G-2013-350-1/1

房地产蓝皮书
中国房地产发展报告No.15（2018）
著(编)者：李春华 王业强
2018年5月出版 / 估价：99.00元
PSN B-2004-028-1/1

服务外包蓝皮书
中国服务外包产业发展报告（2017~2018）
著(编)者：王晓红 刘德军
2018年6月出版 / 估价：99.00元
PSN B-2013-331-2/2

服务外包蓝皮书
中国服务外包竞争力报告（2017~2018）
著(编)者：刘春生 王力 黄育华
2018年12月出版 / 估价：99.00元
PSN B-2011-216-1/2

工业和信息化蓝皮书
世界信息技术产业发展报告（2017~2018）
著(编)者：尹丽波　2018年6月出版 / 估价：99.00元
PSN B-2015-449-2/6

工业和信息化蓝皮书
战略性新兴产业发展报告（2017~2018）
著(编)者：尹丽波　2018年6月出版 / 估价：99.00元
PSN B-2015-450-3/6

海洋经济蓝皮书
中国海洋经济发展报告（2015~2018）
著(编)者：殷克东 高金田 方胜民
2018年3月出版 / 定价：128.00元
PSN B-2018-697-1/1

康养蓝皮书
中国康养产业发展报告（2017）
著(编)者：何莽　2017年12月出版 / 定价：88.00元
PSN B-2017-685-1/1

客车蓝皮书
中国客车产业发展报告（2017~2018）
著(编)者：姚蔚　2018年10月出版 / 估价：99.00元
PSN B-2013-361-1/1

流通蓝皮书
中国商业发展报告（2018~2019）
著(编)者：王雪峰 林诗慧
2018年7月出版 / 估价：99.00元
PSN B-2009-152-1/2

能源蓝皮书
中国能源发展报告（2018）
著(编)者：崔民选 王军生 陈义和
2018年12月出版 / 估价：99.00元
PSN B-2006-049-1/1

农产品流通蓝皮书
中国农产品流通产业发展报告（2017）
著(编)者：贾敬敦 张东科 张玉玺 张鹏毅 周伟
2018年6月出版 / 估价：99.00元
PSN B-2012-288-1/1

汽车工业蓝皮书
中国汽车工业发展年度报告（2018）
著(编)者：中国汽车工业协会
　　　　　中国汽车技术研究中心
　　　　　丰田汽车公司
2018年5月出版 / 估价：168.00元
PSN B-2015-463-1/2

汽车工业蓝皮书
中国汽车零部件产业发展报告（2017~2018）
著(编)者：中国汽车工业协会
　　　　　中国汽车工程研究院深圳市沃特玛电池有限公司
2018年9月出版 / 估价：99.00元
PSN B-2016-515-2/2

汽车蓝皮书
中国汽车产业发展报告（2018）
著(编)者：中国汽车工程学会
　　　　　大众汽车集团（中国）
2018年11月出版 / 估价：99.00元
PSN B-2008-124-1/1

世界茶业蓝皮书
世界茶业发展报告（2018）
著(编)者：李闽榕 冯廷佺
2018年5月出版 / 估价：168.00元
PSN B-2017-619-1/1

世界能源蓝皮书
世界能源发展报告（2018）
著(编)者：黄晓勇　2018年6月出版 / 估价：168.00元
PSN B-2013-349-1/1

石油蓝皮书
中国石油产业发展报告（2018）
著(编)者：中国石油化工集团公司经济技术研究院
　　　　　中国国际石油化工联合有限责任公司
　　　　　中国社会科学院数量经济与技术经济研究所
2018年2月出版 / 定价：98.00元
PSN B-2018-690-1/1

体育蓝皮书
国家体育产业基地发展报告（2016~2017）
著(编)者：李颖川　2018年6月出版 / 估价：168.00元
PSN B-2017-609-5/5

体育蓝皮书
中国体育产业发展报告（2018）
著(编)者：阮伟 钟秉枢
2018年12月出版 / 估价：99.00元
PSN B-2010-179-1/5

文化金融蓝皮书
中国文化金融发展报告（2018）
著(编)者：杨涛 金巍
2018年6月出版 / 估价：99.00元
PSN B-2017-610-1/1

新能源汽车蓝皮书
中国新能源汽车产业发展报告（2018）
著(编)者：中国汽车技术研究中心
　　　　　日产（中国）投资有限公司
　　　　　东风汽车有限公司
2018年8月出版 / 估价：99.00元
PSN B-2013-347-1/1

薏仁米产业蓝皮书
中国薏仁米产业发展报告No.2（2018）
著(编)者：李发耀 石明 秦礼康
2018年8月出版 / 估价：99.00元
PSN B-2017-645-1/1

邮轮绿皮书
中国邮轮产业发展报告（2018）
著(编)者：汪泓　2018年10月出版 / 估价：99.00元
PSN G-2014-419-1/1

智能养老蓝皮书
中国智能养老产业发展报告（2018）
著(编)者：朱勇　2018年10月出版 / 估价：99.00元
PSN B-2015-488-1/1

中国节能汽车蓝皮书
中国节能汽车发展报告（2017~2018）
著(编)者：中国汽车工程研究院股份有限公司
2018年9月出版 / 估价：99.00元
PSN B-2016-565-1/1

中国陶瓷产业蓝皮书
中国陶瓷产业发展报告（2018）
著(编)者：左和平 黄速建
2018年10月出版／估价：99.00元
PSN B-2016-573-1/1

装备制造业蓝皮书
中国装备制造业发展报告（2018）
著(编)者：徐东华
2018年12月出版／估价：118.00元
PSN B-2015-505-1/1

行业及其他类

"三农"互联网金融蓝皮书
中国"三农"互联网金融发展报告（2018）
著(编)者：李勇坚 王弢
2018年8月出版／估价：99.00元
PSN B-2016-560-1/1

SUV蓝皮书
中国SUV市场发展报告（2017～2018）
著(编)者：靳军 2018年9月出版／估价：99.00元
PSN B-2016-571-1/1

冰雪蓝皮书
中国冬季奥运会发展报告（2018）
著(编)者：孙承华 伍斌 魏庆华 张鸿俊
2018年9月出版／估价：99.00元
PSN B-2017-647-2/3

彩票蓝皮书
中国彩票发展报告（2018）
著(编)者：益彩基金 2018年6月出版／估价：99.00元
PSN B-2015-462-1/1

测绘地理信息蓝皮书
测绘地理信息供给侧结构性改革研究报告（2018）
著(编)者：库热西·买合苏提
2018年12月出版／估价：168.00元
PSN B-2009-145-1/1

产权市场蓝皮书
中国产权市场发展报告（2017）
著(编)者：曹和平
2018年5月出版／估价：99.00元
PSN B-2009-147-1/1

城投蓝皮书
中国城投行业发展报告（2018）
著(编)者：华景斌
2018年11月出版／估价：300.00元
PSN B-2016-514-1/1

城市轨道交通蓝皮书
中国城市轨道交通运营发展报告（2017～2018）
著(编)者：崔学忠 贾文峥
2018年3月出版／定价：89.00元
PSN B-2018-694-1/1

大数据蓝皮书
中国大数据发展报告（No.2）
著(编)者：连玉明 2018年5月出版
PSN B-2017-620-1/1

大数据应用蓝皮书
中国大数据应用发展报告No.2（2018）
著(编)者：陈军君 2018年8月出版／估价：99.00元
PSN B-2017-644-1/1

对外投资与风险蓝皮书
中国对外直接投资与国家风险报告（2018）
著(编)者：中债资信评估有限责任公司
中国社会科学院世界经济与政治研究所
2018年6月出版／估价：189.00元
PSN B-2017-606-1/1

工业和信息化蓝皮书
人工智能发展报告（2017～2018）
著(编)者：尹丽波 2018年6月出版／估价：99.00元
PSN B-2015-448-1/6

工业和信息化蓝皮书
世界智慧城市发展报告（2017～2018）
著(编)者：尹丽波 2018年6月出版／估价：99.00元
PSN B-2017-624-6/6

工业和信息化蓝皮书
世界网络安全发展报告（2017～2018）
著(编)者：尹丽波 2018年6月出版／估价：99.00元
PSN B-2015-452-5/6

工业和信息化蓝皮书
世界信息化发展报告（2017～2018）
著(编)者：尹丽波 2018年6月出版／估价：99.00元
PSN B-2015-451-4/6

工业设计蓝皮书
中国工业设计发展报告（2018）
著(编)者：王晓红 于炜 张立群 2018年9月出版／估价：168.00元
PSN B-2014-420-1/1

公共关系蓝皮书
中国公共关系发展报告（2017）
著(编)者：柳斌杰 2018年1月出版／定价：89.00元
PSN B-2016-579-1/1

公共关系蓝皮书
中国公共关系发展报告（2018）
著(编)者：柳斌杰　　2018年11月出版 / 估价：99.00元
PSN B-2016-579-1/1

管理蓝皮书
中国管理发展报告（2018）
著(编)者：张晓东　　2018年10月出版 / 估价：99.00元
PSN B-2014-416-1/1

轨道交通蓝皮书
中国轨道交通行业发展报告（2017）
著(编)者：仲建华　李闽榕
2017年12月出版 / 定价：98.00元
PSN B-2017-674-1/1

海关发展蓝皮书
中国海关发展前沿报告（2018）
著(编)者：干春晖　　2018年6月出版 / 估价：99.00元
PSN B-2017-616-1/1

互联网医疗蓝皮书
中国互联网健康医疗发展报告（2018）
著(编)者：芮晓武　　2018年6月出版 / 估价：99.00元
PSN B-2016-567-1/1

黄金市场蓝皮书
中国商业银行黄金业务发展报告（2017～2018）
著(编)者：平安银行　　2018年6月出版 / 估价：99.00元
PSN B-2016-524-1/1

会展蓝皮书
中外会展业动态评估研究报告（2018）
著(编)者：张敏　任中峰　聂鑫焱　牛盼强
2018年12月出版 / 估价：99.00元
PSN B-2013-327-1/1

基金会蓝皮书
中国基金会发展报告（2017~2018）
著(编)者：中国基金会发展报告课题组
2018年6月出版 / 估价：99.00元
PSN B-2013-368-1/1

基金会绿皮书
中国基金会发展独立研究报告（2018）
著(编)者：基金会中心网　　中央民族大学基金会研究中心
2018年6月出版 / 估价：99.00元
PSN G-2011-213-1/1

基金会透明度蓝皮书
中国基金会透明度发展研究报告（2018）
著(编)者：基金会中心网
　　　　　清华大学廉政与治理研究中心
2018年9月出版 / 估价：99.00元
PSN B-2013-339-1/1

建筑装饰蓝皮书
中国建筑装饰行业发展报告（2018）
著(编)者：葛道顺　刘晓一
2018年10月出版 / 估价：198.00元
PSN B-2016-553-1/1

金融监管蓝皮书
中国金融监管报告（2018）
著(编)者：胡滨　　2018年3月出版 / 定价：98.00元
PSN B-2012-281-1/1

金融蓝皮书
中国互联网金融行业分析与评估（2018～2019）
著(编)者：黄国平　伍旭川　　2018年12月出版 / 估价：99.00元
PSN B-2016-585-7/7

金融科技蓝皮书
中国金融科技发展报告（2018）
著(编)者：李扬　孙国峰　　2018年10月出版 / 估价：99.00元
PSN B-2014-374-1/1

金融信息服务蓝皮书
中国金融信息服务发展报告（2018）
著(编)者：李平　　2018年5月出版 / 估价：99.00元
PSN B-2017-621-1/1

金蜜蜂企业社会责任蓝皮书
金蜜蜂中国企业社会责任报告研究（2017）
著(编)者：殷格非　于志宏　管竹笋
2018年1月出版 / 定价：99.00元
PSN B-2018-693-1/1

京津冀金融蓝皮书
京津冀金融发展报告（2018）
著(编)者：王爱俭　王璟怡　　2018年10月出版 / 估价：99.00元
PSN B-2016-527-1/1

科普蓝皮书
国家科普能力发展报告（2018）
著(编)者：王康友　　2018年5月出版 / 估价：138.00元
PSN B-2017-632-4/4

科普蓝皮书
中国基层科普发展报告（2017～2018）
著(编)者：赵立新　　2018年9月出版 / 估价：99.00元
PSN B-2016-568-3/4

科普蓝皮书
中国科普基础设施发展报告（2017～2018）
著(编)者：任福君　　2018年6月出版 / 估价：99.00元
PSN B-2010-174-1/3

科普蓝皮书
中国科普人才发展报告（2017～2018）
著(编)者：郑念　任嵘嵘　　2018年7月出版 / 估价：99.00元
PSN B-2016-512-2/4

科普能力蓝皮书
中国科普能力评价报告（2018～2019）
著(编)者：李富强　李群　　2018年8月出版 / 估价：99.00元
PSN B-2016-555-1/1

临空经济蓝皮书
中国临空经济发展报告（2018）
著(编)者：连玉明　　2018年9月出版 / 估价：99.00元
PSN B-2014-421-1/1

旅游安全蓝皮书
中国旅游安全报告（2018）
著(编)者：郑向敏 谢朝武　2018年5月出版 / 估价：158.00元
PSN B-2012-280-1/1

旅游绿皮书
2017~2018年中国旅游发展分析与预测
著(编)者：宋瑞　2018年1月出版 / 定价：99.00元
PSN G-2002-018-1/1

煤炭蓝皮书
中国煤炭工业发展报告（2018）
著(编)者：岳福斌　2018年12月出版 / 估价：99.00元
PSN B-2008-123-1/1

民营企业社会责任蓝皮书
中国民营企业社会责任报告（2018）
著(编)者：中华全国工商业联合会
2018年12月出版 / 估价：99.00元
PSN B-2015-510-1/1

民营医院蓝皮书
中国民营医院发展报告（2017）
著(编)者：薛晓林　2017年12月出版 / 定价：89.00元
PSN B-2012-299-1/1

闽商蓝皮书
闽商发展报告（2018）
著(编)者：李闽榕 王日根 林琛
2018年12月出版 / 估价：99.00元
PSN B-2012-298-1/1

农业应对气候变化蓝皮书
中国农业气象灾害及其灾损评估报告（No.3）
著(编)者：矫梅燕　2018年6月出版 / 估价：118.00元
PSN B-2014-413-1/1

品牌蓝皮书
中国品牌战略发展报告（2018）
著(编)者：汪同三　2018年10月出版 / 估价：99.00元
PSN B-2016-580-1/1

企业扶贫蓝皮书
中国企业扶贫研究报告（2018）
著(编)者：钟宏武　2018年12月出版 / 估价：99.00元
PSN B-2016-593-1/1

企业公益蓝皮书
中国企业公益研究报告（2018）
著(编)者：钟宏武 汪杰 黄晓娟
2018年12月出版 / 估价：99.00元
PSN B-2015-501-1/1

企业国际化蓝皮书
中国企业全球化报告（2018）
著(编)者：王辉耀 苗绿　2018年11月出版 / 估价：99.00元
PSN B-2014-427-1/1

企业蓝皮书
中国企业绿色发展报告No.2（2018）
著(编)者：李红 朱光辉
2018年8月出版 / 估价：99.00元
PSN B-2015-481-2/2

企业社会责任蓝皮书
中资企业海外社会责任研究报告（2017~2018）
著(编)者：钟宏武 叶柳红 张蒽
2018年6月出版 / 估价：99.00元
PSN B-2017-603-2/2

企业社会责任蓝皮书
中国企业社会责任研究报告（2018）
著(编)者：黄群慧 钟宏武 张蒽 汪杰
2018年11月出版 / 估价：99.00元
PSN B-2009-149-1/2

汽车安全蓝皮书
中国汽车安全发展报告（2018）
著(编)者：中国汽车技术研究中心
2018年8月出版 / 估价：99.00元
PSN B-2014-385-1/1

汽车电子商务蓝皮书
中国汽车电子商务发展报告（2018）
著(编)者：中华全国工商业联合会汽车经销商商会
　　　　　北方工业大学
　　　　　北京易观智库网络科技有限公司
2018年10月出版 / 估价：158.00元
PSN B-2015-485-1/1

汽车知识产权蓝皮书
中国汽车产业知识产权发展报告（2018）
著(编)者：中国汽车工程研究院股份有限公司
　　　　　中国汽车工程学会
　　　　　重庆长安汽车股份有限公司
2018年12月出版 / 估价：99.00元
PSN B-2016-594-1/1

青少年体育蓝皮书
中国青少年体育发展报告（2017）
著(编)者：刘扶民 杨桦　2018年6月出版 / 估价：99.00元
PSN B-2015-482-1/1

区块链蓝皮书
中国区块链发展报告（2018）
著(编)者：李伟　2018年9月出版 / 估价：99.00元
PSN B-2017-649-1/1

群众体育蓝皮书
中国群众体育发展报告（2017）
著(编)者：刘国永 戴健　2018年5月出版 / 估价：99.00元
PSN B-2014-411-1/3

群众体育蓝皮书
中国社会体育指导员发展报告（2018）
著(编)者：刘国永 王欢　2018年6月出版 / 估价：99.00元
PSN B-2016-520-3/3

人力资源蓝皮书
中国人力资源发展报告（2018）
著(编)者：余兴安　2018年11月出版 / 估价：99.00元
PSN B-2012-287-1/1

融资租赁蓝皮书
中国融资租赁业发展报告（2017~2018）
著(编)者：李光荣 王力　2018年8月出版 / 估价：99.00元
PSN B-2015-443-1/1

商会蓝皮书
中国商会发展报告No.5（2017）
著(编)者：王钦敏　2008年7月出版 / 估价：99.00元
PSN B-2008-125-1/1

商务中心区蓝皮书
中国商务中心区发展报告No.4（2017～2018）
著(编)者：李国红 单菁菁　2018年9月出版 / 估价：99.00元
PSN B-2015-444-1/1

设计产业蓝皮书
中国创新设计发展报告（2018）
著(编)者：王晓红 张立群 于炜
2018年11月出版 / 估价：99.00元
PSN B-2016-581-2/2

社会责任管理蓝皮书
中国上市公司社会责任能力成熟度报告No.4（2018）
著(编)者：肖红军 王晓光 李伟阳
2018年12月出版 / 估价：99.00元
PSN B-2015-507-2/2

社会责任管理蓝皮书
中国企业公众透明度报告No.4（2017～2018）
著(编)者：黄速建 熊梦 王晓光 肖红军
2018年6月出版 / 估价：99.00元
PSN B-2015-440-1/2

食品药品蓝皮书
食品药品安全与监管政策研究报告（2016～2017）
著(编)者：唐民皓　2018年6月出版 / 估价：99.00元
PSN B-2009-129-1/1

输血服务蓝皮书
中国输血行业发展报告（2018）
著(编)者：孙俊　2018年12月出版 / 估价：99.00元
PSN B-2016-582-1/1

水利风景区蓝皮书
中国水利风景区发展报告（2018）
著(编)者：董建文 兰思仁
2018年10月出版 / 估价：99.00元
PSN B-2015-480-1/1

数字经济蓝皮书
全球数字经济竞争力发展报告（2017）
著(编)者：王振　2017年12月出版 / 定价：79.00元
PSN B-2017-673-1/1

私募市场蓝皮书
中国私募股权市场发展报告（2017～2018）
著(编)者：曹和平　2018年12月出版 / 估价：99.00元
PSN B-2010-162-1/1

碳排放权交易蓝皮书
中国碳排放权交易报告（2018）
著(编)者：孙永平　2018年11月出版 / 估价：99.00元
PSN B-2017-652-1/1

碳市场蓝皮书
中国碳市场报告（2018）
著(编)者：定金彪　2018年11月出版 / 估价：99.00元
PSN B-2014-430-1/1

体育蓝皮书
中国公共体育服务发展报告（2018）
著(编)者：戴健　2018年12月出版 / 估价：99.00元
PSN B-2013-367-2/5

土地市场蓝皮书
中国农村土地市场发展报告（2017～2018）
著(编)者：李光荣　2018年6月出版 / 估价：99.00元
PSN B-2016-526-1/1

土地整治蓝皮书
中国土地整治发展研究报告（No.5）
著(编)者：国土资源部土地整治中心
2018年7月出版 / 估价：99.00元
PSN B-2014-401-1/1

土地政策蓝皮书
中国土地政策研究报告（2018）
著(编)者：高延利 张建平 吴次芳
2018年1月出版 / 定价：98.00元
PSN B-2015-506-1/1

网络空间安全蓝皮书
中国网络空间安全发展报告（2018）
著(编)者：惠志斌 覃庆玲
2018年11月出版 / 估价：99.00元
PSN B-2015-466-1/1

文化志愿服务蓝皮书
中国文化志愿服务发展报告（2018）
著(编)者：张永新 良警宇　2018年11月出版 / 估价：128.00元
PSN B-2016-596-1/1

西部金融蓝皮书
中国西部金融发展报告（2017～2018）
著(编)者：李忠民　2018年8月出版 / 估价：99.00元
PSN B-2010-160-1/1

协会商会蓝皮书
中国行业协会商会发展报告（2017）
著(编)者：景朝阳 李勇　2018年6月出版 / 估价：99.00元
PSN B-2015-461-1/1

新三板蓝皮书
中国新三板市场发展报告（2018）
著(编)者：王力　2018年8月出版 / 估价：99.00元
PSN B-2016-533-1/1

信托市场蓝皮书
中国信托业市场报告（2017～2018）
著(编)者：用益金融信托研究院
2018年6月出版 / 估价：198.00元
PSN B-2014-371-1/1

信息化蓝皮书
中国信息化形势分析与预测（2017～2018）
著(编)者：周宏仁　2018年8月出版 / 估价：99.00元
PSN B-2010-168-1/1

信用蓝皮书
中国信用发展报告（2017～2018）
著(编)者：章政 田侃　2018年6月出版 / 估价：99.00元
PSN B-2013-328-1/1

休闲绿皮书
2017～2018年中国休闲发展报告
著(编)者：宋瑞　　2018年7月出版　估价：99.00元
PSN G-2010-158-1/1

休闲体育蓝皮书
中国休闲体育发展报告（2017～2018）
著(编)者：李相如　钟秉枢
2018年10月出版　估价：99.00元
PSN B-2016-516-1/1

养老金融蓝皮书
中国养老金融发展报告（2018）
著(编)者：董克用　姚余栋
2018年9月出版　估价：99.00元
PSN B-2016-583-1/1

遥感监测绿皮书
中国可持续发展遥感监测报告（2017）
著(编)者：顾行发　汪克强　潘教峰　李闽榕　徐东华　王琦安
2018年6月出版　估价：298.00元
PSN B-2017-629-1/1

药品流通蓝皮书
中国药品流通行业发展报告（2018）
著(编)者：佘鲁林　温再兴
2018年7月出版　估价：198.00元
PSN B-2014-429-1/1

医疗器械蓝皮书
中国医疗器械行业发展报告（2018）
著(编)者：王宝亭　耿鸿武
2018年10月出版　估价：99.00元
PSN B-2017-661-1/1

医院蓝皮书
中国医院竞争力报告（2017~2018）
著(编)者：庄一强　　2018年3月出版　定价：108.00元
PSN B-2016-528-1/1

瑜伽蓝皮书
中国瑜伽业发展报告（2017~2018）
著(编)者：张永建　徐华锋　朱泰余
2018年6月出版　估价：198.00元
PSN B-2017-625-1/1

债券市场蓝皮书
中国债券市场发展报告（2017～2018）
著(编)者：杨农　　2018年10月出版　估价：99.00元
PSN B-2016-572-1/1

志愿服务蓝皮书
中国志愿服务发展报告（2018）
著(编)者：中国志愿服务联合会
2018年11月出版　估价：99.00元
PSN B-2017-664-1/1

中国上市公司蓝皮书
中国上市公司发展报告（2018）
著(编)者：张鹏　张平　黄胤英
2018年9月出版　估价：99.00元
PSN B-2014-414-1/1

中国新三板蓝皮书
中国新三板创新与发展报告（2018）
著(编)者：刘平安　闻召林
2018年8月出版　估价：158.00元
PSN B-2017-638-1/1

中国汽车品牌蓝皮书
中国乘用车品牌发展报告（2017）
著(编)者：《中国汽车报》社有限公司
　　　　　博世（中国）投资有限公司
　　　　　中国汽车技术研究中心数据资源中心
2018年1月出版　定价：89.00元
PSN B-2017-679-1/1

中医文化蓝皮书
北京中医药文化传播发展报告（2018）
著(编)者：毛嘉陵　　2018年6月出版　估价：99.00元
PSN B-2015-468-1/2

中医文化蓝皮书
中国中医药文化传播发展报告（2018）
著(编)者：毛嘉陵　　2018年7月出版　估价：99.00元
PSN B-2016-584-2/2

中医药蓝皮书
北京中医药知识产权发展报告No.2
著(编)者：汪洪　屠志涛　　2018年6月出版　估价：168.00元
PSN B-2017-602-1/1

资本市场蓝皮书
中国场外交易市场发展报告（2016～2017）
著(编)者：高峦　2018年6月出版　估价：99.00元
PSN B-2009-153-1/1

资产管理蓝皮书
中国资产管理行业发展报告（2018）
著(编)者：郑智　　2018年7月出版　估价：99.00元
PSN B-2014-407-2/2

资产证券化蓝皮书
中国资产证券化发展报告（2018）
著(编)者：沈炳熙　曹彤　李哲平
2018年4月出版　定价：98.00元
PSN B-2017-660-1/1

自贸区蓝皮书
中国自贸区发展报告（2018）
著(编)者：王力　黄育华
2018年6月出版　估价：99.00元
PSN B-2016-558-1/1

国际问题与全球治理类

"一带一路"跨境通道蓝皮书
"一带一路"跨境通道建设研究报（2017~2018）
著(编)者：余鑫 张秋生　2018年1月出版 / 定价：89.00元
PSN B-2016-557-1/1

"一带一路"蓝皮书
"一带一路"建设发展报告（2018）
著(编)者：李永全　2018年3月出版 / 定价：98.00元
PSN B-2016-552-1/1

"一带一路"投资安全蓝皮书
中国"一带一路"投资与安全研究报告（2018）
著(编)者：邹统钎 梁昊光　2018年4月出版 / 定价：98.00元
PSN B-2017-612-1/1

"一带一路"文化交流蓝皮书
中阿文化交流发展报告（2017）
著(编)者：王辉　2017年12月出版 / 定价：89.00元
PSN B-2017-655-1/1

G20国家创新竞争力黄皮书
二十国集团（G20）国家创新竞争力发展报告（2017~2018）
著(编)者：李建平 李闽榕 赵新力 周天勇
2018年7月出版 / 估价：168.00元
PSN Y-2011-229-1/1

阿拉伯黄皮书
阿拉伯发展报告（2016~2017）
著(编)者：罗林　2018年6月出版 / 估价：99.00元
PSN Y-2014-381-1/1

北部湾蓝皮书
泛北部湾合作发展报告（2017~2018）
著(编)者：吕余生　2018年12月出版 / 估价：99.00元
PSN B-2008-114-1/1

北极蓝皮书
北极地区发展报告（2017）
著(编)者：刘惠荣　2018年7月出版 / 估价：99.00元
PSN B-2017-634-1/1

大洋洲蓝皮书
大洋洲发展报告（2017~2018）
著(编)者：喻常森　2018年10月出版 / 估价：99.00元
PSN B-2013-341-1/1

东北亚区域合作蓝皮书
2017年"一带一路"倡议与东北亚区域合作
著(编)者：刘亚政 金美花
2018年5月出版 / 估价：99.00元
PSN B-2017-631-1/1

东盟黄皮书
东盟发展报告（2017）
著(编)者：杨晓强 庄国土　2018年6月出版 / 估价：99.00元
PSN Y-2012-303-1/1

东南亚蓝皮书
东南亚地区发展报告（2017~2018）
著(编)者：王勤　2018年12月出版 / 估价：99.00元
PSN B-2012-240-1/1

非洲黄皮书
非洲发展报告No.20（2017~2018）
著(编)者：张宏明　2018年7月出版 / 估价：99.00元
PSN Y-2012-239-1/1

非传统安全蓝皮书
中国非传统安全研究报告（2017~2018）
著(编)者：潇枫 罗中枢　2018年8月出版 / 估价：99.00元
PSN B-2012-273-1/1

国际安全蓝皮书
中国国际安全研究报告（2018）
著(编)者：刘慧　2018年7月出版 / 估价：99.00元
PSN B-2016-521-1/1

国际城市蓝皮书
国际城市发展报告（2018）
著(编)者：屠启宇　2018年2月出版 / 定价：89.00元
PSN B-2012-260-1/1

国际形势黄皮书
全球政治与安全报告（2018）
著(编)者：张宇燕　2018年1月出版 / 定价：99.00元
PSN Y-2001-016-1/1

公共外交蓝皮书
中国公共外交发展报告（2018）
著(编)者：赵启正 雷蔚真　2018年6月出版 / 估价：99.00元
PSN B-2015-457-1/1

海丝蓝皮书
21世纪海上丝绸之路研究报告（2017）
著(编)者：华侨大学海上丝绸之路研究院
2017年12月出版 / 定价：89.00元
PSN B-2017-684-1/1

金砖国家黄皮书
金砖国家综合创新竞争力发展报告（2018）
著(编)者：赵新力 李闽榕 黄茂兴
2018年8月出版 / 定价：128.00元
PSN Y-2017-643-1/1

拉美黄皮书
拉丁美洲和加勒比发展报告（2017~2018）
著(编)者：袁东振　2018年6月出版 / 估价：99.00元
PSN Y-1999-007-1/1

澜湄合作蓝皮书
澜沧江-湄公河合作发展报告（2018）
著(编)者：刘稚　2018年9月出版 / 估价：99.00元
PSN B-2011-196-1/1

欧洲蓝皮书
欧洲发展报告（2017～2018）
著(编)者：黄平 周弘 程卫东
2018年6月出版 / 估价：99.00元
PSN B-1999-009-1/1

葡语国家蓝皮书
葡语国家发展报告（2016～2017）
著(编)者：王成安 张敏 刘金兰
2018年6月出版 / 估价：99.00元
PSN B-2015-503-1/2

葡语国家蓝皮书
中国与葡语国家关系发展报告·巴西（2016）
著(编)者：张曙光
2018年8月出版 / 估价：99.00元
PSN B-2016-563-2/2

气候变化绿皮书
应对气候变化报告（2018）
著(编)者：王伟光 郑国光
2018年11月出版 / 估价：99.00元
PSN G-2009-144-1/1

全球环境竞争力绿皮书
全球环境竞争力报告（2018）
著(编)者：李建平 李闽榕 王金南
2018年12月出版 / 估价：198.00元
PSN G-2013-363-1/1

全球信息社会蓝皮书
全球信息社会发展报告（2018）
著(编)者：丁波涛 唐涛　　2018年10月出版 / 估价：99.00元
PSN B-2017-665-1/1

日本经济蓝皮书
日本经济与中日经贸关系研究报告（2018）
著(编)者：张季风　　2018年6月出版 / 估价：99.00元
PSN B-2008-102-1/1

上海合作组织黄皮书
上海合作组织发展报告（2018）
著(编)者：李进峰　　2018年6月出版 / 估价：99.00元
PSN Y-2009-130-1/1

世界创新竞争力黄皮书
世界创新竞争力发展报告（2017）
著(编)者：李建平 李闽榕 赵新力
2018年6月出版 / 估价：168.00元
PSN Y-2013-318-1/1

世界经济黄皮书
2018年世界经济形势分析与预测
著(编)者：张宇燕　　2018年1月出版 / 定价：99.00元
PSN Y-1999-006-1/1

世界能源互联互通蓝皮书
世界能源清洁发展与互联互通评估报告（2017）：欧洲篇
著(编)者：国网能源研究院
2018年1月出版 / 定价：128.00元
PSN B-2018-695-1/1

丝绸之路蓝皮书
丝绸之路经济带发展报告（2018）
著(编)者：任宗哲 白宽犁 谷孟宾
2018年1月出版 / 定价：89.00元
PSN B-2014-410-1/1

新兴经济体蓝皮书
金砖国家发展报告（2018）
著(编)者：林跃勤 周文
2018年8月出版 / 估价：99.00元
PSN B-2011-195-1/1

亚太蓝皮书
亚太地区发展报告（2018）
著(编)者：李向阳　　2018年5月出版 / 估价：99.00元
PSN B-2001-015-1/1

印度洋地区蓝皮书
印度洋地区发展报告（2018）
著(编)者：汪戎　　2018年6月出版 / 估价：99.00元
PSN B-2013-334-1/1

印度尼西亚经济蓝皮书
印度尼西亚经济发展报告（2017）：增长与机会
著(编)者：左志刚　　2017年11月出版 / 定价：89.00元
PSN B-2017-675-1/1

渝新欧蓝皮书
渝新欧沿线国家发展报告（2018）
著(编)者：杨柏 黄森
2018年6月出版 / 估价：99.00元
PSN B-2017-626-1/1

中阿蓝皮书
中国-阿拉伯国家经贸发展报告（2018）
著(编)者：张廉 段庆林 王林聪 杨巧红
2018年12月出版 / 估价：99.00元
PSN B-2016-598-1/1

中东黄皮书
中东发展报告No.20（2017～2018）
著(编)者：杨光　　2018年10月出版 / 估价：99.00元
PSN Y-1998-004-1/1

中亚黄皮书
中亚国家发展报告（2018）
著(编)者：孙力
2018年3月出版 / 定价：98.00元
PSN Y-2012-238-1/1

国别类

澳大利亚蓝皮书
澳大利亚发展报告（2017-2018）
著(编)者：孙有中 韩锋　2018年12月出版 / 估价：99.00元
PSN B-2016-587-1/1

巴西黄皮书
巴西发展报告（2017）
著(编)者：刘国枝　2018年5月出版 / 估价：99.00元
PSN Y-2017-614-1/1

德国蓝皮书
德国发展报告（2018）
著(编)者：郑春荣　2018年6月出版 / 估价：99.00元
PSN B-2012-278-1/1

俄罗斯黄皮书
俄罗斯发展报告（2018）
著(编)者：李永全　2018年6月出版 / 估价：99.00元
PSN Y-2006-061-1/1

韩国蓝皮书
韩国发展报告（2017）
著(编)者：牛林杰 刘宝全　2018年6月出版 / 估价：99.00元
PSN B-2010-155-1/1

加拿大蓝皮书
加拿大发展报告（2018）
著(编)者：唐小松　2018年9月出版 / 估价：99.00元
PSN B-2014-389-1/1

美国蓝皮书
美国研究报告（2018）
著(编)者：郑秉文 黄平　2018年5月出版 / 估价：99.00元
PSN B-2011-210-1/1

缅甸蓝皮书
缅甸国情报告（2017）
著(编)者：祝湘辉
2017年11月出版 / 定价：98.00元
PSN B-2013-343-1/1

日本蓝皮书
日本研究报告（2018）
著(编)者：杨伯江　2018年4月出版 / 定价：99.00元
PSN B-2002-020-1/1

土耳其蓝皮书
土耳其发展报告（2018）
著(编)者：郭长刚 刘义　2018年9月出版 / 估价：99.00元
PSN B-2014-412-1/1

伊朗蓝皮书
伊朗发展报告（2017~2018）
著(编)者：冀开运　2018年10月 / 估价：99.00元
PSN B-2016-574-1/1

以色列蓝皮书
以色列发展报告（2018）
著(编)者：张倩红　2018年8月出版 / 估价：99.00元
PSN B-2015-483-1/1

印度蓝皮书
印度国情报告（2017）
著(编)者：吕昭义　2018年6月出版 / 估价：99.00元
PSN B-2012-241-1/1

英国蓝皮书
英国发展报告（2017~2018）
著(编)者：王展鹏　2018年12月出版 / 估价：99.00元
PSN B-2015-486-1/1

越南蓝皮书
越南国情报告（2018）
著(编)者：谢林城　2018年11月出版 / 估价：99.00元
PSN B-2006-056-1/1

泰国蓝皮书
泰国研究报告（2018）
著(编)者：庄国土 张禹东 刘文正
2018年10月出版 / 估价：99.00元
PSN B-2016-556-1/1

文化传媒类

"三农"舆情蓝皮书
中国"三农"网络舆情报告（2017~2018）
著(编)者：农业部信息中心
2018年6月出版 / 估价：99.00元
PSN B-2017-640-1/1

传媒竞争力蓝皮书
中国传媒国际竞争力研究报告（2018）
著(编)者：李本乾 刘强 王大可
2018年8月出版 / 估价：99.00元
PSN B-2013-356-1/1

传媒蓝皮书
中国传媒产业发展报告（2018）
著(编)者：崔保国
2018年5月出版 / 估价：99.00元
PSN B-2005-035-1/1

传媒投资蓝皮书
中国传媒投资发展报告（2018）
著(编)者：张向东 谭云明
2018年6月出版 / 估价：148.00元
PSN B-2015-474-1/1

非物质文化遗产蓝皮书
中国非物质文化遗产发展报告（2018）
著(编)者：陈平　2018年6月出版 / 估价：128.00元
PSN B-2015-469-1/2

非物质文化遗产蓝皮书
中国非物质文化遗产保护发展报告（2018）
著(编)者：宋俊华　2018年10月出版 / 估价：128.00元
PSN B-2016-586-2/2

广电蓝皮书
中国广播电影电视发展报告（2018）
著(编)者：国家新闻出版广电总局发展研究中心
2018年7月出版 / 估价：99.00元
PSN B-2006-072-1/1

广告主蓝皮书
中国广告主营销传播趋势报告No.9
著(编)者：黄升民 杜国清 邵华冬 等
2018年10月出版 / 估价：158.00元
PSN B-2005-041-1/1

国际传播蓝皮书
中国国际传播发展报告（2018）
著(编)者：胡正荣 李继东 姬德强
2018年12月出版 / 估价：99.00元
PSN B-2014-408-1/1

国家形象蓝皮书
中国国家形象传播报告（2017）
著(编)者：张昆　2018年6月出版 / 估价：128.00元
PSN B-2017-605-1/1

互联网治理蓝皮书
中国网络社会治理研究报告（2018）
著(编)者：罗昕 支庭荣
2018年9月出版 / 估价：118.00元
PSN B-2017-653-1/1

纪录片蓝皮书
中国纪录片发展报告（2018）
著(编)者：何苏六　2018年10月出版 / 估价：99.00元
PSN B-2011-222-1/1

科学传播蓝皮书
中国科学传播报告（2016~2017）
著(编)者：詹正茂　2018年6月出版 / 估价：99.00元
PSN B-2008-120-1/1

两岸创意经济蓝皮书
两岸创意经济研究报告（2018）
著(编)者：罗昌智 董泽平
2018年10月出版 / 估价：99.00元
PSN B-2014-437-1/1

媒介与女性蓝皮书
中国媒介与女性发展报告（2017～2018）
著(编)者：刘利群　2018年5月出版 / 估价：99.00元
PSN R-2013-345-1/1

媒体融合蓝皮书
中国媒体融合发展报告（2017～2018）
著(编)者：梅宁华 支庭荣
2017年12月出版 / 定价：98.00元
PSN B-2015-479-1/1

全球传媒蓝皮书
全球传媒发展报告（2017～2018）
著(编)者：胡正荣 李继东　2018年6月出版 / 估价：99.00元
PSN B-2012-237-1/1

少数民族非遗蓝皮书
中国少数民族非物质文化遗产发展报告（2018）
著(编)者：肖远平（彝）柴立（满）
2018年10月出版 / 估价：118.00元
PSN B-2015-467-1/1

视听新媒体蓝皮书
中国视听新媒体发展报告（2018）
著(编)者：国家新闻出版广电总局发展研究中心
2018年7月出版 / 估价：118.00元
PSN B-2011-184-1/1

数字娱乐产业蓝皮书
中国动画产业发展报告（2018）
著(编)者：孙立军 孙平 牛兴侦
2018年10月出版 / 估价：99.00元
PSN B-2011-198-1/2

数字娱乐产业蓝皮书
中国游戏产业发展报告（2018）
著(编)者：孙立军 刘跃军　2018年10月出版 / 估价：99.00元
PSN B-2017-662-2/2

网络视听蓝皮书
中国互联网视听行业发展报告（2018）
著(编)者：陈鹏　2018年2月出版 / 定价：148.00元
PSN B-2018-688-1/1

文化创新蓝皮书
中国文化创新报告（2017·No.8）
著(编)者：傅才武　2018年6月出版 / 估价：99.00元
PSN B-2009-143-1/1

文化建设蓝皮书
中国文化发展报告（2018）
著(编)者：江畅 孙伟平 戴茂堂
2018年5月出版 / 估价：99.00元
PSN B-2014-392-1/1

文化科技蓝皮书
文化科技创新发展报告（2018）
著(编)者：于平 李凤亮　2018年10月出版 / 估价：99.00元
PSN B-2013-342-1/1

文化蓝皮书
中国公共文化服务发展报告（2017~2018）
著(编)者：刘新成 张永新 张旭
2018年12月出版 / 估价：99.00元
PSN B-2007-093-2/10

文化蓝皮书
中国少数民族文化发展报告（2017～2018）
著(编)者：武翠英 张晓明 任乌晶
2018年9月出版 / 估价：99.00元
PSN B-2013-369-9/10

文化蓝皮书
中国文化产业供需协调检测报告（2018）
著(编)者：王亚南　2018年3月出版 / 定价：99.00元
PSN B-2013-323-8/10

文化蓝皮书
中国文化消费需求景气评价报告（2018）
著(编)者：王亚南　2018年3月出版 / 定价：99.00元
PSN B-2011-236-4/10

文化蓝皮书
中国公共文化投入增长测评报告（2018）
著(编)者：王亚南　2018年3月出版 / 定价：99.00元
PSN B-2014-435-10/10

文化品牌蓝皮书
中国文化品牌发展报告（2018）
著(编)者：欧阳友权　2018年5月出版 / 估价：99.00元
PSN B-2012-277-1/1

文化遗产蓝皮书
中国文化遗产事业发展报告（2017～2018）
著(编)者：苏杨 张颖岚 卓杰 白海峰 陈晨 陈叙图
2018年8月出版 / 估价：99.00元
PSN B-2008-119-1/1

文学蓝皮书
中国文情报告（2017～2018）
著(编)者：白烨　2018年5月出版 / 估价：99.00元
PSN B-2011-221-1/1

新媒体蓝皮书
中国新媒体发展报告No.9（2018）
著(编)者：唐绪军　2018年7月出版 / 估价：99.00元
PSN B-2010-169-1/1

新媒体社会责任蓝皮书
中国新媒体社会责任研究报告（2018）
著(编)者：钟瑛　2018年12月出版 / 估价：99.00元
PSN B-2014-423-1/1

移动互联网蓝皮书
中国移动互联网发展报告（2018）
著(编)者：余清楚　2018年6月出版 / 估价：99.00元
PSN B-2012-282-1/1

影视蓝皮书
中国影视产业发展报告（2018）
著(编)者：司若 陈鹏 陈锐
2018年6月出版 / 估价：99.00元
PSN B-2016-529-1/1

舆情蓝皮书
中国社会舆情与危机管理报告（2018）
著(编)者：谢耘耕
2018年9月出版 / 估价：138.00元
PSN B-2011-235-1/1

中国大运河蓝皮书
中国大运河发展报告（2018）
著(编)者：吴欣　2018年2月出版 / 估价：128.00元
PSN B-2018-691-1/1

地方发展类-经济

澳门蓝皮书
澳门经济社会发展报告（2017～2018）
著(编)者：吴志良 郝雨凡
2018年7月出版 / 估价：99.00元
PSN B-2009-138-1/1

澳门绿皮书
澳门旅游休闲发展报告（2017～2018）
著(编)者：郝雨凡 林广志
2018年5月出版 / 估价：99.00元
PSN G-2017-617-1/1

北京蓝皮书
北京经济发展报告（2017～2018）
著(编)者：杨松　2018年6月出版 / 估价：99.00元
PSN B-2006-054-2/8

北京旅游绿皮书
北京旅游发展报告（2018）
著(编)者：北京旅游学会
2018年7月出版 / 估价：99.00元
PSN G-2012-301-1/1

北京体育蓝皮书
北京体育产业发展报告（2017～2018）
著(编)者：钟秉枢 陈杰 杨铁黎
2018年9月出版 / 估价：99.00元
PSN B-2015-475-1/1

滨海金融蓝皮书
滨海新区金融发展报告（2017）
著(编)者：王爱俭 李向前　2018年4月出版 / 估价：99.00元
PSN B-2014-424-1/1

城乡一体化蓝皮书
北京城乡一体化发展报告（2017～2018）
著(编)者：吴宝新 张宝秀 黄序
2018年5月出版 / 估价：99.00元
PSN B-2012-258-2/2

非公有制企业社会责任蓝皮书
北京非公有制企业社会责任报告（2018）
著(编)者：宋贵伦 冯培
2018年6月出版 / 估价：99.00元
PSN B-2017-613-1/1

福建旅游蓝皮书
福建省旅游产业发展现状研究（2017~2018）
著(编)者：陈敏华 黄远水　2018年12月出版 / 估价：128.00元
PSN B-2016-591-1/1

福建自贸区蓝皮书
中国(福建)自由贸易试验区发展报告(2017~2018)
著(编)者：黄茂兴　2018年6月出版 / 估价：118.00元
PSN B-2016-531-1/1

甘肃蓝皮书
甘肃经济发展分析与预测（2018）
著(编)者：安文华 罗哲　2018年1月出版 / 定价：99.00元
PSN B-2013-312-1/6

甘肃蓝皮书
甘肃商贸流通发展报告（2018）
著(编)者：张应华 王福生 王晓芳
2018年1月出版 / 定价：99.00元
PSN B-2016-522-6/6

甘肃蓝皮书
甘肃县域和农村发展报告（2018）
著(编)者：包东红 朱智文 王建兵
2018年1月出版 / 定价：99.00元
PSN B-2013-316-5/6

甘肃农业科技绿皮书
甘肃农业科技发展研究报告（2018）
著(编)者：魏胜文 乔德华 张东伟
2018年12月出版 / 估价：198.00元
PSN B-2016-592-1/1

甘肃气象保障蓝皮书
甘肃农业对气候变化的适应与风险评估报告（No.1）
著(编)者：鲍文中 周广胜
2017年12月出版 / 定价：108.00元
PSN B-2017-677-1/1

巩义蓝皮书
巩义经济社会发展报告（2018）
著(编)者：丁同民 朱军　2018年6月出版 / 估价：99.00元
PSN B-2016-532-1/1

广东外经贸蓝皮书
广东对外经济贸易发展研究报告（2017～2018）
著(编)者：陈万灵　2018年6月出版 / 估价：99.00元
PSN B-2012-286-1/1

广西北部湾经济区蓝皮书
广西北部湾经济区开放开发报告（2017～2018）
著(编)者：广西壮族自治区北部湾经济区和东盟开放合作办公室
　　　　　广西社会科学院
　　　　　广西北部湾发展研究院
2018年5月出版 / 估价：99.00元
PSN B-2010-181-1/1

广州蓝皮书
广州城市国际化发展报告（2018）
著(编)者：张跃国　2018年8月出版 / 估价：99.00元
PSN B-2012-246-11/14

广州蓝皮书
中国广州城市建设与管理发展报告（2018）
著(编)者：张其学 陈小钢 王宏伟　2018年8月出版 / 估价：99.00元
PSN B-2007-087-4/14

广州蓝皮书
广州创新型城市发展报告（2018）
著(编)者：尹涛　2018年6月出版 / 估价：99.00元
PSN B-2012-247-12/14

广州蓝皮书
广州经济发展报告（2018）
著(编)者：张跃国 尹涛　2018年7月出版 / 估价：99.00元
PSN B-2005-040-1/14

广州蓝皮书
2018年中国广州经济形势分析与预测
著(编)者：魏明海 谢博能 李华
2018年6月出版 / 估价：99.00元
PSN B-2011-185-9/14

广州蓝皮书
中国广州科技创新发展报告（2018）
著(编)者：于欣伟 陈爽 邓佑满　2018年8月出版 / 估价：99.00元
PSN B-2006-065-2/14

广州蓝皮书
广州农村发展报告（2018）
著(编)者：朱名宏　2018年7月出版 / 估价：99.00元
PSN B-2010-167-8/14

广州蓝皮书
广州汽车产业发展报告（2018）
著(编)者：杨再高 冯兴亚　2018年7月出版 / 估价：99.00元
PSN B-2006-066-3/14

广州蓝皮书
广州商贸业发展报告（2018）
著(编)者：张跃国 陈杰 荀振英
2018年7月出版 / 估价：99.00元
PSN B-2012-245-10/14

贵阳蓝皮书
贵阳城市创新发展报告No.3（白云篇）
著(编)者：连玉明　2018年5月出版 / 估价：99.00元
PSN B-2015-491-3/10

贵阳蓝皮书
贵阳城市创新发展报告No.3（观山湖篇）
著(编)者：连玉明　2018年5月出版 / 估价：99.00元
PSN B-2015-497-9/10

贵阳蓝皮书
贵阳城市创新发展报告No.3（花溪篇）
著(编)者：连玉明　2018年5月出版 / 估价：99.00元
PSN B-2015-490-2/10

贵阳蓝皮书
贵阳城市创新发展报告No.3（开阳篇）
著(编)者：连玉明　2018年5月出版 / 估价：99.00元
PSN B-2015-492-4/10

贵阳蓝皮书
贵阳城市创新发展报告No.3（南明篇）
著(编)者：连玉明　2018年5月出版 / 估价：99.00元
PSN B-2015-496-8/10

贵阳蓝皮书
贵阳城市创新发展报告No.3（清镇篇）
著(编)者：连玉明　2018年5月出版 / 估价：99.00元
PSN B-2015-489-1/10

贵阳蓝皮书
贵阳城市创新发展报告No.3（乌当篇）
著(编)者：连玉明　2018年5月出版 / 估价：99.00元
PSN B-2015-495-7/10

贵阳蓝皮书
贵阳城市创新发展报告No.3（息烽篇）
著(编)者：连玉明　2018年5月出版 / 估价：99.00元
PSN B-2015-493-5/10

贵阳蓝皮书
贵阳城市创新发展报告No.3（修文篇）
著(编)者：连玉明　2018年5月出版 / 估价：99.00元
PSN B-2015-494-6/10

贵阳蓝皮书
贵阳城市创新发展报告No.3（云岩篇）
著(编)者：连玉明　2018年5月出版 / 估价：99.00元
PSN B-2015-498-10/10

贵州房地产蓝皮书
贵州房地产发展报告No.5（2018）
著(编)者：武廷方　2018年7月出版 / 估价：99.00元
PSN B-2014-426-1/1

贵州蓝皮书
贵州册亨经济社会发展报告（2018）
著(编)者：黄德林　2018年6月出版 / 估价：99.00元
PSN B-2016-525-8/9

贵州蓝皮书
贵州地理标志产业发展报告（2018）
著(编)者：李发耀 黄其松　2018年8月出版 / 估价：99.00元
PSN B-2017-646-10/10

贵州蓝皮书
贵安新区发展报告（2017~2018）
著(编)者：马长青 吴大华　2018年6月出版 / 估价：99.00元
PSN B-2015-459-4/10

贵州蓝皮书
贵州国家级开放创新平台发展报告（2017~2018）
著(编)者：申晓庆 吴大华 李泓
2018年11月出版 / 估价：99.00元
PSN B-2016-518-7/10

贵州蓝皮书
贵州国有企业社会责任发展报告（2017~2018）
著(编)者：郭丽　2018年12月出版 / 估价：99.00元
PSN B-2015-511-6/10

贵州蓝皮书
贵州民航业发展报告（2017）
著(编)者：申振东 吴大华　2018年6月出版 / 估价：99.00元
PSN B-2015-471-5/10

贵州蓝皮书
贵州民营经济发展报告（2017）
著(编)者：杨静 吴大华　2018年6月出版 / 估价：99.00元
PSN B-2016-530-9/9

杭州都市圈蓝皮书
杭州都市圈发展报告（2018）
著(编)者：洪庆华 沈翔　2018年4月出版 / 定价：98.00元
PSN B-2012-302-1/1

河北经济蓝皮书
河北省经济发展报告（2018）
著(编)者：马树强 金浩 张贵　2018年6月出版 / 估价：99.00元
PSN B-2014-380-1/1

河北蓝皮书
河北经济社会发展报告（2018）
著(编)者：康振海　2018年1月出版 / 定价：99.00元
PSN B-2014-372-1/3

河北蓝皮书
京津冀协同发展报告（2018）
著(编)者：陈璐　2017年12月出版 / 定价：79.00元
PSN B-2017-601-2/3

河南经济蓝皮书
2018年河南经济形势分析与预测
著(编)者：王世炎　2018年3月出版 / 定价：89.00元
PSN B-2007-086-1/1

河南蓝皮书
河南城市发展报告（2018）
著(编)者：张占仓 王建国　2018年5月出版 / 估价：99.00元
PSN B-2009-131-3/9

河南蓝皮书
河南工业发展报告（2018）
著(编)者：张占仓　2018年5月出版 / 估价：99.00元
PSN B-2013-317-5/9

河南蓝皮书
河南金融发展报告（2018）
著(编)者：喻新安 谷建全
2018年6月出版 / 估价：99.00元
PSN B-2014-390-7/9

河南蓝皮书
河南经济发展报告（2018）
著(编)者：张占仓 完世伟
2018年6月出版 / 估价：99.00元
PSN B-2010-157-4/9

河南蓝皮书
河南能源发展报告（2018）
著(编)者：国网河南省电力公司经济技术研究院
河南省社会科学院
2018年6月出版 / 估价：99.00元
PSN B-2017-607-9/9

河南商务蓝皮书
河南商务发展报告（2018）
著(编)者：焦锦淼 穆荣国　2018年5月出版 / 估价：99.00元
PSN B-2014-399-1/1

河南双创蓝皮书
河南创新创业发展报告（2018）
著(编)者：喻新安 杨雪梅
2018年8月出版 / 估价：99.00元
PSN B-2017-641-1/1

黑龙江蓝皮书
黑龙江经济发展报告（2018）
著(编)者：朱宇　2018年1月出版 / 定价：89.00元
PSN B-2011-190-2/2

湖南城市蓝皮书
区域城市群整合
著(编)者: 童中贤 韩未名　2018年12月出版 / 估价: 99.00元
PSN B-2006-064-1/1

湖南蓝皮书
湖南城乡一体化发展报告(2018)
著(编)者: 陈文胜 王文强 陆福兴
2018年8月出版 / 估价: 99.00元
PSN B-2015-477-8/8

湖南蓝皮书
2018年湖南电子政务发展报告
著(编)者: 梁志峰　2018年5月出版 / 估价: 128.00元
PSN B-2014-394-6/8

湖南蓝皮书
2018年湖南经济发展报告
著(编)者: 卞鹰　2018年5月出版 / 估价: 128.00元
PSN B-2011-207-2/8

湖南蓝皮书
2016年湖南经济展望
著(编)者: 梁志峰　2018年5月出版 / 估价: 128.00元
PSN B-2011-206-1/8

湖南蓝皮书
2018年湖南县域经济社会发展报告
著(编)者: 梁志峰　2018年5月出版 / 估价: 128.00元
PSN B-2014-395-7/8

湖南县域绿皮书
湖南县域发展报告(No.5)
著(编)者: 袁准 周小毛 黎仁寅
2018年6月出版 / 估价: 99.00元
PSN G-2012-274-1/1

沪港蓝皮书
沪港发展报告(2018)
著(编)者: 尤安山　2018年9月出版 / 估价: 99.00元
PSN B-2013-362-1/1

吉林蓝皮书
2018年吉林经济社会形势分析与预测
著(编)者: 邵汉明　2017年12月出版 / 定价: 89.00元
PSN B-2013-319-1/1

吉林省城市竞争力蓝皮书
吉林省城市竞争力报告(2017~2018)
著(编)者: 崔岳春 张磊
2018年3月出版 / 定价: 89.00元
PSN B-2016-513-1/1

济源蓝皮书
济源经济社会发展报告(2018)
著(编)者: 喻新安　2018年6月出版 / 估价: 99.00元
PSN B-2014-387-1/1

江苏蓝皮书
2018年江苏经济发展分析与展望
著(编)者: 王庆五 吴先满
2018年7月出版 / 估价: 128.00元
PSN B-2017-635-1/3

江西蓝皮书
江西经济社会发展报告(2018)
著(编)者: 陈石俊 龚建文　2018年10月出版 / 估价: 128.00元
PSN B-2015-484-1/2

江西蓝皮书
江西设区市发展报告(2018)
著(编)者: 姜玮 梁勇
2018年10月出版 / 估价: 99.00元
PSN B-2016-517-2/2

经济特区蓝皮书
中国经济特区发展报告(2017)
著(编)者: 陶一桃　2018年1月出版 / 估价: 99.00元
PSN B-2009-139-1/1

辽宁蓝皮书
2018年辽宁经济社会形势分析与预测
著(编)者: 梁启东 魏红江　2018年6月出版 / 估价: 99.00元
PSN B-2006-053-1/1

民族经济蓝皮书
中国民族地区经济发展报告(2018)
著(编)者: 李曦辉　2018年7月出版 / 估价: 99.00元
PSN B-2017-630-1/1

南宁蓝皮书
南宁经济发展报告(2018)
著(编)者: 胡建华　2018年9月出版 / 估价: 99.00元
PSN B-2016-569-2/3

内蒙古蓝皮书
内蒙古精准扶贫研究报告(2018)
著(编)者: 张志华　2018年1月出版 / 定价: 89.00元
PSN B-2017-681-2/2

浦东新区蓝皮书
上海浦东经济发展报告(2018)
著(编)者: 周小平 徐美芳
2018年1月出版 / 定价: 89.00元
PSN B-2011-225-1/1

青海蓝皮书
2018年青海经济社会形势分析与预测
著(编)者: 陈玮　2018年1月出版 / 定价: 98.00元
PSN B-2012-275-1/2

青海科技绿皮书
青海科技发展报告(2017)
著(编)者: 青海省科学技术信息研究所
2018年3月出版 / 定价: 98.00元
PSN G-2018-701-1/1

山东蓝皮书
山东经济形势分析与预测(2018)
著(编)者: 李广杰　2018年7月出版 / 估价: 99.00元
PSN B-2014-404-1/5

山东蓝皮书
山东省普惠金融发展报告(2018)
著(编)者: 齐鲁财富网
2018年9月出版 / 估价: 99.00元
PSN B2017-676-5/5

山西蓝皮书
山西资源型经济转型发展报告（2018）
著(编)者：李志强　2018年7月出版 / 估价：99.00元
PSN B-2011-197-1/1

陕西蓝皮书
陕西经济发展报告（2018）
著(编)者：任宗哲 白宽犁 裴成荣
2018年1月出版 / 定价：89.00元
PSN B-2009-135-1/6

陕西蓝皮书
陕西精准脱贫研究报告（2018）
著(编)者：任宗哲 白宽犁 王建康
2018年4月出版 / 定价：89.00元
PSN B-2017-623-6/6

上海蓝皮书
上海经济发展报告（2018）
著(编)者：沈开艳　2018年2月出版 / 定价：89.00元
PSN B-2006-057-1/7

上海蓝皮书
上海资源环境发展报告（2018）
著(编)者：周冯琦 胡静　2018年2月出版 / 定价：89.00元
PSN B-2006-060-4/7

上海蓝皮书
上海奉贤经济发展分析与研判（2017～2018）
著(编)者：张兆安 朱平芳　2018年3月出版 / 定价：99.00元
PSN B-2018-698-8/8

上饶蓝皮书
上饶发展报告（2016～2017）
著(编)者：廖其志　2018年6月出版 / 估价：128.00元
PSN B-2014-377-1/1

深圳蓝皮书
深圳经济发展报告（2018）
著(编)者：张骁儒　2018年6月出版 / 估价：99.00元
PSN B-2008-112-3/7

四川蓝皮书
四川城镇化发展报告（2018）
著(编)者：侯水平 陈炜　2018年6月出版 / 估价：99.00元
PSN B-2015-456-7/7

四川蓝皮书
2018年四川经济形势分析与预测
著(编)者：杨钢　2018年1月出版 / 定价：158.00元
PSN B-2007-098-2/7

四川蓝皮书
四川企业社会责任研究报告（2017～2018）
著(编)者：侯水平 盛毅　2018年5月出版 / 估价：99.00元
PSN B-2014-386-4/7

四川蓝皮书
四川生态建设报告（2018）
著(编)者：李晟之　2018年5月出版 / 估价：99.00元
PSN B-2015-455-6/7

四川蓝皮书
四川特色小镇发展报告（2017）
著(编)者：吴志强　2017年11月出版 / 定价：89.00元
PSN B-2017-670-8/8

体育蓝皮书
上海体育产业发展报告（2017~2018）
著(编)者：张林 黄海燕
2018年10月出版 / 估价：99.00元
PSN B-2015-454-4/5

体育蓝皮书
长三角地区体育产业发展报（2017～2018）
著(编)者：张林　2018年6月出版 / 估价：99.00元
PSN B-2015-453-3/5

天津金融蓝皮书
天津金融发展报告（2018）
著(编)者：王爱俭 孔德昌
2018年5月出版 / 估价：99.00元
PSN B-2014-418-1/1

图们江区域合作蓝皮书
图们江区域合作发展报告（2018）
著(编)者：李铁　2018年6月出版 / 估价：99.00元
PSN B-2015-464-1/1

温州蓝皮书
2018年温州经济社会形势分析与预测
著(编)者：蒋儒标 王春光 金浩
2018年6月出版 / 估价：99.00元
PSN B-2008-105-1/1

西咸新区蓝皮书
西咸新区发展报告（2018）
著(编)者：李扬 王军
2018年6月出版 / 估价：99.00元
PSN B-2016-534-1/1

修武蓝皮书
修武经济社会发展报告（2018）
著(编)者：张占仓 袁凯声
2018年10月出版 / 估价：99.00元
PSN B-2017-651-1/1

偃师蓝皮书
偃师经济社会发展报告（2018）
著(编)者：张占仓 袁凯声 何武周
2018年7月出版 / 估价：99.00元
PSN B-2017-627-1/1

扬州蓝皮书
扬州经济社会发展报告（2018）
著(编)者：陈扬
2018年12月出版 / 估价：108.00元
PSN B-2011-191-1/1

长垣蓝皮书
长垣经济社会发展报告（2018）
著(编)者：张占仓 袁凯声 秦保建
2018年10月出版 / 估价：99.00元
PSN B-2017-654-1/1

遵义蓝皮书
遵义发展报告（2018）
著(编)者：邓彦 曾征 龚永育
2018年9月出版 / 估价：99.00元
PSN B-2014-433-1/1

地方发展类–社会

安徽蓝皮书
安徽社会发展报告（2018）
著(编)者: 程桦　2018年6月出版 / 估价: 99.00元
PSN B-2013-325-1/1

安徽社会建设蓝皮书
安徽社会建设分析报告（2017～2018）
著(编)者: 黄家海 蔡宪
2018年11月出版 / 估价: 99.00元
PSN B-2013-322-1/1

北京蓝皮书
北京公共服务发展报告（2017～2018）
著(编)者: 施昌奎　2018年6月出版 / 估价: 99.00元
PSN B-2008-103-7/8

北京蓝皮书
北京社会发展报告（2017～2018）
著(编)者: 李伟东
2018年7月出版 / 估价: 99.00元
PSN B-2006-055-3/8

北京蓝皮书
北京社会治理发展报告（2017～2018）
著(编)者: 殷星辰　2018年7月出版 / 估价: 99.00元
PSN B-2014-391-8/8

北京律师蓝皮书
北京律师发展报告No.4（2018）
著(编)者: 王隽　2018年12月出版 / 估价: 99.00元
PSN B-2011-217-1/1

北京人才蓝皮书
北京人才发展报告（2018）
著(编)者: 敏华　2018年12月出版 / 估价: 128.00元
PSN B-2011-201-1/1

北京社会心态蓝皮书
北京社会心态分析报告（2017～2018）
北京市社会心理服务促进中心
2018年10月出版 / 估价: 99.00元
PSN B-2014-422-1/1

北京社会组织管理蓝皮书
北京社会组织发展与管理（2018）
著(编)者: 黄江松
2018年6月出版 / 估价: 99.00元
PSN B-2015-446-1/1

北京养老产业蓝皮书
北京居家养老发展报告（2018）
著(编)者: 陆杰华 周明明
2018年8月出版 / 估价: 99.00元
PSN B-2015-465-1/1

法治蓝皮书
四川依法治省年度报告No.4（2018）
著(编)者: 李林 杨天宗 田禾
2018年3月出版 / 定价: 118.00元
PSN B-2015-447-2/3

福建妇女发展蓝皮书
福建省妇女发展报告（2018）
著(编)者: 刘群英　2018年11月出版 / 估价: 99.00元
PSN B-2011-220-1/1

甘肃蓝皮书
甘肃社会发展分析与预测（2018）
著(编)者: 安文华 谢增虎 包晓霞
2018年1月出版 / 定价: 99.00元
PSN B-2013-313-2/6

广东蓝皮书
广东全面深化改革研究报告（2018）
著(编)者: 周林生 涂成林
2018年12月出版 / 估价: 99.00元
PSN B-2015-504-3/3

广东蓝皮书
广东社会工作发展报告（2018）
著(编)者: 罗观翠　2018年6月出版 / 估价: 99.00元
PSN B-2014-402-2/3

广州蓝皮书
广州青年发展报告（2018）
著(编)者: 徐柳 张强
2018年8月出版 / 估价: 99.00元
PSN B-2013-352-13/14

广州蓝皮书
广州社会保障发展报告（2018）
著(编)者: 张跃国　2018年8月出版 / 估价: 99.00元
PSN B-2014-425-14/14

广州蓝皮书
2018年中国广州社会形势分析与预测
著(编)者: 张强 郭志勇 何镜清
2018年6月出版 / 估价: 99.00元
PSN B-2008-110-5/14

贵州蓝皮书
贵州法治发展报告（2018）
著(编)者: 吴大华　2018年5月出版 / 估价: 99.00元
PSN B-2012-254-2/10

贵州蓝皮书
贵州人才发展报告（2017）
著(编)者: 于杰 吴大华
2018年9月出版 / 估价: 99.00元
PSN B-2014-382-3/10

贵州蓝皮书
贵州社会发展报告（2018）
著(编)者: 王兴骥　2018年6月出版 / 估价: 99.00元
PSN B-2010-166-1/10

杭州蓝皮书
杭州妇女发展报告（2018）
著(编)者: 魏颖
2018年10月出版 / 估价: 99.00元
PSN B-2014-403-1/1

河北蓝皮书
河北法治发展报告（2018）
著(编)者：康振海　2018年6月出版 / 估价：99.00元
PSN B-2017-622-3/3

河北食品药品安全蓝皮书
河北食品药品安全研究报告（2018）
著(编)者：丁锦霞
2018年10月出版 / 估价：99.00元
PSN B-2015-473-1/1

河南蓝皮书
河南法治发展报告（2018）
著(编)者：张林海　2018年7月出版 / 估价：99.00元
PSN B-2014-376-6/9

河南蓝皮书
2018年河南社会形势分析与预测
著(编)者：牛苏林　2018年5月出版 / 估价：99.00元
PSN B-2005-043-1/9

河南民办教育蓝皮书
河南民办教育发展报告（2018）
著(编)者：胡大白　2018年9月出版 / 估价：99.00元
PSN B-2017-642-1/1

黑龙江蓝皮书
黑龙江社会发展报告（2018）
著(编)者：王爱丽　2018年1月出版 / 定价：89.00元
PSN B-2011-189-1/2

湖南蓝皮书
2018年湖南两型社会与生态文明建设报告
著(编)者：卞鹰　2018年5月出版 / 估价：128.00元
PSN B-2011-208-3/8

湖南蓝皮书
2018年湖南社会发展报告
著(编)者：卞鹰　2018年5月出版 / 估价：128.00元
PSN B-2014-393-5/8

健康城市蓝皮书
北京健康城市建设研究报告（2018）
著(编)者：王鸿春 盛继洪
2018年9月出版 / 估价：99.00元
PSN B-2015-460-1/2

江苏法治蓝皮书
江苏法治发展报告No.6（2017）
著(编)者：蔡道通 龚廷泰
2018年8月出版 / 估价：99.00元
PSN B-2012-290-1/1

江苏蓝皮书
2018年江苏社会发展分析与展望
著(编)者：王庆五 刘旺洪
2018年8月出版 / 估价：128.00元
PSN B-2017-636-2/3

民族教育蓝皮书
中国民族教育发展报告（2017·内蒙古卷）
著(编)者：陈中永
2017年12月出版 / 定价：198.00元
PSN B-2017-669-1/1

南宁蓝皮书
南宁法治发展报告（2018）
著(编)者：杨维超　2018年12月出版 / 估价：99.00元
PSN B-2015-509-1/3

南宁蓝皮书
南宁社会发展报告（2018）
著(编)者：胡建华　2018年10月出版 / 估价：99.00元
PSN B-2016-570-3/3

内蒙古蓝皮书
内蒙古反腐倡廉建设报告No.2
著(编)者：张志华　2018年6月出版 / 估价：99.00元
PSN B-2013-365-1/1

青海蓝皮书
2018年青海人才发展报告
著(编)者：王宇燕　2018年9月出版 / 估价：99.00元
PSN B-2017-650-2/2

青海生态文明建设蓝皮书
青海生态文明建设报告（2018）
著(编)者：张西明 高华　2018年12月出版 / 估价：99.00元
PSN B-2016-595-1/1

人口与健康蓝皮书
深圳人口与健康发展报告（2018）
著(编)者：陆杰华 傅崇辉
2018年11月出版 / 估价：99.00元
PSN B-2011-228-1/1

山东蓝皮书
山东社会形势分析与预测（2018）
著(编)者：李善峰　2018年6月出版 / 估价：99.00元
PSN B-2014-405-2/5

陕西蓝皮书
陕西社会发展报告（2018）
著(编)者：任宗哲 白宽犁 牛昉
2018年1月出版 / 定价：89.00元
PSN B-2009-136-2/6

上海蓝皮书
上海法治发展报告（2018）
著(编)者：叶必丰　2018年9月出版 / 估价：99.00元
PSN B-2012-296-6/7

上海蓝皮书
上海社会发展报告（2018）
著(编)者：杨雄 周海旺
2018年2月出版 / 定价：89.00元
PSN B-2006-058-2/7

社会建设蓝皮书
2018年北京社会建设分析报告
著(编)者：宋贵伦 冯虹　2018年9月出版 / 估价：99.00元
PSN B-2010-173-1/1

顺义社会建设蓝皮书
北京市顺义区社会建设发展报告（2018）
著(编)者：王学武　2018年9月出版 / 估价：99.00元
PSN B-2017-658-1/1

深圳蓝皮书
深圳法治发展报告（2018）
著(编)者：张骁儒　2018年6月出版 / 估价：99.00元
PSN B-2015-470-6/7

四川蓝皮书
四川法治发展报告（2018）
著(编)者：郑泰安　2018年6月出版 / 估价：99.00元
PSN B-2015-441-5/7

深圳蓝皮书
深圳劳动关系发展报告（2018）
著(编)者：汤庭芬　2018年8月出版 / 估价：99.00元
PSN B-2007-097-2/7

四川蓝皮书
四川社会发展报告（2018）
著(编)者：李羚　2018年6月出版 / 估价：99.00元
PSN B-2008-127-3/7

深圳蓝皮书
深圳社会治理与发展报告（2018）
著(编)者：张骁儒　2018年6月出版 / 估价：99.00元
PSN B-2008-113-4/7

四川社会工作与管理蓝皮书
四川省社会工作人力资源发展报告（2017）
著(编)者：边慧敏　2017年12月出版 / 定价：89.00元
PSN B-2017-683-1/1

生态安全绿皮书
甘肃国家生态安全屏障建设发展报告（2018）
著(编)者：刘举科 喜文华
2018年10月出版 / 估价：99.00元
PSN G-2017-659-1/1

云南社会治理蓝皮书
云南社会治理年度报告（2017）
著(编)者：晏雄 韩全芳
2018年5月出版 / 估价：99.00元
PSN B-2017-667-1/1

地方发展类-文化

北京传媒蓝皮书
北京新闻出版广电发展报告（2017～2018）
著(编)者：王志　2018年11月出版 / 估价：99.00元
PSN B-2016-588-1/1

非物质文化遗产蓝皮书
广州市非物质文化遗产保护发展报告（2018）
著(编)者：宋俊华　2018年12月出版 / 估价：99.00元
PSN B-2016-589-1/1

北京蓝皮书
北京文化发展报告（2017～2018）
著(编)者：李建盛　2018年5月出版 / 估价：99.00元
PSN B-2007-082-4/8

甘肃蓝皮书
甘肃文化发展分析与预测（2018）
著(编)者：马廷旭 戚晓萍　2018年1月出版 / 定价：99.00元
PSN B-2013-314-3/6

创意城市蓝皮书
北京文化创意产业发展报告（2018）
著(编)者：郭万超 张京成　2018年12月出版 / 估价：99.00元
PSN B-2012-263-1/7

甘肃蓝皮书
甘肃舆情分析与预测（2018）
著(编)者：王俊莲 张谦元　2018年1月出版 / 定价：99.00元
PSN B-2013-315-4/6

创意城市蓝皮书
天津文化创意产业发展报告（2017～2018）
著(编)者：谢思全　2018年6月出版 / 估价：99.00元
PSN B-2016-536-7/7

广州蓝皮书
中国广州文化发展报告（2018）
著(编)者：屈哨兵 陆志强　2018年6月出版 / 估价：99.00元
PSN B-2009-134-7/14

创意城市蓝皮书
武汉文化创意产业发展报告（2018）
著(编)者：黄永林 陈汉桥　2018年12月出版 / 估价：99.00元
PSN B-2013-354-4/7

广州蓝皮书
广州文化创意产业发展报告（2018）
著(编)者：徐咏虹　2018年7月出版 / 估价：99.00元
PSN B-2008-111-6/14

创意上海蓝皮书
上海文化创意产业发展报告（2017～2018）
著(编)者：王慧敏 王兴全　2018年8月出版 / 估价：99.00元
PSN B-2016-561-1/1

海淀蓝皮书
海淀区文化和科技融合发展报告（2018）
著(编)者：陈名杰 孟景伟　2018年5月出版 / 估价：99.00元
PSN B-2013-329-1/1

河南蓝皮书
河南文化发展报告（2018）
著(编)者：卫绍生　　2018年7月出版 / 估价：99.00元
PSN B-2008-106-2/9

湖北文化产业蓝皮书
湖北省文化产业发展报告（2018）
著(编)者：黄晓华　　2018年9月出版 / 估价：99.00元
PSN B-2017-656-1/1

湖北文化蓝皮书
湖北文化发展报告（2017~2018）
著(编)者：湖北大学高等人文研究院
　　　　　中华文化发展湖北省协同创新中心
2018年10月出版 / 估价：99.00元
PSN B-2016-566-1/1

江苏蓝皮书
2018年江苏文化发展分析与展望
著(编)者：王庆五 樊和平　　2018年9月出版 / 估价：128.00元
PSN B-2017-637-3/3

江西文化蓝皮书
江西非物质文化遗产发展报告（2018）
著(编)者：张圣才 傅安平　　2018年12月出版 / 估价：128.00元
PSN B-2015-499-1/1

洛阳蓝皮书
洛阳文化发展报告（2018）
著(编)者：刘福兴 陈启明　　2018年7月出版 / 估价：99.00元
PSN B-2015-476-1/1

南京蓝皮书
南京文化发展报告（2018）
著(编)者：中共南京市委宣传部
2018年12月出版 / 估价：99.00元
PSN B-2014-439-1/1

宁波文化蓝皮书
宁波"一人一艺"全民艺术普及发展报告（2017）
著(编)者：张爱琴　　2018年11月出版 / 估价：128.00元
PSN B-2017-668-1/1

山东蓝皮书
山东文化发展报告（2018）
著(编)者：涂可国　　2018年5月出版 / 估价：99.00元
PSN B-2014-406-3/5

陕西蓝皮书
陕西文化发展报告（2018）
著(编)者：任宗哲 白宽犁 王长寿
2018年1月出版 / 定价：89.00元
PSN B-2009-137-3/6

上海蓝皮书
上海传媒发展报告（2018）
著(编)者：强荧 焦雨虹　　2018年2月出版 / 定价：89.00元
PSN B-2012-295-5/7

上海蓝皮书
上海文学发展报告（2018）
著(编)者：陈圣来　　2018年6月出版 / 估价：99.00元
PSN B-2012-297-7/7

上海蓝皮书
上海文化发展报告（2018）
著(编)者：荣跃明　　2018年6月出版 / 估价：99.00元
PSN B-2006-059-3/7

深圳蓝皮书
深圳文化发展报告（2018）
著(编)者：张骁儒　　2018年7月出版 / 估价：99.00元
PSN B-2016-554-7/7

四川蓝皮书
四川文化产业发展报告（2018）
著(编)者：向宝云 张立伟　　2018年6月出版 / 估价：99.00元
PSN B-2006-074-1/7

郑州蓝皮书
2018年郑州文化发展报告
著(编)者：王哲　　2018年9月出版 / 估价：99.00元
PSN B-2008-107-1/1

❖ 皮书起源 ❖

"皮书"起源于十七、十八世纪的英国，主要指官方或社会组织正式发表的重要文件或报告，多以"白皮书"命名。在中国，"皮书"这一概念被社会广泛接受，并被成功运作、发展成为一种全新的出版形态，则源于中国社会科学院社会科学文献出版社。

❖ 皮书定义 ❖

皮书是对中国与世界发展状况和热点问题进行年度监测，以专业的角度、专家的视野和实证研究方法，针对某一领域或区域现状与发展态势展开分析和预测，具备原创性、实证性、专业性、连续性、前沿性、时效性等特点的公开出版物，由一系列权威研究报告组成。

❖ 皮书作者 ❖

皮书系列的作者以中国社会科学院、著名高校、地方社会科学院的研究人员为主，多为国内一流研究机构的权威专家学者，他们的看法和观点代表了学界对中国与世界的现实和未来最高水平的解读与分析。

❖ 皮书荣誉 ❖

皮书系列已成为社会科学文献出版社的著名图书品牌和中国社会科学院的知名学术品牌。2016年，皮书系列正式列入"十三五"国家重点出版规划项目；2013~2018年，重点皮书列入中国社会科学院承担的国家哲学社会科学创新工程项目；2018年，59种院外皮书使用"中国社会科学院创新工程学术出版项目"标识。

中国皮书网

（网址：www.pishu.cn）

发布皮书研创资讯，传播皮书精彩内容
引领皮书出版潮流，打造皮书服务平台

栏目设置

关于皮书：何谓皮书、皮书分类、皮书大事记、皮书荣誉、
　　　　　皮书出版第一人、皮书编辑部

最新资讯：通知公告、新闻动态、媒体聚焦、网站专题、视频直播、下载专区

皮书研创：皮书规范、皮书选题、皮书出版、皮书研究、研创团队

皮书评奖评价：指标体系、皮书评价、皮书评奖

互动专区：皮书说、社科数托邦、皮书微博、留言板

所获荣誉

2008 年、2011 年，中国皮书网均在全国新闻出版业网站荣誉评选中获得"最具商业价值网站"称号；

2012 年，获得"出版业网站百强"称号。

网库合一

2014 年，中国皮书网与皮书数据库端口合一，实现资源共享。

权威报告·一手数据·特色资源

皮书数据库
ANNUAL REPORT(YEARBOOK)
DATABASE

当代中国经济与社会发展高端智库平台

所获荣誉

- 2016年，入选"'十三五'国家重点电子出版物出版规划骨干工程"
- 2015年，荣获"搜索中国正能量 点赞2015""创新中国科技创新奖"
- 2013年，荣获"中国出版政府奖·网络出版物奖"提名奖
- 连续多年荣获中国数字出版博览会"数字出版·优秀品牌"奖

成为会员

通过网址www.pishu.com.cn或使用手机扫描二维码进入皮书数据库网站，进行手机号码验证或邮箱验证即可成为皮书数据库会员（建议通过手机号码快速验证注册）。

会员福利

- 使用手机号码首次注册的会员，账号自动充值100元体验金，可直接购买和查看数据库内容（仅限使用手机号码快速注册）。
- 已注册用户购书后可免费获赠100元皮书数据库充值卡。刮开充值卡涂层获取充值密码，登录并进入"会员中心"—"在线充值"—"充值卡充值"，充值成功后即可购买和查看数据库内容。

数据库服务热线：400-008-6695
数据库服务QQ：2475522410
数据库服务邮箱：database@ssap.cn

图书销售热线：010-59367070/7028
图书服务QQ：1265056568
图书服务邮箱：duzhe@ssap.cn